建物における騒音対策のための測定と評価

(社)日本騒音制御工学会 編

技報堂出版

はじめに

　騒音制御は，快適な音環境をつくるために不可欠な基本的技術であり，その実務において最初に行うべきことは，何から，どのような騒音・振動が，どんなメカニズムで発生して，空間や建物等をどのように伝搬し，騒音・振動となって被害を与えているのかを定量的に明らかにすることです．

　そのために必要な，「測定」「解析」「評価」のノウハウを，わかりやすく具体的な事例に沿って示したのが，本書「建物における騒音対策のための測定と評価」です．

　わかっているものを定量化するのが測定の大きな目的ですが，わからない事象を探索，究明するのがもっと大切な目的です．犯人を追い求める「捜査・推理」は面白くてやめられないものですが，鹿を追うのに夢中で回りの状況，山を見てない，聞いてない測定データほど役に立たないものはありません．

　全体像を的確に把握し，何時，何処で，どんな条件で，という騒音・振動のTPOをきちんと特定して定量化するのは至難の技ですが，条件を整理しないまま，ただ測定器まかせでブラックボックスから大量に出て来る数値データは，ある意味では何の役にも立たない「ごみ」みたいなものです．

　測定器に使われることなく，測定器を下僕として使いきり，対策をイメージしながら自分の耳で音を聞き，肌で振動を感じることの重要性を訴求した，人間感性測定法を解説したのが本書の特徴です．

　心ある実務者諸兄にご共感いただければ，企画，執筆者一同，これにすぎる喜びはありません．

平成18年3月

社団法人 日本騒音制御工学会
建物における騒音対策のための測定と評価　編集委員会
主査　安岡 正人

本書の使い方

〈全体構成〉

本書の基本的構成は,
- 第1編 計画編 — 測定の心構えと進め方,基本的な測定法の解説など
- 第2編 実務編 — 部位別,発生源別測定方法と分析評価方法
- 第3編 事例編 — 音源・伝搬経路別の測定方法と対策方法の事例
- 第4編 検査編 — 部位・空間性能の測定検査方法の解説

の,全4編立てとなっている.

本来の使い方は,第1編で基本的な知識や心構えを事前に培った上で,具体的な実務に携わっていただくことを意図したものである.

〈多忙な実務家の方へ〉

しかしながら,多忙な実務の場で即効的な使い方もできるよう,さまざまな騒音対策の事例を網羅的に掲げて,発生源別に音・振動の流れと測定・対策をモデル化して解説したものを,第2編に示し,さらに,より具体的な測定・対策事例を第3編に示してある.

〈類似のモデルを捜す〉

したがって,騒音源など測定対象や問題点がある程度明確になっている場合は,類似のモデルを第2編や第3編から捜し出し,その事例にならって,その手法をマニュアル的に参照しつつ測定することが可能である.また,結果を事例と対照して,信頼性のチェックや対策の妥当性を検討することもできる.

〈折にふれて原点にもどる〉

この場合,特に重要なのは,事後に今一度第1編に戻って,その結果を位置づけし,次の業務に備えてノウハウを蓄積していくことであることを銘記しておきたい.
また,測定機器等でわからないことがあった場合は,随時,第1編の1.3を参照するとよい.

〈対策後の検査と評価〉

対策後の検査だけを行う場合は,当然,第4編の該当項目をみればよいが,これから対策を行う場合も,最終的にどのように検査・評価されるのか,第4編で事前に十分学習した上で,計画を進めることが大切である.

〈測定仕様書と見積書〉

業務として測定を行う場合に不可欠な「測定仕様書」と「予算計画」「見積書」の作成方法を第1編の1.4に示してある.

社団法人日本騒音制御工学会　出版部会　名簿

部会長
 吉村純一　　　(財)小林理学研究所
委　員
 伊積康彦　　　(財)鉄道総合技術研究所
 井上保雄　　　(株)アイ・エヌ・シー・エンジニアリング
 岩瀬昭雄　　　新潟大学
 加来治郎　　　(財)小林理学研究所
 末岡伸一　　　東京都環境化学研究所
 杉野潔　　　　東急建設(株)
 瀧浪弘章　　　リオン(株)
 田近輝俊　　　(株)環境技術研究所
 船場ひさお　　音環境デザインコーディネーター
 堀江裕一　　　神奈川県環境科学センター
 峯村敦雄　　　鹿島建設(株)
 森卓支　　　　(株)音・環境研究所
 安岡博人　　　(財)ベターリビング
 吉岡序　　　　(財)空港環境整備協会
 吉久光一　　　名城大学

(平成18年3月現在，五十音順)

建物における騒音対策のための測定と評価　編集委員会　名簿

主　査
 安岡正人　　　東京理科大学
幹　事
 杉野潔　　　　前　掲
委　員
 濱田幸雄　　　日本大学
 安岡博人　　　前　掲
 渡邉秀夫　　　(株)音・環境研究所
特別委員
 大川平一郎　　(株)住環境総合研究所

(平成18年3月現在，五十音順)

建物における騒音対策のための測定と評価　執筆者名簿

赤尾伸一	三井住友建設(株)	[2.6.3]　[2.6.4]　[3.5.4]　[3.6.3]
荒木邦彦	(株)竹中工務店	[2.5.5]　[2.5.10]
石田康二	(株)小野測器	[1.3.4]
稲留康一	(株)奥村組	[2.5.1]　[2.5.2]　[2.5.7]
井上勝夫	日本大学	[3.4]
井上諭	東急建設(株)	[2.5.8]
岩本毅	三井住友建設(株)	[2.3.2]
漆戸幸雄	(株)フジタ	[3.6.5]
大内孝子	東横女子短期大学	[2.1.3]
大脇雅直	(株)熊谷組	[2.7.4]　[3.5.5]　[3.6.4]
緒方三郎	(株)アイ・エヌ・シーエンジニアリング	[2.5.11]
河原塚透	大成建設(株)	[2.6.1]　[2.6.5]
古賀貴士	鹿島建設(株)	[2.3.1]　[2.7.3]　[3.5.2]　[3.6.1]
塩川博義	日本大学	[2.5.6]
嶋田泰	三井住友建設(株)	[2.6.2]
杉野潔	前　掲	[1.4]　[2.3.4]
瀬戸山春輝	東急建設(株)	[2.3.3]
瀧浪弘章	リオン(株)	[1.3.3]　[1.3.5]
田野正典	鹿島建設(株)	[3.5.2]　[3.6.1]
田端淳	大成建設(株)	[1.3.1]　[1.3.6]
中川清	清水建設(株)	[2.7.6]　[3.5.1]　[3.6.2]　[4.4]
中澤真司	鉄建建設(株)	[4.1]　[4.2]
縄岡好人	(株)大林組	[3.1.1]
羽染武則	東急建設(株)	[2.5.9]　[3.3.1]　[3.3.2]
濱田幸雄	前　掲	[1.3.1]　[1.3.2]　[1.3.6]
平松友孝	大成建設(株)	[2.4.1]　[2.4.3]　[2.4.4]　[2.5.3]　[2.5.4]　[2.7.5]
藤井弘義	東洋大学	[2.4.2]　[2.7.1]
松岡明彦	戸田建設(株)	[3.3.3]
峯村敦雄	鹿島建設(株)	[2.2.2]
宮島徹	清水建設(株)	[4.5]
村石喜一	(株)音・環境研究所	[2.2.1]　[3.5.3]　[4.3]
安岡博人	前　掲	[1.4]　[2.1.1]　[3.1.2]　[3.2.1]
安岡正人	前　掲	[1.1]　[1.2]
吉岡清	佐藤工業(株)	[2.7.2]
吉村純一	(財)小林理学研究所	[2.1.2]
渡邉秀夫	前　掲	[2.2.3]　[2.2.4]
渡辺充敏	(株)大林組	[2.5.12]
綿谷重規	(株)フジタ	[3.5.6]　[3.6.5]

(平成18年3月現在，五十音順)

目　次

第1編　計画編　*1*

1.1　測定の心構え（測定を行うにあたって） 3
 1.1.1　基本的な取り組み方 3
 1.1.2　測定の流れと考え方 3

1.2　測定の目的と進め方 5
 1.2.1　測定目的（何のための測定か） 5
 1.2.2　事前予測型対策のフロー T-1 5
 1.2.3　現状改善対策のフロー T-2 6

1.3　基本的な測定法 8
 1.3.1　音響測定の概要 8
 1.3.2　測　定　項　目 8
 1.3.3　基本的な音響振動測定機器 19
 1.3.4　音響測定機器の仕様一覧 28
 1.3.5　信号処理と分析方法 32
 1.3.6　各種の測定方法 33

1.4　測定仕様書・測定計画書の作り方 55

第2編　実務編　*61*

2.1　外周壁遮音性能の測定と評価 63
 2.1.1　建物の設計と騒音対策を考えた外周遮音の測定例 63
 2.1.2　窓等の遮音性能の測定 68
 2.1.3　換気口等の遮音性能の測定 73

2.2　室間遮音性能（室間音圧レベル差）の測定と評価 79
 2.2.1　集合住宅やホテルにおける2室間遮音性能の測定 79
 2.2.2　可動間仕切壁の遮音性能の測定 87
 2.2.3　側路伝搬の影響の測定 92
 2.2.4　音響透過損失と室間音圧レベル差 97

2.3　床衝撃音遮断性能の測定と評価 100
 2.3.1　床構造を対象とした測定 100
 2.3.2　仕上げ材を対象とした測定 102
 2.3.3　廊下を対象とした測定 107
 2.3.4　階段を対象とした測定 111

2.4　給排水音の測定と評価 119

		2.4.1 室内騒音の測定 119

2.4.1 室内騒音の測定 119
2.4.2 支持部の影響の測定 125
2.4.3 管壁からの影響の測定 131
2.4.4 管貫通部の影響の測定 134
2.5 設備機器類発生音の測定と評価 138
2.5.1 送風機の固体音の測定 138
2.5.2 冷凍機の固体音の測定 143
2.5.3 ポンプ固体音の測定 145
2.5.4 管路系の発生音の測定（太い径）................................... 151
2.5.5 集中ごみ処理ブロワ室の騒音測定・対策例 159
2.5.6 ダクト系の発生騒音の測定 163
2.5.7 電気室（変圧器）の発生音の測定 167
2.5.8 エレベータから発生する騒音の測定 169
2.5.9 エレベータシャフトに隣接する居室の騒音の実測例 175
2.5.10 ホテル油圧エレベータ機械室の騒音対策 181
2.5.11 機械式駐車場から発生する音の測定 182
2.5.12 自動ドアを対象とした測定 190
2.6 生活音の測定と評価 195
2.6.1 窓，扉，襖を対象とした測定 195
2.6.2 駐輪機，郵便受けから発生する音の測定 197
2.6.3 台所，浴室で発生する衝撃音の測定 201
2.6.4 便所で発生する振動・音を対象とした測定 207
2.7 自然現象に関わる音の測定と評価 209
2.7.1 雨音の測定 209
2.7.2 建築物周辺および内部で発生する風騒音の測定と評価 216
2.7.3 熱音の測定 223
2.7.4 事務所ビルにおける熱伸縮に起因する衝撃性発生音 226
2.7.5 建物外壁からの熱音 228
2.7.6 クラシックホールの異音原因調査 233

第3編 事例編 *237*

3.1 幹線道路沿いの騒音測定と窓の遮音設計 239
3.1.1 高速道路沿いの社員寮新築計画における道路交通騒音の調査と窓サッシ遮音性能の検討 239
3.1.2 幹線道路を含む地域でのバルーンを用いた集合住宅，ホテルの騒音測定 241
3.2 郊外の交差点近傍の騒音測定と窓の遮音設計（レベル差の大きい場合）......246
3.2.1 比較的静穏な場所での外部騒音測定 246
3.3 鉄道騒音の測定と対策 249
3.3.1 地下貨物線に近接したマンションにおける鉄道振動対策 249
3.3.2 鉄道線路際に計画された社宅における鉄道騒音の調査と窓サッシ遮音性能の検討 251
3.3.3 鉄道（地下部分）騒音の測定と対策 255

 3.4 航空機騒音の測定と対策 262
  3.4.1 航空機騒音の測定 262
  3.4.2 航空機騒音の対策 264
 3.5 室間平均音圧レベル差の測定と対策 270
  3.5.1 鉄骨系集合住宅の遮音改善 270
  3.5.2 ホテルの側路伝搬音による遮音低下例 272
  3.5.3 外壁を経由する側路伝搬音による遮音欠損と対策 274
  3.5.4 ホテル壁のシール不良 278
  3.5.5 ホテル（和室）の遮音改善例 279
  3.5.6 機械室に隣接する客室の遮音測定 282
 3.6 床衝撃音レベル（重・軽）の測定と対策 287
  3.6.1 フラットスラブの床衝撃音遮断性能測定と対策 287
  3.6.2 天井による床衝撃音の影響調査 292
  3.6.3 歩行音対策例 294
  3.6.4 用途変更時（コンバージョン時）における床衝撃音レベルの測定と対策 295
  3.6.5 大型スラブの加振源非直下室における床衝撃音の測定 298

第4編　検査編　*303*

4.1 室間遮音性能 305
4.2 床衝撃音遮断性能 315
4.3 外周壁遮音性能 329
4.4 室内騒音（室内の静謐性能，排水音，空調騒音，換気扇）................................ 340
4.5 室内音響特性 357

第1編 計画編

1.1 測定の心構え（測定を行うにあたって）［安岡正人］　3
　1.1.1　基本的な取り組み方　3
　1.1.2　測定の流れと考え方　3

1.2 測定の目的と進め方［安岡正人］　5
　1.2.1　測定目的(何のための測定か)　5
　1.2.2　事前予測型対策のフロー　T-1　5
　1.2.3　現状改善対策のフロー　T-2　6

1.3 基本的な測定法　8
　1.3.1　音響測定の概要［濱田幸雄・田端淳］　8
　1.3.2　測定項目［濱田幸雄］　8
　（1）基本量　8
　（2）基本量から算出する音響性能　14
　1.3.3　基本的な音響振動測定機器［瀧浪弘章］　19
　（1）マイクロホン　19
　（2）騒音計　21
　（3）音響インテンシティ測定器　23
　（4）振動加速度トランスデューサ　23
　（5）振動計，振動レベル計　24
　（6）力変換器（フォーストランスデューサ）　25
　（7）波形収録装置　25
　（8）分析器　25
　（9）音源装置・加振装置　26
　（10）校正装置　27
　1.3.4　音響測定機器の仕様一覧［石田康二］　28
　1.3.5　信号処理と分析方法［瀧浪弘章］　32
　（1）周波数分析　32
　（2）インパルス応答　32
　1.3.6　各種の測定方法［濱田幸雄・田端淳］　33
　（1）音圧レベル・騒音レベルの測定　33
　（2）音響インテンシティの測定　35
　（3）音響パワーレベルの測定　36
　（4）遮音性能の測定　38
　（5）残響時間の測定　41
　（6）等価吸音面積の測定　43
　（7）振動加速度レベル・振動レベルの測定　44
　（8）駆動点インピーダンスの測定　46
　（9）加振力の測定　48
　（10）音響放射係数の測定　49
　（11）床衝撃音レベルの測定　51

1.4 測定仕様書・測定計画書の作り方［杉野潔・安岡博人］　55

1.1 測定の心構え
（測定を行うにあたって）

1.1.1 基本的な取り組み方

　起きていても寝ていても，人間，生ある限り聴覚ははたらいており，音からは逃れられない．胎内にいるときから人を育んできた聴覚は，我々音響屋に「百見は一聞に如かず」と言わしめるほど，優れた感覚器官である．

　そのダイナミックレンジの広さ，周波数分析力，時間・空間情報取得能力など，総合的にこれに優るオールインワンのコンピュータ付き測定器は，未だに見あたらない．

　こんなすばらしい聴覚をもちながら，何故，お粗末な測定器に頼るのか．それは，時に地獄耳になったり馬耳東風と聞き流してしまう情緒性にあって，定量性と客観性に欠けているからである．

　騒音対策に限らず，科学全般に定量的論理的記述は不可欠であるが，付随する多くの情報が切り捨てられた単能測定器によって得られるデジタル情報は，単なる数値にしかすぎないことを肝に銘じておくべきである．

　測定器を一人歩きさせてはならない．測定器を人間の下僕として使いこなし，聴覚はおろか，すべての感覚器官を総動員して，総合的に人間上位で情報を得るのが真の測定，すなわち，対象を見極め，測り，考え，定めることである．

1.1.2 測定の流れと考え方

〈測定を始める前に〉

　測定を行うには，当然，目的・対象があって，どのような条件で，いかなる方法によりどんな量を計測し，どのように使うかを設定して始める必要がある．

　本書の場合，「騒音対策のための測定と評価」ということで，最終的な目的は明確であるが，直接的な目的は，事前予測や現状改善，入力データの取得や結果の検証など，多岐にわたる．

　また，対象についても，前もって把握できている場合もあれば，測定してみなければわからない場合もある．

　測定条件についても，限定できる場合もあれば，いろいろなバリエーションを考える必要のある場合もある．

　測定方法が，規格等で決められている場合はよいが，対策立案のため，あの手この手，いろいろ試行錯誤をやってみないとわからない場合の方が多くて大変である．

　測定量は，騒音対策側からの要求で決ることが多いが，状況によって直接その量を測定できない場合は，関連する量で代替，もしくは推定せざるを得ない場合もある．

　データの使い方についても，あらかじめ想定された使い方以外に，騒音対策計画で使われることもあり，対策を立ててみて，もっとこんなデータが欲しいということで，再測定することもしばしばである．

　このように，測定の全体像を前もって確定しておいて，そのとおりに実行し，結果を出すことのできるケースは希で，むしろ，現場でいろいろと修正しつつ測定することに意味のある場合が多い．とはいえ，事前に十分計画を練っておくことは，きわめて重要で，それなくして測定を行うのは無謀，というより不可能である．

　逆に，十分な計画ができれば，測定は終わったようなものである，と思うと大きな落とし穴があって，やはり，測定は，予見に惑わされることなく，実体に，虚心坦懐に目を開き，耳を傾けることが大切である．

〈測定実務の流れ〉

　測定実務のプロセスは，大別すると，要求条件の整理，測定計画の立案，現場測定の実査，結果の分析・評価，騒音対策へのデータ提供，検査，の6行程に分かれる．

　手順に従ったフィードフォワードの行程の流れは当然として，ここで重要なのは，それとは逆のフィードバック的思考の流れである．

　過去の経験を踏まえて，「下司の知恵」を後から，次の仕事に活かすことも大切であるが，常に，次々のステップで生じる事態を予測して，リアルタイムでフィードバックし，測定方法などを随時変更

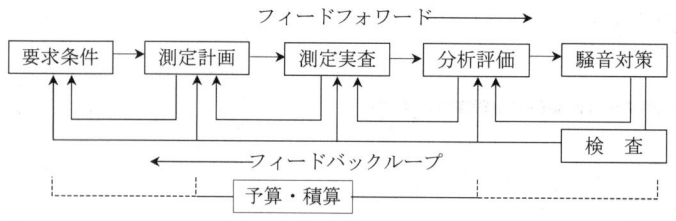

図 1.1.1　測定の実務プロセス

〈空間に音・振動の流れを読む〉

　測定計画において，もっとも重要なことは，音源から受音点に至る音・振動の流れを読み，全体像を把握することである．

　建築の平面図や断面図，あるいは，アイソメ図のなかに音源と受音点を付置し，その間に空気，壁体，躯体，配管，機器などの音・振動伝搬系を設定する．

　そして，それらの中に音・振動の流れを工学の心眼で読み，感性の心耳で聴いて，流れ線図を描き，音・振動の空間的伝搬イメージ図を構築する．

　具体的な建築図から，各論に示してあるようなポンチ絵的な伝搬概念図にまとめると，全体的なフローを把握しやすいが，形式にこだわらず全体像がつかめるものなら，抽象的なブロック図的表現でもよい．

　伝搬概念図に従って，自分が音や振動になった心算で伝搬イメージを描きながら，さまざまな経路を探索して流れてみるとよい．

　メインとなる経路を見落とすと致命的であるが，隙間や迷路をくぐり，音・振動の橋を渡って弱点を捜すことも大切である．

　あちら立てればこちら立たずの二律背反的な面もあり，対策をすればするほど問題が出てくる，モグラ叩き的側面もある．

　何がわからないかを迷探偵の心で，探索していただきたい．

〈音・振動の伝搬経路の探し方〉

　音源から受音点に至る音・振動の伝搬経路は，無限にあるといっても過言ではない．自由空間での直接音は，1本の直線で表されるが，それさえも無限音線のフレネル積分とみることもでき，塀や反射面があるとそれらが顕在化する．見えているいろいろなパス，隠れたパスを含めて特に寄与度の大きいものを見落とすことなく洗い出す必要がある．

　また，室内外や室間の伝搬になると多数の壁面からの透過音が網の目のように存在し，一度建物の躯体中を振動として伝搬し，音として放射されるものまですべて抽出する必要がある．

　まずは，細大漏らさず網羅的に伝搬経路を抽出し，次の段階として，寄与度の大小を予測判断して，順位をつけて選択していくことが，測定を効率的に行う上で，重要なポイントとなる．

　いかに見切りをつけていくかは，経験に頼るところが大きいが，要は，対策を伝搬経路にイメージしつつ，その効果を明確にできるよう，上流と下流の両側で測定する必要がある．

　一般に，音源がわかっていて音・振動のエネルギーの流れに従って枝分かれしつつ経路を抽出することは，比較的容易である．

　逆に，受音側から遡及していく逆同定問題は大変難しい．この場合，受音側を特定の測定点に限定しないで，空間的，時間的に分布させ，相互関係のなかから探索していくのが常道である．

1.2 測定の目的と進め方

1.2.1 測定目的（何のための測定か）

いつ，どんな条件で，何のために測定を行うのかということから，次に，示す3つのタイプに分類することができる．

(1) T-1 ：予測対策のための測定（予防保全）
　　　転ばぬ先の杖
(2) T-2 ：現状対策のための測定（改良保全）
　　　下司の知恵は後から
(3) T-3 ：完成検査のための測定（効果判定）
　　　神の審判

また，音や振動の発生，伝搬系に着目して分類すると，次のようになるので，それぞれをサブシステムとして構成する必要がある．

(a) S-1 ：音源系を探索・同定するための測定（犯人探し）
・空気音
・固体音
(b) S-2 ：伝搬系を抽出し，システム同定するための測定（ネットワーク解析）
・外部音場系—距離減衰，反射・吸収・回折
・建物空気音系—遮音，吸音
・建物固体音系—振動・音響放射・吸音
・経路解析—点・線・面，直列・並列，組合せ
・応答解析—線形・非線形，時間，周波数特性
(c) S-3 ：受音系を特定し，目標値を設定・評価するための調査（被害者対策）
・環境条件
・人間条件

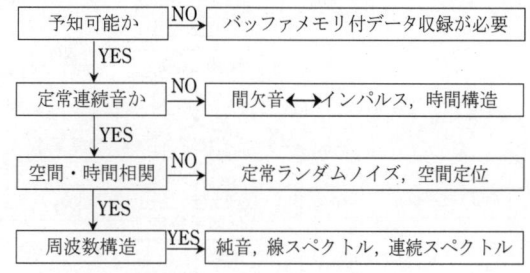

図 1.1.2　音源探索 sub　　S-1

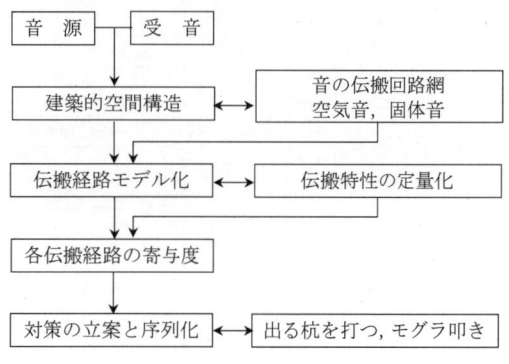

図 1.1.3　伝搬探索 sub　　S-2

音源探索サブフロー S-1 を図 1.1.2 に，伝搬探索サブフロー S-2 を図 1.1.3 に示し，測定対象と基本測定量の概要を表 1.1.1 に示した．基本測定量の詳細については，1.3節を参照されたい．

1.2.2 事前予測型対策のフロー T-1

計画に基づき，騒音の被害状況を事前に予測し，対策を立案するための測定で，まったく既存のデータ調査だけに頼らざるを得ない場合と，少なくとも現場があって，音源等の現状を調査できる場合とがある．いずれにしても，音源から伝搬系，被害状況のすべてを策定する必要がある．

表 1.1.1　測定対象と基本測定量の概要

概念量	空気音系	固体音系	波形, 周波数, 時間, 空間
特定点ポテンシャル	音圧レベル	振動加速度レベル	周波数特性, 定常・非定常, 無指向性
特定点ベクトル	インテンシティ	速度ベクトル	周波数特性, 定常・非定常, 方向性
発生源の総量	パワーレベル	加振力	パワースペクトル, エネギースペクトル
複数点ポテンシャル	音圧	振動速度	空間分布, 位相, 時間差
特定点伝搬定数	特性インピーダンス	ポイントインピーダンス	周波数特性, 自己相関
2点間伝搬定数	音圧レベル差	振動レベル差	伝達関数, 相互相関
空間内伝搬特性	固有振動	固有振動	モーダル解析
時系列特性	残響時間	損失係数	インパルス応答：成長, 平衡, 減衰

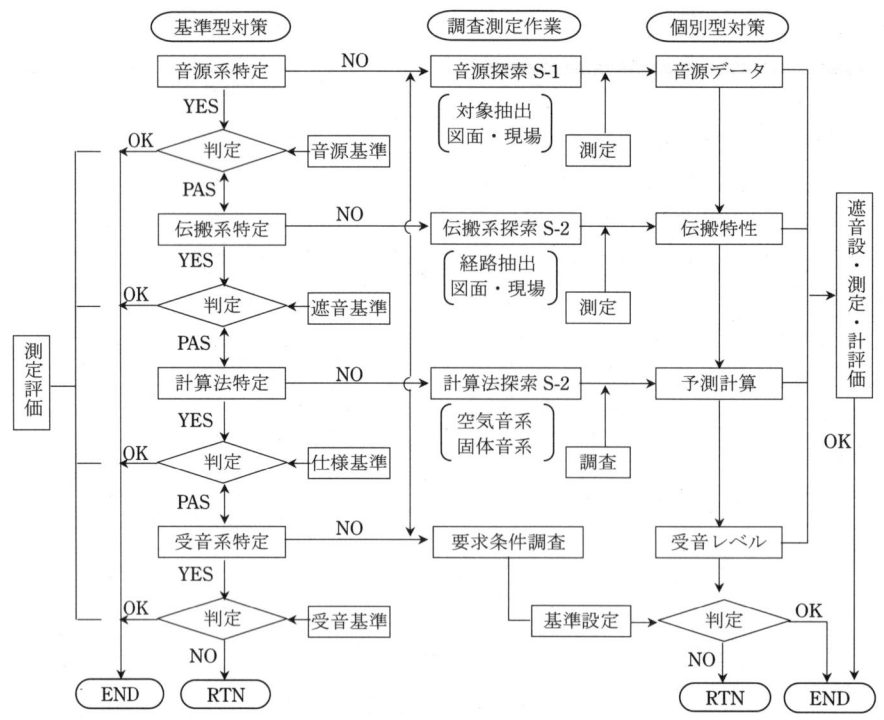

図 1.1.4 事前予測型（新設）対策の全体フロー　T-1（音の流れと対策の流れが同方向）

しかしながら，対策の進め方には大別すると2通りあって，音源系，伝搬系，受音系にそれぞれ独立して，排出基準，遮音基準，仕様基準，環境基準などがあり，それらを達成するように設計する場合と，最終的な受音レベルに目標値を定めてそれを達成するように全体系を設計する場合があり，前者では必ずしも全体像を明らかにしなくても当該性能だけを測定すればよい．

1.2.3　現状改善対策のフロー T-2

現状の苦情や契約違反等に対応するための測定で，問題点が明確になっている場合はその部分のたとえば遮音性能だけを測定すればよいが，苦情の原因自体がわからない場合は，やはり全体像を明らかにする必要がある．

いずれにしても現状の実体があるので，それに聴診器を当てて定量化すればよいわけであるが，問題は苦情など下流側から順次伝搬系を遡って原因を究明していかなければならないことにある．下流に近いところで早く犯人が見つかればよいが，原因不明の不思議音に悩まされている場合などの対策は，伝搬系探索はもとより，音源探索まで必要になり大変である．

最も重要なポイントは，対策をシミュレーションしながら測定をすすめていくところにあって，イメージするだけでなく，必要に応じて実際に隙間をふさいだり，壁を張り増すなどの対策を試行して，その効果を確認することが，当然のことながら大変効果的なやり方である．

事後改善の最大のメリットは，すでに試行錯誤の第一段階が行われていて，その誤りをフィードバックしながら次のステップに進める点にある．

事後改善型（改修）対策の全体フローを図1.1.5に示す．

T-3の完成検査のための測定は，基本的に現状改善対策の中に含まれているので，図1.1.5を参照してもらいたい．

具体的に何をどのように計測するかについては，第2編，第3編に詳述されているが，空気伝搬音の室内外または室間の伝搬系における一般的な音響指標・測定量と建築的条件の相互関係を示すと，図1.1.6のようになる．このようなネットワーク図を描いて測定対象量を定めて測定計画を立てると，見落としを防ぐことができる．

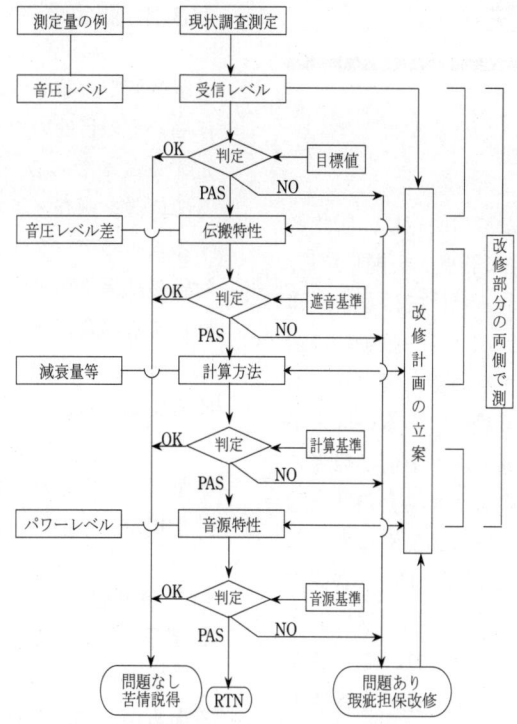

図 1.1.5 事後改善型(改修)対策の全体フロー T-2
(音の流れと対策の流れが逆方向, T-3 を含む)

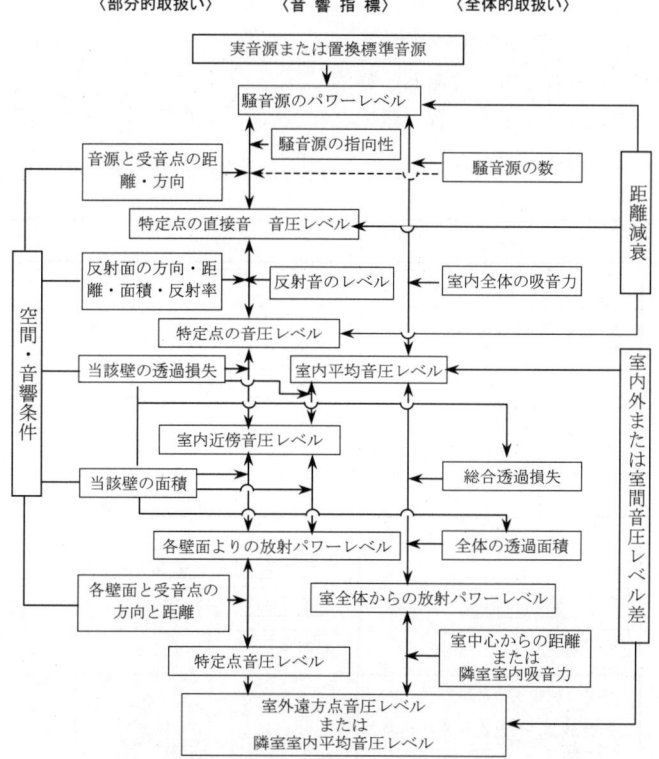

(注) 音源と受音点を交換し,室外から室内への伝搬の場合も成立する.

図 1.1.6 空気音の場合の各種パラメータの相互関係

1.3 基本的な測定法

1.3.1 音響測定の概要

建物における騒音対策のための測定は，居住者からクレームが発生した段階で程度を把握したり，対策を立案するために行われるだけではない．建物の計画段階から，対策のための騒音・振動の測定が必要になる場合がある．すなわち，建物計画地の周辺に騒音・振動源がある場合，あるいは将来的に存在する可能性がある場合は，事前に騒音の予測計算が必要になる．このような場合には，騒音源の音響パワーレベルは計算に必要不可欠である．また，計算等による予測が困難な場合，音響模型実験が行われるが，このときにも相似則に則った音源・模型材料の選定が必要になり，この段階においても音源の周波数特性や指向性，音響透過損失や吸音率などのデータを得るために，測定が必要になる．

以上のように，騒音対策のための測定は建物の計画段階から施工・竣工を経て居住された後まで，いずれの段階においても行われるものである．騒音の発生→伝搬→受聴の流れと，その過程で測定される性能，測定量を図 **1.3.1** に示す．

1.3.2 測定量

騒音測定の第一歩は，最初に測定の目的を明確にし，その目的のために必要なデータを的確に選定することである．例えば騒音対策の場合には，音源位置を探査・特定し，その音響出力を定量化するためのデータが必要になる．ところが，騒音対策の結果を検証する場合や環境騒音そのものを評価する場合には，物理的なデータだけでは不十分であり，人間の聴感を含む'音の大きさ'を求める必要がある．ここでは，騒音測定の各種基本量について，その定義を含めて解説する．次に，基本量から算出される音源特性・空間特性・伝達特性を規定する量について述べる．

(1) 基本量
a. 音圧レベルと騒音レベル[1]

音響測定において，音圧は最も基本的な測定量であるが，次式を用いてレベル表示した音圧レベルの形で表すのが最も一般的である．

$$L_p = 10 \log_{10} \frac{p_e^2}{p_0^2}$$

ただし，$p_e = \sqrt{\dfrac{1}{T} \int_0^T p^2(t)\, dt}$ (音圧の実効値)，
$p(t)$：音圧の瞬時値，$p_0 = 20\,\mu\mathrm{Pa}$

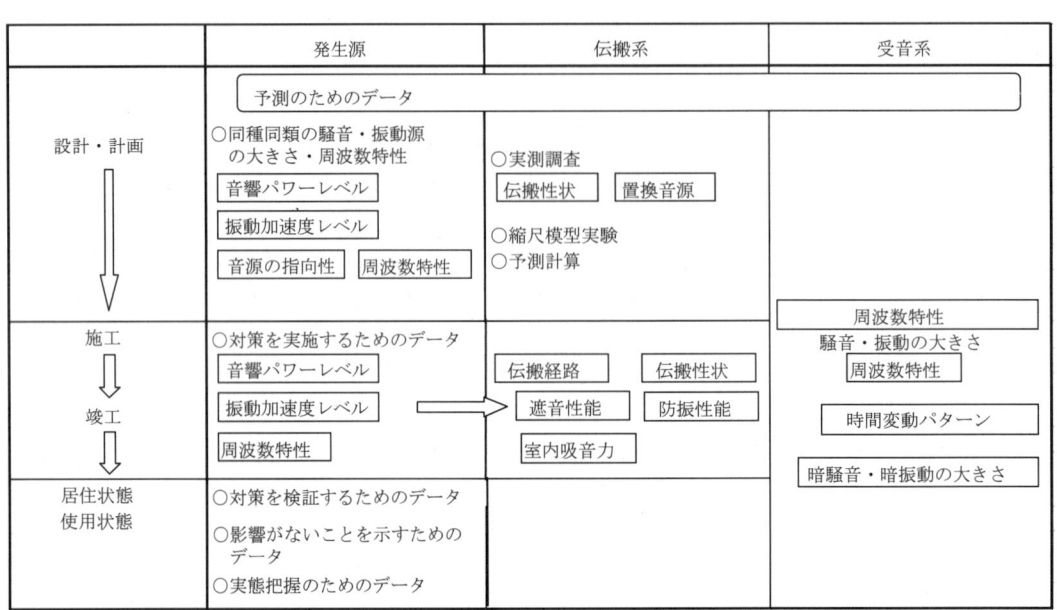

図 **1.3.1** 測定目的と測定量

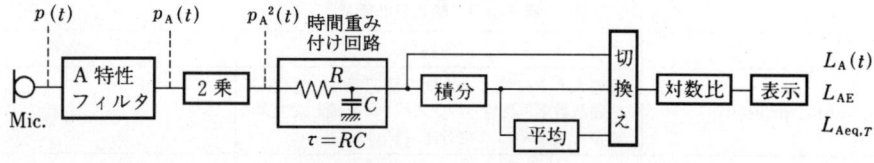

図 1.3.2　騒音計の内部構成

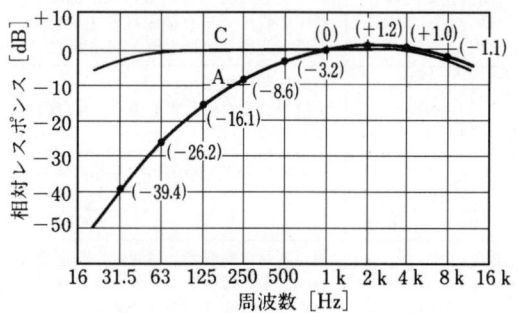

図 1.3.3　騒音計の周波数重み付け特性

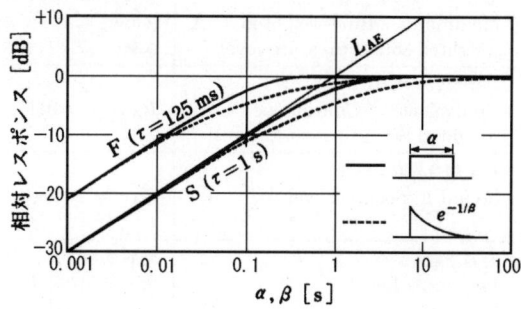

図 1.3.4　騒音計の時間重み特性 F, S による最大値の比較

音圧レベルの測定には，トランスジューサとしてマイクロホンを使用する．その出力をアンプで増幅し，必要に応じて周波数の重み付けをして音圧レベルの表示を行う．騒音計はこれらの機能に加えて，時間重み付け，レベル表示機能をもち，単独で基本的な音圧レベル測定システムを構成する．騒音計の基本的な内部構成を図 1.3.2 に示す．

騒音計の A 特性の周波数重み特性を用いて測定した音圧レベルを特に騒音レベル（A 特性音圧レベル）という．A 特性の周波数重み付け特性は，図 1.3.3 に示すように等ラウドネス曲線の 40 phon 曲線の逆特性を近似したものであり，音の大きさ感との対応がよいため騒音測定ではよく用いられる．

音圧は時々刻々変動するので，指示計器でレベル表示するためには平滑化が必要になる．そのための電気回路が時間重み付けである．つまり音圧レベルは，変動する音圧信号を指数時間重み付けした実効値平均を基準音圧に対してレベル化したものといえる．この指数時間重み付け特性は，一次のローパスフィルタで実現することができ，ある時刻での指数時間重み付けによる音圧レベルは次式で表される．

$$L(t_0) = 10 \log_{10} \left[\frac{1}{\tau} \int_{-\infty}^{t_0} \frac{p^2(t) e^{-(t_0-t)/\tau} dt}{p_0^2} \right]$$

ここで，τ：指数時間重み特性の時定数（秒）

$p(t)$：時刻 t の瞬時音圧（Pa）

p_0：基準音圧（20 μPa）

指数時間重み付け特性の時定数としては，F（速い動特性，Fast：$\tau = 125\,\mathrm{ms}$）と S（遅い動特性，Slow：$\tau = 1\,\mathrm{s}$）がある．時定数が大きいほど，平均化の効果が大きく，指示値の変化は少なくなる．

図 1.3.4 は，エンベロープの異なる衝撃信号を時定数 F および S で分析したときのレベルの最大値を比較したものである．それぞれの両者が直線と見なせる範囲では，F 特性の最大値と S 特性の最大値の間には 9 dB の差があるが，音圧信号の継続時間が長くなると両者は一致する．また，S 特性の直線範囲では，音圧の最大値と単発騒音暴露レベル（L_{AE}）は一致する．

環境騒音を始めとして，人々の生活に伴い発生する騒音には様々なものがあり，表 1.3.1 に示すように騒音源の種類ごとに，法律・基準等で評価量が規定されている．測定において，特に注意しなければならないのは，騒音の時間変動特性である．JIS Z 8731: 1999[2)] によれば，騒音は次の 6 つに分けられる（図 1.3.5 参照）．

①定常騒音：時間的変動がほとんどないか，またはごくわずかな騒音．空調騒音やモータ音など．

②変動騒音：道路交通騒音に代表される不規則かつ大幅なレベル変化を示す騒音．

③間欠騒音：間欠的あるいは周期的に発生する騒

表 1.3.1 騒音の評価量

評価量	定義	備考
A特性音圧 A-weighted sound pressure	音の大きさに関する人間の聴力特性を考慮した周波数重み特性Aのフィルタを通して実効値として求められた音圧 [Pa]	
騒音レベル A-weighted sound pressure level	A特性音圧を音圧レベルの形で表した値 [dB]	
騒音レベルの最大値 maximum time-weighted A weighted sound pressure level	騒音計の時間重み特性 F (fast) または S (slow) によって読み取った騒音レベルの最大値	ピーク値と記述されることがあるが，音圧の真のピーク値と区別するため，最近の規格では最大値と記述する
等価騒音レベル Equivalent Continuous A-weighted Sound pressure Level	$L_{\mathrm{Aeq},T} = 10\log_{10} \dfrac{1}{T}\int_0^T \dfrac{p_A^2(t)}{p_0^2}dt$	時間を明示する 環境騒音を対象とする場合，積分時間は数分以上
単発騒音暴露レベル Sound Exposure Level	$L_{\mathrm{AE}} = 10\log_{10} \dfrac{1}{T_0}\int_{t_1}^{t_2} \dfrac{p_A^2(t)}{p_0^2}dt$	単発的に発生する騒音を対象とする
時間率騒音レベル Percentile Level	時間重み特性Fで測定した騒音レベルが，対象とする時間 T の N パーセントの時間にわたってあるレベルを超えている場合のレベル	異なる対象騒音源，時間帯，測定場所の測定値を算術平均，エネルギー平均することは物理的意味をもたない
評価騒音レベル rating level	対象とする騒音の純音性および衝撃性を何らかの方法で定量的に評価し補正した量	時間を明示する

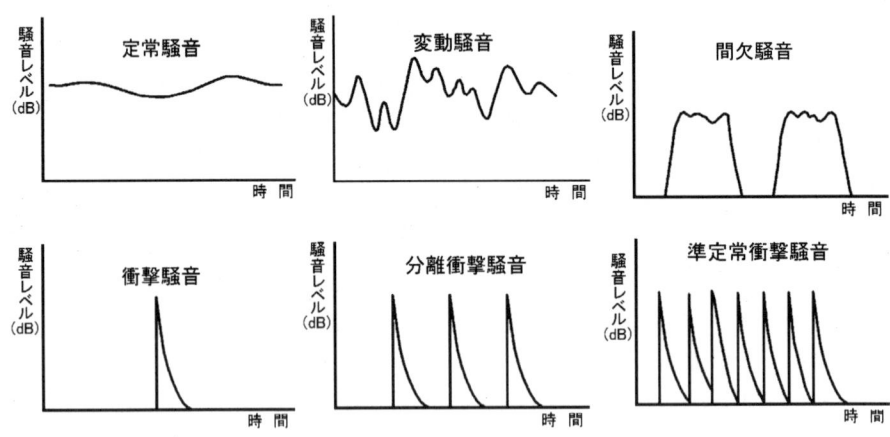

図 1.3.5 騒音の時間特性による分類

音で，発生音の継続時間が数秒以上．
④衝撃騒音：ひとつの事象の継続時間が極めて短い騒音．
⑤分離衝撃騒音：発生ごとに衝撃が分離できる騒音
⑥準定常衝撃騒音：リベットハンマなど短い時間間隔で繰り返す準定常的な衝撃音

以上の各騒音に対しては，その時間変動特性により指示値の読み方，データの整理の仕方が異なる．

特に間欠・衝撃性騒音の測定においては，時定数回路の特性（時間重み特性）が大きく影響するので注意が必要である（図 **1.3.4** 参照）．

b. 音響インテンシティレベル

音の伝搬方向に垂直にとった単位面積 (m^2) を，単位時間（1秒）に通過する音のエネルギー量を音の強さ，音響インテンシティといい，次式で定義されるベクトル量である．

$$\vec{I} = \overline{p(t) \cdot \vec{u}(t)} \qquad (1.3.1)$$

ただし，$p(t)$ は音圧，$\vec{u}(t)$ は粒子速度，￣は時間平均である．

粒子速度の測定は，かなり困難であるが，近接した2点の音圧の差（有限差分）から近似的に求める方法がある．概要は次のとおりである．

平面波に関する波動方程式 (1.3.2) の第2項を式 (1.3.3) のように有限差分近似すれば，r 方向の

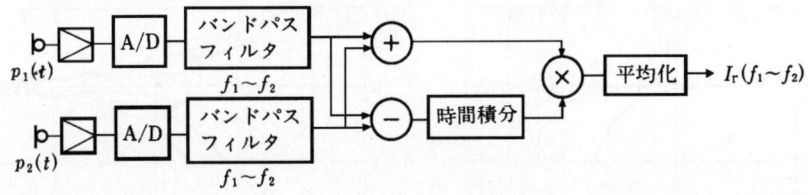

（a）直接法

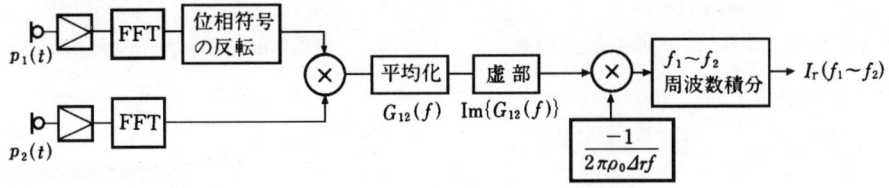

（b）クロススペクトル法（FFT法）

図 **1.3.6** 直接法，クロススペクトル法（FFT法）のブロックダイアグラム

粒子速度は式 (1.3.4) で表される．

$$\partial \frac{\partial u_r}{\partial t} + \frac{\partial p}{\partial r} = 0 \quad (1.3.2)$$

$$\frac{\partial p}{\partial r} = \frac{p_2(t) - p_1(t)}{\Delta r} \quad (1.3.3)$$

$$u_r(t) \approx -\frac{1}{\rho \Delta r} \int_{-\infty}^{1} [p_2(\tau) - p_1(\tau)] d\tau \quad (1.3.4)$$

これらの関係より，r 方向の音響インテンシティは次式で表される．

$$I_r = -\frac{1}{\rho_0 \Delta r} \\ \cdot \frac{p_2(t) + p_1(t)}{2} \int_{-\infty}^{t} \{p_2(\tau) - p_1(\tau)\} d\tau \quad (1.3.5)$$

ただし，$p_1(t)$, $p_2(t)$ は，それぞれ r 方向に微小距離 Δr だけ離れた 2 点の音圧．

さらに，式 (1.3.5) の関係を周波数領域で表現し，2 点の音圧間のクロススペクトル密度関数を用いれば次式が得られる．

$$I_r(f_1 \sim f_2) \simeq -\frac{1}{2\pi \rho_0 \Delta r} \int_{f_1}^{f_2} \frac{\mathrm{Im}\{G_{12}(f)\}}{f} df \quad (1.3.6)$$

ただし，$\mathrm{Im}\{G_{12}(f)\}$ は $p_1(t)$ と $p_2(t)$ とのクロススペクトル密度関数の虚部である．

式 (1.3.5) に基づく方法は，時間領域で信号が処理されることから実時間法とも呼ばれる．一方，式 (1.3.6) に基づく方法はクロススペクトル法と呼ばれ，最も簡便にクロススペクトルを求める方法としては FFT 分析器が用いられるため，FFT 法とも呼ばれる．直接法，クロススペクトル法（FFT法）に基づく信号処理過程を図 **1.3.6** に示す．

これらの方式はいずれも 2 点間の音圧より音響インテンシティを算出するため 2 マイクロホン法（あるいは p–p 法）と呼ばれ，現在市販されている計測機器はほとんどがこの方法による．

粒子速度はベクトル量であるので，音響インテンシティも方向と大きさを持ったベクトル量になる．この性質を利用することにより，音圧測定では求められない音場の情報を得ることができる．

音響インテンシティの計測には，2 つのマイクロホンの振幅・位相特性が一致していることが求められる．このため，専用の音響インテンシティプローブが計測に用いられる．また，音響インテンシティ測定器の性能を規定する国際規格としては，IEC61043: 1993 (Electroacoustics – Instruments for the measurement of sound intensity – Measurement with pairs of pressure sensing microphones) がある．

2 マイクロホン法におけるインテンシティ計測における誤差としては，まず有限差分近似に伴う誤差がある．有限差分近似は，2 点間距離 Δr が波長に比べて十分に小さいとき成り立つが，周波数が高くなるとこの条件が成り立たなくなる．こ

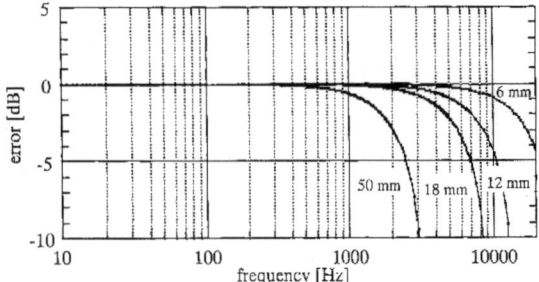

図 **1.3.7** マイクロホン間隔による有限差分近似誤差

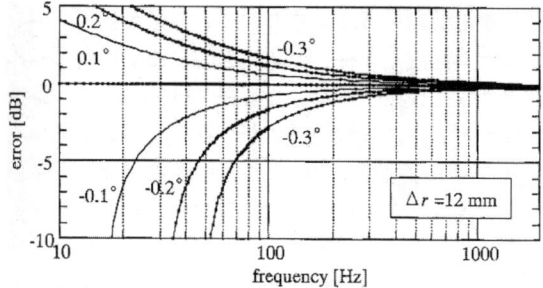

図 **1.3.8** チャンネル間位相差による誤差

表 **1.3.2** 測定可能な条件周波数（誤差 1 dB 以内）

マイクロホン間隔：Δr	測定上限周波数 (kHz)
6 mm	10
12 mm	5
18 mm	2.5
20 mm	1.25

のときの誤差をインテンシティレベルとして表示すると次式となる．

$$L_e = 10 \log_{10} \frac{\sin(k \cdot \Delta r)}{k \cdot \Delta r} \quad (1.3.7)$$

代表的なマイクロホン間隔について，上式を用いて計算した結果を図 **1.3.7** に示す．

有限差分近似による測定誤差を 1 dB 以内とするためには，表 **1.3.2** に示すように測定可能な上限周波数が制限される．

マイクロホン，プリアンプ，ケーブルなど，2 つの信号系に位相差がある場合も，計測誤差が発生する．この誤差は式 (1.3.8) で表される．

$$L_e = 10 \log_{10} \left\{ \frac{\sin(k \cdot \Delta r + \phi)}{k \cdot \Delta r} \right\} \quad (1.3.8)$$

上式を，マイクロホン間隔 12 mm について計算した結果を図 **1.3.8** に示す．周波数が低下するにつれて，誤差が急激に増大することがわかる．

図 **1.3.9** は位相差 $\phi = \pm 0.1°$ において，マイクロホン間隔を変化させたときの誤差である．これによると，マイクロホン間隔が広くなると低周波数域の誤差は小さくなる．つまり，より低い周波数まで精度よく測定するためにはマイクロホンの間隔を広げて計測を行う必要がある．

2 点間の音圧から有限差分近似により粒子速度を求めるには，平面波を測定対象としていることが前提条件である．音源近傍では Δr 間の距離減

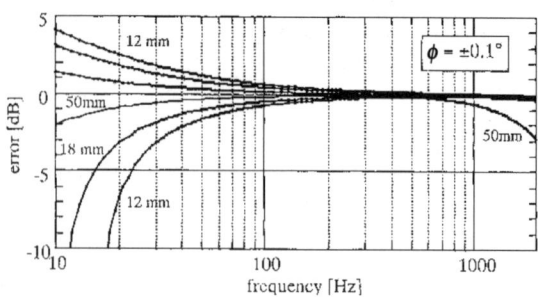

図 **1.3.9** チャンネル間位相差とマイクロホン間隔による誤差

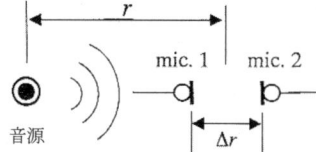

図 **1.3.10** 音源近傍に設置したプローブの近接誤差

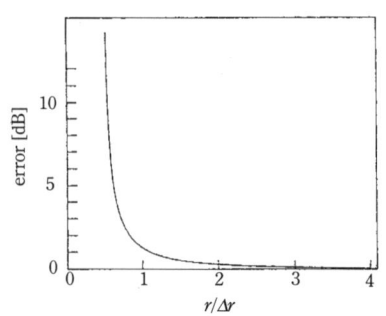

図 **1.3.11** 近接誤差

衰により誤差が生じる．このような音源近傍における誤差を近接誤差と呼び，次式でその大きさは表される．

$$L_e = 10 \log_{10} \frac{\sin(k \cdot \Delta r)}{\left(1 + \dfrac{\Delta r}{4r^2}\right) k \cdot \Delta r} \quad (1.3.9)$$

図 **1.3.10** に示す点音源とプローブの位置関係において，式 (1.3.9) を計算した結果を図 **1.3.11** に示す．これによればマイクロホン間隔の 2 倍以

上,点音源より離れることにより,誤差を 1 dB 以内に抑えられる.

ベクトル量である音響インテンシティの特徴を生かして,次のような測定に音響インテンシティは応用されている.
1) 音源の音響パワーレベル測定
2) 振動体の音響放射効率の測定
3) 音響インピーダンスの測定
4) 音響透過損失の測定
5) 吸音特性の測定
6) 室内音響特性の測定

c. 振動加速度レベル・振動レベル

c-1. 振動加速度レベル L_a

振動の大きさは,加速度 ([G], [Gal], [m/s^2]),速度 ([m/s]),変位 ([m]) などで表される.このうちの加速度について,その実効値を基準値:10^{-5} m/s^2 で除した値の常用対数の 20 倍を振動加速度レベルいい,単位は dB(デシベル)である.なお,ISO 規格では基準値として 10^{-6} m/s^2 を用いるので注意が必要である.

$$L_a = 20 \log_{10} \frac{a}{a_0}$$

ただし,a:振動加速度の実効値 (m/s^2)
a_0:基準値 (10^{-5} m/s^2)

c-2. 振動レベル L_v

振動レベル (L_v : Vibration Level) は,測定した振動加速度の実効値に対して,**表 1.3.3**,**表 1.3.4** に示す全身振動の感覚補正をしてデシベル表示した量である.つまり振動レベルは,JIS C 1510 による振動レベル計の指示値であるということができる.振動レベルの定義は,次式で与えられる.

$$L_v = 20 \log_{10} \frac{a}{a_0}$$

ここで,a は全身振動の振動感覚補正特性を荷重した振動加速度実効値 (m/s^2),a_0 は基準振動加速度 ($= 10^{-5}$ m/s^2) である.

振動計測システムの基本的な構成例を**図 1.3.12** に示す.振動ピックアップは,測定周波数範囲,振動加速度の大きさ,および測定環境に応じて適宜選択する必要がある.いずれの方式の振動ピックアップを用いても,その電気的出力はかなり微小なものであるため,外囲環境の影響を受けやすい.特に,延長ケーブルを用いた場合には,電気ノイズを拾いやすく注意が必要である.考慮すべき外囲環境は次のとおりである.

- 温度・湿度——市販の振動計は 0〜50°C 程度までは動作が保証されるが,寒冷地,炎天下,高温の機械の近傍では防護策が必要になる.また,高湿状態においては,電気ノイズがのりやすい.

表 **1.3.3** 公害用振動レベル計補正特性 (dB)

周波数 (Hz)		1	2	4	8	16	31.5	63	90
レスポンス	鉛直用	−6	−3	0	0	−6	−12	−18	−21
	水平用	+3	+3	−3	−9	−15	−21	−27	−30

表 **1.3.4** 手持工具用振動レベル計補正特性 (dB)

周波数 (Hz)	6.3	8	16	31.5	63	125	250	500	1 000	1 400
レスポンス	0	0	0	−6	−12	−18	−24	−30	−36	−39

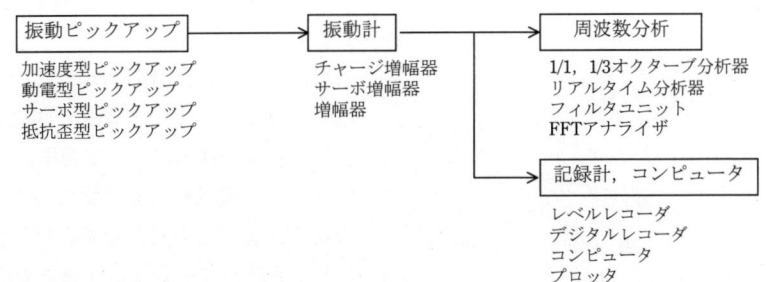

図 **1.3.12** 振動計測システムの構成

- 風——圧電型ピックアップの場合，機種によっては風があたり急激な温度変化が起きると異常電圧が発生するものがあるので，防風カバーなどが必要になる．
- 電界・磁界——動電型のピックアップは磁界の影響を受けやすい．また，大型変圧器や電動機近傍では誘導の影響を十分確認した上で測定を行う必要がある．

d. 加振力レベル

建物内に設置された設備機器等の稼動時に発生する固体伝搬音を適切に制御するためには，設備機器等の加振力を把握する必要がある．加振力の表し方としては，固体音の予測に便利な次式で定義される加振力レベルを用いるのが一般的である．

$$L_f = 20 \log_{10} \frac{F}{F_0}$$

ただし，F：加振力の実効値（N），F_0：基準値（代表的な値としては 1N がよく用いられる）

加振力レベルは，ロードセルの出力より直接得る方法（直接法），機器設置架台の駆動点インピーダンスレベルと振動速度レベルから求める方法（置換法），さらに搭載質量・平均振動加速度レベル・修正係数より求める方法（弾性支持法）により測定できる．

(2) 基本量から算出する音響性能

a. 音響パワー

音源から単位時間 (1秒) に放射される音の全エネルギーとして定義されるのが音響パワーである．音響パワーは記号 P で表され，単位としてワット $[W = (J/S)]$ が用いられる．

図 1.3.13 に示すように，無指向性点音源が自由音場に置かれている場合を考えると，音響パワー P は音源を囲む表面積 S と音の強さ I の積に等しい．

$$P = IS \quad [W]$$

音源は指向性を有する場合が多く，音の強さは部位によって変化する．そのため，音響パワー P は，表面積 S で積分することによって得られる．

$$P = \int_S I_s \, ds \quad [W]$$

ここに，I_s は微少面積 ds を透過する音の強さである．

一般に，音響パワーは次式によってレベル表示された音響パワーレベルとして用いられることが多い．

$$L_W = 10 \log_{10} \frac{P}{P_0} \quad (dB)$$

ここに，P_0：基準のパワー $[10^{-12} W]$

点音源が自由音場に置かれ，音源からある程度距離が離れた点では，音の強さは音圧の2乗平均と等しくなるので，音圧を測定することにより音響パワーを求めることができる．また，境界に囲まれた室において拡散音場の条件が成立している場合には，室の音響エネルギー密度は音圧の2乗平均および音響パワーに比例するので，室内平均音圧レベルと残響時間を計測することによって音響パワーレベルが得られる．

音響パワーレベルの測定は，直接測定する基本量によって音圧法と音響インテンシティ法に大別される．さらに測定原理や測定に必要な音場の種類などによって，標準的な測定方法が規定されている．

これらの測定方法から，どの測定方法を選ぶかは音源の大きさと放射音の特徴，データの使用目的，測定に使用できる音場の種類，求められる測定精度により判断しなければならない．

測定方法を決める際に考慮すべき要因を図 1.3.14 に示す．

音圧レベルは，音の物理的な大きさを表す最も基本的な量であるが，音源と観測点の距離や測定を行う音場の種類によって変化する．したがって，例えばある機械から発生する音の大きさを表す場合など，必ずしも適当な量とはいえない．これに対して音響パワーレベルは測定環境には依存せず，また音源から放射される音の全エネルギーとして

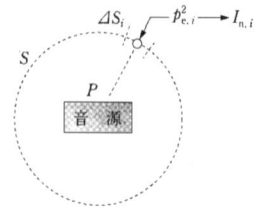

図 1.3.13 音源が放射する音響パワー

		国際規格 JIS	ISO3745 Z 8732	ISO3744 Z 8733	ISO3741 Z 8734	ISO9614-1 Z 8736-1	ISO9614-2 Z 8736-2
音源寸法	大型音源―固定型		○	○	○	○	○
	小型音源―床置き,壁掛け,手持形機器など		○	○	○	○	○
発生音の特徴	スペクトル による分類	広帯域騒音	○	○	○	○	○
		狭帯域騒音	○	○		○	○
		離散純音	○	○		○	○
	レベルの時間変動による分類	定常騒音	○	○	○	○	○
		非定常騒音―変動騒音	○	○	△		
		非定常騒音―間欠騒音	○	○	△		
		衝撃性騒音―分離衝撃騒音	○				
		衝撃性騒音―準定常衝撃騒音	○	○	△		
	精密		○		○		
	実用			○	○		
	簡易				○		
データの使用目的	騒音対策		○	○	○	○	○
	形式試験		○	○	○	○	○
	比較試験		○	○	○	○	○
	比較試験(異なる機械)		○	○	○	○	○
	(同一仕様の機械)		○	○	○	○	○
データの種類	オクターブバンド音響パワーレベル		○	○	○	○	○
	1/3オクターブバンド音響パワーレベル		○	○	○	○	○
	A特性音響パワーレベル		○	○	○	○	○
	重み付け音響パワーレベル		○	○	○		
	指向指数,指向係数		○	○		○	○
	時間変動特性		○	○		○	○
試験環境(室)	残響室				○	○	○
	無響室		○			○	○
	半無響室		○	○		○	○
	平坦な屋外,大きな室,反射が少ない一般室内			○		○	○

図 1.3.14 測定方法を決める際に考慮すべき要因 (○:規定,△:参考)

定義されるため,騒音対策においても重要な物理量である.具体的な適用例を次に示す.

1) 各種の音場で,音源からある距離の点における音圧レベルを計算する場合
2) 低騒音型の設備機器等を選ぶ場合
3) 外周壁,窓などの必要透過損失を決定したり騒音対策を立てる場合

建物における騒音対策のための各種予測式においても図 1.3.15 に示すように音響パワーレベルは主要なデータの一つである.

b. 指向性

騒音源の音響特性を記述するには,音響パワーレベルとともに音源の空間特性を示す指向性を把握しなければならない.

音響パワーレベルは,音源からすべての方向に放射される音の全エネルギーとして,オクターブバンド,1/3オクターブバンド,あるいはA特性の重み付けをした量として測定される.

一方,指向性は音源からの放射音の強さを方向別に表した量であり,やはり周波数帯域ごとに表

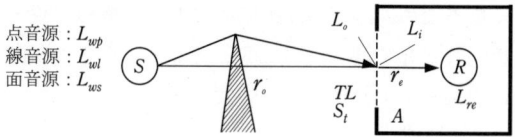

点音源:L_{wp}
線音源:L_{wl}
面音源:L_{ws}

$$L_o = L_{wp} + 10\log_{10}\frac{Q}{4\pi r_o^2} - \Delta L$$

(無指向性点音源の場合,音源が線音源・点音源とみなせる場合は,それぞれの距離減衰式による)

$$L_i = L_o - TL$$
$$L_{wi} = L_i + 10\log_{10} S_t$$
$$L_{re} = L_{wi} + 10\log_{10}\left(\frac{Q}{4\pi r_e^2} + \frac{4}{R}\right)$$

L_{wp}, L_{wl}, L_{ws}:音源のパワーレベル (dB),L_o:外壁近傍の音圧レベル (dB),L_i:外壁内側近傍音圧レベル (dB),L_{wi}:室内入射パワーレベル (dB),L_{re}:室内 r_e 点の音圧レベル (dB),ΔL:遮音壁の減衰量 (dB),r_o:室外の伝搬距離 (m),r_e:室内の伝搬距離 (m),R:室定数 (dB)

図 1.3.15 騒音の伝搬モデルと予測式

される.音源のある方向での音の強さへの,あらゆる方向における音の強さの平均値に対する比を指向係数 (directivity factor) という.指向係数

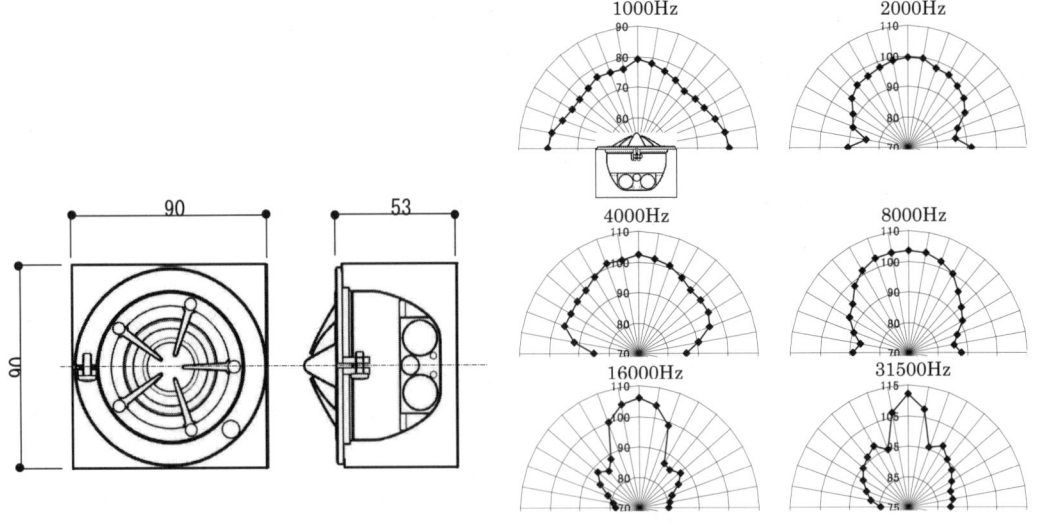

図 1.3.16 音響模型実験用スピーカの指向指数測定例

の常用対数を 10 倍してデシベル表示したものを指向指数 (directivity index) といい，方向の関数として表される．

騒音源が吸音力の高い室内に置かれ，特定方向にある受音点の音圧レベルを計算する場合など，この指向指数が必要になる．また，音響縮尺模型実験の音源スピーカは，使用する周波数帯域が高くなるため，図 1.3.16 に示すように極めて鋭い指向性を有する．実験目的と音源スピーカの指向性の関係を十分検討する必要がある．

c. 伝搬特性

騒音対策を実施する場合，騒音源を特定するとともに，騒音の伝搬経路が明らかにならなければ効果的な対策は行えない．このことは，固体伝搬音による騒音についても同様であり，この場合には振動の伝搬特性を測定する．図 1.3.17 は，RC 造の建物において，加振位置を変化させたときの振動伝搬特性の測定結果である[3]．電動型加振機による鉛直方向正弦掃引加振時の振動加速度レベルを測定し，伝搬距離との関係で整理している．これによると，加振位置に近いところでは加振機設置床の剛性の影響がみられ，加振位置の選定に関して注意が必要である．

また，騒音源は一つとは限らず，同一室内に複数の騒音源が同時に振動している場合が多い．このような状況においては，各音源からの騒音がどのような経路を経て伝搬してくるか特定することは，

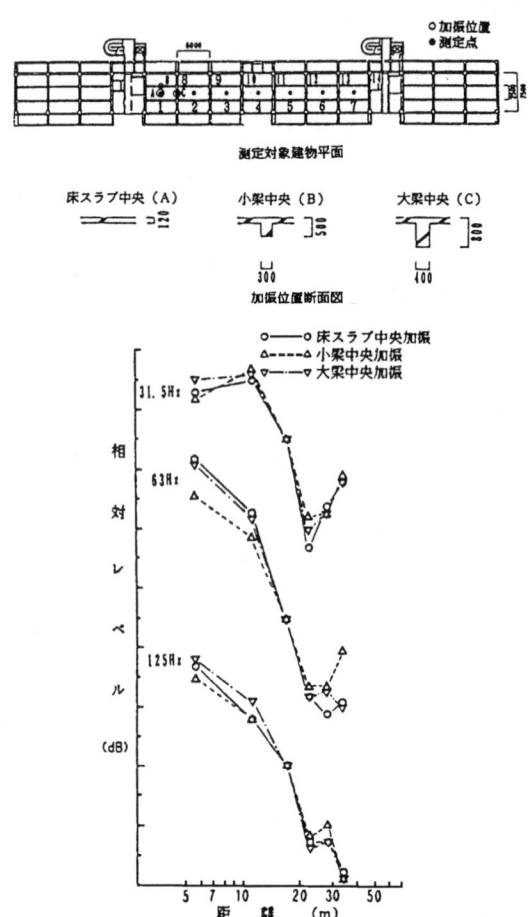

図 1.3.17 RC 造建物における振動伝搬特性測定事例

効果的な騒音対策のために重要である．図 1.3.18 は，多数の機器の中から特定の機器 A の一次反射

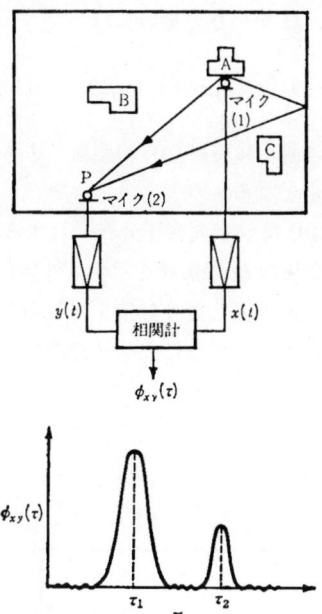

図 1.3.18 層関係により騒音の寄与率を求める方法と求められた相互相関関数 $\phi_{xy}(\tau)$ の一例 [4]

音経路と寄与率を求める方法を示している．機器 A に近接したマイクロホン出力 (1) と受音点に設置したマイクロホン出力 (2) の相互相関係数を求めることにより，一次反射音の遅れ時間がわかり，騒音のレベル減衰量を知ることができる．

d．吸音特性

騒音対策を目的として，吸音材料（構造）を使用する目的は，次のいずれかの場合であることが多い．
① 騒音源のある室内の吸音処理
② 外部騒音の影響を受けている室内の吸音処理
③ ダクトの吸音処理
④ 防音壁等における吸音処理

一般的な吸音材料（構造）の吸音率は，音の入射条件により異なるため，垂直入射吸音率，斜め入射吸音率，ランダム入射吸音率（近似的に残響室法吸音率）の3種類の吸音率が一般的に使われる．

上述の①②においては，音の入射方向の特定ができない場合が多いため，ランダム入射吸音率（残響室法吸音率）が遮音設計の際に用いられる．③のダクトについては，垂直入射吸音率が用いられ，④については，騒音の入射角度が特定される場合に，斜め入射吸音率のデータが必要になる．

なお，垂直入射吸音率からランダム入射吸音率を求める式が，A. London により提案されている [5]．

$$\alpha_S = 4\frac{1-\sqrt{1-\alpha_0}}{1+\sqrt{1-\alpha_0}}\left\{\log_e 2 - \frac{1}{2} - \log_e\right.$$
$$\left.\cdot\left(1-\sqrt{1-\alpha_0}\right)\frac{\sqrt{1-\alpha_0}}{2}\right\}$$

ここで，α_0 は垂直入射吸音率

また，ノーマル音響インピーダンスが，音の入射角度によらず一定であるという仮定（局部作用性の仮定）が成り立つ場合は，次式によりランダム入射吸音率を計算できる．

$$\alpha_S = \frac{8r_n}{r_n^2+x_n^2}\left[1+\frac{r_n^2-x_n^2}{x_n(r_n^2+x_n^2)}\tan^{-1}\right.$$
$$\cdot\left(\frac{x_n}{1+r_n}\right) - \frac{r_n}{r_n^2+x_n^2}\log_e\left\{(1+r_n)^2\right.$$
$$\left.\left.+x_n^2\right\}\right]$$

ここで，r_n, x_n は，ノーマル音響インピーダンスを $Z_n = \rho_0 c(r_n + jx_n)$ とおいたときの実数部（抵抗成分）と虚数部（リアクタンス成分）である．

吸音率は材料（構造）の吸音特性を表すが，騒音対策における室内空間の吸音特性は残響時間より算出される等価吸音面積あるいは室定数によって表される（表 1.3.5）．

表 1.3.5 材料特性と空間特性

吸音特性	
材料特性	空間特性
垂直入射吸音率	等価吸音面積 A (m²)
斜め入射吸音率	等価吸音面積レベル L_{abs}
ランダム入射吸音率	（A を基準値 $A_0 = 1$ (m²) で除した値の常用対数を 10 倍した値）
残響室法吸音率	室定数 $R = \dfrac{S\bar{\alpha}}{1-\bar{\alpha}}$ S：室表面積，$\bar{\alpha}$：平均吸音率

図 1.3.19 に示すように，室内に騒音源があるときの室内発生音の音圧レベルは次式で表される．

$$L = L_W + 10\log_{10}\left(\frac{1}{4\pi r^2} + \frac{4}{R}\right)$$

R が十分に大きい（$\bar{\alpha}$ が大きい）空間では

$$L \approx L_W - 10\log_{10} r^2 - 11$$

となり，自由空間における音の伝搬式と等しくなる．逆に，Rが小さい場合には

$$L \approx L_W - 10\log_{10} R + 6 \approx L_W - 10\log_{10} A + 6$$

となり，理論上は音源からの距離によらず音圧レベルは一定となる．

図 **1.3.20** に，室内音圧分布に対する室定数 R および指向係数 Q の影響を示す．外部騒音による室内発生音を予測したり対策をする場合，部屋がある程度の大きさになると吸音性能は大きな影響を及ぼすことがわかる．

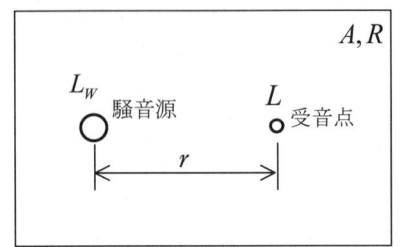

図 **1.3.19** 室内に騒音源がある場合の発生音の予測

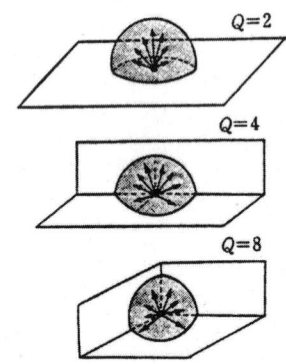

5.2 音の放射条件と指向係数 Q

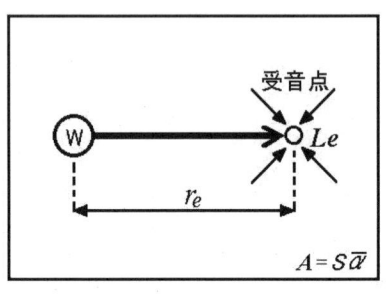

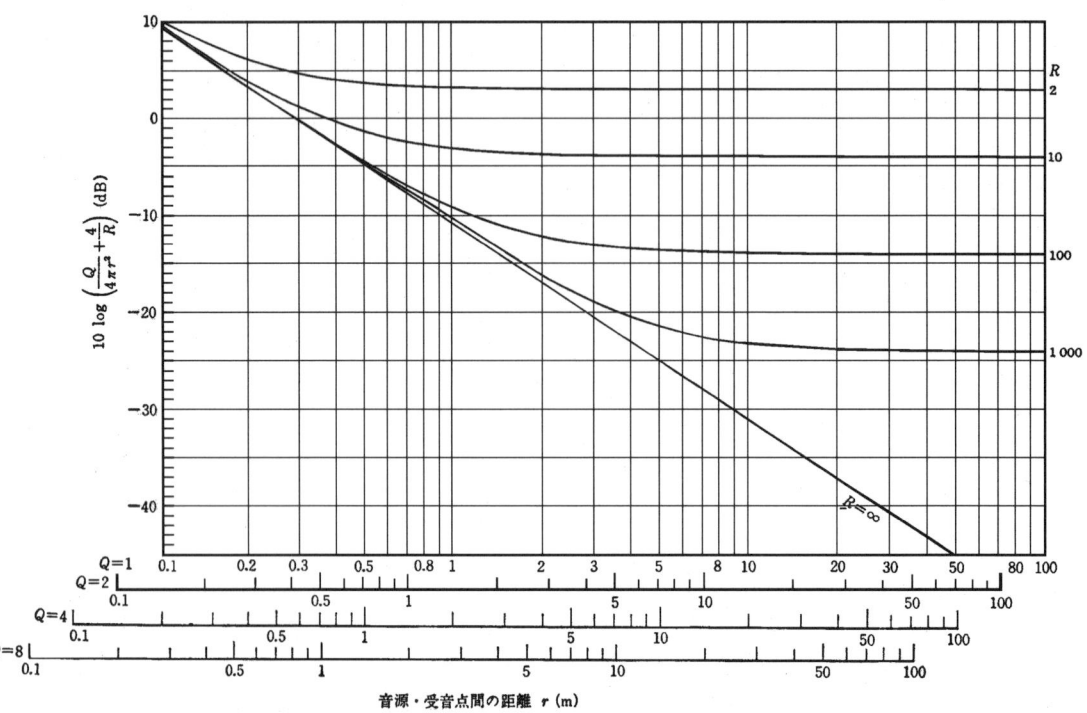

図 **1.3.20** 室内音圧分布における室定数と音源の指向係数の影響

1.3.3 基本的な音響振動測定機器

ここでは，音響または振動の測定に使用することの多い機器について，簡単に解説する．

(1) マイクロホン

昨今，様々な信号処理をするためには，コンピュータの使用が不可欠であり，そのためには，解析しようとする物理現象を電気信号として得，ディジタル信号に変換する必要がある．

音圧を電気信号に変換する電気音響変換器がマイクロホンである．

a. マイクロホンの動作原理

マイクロホンを動作原理で分類すると，静電型，圧電型，動電型，電磁型のほか，多くの種類があり，それぞれに特徴を持つが，音響計測用としては，超低周波音の測定など一部の特殊用途を除き，静電型マイクロホン（コンデンサマイクロホン）を用いるのが一般的である．静電型マイクロホンが用いられるのは，次に挙げる理由による．

・広い周波数範囲で平坦な周波数特性が得られる．
・リニアリティレンジ（測定可能な音圧の範囲）が広い．
・感度（入力音圧に対する出力起電力の比）が高い．
・比較的堅牢で安定性が高い．
・簡便で高精度な校正が可能である．

静電型マイクロホンを動作させるためには，数十〜数百 V の直流偏極電圧（バイアス電圧）を加える必要がある．また，マイクロホンの静電容量は数十 pF と，高インピーダンスであるため，インピーダンス変換を行う前置増幅器（プリアンプ）が必要である．よって，マイクロホンのカートリッジのほかに，専用の前置増幅器とこれを駆動する電源などが必要となる．可聴周波数範囲の測定であれば，これらが一体となった携帯型騒音計を使用するのが簡便である．

なお，1980 年代に入り，あらかじめ分極したエレクトレットを内蔵し，偏極電圧を加える必要のないエレクトレットマイクロホンが開発され，一般の騒音計に使われるマイクロホンのほとんどがエレクトレットマイクロホンとなっている．

また，最近では，定電流で駆動する前置増幅器なども開発されており，各種センサと共通の信号処理器や増幅器が利用できるようになってきている．

b. マイクロホンの口径

音響測定に用いるマイクロホンは，校正を簡便に行うため，その口径が標準化されている．主として用いられているのは，公称外径が 1 インチ，1/2 インチおよび 1/4 インチのマイクロホンである．特殊な測定のために 1/8 インチマイクロホンやプローブマイクロホンが使われることもある．

c. 測定周波数範囲

コンデンサマイクロホンで平坦な周波数特性が実現できるのは，マイクロホンの共振周波数より低い周波数範囲である．マイクロホンの共振周波数は，主として，振動膜の機械的共振周波数とマイクロホン内部の空気室（背気室）の音響的共振周波数で決まり，一般に，小さい口径のマイクロホンの方が共振周波数は高くなる．

一方，下限周波数は，マイクロホンの静電容量と前置増幅器の入力インピーダンスで決まる電気的な下限周波数と，背気室と周囲の気圧を平衡させるために設けた小さな孔（または溝）の音響インピーダンスで決まる．小口径のマイクロホンでは背気室の容積が小さくなるため，急激な温度変化や気圧の変化でマイクロホンが不安定になったり損傷したりするのを防ぐために，気圧平衡のためのパスの音響インピーダンスが小さくなるように設計することが多く，一般に，口径の小さいマイクロホンの方が，下限周波数が高くなる．

各口径の静電型マイクロホンの周波数特性の例を図 **1.3.21** に示す．市販されている代表的なマイクロホンの測定周波数範囲は，表 **1.3.6**（p.28）に示されている．

d. 測定音圧レベル範囲

マイクロホンの測定音圧レベルの上限は，マイクロホンの振動膜の変位が音圧に対して線形性を維持できる上限，前置増幅器に供給する電源電圧およびマイクロホンの感度に依存する．マイクロホンの振動膜の変位が線形範囲を超える振幅のオーダーは，マイクロホンによってそれほど変わらないので，実際には，供給電源電圧またはマイクロホンの感度で決まることが多い．マイクロホンの共振周波数が上がるに従い，マイクロホンの感度

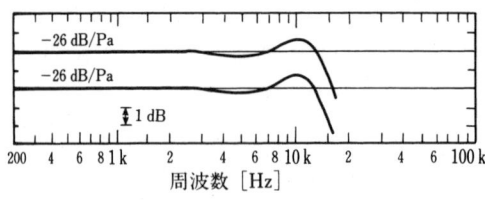
(a) 1インチ形

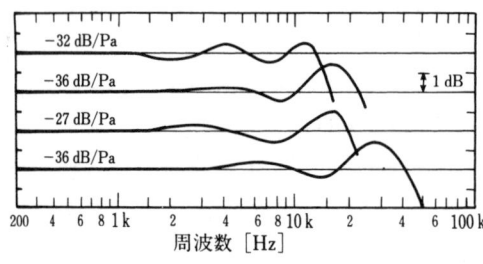
(b) 1/2インチ形

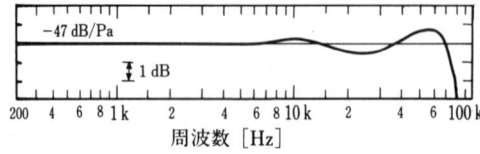
(c) 1/4インチ形

図1.3.21 口径の異なる自由音場型マイクロホンの周波数特性

は下がるので，測定音圧レベルの上限は，小口径のマイクロホンの方が高くなる．すなわち，大音圧の測定には，小口径のマイクロホンを使用する必要がある．前置増幅器に供給する電圧が十分でないと，上限音圧レベルまで測定できないことがあるので，注意が必要である．

マイクロホンの測定音圧レベルの下限は，マイクロホンの音響的な雑音電圧，測定システムの電気的雑音電圧およびマイクロホンの感度に依存する．通常は，マイクロホンの音響的な雑音電圧よりも，測定システムの電気的雑音電圧の方が高いので，実際には，測定システムの雑音とマイクロホンの感度で決まることが多い．前述のように，口径が小さくなるほど感度は低くなるので，測定下限音圧レベルは，小口径のマイクロホンの方が高くなる．すなわち，低い音圧レベルの測定には大口径のマイクロホンが必要となる．

高性能の測定システム（電気的雑音が小さく，前置増幅器への十分な電圧供給が可能）を用いた場合，1つの静電型マイクロホンで測定できる音圧レベルの範囲（上限と下限の差）は130～140 dB程度が一般的である．

市販されている代表的なマイクロホンの測定音圧レベル範囲は，**表1.3.6**(p.28)に示されている．

e. 音場型と音圧型

マイクロホンの周波数特性を調整するときに，マイクロホンの振動膜に加わる音圧に対して出力電圧（起電力）が一定となるようにしたマイクロホンを音圧型マイクロホンと呼ぶ．音圧型マイクロホンは，カプラ（ほぼ密閉した空気室）内に音源を置いて測定する場合に用いる．

通常の測定，音場における測定では，マイクロホンを測定点に置くことにより，マイクロホンや前置増幅器による音の反射や回折のために音場を乱し，マイクロホンの振動膜に加わる音圧は，マイクロホンを置く前よりも高くなってしまう．この影響は周波数に依存し，1/2インチマイクロホンでは数kHzより高い周波数範囲で無視できなくなり，正面から入射する平面波の場合，口径と波長が等しくなる20 kHz近傍では10 dB程度になる．この影響をあらかじめ考慮して周波数特性を調整したマイクロホンが自由音場型マイクロホンである．一般的な騒音計に用いられているマイクロホンは，自由音場型である．

f. 指向特性とランダム入射型マイクロホン

理想的なマイクロホンは全指向性，すなわち，どの方向からも入射する音に対して感度が等しいマイクロホンである．しかしながら，マイクロホンや前置増幅器を無限に小さい点にすることはできないので，マイクロホンを音場に置くことによって音場を乱してしまうのと同様，ある程度より高い周波数範囲で，指向性を持つようになる．自由音場型マイクロホンは，基準方向（通常は，マイクロホンの回転対称軸上でマイクロホンの振動膜に向かう方向）から入射する音に対して出力電圧（起電力）が一定となるように調整されており，他の入射方向からの音に対しては，高い周波数で感度が低くなる．

拡散音場のように，あらゆる方向から同じエネルギーで音が到来するような場合には，指向特性を考慮した（全方向について積分した）周波数特性が平坦なマイクロホンを使用する方がよい場合

がある．このような目的で調整したマイクロホンをランダム入射型マイクロホンと呼ぶ．実際には，音圧型マイクロホンのランダム入射周波数特性は平坦であることが多く，音圧型マイクロホンが残響室での測定などに用いられる．

もっとも，自由音場型マイクロホンとランダム入射型マイクロホンとの周波数特性の差が1 dB程度を超えてくるのは，数 kHzより高い周波数であり，これより低い周波数でのみ測定するのであれば，残響室で自由音場型マイクロホンを使用して差し支えない．

また，吸音率や遮音の測定のように，音圧レベルの相対値だけを求める場合には，いずれのマイクロホンを用いてもよい．

（2）騒音計

騒音計の英語での名称は sound level meter である．現在の騒音計の用途を考えると，静寂な環境での音の測定に用いられたり，楽器音を測定するときのフロントエンドとして用いられたり，必ずしも騒音の測定ばかりとは限らない．その意味で"騒音"計という名称は適切なものでないという意見もあり，2000年に改正されたJIS Z 8106（音響用語）では，"サウンドレベルメータ，騒音計"という見出しにしている．

a. 騒音計の性能を規定する規格

騒音計の性能を規定する規格には，国内規格として JIS C 1502: 1990（普通騒音計）と JIS C 1505: 1988（精密騒音計）が制定されていたが，2002年に発行した IEC 61672-1 (Electroacoustics – Sound level meters – Part 1: Specifications) および 2003 年に発行した IEC 61672-2（同 Part 2: Pattern evaluation tests）に整合させた JIS C 1509 シリーズが 2005 年に制定されたのに伴い廃止された．JIS C 1509 シリーズの名称は"サウンドレベルメータ（騒音計）"であり，第1部（JIS C 1509-1）は仕様，第2部（JIS C 1509-2）は型式評価試験方法を規定している．従来の普通級と精密級は，新規格ではクラス2とクラス1と分類される．クラス1の方が，設計目標に対する許容限度値が小さくなっている．

最近は，電子回路技術の発達と高性能な回路素子が比較的安価に入手できるようになったため，電気信号入力に対する応答ではクラス1とクラス2でほとんど差はない．両者の差は，ほとんど，マイクロホンの周波数レスポンスの差だけである．なお，IEC 61672-2 の発行に伴い，従来の国際規格 IEC 60651（Amendment を含む）および IEC 60804 は廃止された．

b. 騒音計の定義と基本的構成

規格に規定する騒音計の定義は，いわゆる騒音レベル（A特性時間重み付きサウンドレベル），等価騒音レベル（A特性時間平均サウンドレベル），単発騒音暴露レベル（A特性音響暴露レベル）のいずれかを測定できる機器，である．実際には，これらのすべてを測定できることが多い．なお，括弧内は，JIS C 1509 シリーズで使われている用語であるが，規格の中で厳密に区別する必要から採用したものであり，これらの用語を一般的に使用することを求めるものではない．

騒音計の基本的構成の概念図を図 **1.3.22** に示す．図で，平均化回路に時間重み付け特性を用いれば騒音レベルが求められ，時間平均回路（または積分回路）を用いれば等価騒音レベル（または単発騒音暴露レベル）が求められる．

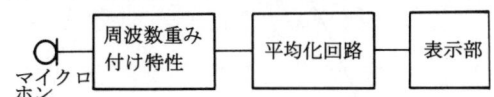

図 **1.3.22** 騒音計の構成（概念図）

c. 騒音計の周波数重み付け特性

規格では，A，C および Z の3種類の周波数重み付け特性が規定され，一般に A 特性と C 特性が用いられる．A 特性と C 特性は，ラウドネスを近似した評価を目的として，それぞれ 40 phon と 80 phon の等ラウドネス曲線の逆特性を基に提案された特性である．かつては，聴感補正特性とも呼ばれたが，主観評価とは一線を画したものであることを明確にするために，周波数重み付け特性（周波数補正回路）と呼ぶように改められた．一般の騒音測定には，A 特性が用いられる．単に騒音レベル，等価騒音レベルまたは単発騒音暴露レベルと呼ぶときには，A 特性で周波数重み付けしていることを暗黙の了解としている．C 特性は，後

述するように平坦特性の替わりにピーク音圧レベルの測定に用いられるほか,騒音計の試験目的に用いられる.

騒音計には,A特性とC特性の周波数重み特性以外に平坦な周波数特性(FLAT)を備えていることも多い.しかしながら,FLAT特性については,規格に明確な規定がなかったため,31.5 Hzより低い周波数範囲や8 kHzより高い周波数範囲で,製造業者の違いや機種の違いによって周波数レスポンスが大きく異なっているため,注意が必要となることがある.FLAT特性に代わり,新規格では,少なくとも10 Hzから20 kHzまでの設計目標値が平坦であるZ特性が定義されているが,Z特性を備えたとする騒音計は少ない.また,FLAT特性と表示されていても,実際にはZ特性の仕様に適合している騒音計が多い.

超音波が存在している場所で可聴領域の音を測定するために提案されたU特性とともに,周波数重み付け特性の設計目標値を図1.3.23に示す.

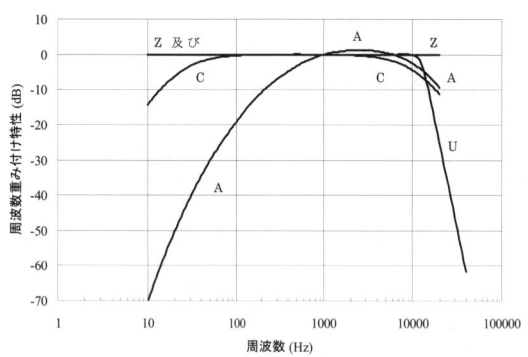

図1.3.23 周波数特性重み付け特性の設計目標値

d. ピーク音圧レベル(過渡信号に対する応答)

先に,ピーク音圧レベルを測定するときにはC特性を用いることを述べた.過渡信号は測定システムの位相ひずみの影響を受けるため,ピーク音圧レベルの測定はFLAT特性を用いて行う方がよいと思われがちである.しかしながら,FLAT特性は十分に規定された特性ではないため,FLAT特性でピーク音圧レベルを測定した場合には,機種によって大きく異なる値を示す可能性がある.そこで,機械の発生する騒音について規定する欧州指令などでは,伝達特性の設計目標が厳密に規定されているなかで最も平坦な周波数範囲の広い周波数重み付け特性Cで測定したピーク音圧レベルを採用している.

e. 騒音計の時間重み付け特性

騒音計の時間重み付け特性として,FとSが規格に規定されている.いずれも,一次のローパスフィルタで実現される特性で,時定数で表すと,Fが0.125 ms,Sが1 sである.一般の測定にはF特性が用いられるが,新幹線騒音および航空機騒音に係る環境規準では,S特性による騒音レベルの最大値(またはその最大値から求めたWECPNL)で評価が行われる.なお,これらの特性は,一般に,fast,slowと表されることが多いが,国際規格では特定の言語に基づいた表記を避ける原則があり,F,Sの一字を用いるのが正式である.

f. 交流出力

規格では,騒音計の出力について詳細に規定はしていない.交流出力端子は,データレコーダに信号を記録させるときに利用すると便利であるが,機種によって,出力信号に,騒音計で設定した周波数重み付け特性のかかるものとかからないものがあるので注意が必要である.

g. 検定と規格への適合性判定

騒音計は,計量法に定める特定計量器であり,型式承認と検定(検定有効期間5年)の制度がある.一方で,国際規格に整合する様々な騒音測定方法を定めるJISでは,規格への適合性を2年に1回は検証(verification)することを求めている.計量法による検定では,等価騒音レベルを測定する機能を備える場合であっても,それを試験する規定がないので,その機能は試験されない.一方,規格への適合性の検証は,原則として,備える機能についてはすべて試験するので,特定計量器としての型式承認や検定を受けたものであっても,厳密な意味では規格への適合性を検証したことにはならない.この規格への適合性を検証するための制度は,現時点では整備されておらず,試験方法の標準化(IEC 61672-3の作成がそれにあたる)を含めて,現在,作業が進められているところである.

h. 音響校正器の使用

計量法では,騒音計を使用するにあたり音響校正器を使用することを定めていないが,騒音計の

規格や騒音測定方法の規格では，測定の前後に音響校正器を使用して騒音計が正常であるかどうかを確認し，必要であれば騒音計の感度を調整することを求めている．計量法の規定に関わらず，測定にあたっては，音響校正器により感度を確認することを推奨する．騒音計の指示値が，指示されるべき値から甚だしくずれている場合には，調整はせず，修理または校正依頼するのがよい．

i. 騒音計の選択

近年の騒音計の電気回路はディジタル化が進み，規格に適合していると謳う騒音計であれば，その電気音響的な性能にほとんど差はなくなっている．

最近では多機能化が進み，携帯形のものでも様々な測定に対応できるようになってきている．また，大容量のメモリが搭載されると共にパーソナルコンピュータとのデータの送受信も容易になり，様々なアプリケーションを利用して自在な解析も可能となってきている．よって，騒音計の選択にあたっては，測定の目的に合った機能の有無，操作性の良さなどが重視される傾向にある．市販されている代表的な騒音計の仕様は，**表 1.3.8**（pp.30–31）に示されている．

(3) 音響インテンシティ測定器

ある点における粒子速度の方向に垂直な単位断面積を通過する単位時間当りの音響エネルギーが音響インテンシティである．音響インテンシティは，音圧と粒子速度の積で求められる．

音響インテンシティを測定することにより，音のエネルギーの流れを知ることができるので，音の放射特性などを詳細に把握するためには不可欠である．しかしながら，正確な校正が可能で安定した粒子速度トランスデューサの入手が困難で，音響インテンシティ測定器は実用化が遅れていた．

1970年代後半に至り，接近して配置した2つのマイクロホンの音圧傾度から粒子速度を求めて音響インテンシティを測定するシステムが開発され，徐々に普及するようになった．

a. 音響インテンシティ測定器の構成

音響インテンシティ測定器は，音圧と粒子速度を検出するプローブ部分と，音圧信号を分析処理する分析器部分で構成され，それぞれの部分とそれを総合した測定器に対して性能の仕様が規格（IEC 61043，JIS C 1507）で規定されている．

プローブ部分は，2つのマイクロホンからなり，市販されているものは，マイクロホンの口径程度の長さのスペーサを挟んで，振動膜面を対向させる構造のものが多い．スペーサの長さによって測定可能な周波数範囲が決まり，スペーサの長さが長くなるほど，測定周波数範囲は低い方にシフトする．

2つの音圧信号から音響インテンシティを算出する方法には，音圧と音圧傾度から直接計算する直接法と，2つの音圧信号のクロススペクトル密度関数から計算するスペクトル法がある．一般に，前者はバンドパス分析を基にした構成，後者はFFT（Fast Fourier Transform：高速フーリエ変換）分析を基にした構成となる．

b. 音響インテンシティ測定の用途

音響インテンシティは，音のエネルギーの流れを向きと共に測定できるので，グラフィック技術を利用して，音の放射や吸収の様子を視覚化するのが容易である．また，音源や音の漏洩箇所を特定するのにも，大変有効な道具となる．

また，無響室や残響室といった特殊な部屋を用いることなく，現場において，音響パワーレベルや遮音性能の測定が可能となる．これらの測定方法については，国際規格が制定されており，その一部は，すでにJIS化されている（JIS Z 8736シリーズ）．

(4) 振動加速度トランスデューサ

音と同様，振動の測定においても，振動を電気信号に変換する電気機械変換器が必要となる．

振動の大きさを記述する代表的なパラメータとして，変位，速度，加速度があるが，一般的に使用されるトランスデューサは，加速度に比例した信号を出力するもので，加速度ピックアップと呼ばれる．

a. 加速度ピックアップの動作原理

振動を検出して電気信号に変換する原理には様々なものがあり，超低振動数や微振動を測定するためにレーザー干渉を利用したものもあるが，一般に使用されているものは，圧電型加速度ピックアッ

プである．

　圧電型加速度ピックアップは，振動を受ける本体と重錘で圧電素子を挟み込む構造となっている．重錘の質量と加速度の積に比例する力が圧電素子に加わると，圧電素子の表面に力が加わって発生したひずみに比例した電荷が発生する．これを電気信号として取り出すためには，電荷増幅器または前置増幅器が必要となる．圧電型加速度ピックアップには前置増幅器を内蔵したものと内蔵していないものがある．また，マイクロホンと同様，最近は，定電流駆動の前置増幅器内蔵型のものも増えており，さらに，感度や周波数特性などの情報を内部メモリに保存したTEDS（Transducer Electronic Data Sheet：センサに組み込まれた電子データシート）対応の製品も市販されている．

　圧電素子には，一般に，圧電セラミックが使われており，ずれ応力を利用したせん断形と，圧縮応力を利用した圧縮形の2つの種類がある．せん断形は，感度が高く小型化が可能であり，温度変化による出力（パイロ電気出力）が小さいという特長がある．一方，圧縮形は，構造が単純で機械的強度が高く，大加速度，衝撃振動の測定に適している．

b. 加速度ピックアップの種類

　加速度ピックアップの寸法に無関係に校正ができることから，マイクロホンとは異なり，形状や寸法を規定する規格はない．そのため，使用目的により，様々な寸法，質量，形状の加速度ピックアップが用意されており，使用目的に合わせて多様な選択が可能となっている．市販されている代表的な圧電型加速度ピックアップの仕様は，**表1.3.7** (p.29) に示されている．

　マイクロホンと同様，一般に小型のものほど測定上限振動数が高く，広い振動数範囲の測定が可能であるが，感度は低くなる．また，質量が小さいほど，測定対象物の振動に与える影響も小さくなる．

　また，特殊な環境条件で使用するための，高温度用，防水絶縁用加速度ピックアップが用意されている．

　多くの振動ピックアップは，1方向の振動を測定するように作られているが，直交する3軸の振動を同時に測定できるように，3つの圧電素子を内蔵したものもある．

c. 加速度ピックアップの測定上限振動数

　加速度ピックアップの測定上限振動数は，同じ加速度ピックアップであっても，測定面への取付け方で大きく異なってくる．振動面への取付けは，振動レベル計用ピックアップのように単に載せる方法から，両面粘着テープ，マグネット，ネジを利用する方法など様々であるが，しっかりと固定できるほど，取付け共振周波数は高くなり，測定上限振動数も高くなる．

(5) 振動計，振動レベル計

　一般に，加速度ピックアップを接続して，振動の大きさを直読できるようにした測定器を振動計，公害振動の評価に用いる振動レベルを測定するために特化した測定器を振動レベル計と呼んでいる．

a. 振動計

　様々な加速度ピックアップを接続できるように，何種類かの入力端子や前置増幅器用電源を備えており，実効値のほか，ピーク値，ピークツーピーク値を指示することができるのが一般的である．

　また，振動加速度のほか，信号を積分して，速度および変位を測定できるようになっているが，それぞれの測定量に対して，測定可能な振動数範囲や精度が異なる場合が多いので，注意が必要である．

　2004年，人体への影響を評価するための測定器および評価方法に関する2種類のJISが制定された．1つは全身振動に関するJIS B 7760シリーズで，もう1つは手腕系振動に関するJIS B 7761シリーズであり，これらに対応する振動計も市販されている．

b. 振動レベル計

　振動レベル計の基本的な構成は，騒音計のマイクロホンを加速度ピックアップに置き換えたものに相当する．

　一般に，直交する3方向を同時に測定できるように3チャンネルを備えている．周波数重み付け特性は，鉛直方向（Z方向）と水平方向（X，Y方向）で異なっており，それぞれ，規格（JIS C 1512）に規定されている．

時間重み付け特性は，騒音計と同じ一次のローパスフィルタで実現される特性で，その時定数は，0.63 s である．

振動計が加速度などをそのままの値（単位でいえば，mm/s^2 など）で表示するのに対し，振動レベル計は，騒音計と同様，基準値に対してレベル化したデシベル値で表示する．周波数重み付けしている場合を振動レベル，周波数重み付けをしていない（振動数範囲は，1～80 Hz）場合を振動加速度レベルと使い分ける．

レベル化するときの基準値は，10^{-5} m/s^2 である．一方，国際規格（ISO 1683）では，振動加速度の基準値として 10^{-6} m/s^2 を推奨している．振動レベル計で測定した結果を海外に示すときには，基準値を明確にする必要がある．

(6) 力変換器（フォーストランスデューサ）

振動の伝搬予測などにおいては，振動源の加振力を把握することが重要であり，その測定のために力を電気信号に変換する電気機械変換器が必要となる．これを，一般に，力ピックアップと呼んでいる．

力ピックアップは，振動加速度ピックアップの重錘を，力を受けるための面をもつ質量の小さい部品に置き換えた構造となっている．

力ピックアップとして使用するのには，圧電セラミックは感度が高すぎるので，一般に，水晶が圧電素子として用いられている．

原理的には，加速度ピックアップと同じ変換器なので，力ピックアップを振動計に接続することにより，力の測定が可能となる．

(7) 波形収録装置

現場で音や振動の信号を収録し，実験室で詳細な分析をするために使われるのが，波形収録装置である．

かつては，アナログのテープレコーダが使用され，その後，DAT が長く使用された．ところが，半導体の高集積化，高速化，低価格化が一気に進み，波形収録の風景が一変した．

現在は，ハードディスクや半導体メモリにディジタル波形をそのまま収録することが主流となっている．コンピュータのアプリケーションをそのまま利用する場合もあるし，小型化した専用機として市販されているものもある．

収録可能な上限周波数は，データのサンプリング周波数で決まるので，目的に応じてサンプリング周波数を選択する．当然，同じ記憶媒体であっても，サンプリング周波数が低い方が長時間の収録が可能となる．

(8) 分析器

音や振動の周波数成分を知るために，ある程度狭い周波数範囲の信号成分だけを取り出す処理をする測定器で，一般に，分析器と呼んでいる．

周波数分析の方法は，大別すると定比型と定幅型に分類することができる．かつては，アナログ方式による分析がほとんどであったが，現在は，いずれの方法であってもディジタル信号処理で分析されている．

測定器の形態としては，現場で手軽に測定のできる小型で一体化した比較的機能を限定した専用器，オプションとして騒音計にインストールして使用できるもの，コンピュータと共に用いる分析システムなどに分類できる．

a. 定比型分析器

取り出す信号成分の周波数範囲の上限と下限の比が一定となるようにした分析器が定比型分析器である．

一般の測定に広く使われている帯域幅は，1/1 オクターブバンドと 1/3 オクターブバンドである．バンド幅の上限周波数と下限周波数の比は，前者で $10^{3/10}$，後者で $10^{1/10}$ である．それぞれのフィルタは，中心周波数で区別して呼ばれ，中心周波数は，上限周波数と下限周波数の積の平方根となる．表示のために用いられる中心周波数は公称値であり，厳密な中心周波数は，1/3 オクターブバンドフィルタでは n を整数とすれば，$1\,000 \times 10^{n/10}$ [Hz] で計算される．

それぞれのフィルタの帯域幅は，中心周波数が高くなるにつれ広くなるが，周波数軸を対数で表せば，各帯域幅が等しくなって表示される．

フィルタの性能は，規格（IEC 61260, JIS C 1514）で規定されている．この規格では，フィル

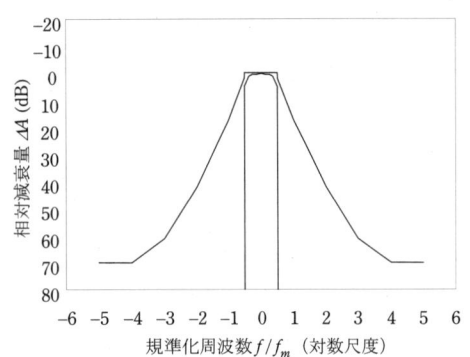

図 1.3.24 オクターブバンドフィルタ・クラス 1 の相対減衰量の最小および最大限界値

タの振幅特性のみを規定し，位相特性は何も規定していない．したがって，規格に適合するフィルタであっても，衝撃音を測定した場合には，フィルタの次数やバンド幅によって，測定結果が異なることがあるので注意が必要である．JIS C 1514 に規定するフィルタの相対減衰量の最小および最大限界値の図解を図 1.3.24 に示す．

中心周波数を順次切り換えながら測定する分析器もあるが，多くの分析器は，複数のフィルタを並列に用意し，必要な周波数範囲にわたり同時に結果を求めることができるようになっている．後者を，実時間分析器と呼ぶことがある．

b. 定幅型分析器

取り出す信号成分の周波数範囲の上限と下限の幅が一定となるようにした分析器が定比型分析器である．

かつては，ヘテロダイン分析器のようなアナログ分析器もあったが，近年は，もっぱら FFT（Fast Fourier Transform：高速フーリエ変換）分析器が主流である．

測定の目的に応じて，分析周波数範囲，ライン数（分析幅），時間窓など，様々な設定が可能である．また，FFT 分析結果だけでなく，複数のチャンネル間での相関関数や伝達関数など様々な機能を備えているのが一般的である．

FFT 分析器の性能を規定する規格はない．

c. 分析システム

最近登場したのが，トランスデューサからの信号入力端子を備え，DSP（Digital Signal Processor：ディジタル信号処理器）により基本的な演算をする部分とコンピュータを組み合わせて使用する分析システムである．

コンピュータのアプリケーションをインストールすることにより，音質評価などの多様な分析が可能となるばかりではなく，分析結果の多様な表示や信号の収録も可能となる．

(9) 音源装置・加振装置

音や振動の伝搬特性や遮断性能を評価する場合，音源や振動源を用意して人工的に音や振動を発生させなければならない場合も多い．

a. 信号源

信号源として広く用いられているのが，定常信号とインパルス信号である．

残響室法吸音率の測定などで使われる代表的な定常信号として，ホワイトノイズ（スペクトルレベル一定）と，ホワイトノイズを $-3\,\mathrm{dB/oct}$ のローパスフィルタに通したピンクノイズがある．ピンクノイズは，1/1 または 1/3 オクターブバンドレベルが一定となるので，これらの分析を行う場合に，よく用いられる．S/N 比を上げるために，ピンクノイズをバンドフィルタに通したバンドノイズを使って，バンドごとに分析をすることも多い．

また，インパルス信号を用いずに信号処理によりインパルス応答を求めるために，最近は，M 系列信号などの疑似ランダム信号が用いられることも多い．

インパルス信号を発生させる場合，ピストル発火音やハンマによる打撃など，直接音や振動として発生させることがある．これらの方法は，簡便に測定できる利点がある一方で，理想的なインパルス信号を得ることが困難で，再現性の確保が難しいという難点がある．

インパルス電気信号をスピーカや加振器に加える場合，再現性は確保できるが，単発の信号のエネルギーを大きくすることが難しく，S/N 比を確保するために同期加算などの手法を利用することが必要となることが多い．

インパルス音の放射エネルギーを増すために，インパルス信号を時間軸上で引き延ばした TSP（伸長パルス）信号を用いることもある．

b. 音源

音源としては，市販のスピーカを用いることも多いが，特に全指向性を得たいときには，正十二面体の各面にスピーカを配置した音源などが使われる．

c. 標準衝撃源

床衝撃音の遮断性能を評価するための標準衝撃源の性能が規格化されている．底の硬い靴の歩行音などを想定した標準軽量衝撃源と，子供が飛び跳ねたときの音などを想定した重量衝撃源がある．

標準軽量衝撃源は，通常，タッピングマシンと呼ばれ，規格（JIS C 1418-1）に仕様が詳細に規定されている．タッピングマシンは，質量500gの5個の鋼製ハンマが40mmの高さから順次自由落下するような構造となっている．

標準重量床衝撃源は，その衝撃力を規格（JIS A 1418-2）に規定している．衝撃力特性は，2種類が規定されており，衝撃力特性(1)，(2)と表される．衝撃力特性(1)は，従来広く使われていた，軽自動車用のタイヤを自由落下させる装置（バングマシン）の衝撃力に相当する．衝撃力特性(2)は，バングマシンの衝撃力が強すぎる場合があること，タイヤの入手が困難になったことから新たに開発された中空ゴムボールの衝撃力に相当する．

(10) 校正装置

マイクロホンや加速度ピックアップに既知の音圧や振動を加え，測定系の感度の確認や調整をするために用いられるのが校正装置である．

a. 音響校正器

音響校正器の性能は，規格（IEC 60942, JIS C 1515）で詳細に規定されている．

音響校正器は，マイクロホンに装着してできるほぼ密閉された空気室（カプラ）内で周波数と音圧が既知の音を発生させる構造をしている．スピーカなどの電気音響変換器で音を発生する一般の音響校正器と，機械的にカプラ内の容積を変化させて音を発生するピストンホンと呼ばれるものに大別される．

一般の音響校正器の発生する音の音圧レベルは94dB，周波数は1kHzである．ピストンホンでは，その機構的制約から，周波数は250Hz，音圧レベルは114dBまたは124dBとなっている．

音響校正器の発生音圧レベルは原理的に静圧に依存するので，精密な校正には気圧計を併用して補正する必要があるが，最近では，気圧センサを内蔵したり，静圧に依存しないセンサでフィードバックをかけたりして，静圧に対する補正が不要な音響校正器が多くなっている．

b. 振動校正器

小型軽量の加速度ピックアップを校正するために，専用の振動校正器が利用できる．この振動校正器は，159.2Hzの正弦波振動を発生させ，その振動加速度は$10\,\mathrm{m/s^2}$である．また，この場合の振動速度は10mm/s，振動変位は10μm（いずれも実効値）となり，振動速度または振動変位でも容易に校正することができる．

振動レベル計用の加速度ピックアップなど大型のものを校正する装置は現在市販されていないので，加振器と感度が既知の標準振動加速度ピックアップで構成したシステムを構築して校正する．

1.3.4 音響測定機器の仕様一覧

表 1.3.6～表 1.3.8 に示す製品データは，測定の目的に合わせて機器を選択できるよう，騒音制御工学会の賛助会員である各メーカ製品の仕様を比較したものである（製品調査は，2004年11月現在）．機器選定の際は，最新情報を入手した上で，検討されたい．

表 1.3.6 マイクロホン

口径[inch]	型番	メーカ	特性	感度 [mV/Pa]	偏極電圧[V]	音圧レベル範囲[dB]
1	4144	B社	音圧	50	200	10～146
1	UC-32P	R社	音圧	45	200	13～150
1	7023	B社	音圧	50	200	10～150
1	4179	B社	音場	100	200	-2.5～102
1	4145	B社	音場	50	200	10.2～146
1	UC-27	R社	音場	47	200	12～149
1	7022	A社	音場	50	200	10～150
1	7020	A社	音場	100	200	2～100
1/2	4192	B社	音圧	12.5	200	20.7～161
1/2	UC-33P	R社	音圧	12.5	200	28～160
1/2	4193	B社	音圧	12.5	200	20～160
1/2	7047	A社	音圧	50	200	20～145
1/2	7013	A社	音圧	12.5	200	21～161
1/2	7012	A社	音場	12.5	200	21～160
1/2	4191	B社	音場	12.5	200	21.4～161
1/2	UC-31	R社	音場	14	200	26～160
1/2	7046	A社	音場	50	200	20～145
1/2	7146	A社	音場	50	0	15～125
1/2	MI-1211	O社	音場	100	200	12～125
1/2	MI-1233	O社	音場	35	0	19～140
1/2	4189	B社	音場	50	0	15.2～146
1/2	UC-30	R社	音場	53	200	20～149
1/2	UC-52H	R社	音場	22.5	0	24～146
1/2	UC-53AH	R社	音場	40	0	20～150
1/2	UC-57	R社	音場	80	0	14～132
1/4	4838	B社	音圧	1.6	200	42～172
1/4	7017	A社	音圧	1.6	200	60～164
1/4	4939	B社	音場	4	200	36～164
1/4	UC-29	R社	音場	4.5	200	42～164
1/4	MI-1531	O社			0	30～157
1/4	7016	A社	音場	4	200	50～164
1/6	7116	A社	音圧	1	200	60～170
1/8	4138	B社	拡散音場	1	200	55～168

周波数(Hz): 0.1 0.2 0.5 1 2 5 10 20 50 100 200 500 1k 2k 5k 10k 20k 50k 100k

表 1.3.7 圧電型加速度ピックアップ

型番	メーカ	質量 (g)	電荷感度 (pC/(cm/s²))	電圧感度 (mV/(m/s²))	最大測定加速度 (m/s²)	使用温度範囲 (℃)	備考
7302	A社	0.2	0.04		980000	-20〜110	
NP-2110	O社	0.6	0.16		10000	-20〜160	
BK4374	B社	0.65	0.13		250000	-74〜250	
PV-08A	R社	0.7	0.1		10000	-50〜160	
PV-90B	R社	1.2	0.15		10000	-50〜160	
NP-2910	O社	2	0.3		50000	-50〜160	
7344A	A社	2	0.31		49000	-20〜150	
BK4375	B社	2.4	0.316		250000	-74〜250	
BK8309	B社	3	0.005		1000000	-54〜175	
BK4500	B社	3.5	0.35		30000	-54〜175	
BK4505	B社	4.9	0.35		2000	-54〜230	
PV-94/95	R社	9	0.7		10000	-50〜160	
BK4384	B社	11			200000	-74〜250	
NP-2810	O社	12	1.2		20000	-20〜160	
7321	A社	12	1.53		29400	-20〜150	
7322	A社	12	1.53		29400	-20〜150	
BK4382	B社	17	3.15		50000	-74〜250	
PV-85/86	R社	23	6		5000	-50〜160	
NP-2120	O社	25	5		8000	-20〜160	
7350	A社	26	5.1		15680	-20〜150	
7351	A社	26	5.1		15680	-20〜150	
PV-65	R社	26	7		4000	-50〜260	
PV-63	R社	28	4.59		4000	-20〜300	
PV-44A	R社	29	8		4000	-50〜260	
BK4381	B社	43	10		20000	-74〜250	
7352	A社	47	10.2		28000	-20	
7353	A社	50	10.2		28000	-20	
PV-84	R社	80	20		1000	-50〜160	
PV-87	R社	115	40		400	-50〜	
PV-81	R社	390	92		400	-55	
NP-3210	O社	0.4		1	4900	-55〜125	a
PV-90I	R社	1.8		0.4	5000	-20〜100	
BK4394	B社	2.9		1	100000	-50〜125	
7823A	A社	3		0.3	5000	-20〜110	
BK4507	B社	4.8		10	700	-54〜121	b
7820	A社	10		1.27	4000	-20〜110	
PV-41	R社	23			2000	-50〜100	
NP-3130	O社	46		10	220	-20〜110	
PV-40	R社	60g		5.1	5000	-10〜80	
7842	A社			※1			
NP-3310	O社	59		1	2200	-20〜80	c
PV-10B	R社	120		8.1	500	-20〜100	
M355A53		8.5		1.02	4900	-54〜121	d
M355A50		22		1.02	4900	-54〜121	
M355A62		43		10.2	490	-54〜	
PV-97C	R社	4.7	0.12		5000	-50〜160	e
7323B	A社	5	0.16		28000	-20〜150	
BK4326	B社	13	0.35		50000	-55〜175	
PV-93	R社	28	0.7		1000	-50〜160	
BK4321	B社	55	1		10000	-74〜250	
7333	A社	60	1.02		28000	-20〜150	
NP-3230	O社	2.5		1	4900	-55〜125	f
BK4504	B社	14		1	30000	-50〜125	
BK4506	B社	15		10	-		g
NP-550	O社	50		1	4900	-20〜110	
7833	A社		※2				h
BK4507B	B社	4.8		10	70	-54〜121	I
NP-4110	O社				※3		j
BK8305	B社	40	0.125		10000	-74〜200	k
PV-03	R社	38	0.4				
周波数		0.1 0.2 0.5 1 2 5 10 20 50 100 200 500 1k 2k 5k 10k 20k 50k 100k					

※1 450 g 40.8 mV 400 m/s² -100〜50℃   ※2 300g 100mV 800m/s² -10〜50℃
※3 55g 10mV 500m/s² 0〜140℃

【備考】 a：増幅器内蔵，b：型番により 感度，最大測定レベルに違い 1mV, 10mV, 100mV
c：増幅器内蔵，防水，d：増幅器内蔵，リング形，e：3軸，f：3軸，増幅器内蔵
g：型番により感度，最大測定レベルに違い 1mV, 10mV, 100mV, h：3軸 増幅器内蔵 防水
I：増幅器，ID内蔵型番により 感度，最大測定レベルに違い 1mV, 10mV, 100mV, j：手持ち用, k：標準用

1.3 基本的な測定法

表 1.3.8

騒音計		NA-18A	NL-20	NL-21	NL-22	NA-27A	NA-27	NL-31	NL-32
メーカ		R 社	R 社	R 社	R 社	R 社	R 社	R 社	R 社
種類		普通	普通	普通	普通	普通	精密	精密	精密
リニアリティレンジ [dB]		100	100	100	100	オールパス 72	バンドパス 80	100	100
周波数範囲 [Hz]		1〜500	20〜8 k	20〜8 k	20〜8 k	20〜8 k	20〜12.5 k	20〜20 k	20〜20 k
周波数特性補正	A, C, FLAT	FLAT	●	●	●	●	●	●	●
重み付け特性	G	● (43〜143)							
測定範囲 [dB]	A		28〜130	28〜130	28〜130	28〜130	28〜130	28〜138	28〜130
	C		33〜130	33〜138	33〜130	34〜130	33〜130	33〜138	33〜130
	FLAT	53〜147	38〜130	33〜138	38〜130	40〜130	30〜130	38〜138	38〜130
測定項目	L_p	●	●	●	●	●	●	●	●
	L_{eq}	●	●	●	●	●	●	●	●
	L_{AE}		●	●	●	●	●	●	●
	L_{xN}		●	●	●	●	●	●	●
	L_{max}	●	●	●	●	●	●	●	●
	L_{min}		●	●	●	●	●	●	●
	L_{peak}			●		●	●	●	●
時間重み付け特性特性	FAST/SLOW		●			●	●	●	●
	10 ms					●	●		
	IMPULSE					●	●	●	●
	35 ms					●	●		
サンプリング周波数	L_{eq}		30.3 μs		30.3 μs	30.3 μs		20.8 μs	20.8 μs
	L_{xN}		100 ms		100 ms	100 ms		100 ms	100 ms
	L_{max}/L_{min}		30.3 μs		30.3 μs	30.3 μs		20.8 μs	20.8 μs
	L_p レコード								
	L_{AE}		30.3 μs	30.3 μs				20.8 μs	20.8 μs
	L_p								
	L_{peak}								
メモリ機能	データメモリ機能	●	●	●	●	●	●	●	●
	メモリカード			CF	CF		CF	CF	CF
時計機能			●				●	●	●
タイマー機能			●						
データ除去機能			●			●	●		●
コンパレータ出力				●				●	●
外部コントロール				●		赤外リモコン	赤外線リモコン		USB
RS-232C			●			●	●	●	●
電源		単二 4 本	LR6 R6P	LR6 R6P	LR6 R6P	単三 4 本	単二 4 本	LR6 R6P	LR6 R6P
電池寿命 (h)		約 6	約 32 約 12	約 32 約 12	約 32 約 11	約 8	約 8	約 27 約 10	約 24 約 10
寸法 (mm)			260×76×33	260×76×33	260×76×33	338×100×50	100×358×50	260×76×33	260×76×33
質量 (g)		約 900	約 400	約 300	約 300	約 800	約 800	約 300	約 300

リニアリティレンジ欄：*1 ワイドレンジ時 100，メモリカード欄：CF＝コンパクトフラッシュ，電池欄：LR6＝アルカリ電池 R6P＝マンガン電池

騒音計											
2250	2260	2238	2239A	6226	6224	6230	LA-1350	LA-2111	LA-4350	LA-5111	LA-5120
B社	B社	B社	B社	A社	A社	A社	O社	O社	O社	O社	O社
精密	精密	精密	普通	普通	精密	普通	普通	普通	精密	精密	精密
120	80	80	70	100	100	70	85	75[*1]	85	75[*1]	75[*1]
3～20k	1.2～20k	8～16k	8～16k	20～10k	20～20k	20～8k	20～8k	20～8k	20～12.5k	20～20k	20～12.5k
●	●	●	●	●	●	●	●	●	●	●	●
16.7～140		14.7～140		28～130	27～130	30～130	27～130	26～130	28～130	28～130	22～120
16.3～140		18.5～140		33～130	38～130	36～130	32～130	30～130	33～130	32～130	28～120
25.9～140		23.0～140		38～130	41～130	46～130	37～130	35～130	38～130	38～130	36～120
●	●	●	●	●	●	●	●	●	●	●	●
●	●	●	●	●	●	●	●	●	●	●	●
●	●	●	●	●	●	●	●	●	●	●	●
●	●	●	●	●	●	●	●	●	●	●	●
●	●	●	●	●	●	●	●	●	●	●	●
●	●	●	●	●	●	●		●		●	●
●								●		●	●
10 ms			20.8 μs	20.8 μs		32 μs	20 μs	20.8 μs	20 μs	20 μs	
			100 ms	100 ms		100 ms	10 ms–5 s	100 ms	10 ms–5 s	10 ms–5 s	
			10 ms	10 ms		32 μs	20 μs	20.8 μs	20 μs	20 μs	
							5 ms–5 s		5 ms–5 s	5 ms–5 s	
							20 μs		20 μs	20 μs	
						32 μs		20.8 μs			
								20.8 μs			
●			●	●	●	●	●	●	●	●	●
CF, SDカード											
						●	●	●	●	●	●
●	●			●		●	●	●	●	●	●
			●	●	●	●	●	●	●		
						●	●	●	●		
						●		●			
●	●		●	●	●	●	●	●	●	●	●
充電型リチウムイオン			単三4本	単三4本	単四2本	単三2本	単三4本	単三2本	単三4本	単三4本	
約8			約24	約11 約24	約11	約7	約36	約13	約30	約13	約11.5
300×93×50	257×97×41		85×28×48	83×310×48	168×48×23.5	70×245×30	85×279×50	70×245×30	85×279×50	85×347×50	
約650	約460		約370	約370	約120	約280	約500	約280	約500	約550	

1.3.5 信号処理と分析方法

ここでは，よく使われる信号処理と分析方法について簡単に解説する．

(1) 周波数分析

騒音対策のために最も広く利用されているのが周波数分析である．

1.3.4で述べたように，周波数分析は定比型分析と定幅型分析に大別することができる．周波数軸をリニア目盛で表したときの両者の周波数特性を比較して図 **1.3.25** に示す．定比型フィルタの通過帯域幅は，周波数によって異なっている．

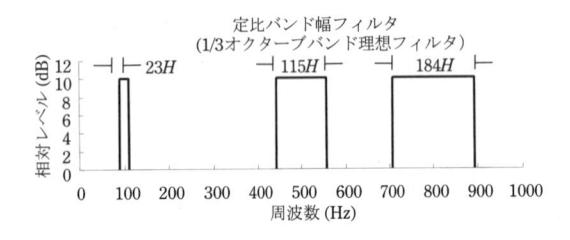

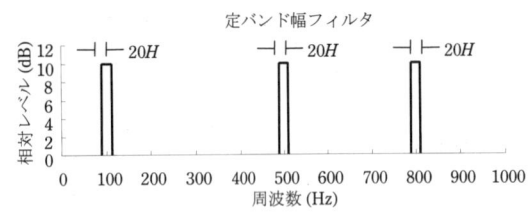

図 1.3.25 定比バンド幅フィルタと定バンド幅フィルタの比較

a. 定比型分析

人間の感覚は対数的に変化するといわれており（ウェーバー・フェヒナーの法則），一般の環境騒音や建築音響の測定と評価では，定比型分析によることが多い．通常は 1/1 オクターブバンド分析，詳細な分析が必要な場合には 1/3 オクターブバンド分析が行われる．

騒音計の交流出力信号を利用して周波数分析する場合，一般に，騒音計の周波数重み付け特性は，C, FLAT または Z に設定するが，騒音レベル（A 特性音圧レベル）を評価量として騒音対策を行う場合には，A 特性に設定することもある．

フィルタの規格では，振幅特性のみを規定し，位相特性は規定していない．したがって，衝撃性の音を周波数分析する場合，規格に適合するフィルタであっても，次数の違いなどによって結果が異なることがあるので注意が必要である．また，バンドレベルを合成してオールパスの値を求めたときに，実際のオールパスの値と異なることもある．

定比型分析の場合，低い周波数での通過帯域幅は狭くなるので，入力信号がランダムに変動する場合には，高い周波数と同様の精度で測定を行うためには，平均化時間を長くする必要がある．

例えばピンクノイズを分析した場合，1/1 オクターブバンドレベルの値は 1/3 オクターブバンドレベルの値よりも 5 dB 高くなる．バンドレベルを示すときには，バンド幅を明示する必要がある．

b. 定幅型分析

純音成分を多く含む音源や振動源の分析や対策を詳細に行う場合には，FFT（Fast Fourier Transform：高速フーリエ変換）による定幅型の分析が行われる．

FFT による分析は，連続した時系列データから有限個（2^n 個）のデータを取り出して演算を行う．FFT は，取り出した有限個のデータが繰り返される信号とみなして解析を行うので，取り出した最初の信号と最後の信号で不連続を生じると，元の信号には含まれていない周波数成分が観測されてしまう．そのため，一般には，取り出した信号を繰り返したときに連続性を確保できるように，データに重み付けをして解析を行う．データに重み付けをすることを時間窓をかけるといい，何種類かの時間窓が用意されている．

FFT 分析結果から 1/1 オクターブバンドまたは 1/3 オクターブバンドレベルを合成して分析を行うこともある．この場合，FFT 分析の分析周波数幅（分析上限周波数/ライン数）がバンド幅よりも十分に狭いことが必要で，合成して求められる下限周波数が制限されることになる．

広帯域の信号を FFT 分析すると，そのレベルは分析ライン数を増やしていくのに従い下がっていくので，分析結果を示すときには，分析した条件を明示することが必要である．

(2) インパルス応答

インパルス応答を求めるために，インパルス音源やインパルス衝撃源を用いる方法は簡便である

が，十分なエネルギーをもった理想的なインパルスを発生させることが困難であり，再現性の点でも問題のあることが多い．十分な S/N 比を保って，信号処理によってインパルス応答を求める方法も広く利用されている．

a. 相互相関法

入力信号と出力信号の相互相関係数が，入力信号の自己相関係数とインパルスレスポンスの時間領域上での畳み込みで表されることを利用した方法で，ホワイトノイズを入力信号として時間領域で直接演算する直接演算法と，相関係数をフーリエ変換して周波数領域で演算するクロススペクトル法がある．

入力信号に M 系列信号（maximum length sequence signal）を用いた MLS 法では，相互相関数の計算が効率化され，短時間で演算を終了することができる．

b. TSP 法

インパルス信号を時間軸上で引き延ばした TSP (time-stretched pulse) を用いると十分な S/N 比を保って測定を行うのに十分なエネルギーをもった入力信号が得られる．実際には，インパルス信号をフーリエ変換し，周波数によって異なる遅延時間となるフィルタの周波数応答関数との積を求めて逆フーリエ変換して TSP 信号を作成する．この信号に対する応答を逆の手順で圧縮することによってインパルス応答を求めることができる．

(3) 平均

騒音の評価において，レベル変動や測定位置による偏差を考慮して，平均化して代表値を求めることが必要な場合もある．

a. 時間平均

騒音計の等価騒音レベル（等価音圧レベル）測定機能を利用することにより，容易に時間平均を行うことができる．初期の積分型騒音計は，騒音レベルのサンプリング値から等価騒音レベルを算出していたが，最近の騒音計では，マイクロホンの出力信号を A/D 変換した音圧信号から定義式どおり直接算出している．

b. 空間平均

測定する空間に，十分な数の測定点を設定し，それぞれの測定結果をパワー平均する離散点による方法と，トラバース装置などを用いて測定器を空間内で連続的に移動させながら測定する方法がある．後者の場合，時間平均と空間平均を同時に行うことができる．トラバース装置を使わなくとも，携帯型の騒音計をゆっくり 8 の字を描くように動かして測定しても十分な場合がある．

1.3.6 各種の測定方法

(1) 音圧レベル・騒音レベルの測定

音圧レベルと騒音レベルは，騒音対策・評価における最も基本的な量であり，その定義については 1.3.2 (1) で述べた．ここでは，室内発生騒音の代表的な負荷騒音である環境騒音の測定方法および騒音計を使用する場合の注意事項について述べる．

a. 環境騒音の測定方法と評価量

環境騒音には，道路交通騒音，鉄道騒音，航空機騒音などの交通騒音，工場や建設工事に伴う騒音が挙げられる．これらの騒音は，時間変動特性が大きく異なり，影響の度合いも同一には評価できないため，日本工業規格（JIS Z 8731: 1999「環境騒音の表示・測定方法」），法律や各種基準，あるいは指針などで測定方法が規定されている．

表 1.3.9 に，わが国における環境騒音の測定・評価方法を騒音源別に示す．

評価量として，騒音レベル，時間重み特性 F あるいは S による騒音レベルの最大値，等価騒音レベル，時間率騒音レベル，さらに等価騒音レベルに時間帯別重み付けをした値があり，交通騒音に関しては評価時間も規定されている．

b. 騒音計による測定に影響を及ぼす要因

現場において，室間音圧レベル差の測定をする場合など，騒音計を手に持つのが普通であるが，音の到来方向とマイクロホンの間に測定者自身が入ると，測定結果が影響を受ける．図 1.3.26 は，正面から音が入射するときの測定者の影響を測定した結果であるが，周波数レスポンスに最大 ±2 dB もの影響が現れている．騒音計を三脚などに取り付け，測定者が遠ざかればその影響を軽減できるが，それでも ±1 dB の変動が残る．

表 1.3.9 わが国における環境騒音の測定・評価方法（騒音源別）[1]

騒音源	法律基準	評価量	評価時間
自動車騒音	騒音規制法	L_A, $L_{A,Fmax}$	—
道路交通騒音	騒音に係る環境基準 騒音規制法（要請限度）	$L_{Aeq,T}$	昼間（6:00～22:00） 夜間（22:00～6:00）
新幹線鉄道騒音	新幹線鉄道騒音に係る環境基準	$L_{A,Smax}$	騒音の発生ごと
在来線鉄道騒音	在来鉄道の新設または大規模改良に際しての騒音対策の指針	$L_{Aeq,T}$	昼間（7:00～22:00） 夜間（22:00～7:00）
航空機騒音	航空機騒音に係る環境基準 特定空港周辺航空機騒音対策特別措置法 公共用飛行場周辺における航空機騒音による障害の防止等に関する法律	WECPNL	時間帯別重み付け
	小規模飛行場環境保全暫定指針	L_{den}	
建設工事騒音	騒音規制法	騒音の時間変動特性ごと* L_A, L_{A5} $L_{A,Fmax}$ $L_{A,Fmax,5}$	騒音の発生ごと（特に規定なし）
工場騒音			
大規模商業施設	大規模小売店舗立地法		

* 「騒音規制法」では，騒音源の時間変動特性ごとに騒音レベルの読取り方を以下のように規定している．定常騒音については騒音レベル L_A，レベルが不規則かつ大幅に変動する騒音については5%時間率騒音レベル（90%レンジの上端値）L_{A5}，発生ごとの最大値がほぼ一定の衝撃騒音については騒音レベルのF特性最大値 $L_{A,Fmax}$，発生ごとに最大値が変化する衝撃騒音については発生ごとの騒音レベルのF特性最大値の90%レンジの上端値 $L_{A,Fmax,5}$．

** 平成10年に改正された大規模小売店舗立地法で，百貨店やスーパーマーケットなどの大規模商業施設の建設にあたって，それから発生される騒音の予測を義務づけられた．

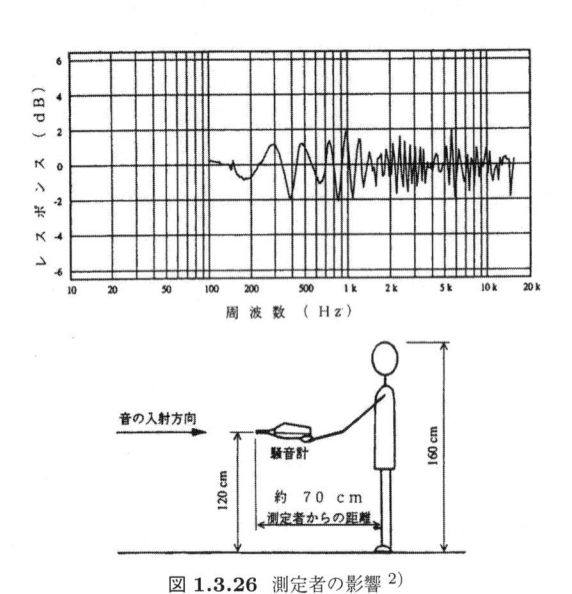

図 1.3.26 測定者の影響[2]

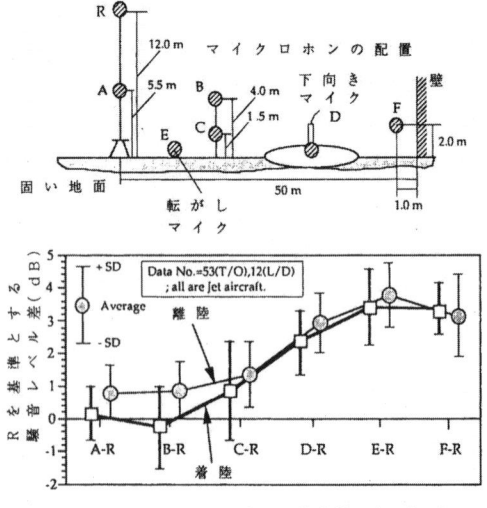

図 1.3.27 マイクロホンの高さが航空機騒音の観測に及ぼす影響[2]

騒音測定は，通常設置面より1.2～1.5mの点にマイクロホンを設置する．そのため床面などからの反射音の影響を受ける場合がある．図 1.3.27 はいろいろなマイクロホンの高さで航空機騒音を測定した結果である．マイクロホンを地表より4m以上高くすると測定結果が大きく変化しないが，地面に近いところでは平均で3～4dB大きな値を示している．

マイクロホンと騒音計本体を延長ケーブルを介して接続する場合，延長ケーブルの長さにより測定できる音圧レベルや周波数範囲が制限されるので注意が必要である．図 1.3.28 は，例えばマイクロホン UC-52，ケーブル50mを用いた場合，周波数1kHz以下では140dBまで測定できるが，それより高い周波数では測定可能な音圧レベルが次第に低くなるのがわかる．また，高周波数ほど

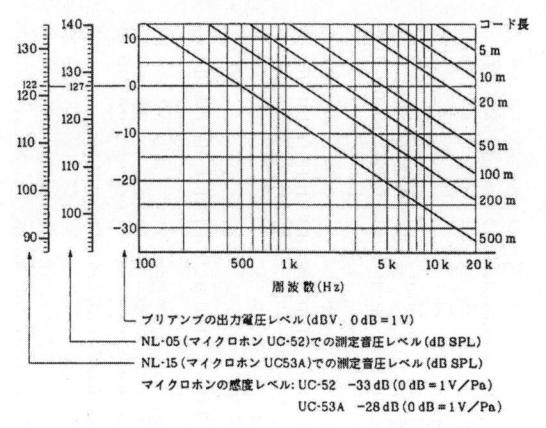

図 1.3.28 マイクロホン延長ケーブルの影響[3]

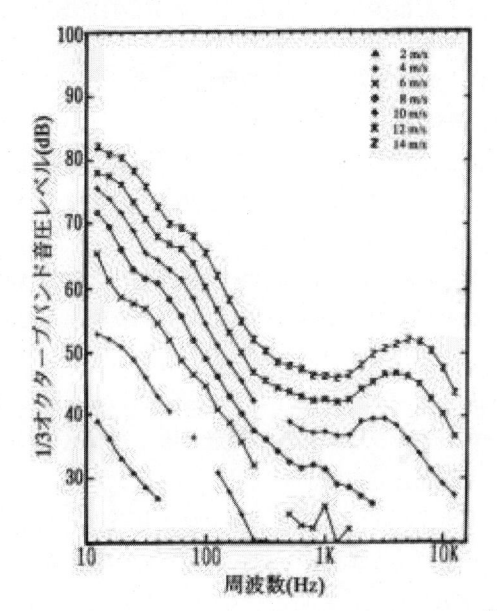

図 1.3.29 風速の違いによる風雑音の周波数特性の変化[4]
（9.5 cm φ の防風スクリーン装着時）

延長ケーブルの影響を受けやすいことにも注意が必要である．

風による影響は，低周波騒音の測定を行う場合最も顕著に現れる．図 1.3.29 は，風速による風雑音の周波数特性を表したものである．風のある場合には，低周波域ほど音圧レベルが上昇しているのがわかる．

(2) 音響インテンシティの測定
【関連規格】
・JIS C 1507: 2004「電気音響―音響インテンシティ測定器―圧力形ペアマイクロホンによる測定」

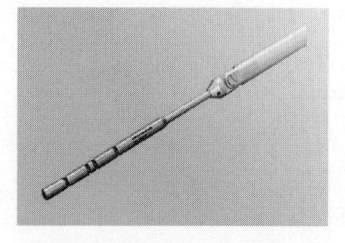

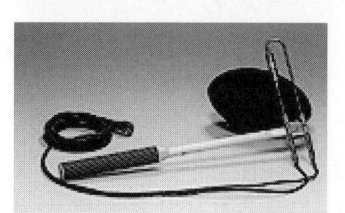

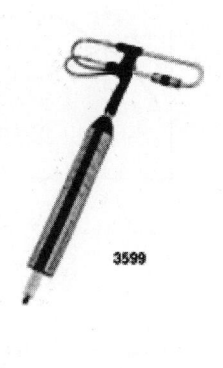

図 1.3.30 市販の音響インテンシティプローブ

・ISO 9614-1: 1993「Acoustics – Determination of sound power levels of noise sources using intensity-Part1: Measurement at discrete points」

a. 測定機器
音響インテンシティ計測は，現在ほとんどが2マイクロホン法に基づく測定システムにより行われる．したがって，感度と位相特性の揃った2つの音圧マイクロホン，粒子速度を有限差分近似から算出する信号処理系があれば計測することができる．そのための専用のハードウェア，信号処理ソフトも数多く市販されている．2つの音圧マイクロホンにより構成されるインテンシティプローブは，図 1.3.30 に示すようにマイクロホンの配置の仕方が異なるものがあるが，いずれの場合もマイクロホン間隔で測定上限周波数が決定される．

b. 現場における測定精度の確認方法[5]
市販のインテンシティプローブを用いる場合でも，まずマイクロホン感度の校正を行う．

マイクロホン感度の校正を行ったインテンシティ計測システムが，正確なインテンシティレベルを表示しているかどうかを見極めることは重要である．次の手順で調べる方法が簡便であり，比較的精度も高い．

まず自由音場あるいはそれに近い音場において，音源方向にプローブマイクロホンの軸を一致させて配置し，音圧レベル2点の平均音圧レベルとインテンシティレベルを比較する．自由音場におけ

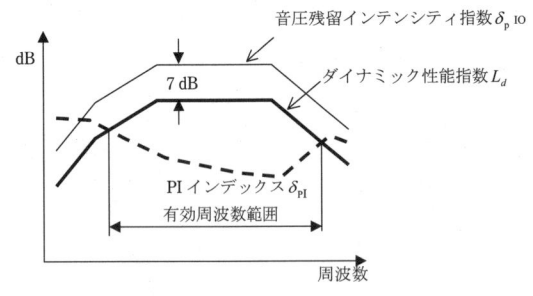

図 1.3.31 ダイナミック性能指数 L_d と PI インデックス δ_{PI} より決定される有効周波数範囲（測定精度 ±1 dB の場合）

る理論上のレベル差は 0.16 dB であるので，両者がほぼ同じ値を示すことを確認する．

次に，位相不整合による誤差のチェックは，プローブマイクロホンの向きを 180° 回転させたときの測定値が，絶対値で一致するかどうかで調べられる．このときのレベル差が 2 dB 以下の周波数では，誤差より 1 dB 小さい値を精度として測定が行える．

ISO 9614 では，残留インテンシティによる一般音場でのインテンシティ測定精度の確認方法を規定している．2 つのマイクロホンに振幅，位相とも完全に一致した音が入射すれば，インテンシティレベルは 0 dB となるが，実際の計測システムではある値を表示する．このときのインテンシティレベルを残留インテンシティと呼び，平均音圧レベルとの差を音圧残留インテンシティ指数 δ_{pIO} という．この値が大きいほど測定システムの性能が高いことを表している．

±1 dB の測定精度を保障するためには，音圧残留インテンシティ指数より 7 dB を差し引いたダイナミック性能指数 L_d が，実際の測定音場で得られる PI インデックス δ_{PI} （音圧レベルからインテンシティレベルを引いた値，測定音場とプローブの向きに依存する）より大きくなければならない．ダイナミック性能指数と測定時の PI インデックスより，測定精度 ±1 dB の有効周波数範囲は，図 **1.3.31** のように決定される．

c. 衝撃騒音を対象とした音響インテンシティ計測

騒音源の種類は非常に多く，衝撃的な時間変動性を示す騒音を放射するものも多い．このような騒音源の音響パワーあるいは方向別の音響インテンシティを計測する場合は，定常騒音を対象とする測定に比べて注意が必要である．

音響インテンシティ計測による音響パワーレベル測定では，閉曲面に入射した暗騒音は，向きを変えて再び閉曲面より出て行くことを前提としている．ところが単発的な衝撃騒音ではこの保証が得られず，暗騒音が非定常な場合は発生エネルギーの計測は不可能である．さらに，衝撃騒音は一般的にダイナミックレンジが広いので，定常的な騒音を扱う場合と比較して，計測システムにはより高い性能が求められる．具体的には，AD 変換の量子化には少なくとも 12 ビットが必要である[6]．

(3) 音響パワーレベルの測定

【関連規格】

・JIS Z 8732: 2000「音響—音圧法による騒音源の音響パワーレベルの測定方法—無響室及び半無響室における精密測定方法」

・JIS Z 8733: 2000「音響—音圧法による騒音源の音響パワーレベルの測定方法—反射面上の準自由音場における実用測定方法」

・JIS Z 8734: 2000「音響—音圧法による騒音源の音響パワーレベルの測定方法—残響室における精密測定方法」

・JIS Z 8739: 2001「音響パワーレベル算出に使用される基準音源の性能及び校正に対する要求事項」

・JIS Z 8736-1: 1999「音響—音響インテンシティによる騒音源の音響パワーレベルの測定方法—第 1 部：離散点による測定」

・JIS Z 8736-2: 1999「音響—音響インテンシティによる騒音源の音響パワーレベルの測定方法—第 2 部：スキャニングによる測定」

騒音源の音響出力を正確に表す音響パワーレベルは，騒音源の特性を表すだけではなく，騒音の伝搬予測あるいは騒音対策を検討する場合，なくてはならないデータである．

音響パワーレベルの測定方法は，ISO および JIS の規格で詳細に規定されているので，ここでは基本原理と，測定上の留意点を述べる．音響パワーレベル測定においては，測定対象騒音源の設置条件，あるいは必要とされる測定精度に応じて，適切な

表 1.3.10 音響パワーレベルの測定原理と測定規格

測定方法		測定音場・試験室	測定原理	ISO	JIS
音圧法–I	自由音場法	無響室	音源を取り囲んだ閉曲面上の平均2乗音圧から音の強さを求め，音響パワーを算出する．	3745	Z 8732
	半自由音場法	半無響室			
	準・半自由音場法	反射が少ない一般音場		3744 3746	Z 8733
音圧法–II	拡散音場法	残響室	拡散音場内の平均2乗音圧から音響エネルギー密度を求め，音響パワーを算出する．	3741	Z 8734
	準・拡散音場法	残響が長い一般音場		3743-1 3747 3743-2	
音響インテンシティ法		無響室，半無響室，一般音場	音源を取り囲んだ閉曲面上の音の強さを直接測定し，音響パワーを算出する．	9614-1 9614-2 9614-3	Z 8736-1 Z 8736-2

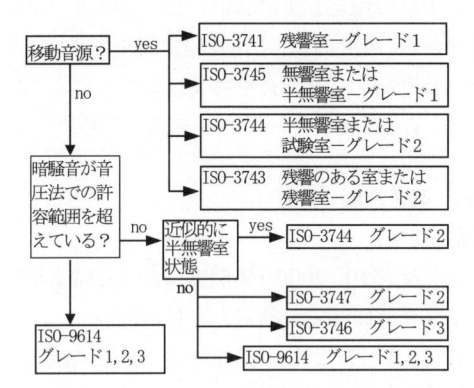

図 1.3.32 音響パワーレベル測定方法選択のガイドライン

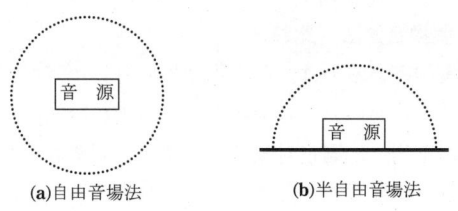

図 1.3.33 音圧法–I（自由音場法，半自由音場法）

測定方法を選択する必要がある．**表 1.3.10** に測定原理と対応する測定規格を示す．**図 1.3.32** には，ISO に示された測定方法を選択する場合のガイドラインを示す[7]．これらからわかるように，音響パワーレベルの測定方法は，音圧法と音響インテンシティ法に分けられ，さらに音圧法は主に測定音場の違いにより2種類に分けられる．

a. 音圧法–I（自由音場法，半自由音場法）

図 1.3.33 に示すように，自由音場，半自由音場に置かれた音源を取り囲む測定面上の音圧レベルから次式により音響パワーレベルを算出する方法である．

$$L_W = \bar{L}_P + 10\log_{10}\frac{S}{S_0}$$

ここで，$\bar{L}_P$：測定面上の平均音圧レベル，S：測定面の面積，S_0：基準面積（$=1\,\mathrm{m}^2$）

この方法は，測定面上で得られる音圧から間接的に音響インテンシティを求め，それより音響パワーを求めるものである．したがって，精度の高い測定を行うためには，十分な性能をもつ無響室あるいは半無響室を用いる必要がある．精密級ほどの測定精度を必要としない場合は，屋外あるいは反射音の少ない一般音場で音響パワーの測定ができる．この場合，反射音，拡散音の影響が無視できないので，これらの影響を補正する方法が規定されている．

b. 音圧法–II（拡散音場法）

図 1.3.34 に測定原理を示す．この方法は，拡散音場内の音圧から音響エネルギー密度を推定し，それから音響パワーを求めるものである．拡散音場の条件では，音源の放射パワー P，音場の室内平均音響エネルギー密度 E，さらに平均2乗音圧の間に次の関係式が成り立つ．

$$P = \frac{c \cdot \bar{E}}{4}A = \frac{\bar{p}^2}{4\rho_0 c}$$

ここで，c：音速，A：等価吸音面積（m^2）

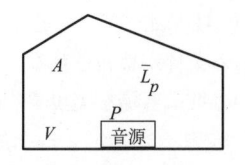

図 1.3.34 音圧法–II（拡散音場法）

Sabineの残響式より，等価吸音面積と残響時間の関係式は

$$T = \frac{KV}{A}$$

ここで，T：残響時間，K：0.162，
　　　　V：残響室の容積

これらをレベル表示すれば，音響パワーレベルは次式で表される．

$$L_W = \bar{L}_p - 10\log_{10}\frac{T}{T_0} + 10\log_{10}\frac{V}{V_0} - 14$$

ここで，$\bar{L}_P$：室内平均音圧レベル，T_0：1s，
　　　　V_0：1m^3

c. 置換音源法（比較法）

実験室あるいは，ある程度の反射音が確保できる音場において，音響パワーレベルが既知の基準音源を用い，測定対象音源と基準音源それぞれを試験室に設置したときの平均2乗音圧レベルから次式を用いて音響パワーレベルを算出する方法である．

$$L_W = L_{W0} + (\bar{L}_p - \bar{L}_{p0})$$

ここで，L_{W0}：基準音源の音響パワーレベル，
　　　　$\bar{L}_P$：測定対象騒音源を設置したときの室内平均音圧レベル，
　　　　$\bar{L}_{P0}$：基準音源を設置したときの室内平均音圧レベル

この方法による場合には，基準音源の管理および音響パワーレベルの校正が極めて重要である．さらに，基準音源としてスピーカ形音源を用いる測定するとき，基準音源をコーナに設置した場合と室中央に設置した場合では，低音源域で両者にかなりの差が生じる場合があるので，規定にしたがって基準音源を設置しなければならない．

d. 音響インテンシティ法

測定原理は**1.3.2 (2)**に示したとおりである．音響インテンシティ計測法は，音響パワーレベル測定において極めて有効な方法である．その理由は主に次の2点である．

1) 音圧法−I，IIに比べて，測定音場（試験環境）に求めらる条件が緩和される．完全な自由音所あるいは拡散音場を実現するのはかなり難しいが，音響インテンシティ法の場合には，ある程度の反射音，拡散音の影響は小さい．

2) 音響インテンシティはベクトル量であるので，部位ごとに測定閉曲面を設定すれば，それぞれの部位からの放射パワーが測定できる．

音響インテンシティ法による音響パワーレベル測定は，離散測定点法とスキャニング法に分けられる．離散測定点法は，音源を囲む閉曲面上に固定測定点を配置する方法である．一方，スキャニング法は音源を囲む閉曲面上でインテンシティプローブを連続移動させる方法であり，離散測定点法に比べて測定時間が短く，実用性の高い測定方法といえる．

いずれの測定方法においても，暗騒音および騒音源からの発生音は，ともに定常的でなければならない．単発的な衝撃音や間欠音を対象とする場合には，音響エネルギーレベルを求める必要がある．

(4) 遮音性能の測定

【関連規格】
- JIS A 1416: 2000「実験室における建築部材の空気音遮断性能の測定方法」
- JIS A 1417: 2000「建築物の空気音遮断性能の測定」
- JIS A 1419-1: 2000「建築物及び建築部材の遮音性能の評価方法—第1部：空気音遮断性能」
- JIS A 1520: 1998「建具の遮音試験方法」
- JIS A 4702: 2000「ドアセット」
- JIS A 4706: 2000「サッシ」

a. 音響透過損失の測定

壁構造，建具などの遮音性能は，基本的には音響透過損失で表される．音響透過損失は，音の入射条件により変化するが，遮音設計の際に最もよく使われるのがランダム入射条件における測定値である．ランダム入射条件を近似する方法としては，試験開口部を介して隣り合う2つの残響室を用いる方法がある．さらに，JIS A 1406: 2000では，残響室を用いる場合に加えて，直方体試験室を用いる方法についても規定している．これらの方法は，いずれも音圧測定による方法であるが，近年では1つの残響室（試験室）を用いて，音響インテンシティ法により音響透過損失を測定する方法もある．

a-1. 残響室－残響室法

図 **1.3.35** に示すように，2つの試験室間の開口部に測定試料を取り付け，音源室の音源スピーカよりノイズを放射したときの音源室・受音室の時間・空間的平均音圧レベル，および受音室の残響時間を計測し，それらの結果から式 (1.3.10)，(1.3.11) を用いて試料の音響透過損失 R を計算する．

$$R = (\bar{L}_1 - \bar{L}_2) + 10 \log_{10} \frac{S}{A_2} \quad (1.3.10)$$

$$A_2 = \frac{55.3}{c} \frac{V_2}{T_2} \quad (1.3.11)$$

ここに，$\bar{L}_1$：音源室の平均音圧レベル (dB)
　　　$\bar{L}_2$：受音室の平均音圧レベル (dB)
　　　S：試料面積 (m^2)
　　　c：音速 (m/s)
　　　V_2：受音室の容積 (m^3)
　　　T_2：受音室の残響時間 (s)
　　　A_2：受音室の等価吸音面積 (m^2)

JIS A 1406: 2000 では，残響室として容積 $100\,m^3$ 以上のタイプ I 試験室と，$50\,m^3$ 以上のタイプ II 試験室を規定している．タイプ I は材料単体の物性値を測定する場合，タイプ II は居室に壁が実際に取り付けられた状態に近い条件における音響透過損失を測定する場合を想定している．

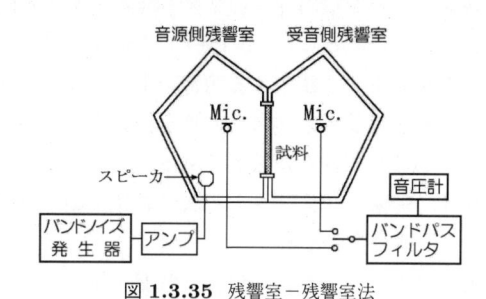

図 **1.3.35** 残響室－残響室法

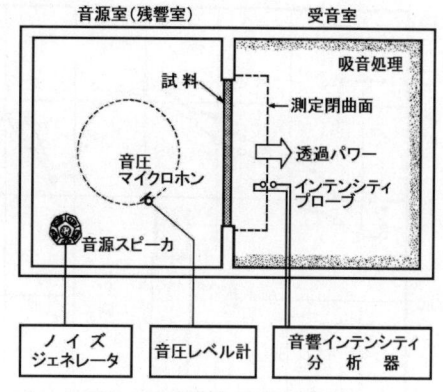

a-2. 音響インテンシティ法

音響インテンシティ法により音響透過損失を測定する場合，原理的には図 **1.3.36** に示すように音源側残響室のみがあればよい．この方法では，試料を透過する音響パワーを，試料を取り囲む平面上のインテンシティレベルと面積より算出する．また，試料に入射するパワーは，音源室の平均音圧レベルより間接的に算出する．音響透過損失の

図 **1.3.36** 音響インテンシティ法

算出式を次に示す．

$$R = \bar{L}_1 - 6 - 10 \log_{10} \left[\sum_i \left(10^{L_{I,i}/10} \cdot \Delta S_i \right) \right]$$

ここに，$\bar{L}_1$：音源室の平均音圧レベル (dB)
　　　$L_{I,i}$：i 番目の測定点における法線方向音響インテンシティレベル (dB)
　　　ΔS_i：i 番目の分割面積 (m^2)
　　　S：試料面積 (m^2)

音響インテンシティレベルの計測は，試料面上に離散的に測定点を設定し，その点における法線方向の音響インテンシティレベルを測定する方法と，スキャニング法（プローブを等速度で連続的に移動する方法）の2通りの方法がある．スキャニング法による場合，時間的・空間的平均が同時に行われるので，経路の選択は重要である．

b. 測定結果に影響を及ぼす要因

残響室－残響室法あるいは音響インテンシティ法により音響透過損失を測定する場合，試料の取付け方法や測定点のとり方が測定結果に影響を及ぼす．以下に代表的な影響要因を示す．

b-1. 試料取付け開口部における試料設置位置の影響

試料取付け開口部の厚み方向のどの位置に測定試料を設置するかにより，音響透過損失の値が変化する．これをニッシェ効果という．ニッシェとは，試験開口部に測定試料を設置したときに，試料面を底面としてできるくぼみのことであり，開口周囲の試験室壁面から試料表面までの距離をニッシェの深さという．

図 1.3.37 試料取付け位置の影響

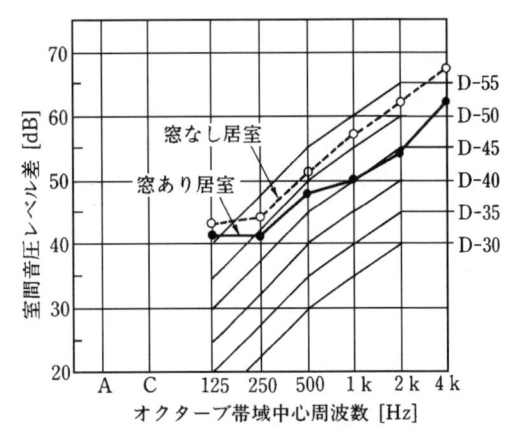

図 1.3.38 窓の有無による室内音圧レベル差の比較（壁厚 150 mm）

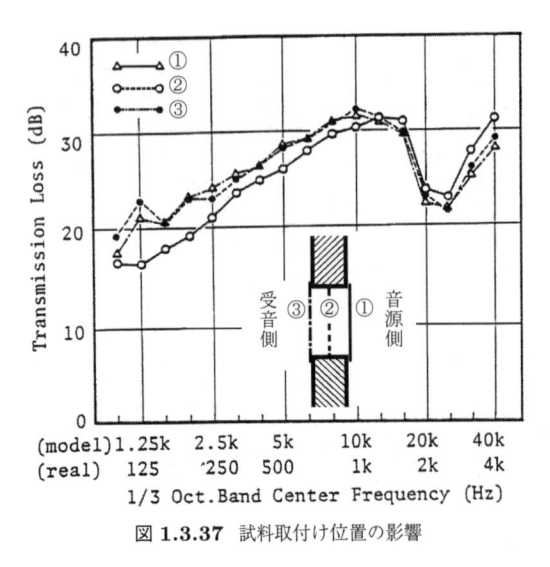

図 1.3.37 に，音響縮尺模型実験により試料の取付け位置を変化させ，ニッシェの深さが音響透過損失に及ぼす影響を調べた結果を示す[8]．これによると，同じ厚さのニッシェが試料の両側にあるとき，音響透過損失は最も低い値を示す．したがって，試料を設置する際には，音源室側あるいは受音室のどちらかに寄せた位置に試料を設置する必要がある．JIS A 1416: 2000 では，窓およびガラスの音響透過損失測定に際し，両側のニッシェの比を 2 : 1 と規定している．

b-2. 側路伝搬音の影響[9]

空間遮音性能である室間音圧レベル差を測定する場合，測定対象部位以外からの音の透過がないことを確認する必要がある．仮に，透過音の音圧レベルが測定対象部位よりの透過音より十分小さい場合でも，面積によっては影響が無視できない場合が多い．図 1.3.38 は，RC 壁を界壁とする無窓および有窓居室間の室間音圧レベルの測定例である．窓がある場合，ほぼ全帯域にわたって性能が低下している．無窓の場合でも，換気口などの存在も測定結果に大きな影響を与える場合があるので，グラスウールなどを孔に充填し，さらにせっこうボードなどで確実に換気口を塞がねばならない．

b-3. 音響インテンシティ法による場合の Waterhouse 補正

同一の試料について，残響室－残響室法により測定した結果と，音響インテンシティ法により測定した結果とは，低音域で若干の差が認められる．これは，入射音側の音場と透過側の音場が異なることによる．このような差を補正するために，次式に示す Waterhouse 補正を行う．

$$補正値 = 10 \log_{10} \left(1 + \frac{\lambda S_1}{8 V_1} \right)$$

ここに，λ：測定帯域の中心周波数の波長 (m)，
S_1：音源室の室内総表面積 (m^2)，
V_1：音源室の容積 (m^3)

文献 10) に述べられているように，Waterhouse 補正は本来残響室－残響室法において，受音室への透過パワーを室内の平均 2 乗音圧から求める際に必要になる．ところが，ISO 15186-1 では，音響インテンシティ法による測定結果に対して，残響室－残響室法測定結果との差を補正するための規定があるので注意が必要である．

b-4. 音響インテンシティ法における測定点の取り方の影響

音響インテンシティ法により音響透過損失の測定を行う場合，透過パワーをいかに精度よく測定するかが問題になる．透過パワーの測定方法としては，スキャニング法により連続的にインテンシティプローブを移動させる方法と，離散的に測定点を設定してそれぞれの測定点における音響インテンシティを計測する方法（離散点法）がある．いずれの方法においても，試料の透過側に近接して閉曲面を設け，その面を垂直に透過する音響インテンシティを計測すれば，両者に大きな差はみら

れない.

しかしながら,試料面と測定閉曲面との距離,あるいは平曲面上の測定点の密度と音響透過損失の測定精度に関しては,いくつかの研究がなされているが,明確な指針は得られていない.試料面近傍はインテンシティの流れが複雑で,場合によっては負のインテンシティ(室内側から試料へ向かうインテンシティ)が計測されることがあり,試料から離れると受音室側の反射音の影響が増し,測定面積も大きくなる.一般的には,50 mmから200 mmの距離で測定されることが多い[11].

(5) 残響時間の測定
【関連規格】
・ISO 3382: 1997「Acoustics –Measurement of reverberation time of rooms with reference to other acoustical parameters (改訂中)」

室の響きの程度を示す残響時間は,コンサートホールにおいては,最も重要な音響性能評価量のひとつである.一方,遮音・吸音設計等においても,音響透過損失測定,残響室法吸音率の測定に用いられるなど,多くの場面で使われる測定量といえる.

a. 測定方法

残響時間測定の国際規格としては,ISO 3382があり,各種の音響指標を算出するための室の残響時間測定方法が規定されている.国内規格としては,JIS A 1409(残響室法吸音率の測定方法)に残響時間の測定方法が規定されている.

これらの測定方法は音源信号に着目すると,ノイズ断続法とインパルス応答による測定法に区分される.さらに,インパルス応答による測定法はM系列信号 (Maximum Length Sequence, MLS),TSP信号 (Time Stretched Pulse, 時間伸長パルス,スウィープパルス)を使用する測定方法に分類される.

a-1. ノイズ断続法による測定

音源としてオクターブバンドの断続音を用い,残響減衰を高速度レベルレコーダで記録し,直線化された音圧レベルの減衰を読み取る方法である.

測定システムの一例を図1.3.39に示す.また,本測定方法により得られた減衰波形を図1.3.40

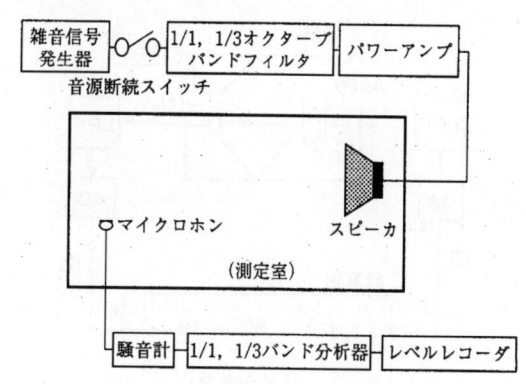

図1.3.39 バンドノイズを使用した残響時間の測定ブロック図

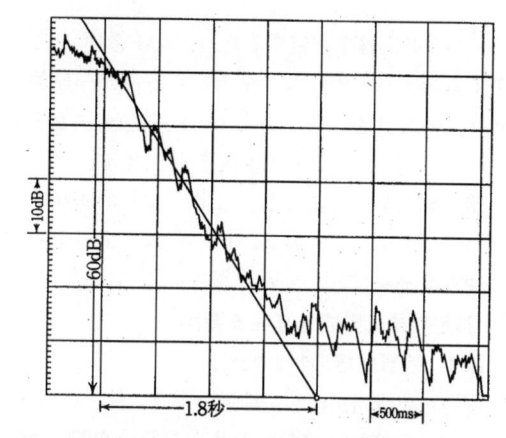

図1.3.40 音圧レベルの減衰波形から残響時間を決めた例 (250 Hz)

表1.3.11 測定回数と測定点および音源の最小数

測定周波数	100～250 Hz	315～800 Hz	1 000～5 000 Hz
測定点数	3	3	3
音源位置	2	1	1
測定回数	2	3	2
合計測定回数	12 (25)	9 (15)	6 (9)

注:( )内は測定において,従来から使用されている測定回数である.

に示す.室が完全拡散状態であれば,音源・受音点の位置に関係なく,同一の周波数における減衰波形は一致するはずであるが,現実にはこれらの位置の影響が大きいので,表1.3.11に示すように測定回数等が規定され,平均値を算出しなければならない.

a-2. インパルス応答より算出する方法

音源にパルスを用い,室のインパルス応答を二乗積分してその減衰波形を読み取る方法である.

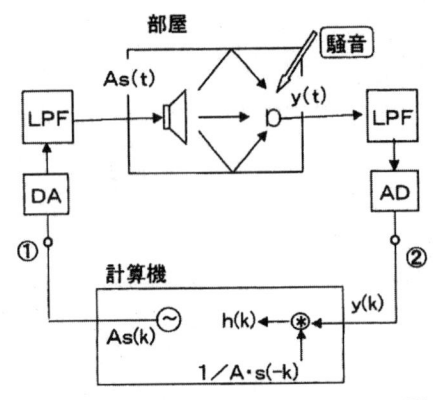

図 1.3.41 室内インパルス応答測定系の構成[12]

インパルス応答を測定するために，M系列ノイズ，タイムストレッチパルスを用いる方法が一般的であり，S/N比を改善するために同期加算法が用いられる．測定システムの構成を図 1.3.41 に示す．同期加算法を用いることにより，比較的暗騒音の高い室においても，残響時間の定義である 60 dB の減衰波形を得ることができる．

b. 測定結果に影響を与える要因

b-1. 残響曲線の折れ曲がり

測定対象空間が極端に細長い廊下，トンネル，あるいは床面積と比較して天井高が低い空間，さらに天井が吸音性で床に絨毯が敷かれているような吸音材が偏在する空間では，特定のモードが残り，残響減衰波形が折れ曲がることがある．本来，このような空間では拡散音場の仮定が成立しないので，残響時間そのものを定義することが不可能といえるが，初期減衰とその後の減衰に分けて考えることにより，妥当な測定結果を得られる場合がある．

図 1.3.42 は，室の寸法比偏りがある会議室の残響減衰曲線の一例である．この会議室は，床面積が 69.9 m² (12.12 m × 5.77 m)，天井高は 2.4 m とかなり偏平な形状であり，さらに天井・床が吸音処理されている．ノイズ断続法により測定した残響減衰曲線は，音源停止直後の残響波形の傾きがその後の波形の傾きと大きく異なる．

これらの結果から，回帰区間を3段階に変化させて残響時間を算出した結果を図 1.3.43 に示す．回帰幅を大きくするにしたがって，高周波数帯域における残響時間が急激に長くなっている．

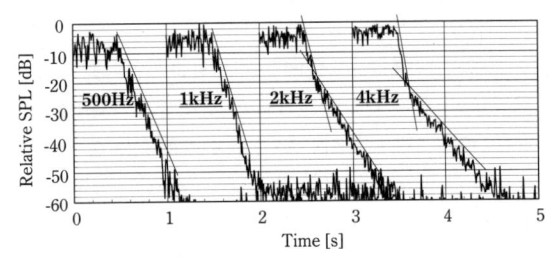

図 1.3.42 会議室における残響曲線の例（1/3 オクターブ分析）

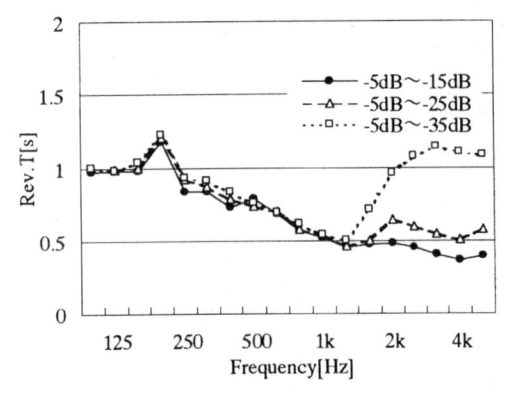

図 1.3.43 回帰区間が残響時間周波数特性に及ぼす影響

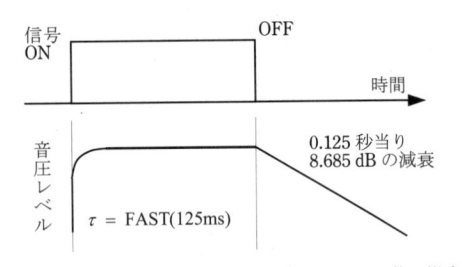

図 1.3.44 時定数回路の減衰時間（$\tau = 0.125$ 秒の場合）

また，残響曲線の折れ曲がりはカプルドローム（結合室）においてもみられる．カプルドロームとは，2つの空間が開口によって結合されているものをいう．住宅において，隣り合う空間が扉のない開口で結ばれている場合などもこの状態となるため，残響曲線の折れ曲がりの一因となる．

b-2. 短い残響時間の測定[13]

残響時間が短くなると，レベルレコーダ内実効値回路の時定数 τ の影響が現れる．図 1.3.44 に示すように，τ = FAST の場合，立下りは 0.125 秒当り 8.635 dB 減衰，つまり 60 dB 減衰するのに 0.86 秒かかるので，これ以上短い残響時間は測定できない．このような場合には，図 1.3.45 に示すように信号を時間軸に反転させてフィルタとのたたみ込みを行うことにより，フィルタのリン

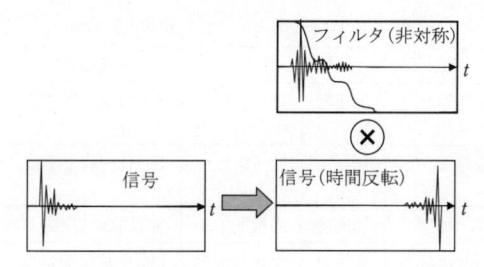

図 1.3.45 Time-reversed analysis technique による分析方法

ギングが信号の減衰性状に与える影響を排除することが可能となり，極めて短い残響時間の計測に有効と述べられている．

(6) 等価吸音面積の測定

【関連規格】

・JIS A 1417: 2000「建築物の空気音遮断性能の測定」

外周壁の遮音性能測定，床衝撃音測定においては，受音室の吸音性能によって測定値を補正する標準化と規準化が盛り込まれている．標準化の場合には残響時間が必要であり，基準化の場合には，等価吸音面積を求める必要がある．この等価吸音面積を求める方法としては，残響時間から算出する方法と，音響パワーが校正された基準音源による室内の音圧レベルから算出する方法がある．ここでは，等価吸音面積の算出方法および測定上の注意点について述べる．

a. 等価吸音面積および等価吸音面積レベル

室内が完全拡散音場であれば，Sabine の残響式より等価吸音面積 A と残響時間 T_{60} の間には次の関係がある．

$$T_{60} = K \frac{V}{A} \tag{1.3.12}$$

上式より，等価吸音面積 A は式 (1.3.13) から算出され，これをレベル表示することにより等価吸音面積レベル $L_{\mathrm{abs},T}$ が求められる．

$$A = K \frac{V}{T_{60}} \tag{1.3.13}$$

$$\begin{aligned} L_{\mathrm{abs},T} &= 10 \log_{10} \frac{A}{A_0} \\ &= 10 \log_{10} \left(K \frac{V}{T_{60}} \right) \quad (\mathrm{dB}) \end{aligned} \tag{1.3.14}$$

ここに，A_0 は基準面積；$1\,\mathrm{m}^2$

以上のように，$L_{\mathrm{abs},T}$ の測定原理は単純であるが，1.3.6 (5) で述べたように，一般に室の完全拡散状態は成り立たないので，残響曲線の折れ曲がりなどの問題が生じる．

b. $L_{\mathrm{abs},T}$ の測定方法

b-1. 残響時間より求める方法

1.3.6 (5) に示した残響時間と室の諸元より，式 (1.3.13) および (1.3.14) を用いて，等価吸音面積 A および等価吸音面積レベル $L_{\mathrm{abs},T}$ が算出される．基本的な測定システムは，図 1.3.39 および図 1.3.41 に示すとおりである．

b-2. 基準音源を用いる方法[14]

残響時間の測定には現実的に多くの問題点がある．これらの問題に対応するため，校正された音響パワーの基準音源から放射される音によって室内に生じる音圧レベルを測定し，この値から次式を用いて等価吸音面積レベルを算出する方法が用いられる．残響時間から算出される値と区別して，$L_{\mathrm{abs},L}$ と表記する．

$$L_{\mathrm{abs},L} = L_W - L - 10\log_{10}\left(1 + \frac{S_r \cdot \lambda}{8V}\right) + 6 \tag{1.3.15}$$

ここで，S_r：受音室の室内表面積（m^2）
　　　　λ：帯域中心周波数の波長（m）
　　　　V：受音室の容積（m^3）
　　　　L：室内平均音圧レベル
　　　　L_W：基準音源の音響パワーレベルの校正値

室内平均音圧レベルの測定は，固定マイクロホン法または移動マイクロホン法によって行う．固定マイクロホン法は，室境界，音源から一定距離離れた空間内に 3〜5 点の測定点を空間的に均等に分布させる．各測定点における音圧レベルの平均化時間は，中心周波数 400 Hz 以下の帯域では 6 秒以上，500 Hz 以上の帯域では 4 秒以上とし，その間の等価音圧レベルを算出し，各測定点の値をエネルギー平均する．

移動マイクロホン法は，長さ 1 m 以上の回転半径をもつマイクロホン移動装置を用いて測定する方法である．この場合も，室境界，音源から一定距離離れた空間内で，マイクロホンを連続的に回転させる．その回転面は，床面に対して傾斜させ，

各壁面に対しても 10° 以上の角度になるように設定する．マイクロホン移動装置の回転周期は 15 秒以上とし，平均化時間はマイクロホン移動装置の回転周期以上かつ 30 秒以上とし，回転周期の整数倍でなければならない．以上の平均化時間における等価音圧レベルを測定する．

（7）振動加速度レベル・振動レベルの測定
【関連規格】
　・JIS C 1510-1995「振動レベル計」
　・JIS Z 8735-1981「振動レベル測定方法」

a. 振動加速度レベルの測定方法

　a-1. 概要

　　計測対象部位に振動トランスデューサを設置し，振動トランスデューサが当該部位と同一の振動の状態でその出力を計測する．当該部位にトランスデューサを設置しない，非接触型の測定法もある．

　a-2. 測定器

　　振動を計測するためのセンサである振動トランスデューサには，圧電型，動電型，サーボ型，抵抗歪型などがある．測定値は振動トランスデューサのメカニズムにより，加速度，速度，変位と異なるほか，測定対象周波数範囲も異なる．実際の測定では，測定対象とする周波数範囲に応じたセンサを用い，当該センサで計測される物理量が決まる．図 **1.3.46** に振動計測の測定ダイアグラムを示す．図中に示すように，センサの出力を微分器もしくは積分器に通すことにより，測定した物理量以外の物理量を求めることも可能である（例えば，振動速度波形を計測し，これを微分すれば振動加速度波形が，積分すれば振動変位波形が得られる）．表 **1.3.13** に各センサの特徴，測定対象物理量，周波数範囲を示す．通常，固体音領域の比較的高い周波数範囲の振動を測定する場合には，周波数

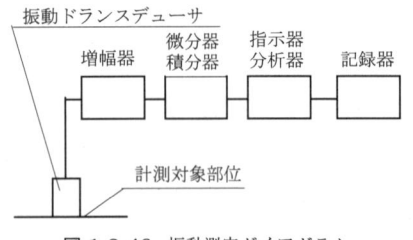

図 **1.3.46** 振動測定ダイアグラム

表 **1.3.13** 振動センサーの種類と特徴

種類	計測値	特徴	周波数範囲
圧電型	加速度	軽量・構造がシンプル	十数 Hz～数 kHz
動電型	速度	低インピーダンス	数 Hz～数十 Hz
サーボ型	加速度	高精度	十数 Hz～数百 Hz
可変抵抗型	変位	センサーが安価	DC～数百 Hz

応答特性の優れた圧電型加速度トランスデューサを使用することが多い．なお，表 **1.3.13** に示すセンサーのほかに，レーザードップラー振動計などの非接触による測定器もある．

　　増幅器，指示器・分析器，記録器は各々の機器の周波数特性が，測定対象周波数を満足するものを使用する．記録器には，振動波形自体を直接記録するものと，指示器のレベル出力のみを記録するものがある．前者は測定周波数によってはデータ量が多くなるものの，オフラインの高度な後処理にも対応可能である．超低周波の振動を測定するためには，各測定器の入力を DC（直流）とすることに留意する．

　a-3. その他

　　振動加速度と振動速度は時間微分，積分の関係にあるため，一方から他方の値が算出できる．

$$L_a = L_v + 20\log(f) + 116.0$$

L_a：振動加速度レベル（基準値：$1.0^{-5}\,(\mathrm{m/s^2})$）
L_v：振動速度レベル（基準値：$1.0\,(\mathrm{m/s})$）

　　当該部位の振動エネルギーは，測定された振動加速度に比例する．しかし，当該部位の振動しやすさ（モビリティ），振動しにくさ（インピーダンス）が測定点ごとに異なるため，異なる測定点における振動加速度から振動エネルギーの大小を比較することはできない．

b. 振動レベルの測定法

　b-1. 概要

　　振動レベルは振動の物理量を直接レベル換算したものではなく，人体が振動を受けるときの全身振動感覚を考慮して，計測した振動加速度に周波数補正した値である．周波数補正には，鉛直特性と水平特性がある．表 **1.3.14** に JIS C 1510-1995

表 1.3.14 振動レベルの基準レスポンス（単位：dB）

周波数 (Hz)	基準レスポンス			許容差
	鉛直特性	水平特性	平坦特性	
1	−5.9	+3.3	0	±2
1.25	−5.2	+3.2	0	±1.5
1.6	−4.3	+2.9	0	±1
2	−3.2	+2.1	0	±1
2.5	−2.0	+0.9	0	±1
3.15	−0.8	−0.8	0	±1
4	+0.1	−2.8	0	±1
5	+0.5	−4.8	0	±1
6.3	+0.2	−6.8	0	±1
8	−0.9	−8.9	0	±1
10	−2.4	−10.9	0	±1
12.5	−4.2	−13.0	0	±1
16	−6.1	−15.0	0	±1
20	−8.0	−17.0	0	±1
25	−10.0	−19.0	0	±1
31.5	−12.0	−21.0	0	±1
40	−14.0	−23.0	0	±1
50	−16.0	−25.0	0	±1
63	−18.0	−27.0	0	±1.5
80	−20.0	−29.0	0	±2

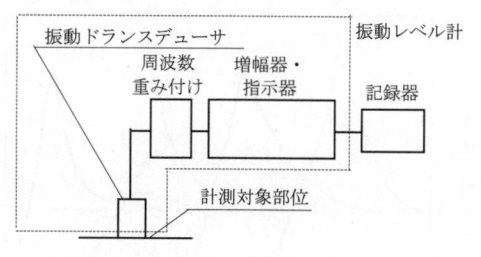

図 1.3.47 振動レベル測定ダイアグラム

「振動レベル計」に定められた感覚補正量（基準レスポンス）を示す．振動レベルは，振動加速度レベル同様，基準振動加速度を 1.0×10^{-5} としている．この値は，ISO 8041 の基準振動加速度 1.0×10^{-6} とは異なる．また，指示機構の動特性についても，JIS では 0.63 秒であり，ISO では 1 秒および 60 秒の 2 種類となっている．

b-2. 測定器

振動レベルの測定には，通常，振動レベル計を用いる．振動レベル計は，公害振動計とも呼ばれ，振動トランスデューサ，増幅器，分析器が一体となっている．図 1.3.47 に測定ダイアグラムを示す．このほか，個別の測定器を用いて図 1.3.46 と同様の測定系とし，分析器で周波数補正をすることにより測定することもある．

b-3. 測定法

測定法は，JIS Z 8735「振動レベル測定方法」がある．同 JIS では，暗振動の補正，振動トランスデューサの設置方法，測定方法，指示の読み方・整理方法および表示方法が規定されている．

b-3-1. 振動トランスデューサの設置方法：振動トランスデューサは，原則として平坦な堅い地面など（踏み固められた土，コンクリート，アスファルト等）に設置する．やむを得ず田畑などの軟らかい場所を選定する場合には十分踏み固め押し付けて設置する．草地では草を除去してから踏み固める．乾いた砂地では踏み固めの効果は期待できない．これらの軟らかい面に設置した場合には記録にその旨を記載する．

b-3-2. 指示の読み方・整理方法および表示方法：
・変動しない，もしくは変動がわずかの場合：変動幅が 3 dB 程度以内の場合には，変動がわずかと判断し，指示値の平均値を読み取る．
・周期的または間欠的に変動する場合：変動ごとの最大値（ピークレベル）を十分な数だけ読み取り，最大値の平均値（パワー平均）を求める．
・不規則かつ大幅に変動する場合：指示値を一定間隔で，十分な個数の測定値を得られるまで読み取り，統計処理を施して代表値（L_x など）を算出する．この場合，原則としてすべての読取り値から代表値を算出するが，測定目的によっては対象とする振動がない特定時間の読取り値を除いて処理してもよい．

c. 測定結果に影響を及ぼす要因

c-1. 振動トランスデューサの設置法

振動トランスデューサを正しく設置することは最も重要である．どのような設置であれ，振動トランスデューサと計測部位の接触面に振動系が形成されるため，この系の共振周波数付近より高い周波数範囲では大きな測定誤差を含むことになる．測定対象周波数範囲の最大値に対して設置系の共振周波数を 4 倍以上となるような設置法を選定する．図 1.3.48 に約 35 g の振動課速度トランスデューサを各種方法で設置した場合の設置共振周波数の

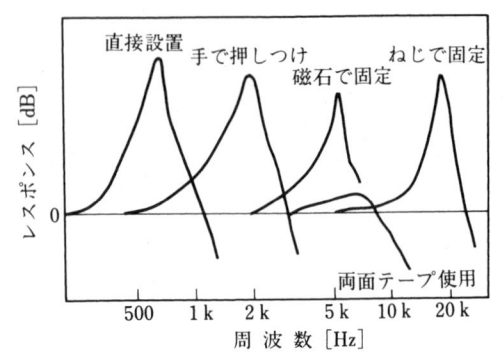

図 1.3.48 振動加速度トランスデューサの設置共振周波数 [15]

表 1.3.15 共振周波数の測定例 [16]

地表面	自然状態	踏固め
コンクリート，アスファルト	250〜400	—
未舗装道路	150〜200	—
畑地	60〜120	100〜150
水田	60〜80	60〜80
乾燥した砂	80〜100	80〜150
湿った砂	70〜150	70〜150

変化を測定した例を示す.

表 1.3.15 は，質量 2.6 kg の振動レベル計の圧電型振動加速度トランスデューサを地盤面に設置した場合の，地盤面の種類ごとの共振周波数を示している．さらに，軟らかい地盤面に対しては踏み固めの効果を示している．コンクリート道路やアスファルト道路では共振周波数はおよそ 300 Hz 以上となるのに対し，軟らかい地盤面では共振周波数は数十 Hz から百 Hz 程度となる．これらの軟らかい地盤面が湿っている場合には踏み固めにより共振周波数の上昇が確認できるが，田土，畑土，乾いた砂地などでは踏み固めによる効果は期待できない．

c-2. 振動トランスデューサ等の質量の影響

振動を正確に測定するためには振動トランスデューサの質量インピーダンスに比べ，対象部位のインピーダンスが十分大きいことが必要条件であり，測定部位のインピーダンスに比べ，振動トランスデューサの質量インピーダンスが無視できない場合，測定値に誤差を生じる．軟らかい地盤面などの振動を測定する場合，踏み固めの代わりに測定台を用いることは有効である．実際の測定現場では鉄板や石のブロックなどを置いてこれに振動トランスデューサを設置して測定することもある．この方法は簡便であるため利用されることが多いが，この場合には測定台等を含めた質量が影響することになる．

(8) 駆動点インピーダンスの測定

【関連規格】
・なし

a. 駆動点インピーダンスの測定方法

a-1. 概要

加振力と振動速度の比をインピーダンスという．インピーダンスは複素数であり，振幅・位相の情報をもつ（インピーダンスの定義は 1.3.2 (1) e.？に記載する）．

振動系において，入力（加振力）と応答との関係から表 1.3.16 に示す 6 つの評価量が定義されている．

表 1.3.16 振動系の評価量

	応答		
	変位	速度	加速度
入力／応答	スティフネス	インピーダンス	イフェクティブマス
応答／入力	コンプライアンス	モビリティ	アクセレランス

a-2. 測定法

加振力として，①衝撃力を与える場合，②正弦波もしくは掃引正弦波を与える方法，③ランダムノイズを与える方法がある．いずれの方法も力検出器により加振力を直接計測することが一般的である．

a-2-1. 衝撃力による方法：継続時間 dT の衝撃力を加振力とした場合，図 1.3.49 に示すように，$1/2\,dT$ までの周波数範囲でほぼ一定の加振力が得られる．衝撃力による測定では過渡応答が測定でき，駆動点インピーダンスは振幅と位相が得られる．図 1.3.50 に示すように，打撃力に対応する時間応答に対して求めたインピーダンスを「衝撃インピーダンス」と呼ぶ．全時間の速度応答を用いて算出するインピーダンスは他の測定法で求まる値と等しい．

衝撃源としては，インパルスハンマー，重錘などがある．インパルスハンマーは，打撃力を測定す

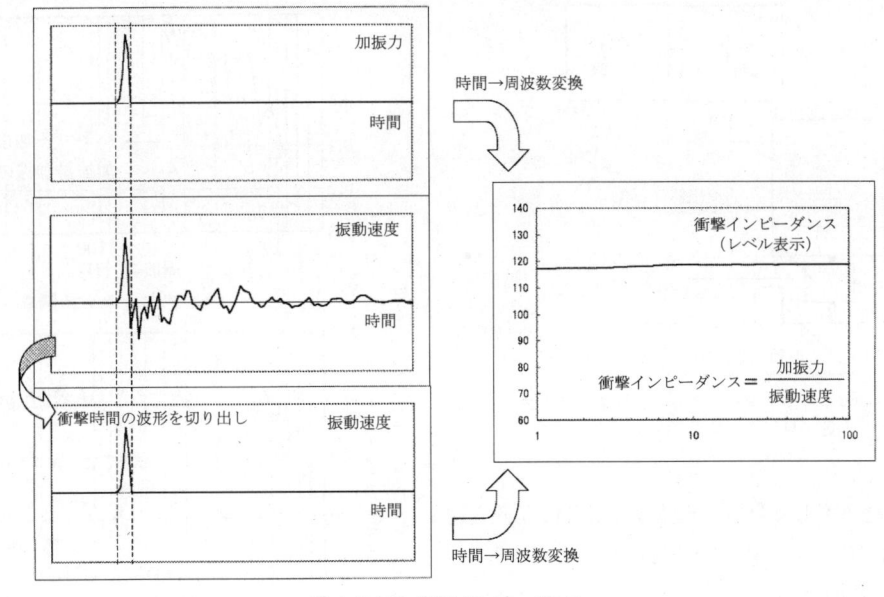

図 1.3.50 衝撃インピーダンス

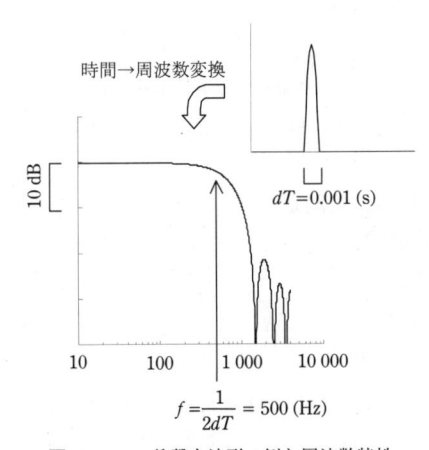

図 1.3.49 衝撃力波形の例と周波数特性

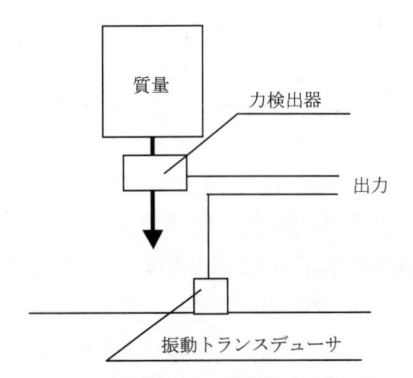

$f = \dfrac{1}{2dT} = 500 \text{ (Hz)}$

$dT = 0.001 \text{ (s)}$

図 1.3.51 衝撃力による駆動点インピーダンス測定ブロックダイアグラム

る力検出器を内蔵する加振装置で，ばね定数の異なるヘッドを交換することにより加振の継続時間を選択することができ，必要とする周波数範囲に適切な加振力を得ることができる．一般に衝撃力による加振装置は小型であるが，加振力のピークは大きくても，加振エネルギーは小さい．図 1.3.51 に測定系のブロックダイアグラムを示す．

a-2-2. 正弦波もしくは掃引正弦波を用いる方法：加振力を正弦波もしくは掃引正弦波で与えた場合，大きな加振力を与えることができ，駆動点インピーダンスは振幅，位相が得られる．インピーダンスが極端に大きい場合にはこの方法が有効である．分析に使用する FFT 型アナライザに解析

周波数間隔の掃引正弦波を出力する機能がある場合，これを利用するのが便利であり，高 S/N の測定が可能である．測定対象の共振が鋭い（ダンピングが小さい）場合，正弦波による加振の場合，共振域で速度応答が極端に大きくなるため，加振器の振動変位が許容範囲を超えないように加振力を調整するサーボ機能を有する加振器を使用することが望ましい．

加振器には動コイル型，偏心マス型などがある．動コイル型加振器は入力を選べば正弦波のほか，**a-2-3.** に示すランダムノイズによる加振にも対応するが，可動部分のストロークと質量で加振力が制限され，特に低い周波数では大きな加振力を得ることは難しい．偏心マス型加振器は，得られる

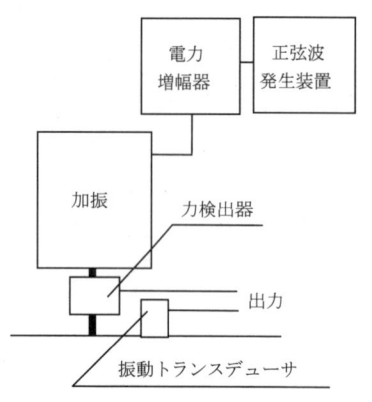

図 1.3.52 動コイル型加振器による駆動点インピーダンス測定ブロックダイアグラム

加振力は正弦波もしくは掃引正弦波に限られるが、加振周波数に応じて可動部分の質量を変えられるため、低い周波数から大きな加振力を得ることができる．

インピーダンスヘッドは，力センサーと加速度型振動トランスデューサを組み込んだセンサーで，加振器と当該部位との間に挟んで使用する．

a-2-3． ランダムノイズを用いる方法：加振に連続信号を用い，時間平均の応答を求めると，高S/Nの測定を行うことができる．加振力，振動速度の各々の時間平均を求める場合，位相情報が失われるため，駆動点インピーダンスは振幅のみが算出されることになる（駆動点インピーダンスに対して時間平均を施すと，位相情報を欠落せずに測定が可能となるが，1フレームごとの時間長が系の応答に比べて短いと位相項に大きな誤差が生じるため，高S/Nの測定は難しい）．

b．測定結果に影響を及ぼす要因

低周波数まで駆動点インピーダンスを測定するためには，分析時間を長くする必要がある．衝撃力により駆動点インピーダンスを測定する場合，適当な緩衝材を選択して挿入するなどして適切な加振力時間特性とする必要がある．衝撃時間が短いと低周波数域で十分な加振力が得られず，計測した振動に及ぼす暗振動の影響が無視しえなくなる．暗振動の影響の程度は，加振力と振動速度間のコヒーレンスにより評価することができる．図1.3.53に示すように，コヒーレンスは0.8以上必要とされる．

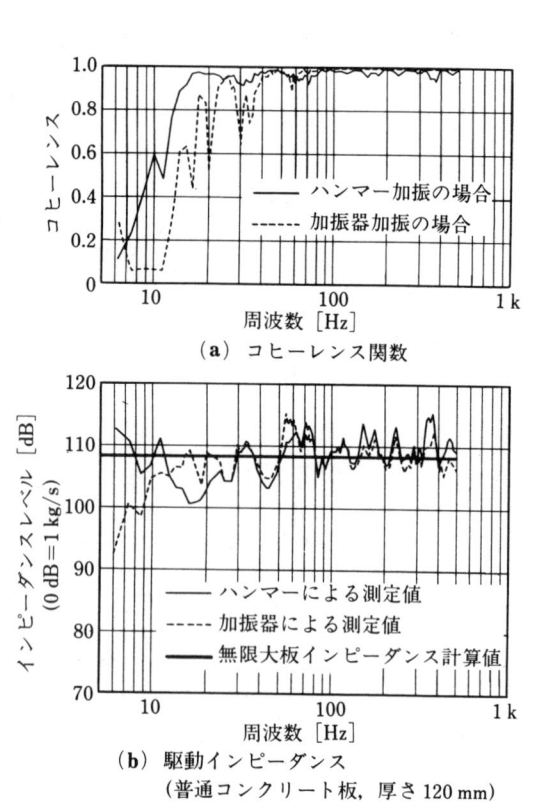

図 1.3.53 駆動点インピーダンス測定例[17]
（普通コンクリート板，厚さ120 mm）

（9） 加振力の測定
【関連規格】
・なし

a．加振力の測定方法

a-1．概要

固体伝搬音は建物躯体などの振動が内装材から放射される音であり，設備機器などの振動に起因する．振動源の振動が振動入力点において及ぼす力を加振力といい，加振力のレベル表記を加振力レベルという．

a-2．設備機器などの加振力の測定方法

設備機器の加振力測定方法としては，直接法，置換法，試験床板法（インピーダンス法），付加質量法，弾性支持法，集中定数回路モデルによる逆解析法が検討されているが，現在のところ，国際的にも国内でも基準はない．このうち，実用性の高い，直接法，置換法，弾性支持法について，概要，長所，短所をまとめて**表1.3.17**に示す[15]．

b．測定結果に影響を及ぼす要因

加振力の測定においては，測定法により結果に影響を及ぼす項目が異なる．

表 1.3.17 設備機器等の加振力測定方法の概要・概念図・長所・短所 [21]

	概要	概念図	長所	短所
直接法	設備機器等を直接力変換器の上に載せて加振力を測定する	設備機器／力変換器 加振力：F_i　$F_d = \Sigma F_i$	・機器および架台の影響を含んだ支持点での加振力を直接測定することができる． ・加振力を直接測定するため，他の方法に比べ，誤差が少ない．	・設置床が十分剛である必要があり，現場での測定には制約を受ける． ・設備機器の設置方法は，力変換機で点支持する方法に限られ，べた置きの場合には測定できない． ・力変換器の取り付け方法により測定値が異なる場合がある．力変換機はバランスよく静荷重が分布するように配置する必要があり実際の支持方法とは異なる場合がある． ・支持点数および各点の加振力の合成方法により測定結果が異なる場合がある．
置換法	加振力が既知の標準加振源で加振した時の設置部位の振動と当該機器等による振動の関係から機器の加振力を求める方法	設備機器（停止）既知加振力 F' 振動ピックアップ 振動応答 V'／設備機器（運転）振動ピックアップ 振動応答 V　$F_i = (F'/V') \times V$　$F_s = \overline{F_i}$	・設置点の駆動点インピーダンスなどの伝達関数が測定できれば，各種の振動系の測定に適用できる． ・設置面内の伝達関数が測定できれば，水平方向の加振力も測定できる． ・べた置きの条件を含む実際の機器設置状態で測定することができる． ・剛性の大きな床を必要としない． ・床構造や寸法，機器設置位置，他の機器の設置状況など，設置床の剛性がさまざまとなる実際の建物においても適用が可能である．	・低周波領域まで測定するには，大型の加振器が必要となる． ・実験室では，現場での設置条件を再現する必要がある． ・防振された機器の場合，防振架台上の伝達関数が測定できない場合があり，加振力も測定不可となる． ・測定点数や平均化の方法により，測定結果が若干異なる場合がある． ・空気励振（音響加振）の影響が含まれる．
弾性支持法	防振材（弾性材）の上に設備機器等を設置し，稼動時の振動加速度と質量から加振力を求める方法	設備機器 質量：M 振動ピックアップ 振動加速度 A_i 弾性支持材　$A = \overline{A_i}$　$F_e = A \times M$	・測定が他の方法に比べ簡便である． ・同型，同タイプの機器の相互比較ができ，釣り合い不良などの異常診断に使える． ・弾性支持された機器の脚部加振力は，支持系の固有振動数の 2〜3 倍以上の周波数領域では，通常支持部材の影響を無視することができる．	・弾性支持された機器しか測定できない． ・弾性支持しない場合の加振力と異なる場合がある． ・弾性支持されることから，配管された機器を対象とする場合には配管の影響を受けやすい．

b-1. 直接法

直接法では，支持部に力変換器を挿入し，点支持で加振力を測定する．このため，実際の機器設置状況とは異なる支持状況となる．特に，実際の設置がべた置きの機器の加振力を点支持による直接法で測定すると支持方法の影響が大きい．

また，機器（架台）の剛性に比べ，設置床の剛性が十分に大きくない場合，計測される加振力に誤差が生じる．

b-2. 置換法

置換法では機器稼働時の振動と停止時の設置点の駆動点インピーダンスを計測する．稼働時の測定は，実際の設置状況であるため，誤差要因はない．駆動点インピーダンスの測定については，(8)に記したS/N（暗振動）の影響が問題となる．

b-3. 弾性支持法

機器の振動加速度の計測は，実際の設置状況における稼働時の値であり，誤差要因はない．ただし，計測した振動加速度に質量を乗じて加振力を算出するため，一体振動とならない周波数範囲では有効質量が低下するため，全体の質量を用いて算出した加振力は過大となる．

(10) 音響放射係数の測定
【関連規格】 なし

a. 音響放射係数

構造物の躯体中を振動が伝搬して，内装材より音として再放射される，いわゆる固体伝播音の予測計算においては，振動（加）速度レベルから室内発生音の音圧レベルを計算するために，音響放射係数が必要である．音響放射係数 κ は，構造物の振動と音響放射パワーの関係を表す量であり，次のように定義される．

$$\kappa = \frac{P}{\rho c S \tilde{v}^2} \quad (1.3.16)$$

ここで，P は，表面積 S の板がピストン振動するとき放射される音響パワーであり，$\tilde{v}$ は板の振動速度の実効値を表す．ピストン振動する板の大きさが音の波長より十分大きければ，板近傍の空気の粒子速度は板の振動速度に等しいので空気中に生じる音圧は $p = \rho c v$ で与えられる．したがって，放射される音響パワー P は

$$P = S\tilde{p}\tilde{v} = S\rho\tilde{v}^2 \quad (1.3.17)$$

となり，十分な大きさを有するピストン振動する板に関しては $\kappa = 1$ となる．つまり，音響放射効率は同面積のピストン振動する板に比べ，どれくらい音響放射パワーが減少するかを表しているといえる．式 (1.3.16) をレベル表示すれば，

$$\begin{aligned}10\log_{10}\kappa =\ & 10\log_{10}\frac{P}{P_0} + 10\log_{10}\frac{P_0}{\rho c S_0 v_0^2} \\ & - 10\log_{10}\frac{S}{S_0} - 10\log_{10}\frac{\tilde{v}^2}{\tilde{v}_0^2}\end{aligned}$$
$$(1.3.18)$$

ここで，$S_0 = 1\text{m}^2$，$\tilde{v}_0 = 5 \times 10^{-8}$ m/s，$P_0 = 10^{-12}$ W とすると，右辺第 2 項が 0 となるため式 (1.3.18) は簡略化され次式となる．

$$10\log_{10}\kappa = L_W - L_v - 10\log_{10}S \quad (1.3.19)$$

実際の測定においては，振動速度レベルより振動加速度レベルが測定される場合が多いので，振動速度レベルを振動加速度レベルで表せば，式 (1.3.19) は次のようになる．

$$\begin{aligned}10\log_{10}\kappa =\ & L_W - L_a + 20\log_{10}f \\ & - 10\log_{10}S - 30\end{aligned} \quad (1.3.20)$$

ここで，f：周波数 (Hz)，L_a：振動加速度レベル（基準値 $a_0 = 10^{-5}$ m/s^2）．

したがって，板から放射される音響パワーレベル L_W と，板の振動加速度レベル L_a が測定されれば，音響放射係数レベルが算出できる．

b. 音響放射係数レベルの測定方法

板から放射される音響パワーレベルの測定方法としては，拡散音場に放射される音響エネルギー密度を室内平均 2 乗音圧レベルから算出する方法と，音響インテンシティ計測法により，板からの音響パワーレベルを算出する方法がある [18]．それぞれの計測システムを図 **1.3.54** に示す．なお，それぞれの方法による音響放射係数レベルの計算式は，式 (1.3.21) および式 (1.3.22) となる．

室内平均 2 乗音圧レベルから算出する方法

$$\begin{aligned}10\log_{10}\kappa =\ & \bar{L}_1 - L_a + 20\log_{10}f \\ & + 10\log_{10}\frac{A}{S} - 36\end{aligned} \quad (1.3.21)$$

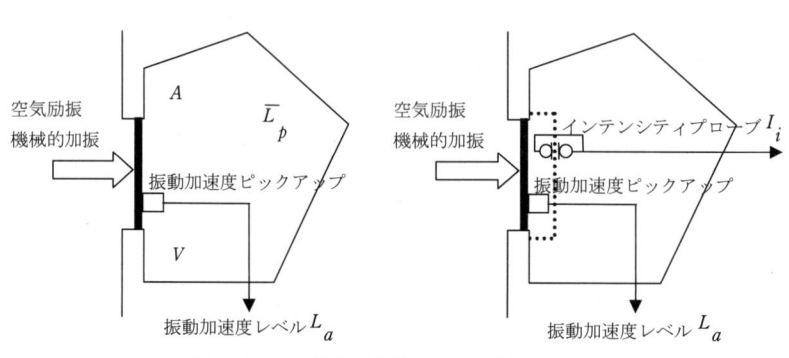

図 1.3.54 音響放射係数レベルの測定システム

ただし，$\bar{L}_1$：受音室の平均2乗音圧レベル

音響インテンシティ計測法

$$10\log_{10}\kappa = 10\log_{10}\left(\sum S_i I_i\right) - L_a \\ + 20\log_{10} f - 10\log_{10} S - 30 \tag{1.3.22}$$

ただし，S_i：i番目の測定点の分割面積 (m^2)
　　　　I_i：i番目の測定点の音響インテンシティレベル

c. 測定上の注意事項

振動加速度レベルの測定については，ピックアップの質量に関して配慮が求められる．特に，内装仕上げ材として用いられるせっこうボードの音響放射係数レベルを測定する場合には，ピックアップの質量，さらに設置方法が測定結果に影響する．また，ボード類の振動加速度レベル分布は，測定点によってかなり変化するので，測定点数はかなりの数にのぼる場合が多い．

d. ベラネックの音響放射係数算定図 [19]

ベラネックは，図 **1.3.55** に示すような音響放射係数の算定図を示している．これは，モード振動と拡散振動を一つの図にまとめたものであり，板は単純支持を仮定しているが，測定結果のおよその妥当性を検証することができる．

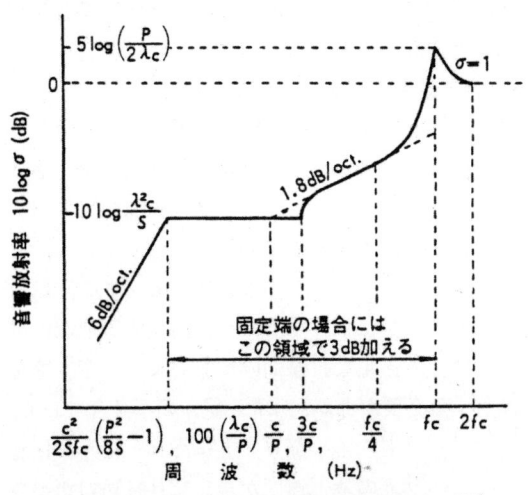

図 **1.3.55** Beranek による音響放射係数算定図 [17]

（11） 床衝撃音レベルの測定

【関連規格】
・JIS A 1418-1：2000（建築物の床衝撃音遮断性能の測定方法—第1部：標準軽量衝撃減による方法）
・JIS A 1418-2：2000（建築物の床衝撃音遮断性能の測定方法—第2部：標準重量衝撃減による方法）
・JIS A 1419-2：2000（建築物及び建築部材の遮音性能の評価方法—第2部：床衝撃音遮断性能）

a. 軽量床衝撃音レベルの測定方法

a-1. 概要

靴のかかと音，家具の引き擦り音，スプーン等の落下音などの，比較的硬く軽量の加振源による床衝撃音を軽量床衝撃音という．

a-2. 測定法

JIS A 1418-1 に測定法が規定されている．測定のブロックダイアグラムを図 **1.3.56** に示す．

a-2-1. 加振源：標準衝撃源として「タッピングマシン」を使用する．

a-2-2. 測定値：受音室における平均室内音圧レベル（時間平均・空間平均）を測定する．この値を床衝撃音レベルという．リアルタイム型分析器を用いて中心周波数 125 Hz 帯域から 2 000 Hz 帯域の 1/1 オクターブバンドの値を測定することが多い．床衝撃音レベルが下室の音響性能を含めた空間性能であるのに対し，床単体の部位性能を測定するために，床衝撃音レベルに加えて受音室の等価吸音面積を測定して算出する規準化床衝撃音レベルや受音室の残響時間を測定して算出する

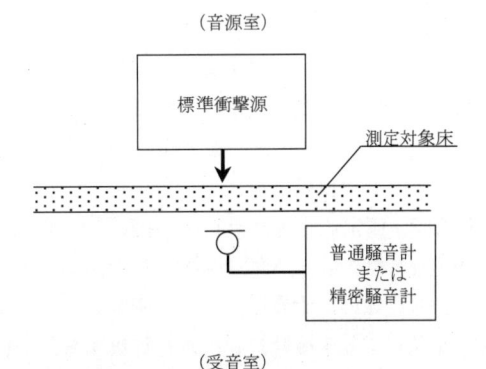

図 **1.3.56** 床衝撃音測定のブロックダイアグラム

標準化床衝撃音レベルは国際規格に準じた値として規定されている．ほかに騒音計の周波数重み特性 A を通して測定する A 特性床衝撃音レベルを用いる場合もある．A 特性による値は，聴感との対応が比較的良いため，簡便に計測する場合に都合がよく，性能を相互に比較する場合にも適している．

a-2-3. 打撃点：「室の周壁から 50 cm 以上離れた床平面内で，中央点付近 1 点を含んで平均的に分布する 3〜5 点」とあり，通常は，剛性の高い柱付近の頂角から対角に引いた対角線の 4 分点を打撃点とすることが多い．

a-2-4. その他：マクイロホンの設置方法，暗騒音の補正などが規定されている．

実際の生活で生じることが想定される床衝撃音として，ゴルフボールやスプーンなどの落下，椅子の引き擦りなどの加振源を用いた測定を行うこともある．

b. 重量床衝撃音レベルの測定方法
b-1. 概要

子供の走り回り，飛び跳ねなど，比較的軟らかく重たい加振源による床衝撃音を重量床衝撃音という．

b-2. 測定法

JIS A 1418-2 に測定法が規定されている．測定のブロックダイアグラムは軽量床衝撃音に準じる．

b-2-1. 加振源：2 種類の衝撃力特性が規定されている．加振源としてはタイヤ（バングマシン）が用いられることが多い．スチレンブタジエン系ゴムボールは他方の衝撃力を満足する．タイヤは従来から用いられてきた加振源として事実上定着しているのに対し，ゴムボールはタイヤに比べ衝撃力のピーク値が約 1/3 であり，軽量鉄骨造や木造などで安定した測定値が得られるメリットがある．ただし，2 種類の加振源による測定値には互換性があるわけではない．

b-2-2. 測定値：それぞれの加振ごとにすべての測定点で騒音計の時間重み特性 F を用いて各測定周波数帯域の最大音圧レベルを測定し，エネルギー平均により床衝撃音レベルを算出する．分析にはリアルタイム型分析器を用い，周波数帯域は 1/1 オクターブバンドで，中心周波数 63 Hz 帯域から 500 Hz 帯域とすることが多い．騒音計の周波数重み特性 A を通して測定する最大 A 特性床衝撃音レベルを用いる場合もある．最大 A 特性床衝撃音レベルは全帯域の音圧波形に A 特性の周波数特性補正を施して求めるため，狭帯域ごとの最大音圧レベルに A 特性補正をして算出した合成値とは一致しないこともある．

b-2-3. その他：打撃点（軽量に準じる），マクイロホン設置方法，暗騒音の補正などが規定されている．

c. 床衝撃音遮断性能の評価方法
c-1. 概要

JIS A 1419-2 に評価法が規定されている．

c-2-1. 床衝撃音レベル等級：現在，最も利用されている床衝撃音遮断性能の評価方法である．標準軽量衝撃源の場合には，中心周波数 125〜2 000 Hz，標準重量衝撃源の場合には中心周波数 63〜500 Hz のオクターブバンドごとの床衝撃音レベルを図 **1.3.57** にプロットし，そのすべての周波数帯域においてある基準曲線を下回るとき，その最小の基準曲線につけられた数値によって遮音等級を表す．ただし，各周波数帯域において，測定結果が等級曲線の値より最大 2 dB まで上回ることを許容する．このほか，空間性能の評価値として，A 特性床衝撃音レベルと逆 A 特性重み付き床衝撃音レベル，部位性能の評価値として，重み付き規準化床衝撃音レベル，重み付き標準化床衝撃音レベルなどの評価方法もある．

d. 測定結果に影響を及ぼす要因
d-1. 加振源

軽量衝撃源のタッピングマシンは，ハンマ落下高さが変わると打撃力が変わる．脚部の高さ調整ねじにより高さを適切に調整する必要がある．また，タッピングマシンの多くは，モータの回転数が電源周波数に依存するため，測定する地域の電源周波数で適正な打撃間隔になるようにギア等を調整する必要がある．また，経年の不具合として，ハンマヘッドの落下部ガイドに汚れ・脂分が付着するとヘッドの落下速度が遅くなり打撃力が小さくなる，脚部に曲がりが生じるとヘッド落下高さが変わり，打撃力が変わる，ハンマヘッドに緩みが生じたり，ハンマヘッドの曲率が変わると打撃

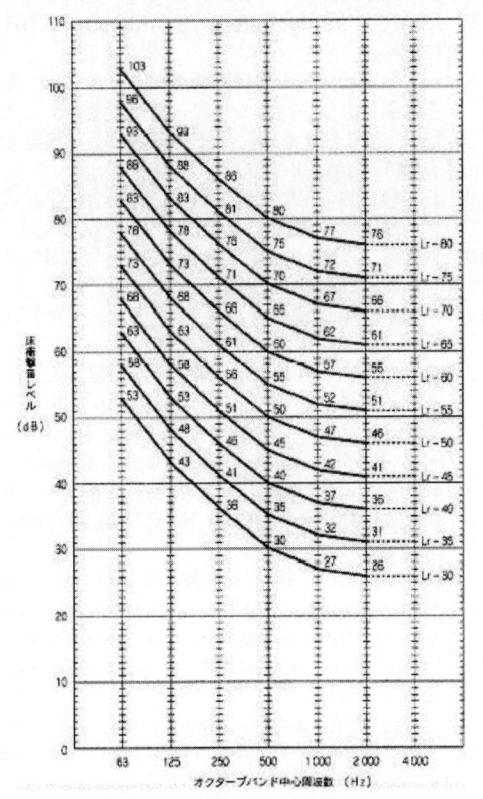

図 1.3.57　床衝撃音遮断性能の周波数特性と等級（等級曲線）

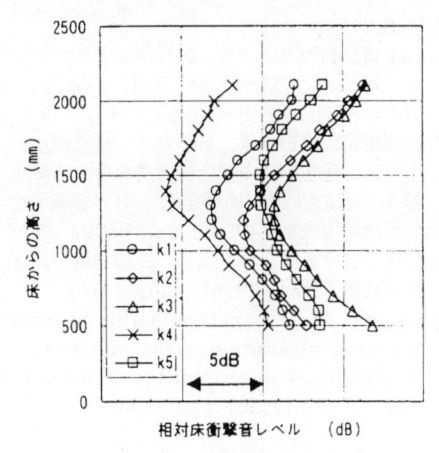

図 1.3.58　高さによる重量床衝撃音レベルの変化（63 Hz の変化）

力の周波数特性が変わる，などがある．

重量衝撃源としてタイヤを用いる場合，打撃力がタイヤの空気圧に大きく依存するため，空気圧を適正値に管理する必要がある．空気圧は気温に依存するため，測定にあたってはタイヤの温度を室温に合わせてから空気圧を調整することが望ましい．また，空気圧の調整にあたっては，JIS B 7505 に規定される 3 級以上の圧力計を用いる．

d-2．マクイロホン位置

特に重量衝撃音の場合，低周波数帯域の音圧レベルで評価が決定するため，室の固有周波数の影響を受けやすい．このため，固定マクイロホン法により測定を行う場合には，室内に偏らないようにマクイロホン位置を選定する必要がある．図 1.3.58 に高さ方向の音圧レベル分布の例を示す．

d-3．暗騒音

特に床衝撃音遮断性能の優れた床を対象として測定する場合，暗騒音との差が小さくなることがある．暗騒音が外部騒音などの場合，暗騒音自体も変動するため，数度にわたって暗騒音を測定する必要がある．精度よい測定を行うためには，できるだけ暗騒音の小さい条件で測定を行うべきである．

文献 (1.3.2)
1) 日本騒音制御工学会編：騒音制御工学ハンドブック［基礎編］（技報堂出版，2001），pp.205–206.
2) JIS Z 8731：1999「環境騒音の表示・測定方法」
3) 小堺裕司，濱田幸雄，平松友孝，橋詰尚慶，大川平一郎：建物躯体内振動伝搬における床剛性の影響（一般建物における測定例），日本建築学会大会学術講演梗概集（1990），pp.359–360
4) 日本音響材料協会編：騒音・振動対策ハンドブック（技報堂出版，1996），p.62
5) London, A.: The determination of reverberant sound absorption coefficients from acoustic impedance measurements, J. Acoust. Soc. Am., Vol.22 (1950), pp.263

文献 (1.3.3)
1) 早坂寿雄：技術者のための音響工学（丸善，1986）

文献 (1.3.5)
1) 日本音響学会編，橘秀樹・矢野博夫著：環境騒音・建築音響の測定，音響テクノロジーシリーズ8（コロナ社，2004）
2) A. V. Oppenhem, R. W. Schafer, 伊達玄訳：ディジタル信号処理 上，下（コロナ社，1978）

文献 (1.3.6)
1) 橘秀樹，矢野博夫：環境騒音・建築音響の測定（コロナ社，2004），p.73
2) 山田一郎，吉川教治：騒音計で音を測る際の留意点，日本音響学会誌，55 巻 5 号（1999），pp.384
3) 瀧浪弘章：騒音計の性能に影響を与える様々な要因，騒音制御，29 巻 5 号（2005），pp.382–338
4) R. N. Hosier and P. R. Donavan: Microphone windscreen performance, Nat. Bur. Rep., NBSIR'79 (1979), pp.1599
5) 佐藤利和，石田康二，若林友晴：現場用測定器の基礎知識，騒音制御，29 巻 5 号（2005），pp.326–331
6) F. J. Fahy, 橘秀樹（訳）：サウンドインテンシティ（オーム社，1998），p.276
7) ISO/CD 3740: (ISO/TC43/SC1 N1041) (1996-5).
8) 一方井孝治，濱田幸雄，橘秀樹，石井聖光：透過損失測定方法に関する検討（模型実験による試料取付方法に関する検討），日本音響学会講演論文集（1983），pp.399–400
9) 日本騒音制御工学会編：騒音制御工学ハンドブック［基礎編］（技報堂出版，2001），p.768
10) 橘秀樹，矢野博夫：環境騒音・建築音響の測定（コロナ社，2004），p.116
11) F. J. Fahy, 橘秀樹（訳）：サウンドインテンシティ（オーム社，1998），p.260
12) 金田豊：インパルス応答測定の際の留意点，日本音響学会誌，55 巻 5 号（1999），pp.365
13) Rasmussen, B., J. H. Rindel and H. Henriksen: Design and measurement of short reverberation times at low frequency in talk studio, J. Audio Eng. Soc., Vol.39 (1991), pp.47–57
14) Koyasu, M., H. Tachibana and H. Yano: Measurement of equivalent sound absorption area of rooms using reference sound sources, Proc. Inter-noise 94 (1994), pp.1501–1506
15) 日本騒音制御工学会：騒音制御工学ハンドブック（技報堂出版，2001），pp.353, 384, 385
16) 公害用振動ピックアップの接地共振とその制御，日本音響学会誌，Vol.33（1917），p.601
17) 日本建築学会編：環境振動・固体音の測定技術マニュアル（オーム社）
18) 小島孝由，濱田幸雄：ボード壁からの音響放射特性に関する実験的検討（小試料によるクロス貼りの影響に関する基礎的検討），日本建築学会大会学術講演梗概集（1999），pp.215–216
19) Beranek, L. L.: Noise and Vibration Control (McGRAW-HILL, 1971), p.296
20) JIS B 7505：1999「ブルドン管圧力計」
21) 中澤真司：加振力の測定方法（直接法，置換法，弾性支持法），騒音制御，27 巻 3 号（2003），pp.164–169

1.4 測定仕様書・測定計画書の作り方

測定調査を発注する場合，必要十分な結果を得るためには，発注者はどんな目的でなにを必要としているかを明確にした発注仕様書（測定仕様書）を作成する必要がある．また，請負者はこれに基づく調査計画書（測定計画書）を作成し，発注者の意図に沿った調査結果が報告できるよう事前に確認することが必要になる．

ここでは，調査発注時の調査仕様書の例と，調査仕様書に基づく調査計画書の例，および，調査者が調査計画書を作成するときに留意するべき「測定対象の明確化」「採用するべき測定方法」「測定点の選び方」「分析方法」「記録しておくべき事項」「特殊な要因」などの測定要領について解説する．

＊＊＊＊事業に伴う鉄道騒音・振動の影響調査　仕様書

1. 調査の目的
　　＊＊＊＊事業において，＊＊街区における鉄道騒音と鉄道振動の調査を行ない，＊＊街区内施設の仕上げ材と開口部（窓サッシ）の遮音性能を検討し，建物内施設における鉄道騒音と鉄道振動（固体伝搬音）の影響を予測し，施設の目標騒音を超える場合は対策方法を検討する．

2. 調査の対象および調査場所
　　騒音測定の対象　＊＊街区内の高架橋下と近傍の鉄道騒音
　　振動測定の対象　＊＊街区内の鉄道高架橋柱と床における鉄道振動
　調査場所については図-1に示す．

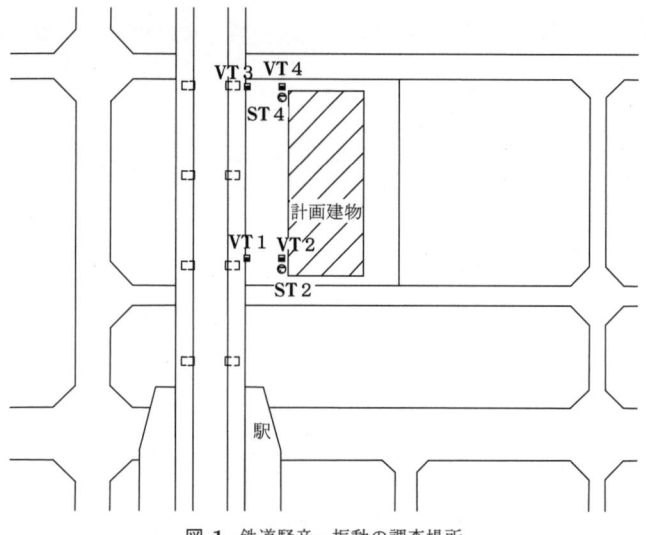

図-1　鉄道騒音・振動の調査場所

3. 調査項目と調査方法
　（1）鉄道騒音の測定（騒音レベル，音圧レベル）
　　　＊＊街区の鉄道高架橋下および周辺において，現状における鉄道通過時の騒音を測定する．騒音の測定方法は，JIS Z 8731: 1999「環境騒音の表示・測定方法」に従う．
　（2）鉄道振動の測定（振動レベル，振動加速度レベル）地盤上と高架橋の柱において，現状における上下左右方向（x, y, z）の鉄道振動を測定する．振動の測定方法は，JIS Z 8735: 1981「振動レベルの測定方法」に従う．
　（3）鉄道騒音の分析
　　　鉄道騒音の周波数分析は，列車通過時の $L_{\max}$ 値（Fast 時定数 0.1 s）と L_{eq} 値について，オクターブバン

ド周波数（63～4 000 Hz）と騒音レベル（dBA）を分析する．
(4) 鉄道振動の分析
鉄道振動の周波数分析は，列車通過時の L_{max} 値の Fast-Peak 値（時定数 0.1 s）と Slow-Peak 値（時定数 0.5 s）について，収録データから 1/3 オクターブバンドで 4～2 000 Hz の周波数ごとの振動加速度レベル，および振動レベル（VL）を求める．
(5) 鉄道騒音と鉄道振動の分析数
分析は測定点ごとに，測定時間内における 20 本以上の通過列車（上り下り各 10 本以上）とする．なお，列車通過時以外の暗騒音と暗振動（L_{eq} 値：30 秒間程度）を 2 回分析する．

4. 調査に基づく検討
(1) 鉄道騒音（空気伝搬音）の建物内施設への影響検討
鉄道騒音の調査結果に基づき，鉄道街区の店舗への鉄道騒音（空気伝搬音）の影響および窓を含む外壁や天井の遮音性能を検討する．
(2) 鉄道振動（固体伝搬音）の建物内施設への影響検討
鉄道振動の調査結果より，鉄道街区の店舗における鉄道振動の伝搬による鉄道騒音（固体伝搬音）の影響を検討する．
(3) 鉄道騒音・振動対策方法の提案
過去に実施した鉄道騒音・振動対策の事例より，具体的な鉄道騒音・振動対策の提案を行なう．
(4) 店舗設計に対する検討・アドバイス
対策案を盛り込んだ建物内施設の設計に対し，意図した対策効果が得られるかどうかを検討し，適切なアドバイスを行なう．

5. 成果品
調査報告書および鉄道騒音振動対策についての技術資料

平成＊＊年＊＊月＊＊日

（仮称）＊＊＊＊マンション計画地における
24 時間騒音調査と窓サッシ遮音性能の検討　計画書

1. 調査の目的
（仮称）＊＊＊＊マンションの計画地において，現状の周辺環境騒音の調査を行なう．この調査結果に基づき，計画建物の住戸居室の窓サッシと換気口について遮音性能を検討し，所定の室内騒音を満足することを目的とする．

2. 調査対象
名称：(仮称) ＊＊＊＊マンション
住所：東京都＊＊区＊＊町 1 丁目 1 番地

3. 調査者
＊＊株式会社　＊＊本部　＊＊部　騒音　太郎

4. 調査日時
調査日：平成＊＊年＊＊月＊＊日　～　翌日
午前 10 時より翌午前 9 時 30 分　まで 24 時間調査
ただし，雨天順延

5. 調査項目
(1) 騒音レベルの 24 時間測定
計画地において，現状における環境騒音（道路騒音を含む）を測定する．固定点は，図-1 に示す P1～P3 の 3 点とし，毎正時より 10 分間の騒音を測定する．固定点の高さは 4.5 m とする．

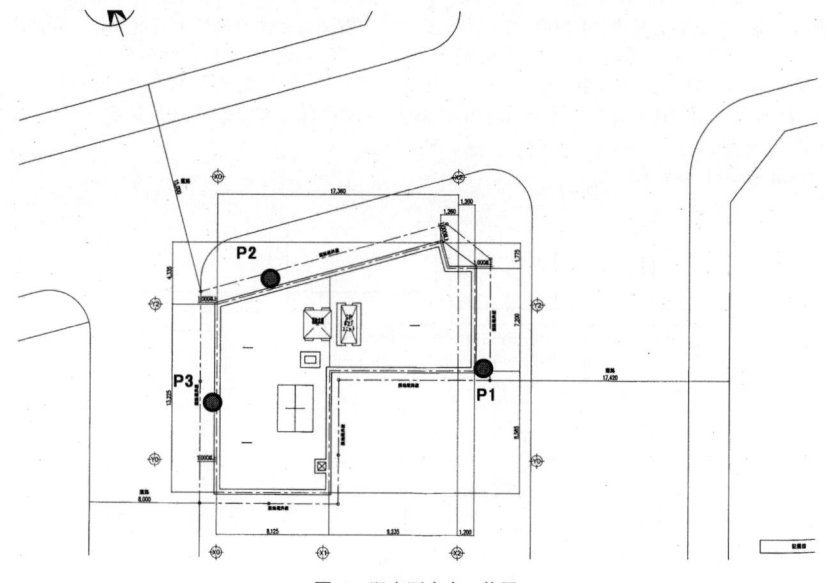

図-1 騒音測定点の位置

分析は，騒音レベル dBA について各時間帯の 10 分間計算値（L_{Aeq} 値，L_{max} 値，L_{05}，L_{50}，L_{95}）を分析する．

(2) 測定時間帯における主な騒音源

環境騒音の測定時に，周辺道路などからの騒音以外に，特別な騒音が発生している場合は，その発生源と時間を記録する．例えば，工事騒音や朝方のカラスなど．

(3) 環境騒音の周波数分析

測定点（P1〜P2）において，下記時間帯の騒音を録音し，後日周波数分析を行なう．なお，測定時間は騒音レベルの測定時間と一致しなくても良いが，測定時間を明記する．周波数分析は騒音レベル dBA について 10 分間の計算値（L_{Aeq} 値，L_{max} 値，L_{05}，L_{50}，L_{95}），およびオクターブバンド周波数（63〜4000 Hz）の音圧レベルについて 10 分間の計算値（L_{eq} 値，L_{max} 値，L_{05}，L_{50}，L_{95}）を分析する．

　　　午前　　10:00〜12:00
　　　午後　　14:00〜16:00
　　　夕方　　18:00〜20:00
　　　夜間　　22:00〜24:00
　　　早朝　　05:00〜07:00

6. 窓サッシの遮音性能の検討

調査結果に基づき，計画建物の各階の代表的な住戸居室の窓面位置における外部騒音を予測し，窓サッシと換気口の遮音性能（遮音等級と遮音仕様）を検討する．なお，室内騒音の目標値は，就寝時間帯（22:00〜6:00）のパワー平均値で 40 dBA とする．

平成＊＊年＊＊月＊＊日

（仮称）＊＊＊＊マンション新築計画における
窓サッシ遮音性能検討のための鉄道騒音の調査　計画書

＊＊株式会社
＊＊本部　＊＊部

1.　調査概要

調査は，近接した＊＊線の鉄道（掘割）からの列車走行時の騒音（以下，鉄道騒音という）に対する窓サッシと換気口の遮音性能について検討するために行なう．なお，計画地内建物位置における鉄道騒音については，各駅停車よりも通過列車の騒音の方が大きいと思われるため，通過列車の騒音を主として対象に測定を行なう．

2.　調査方法

2-1　騒音調査の方法

騒音調査は，現地において日中（10:00〜17:00）までの環境騒音と鉄道騒音を測定する．測定は，騒音計とデータレコーダのセットにより，環境騒音と鉄道騒音を録音し，持ち帰って分析を行なう．

騒音測定の位置は，鉄道側線路際（S11, S21: $H = 1.5$ m）と A 街区と B 街区の線路に近接した建物位置（S12, S22: $H = 1.5$ m, S13, S23: $H = 4.5$ m），および A 街区と B 街区の中間位置（S14, S24: 1.5 m, S15, S25: 4.5 m）とする．

測定点の位置を図-1 に示す．

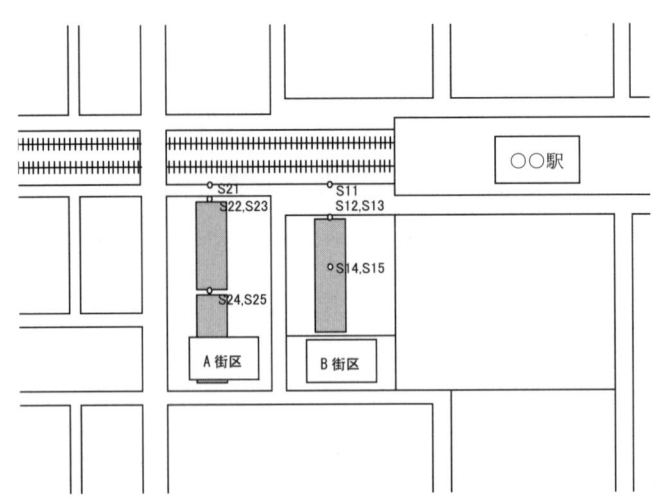

図-1 計画地と騒音測定位置

2-2 分析方法

環境騒音は，録音したデータの中から突発的な騒音の影響が少ない 30 分間（ただし，鉄道騒音は含まれる）について，時間率の値（90%レンジ上端値 L_{05}，中央値 L_{50}，下端値 L_{95}）と L_{eq}（等価音圧レベル）についてオクターブバンド周波数（63〜4 000 Hz）の音圧レベルと騒音レベル（dBA）を分析する．

鉄道騒音は，測定時間内における鉄道騒音を 20 本抜き出して，通過時の Fast-Peak 値と L_{eq} 値についてオクターブバンド周波数（63〜4 000 Hz）の音圧レベルと騒音レベル（dBA）を分析する．鉄道騒音は 20 本の中で大きい方から 10 本のパワー平均値を求めて代表値とする．

3. 調査工程

　　8:30　現地集合，打ち合わせ
　　9:00　測定点の設定，測定準備
　　9:30　第一回調査（A 街区側）
　11:30　調査終了，データの確認
　12:00　測定点の移動，測定準備
　13:00　第二回調査（B 街区側）
　15:00　測定点の移動，測定準備
　15:30　第二回調査（B 街区側）
　16:30　調査終了，データの確認
　17:00　測定機材の片付け
　17:30　現地解散

4. 窓サッシの検討方法

騒音調査の結果より，建物建設後の代表的な各階住戸の窓面における鉄道騒音を予測し，室内騒音の目標値（列車通過時の L_{Aeq} 値で 45 dBA）を満足する窓サッシと換気口の遮音性能（遮音等級と遮音仕様）を検討する．

測定要領書（発注者の指示書）の例

注：アンダーラインの部分は発注者により変わる

I 外部交通騒音に関するもの

1. 計画時の測定
① 測定点
　測定点は計画建物の外壁位置あるいは敷地境界付近で騒音源からの影響を最も受けやすいと考えられる位置とする．周辺建物や塀等の遮蔽物がある場合には，それらの影響をできるだけ受けないように考慮する．
- 測定点の高さは1.5 mとするが，対象とする騒音源が高架道路（線路）の場合や騒音との間に建物等の遮蔽物がある場合には，クレーンや近隣ビルなどを利用して，計画建物において最も影響を受ける高さで行う．これらが不可能な場合は可能な範囲で測定を行い測定結果の補正を検討する．

② 測定方法
　○道路騒音
　道路騒音は等価騒音レベル（L_{Aeq}），もしくは時間率騒音レベルL_5を測定する．原則として24時間行う．等価騒音レベルの測定は1時間ごとに10分間以上行う．
　敷地内に工事作業がある場合は工事騒音のない時間帯を対象とする．ただし，夜間21時から6時の間は必ず測定する．サッシの遮音性能選定には原則として上記の測定時間分の結果のうち夜間23時～6時における1時間ごとの等価騒音レベル測定値のエネルギー平均値を求めた結果を用いる．また昼間の騒音が著しい場合は別途協議する．
- 周辺に騒音レベルを上げる特殊な要因（事業所，店舗，駐車場，工場，バス停等がある場合には，上記の夜間時間帯に限らずその発生騒音レベルを考慮した検討を行う．
- 必要に応じて夜間時間帯の周波数分析結果と特殊音源の周波数分析結果を提示する．

　○鉄道騒音
- 鉄道がある場合には，上記の等価騒音レベル（L_{Aeq}）に加え騒音レベルの最大値（L_{Amax}）の測定も実施する．
- 電車20本以上について，電車ごとに通過時の騒音レベルの最大値を測定する．時間重み特性はFASTもしくはSLOWとする．測定する時間帯は任意とするが，夜間にと通る貨物列車などはそれも測定する．
- 測定した電車の種別と上り下りを記録する．
- サッシの遮音性能選定には上記の測定結果の大きい方から20本について，電車ごとに測定した騒音レベル最大値の算術平均値を用いる．
- 夜間にしか通らない電車の騒音レベルが大きい場合には，その結果を考慮した検討を行う．
- 鉄橋など騒音レベルを上げる特殊な要因がある場合には，考慮する．
- 騒音レベルが平均的なものについて周波数分析を行い，提示する．

③ 留意事項
- 測定は原則として平日に行う．
- 強風，大雨，大雪など測定値に影響を及ぼす恐れのある気象条件の時は測定は行わない．

2. サッシの選定
　割愛

3. サッシと換気口の選定
　割愛

4. 竣工時の測定
① 測定点
- 騒音源から騒音の影響を最も受けると考えられる居室を対象とする．ただし，建物の同一面内で複数の遮音等級のサッシを用いている場合は，遮音等級ごとに騒音源の影響を最も受ける居室で測定する．
- 測定点は室外において0.01～1.5 m窓から離れた点，室内においては窓から1～2 m離れた点とし，高さは床から1.2 mとする．

② 測定方法
　等価騒音レベル
　計画時の測定に準拠するほか，室内の換気口は開，閉の状態で行う．
　鉄道騒音最大値

計画時の測定に準拠するほか，室内の換気口は開，閉の状態で行う．
室内における電車ごとの騒音レベル最大値の算術平均値を求め，室内騒音レベル目標値を満足しているか確認する．

5. 共通事項

竣工時の測定は第三者機関もしくはそれに準ずる機関で行う．
測定後は速やかに結果報告書を提出する．

6. 参考

室内外の騒音レベル差の確認方法は実騒音を音源とする．上記測定点において道路交通騒音を用いた場合には等価騒音レベル，鉄道騒音を用いた場合にはある電車が通過する際の騒音レベル最大値を室外，室内同時に測定し，差を求める．同じ場所での測定を3回以上行いバラツキを確認する．外部騒音が小さくて室内外の騒音レベル差が求められない場合は，室内の暗騒音を測定して報告する．

II 床衝撃音遮断性能に関するもの

1. 目的

竣工後の上下住戸間の床衝撃音レベル等級が設計標準に定める基準値を満たしているかどうかを確認するための検査方法を定める．

2. 測定要領

測定は JIS A 1418-2000 に準じて行う．測定結果の評価は○表に示す JIS A 1419-2-2000 による床衝撃音遮音性能等級による目標値を基準とする．検査住戸は住戸形式を考慮して決定し，原則的に5パーセント以上の抜き取り検査とする．現場の状況などにより，止むを得無いときは別途協議する．重量衝撃音レベル測定結果および，軽量床衝撃音レベル測定結果は JIS A 1419-2 による等級に当てはめる．

3. 結果の報告

測定結果が基準を満たしていないときは，原因を明らかにして，もしくは明らかにするため協議する．満たしていない結果が多い場合，さらにサンプル数を増やして測定し検証する．

III 室間音圧レベル差の測定に関するもの

1. 目的

竣工後の隣戸間の室間音圧レベル差の等級が設計標準に定める基準値を満たしているかどうかの検査方法を定める．

2. 測定要領

室間音圧レベル差の測定は JIS A 1417-2000 により行う．測定結果の評価は○表に示す JIS A 1419-1-2000 による．検査住戸は住戸形式を考慮して決定し，原則的に5パーセントの抜き取り検査とする．現場の状況などにより止むを得ない場合は別途協議する．室間音圧レベル差測定結果は JIS A 1419-1 に当てはめる．

3. 結果の報告

測定結果が基準を満たしていないときは，原因を明らかにして，もしくは明らかにするために協議する．満たしていない結果が多い場合，さらにサンプル数を増やして測定し検証する．

第2編 実務編

- 2.1 外周壁遮音性能の測定と評価　63
  - 2.1.1 建物の設計と騒音対策を考えた外周遮音の測定例［安岡博人］　63
  - 2.1.2 窓等の遮音性能の測定［吉村純一］　68
  - 2.1.3 換気口等の遮音性能の測定［大内孝子］　73
- 2.2 室間遮音性能（室間音圧レベル差）の測定と評価　79
  - 2.2.1 集合住宅やホテルにおける2室間遮音性能の測定［村石喜一］　79
  - 2.2.2 可動間仕切壁の遮音性能の測定［峯村敦雄］　87
  - 2.2.3 側路伝搬の影響の測定［渡邉秀夫］　92
  - 2.2.4 音響透過損失と室間音圧レベル差［渡邉秀夫］　97
- 2.3 床衝撃音遮断性能の測定と評価　100
  - 2.3.1 床構造を対象とした測定［古賀貴士］　100
  - 2.3.2 仕上げ材を対象とした測定［岩本毅］　102
  - 2.3.3 廊下を対象とした測定［瀬戸山春輝］　107
  - 2.3.4 階段を対象とした測定［杉野潔］　111
- 2.4 給排水音の測定と評価　119
  - 2.4.1 室内騒音の測定［平松友孝］　119
  - 2.4.2 支持部の影響の測定［藤井弘義］　125
  - 2.4.3 管壁からの影響の測定［平松友孝］　131
  - 2.4.4 管貫通部の影響の測定［平松友孝］　134
- 2.5 設備機器類発生音の測定と評価　138
  - 2.5.1 送風機の固体音の測定［稲留康一］　138
  - 2.5.2 冷凍機の固体音の測定［稲留康一］　143
  - 2.5.3 ポンプ固体音の測定［平松友孝］　145
  - 2.5.4 管路系の発生音の測定（太い径）［平松友孝］　151
  - 2.5.5 集中ごみ処理ブロワ室の騒音測定・対策例［荒木邦彦］　159
  - 2.5.6 ダクト系の発生騒音の測定［塩川博義］　163
  - 2.5.7 電気室（変圧器）の発生音の測定［稲留康一］　167
  - 2.5.8 エレベータから発生する騒音の測定［井上諭］　169
  - 2.5.9 エレベータシャフトに隣接する居室の騒音の実測例［羽染武則］　175
  - 2.5.10 ホテル油圧エレベータ機械室の騒音対策［荒木邦彦］　181
  - 2.5.11 機械式駐車場から発生する音の測定［緒方三郎］　182
  - 2.5.12 自動ドアを対象とした測定［渡辺充敏］　190
- 2.6 生活音の測定と評価　195
  - 2.6.1 窓，扉，襖を対象とした測定［河原塚透］　195
  - 2.6.2 駐輪機，郵便受けから発生する音の測定［嶋田泰］　197
  - 2.6.3 台所，浴室で発生する衝撃音の測定［赤尾伸一］　201
  - 2.6.4 便所で発生する振動・音を対象とした測定［河原塚透］　207
- 2.7 自然現象に関わる音の測定と評価　209
  - 2.7.1 雨音の測定［藤井弘義］　209
  - 2.7.2 建築物周辺および内部で発生する風騒音の測定と評価［吉岡清］　216
  - 2.7.3 熱音の測定［古賀貴士］　223
  - 2.7.4 事務所ビルにおける熱伸縮に起因する衝撃性発生音［大脇雅直］　226
  - 2.7.5 建物外壁からの熱音［平松友孝］　228
  - 2.7.6 クラシックホールの異音原因調査［中川清］　233

2.1 外周壁遮音性能の測定と評価

2.1.1 建物の設計と騒音対策を考えた外周遮音の測定例

(1) 建築計画における遮音設計

　敷地内での遮音設計では塀，土手，遮蔽棟，設備棟の配置など距離減衰と遮蔽を用いることとなる．一般的に配置計画は遮音が優先されることはまれで，建ぺい率，日照，斜線制限，駐車場位置などで大枠が決定する．大団地計画などで計画の自由度の高い場合は遮蔽棟的な考え方も取り入れられる．この場合計画住戸数の増減に影響を及ぼすことも考えられ，環境保持と事業計画の擦りあわせが必要である．また日照上の問題で音源からの入射角度を小さくできない可能性がある．表 2.1.1 に遮音設計の検討項目と留意点を示した．
　上記の手法を取り入れる場合は，敷地全体で測定計画を行う必要がある．敷地の周辺や音源の種類や方向，建物の位置や方位を考慮して建物完成時のお互いの遮蔽や反射も想定して測定および予測計算を行う必要がある．音源に平行に配置された板状住宅は他の棟に対する遮音効果はかなり大きく取れ効果的であるから，他の条件が許せば採用されることもあるが，当然遮蔽棟自体の遮音性能は高いものが要求される．環境騒音を広く分散させて受け持たせず，一部に負担させる対策であり，遮蔽を考慮した測定や計算が必要となる．
　全般的にいえるが，垂直方向の騒音の分布は，音源の位置や状況で変化が大きいので常に考慮しておくことが必要である．
　敷地境界や敷地内の塀，土手などを採用する場合は，低位置音源の場合，低層の建物や高層でも低い位置については十分効果を期待でき，比較的実現しやすいものが検討可能であろう．高架道路，高架鉄道のように音源が高い位置にある場合は，受音側への効果を高さ方向の騒音レベル分布を検討しながら測定することが必要である．測定する

表 2.1.1　道路交通騒音の遮音性能検討の項目と方法および留意点

検討項目	検討方法	測定に関する留意点
外部騒音の大きさと周波数特性の把握	敷地境界，敷地内，高さ方向の実測 交通台数の実測による指定式への適用 近似例からの類推	平面的位置，垂直方向的位置，周辺条件 気象条件，交通条件，道路条件 伝搬条件，音源方向，音源種類，音源数
外壁面レベルとしての補正	入射角度，反射物，バルコニーの影響 遮蔽物，後壁反射，隔て板の影響 外壁面騒音レベルの測定位置の壁面からの距離の設定	入射条件，反射条件 周辺条件，測定位置条件
室内目標値の設定	建物用途別の等級設定 室用途別の設定 室内騒音測定点の位置設定	測定量，測定時間，統計量 目標値，測定法
外壁遮音性能の設計と選定	目標遮音量の算出 窓の遮音性能，換気口の性能 外壁の遮音性能，総合遮音性能 遮音性能誤差の設定 サッシの種類の組合せ ガラスの厚さと組合せ サッシの遮音性能安定性の検討 二重窓の空気層と吸音材 気密材の選定 施工精度の設定	部分遮音性能 全体的性能 換気孔性能 サッシの調整前後性能 住居状態性能
建物の施工	窓サッシの遮音調整 換気孔の遮音調整	状況の把握測定
遮音性能の確認	確認方法の設定 室内音圧レベルの測定 音圧レベル差の測定と補正 室吸音力の測定	測定量，音源把握時との条件比較
設計目標値の適正さの確認	使用者へのヒアリング 供給者へのヒアリング 使用者のクレームの解析	居住状況，経年状況，他の周辺状況 心理，生理状況

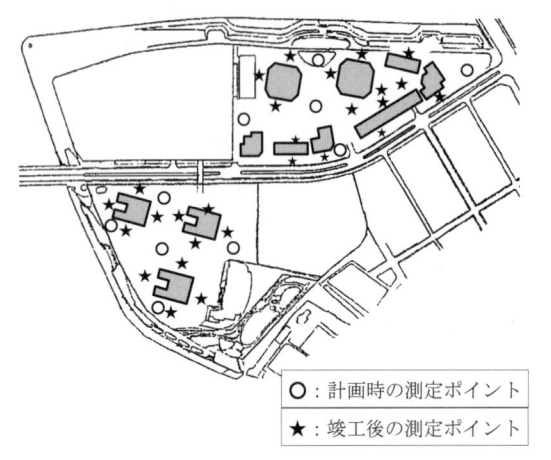

図 2.1.1 配置図における測定点の例

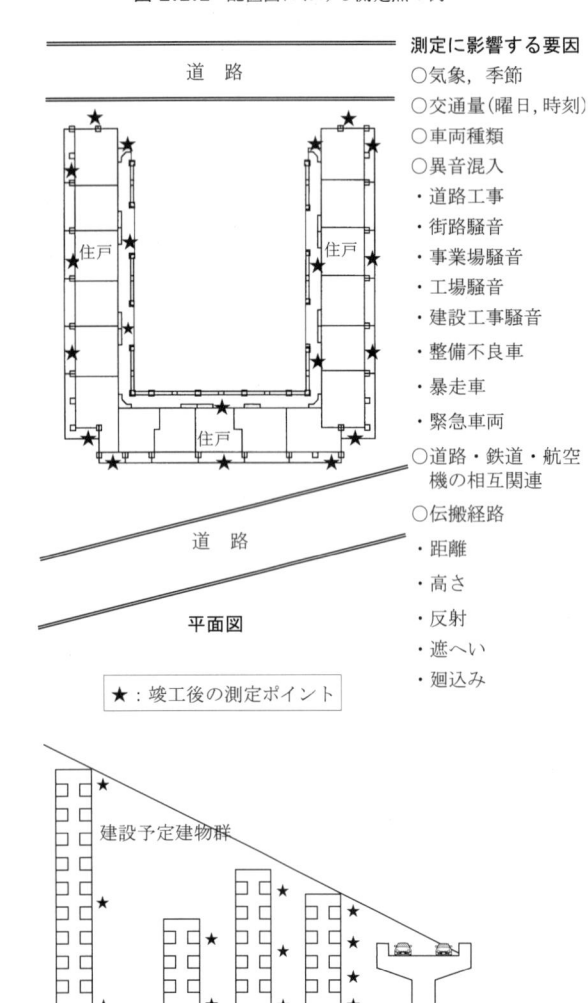

○：計画時の測定ポイント
★：竣工後の測定ポイント

測定に影響する要因
○気象，季節
○交通量(曜日，時刻)
○車両種類
○異音混入
・道路工事
・街路騒音
・事業場騒音
・工場騒音
・建設工事騒音
・整備不良車
・暴走車
・緊急車両
○道路・鉄道・航空機の相互関連
○伝搬経路
・距離
・高さ
・反射
・遮へい
・廻込み

★：竣工後の測定ポイント

図 2.1.2 建物周辺の測定点と影響する要因

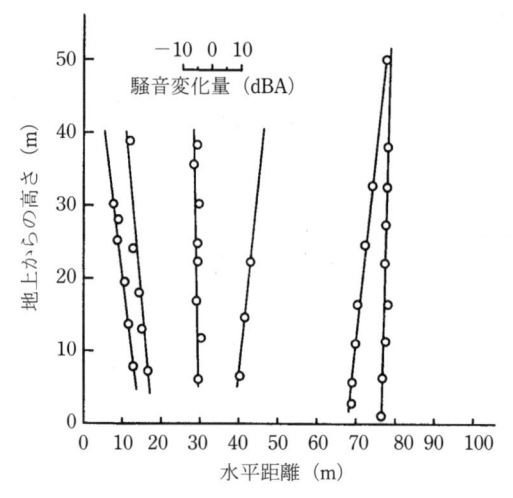

図 2.1.3 道路からの水平距離と高さ方向による騒音レベル分布（L_5 値）

場合の交通自体の特性把握も重要だと考える．測定時に以下のような要因が平常時の一般的なものなのか，一時的なものなのかの判定が必要である．たとえば交通量，大型車混入率，バイクなどの量，周辺の工場，建設作業の影響，天候の影響，鉄道などの頻度などである．

先に述べたが，道路騒音，鉄道騒音などは受音点が高くなるとかえって見通しが良くなって，直接音を受けやすくなり騒音が大きくなることが多い．こうした場合，高さの低い塀や土手は有効ではなく，配置で距離減衰を増やすか，建物側で処理するかの方法となる．高所における気球を用いた測定やクレーンによる測定が必要となる．図 2.1.1 に配置における測定点の例を，図 2.1.2 に建物周辺の測定点と影響する要因を示した．

一般的に，環境基準や騒音測定は高さについては 1～2 m で測定，評価されることが多い．高い建物では高さ方向の騒音分布の検討は必須であるが，距離減衰をとることや伝搬経路対策をとることが難しいため建物側対策が主体となるので測定の場合も考慮する．図 2.1.2 に高さ方向の測定点の例と遮蔽のイメージを示した．図 2.1.3 に道路からの水平距離と高さ方向には騒音レベル分布の例を示した．図 2.1.4 に気球を用いた測定例を示す．図 2.1.5 に垂直方向の騒音分布例を示す．

図 2.1.4 高所における気球を用いた測定写真

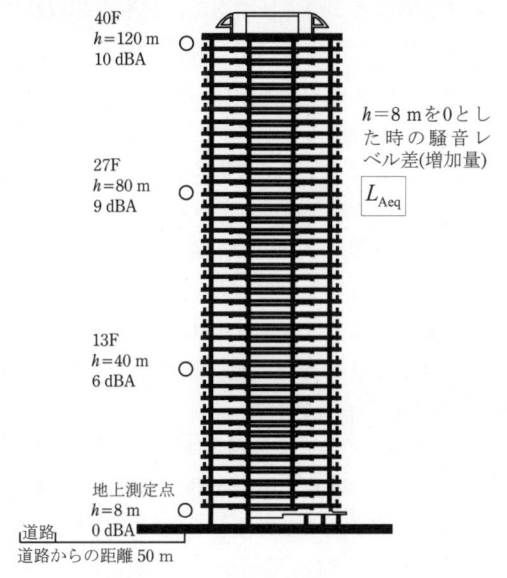

図 2.1.5 垂直方向の騒音分布例

外部騒音を小さくすれば，開口部にほぼ依存している現状よりは，窓を開けたりでき，換気や通気の面でも居住環境を良くできるので優れているが，あまり採用されていないのはやはり計画面，コスト面の制約であろう．バルコニー部分の吸音処理に関しては最近実験など検討が行われており，条件によっては数 dB の効果が確認されている．外部騒音自体を小さくするということで意味がある．この部分で騒音対策を考える場合は，竣工時のベランダ周辺の外部騒音をフィードバックデータとして調べておく必要がある．

バルコニーの遮蔽を考える場合，入射方向や遮蔽面積，遮蔽されない面積の大きさ，バルコニー裏面反射，隙間の面積などが影響する．建物が高層の場合，上部階は騒音の入射方向が下向きになりバルコニー板が隙間のない板状であると上階バルコニーの裏面に対する入射面積が小さくなる．音源が近接している場合などは実質的に有効な遮蔽となることも考慮する．

隔て板や庇，軒の出を大きくして遮音する場合も上記に準ずるが，音源との位置関係に関する要因の影響が大きい．隔て板などは通常，隣との区画と避難路としての機能でしか設計されてないが，音源が一定方向の場合，側方からの入射を制御できる．面積や隙間については検討を必要とするが，ディティールを検討すれば実施できる遮音手法もありそうなので検討する．

（2）建物外周による騒音対策と留意点

バルコニーや外廊下，庇，隔て板などによる対策をいう．バルコニーや外廊下の手すりをどういう材料で形成するかについては，本来意匠面や安全面，風害，火災安全性などが大きな要素であろうが，騒音も一つの要素である．遮蔽を有効に生かすためには反射音の処理など，バルコニー・外廊下の空間としての音響処理が生じてくるが，水際の防波堤としては設計次第で十分遮音に貢献する可能性がある．これらの要因を測定上で反映することがあるとすれば音源の指向性や反射の影響などであろう．建物が建ったときの外部騒音としての想定は各条件に従い検討する必要がある．

（3）外周に閉鎖した廊下，縁側，付室を設ける場合の測定

バルコニーや廊下また縁側を開放しないで外壁扱いとして壁や窓で覆い遮蔽する方法は，当然高い遮音性能を確保でき，騒音以外の環境要素を維持できやすいので方法論としては優れているが実施されている例は少ない．室内空間としての測定点の考慮が必要である．二重構造となるので必然的にコスト高になり，建築面積拡大に対するコンセンサスを得る必要がある．遮音の想定は一般的な室状況に準ずることになるが，室の奥行きが小さいことや吸音力が小さいこと，室容積に比べ，窓面積が相対的に大きくなることなどを考慮する．図 2.1.6 に壁面，窓面についての遮音の種類を示

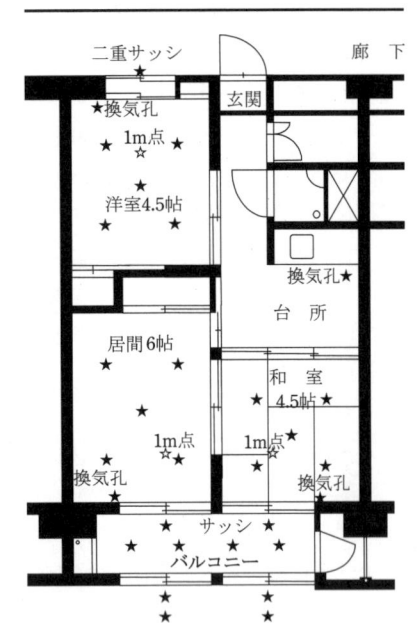

★：竣工後の測定ポイント（☆は，1m点）
図 2.1.6 壁面，窓面についての遮音の種類と測定点

した．状況に応じて測定点を考慮する必要がある．

(4) 吸音など室内対策設計

室内吸音などが室内騒音レベルに及ぼす低減効果は室の大きさ，窓の大きさ，位置，個数，受音点の位置などの条件によって異なるが，それほど大きなものではない．しかし，室内の位置によっては影響があるので測定上考慮する必要がある．窓より1mの点と室内に均一に考えた5mの点の平均は2～3dB差がある場合があるし，窓の遮音的弱点部分の近くで測定すると当然遮音性能は小さめに測定される．部分的なばらつきは，生ずることが多い．位置的なことは図 2.1.6 を参照されたい．

(5) 測定量と評価量

a. 室内騒音目標値

室内騒音の目標値は騒音の変動に関する各統計量をもとに地域性，室用途，経済性などを考慮して設定する．変動騒音である交通騒音は，その統計量の扱いで測定方法や評価値が変わってくる．現在は90%レンジの上端値，等価騒音レベル，ピークの平均，暴露騒音レベルなどいろいろな指標が用いられていて，これらを表 2.1.2 に示すが，各指標の値自体は当然同一でないので，複数を併用することもひとつの方法である．覚醒や聴取妨害など受音側の状況によっても目標値が変わる．最初から，設定する条件を明確に測定することが重要で，目標値も測定量によって変わるので測定計画の最も重要なポイントである．

この本は目標値の設定をするものではないので，値については言及しないが，各測定量を測定すること自体にばらつきを生じさせる要因が残っているのでどの方法で行うかは吟味してかかる必要がある．表 2.1.3 に各測定値の概要を示した．

b. 竣工時のチェック項目

(1)でも述べたが，交通騒音は道路際で測る場合と，いくつかの遮蔽や減衰を経た建物面での値は特性が変化する．また外壁材の反射，バルコニーや隔て板による遮蔽，回折なども二次的に加わる．また気象条件，交通の種類自体，日週，交通以外の音の混入など多くの不確定変動要因を含んでいる．これらを各要因ごとに影響を統計処理するのは難しいが，少なくとも与条件として記録しておけば，今後のデータの蓄積により解析にも役立つ可能性があるし同様な条件の例としても用いることができる．表 2.1.4 に建物竣工後の実騒音を測定することにより求めた開口部のA特性による内外騒音レベル差を示した．実態の参考となると考える．

表 2.1.2 音源ごとの測定量把握方法の現状

音源種類	測定量			
	L_{eq}（長時間）	L_{eq}（発生時間）	L_5	L_{max}
道路騒音	○	—	○	—
鉄道騒音	△	○	—	○
航空機騒音	○	○	—	—
事務所など	○	○	—	△

表 2.1.3 外周壁・外周壁部材の遮音性能測定法の概要

項目		方　　　　法				
		ISO 140・5	JIS A 1520	JIS 案	JSTMJ 6651	ASTM E 966
測定対象		外周壁・部材	外周壁・部材	外周壁	外周壁	外周壁・部材
使用音源		スピーカ・実音	スピーカ	スピーカ	スピーカ・実音	スピーカ・実音
測定法種類		9 種類	3 種類	2 種類	2 種類	6 種類
内部音源法	音源の設置	−	入隅	入隅	−	−
	室内測定点	−	一様 5 点	一様 5 点	−	−
	屋外測定点	−	表面 4 点 250 mm	表面 5 点 1 m	−	−
外部音源法	音源の設置	5 m 以上 $d > 3.5$ m 7 m 以上 $d > 5$ m 斜め 45°	最大辺長 2 倍 1 m 点時 5 m 以上 斜め 45°	同左 斜め 45°	同左 斜め 45°	最近：最遠＝1：2 斜め 45°
	室内測定点	一様 5 点 移動マイク可能	表面 4 点 250 mm	一様 5 点	一様 5 点	最小 3 か所
	屋外測定点 b	外周壁から 2 m 中心 $H = 1$ m 1 点	建具から 1 m $1/4W$, H の 4 点	一様 5 点 1 m	一様 5 点 1 m	$1.2 \leq x < 2.5$ m 無作為 5 か所
	屋外測定点 c	外周面上 10 mm 3–10 点	表面から 10 mm $1/4W$, H の 4 点	−	−	外周壁 1/4 インチ 5 か所
実騒音法	騒音源条件	見込み角 60° 仰角 40° H 距離壁幅 3 倍	−	−	交通量多い 道路騒音	−
	室内測定点	一様 5 点 移動マイク可能	−	−	SP 条件 3 点 同期で L_{eq}	−
	屋外測定点 d	−	−	−	−	同距離の反射
	屋外測定点 e	外周壁から 2 m L_{eq}	−	−	3 点 L_{eq} 差等価合成	外周壁 2 m L_{eq}
	屋外測定点 f	外壁面上 10 mm 3 or 5 点 L_{eq}	−	−	−	e で測り窓のとき −6 補正

表 2.1.4 実騒音を用いた開口部の遮音性能測定結果と開口部仕様

外部騒音レベル (dBA)	室用途	開口部仕様	内外騒音レベル差 (dBA)
79（高速道路騒音 L_{eq}）	居間	片引き AT ＋ 空気層 210 ＋ BL	37
78（高速道路騒音 L_{eq}）	主寝室	片引き AT ＋ 空気層 340 ＋ BL	38
79（高速道路騒音 L_{eq}）	洋室	片引き AT ＋ 空気層 400 ＋ BL	42
74（高速道路騒音 L_{eq}）	主寝室	25 等級サッシ	25
67（道路騒音 L_{eq}）	−	エアタイト 30 等級	26
66（道路騒音 L_{eq}）	−	エアタイト 30 等級	29
75（道路騒音 L_{eq}）	洋室	二重窓	34
74（道路騒音 L_{eq}）	洋室	二重窓	38
77（鉄道騒音 FAST ピーク）	洋室	BL 防音サッシ	27
78（鉄道騒音 FAST ピーク）	洋室	BL 防音サッシ	28
83（鉄道騒音 FAST ピーク）	居間	30 等級サッシ	30
74（鉄道騒音 FAST ピーク）	主寝室	25 等級サッシ	27
76（鉄道騒音 FAST ピーク）	和室	25 等級サッシ	29
85（鉄道騒音 FAST ピーク）	居間	片引きエアタイト	30
87（鉄道騒音 FAST ピーク）	居間	片引きエアタイト	31
75（鉄道騒音 FAST ピーク）	−	20 等級サッシ	20
76（鉄道騒音 FAST ピーク）	−	20 等級サッシ	20
73（鉄道騒音 FAST ピーク）	−	20 等級サッシ	20

2.1.2 窓等の遮音性能の測定

(1) 測定の対象

ここでは，騒音防止計画における窓の遮音性能の現状改善策に資する測定方法について解説する．改善策を検討する上では現状把握が重要で，性能不足の要因は，壁面または開口部の部材としての性能不足によるものなのか，建具の取付け不備，経年による性能劣化等によるものかなど的確な状況判断が要求される．また，現場測定方法は様々な方法が提案されているが，千差万別の音響的状況（特に音の入射条件）に対して常に万能ではなく，実験室における測定条件のように理想化・一般化された状態での性能判断が必ずしも適用できない場合もある．したがって，測定の目的，現場の状況に応じて適用する測定方法を選定する必要がある．その際，現状把握，要因探査および対策立案に主眼をおいた測定では，測定結果のフィードバックを敏速に行うための測定の短時間化が重要視されることをあらかじめ記しておく．

(2) 測定の計画

窓の遮音性能の各種測定方法の詳細については他項にゆずるとして，スピーカ法と実騒音法，外部音源法と内部音源法の特質について簡単に解説する．また，各測定法について測定計画上留意すべき点について実例を交えて説明を加える．なお，近年測定法が規格化された音響インテンシティによる音響透過損失の測定方法は，実験室における測定結果との対応がよく，原因探査の測定に最適な方法であるが，現場における測定の手間および測定時間を要する点で他の測定法と同様に記述できない．したがって本章では，音圧法（JIS A 1520，ISO 140-5（JIS 原案作成中））に基づいて測定する場合について記述する．

個々の現場の状況に応じて測定方法を選定する際には，以下のようなそれぞれの測定法の特質に十分配慮する必要がある．

a. スピーカ法（外部音源法）

・音の入射条件が一般的な騒音の伝搬方向と同様でユーザに説得力があり，また，比較的屋外の環境騒音が高い場合にも適用できる．
・屋外に広い空間を必要とし，また試験音による近隣への迷惑に配慮する必要がある．
・ベランダ，手すり等，窓への入射音条件の変化を考慮すると，外部音源法は 2 階以上の高層階には適用しにくい．
・斜め45°入射に対する遮音性能で，また音源からの直達音と地表面による反射音との干渉により，周波数特性として特異な値となる場合がある．
・対象建具が取り付く壁面以外の壁面からの回り込みに配慮する必要がある．
・外周壁全体でなく建具の遮音性能を把握したい場合は，換気口，床下通風口またはレンジフードからの側路伝搬音を防止する必要がある．

b. スピーカ法（内部音源法）

・2 階以上の高層階の窓であってもベランダ等外部受音点が設定できる場合に適用可能である．
・音源および受音点の設置が容易で測定を短時間化しやすい．
・受音側がデッドなため，音の漏洩箇所を（聴感的にまたは近接マイクロホン等で）比較的判断しやすい．
・同様な音源室の窓を多数測定する場合，音源側の測定条件（音源の出力，設置位置）を一定に保ち，音源側の測定回数を省略することができる．
・屋外騒音が高い場合に透過音に対する暗騒音の影響を確認しにくく，測定時間を要する場合もある．
・音源室とする室内に家具等の什器が多い場合，廊下のように狭い場合，逆に体育館のように広い空間の場合には十分な拡散性（均一な音圧分布）が得られない．

c. 実騒音法

・個々の現場における実際の騒音（道路騒音，鉄道騒音，航空機騒音）を用いるので，ユーザへの説得力は最も高い．
・受音側における対象窓からの騒音とそこ以外からの騒音とのレベル差を確保することが重要で，窓の性能に対し他の部位の遮音性能が周波数別に十分である必要がある．鉄道騒音および航空機騒音を対象とした場合は音源レベルが変動するので暗騒音の影響を確認しやすい．道路騒音の場合は単独車走行に着目した分析も必要となる．

・騒音の入射がその現場に固有な条件となり，その結果を他の現場で参照しにくい場合もある．また，音源のパワー，発生時期，周波数特性等が制御できないため，要因探査の測定には不向きである．

(3) 現場測定時の留意事項

①外部音源法の音源設置位置の選定

図 2.1.7 の「窓1」を対象とした例では，音源位置 1-1 は対象外の窓やドアからの回り込みに配慮し，側路伝搬音を防ぐことが困難な場合には音源位置 1-2 を選定すべきである．なお，後者の設置位置が，隣接する壁面の反射の影響を受ける場合または音源の設置距離（対象建具の最大辺長の2倍以上）が得られない場合はこの限りでない．同様に「窓2」を対象とした例では，音源位置 2-2 は側壁のドアに配慮する必要があるが，「窓2」に比べて「窓1」の性能が低い場合は，住戸内の間仕切りの性能は必ずしも高くないことが多いので，音源位置 2-1 を選定する際には，受音側で聴感等によって適否を判断する必要がある．なお，音源からの直達音と音源近傍の地表面での反射音との干渉の影響を避けるために，音源スピーカをできるだけ地表面に近づける必要がある．

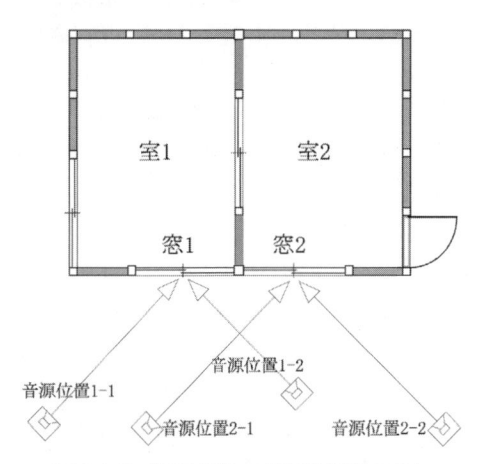

図 2.1.7 外部音源法の音源設置位置の選定

②外部音源法による 125 Hz の測定結果

JIS A 1520 の外部音源法を選定した場合，図 2.1.8 中の幾何学的条件に示すように，外部受音点における音圧レベルは，音源からの直達音と壁面を介した反射音が到達する．その際，測定手順に従い音源設置位置を法線方向に斜め 45°，受音位置を約 1 m にとると，両到達音の行路差が，125 Hz 帯域の音の波長の 1/2 となるため，両者の干渉により外部音圧レベルが低く観測される．図 2.1.8 は多くの測定例について，10 mm 点と 1 000 mm 点における測定音圧レベルの差を示したものである．125 Hz 帯域で他の帯域に比べて，1 000 mm 点の値が低い（約 3 dB）ことがわかり，結果的に算出される音響透過損失相当値が低くなることを認識しておかなければならない．なお，この影響を避けるためには，外部測定点をさらに壁面から離し，音源の設置距離も長くする必要があるが，算出式の設定条件を逸脱するので，適用は対象試験体の条件変更に伴う測定結果の相互比較にとどめる必要がある．

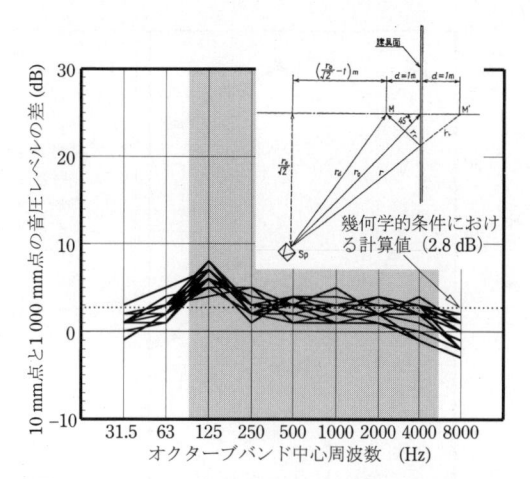

図 2.1.8 10 mm 点と 1 000 mm 点における測定音圧レベルの差（測定規格に基づく測定周波数範囲は 125〜4000 Hz であるが干渉の影響を示すため範囲外の値も算出した）

③測定状況チェック用チャートの利用

近年測定機器の小型化が進み，広帯域ノイズを用いて測定対象周波数域を一度に測定することが多くなっている．測定の簡素化，短時間化のため測定および結果の整理では，オクターブバンド周波数帯域を用いるのが前提である．しかし例えば，性能低下の要因が窓ガラス本来のコインシデンス効果によるものか隙間によるものかなどを見極めるためには，1/3 オクターブバンドによる測定・分析を実施した方が状況を判断しやすい場合も少なくない．

窓の遮音測定に限らず現場測定法では，狭い室

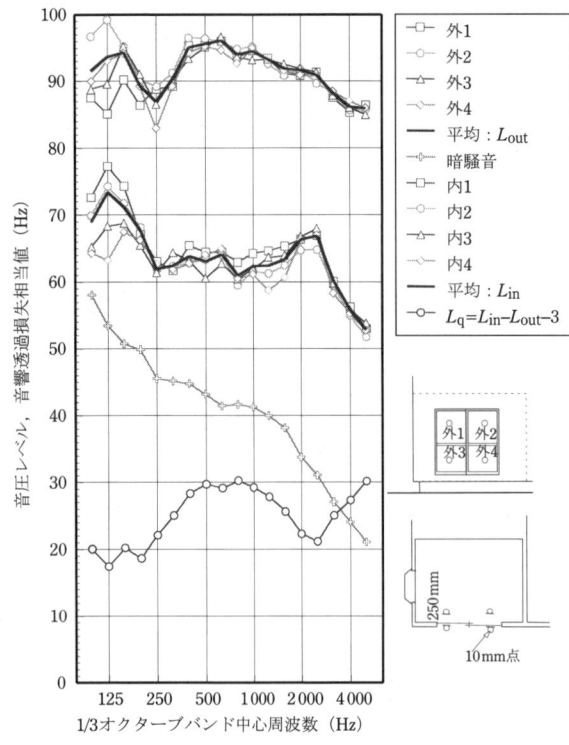

図 2.1.9 測定結果の整理チャートの例（外部音源法）

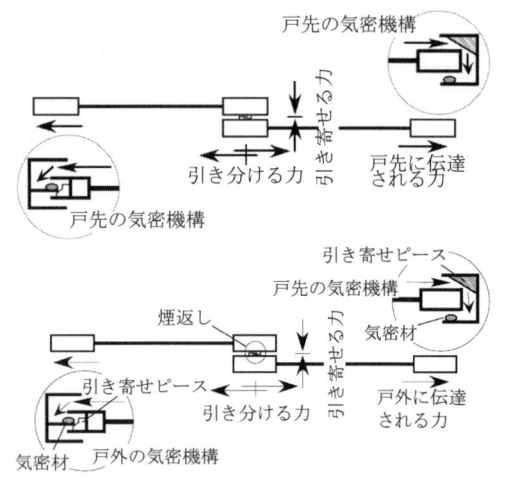

図 2.1.10 クレセント施錠による力の伝達（引違いサッシの水平断面図）

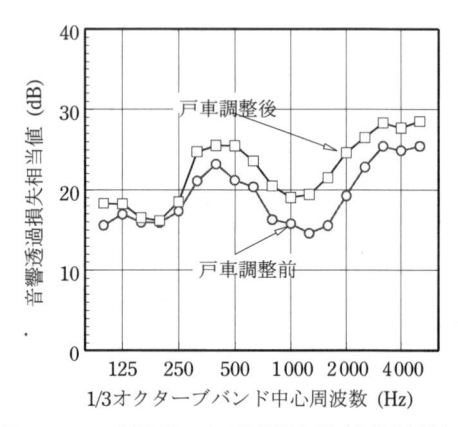

図 2.1.11 戸車調整による性能改善例（内部音源法）

空間を対象とするため，室内の特定モードの影響を受けやすく，また1/3オクターブバンドによる測定では，屋外受音点における直接音と反射音の干渉の影響等を受けやすいので，図 2.1.9 に示すように音源および受音側の観測音圧レベルの周波数特性に着目しておく必要がある．

このようなグラフおよび図を用意することにより，例えば，測定結果が隙間の影響を受けやすい1 000～2 000 Hz 帯域で低下が見られた場合，この帯域に限定したノイズを発生させ，再度受音側の測定を繰り返し，低下の要因およびその部位を確認することができる．また，低い周波数の測定結果が，他に比べて特異な値となった場合など，ある特定な受音点における測定値が影響しているのかまたは測定対象固有な現象なのかの判断資料を常に監視することができる．

(4) 測定の実例と測定結果

① 戸車調整前後の遮音性能の比較例

召し合わせ框に取り付けられたクレセントには施錠する機能のほかに障子とサッシ枠の気密性を確保する機能も併せもっている．すなわち，図 2.1.10 に示すようにクレセントにより施錠することで，障子を互いに引き寄せる力と障子を引き分ける力の両方を同時に機能させるような機構となっている．前者は障子の召し合わせ部の気密性を上げ，後者は障子の戸先に設置されている引き寄せピースを有効に機能させる働きをもっている．

図 2.1.11 は内部音源法によりサッシの遮音性能を測定した結果で，障子の戸車の高さ調整をすることによって遮音性能を改善した測定結果の例である．戸車を調整することによって，戸当たり（戸先とサッシ枠とのなじみ）をよくし，上記のクレセント等による力の伝達が有効に寄与するよう調整することにより遮音性能が改善されている．

② 隙間の影響に関する実例

上記の例のように障子とサッシ枠との間に生じる隙間の影響は，1 000～2 000 Hz に現れる場合が

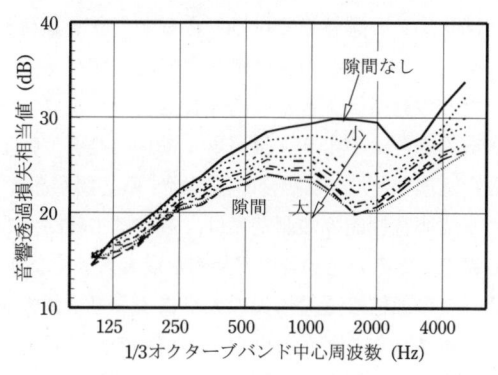

図2.1.12 引違いサッシの隙間の影響（実験室測定）

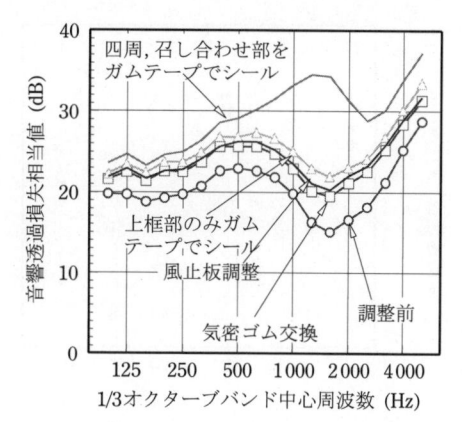

図2.1.13 隙間対策による性能改善例（内部音源法）

多く，戸車を調整してもなお影響が残っていることがわかる．図2.1.12は実験室において，隙間のほぼないように調整された状態（ガラス本来の性能が発揮されている状態）からサッシ枠に歪みを加え，それにより生じる隙間の影響をみた結果である．

わずかな隙間でまず1000Hz～2000Hz帯域で性能が低下し，そこからさらに隙間が大きくなっても低音域および4000Hz付近の高い周波数は上記の帯域に比べて大きく低下していないことがわかる．

隙間からの漏洩音を確認するには，音源側から着目する周波数帯域の定常音を発生させておき，それぞれの箇所に耳を押しあてることによる聴感上のチェックが最も簡便・敏速である．また，耳を押しあてにくい箇所は，（音源を広帯域雑音とした場合は周波数分析器付き）騒音計のマイクロホンを直接その部位に近接させ出力を密閉型のヘッドホンなどを利用して，探ることも有効である．その際，引き寄せピース，気密材等のサッシの気密性が変化する方向に障子を部分的に押し込むことによって気密機構の不備が確認できる場合もある．しかし，定量的な把握が必要な場合には音または振動の周波数分析結果により比較することが必要となる．

図2.1.13に示す測定例は，築数年の木造家屋に取り付けられた防音サッシの測定結果である．経年によりサッシ枠が変形し，気密材にも劣化がみられた．気密ゴムにホコリが付着すると気密性能が低下してしまう．長期間開閉されていない窓では，気密材が接触面に張り付き変形している場合もある．

調整前の遮音性能は，前記のように隙間の影響を受けやすい1000～2000Hz帯域で大きく低下している．現場において隙間を塞ぐことによりその影響を確認するには，パテや油土によるシールが確実であるが，サッシを汚すことや部材を制振することによる条件変化に配慮しなければならない．極端に幅広く開いた隙間でなければ，ガムテープまたは養生テープなどの薄いテープで塞ぐ（障子の両側から）ことによって漏洩音を止めることができる．

四周および召し合わせ部すべてをガムテープでシールすることにより，適用ガラス（5mm）本来の性能に近づいており，この間の性能差はなお隙間の影響に依存していることを示している．ガラス本来の性能を確認することはその現場の状況における測定方法の妥当性を判断する目安にもなり，その後部分的にガムテープのシールをはがし，部位別に隙間の影響を調べることも行われる．

風止板は左右の障子がスライドする上枠のレール間に設置され，障子が閉じられた際に召し合わせ部にできるクリアランスを塞ぐゴムまたはモヘア状の遮蔽部材である．経年による劣化のほか，新設時に所定の位置への着け忘れも多くみられるため着目しておく必要のある部位である．

サッシの部分的な隙間の影響をみるために，名刺を挟む等により，障子とサッシ枠とが均一に調整されているかを簡便にチェックすることもよく行われるが，測定結果と対応させるにはかなりの熟練が必要である．

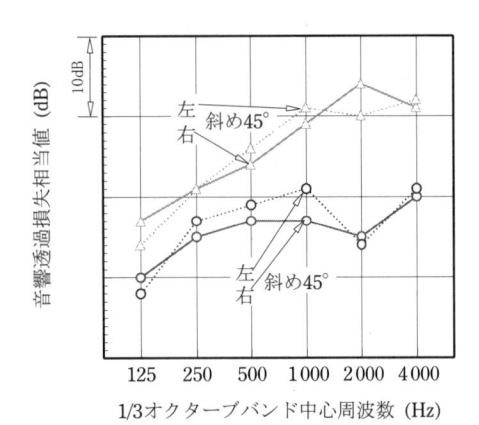

図 2.1.14 スピーカ設置位置の違いによる性能差
(引違いサッシ,外部音源法)

③外部音源法のスピーカ設置位置による違い

測定対象サッシが引違いサッシで,外部音源法を適用した場合,障子の召し合わせに対して左右に異なった方向からの入射条件が考えられるが,戸先および召し合わせ部に生ずる隙間の影響には音の入射角度依存性があるため,異なった測定結果を得る場合がある.図 2.1.14 はその二例を示しており,建具の外観右手側 45°からの場合は,召し合わせ部の音の侵入に対して有利となり,左障子の戸先部に不利となるのに対し,左手側 45°の場合はこの逆になることが考えられる.なお,隙間がほとんど生じていないサッシにおいては,左右ほぼ同様の結果が得られる.

したがって,ガムテープ等で隙間を塞ぎ,ガラス自体の性能を把握した後,部分的にガムテープを順次取り去ることにより,隙間の影響を探査することができる.また,計測手法の適用範囲を超えて特定な場所に音の入射を集中させて調べることも考えられる.

④対策とその効果の検証

ここまでに示した透過損失の測定データは,実験室データであったり,現場データであっても要因検討や対策効果を細かく示すために 1/3 オクターブバンドで測定されたものが多いが,最終的なサッシの性能を問題とするときは,通常オクターブバンドの値として評価検討する.

確認測定により所期の性能が得られないまたは聴感上明らかに性能不足と判断される場合に,性能改善対策を検討しなければならない.前者の場合はサッシの調整等で対処できるかどうかを判断しやすいが,後者の場合窓の性能だけでなく換気口などの側路伝搬音や室内吸音処理(バルコニーがある場合は手すり(腰パネル壁)の遮蔽,軒下吸音処理など)など総合的に判断する必要がある.

室間遮音性能等の測定では,通常は主経路となる界壁や界床の透過音の寄与率が最も大きくなり,それらの部位の透過損失の大小によって全体性能が左右されることが多いが,開口部の対策効果を検証する場合は対象部位が小さく,側路伝搬音の影響に配慮しなければならない.外部音源法を適用した場合特に,換気口,レンジフードなどを介した側路伝搬経路を特定しておく必要があり,窓以外からの側路伝搬の影響が考えられる場合にはそこからの影響を低減して測定する必要がある.

外部音源法の場合は,側路伝搬の影響が出にくい位置に音源を設置し,内部音源法の場合は,周波数別の音を発生させ聴感的にチェックするか,受音点ごとの測定値の分布に着目し,影響が見られる場合は防止方法を検討する必要がある.簡易な換気口等の場合は,カバーをはずし空隙に吸音材を充填し密度の高いボードまたはシートを養生テープ等で隙間なく貼り付ける方法がとられる.

(5) 測定結果の評価と検討

本節は窓等の遮音性能の測定について記述しているが,最終的な外周壁の遮音性能は,所要の室内騒音レベルが得られるかどうかによって評価される.特に実騒音法によった場合,個々の現場の状況を反映して測定されるため,他のスピーカ法による測定結果に比べよりダイレクトに評価される.

実際の室内騒音の所要性能を確保するためには,窓の性能を高くしても換気口やレンジフードなど他の開口部からの影響も考慮する必要があり,バランスよく各部の性能を検討しなければならない.下式を用いて

外周壁全体の総合透過損失 R (dB) は,

$$R = 10 \log_{10} \times \left(\frac{S}{S_\mathrm{F} \cdot 10^{-R_\mathrm{F}/10} + S_\mathrm{W} \cdot 10^{-R_\mathrm{W}/10} + 10^{-R_\mathrm{un,e}/10}} \right)$$

ここに,S は壁全体の面積 (m^2),S_F, S_W は壁

および窓の面積（m²），R_F，R_W は壁および窓の音響透過損失（dB），$R_{un,e}$ は小形建築部品の単位面積規準化音響透過損失（dB）である．ただし，小形建築部品の遮音性能が部材規準化音圧レベル差 $D_{n,e}$ で与えられる場合は，$R_{un,e} = D_{n,e} - 10$ として代入する．なお，室内吸音による騒音低減効果は，検証試験が竣工時の家具等がない状態を想定するため，安全側の効果として通常見込まない場合が多い．

サッシ枠が的確に躯体に取り付けられていれば，戸車や戸先ピースなどの的確な調整により，本来サッシがもっている性能が出せるはずであるが，これらの機能を活用し隙間を防いで性能を上げることと，施錠および障子の開閉のしやすさとが相反することが多く，通常は後者が優先される．クレームが発生してから調整に出向くことを前提としていることも少なくない．

現場の状況においてそのサッシがもつ調整代をいかに駆使してもカタログデータには達しない場合がある．また，実験室での測定結果が等級に余裕がある場合など，現場における調整代を少なくしている場合も少なくない．

カタログデータは実験室における測定条件を統一するため，サッシ枠の取付け精度，モルタル充填に細心の注意が払われ得られた値であり，そのサッシがもつ最善の値であることを認識しておく必要がある．したがって，現実的な部材管理や施工精度を考慮した場合，性能が低下しないかの見極めが重要である．すなわち，事故による部材の変形，取付け調整の不備などのほか，仕様の違い（ガラス押さえがビードとシールで性能が変わる）などに十分注意する必要があり，設計，施工，サッシのそれぞれで適切に対処しなければならない．その際，グレードの高いサッシほど現場における高い施工精度が要求されることはいうまでもなく，所要性能に対する施工上の安全率として安易に1ランク上の製品を選定することは必ずしも適切でないことなど，相互に関連することにも配慮すべきである．

2.1.3 換気口等の遮音性能の測定

（1）測定の対象

一般的に，居室の外周壁には窓サッシあるいは換気口が取り付けられている．窓サッシについては設計時にその遮音性能が検討されるが，換気口については開口面積がサッシ面積に比べ小さいため，検討されない場合が多い．特に，窓サッシの遮音性能が良く，換気口の遮音性能がサッシの性能に比べ劣る場合には，換気口からの透過音が室内静ひつ性能を低下させる原因となる．

換気口からの透過音が問題として具体化するのは①入居者から室内騒音に対するクレームが発生した場合，②竣工時に静ひつ性能測定を行ったとき測定値が設計目標値より大きく掛け離れている場合が一般的に考えられる．

問題が発生したとき，その原因が換気口なのか，または窓サッシの施工不良なのか，他からの回り込みの音であるか確認し，その影響度を把握して改善量を知る必要がある．

また，換気口からの透過音の影響を検討する際，換気口の室内レジスターを全開とするかレジスターを閉じた状態にするかは，問題となるところである．ここでは，室内レジスター全開を換気口使用状態とする．

（2）測定の計画

実際に換気口からの透過音が原因であることが確認された場合，換気口からの影響度を把握するためには次の二つの方法を行う必要がある．
①聴感による方法
②室内外音圧レベル差の測定による方法

これらの方法において，音源としては雑音発生器，増幅器，スピーカで帯域雑音を発生させる方法と実騒音を音源とする二つの方法がある．

一般的に，換気口からの透過音が問題となる場合は，外部騒音が大きい場所であるため，どちらの方法においても，実騒音を音源とすることになる．特に，聴感上どのように室内で外部騒音が聞こえるか確認するためにも実音源が妥当である．

ここでは，実騒音を音源とした場合の測定について説明する．

a. 聴感による方法

　実際に，騒音測定をする前に問題となる室で実際に耳で聴き，まず，換気口または窓サッシ以外の部分からの音でないことを確認する必要がある．

　換気口または窓サッシ以外の部分からの音でないことを確認できたら，次の作業を行う．このとき，室内の測定点をどこにするかどの位置で問題となるか，頭において確認することが重要である．
① 換気口室内レジスターを全開にし換気口からの外部騒音がどの位置で聞こえるか確認
② レジスターの開閉により聞こえ方が異なるか確認
　窓サッシの遮音性能に対して設置されている換気口の遮音性能が明らかに劣る場合には，換気口からの透過音を聴感により確認できる．

b. 室内外音圧レベル差の測定による方法

　換気口からの透過音が原因なのか聴感で判断できない場合もある．また，聴感により確認できたとしても遮音性能を客観的に判断できないので，外部実騒音を音源として室内外の音圧レベル差を測定する必要がある．

　この方法は，換気口を全開にしたときの音圧レベル差と換気口を閉じたときあるいは換気口を他の材料で塞いだときの音圧レベル差とを比較し，換気口からの透過音が外周壁の遮音性能に影響を与えていないか検討する方法である．

　測定手順は次のようである．
① 換気レジスターを全開にした状態で内外音圧レベル差を求める．
② 換気レジスターを閉じた状態で内外音圧レベル差を求める．
　換気口からの透過音の影響があるかどうかのチェックだけで良いときは，①と②を比較する．換気口の遮音性能の改善量を検討する場合は③を行う．
③ できるだけ換気口のからの透過音の影響をなくし内外音圧レベル差を求める．
　このとき，換気口を外壁の遮音性能と同等の遮音性能のよい材料で塞いで測定を行う必要がある．例えば，油土をスリーブに詰める．鉛シートで屋外側あるいは室内側から換気口を塞ぐ．
④ ①の音圧レベル差と③の音圧レベル差を比較し，換気口からの影響度を検討する．

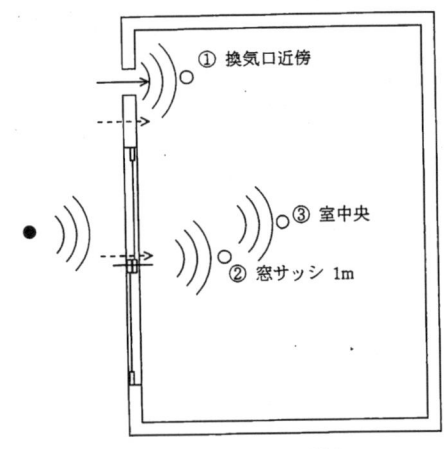

図 2.1.15 透過音の影響

　この測定において，問題となるのは室内外測定位置および測定量である．

　室内の測定点として，図 2.1.15 に示す点があり，測定目的に応じ測定点を選択する必要がある．（実例は次章で示す．）
① 換気口近傍：
　換気口の遮音性能の特徴を見ることができる．実験室データの音響透過損失に近い測定値が得られるが，音響透過損失と音圧レベル差との関係は現在明らかではない．なお，近年，カタログには開口面積を $1m^2$ とした規準化音響透過損失が表示されている場合が多い．
② 窓サッシより1mの点：
　換気口を遮音性のある材料で塞ぐことにより，換気口からの透過音の影響が少ない窓の内外音圧レベル差が求められ，窓の遮音性能に換気口からの透過音が影響しているか検討できる．
③ 室中央：
　室面積が大きい場合や複数の窓がある場合には換気口からの透過音の影響が過小評価される可能性がある．
④ 寝室の枕もと等の問題となる位置
　また，屋外の測定点は，基本的に外壁面より 1 m とする．

　測定量としては，L_{max}, L_{eq}, L_5 が考えられる．どの測定量で判断するかは，基本的には外周壁の遮音設計時に用いた音源の測定量あるいは室内騒音静ひつ性能測定における測定量と同じ測定量で判断する．

SN 比が十分取れている場合であれば，騒音継続時間についてサンプリングした L_{eq} を用いる．ただし，SN 比の関係から安全側で音圧レベル差を求めたいときには，道路騒音等の変動騒音であれば L_5，鉄道騒音等の間欠騒音の場合は時間重み特性 S の $L_{S,max}$ を測定量とするとよい．

(3) 測定の実施と測定結果

測定方法は次のようである．

実騒音による内外音圧レベル差の測定方法は，原則として日本建築学会推奨測定基準「D.2 建築物の現場における内外音圧レベル差の測定方法」に準拠し，間欠騒音の継続時間の取り扱い方については「遮音設計のための現場における外部騒音の測定方法」に準拠して行う．このときの測定ブロックダイアグラムを図 2.1.16 に示す．測定は，図に示すように現場で実時間分析器内蔵騒音計により測定するか，現場で録音したものを持ち帰り分析する二通りの方法がある．

【受音系】
・実騒音

【受音系】
① 測定現場で測定値を直読みする場合

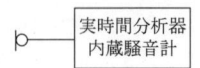

② 測定現場で録音する場合
【測　定】

【分　析】

図 2.1.16 換気口室内外音圧レベル差測定ブロックダイアグラム

基本的には，現場で分析評価し，問題点をその場で検討する．ただし，SN 比が十分取れていないとき等は録音し評価することになる．

a. 測定位置による違い

現場での内外音圧レベル差は測定位置により反射や干渉の影響が異なり，居室内の吸音力の影響も受けるため換気口からの測定位置が同じでもその現場により測定結果は異なる．

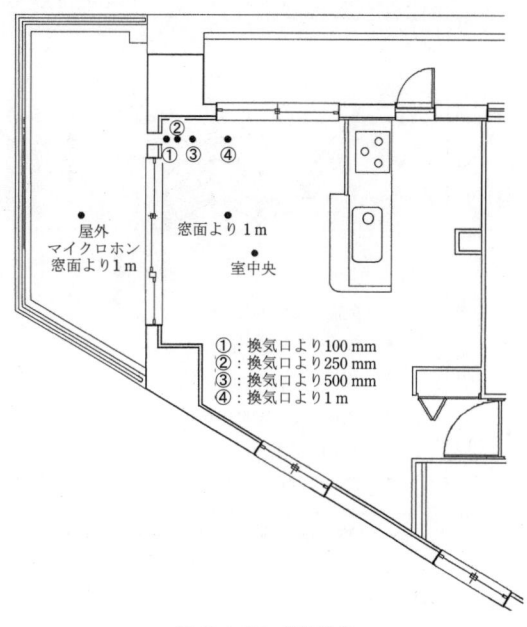

図 2.1.17 測定位置

① 換気口より 100 mm
② 換気口より 250 mm
③ 換気口より 500 mm
④ 換気口より 1 m

ここでは室内の測定位置により音圧レベルがどのように異なるか測定例を示す．

音源は，自動車騒音である．図 2.1.17 に示すようにマイクロホン位置は，屋外側窓面より 1 m 高さ $H = 1.4\,\mathrm{m}$，室内側は換気口より 100，250，500，1 000 mm と窓より 1 m および室中央の 7 点とした．換気口近傍 4 点のマイクロホン高さは床より 400 mm であり，換気口の中心軸上とした．室中央と窓より 1 m の点はマイクロホン高さ $H = 1.35\,\mathrm{m}$ である．測定は，屋外 1 点室内 7 点計 8 点の同時測定であり，測定量は測定時間内における各周波数帯ごとの等価音圧レベル L_{eq} および等価騒音レベル $L_{A\,eq}$ である．

換気口はスリーブ径 150 mm，屋外側は縦ガラリのグリルであり，室内側は樹脂製の角型レジスターで，風量調節は 3 段階（小，中，全開）である．窓は，遮音性能 T-2 クラスである．測定は，屋外側グリルを鉛シートで塞いだ場合，室内側レジスターを閉じた場合，レジスターを小開，全開にした 4 条件について行った．

図 2.1.18 に室内レジスターを全開にしたときの室内 7 点での測定結果を示す．換気口から 100，250，500，1 000 mm の点では，図より距離減衰的な傾向が見られる．また，室中央と窓より 1 m 点の測定結果は 250 Hz で 3 dB 差が生じているがほ

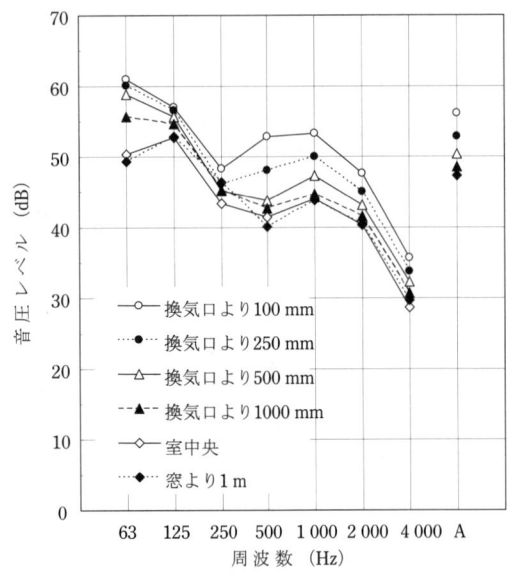

図 2.1.18 測定結果（室内レジスターを全開）

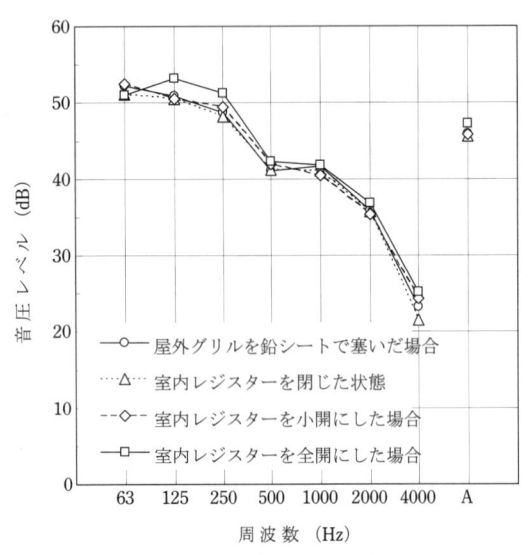

図 2.1.19 窓より 1 m 点の音圧レベル

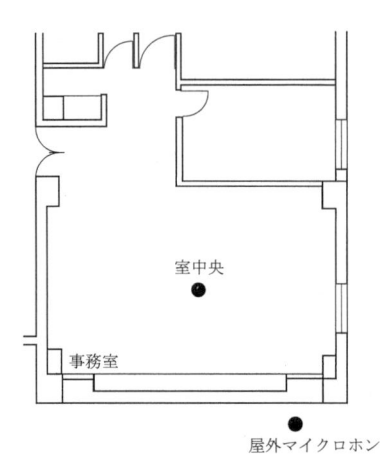

図 2.1.20 異なる測定量における測定位置

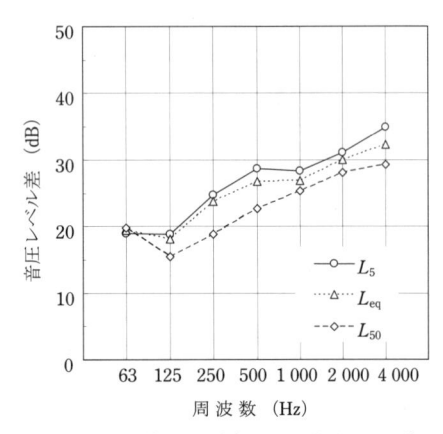

図 2.1.21 異なる測定量による音圧レベル差

ぼ同じ値となった．この原因は，窓面積が大きく窓からの透過音の影響が大きいためである．これらから，換気口からの影響が測定位置により異なることがわかる．図 2.1.19 に窓から 1 m の点における測定 4 条件の結果を示す．グリルを鉛シートで塞いだ場合とレジスターを全開にした場合の測定結果を比較すると，グリルを鉛シートで塞ぐことにより，125 Hz 以上の周波数で 0〜2 dB の差であるが，全体としてレジスター全開の場合よりも小さい値となった．グリルを鉛シートで塞いだ場合とレジスター全開との測定結果に大きな差

が生じなかったのは，窓面積が大きいために窓からの透過音が大きく，換気口からの透過音の影響度が小さいことが原因であるが，換気口からの影響を確認することはできる．また，換気口室内レジスターの密閉度が良いため，レジスターを閉じた状態とグリルを鉛シートで塞いだ場合の測定結果がほぼ同じ値となった．

b. 測定量による違い

この例は換気口からの影響度について検討した測定ではないが，評価測定量により音圧レベル差がどのように異なるか示す．

音源は道路騒音であり，測定は図 2.1.20 に示す屋外 1 点と室中央である．測定量は，L_5，L_{eq}，L_{50} である．図 2.1.21 より，測定量により音圧レベル差は異なる．L_{eq} よりも L_5 の値は大きく，その差は 2〜3 dB である．基本的には，SN 比が十分取れていれば L_{eq} でよい．

c. 換気口を変更した測定例

換気口からの透過音の影響が顕著であり，換気口を変更した例について述べる．

スリーブ径 125 mm で変更前に取り付けられていた換気口は，一般的な形状のグリルとレジスターであり，窓は二重サッシである．線路際に位置する集合住宅であるため，電車走行音を音源とした．屋外側は窓面にマイクロホン（フラッシュマイクロホン）を設置し，室内側は窓面より 1 m マイクロホン高さ 1.2 m での内外音圧レベル差を求めた．測定値は電車 5 本の通過時の L_{eq}（エネルギー平均）とした．換気口からの影響を見るために，測定は室内レジスター全開の状態と換気口に油土を詰めた状態について行った．その結果，250 Hz 以上のオクターブバンド周波数において 9〜13 dB の差が生じ，換気口からの透過音の影響が顕著であった．

換気口からの影響を改善するために，換気口を防音型タイプに変更した．その結果，500 Hz 以上の周波数で遮音性能が 5〜9 dB 向上した．

改善量が満足されているかどうかは，室内遮音設計における目標値または室内の静ひつ性能測定値との比較により判断される．

この測定では，音源側のマイクロホンは実験的に窓面に設置しているが，実際の測定では窓面より 1 m とする．

d. 換気扇の測定例

測定位置は，図 **2.1.22** に示すように屋外側，室内側ともに窓面より 1 m でマイクロホン上向き，高さ $H = 1.2\,\mathrm{m}$ である．換気扇の断面形状を図 **2.1.23** に示す．換気扇（250 mm × 250 mm）からの影響を見るために，シャッターを閉じた状態と図 **2.1.23** に示す防音用カバーで換気扇を塞いだ場合について測定した．音源は，自動車騒音である．測定は，測定時間内の L_{eq} であり，3 回のエネルギー平均値から音圧レベル差を求めた．図 **2.1.24** に測定結果を示す．室内外 1 m 点では，換気扇を塞ぐことにより音圧レベル差は向上しており，換気扇の影響が見られる．

また，室中央では，250 Hz で音圧レベル差に差が見られるが，他の周波数ではほぼ同等である．窓等の影響により換気口の影響は明確でない．

この測定からも，測定位置により換気扇から透過音の影響度が異なることがわかる．

このように室が大きい場合は，食卓やリビングソファー等が置かれている家族団欒の場所で測定を行うとよい．また，換気扇のシャッターを開けた状態あるいは換気扇を回している状態でも測定を行うとその影響がより明確に把握できる．

測定を行う際には測定の目的を明確にし，測定位置を選択する必要がある．

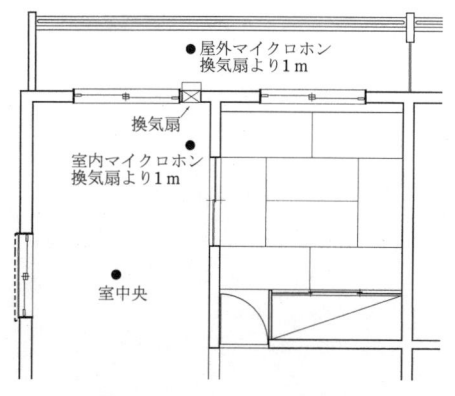

図 **2.1.22** 換気扇の測定位置

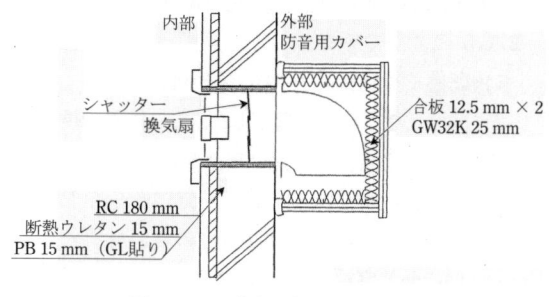

図 **2.1.23** 換気扇と防音カバー

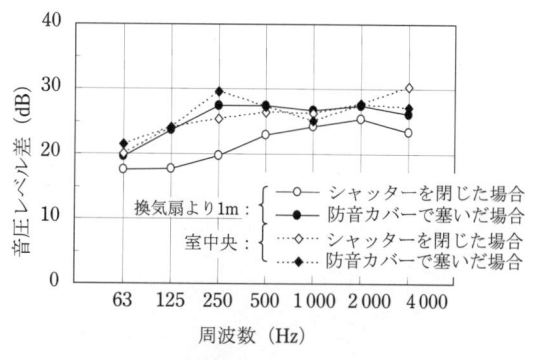

図 **2.1.24** 換気扇より 1 m と室中央における音圧レベル差

表 2.1.5

	項 目		備 考
1.	音 源	外部実音源	
2.	測定分析方法	①現場測定評価	必ず測定時に SN 比の確認をする
		②現場録音,分析評価	SN 比が十分取れない場合や継続時間がその場で判断できない場合
3.	屋外測定点	外壁面(サッシ面)より 1 m,1 点	
4.	室内測定点	①換気口より 100 mm	必要な測定点を選択する
		②サッシより 1 m	
		③室中央	
		④問題となる点	
5.	測定量	・SN 比が取れている場合	基本的には外周壁遮音設計における音源の測定量に準じる
		①L_{eq}	
		・SN 比を取りたい場合	
		①変動騒音の場合:L_5	
		②間欠騒音の場合:$L_{S,max}$	
6.	測定条件	①換気口全開の状態	
		②換気口を閉じた状態	
		③換気口を他の材料で塞いだ状態	
7.	算出量	内外音圧レベル差	
		室内外の測定は同時測定とする	
		少なくとの 3 回のエネルギー平均値より求める	

(4) まとめ

換気口等の遮音性能の測定手順をまとめると表 **2.1.5** のようである.

1) 聴感で換気口からの影響を確認する.
2) 問題となる位置を確認し,どこの位置で換気口からの透過音の影響を知りたいか明確にする.
3) 測定位置が決まったら,換気口を全開および閉じた状態あるいは遮音性の良い材料で塞いだ状態で室内外同時測定する.
4) 音圧レベル差を求め比較検討する.

文献 (2.1.1)

1) 安岡博人:道路交通騒音に対する遮音,音響技術,No.94 (1996), pp.9–14
2) 日本建築学会編:建築物の遮音性能基準と設計指針[第二版](技報堂出版, 1997), p.140
3) 安岡博人:外周壁の遮音性能推定法,音響技術,No.101 (1998), pp.17–22
4) 安岡博人:建物遮音手法と経済的要因のかかわり,騒音制御,Vol.23, No.2 (1999)

2.2 室間遮音性能（室間音圧レベル差）の測定と評価

2.2.1 集合住宅やホテルにおける2室間遮音性能の測定

(1) 測定対象の特徴

集合住宅（居室）やホテル（客室）の主な特徴には，以下のものがある．
① 室の広さが $7 \sim 20\,\mathrm{m}^2$ 程度である．
② 隔壁面積は $10\,\mathrm{m}^2$ 前後である．
③ 集合住宅では建築基準法による界壁構造の遮音規定が適用されるので，界壁には Rr-40 以上の壁構造が用いられる．また，都条例ではホテル客室間にもこの規定が準用されている．
④ 日常生活において最も静かさが要求される睡眠に用いられる．

これらの点から，室の遮音性能測定は，これまで，JIS A 1417 によって「室間音圧レベル差」を測定し，その結果から JIS A 1419 で規定する遮音等級 D 値を求め，建築学会提案の「建築物の遮音性能基準」で規定する建物用途・室用途別の適用等級によって評価する方法が広く行われてきた．
一方，
⑤ 隣室との遮音性能評価として透過音の聞こえ具合に対する評価があるが，これには暗騒音が影響し，遮音等級による評価が適用できないケースもある．

ここでは，JIS A 1417 によって遮音測定をする場合の留意事項と遮音測定事例を示し，簡易法，聴感による方法および遮音欠損の事例についても紹介する．ただし，側路伝搬による遮音欠損については，2.2.3 に示されるので本項では対象としない．

(2) 測定の計画
a. JIS の音圧レベル差測定

JIS A 1417 は，帯域雑音を音源とし，図 2.2.1 に示す測定系の構成によって音源室と受音室の音圧レベルを測定し，音圧レベル差を遮音性能とする測定法である．JIS A 1417 は，1974 年に制定

【音源系】

雑音発生器 — 増幅器
帯域フィルタ

【受音系】

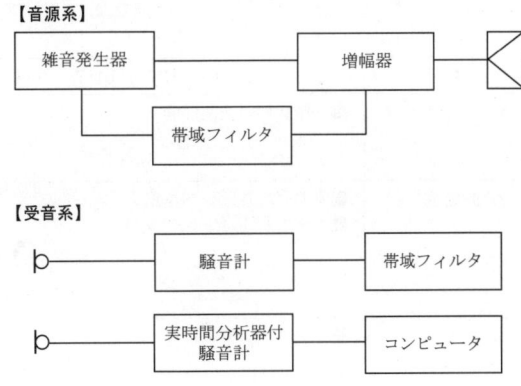

騒音計 — 帯域フィルタ
実時間分析器付騒音計 — コンピュータ

図 2.2.1 音圧レベル測定ブロックダイアグラム

され，5年ごとの見直しによって用語，字句等の訂正は行われてきたが，基本的には壁を介する室間の音圧レベル差を測定対象とし，吸音性の影響や側路伝搬音を含む二室間の実効的な遮音性能を対象としていた．

しかし，2000 年に ISO 整合化として大幅な改訂が行われ，**表 2.2.1**[1] に示すようにそれまでの方法とはいくつかの点が異なっている．特に，単なる音圧レベル差だけでなく多種の測定量を規定しているので，何を測定するのかを明確にして測定方法を選ぶ必要がある．ISO 整合の本体規格の主目的は，壁・床・ドア等の部位性能を対象としており，等価吸音面積による規準化，ないし残響時間による標準化，さらに側路伝搬音等の影響を除いた準音響透過損失が規定されている．

ただし，本項に示す測定量は，以下に示す理由で，側路伝搬音・吸音効果を含む実効的な遮音性能である「室間音圧レベル差」としている．
① 「室間音圧レベル差」は，わが国で JIS A 1417 が制定されて以来，いやそれ以前から建物の竣工性能やクレーム発生時の性能確認，原因追及の資料として測定されている．
② 1979 年に日本建築学会より「建築物の遮音性能基準」として，JIS A 1419: 1979（建築物のしゃ音等級）で規定された等級曲線を用いて得られる遮音等級 D 値に対して，建物別・室用途別の水準が提案され，その後，D 値が建物計画・設計時の目標性能として用いられ，また，クレーム発生時の判断基準としても使われてきている．以下に，室間音圧レベル差を測定する際の留意

表 2.2.1 旧 JIS と現 JIS の主な相違点

下線の箇所は新 JIS で新規追加

項目	旧 JIS（JIS A 1417: 1994）	新 JIS（JIS A 1417: 2000）
1. 測定対象	■通常状態の空間性能	■規準化，標準化された状態の空間性能，および部位性能 ■室容量 300 m³ 以下
2. 測定量	■室間平均音圧レベル差 ■特定場所間音圧レベル差	⇒ 室間音圧レベル差 ⇒（付属書で規定） ■規準化音圧レベル差 ■標準化音圧レベル差 ■準音響透過損失
3. 音源	■オクターブ帯域雑音	⇒ オクターブ帯域雑音 ■1/3オクターブ帯域雑音 ■広帯域雑音
4. 周波数範囲（中心周波数）	■125〜4 000 Hz（6 帯域）	⇒125〜2 000 Hz（5 帯域） ■100〜3 150 Hz（16 帯域）
5. マイクロホン位置／音圧レベルの読取り	■一様に分布する 5 点（マイクロホンの高さは床上 1.2〜1.5 m，各点付近のレベルを移動平均して読む）	⇒ 固定マイクロホン法（5 点以上：室境界・拡散体などから 0.5 m，音源から 1 m，互いの測定点から 0.7 m 以上離れ，空間的に均等に分布） ■移動マイクロホン法
6. 暗騒音の補正	■10 dB：補正不要 ■4〜9 dB：補正する ■3 dB 未満：測定不能	⇒15 dB：補正不要 ⇒6〜14 dB：補正する ⇒6 dB 未満：参考値
7. 平均値の求め方	■整数位 ■測定値の最大と最小の差（Δ）で異なる 　Δ>10 dB：算出しない 　10≧Δ>5 dB：エネルギー平均 　Δ≦5 dB：算術平均	⇒ 少数第 1 位 ⇒ エネルギー平均
8. 測定室の状態	■通常の使用状態	■音源室と受音室が同じ形状・寸法で家具・什器類がない状態では，各室に拡散板（1 m² 以上）を 3〜4個設置する
9. その他		■残響時間の測定 ■等価吸音面積の算定 ■等価吸音面積レベルの測定 ■複数スピーカの規定 ■無指向性スピーカの規定 ■側路伝搬音の測定方法

事項を，解説する．なお，ここでは A 1417: 1994 を旧 JIS，現 JIS A 1417: 2000 を新 JIS と記述する．旧 JIS は，新 JIS に包含されているとされているが，表 2.2.1 に示した点が違っており，等価な値が得られるとは限らない．表 2.2.1 と重複する内容もあるが，特に次の要因は，測定結果に違いが生じる可能性がある．何を測定するのか，測定結果をどのように評価するのかを明確にし，測定方法を選定することが重要である．

● 測定点の高さ　新 JIS による測定点は「空間に均等に分布する」と規定しており，固定マイクロホン法では 5 点以上設けることになる．集合住宅の測定を新 JIS で行うと，高さ 0.5〜約 2 m の範囲が対象となる．

一方，旧 JIS によるマイクロホンの高さは，人が椅子に座った状態ないし立った状態の耳の位置に相当する床上 1.2〜1.5 m を規定している．測定点の高さの違いが室間音圧レベル差に及ぼす影響については，公表された資料は見当たらない．しかし，室間音圧レベル差は，床衝撃音レベルのように測定値そのものが評価対象となるわけでなく，音源室と受音室のレベル差が評価対象となるので，測定点の高さの違いはそれほどないと思われる．

● 拡散体の設置　新 JIS では測定条件として，「同じ形状・寸法をもつ音源室および受音室で家具・じゅう（什）器等が全く置かれていない状態で測定を行う場合には，それぞれの室に拡散体（家具や板状材料など）を設置することが望ましい．拡

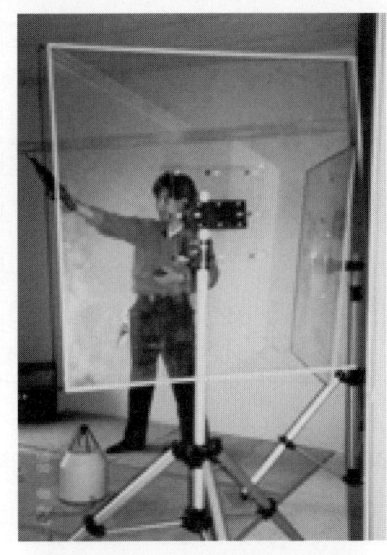

写真 2.2.1 アクリル製拡散体設置例

写真 2.2.2 合板製簡易拡散体設置例

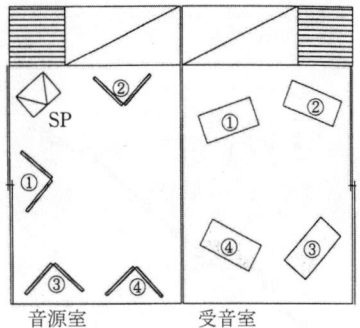

拡散体の設置位置

拡散体の個数と設置場所

個数	音源室	受音室
4	①②③④	①②③④
3	①②③	①②③
2	②③	①③
1	③	①

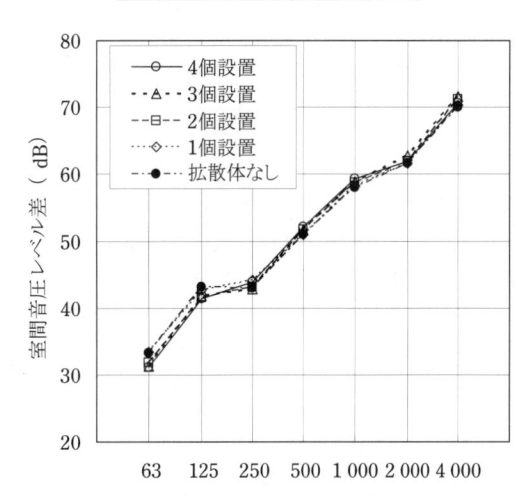

図 2.2.2 拡散体の影響1（音源質・受音室に同数設置）

散体としては，1 m² 以上の面積をもつものを3〜4個用いればよい．」と記載している．集合住宅の竣工時やホテルの中間時・竣工時（家具類は竣工・引渡後搬入される場合）において，このような条件になるケースが想定される．この場合の測定では，測定機器類のほかに拡散体を少なくとも6個含めて，移動することになる．多数箇所を対象とした測定では，移動時間・要員が増えるだけではない．特に，竣工直前の建物では，移動時に内装材に触れないように，かつ，設置・測定時には転倒させないように十分に注意することが必要で，測定以外に要する時間がさらに増加してしまうことになる．また，集合住宅居室やホテル客室は室空間が広くないので，写真 2.2.1，写真 2.2.2[1] のようなものを拡散体として設置した場合，測定可能な空間がほとんどなくなってしまうケースもある．

拡散体設置が遮音性能測定結果に及ぼす影響についての検討事例は，まだほとんど公表[1]されていないが，拡散体の有無，設置箇所・個数の違いは，図 2.2.2，図 2.2.3 に示すように，遮音性能にほとんど影響していない．検討資料が少ないの

2.2 室間遮音性能（室間音圧レベル差）の測定と評価　81

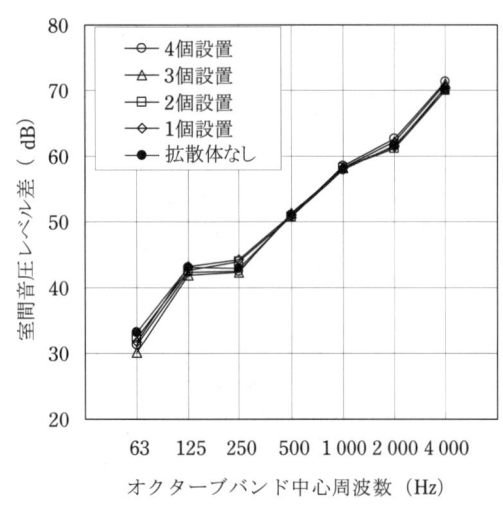

図 2.2.3 拡散体の影響 2（受音室のみ設置）

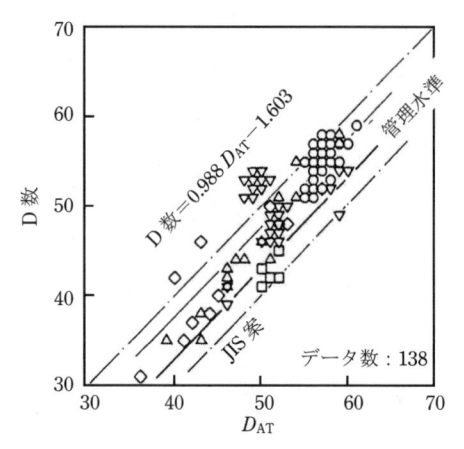

図 2.2.4 A 特性音圧レベル差 D_{AT} と D 数との関係

で，拡散体は不要と結論付けられないが，測定目的に応じて設置の必要性を判断することになる．

● 測定器類　旧 JIS では指示計器としてアナログ式のメータを想定した記述がされている．特に低周波数帯域の測定では，メータの針の振れが大きく，読取精度も整数位となる．アナログ式のメータは，針の振れと聴感とが比較的対応することもあって，暗騒音の影響の確認や隙間，側路伝搬等の遮音欠損を探るのに便利であったが，現在はメータ製作が困難なことから製造されていない．

一方，ディジタル式の測定器では，小数点以下の計測が可能であり，データ処理をコンピュータで行うと，平均値は小数点以下数桁の値も得られるので，あたかも精度の高い測定が行えるように思われてしまう．また，コンピュータ制御の遮音測定システムなども市販されており，自動化・省人数化が可能とされている．しかし，自動計測では，測定結果の中に対象音以外の影響が含まれていないかどうかの確認が難しい．特に現場測定では，対象音以外の音が常に生じているので，測定室内の音の状況を，常に聴感によって確認しておかないと，何を測定したのかがわからなくなる危険性がある．すなわち，測定値が得られていても目的の値ではないこともあり得る．

● 平均値の算出　移動マイクロホン法では移動時間のエネルギー平均が計測されるが，固定マイクロホン法では測定点ごとに得られた値を平均し，室の代表値とすることになる．旧 JIS は固定点法に相当するが，平均値のばらつきによって算術平均とエネルギー平均の適用を規定しているため，厳密には新 JIS と旧 JIS との結果に差が生じる場合がある．しかし，旧 JIS の規定はばらつきが 5 dB 以内の場合は算術平均とエネルギー平均の違いがほとんどないことによるもので，旧 JIS を適用した場合でも，ばらつきの程度によらずエネルギー平均とする方が望ましい．

b. 簡易測定法

集合住宅やホテルでは，竣工測定ないしは中間測定として多数，ないしは全数を対象とした測定が要求される場合がある．JIS 法による測定時間は，移動時間を含めると 1 か所当り 30 分程度である．この要求に応えるには，短時間測定法が必要であり，その検討・提案が行われている．短時間測定法で求めようとする遮音性能は，室間音圧レベル差に対する評価指標として多く用いられている遮音等級 D 値とされることが多い．短時間化の方法としては，

① 測定点数を減らす　音源・受音共室中央の 1 か所だけとする方法が想定される．中央付近は低周波数帯域においては特異点になる．したがって，遮音等級の決定周波数が低音域にある場合は対応が悪い．

② 測定周波数を減らす　測定対象周波数である中心周波数 125 Hz～4 000 Hz の中から単一ないし 2 帯域程度の限定した周波数帯域だけを選定し，測定する方法である．遮音等級の決定周波数が特定できないので通常は使えない．

測定対象建物概要

建物名	測定状況		用途	構造	測定数	
					JIS法	短時間法
建物A	中間測定Ⅰ	△	ホテル	S	6	6
	中間測定Ⅱ	△			6	6
建物B	中間測定	△	ホテル	S	4	4
建物C	中間測定	▽	集合住宅	SRC	5	5
	竣工測定	○			60*	60*
建物D	中間測定	◇	寮	S	7	7
	竣工測定	▽			38	107*
建物E	入居後測定	▽	寮	RC	3	3
建物F	入居後測定	□	寮	RC	5	5
建物G	入居後測定	◇	寮	RC	4	4

＊全住戸（室数）を測定

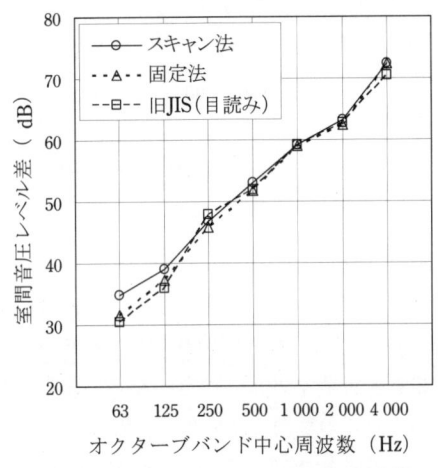

図 2.2.5 新旧JIS法による測定結果の比較

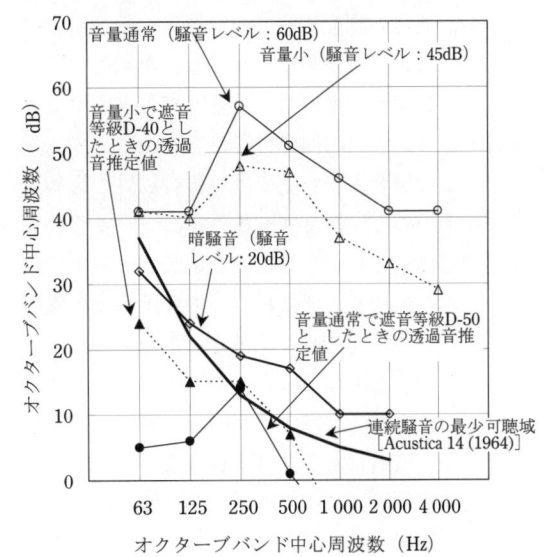

図 2.2.6 聴感試験による遮音性能の推定

③ **全帯域をカバーする単一指標を用いる** A特性音圧レベルを測定量とする方法が検討・提案されている．図 2.2.4[2] に示すように遮音等級とA特性音圧レベル差との相関は高い．しかし，対象建物・対象壁構造によって対応関係が異なっており，音源装置・周波数特性についての課題があるとされている．

④ **全周波数帯域を同時に測定する** 新JISで規定されており，広帯域雑音と実時間分析器付き騒音計を使用することによって実現できる．図 2.2.5[1] に示す事例では，新旧JISの規定で測定された音圧レベル差の違いはほとんどない．ただし，前述したように新JISのスキャン法（移動マイクロホン法）は実時間測定法となるので，暗騒音の影響を受けやすい現場では，注意が必要である．

なお，短時間測定として，ここでは，現場での短時間化を対象としているので，データ処理を含めた短時間化が期待できる遮音測定システムは，現時点では移動や現地でのデータチェックの時間がかかるので，対象としていない．

c．聴感試験による方法

a．に示したJISによる方法では，通常生じない音量・音質の音を発生させるので，対象室間以外へも測定音が聞こえることになる．そのため，建物使用後に遮音に関する苦情が生じた場合，特に集合住宅での測定には使用できないケースもある．また，これに類する苦情者からの指摘は，話声，テレビ等の音響機器類の聴取音，ピアノ等の楽器演奏音等が聞こえるとされるものが多く，通常の生活状態における遮音性能を把握する必要がある．

JISによる遮音測定が実施できない場合，テレビ等の実音を用い，聴感も駆使した次のような測定から，おおよその遮音性能を推定する場合もある．ただし，この際に使用できる実音は，遮音測定に使用するにはレベルも小さくかつ時間変動をするので，実時間分析器付き騒音計を用い，対象音と不要な音（暗騒音）を聞き分け，不要な音の影響を極力受けない状態を測定しなければならないので，十分な測定経験が必要になる．

図 2.2.6 は上階のテレビの音が聞こえるとするクレームが生じた例である．音源室と連絡をとり

ながら，通常の聴取状態での音源室・受音室での室内音，および音が聞こえなくなった状態での音源室・受音室での室内音（受音室での室内音は暗騒音となる）を実時間分析器付きの騒音計で測定した．この場合，受音室では対象音以外の影響を受けやすいので，例えば，各条件について5秒間程度の等価音圧レベルを数回測定し，その平均値を使うことになる．通常状態での音源室での室内音は騒音レベル60 dBであるが，下階では意味はわからないが上階からの音として聞こえた．聞こえているときの受音室での室内音は暗騒音と変わらないが，透過音としては暗騒音より10 dB，ないし周波数帯域によっては最少可聴値以下になっていると仮定する．一方聞こえていない状態も暗騒音より10 dB以上かつ最少可聴値以下になっていると仮定する．これらの仮定から図 **2.2.6** の事例では，JIS法による測定は行っていないが，界床構造から期待される遮音性能は遮音等級 D-45 程度は得られていると推定される．

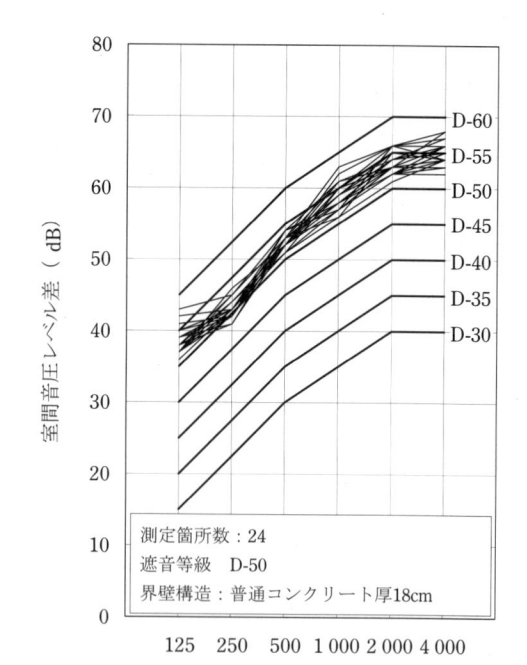

図 2.2.7 RC一体構造集合住宅の室間音圧レベル差測定例

(3) 測定の実施と測定方法
a. 室間音圧レベル差の測定例

JIS法による室間音圧レベル差の測定事例を示す．各図中には遮音等級を求めるためのD曲線を併記し，遮音等級D値あるいはD数を示す．

遮音欠損がなくデータのばらつきの小さい事例を図 **2.2.7**〜図 **2.2.9**[3)] に示す．

隙間による遮音欠損の可能性がないので，通常，施工要因によるばらつきが小さいと想定されるコンクリート一体打ち工法による建物では，図 **2.2.7** に示すRC造集合住宅における住戸間の測定例によると，遮音等級 D-50（D数 48〜52）となっており，ばらつきは1等級（5 dB）の範囲にある．この事例は，界壁（コンクリート厚18 cm）を介して隣接する14畳相当のLD同士の室間遮音性能で，界壁構造だけでなく，界壁面積，室タイプ，広さなどの遮音性能に関係する要因が同じ条件のデータである．品確法の評価方法基準に示された等級3である厚さ18 cm以上（Rr-50）として期待される性能が得られている．

また，隙間等の施工に起因する遮音欠損の影響が生じる可能性が多いボード中空二重壁を界壁に用いた場合でも，図 **2.2.8** に示すSRC造集合住宅における住戸間の測定例によると，遮音等級 D-55（D数 55〜57）となっており，コンクリート一体工法の遮音性能よりばらつきの小さい結果が得られている．この事例では受音室が和室であるため，畳等の吸音性能が加味され，カタログ表示された遮音性能（音響透過損失 Rr-50）より高性能となっていると想定される．また，これらのデータは，界壁構造，界壁面積，室タイプ，広さなどの要因が同じ条件である．

一方，図 **2.2.9** は，ボード中空二重壁を隔壁とするS造ホテル客室間における竣工時の測定例である．同一建物で隔壁構造は変わらないが，隔壁面積，室タイプ，広さなどの遮音性能に関係する要因が必ずしも同一ではないデータを示した事例である．遮音等級 D-50〜60となっており，コンクリート一体工法の遮音性能よりばらつきが大きくなっている．なお，この事例では測定室に什器・備品が搬入済みであるため，ベッド等の吸音性能が加味され，カタログ表示された遮音性能（音響透過損失 Rr-50）と同等もしくはそれ以上となっている．

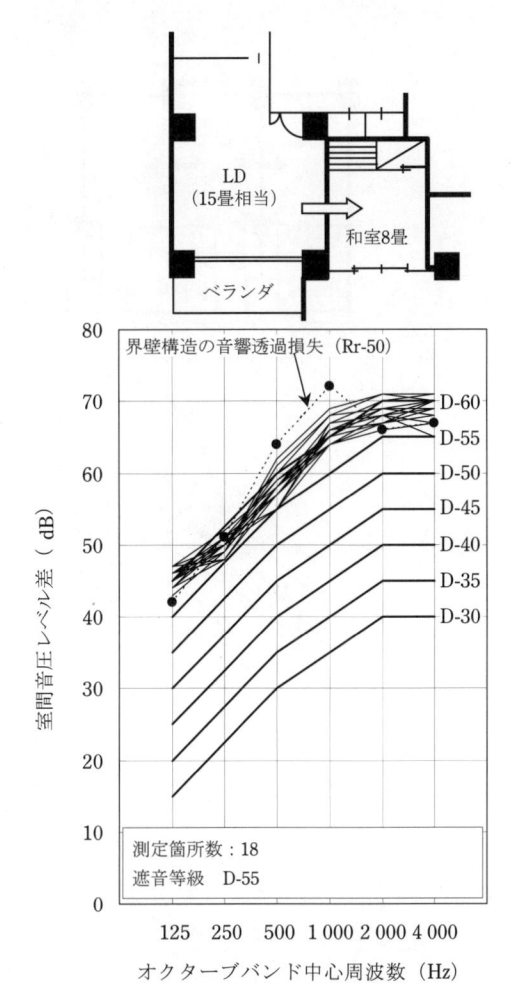

図 2.2.8 ボード系中空二重壁を界壁とする集合住宅の室間音圧レベル差測定例

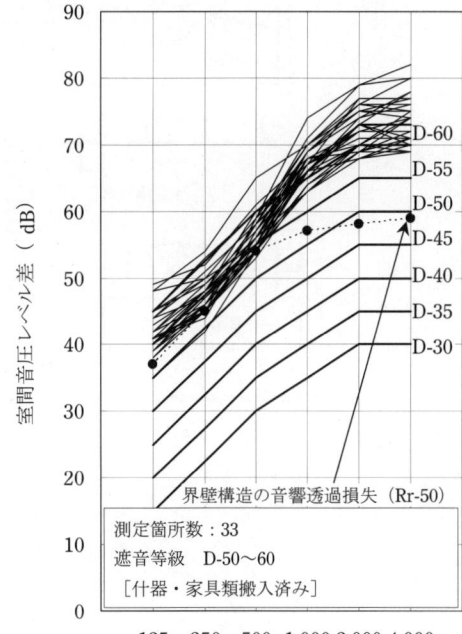

図 2.2.9 ボード系中空二重壁を隔壁とするホテル客室間音圧レベル差測定例

側路伝搬以外の遮音欠損の要因には，以下のものがある．欠損要因・対策方法は実務編に示されるので，ここでは JIS 法による測定結果の事例を図 2.2.10～図 2.2.12 に紹介する．

①壁に内装を付加した場合の遮音欠損

コンクリート板壁面に，せっこう系の接着材を混練したモルタルをダンゴ状にして一定の間隔に置き，せっこうボードを張り付ける工法がある．これは GL 工法，直張工法などと呼ばれ，よく内装工事に用いられている．

直張工法によって内装された壁構造は，空気層を設けた二重ないし三重の複層構造となるため，遮音性能もよくなると思われがちであるが，実際は特定の周波数領域で，コンクリート壁構造だけの音響透過損失より内装をした方が小さくなる．この工法を集合住宅の界壁に用いた事例を図 2.2.10 に示したが，250 Hz と 4 000 Hz 帯域で遮音欠損が認められ，コンクリート厚は 15 cm あるが遮音等級 D-40～45 となっている．なお，この事例は，隣室からの話し声が聴こえるとする苦情の指摘があって測定したもので，家具等が置かれた状態で測定されている．

隔壁にこの工法を使用する場合には，音源の周波数特性によっては隣室への透過音の影響が大きくなり，問題を生ずることを考えておく必要がある．また，この工法では固体伝搬音も放射しやすくなるので，静かさが要求される建物での採用は控えることが望ましい．

なお，品確法の評価方法基準ではこの工法の界壁は，コンクリート厚 12 cm 以上であっても等級 1 とされている．

②コネクティングドアによる遮音欠損

隔壁に設けられた扉による遮音障害は，オフィスビルの役員室・応接室やホテル客室間等において生じている．ホテル客室間では家族や友人たち

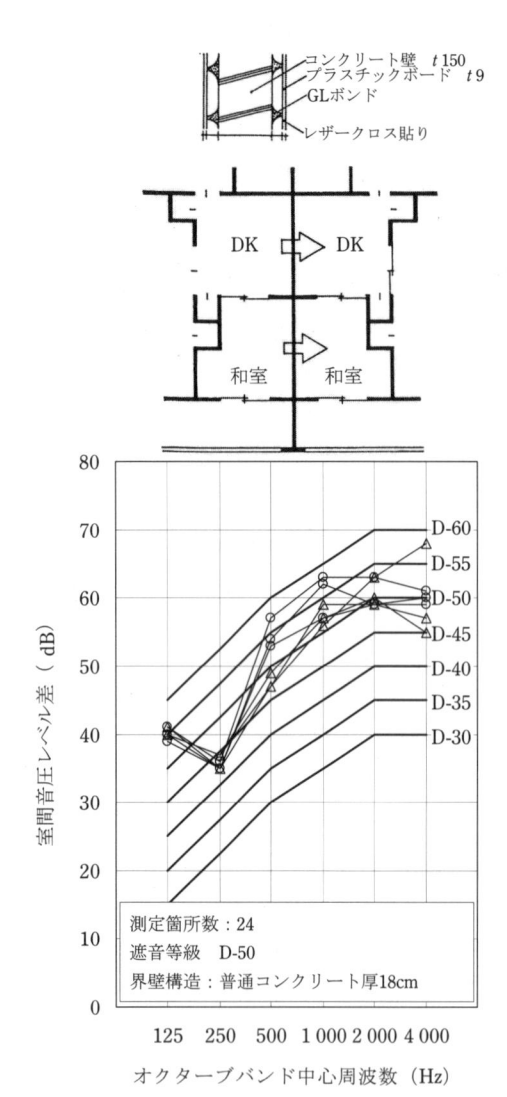

図 2.2.10 界壁に直貼工法により内装ボードが付加された住戸間の音圧レベル差測定例

図 2.2.11 隔壁にコネクティング扉が設けられた客室間の音圧レベル差測定例

が複数の客室に泊まった場合，客室間を行き来するのを，いちいち廊下に出なくてもできるように，客室間の隔壁に扉を設けたコネクティングルームが設けられる場合がある．特にリゾートタイプのホテルに多く見られる．ところが，宿泊率を向上させるため，隔壁にコネクティング扉を持つ客室を別売することもある．その場合，扉を持つ隔壁でも，ない隔壁と同等の遮音性能が要求されるが，図 2.2.11 に示すようにコネクティング扉を持つ客室間の遮音性能は D-40 ないし 45 である．コネクティング扉は通常遮音性能を考慮した扉が二重に設けられるが，扉の操作性等を考慮すると気密性を向上することが難しく，扉1枚の遮音性能

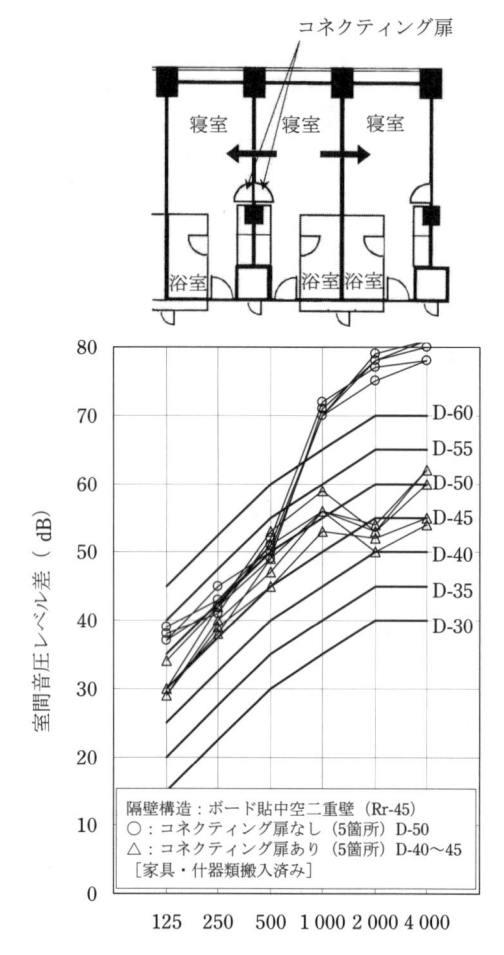

は D-30 を確保できない．したがって，そのような扉を二重に用いても D-50 を確保することは困難である．

なお，この事例のホテルでコネクティング扉がない客室間の遮音性能は，遮音等級 D-50～55 となっており，隔壁構造自体の遮音性能［音響透過損失 Rr-45］による期待値が得られている．なお，データはいずれも家具・什器類は搬入された状態での測定結果である．

③界壁と他の部位との取合い部の隙間による遮音欠損

ボード張り中空二重壁や PC 板，ALC 板のようなパネル状の材料で隔壁を構成する場合は，柱，梁，外壁，内壁，床等との取合い部に隙間，あるいは遮音性能の弱い部分が発生しやすいので，取合

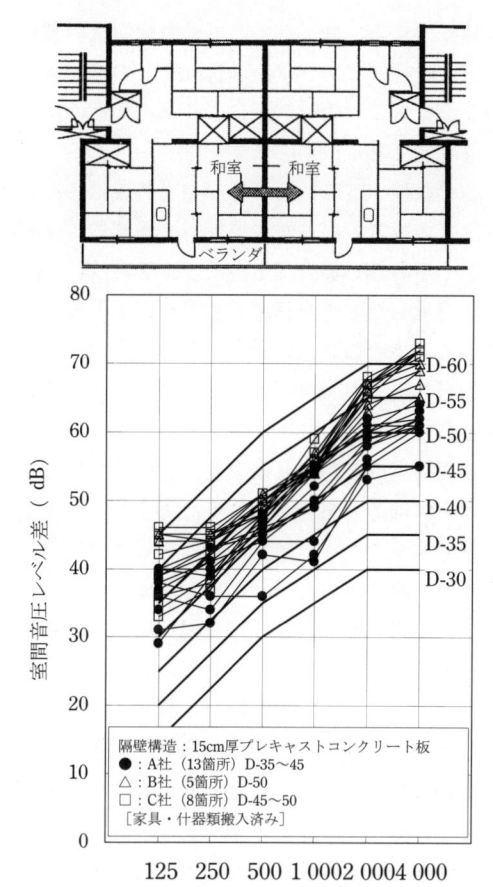

図 2.2.12 界壁と他の部位との取合い部の隙間による遮音欠損測定例

2.2.2 可動間仕切壁の遮音性能の測定

可動間仕切壁は主に宴会場，コンベンションホール，会議室の仕切壁として用いられる場合が多く，その室用途からも比較的高い遮音性能が求められる場合が多い．また可動ではないが，オフィスビルなどに見られる組立て式の簡易間仕切壁についても共通した遮音上の問題が生じる場合が多い．したがってこれも含めた可動間仕切壁の遮音欠損の原因ならびに遮音性能とその要因の確認のための測定方法，測定例について説明する．

(1) 測定の対象

可動間仕切壁は部屋の中を物理的に仕切ることでその部屋のフレキシビリティを増す目的で用いられており，従来は主に視覚的な遮断性を求められてきた．しかしながら現在では適用空間が多様化し，また音環境の確保に対する高まりやユーザーのより高い満足度を得るために遮音性能の確保は避けられない状況にある．会議やセミナーが行われている会場の隣から宴会のカラオケが聞こえるようなことがあれば即座にクレームとなってしまう．したがって遮音性能の確認はもとより実際の使用状況を想定し，状況を確認することも必要である．ただし実際には可動間仕切壁であるがゆえの限界もあるために事前にその遮音性能をユーザーによく認識しておいてもらうことも重要である．

可動間仕切壁において生じやすい遮音の欠損は，間仕切壁本体パネルの遮音性能よりも図 2.2.13

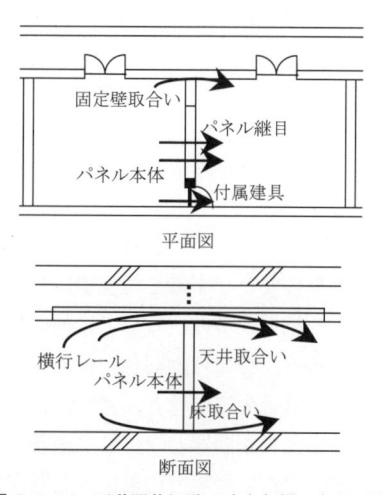

い部の施工方法や施工精度が遮音性能に影響する．

図 2.2.12 は PC 工法によって同一設計図書で同一敷地内に建てられた 3 棟の集合住宅における中間試験時の室間音圧レベル差を比較したものである．B，C 棟は，低音域を除きほぼ同じ値となっているが，A 棟は，B，C 棟に比べて全体的に性能は悪く，かつ測定値の広がりが大きい．A 棟の遮音欠損の原因は，壁用の PC 板と床用の PC 板との取合い部に生じる隙間をシーリング剤で塞ぐことによって遮音欠損が改善されたことから，PC 板同士の取合い部分に生じる隙間の処理方法が不適切であったことが確認された．また，改修後の遮音性能は，B 棟，C 棟と同等の遮音性能となっている．

図 2.2.13 可動間仕切壁の遮音欠損の主な原因

に示すように，パネル同士またはパネルと周辺部材との納まりや計画上の問題によって生じる場合が多くを占める．可動間仕切壁における主な遮音性能の決定要因としては以下のものが挙げられる．なお本稿では可動間仕切壁特有の問題点のみを示し，一般的な側路伝搬による要因に関しては次項（**2.2.3**）にて詳細に説明する．

・可動間仕切壁のパネル本体の遮音性能
・パネルとパネルの継目に生じる隙間からの回り込み
・可動間仕切壁下端と床取合い部の隙間からの回り込み
・可動間仕切壁と固定壁との取合い部の隙間からの回り込み
・可動間仕切壁を吊るためのレールが隣室にまたがる場合の横行レールによる隙間からの回り込み
・可動間仕切壁を吊るためのレールと天井部分に生じる隙間からの回り込み
・可動間仕切壁に設置された扉からの回り込み

これらの要因を正確に把握し，最適な対処法を提案するための測定方法について述べる．

（2） 測定の計画

前述のように可動間仕切壁では壁のパネル本体もさることながら，各部の隙間による影響が大きいことから，室間の遮音性能を定量的に把握するとともに，遮音欠損の原因や部位を明らかにすることが測定の主な目的となる．そのための方法としては次の方法が挙げられる．

①聴感による方法
②音圧レベル差と音圧分布による方法
③音響インテンシティレベル測定による方法
④その他の方法

以下にこれらの測定方法の概要を述べる．

a. 聴感による方法

遮音欠損の部位の究明にあたって，大がかりな測定や機器を必要とせず最も簡易で，なおかつ大まかな原因を把握する方法としては聴感による確認が有効である．特に可動間仕切壁では隙間や取合い部分での遮音欠損がほとんどで，比較的高周波数域での音漏れが問題となることが多く，音の指向性も狭いために聴感での部位の判断が比較的容易にできる．施工途中の可動間仕切壁の調整や問題点の把握であれば，騒音計などの測定器を使わなくてもこの聴感試験によりある程度の品質管理は可能である．

聴感試験でも最低限の音の発生装置は必要になる．帯域雑音の出る雑音発生器，増幅器，スピーカがそろわない場合でもカセットテープ，CDなどに用意した雑音を音源としてラジカセなどで再生する．またこれらの音源がない場合は，ラジオのFM放送の局間で発生する雑音を用いることで雑音発生器の替わりとすることができる．また実際の使用状況を想定した会話，音楽等の再生が可能であればそれを音源として，隣室での聞こえ方を確認することも，感覚的ではあるが性能の良し悪しを判断するのもひとつの方法である．

雑音を用いる場合は，可動間仕切壁で仕切られた一方の部屋で音を発生させて，もう片方の部屋にて音の聞こえてくる方向を判断するが，最初は少し可動間仕切壁から離れた位置で大まかな部位を把握し，状況に応じて音の聞こえてくる方向へ近寄り音漏れの位置を詳細に特定するようにする．

よほど大きな隙間や固体伝搬音によるフランキングがない場合，可動間仕切壁で多くの問題となる隙間や回り込みによる遮音上の問題がある場合の特性は，図 2.2.14 の音圧レベル差の測定例に示すように，1 kHz 以上の周波数に表れることがほとんどである．特に一重の場合では高周波数域での性能の伸び悩みが顕著となる．したがって音源室で発生させる雑音も 2 kHz 帯前後の帯域雑音を用いると部位の特定が容易になる．

b. 音圧分布による方法

遮音性能に関する定量的な特性を把握し，所定の目標性能を満足しているか否かを判断し，改善の要否とその程度を決定するには騒音計や周波数分析機能を持った測定器等を用いた測定が必要である．

測定は，主に以下に示す二段階のステップを踏んで性能の把握ならびに遮音欠損の原因究明に当たるようにする．

①JIS-A-1417 の現場における室間音圧レベル差および特定場所間音圧レベル差の測定方法に準じて室間平均音圧レベル差または特定場所間音

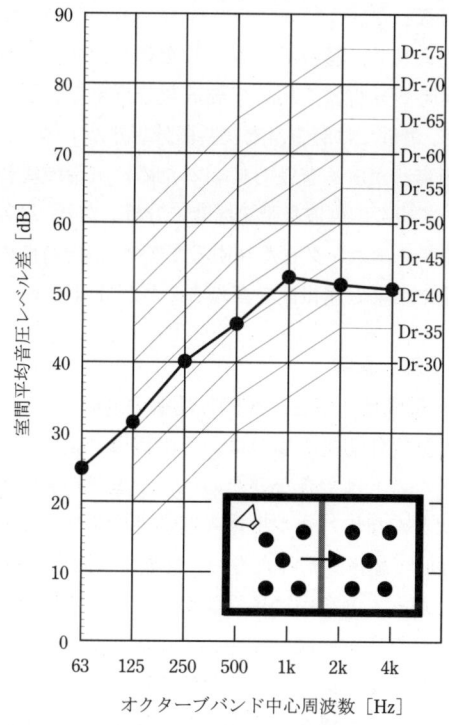

図 2.2.14 可動間仕切壁の遮音性能測定例

圧レベル差を測定し，所定の目標遮音性能を満足するか否かを把握する．また問題となる周波数帯を把握した後，聴感および次の方法で部位や影響度を把握する．

② 遮音欠損が認められた周波数帯の帯域雑音を発生させ，図 2.2.13 に示した部位や聴感で確認できた部位近辺での音圧レベルを測定し，それぞれの部位ごとの音圧レベルの大小を比較しながら原因となる部位を絞り込み，また影響度の順序付けを行っていく．またその場で締付けの調整や粘着テープなどを用いた目張りなどによる応急的な対応が可能であれば，それらの処置を行った上で，音圧レベルの変化や音色の変化を確認し，原因の特定をすることができる．

可動間仕切壁の遮音性能は事前の検討がある程度なされ，パネル単体の遮音性能が目標性能に対し必要な性能を有しているものを用いていれば，ほとんどの場合取合い部のチェックをすることで遮音欠損の原因となる部位は把握できる．

c. 音響インテンシティレベル測定による方法

先の音圧レベルの測定による部位の特定は，周波数分析機能が付いた騒音計が容易に準備できる今般では比較的手軽に測定できる方法であるが，遮音欠損の部位が近接していたり，500 Hz 以下の比較的中低音域の帯域で問題となった場合，部位ごとのレベルの違いが顕著に現れなかったり，原因となっている部分と全く異なる場所の音圧レベルが大きくなり，原因が特定できないばかりか全く間違った評価を下してしまうおそれがある．そのような場合の調査方法として音響インテンシティレベルの測定がある．

音響インテンシティレベルは上記の部位ごとの音圧レベルの測定と同様な方法で行うことで部位ごとの影響度を把握することができる．この測定は，測定対象部位以外の影響はキャンセルされるため原理的には測定対象とする部分からの影響のみを捕らえることが可能である．また方向を含めたベクトル量で結果が得られるため音漏れの部位の特定には有効な測定方法である．

本来，音響インテンシティレベルと部位の面積から部位ごとの放射パワーレベルを算出し，影響度を定量的に把握できる測定法であるが，隙間等の影響の場合は放射面積の見積もりが困難で，それにより影響度の算出精度が左右されてしまうおそれがあるため，定量的な数値の算出もさることながら，部位の特定やレベルの比較に注目した結果の活用にも心がける必要がある．

d. 音によらない隙間の確認方法

聴感や測定により原因や部位の特定ができた後に，それらの調整や修繕などの手直しを行うことになるが，実際の現場では手直ししながら測定で確認することは時間的な問題や工程の関係から困難な場合がほとんどである．手直しの後に再度測定をして性能確認することもさることながら，手直しが有効に行われているかを実際の作業をしながらある程度簡易に確認できると非常に効率的である．幸いに可動間仕切壁は取合い部，召し合わせ部が容易に動かすことができるため以下の方法を手直し作業の確認として行うことができる．

問題となる部位の多くは当りのゴムがルーズであったりすることが原因である．したがってこの部分に紙などを挟み込み設置後引き抜くと多くの場合簡単に引き抜くことができる．遮音上問題とならないときは引き抜きのときにある程度の力が

必要で，時には紙がちぎれてしまう場合もある．この紙の挟まり具合により手直しの状況がある程度把握できる．

またパネルの反りや変形など隙間が顕著な場合は，片側の部屋を暗くして目視することで明かりの漏れで簡易に不良部位を確認することが可能である．

これらの方法は音の専門家でなくても，また特別な測定機材等を用意しなくてもできるため現場の品質管理の一手法として有効である．

(3) 測定に必要な測定機材

室間音圧レベルの測定に必要な機器は，音源側と受音側の系統に分けられ，代表的な構成は図 2.2.15 に示すようなものである．最近は音源として雑音発生器を使わずに CD などに入れた帯域雑音を用いたりすることで小型・軽量化を図り，現場でのハンドリングを高めている．またラジカセなどの使用でもある程度の測定は可能であるが，低音域の出力が十分でないことや，遮音性能が大きな場合に音量が不足して十分な S/N 比を稼げない場合があるため，事前に遮音性能の目星をつけて機器を準備する必要がある．

測定用に特別に機材がそろえられない場合も，宴会場や会議室などによっては本設の拡声施設が用意されている場合もあるのでこれらを利用して測定する方法もある．この際は過大入力によりスピーカ等が破損しないようにボリュームの設定に気をつける．

いずれの場合も遮音欠損部位の特定には，欠損周波数の帯域雑音を用いると聴感上での位置確認がしやすいので，なるべく帯域雑音が出せる機材を用意したい．

受音側は，騒音計で収録した音を帯域フィルタや実時間分析器を用いて周波数分析する必要があるが，最近では騒音計と実時間分析器が一体となった測定器が広く普及しているため，広帯域雑音を用いて複数の周波数帯を同時に分析したり，対象空間をスキャニングしたりすることで，測定時間の短縮化や結果の速報性を高めることが可能となった．

(4) 測定事例
a. 一重間仕切壁と二重間仕切壁の違い

可動間仕切壁の場合は，その機構上完全に隙間を塞ぐことはできないために，一重間仕切壁の場合はどんなにパネル単体の遮音性能を高めても製品として組み上がったものの性能には限界がある．したがって，高い遮音性能が求められる場合は間仕切壁を二重に設けて対応する場合が一般的である．図 2.2.16 は一重の間仕切で仕切った場合と二重にした場合の室間平均音圧レベル差測定結果である．本例の場合，周辺部との納まりや召し合わせの改良を行い，一重の場合でも特に致命的な欠陥がないにもかかわらず 1 kHz を中心とした

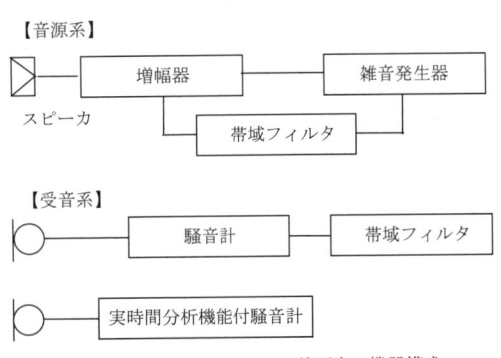

図 2.2.15 室間音圧レベル差測定の機器構成

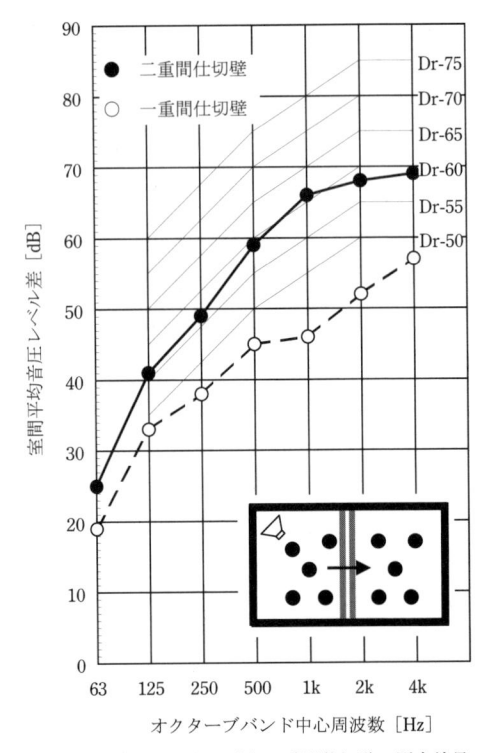

図 2.2.16 一重間仕切壁と二重間仕切壁の測定結果

性能の伸び悩みが認められた．しかしながら二重にすることで遮音性能が向上し，一重で問題となった周波数での顕著な改善が確認できた．

b. 可動間仕切壁に設けた扉と仕切位置の影響

可動間仕切壁を用いることで部屋のレイアウトの変更が簡易にできるが，これに伴う遮音性能の変化も生じてくる．図 2.2.17 は同じ可動間仕切壁を用いて，隣室間を直に壁として仕切った場合と前室を設ける形に仕切った場合の室間平均音圧レベル差測定結果である．この場合，直に仕切った場合は，間仕切壁は二重にし，扉の間に可動間仕切壁を入れているが，扉の隙間の影響もあって十分な遮音性能が確保できなかった．一方前室を設ける形にした場合は，扉の隙間から漏れる音は前室内でうまく吸音され減衰してしまうため，高周波数域での遮音性能が顕著に改善された．

c. 室間音圧レベル差と特定場所間音圧レベル差の違い

可動間仕切壁が多く用いられる宴会場のような大きな空間や，隙間による遮音欠損がある場合には同じ音を発生しても受音室内での音圧レベルにはらつきが生じて場所による音の聞こえ方が異なることがある．図 2.2.18 は可動間仕切壁から 1 m 点での平均値から算出した特定場所間音圧レベル差と部屋全体の平均値から算出した室間音圧レベル差の測定結果である．この結果では，両者に中高音域で数 dB の差がある．また吸音の多い部屋や大きな部屋では，特に音源室内の音圧レベルは不均一になってしまい，スピーカから離れるにつれて音圧レベルは小さくなる．したがって，スピーカの配置や測定点の選定は，実際の部屋の使い方に即して決定し，また測定結果の評価にあたっても，その影響の有無を考慮する必要がある．

d. 音圧レベル分布の測定例

パネル 5 枚からなる可動間仕切壁の部位ごとの音圧レベルを測定した結果を図 2.2.19 に示す．測定結果から，調整用パネルがある端部の下端隅部からの影響が大きいことが明確にわかる．また低周波数領域では，結果自体の差が大きく部位ごとの影響度を明確に順位付けることが難しいが，250 Hz 以上の周波数域ではパネル中央部では他の部位に比べ概ね小さくなっており，床との取合い

図 2.2.17 可動間仕切壁の位置による違い

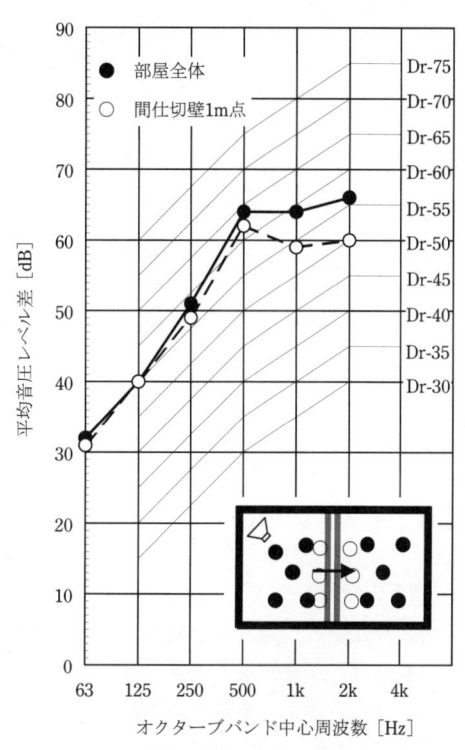

図 2.2.18 測定位置による違い

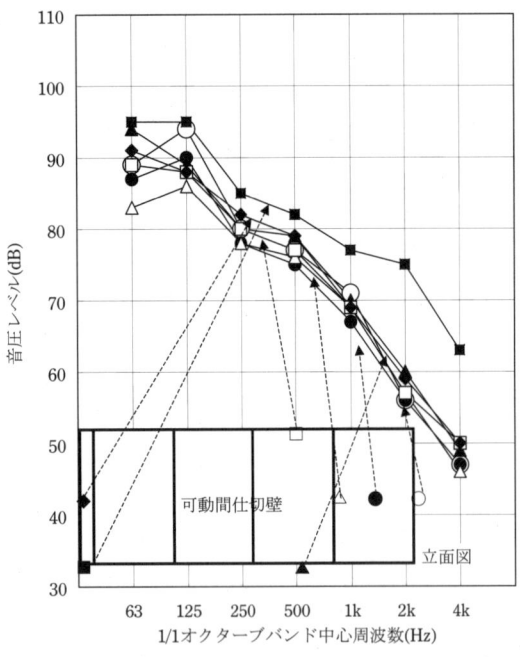

図 2.2.19 部位ごとの音圧レベル測定結果

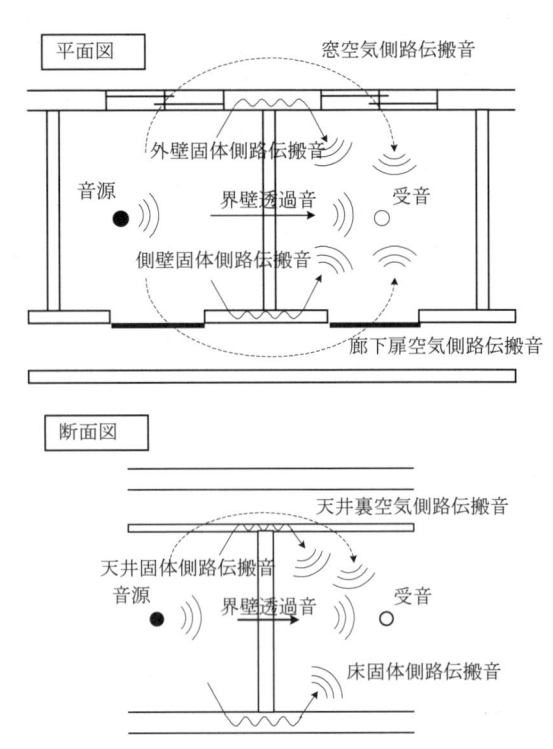

図 2.2.20 室間遮音における側路伝搬経路の概念図

部と軽量壁との取合い部の影響が比較的大きいことがわかる．

(5) 測定結果の検討と評価

測定により遮音欠損が確認された場合，特に低周波領域では場所の特定をするのは経験等を有する場合も多々ある．また欠損する周波数と原因の関係は必ずしも一定ではないが，大まかな判断の目安として以下の特徴が挙げられる．

① 低音域での欠損は，間仕切のパネル本体の重量が不足しているか，本体の二重構造による共振の影響がある．
② 低・中音域での欠損は，固体音による側路伝搬音の影響がある．
③ 中・高音域での欠損は突きつけ，取合い部，レールなどの主に隙間による回り込みの影響がある．

2.2.3 側路伝搬の影響の測定

(1) 測定の対象

室間遮音性能は，通常は主経路となる界壁や界床の透過音の寄与度が最も大きくなり，それらの透過損失の大小によって決まることが多いが，一般的には，図 2.2.20 に示すように，室には出入口や窓などの開口部があるため，これらから音が回り込んできたりする（廊下扉空気側路伝搬音，窓空気側路伝搬音）．また，間仕切り壁を天井でとめた場合，天井裏から音が回り込んできて（天井裏空気側路伝搬音），室間の遮音性能に影響を及ぼすことが多い．さらに，場合によっては，壁，床，天井の振動が隣室に伝搬し，音として放射される経路が問題になることがある（外壁，側壁固体側路伝搬音，床固体側路伝搬音，天井固体側路伝搬音）．

このように，両室間の界壁や界床以外の音の伝搬経路を側路伝搬と称し，この経路から伝搬してくる音を側路伝搬音といっている．したがって，界壁や界床だけの透過音に着目して遮音設計がなされ，側路伝搬音に対して遮音上の配慮が十分なされていない室間では，側路伝搬音の影響で所期の遮音性能が得られないことがしばしばある．

実際の建物においてみられる側路伝搬の例としては，次のようなものが挙げられる．

・集合住宅の住戸居室におけるサッシや換気口からの回り込み
・ホテルの客室，病院の病室における廊下出入口扉からの回り込み
・病院の病室の間仕切壁を天井でとめた場合，天

井裏からの回り込み
・ホテルやオフィスでサッシ方立て部に間仕切壁がある場合の方立て部からの回り込み
・ホテルの客室におけるダクト系開口からの回り込み
・オフィスビルの事務室で，空調方式が天井チャンバーシステムであるのに間仕切壁を設けた場合の吸込みスリットからの回り込み
・集合住宅の外壁部に断熱材を吹き付けた後に内装材を直貼工法で施工した場合の外壁部の振動による回り込み

以下に，これらの側路伝搬音の影響の程度を把握するための測定方法について述べる．

(2) 測定の計画

側路伝搬音の影響を把握し，対策を立案するための測定方法は，側路伝搬音に関してどの程度の情報を得るために測定するかによって異なり，次の3つの方法が挙げられる．

①聴感試験による方法
②室間音圧レベル差測定による方法
③音響インテンシティレベル測定による方法

a. 聴感試験による方法

側路伝搬音があるかないかを確認する方法は，現場において耳で行うのが最も確実である．特に，側路伝搬音が大きい場合は，測定器を使うまでもなく，どの方向から音が伝搬してきているかを聴感で容易に確認することができるので，単に側路伝搬の主力部位を特定できればよいような場合や定量的な改善目標値がないような場合は，この聴感試験のみで十分である．

この方法では，音の発生装置があればよく，雑音発生器，増幅器，スピーカが必要になるが，最も手軽な発生装置としては，ラジオなどを利用してアナウンスや音楽などを音源とする方法があり，ラジカセがあれば調査が可能となる．なお，アナウンスや音楽は，レベルが変動して判定しにくいという場合には，FM放送にして，ダイヤルを局間にセットすれば雑音が発生し，雑音発生器の代替とすることができる．

一方の室で音を発生させ，もう一方の室の中央に立って音の伝搬方向を耳で判別したり，室の壁の近傍に沿って歩きながら，また場合によっては壁に耳をつけてどこから音が聞こえてくるかを判別する．これにより，一般的には，低，中音域は界壁から，高音域は扉の隙間から伝搬してくるなどといった現象を捉えることができる．

測定器で測定する場合でも，まず，どの部位が遮音上の弱点になっているかを確認した上で測定することになるので，調査の第一歩として聴感試験の実施は不可欠となる．

b. 室間音圧レベル差測定による方法

性能要求値が明確になっていて，それを満足していないときは，改善対策の所要改善量を把握する必要があるので，測定器を使って測定することになる．

音圧レベル差の測定によって側路伝搬の影響を定量的に把握するためには，次に示す二つの測定方法がある．

①聴感試験で弱点と確認された側路伝搬部付近を受音点として，特定場所間音圧レベル差の測定を行い，その結果が室間音圧レベル差より小さければ，室間遮音性能がこの側路伝搬の影響を受けていると判断することができる．
②聴感試験で弱点になっていると推測された側路伝搬経路が開口部の場合は，その部分をボードなどで塞いだり，弱点となっている面にボードなどを付加することによってその遮音性能を向上させ，塞いだり付加したりする前後で室間音圧レベル差の測定を行う．両者がほぼ同じ値であればその経路の伝搬の影響はないと判断され，大きな差がある場合は，その部分からの側路伝搬の影響があると判断することができる．

なお，これらの方法は，弱点となっている部位を順次当たっていくことになるので，多少試行錯誤的な方法になることは避けられない．

しかし，通常は側路伝搬音の影響があることが事前にわかっていることは少なく，遮音測定を行って目標値に達していないことなどから，はじめて認知されることが多いので，室間音圧レベル差による方法で側路伝搬音を検証することが実際には多い．

c. 音響インテンシティレベル測定による方法

側路伝搬による部位別の寄与度を把握し，どの部位にどの程度の対策を施せばどの程度遮音性能が向上するかを検討するには，室間音圧レベル差の測定結果だけでは不十分な場合がある．また，各部位が同程度に寄与しているような場合は，聴感や空間音圧レベル差の測定では，最も弱点となっている部位を特定できない場合が出てくる．

そのような場合の調査方法として，音響インテンシティレベルを測定する方法がある．この方法は，音源室で雑音を発生させ，受音室で部位別または仕上げの異なる部分に分けて音響インテンシティレベルを測定し，その結果から，次式により各部別の透過パワーレベルを算出するものである．

$$L_P = 10 \log_{10}(10^{L_i/10} \cdot S_i)$$

ここで，L_P：各部の透過パワーレベル (dB)，L_i：各部の音響インテンシティレベル (dB)，S_i：各部の面積 (m^2) 注1)

算出した各部の透過パワーレベルを比較することにより，各部の寄与率を把握することができ，対策を施す優先順位やどの部分の透過パワーレベルをどの程度低減させればよいかなどを検討することが可能となる．

(3) 測定の実施と測定結果

a. 室間音圧レベル差の測定例

室間音圧レベル差を測定する場合の一般的な測定ブロックダイアグラムを図 2.2.21 に示す．

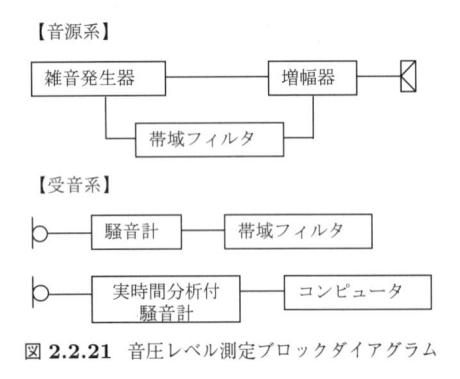

図 2.2.21 音圧レベル測定ブロックダイアグラム

音源としては，雑音発生器，増幅器，スピーカで全帯域雑音を発生させたり，全帯域雑音では暗騒音の影響を無視できない場合は，帯域フィルタを用いて帯域雑音を発生させて S/N 比が大きくなるようにするのが一般的である．雑音発生器，帯域フィルタ，増幅器が一体となっている便利な計測器もある．受音系は，騒音計と帯域フィルタを用いてレベルを読み取ることになるが，最近は，実時間分析器付騒音計を用いることが多く，データ処理もコンピュータで行うのが一般的になりつつある．

集合住宅において側路伝搬音の影響を受けている場合の室間音圧レベル差の測定例を図 2.2.22，図 2.2.23 に示す．

図 2.2.22 は，界壁がコンクリート厚さ 180 mm の集合住宅の和室間（経路 1）と洋室間（経路 2）の室間音圧レベル差の測定例である．1 kHz 帯域以上の周波数の音圧レベル差が，主経路である界壁のコンクリート 180 mm の質量則による透過損失に比べて低下する結果となっている．室間音圧レベル差が必ずしも質量則による透過損失と同じ

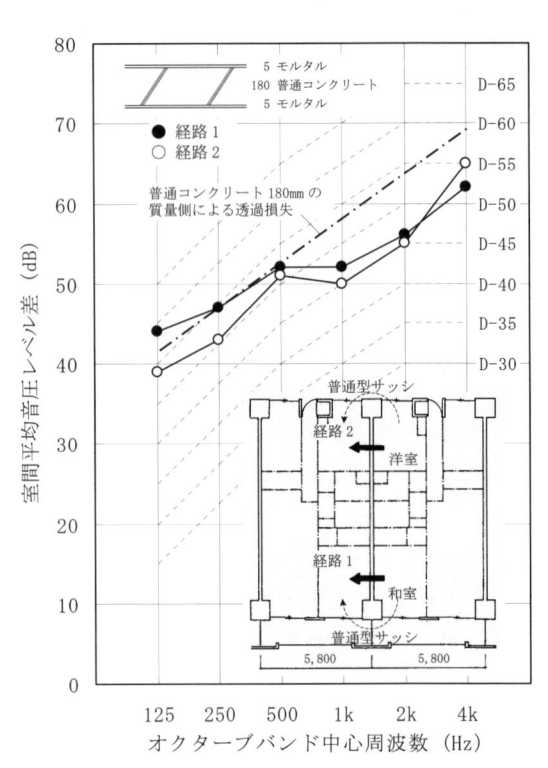

図 2.2.22 サッシからの回り込みの影響による遮音性能の低下

注1) 厳密には放射面を囲む測定閉曲面をとる必要があるが，近傍で平面的に測定した場合は，放射面の面積でよい．

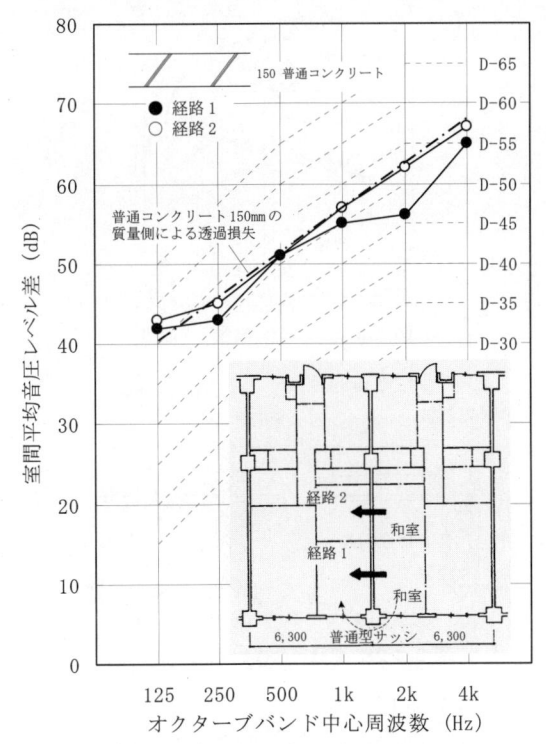

図 2.2.23 サッシからの回り込みの影響の有無による遮音性能の違い

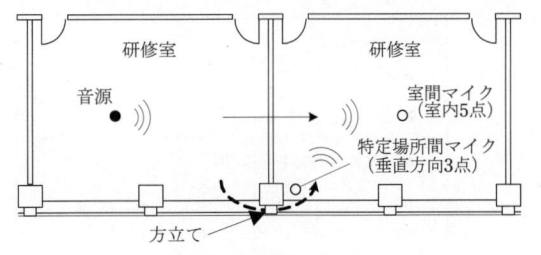

図 2.2.24 研修室平面図

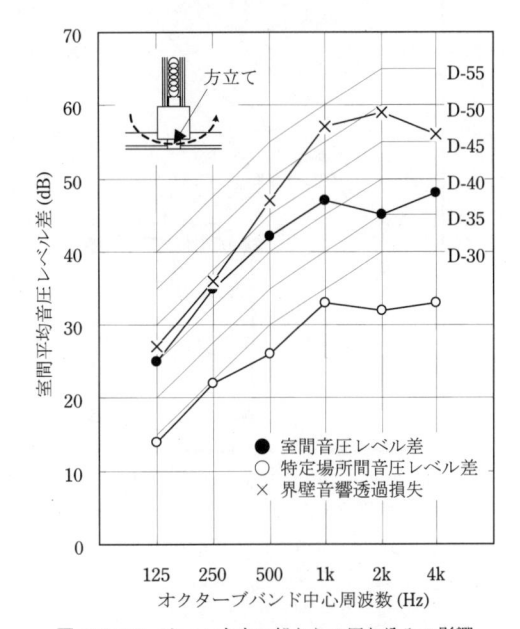

図 2.2.25 サッシ方立て部からの回り込みの影響による遮音性能の低下

値になるわけではないが，和室，洋室とも普通型サッシが使われているために，サッシからの回り込み音が原因で低下量が大きくなっていると考えられる．

図 2.2.23 は，界壁がコンクリート厚さ 150 mm の集合住宅の場合のバルコニー側に位置する和室間（経路 1）と外壁に面しないいわゆる行灯部屋となっている和室間（経路 2）の室間音圧レベル差の測定例である．経路 2 の室間音圧レベル差はほぼ界壁の質量則に沿った特性を示しているのに対して，バルコニー側の和室間では高音域で性能の低下がみられ，サッシからの回り込みの影響が現れている．経路 1 と経路 2 を比較することにより側路伝搬音による性能低下の程度を知ることができる．

b. 特定場所間音圧レベル差の測定例

特定場所間音圧レベル差を測定して，側路伝搬音の影響の程度を調査した例を示す．

図 2.2.24 に示すカーテンウォールの建物で，方立て部に特別な遮音対策を施すことなく間仕切壁を設けた設計となっている研修室間の遮音性能を測定したものである．この例では，いわゆる聴感試験を実施するまでもなく，方立て部からの漏音が大きいことが認められたので，室間音圧レベル差のほかに窓際隅角部を測定点として特定場所間音圧レベル差を測定した．

測定のブロックダイアグラムは室間音圧レベル差と同様であるが，測定に際しては，特に受音室側の測定点の取り方に留意し，的確に遮音上の弱点をとらえるように測定点を選定する必要がある．この例では，窓際隅角部を測定点として，垂直方向に 3 点とって音圧レベルの測定を行った．

その測定結果を**図 2.2.25** に示す．室間と特定場所間の音圧レベル差は，全周波数帯域にわたって大きな差を示し，中高音域では音響透過損失の値を下回っており，また，両者は類似の周波数特性を示していることから，ここからの側路伝搬音の影響で室間遮音性能が決定されていることが確

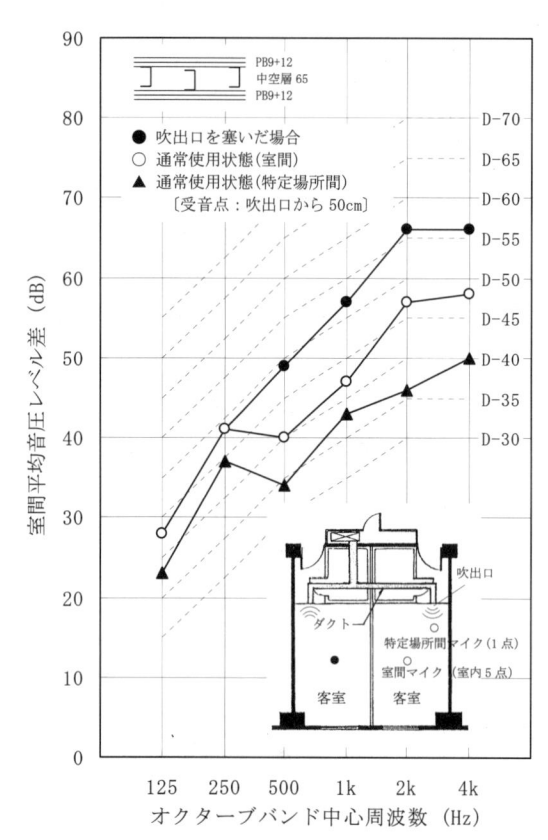

図 2.2.26 ダクトからの回り込みの影響による遮音性能の低下

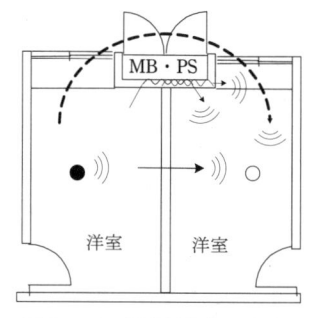

図 2.2.27 測定対象住戸平面図

図 2.2.28 原設計仕様と対策仕様の一例

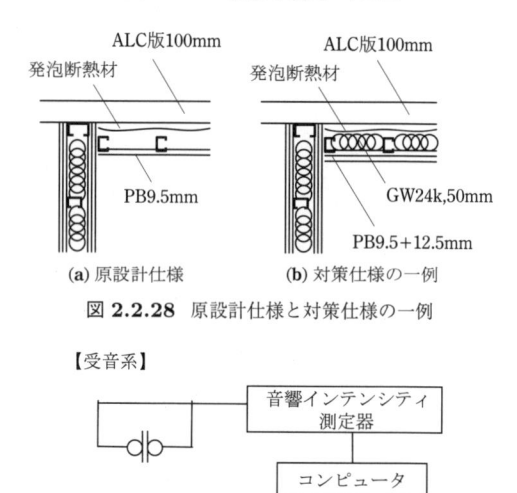

図 2.2.29 音響インテンシティレベル受音系測定ブロックダイアグラム

認された．

図 2.2.26 は，ホテル客室間のダクトクロストークの影響による室間音圧レベル差の低下の程度を測定した例である．この例は，聴感試験で明らかにダクト開口部からの漏音が認められたため，ダクト開口部近傍 50 cm 点の特定場所での音圧レベルを測定した上に，さらに開口部をボードで塞いだときの測定も行ったものである．その結果，ボードで開口部を塞ぐことにより 500 Hz 以上の周波数帯域で大幅に遮音性能が上昇することが明らかとなり，ダクトクロストークの影響を大きく受けていることが確認された．この経路を改善すればホテルの客室として必要な室間遮音性能が確保されることを検証したものである．

c. 音響インテンシティレベルの測定例

図 2.2.27 に示す集合住宅洋室において，側路伝搬の部位別影響度を把握するために音響インテンシティレベルを測定した例を紹介する．

この集合住宅は，外壁およびメーターボックス・パイプシャフト壁は，図 2.2.28 (a) に示す ALC 版厚さ 100 mm に断熱材を吹き付けた上，独立間柱を立てて内装材のせっこうボード 9.5 mm を施工する仕様となっていた．なお，住戸間界壁には，Rr-55 の高遮音乾式壁を採用している．

原設計仕様で竣工後に行った室間音圧レベル差が D-45 となり，目標値の D-50 を満足していなかった．原因を調べるために行った聴感試験で，外壁部からの固体側路伝搬があると判断されたが，側路伝搬音に関係する各部の寄与度を把握し，界壁透過音より確実に寄与度が小さくなる内装仕様を検討するために，音響インテンシティレベルの測定を行った．

受音系の測定ブロックダイアグラムを図 2.2.29 に示す．また，音響インテンシティレベルは，図 2.2.30 に示すように，住戸間界壁面，外壁面，出窓側壁面，窓サッシ面について測定した．

音響インテンシティレベルの測定方法には，測

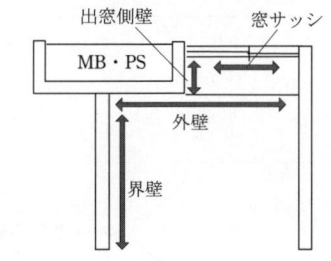

図 2.2.30 音響インテンシティレベル測定面

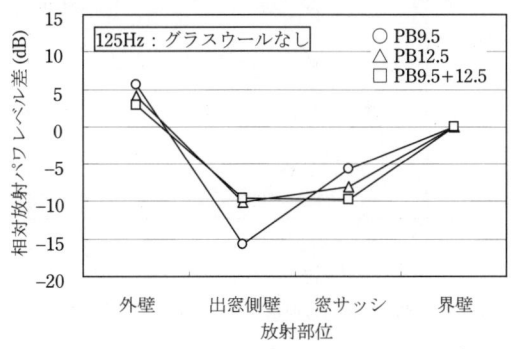

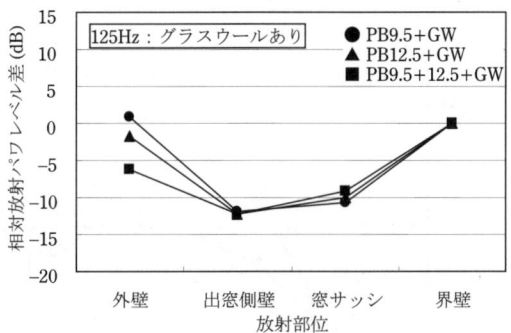

図 2.2.31 部位別の相対放射パワレベル差計算結果
（界壁の放射パワレベル基準）

定面をメッシュ分割してその格子点を測定点とする固定点法とスキャニング法の二通りあるが，特にスキャニング法による場合は，壁面に沿ってできるだけ一定の距離を保ちながら均等に面をスキャニングする必要があるため，手動の場合は若干熟練を要するといえよう．

住戸間界壁からの放射パワレベルを基準としたときの，各部位の相対放射パワレベル差を計算した結果のうち，125 Hz 帯域について図 2.2.31 に示す．

これから，原設計仕様のせっこうボード 9.5 mm，グラスウールなしの場合は，外壁部からの放射パワレベルが界壁透過音より 5～6 dB 程度大きくなっており，室間音圧レベル差に最も大きな影響を及ぼしている部位であることがわかる．また，出窓側壁，窓サッシからの透過音は小さく，まず外壁部に対策を施すのが効果的であることなどを知ることができる．

改善対策の仕様の一例を図 2.2.28 (b) に示したが，せっこうボードの厚さとグラスウールの有無を組み合わせた 5 種類の仕様について測定を行い，音響インテンシティレベルが変化する程度を把握した．

その結果，グラスウールなしの仕様では，せっこうボードの厚さを増加させてもあまり効果が得られないのに対して，グラスウールを挿入した場合は，せっこうボード 9.5 mm で外壁部と住戸間界壁の放射パワーレベルがほぼ同等となり，さらにせっこうボードの厚さを増加させることにより，外壁部からの透過音の寄与度が界壁に比べて小さくなることがわかる．また，外壁部からの透過音の寄与度を極力なくするためには，界壁透過音より 6 dB 小さくなるせっこうボード 12.5+9.5 mm の仕様にする必要があることなどが明らかとなった．

このように，音響インテンシティレベルを測定することにより，音圧レベルの測定ではわからない各部位の寄与度を把握することができ，適切な対策を決定する上で有用な測定量となる．

2.2.4 音響透過損失と室間音圧レベル差

音響透過損失は，建築部材が音を遮る程度を表すもので，材料に入射する音の強さと材料の反対側に透過する音の強さの比で表され，次式により定義されている．

$$TL = 10 \log_{10} \frac{1}{\tau}$$

$$\tau = \frac{I_t}{I_i}$$

ここで，TL：音響透過損失（dB），τ：音響透過率，I_i：材料に入射する音の強さ，I_t：材料の反対側に透過する音の強さ

音響透過損失の測定方法は，JIS A 1416: 2000「実験室における建築部材の空気音遮断性能の測定方法」に規定されている．これによると，遮音性能の測定は，試験体以外からの音の伝搬即ち側路伝搬音よる影響ができるだけ小さくなるような構造で，かつ十分な拡散音場が得られている二つの

試験室を用いて，音が試験体にランダムに入射する条件下で行う考え方になっている．

なお，新しいJISでは，試験室として，タイプⅠ試験室（残響室）とタイプⅡ試験室が規定されているが，建築部材の一般的な遮音性能を表す指標として音響透過損失を測定する場合は，原則として前者の試験室を用いることとされている．

室間音圧レベル差は，実際の建物の2室間の空気伝搬音に対する遮音性能を表し，界壁または界床以外からの側路伝搬経路による音の伝搬がない場合は，次式で表される．

$$L_1 - L_2 = TL + 10\log_{10}\frac{A}{S}$$

ここで，L_1：音源室における室内平均音圧レベル（dB），L_2：受音室における室内平均音圧レベル（dB），A：受音室の等価吸音面積（m^2），S：界壁または界床の面積（m^2）

したがって，室間音圧レベル差は，音源室と受音室の音圧レベル差だけではなく，界壁または界床の面積や受音室の等価吸音面積が関係し，それらの大小によって異なる値となる．また，厳密には，界壁または界床の面積や受音室の等価吸音面積が同じ場合でも，室内の拡散性が異なる場合は音圧レベル差も異なってくることになる．

上記以外の条件のほかに，一般的な建物は，試験室とは異なり，側路伝搬音の影響が無視できない場合が多いため，通常の室間音圧レベル差は，これらの要素をすべて含んだ室間の遮音性能を表すものとなる．

なお，建物の現場における室間音圧レベル差の測定方法は，JIS A 1417: 2000「建築物の空気音遮断性能の測定方法」に規定されている．

音響透過損失と室間音圧レベル差に関する測定例について以下に示す．

a. 受音室等価吸音面積の相違による測定例

受音室の等価吸音面積の相違による室間音圧レベル差の測定例として，ホテル客室において，家具，ベッド，カーテンがないときとあるときの室間音圧レベル差の測定結果を図 2.2.32 に示す．この例では，受音室の等価吸音面積の相違のほかに，音源室と受音室の拡散性の相違も影響していると考えられるが，家具，ベッド，カーテンがあると

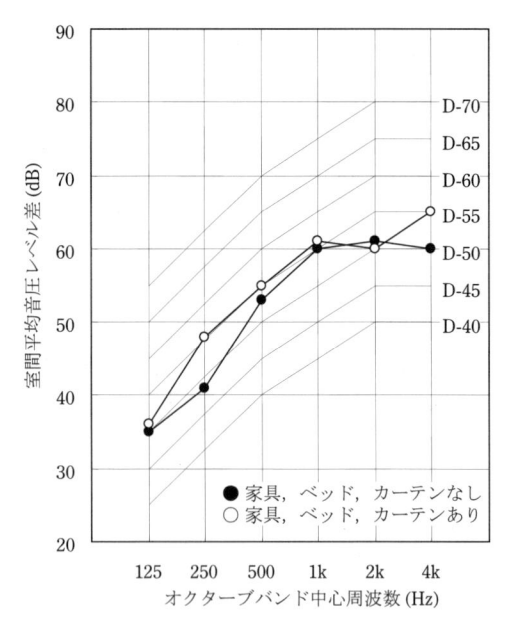

図 2.2.32 等価吸音面積の相違による室間音圧レベル差測定例

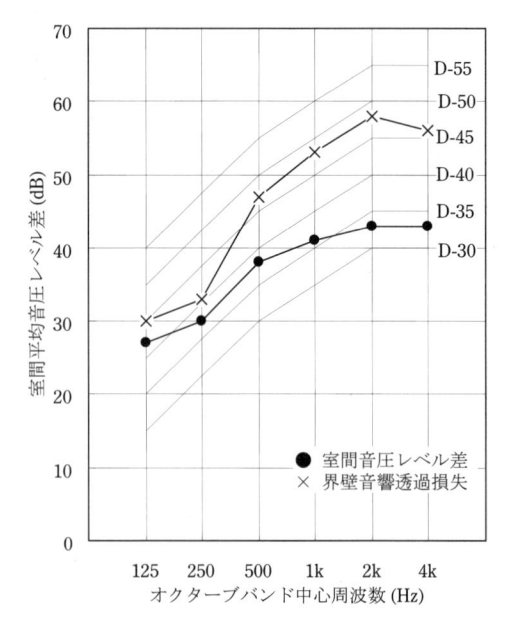

図 2.2.33 可動間仕切り壁の音響透過損失と室間音圧レベル差測定例

きの方が等価吸音面積が大きくなるため，室間音圧レベル差は若干大きめの値を示しており，同じ界壁であっても他の条件によって異なる値になることが示されている．

b. 試験体の設置条件の相違による測定例

間仕切壁のうち，可動間仕切壁の音響透過損失に関して注意することは，通常，メーカーのカタログなどに載っている値は，パネル部材そのもの

の遮音性能を表していることである．可動間仕切壁は，実際には，パネルをつなぎ合わせて構成するため，その継目や四周の隙間からの漏音の影響で室間の遮音性能が決まり，パネル部材の透過損失の値とは乖離した性能になることが多い．

図 **2.2.33** に可動間仕切壁のパネル部材の音響透過損失とそれを使用した研修室間の音圧レベル差の測定結果の例を示す．両者は，隙間の影響で中・高音域において大きな相違が現れている．

なお，新しい JIS では，間仕切壁の透過損失を測定する際，周囲や接合部は，実際の構造に近い状態で設置することが望ましいとされているため，今後実用状態に近い設置状態の音響透過損失の値がカタログに掲載されるものが多くなると考えられるが，いずれにしても，データをみるときは，必ず試験体の設置状態を確認する必要がある．

文献 **(2.2.1)**
1) 室間遮音測定 WG：改訂 JIS A 1417（案）による室間遮音測定方法の検討／現場における遮音測定法に関する実務上の問題点，日本騒音制御工学会技術レポート第 21 号（1999），pp.13–23
2) 村石喜一他：室間遮音性能の短時間測定方法の適用性検討，日本騒音制御工学会技術発表会講演論文集（1993），pp.273–276
3) 村石喜一：室間遮音性能設計，建築技術，No.540（1995），pp.97–105
4) 村石喜一：室間遮音性能の予測と実態，音響技術，No.105（1999），pp.7–12

2.3 床衝撃音遮断性能の測定と評価

2.3.1 床構造を対象とした測定

床衝撃音は，床スラブを加振することにより励起された振動が下階などへ音として放射するものである．したがって，その詳細な評価や対策の検討のためには，床スラブ自体の構造的な性能と，下室への放射系の二点に着目する必要がある．特に，RC造の建物では，床構造を対象とした場合，スラブの振動性状を把握するために，ハンマ加振による駆動点インピーダンスなどの測定を実施することが多い．

(1) 測定の対象

スラブの振動性状を把握するためには，駆動点インピーダンスや衝撃時間内応答（衝撃インピーダンス）を測定する．これらは，ハンマにより床スラブを加振したときの振動速度応答（伝達関数）を測定するものであり，これらにより，スラブが外乱に対してどれだけ動きにくいものであるかを判断する．

スラブの共振周波数や梁の拘束の影響などを把握し，躯体の構造設計の妥当性を確認することがここでの目的となる．測定はスラブ自体の特性が把握できる素面の状態で実施する．

a. インピーダンス

本節で述べるインピーダンス Z とは，加振力 F と速度応答 v から，

$$Z = \frac{F}{v} \quad (2.3.1)$$

により定義される伝達関数である．インピーダンスは，共振系を含めた駆動点におけるスラブの揺れにくさを評価する値としてしばしば用いられるものであり，加振力と速度応答のそれぞれの単発衝撃暴露量の比から与えられる．実際には，積分時間として，エネルギーが十分に減衰するまでの時間幅 $(0 \sim T)$ をとればよい．すなわち，

$$Z_p = \sqrt{\frac{\frac{1}{T}\int_0^T F^2(t)\,dt}{\frac{1}{T}\int_0^T v^2(t)\,dt}} \quad (2.3.2)$$

特に，加振点近傍の速度応答との伝達関数を駆動点インピーダンス Z_p と呼ぶ．

なお，駆動点インピーダンスをレベル表示する場合，駆動点インピーダンスレベル L_z は，次式により与えられることが多い．

$$L_z = 10\log\frac{|Z_p|^2}{Z_0^2} \quad (2.3.3)$$

レベル表示する際の基準値としては，$Z_0 = 1$ (N·s/m) とする場合が多い．

また，加振点と受信点が異なる場合に測定したインピーダンスについては，伝達インピーダンスと呼ばれることが多い．

b. 衝撃インピーダンス

面積無限大の均質板を仮定した場合，駆動点におけるインピーダンス Z_0 は，

$$Z_0(\omega) = \frac{F_0(\omega)}{V_0(\omega)} = \frac{8B'k}{\omega} = 8\sqrt{B'm} \quad (2.3.4)$$

となる．すなわち，Z_0 は実数であり，速度と加振力は同相で変化する．

衝撃インピーダンスは，実際には有限な板であっても，加振点に衝撃力を与えた場合の過渡応答は，反射波が到来する以前までは，無限大の板と同様な振る舞いをすると考え，図 **2.3.1** に示したように，衝撃時間内の加振力と速度のエネルギー比を算出して評価するものである．

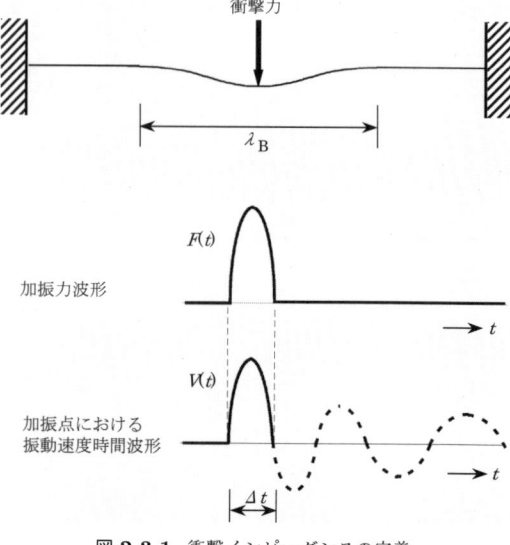

図 2.3.1 衝撃インピーダンスの定義

衝撃インピーダンスは，梁などの拘束の影響を比較したり，ボイドスラブなどを均質板にみなした場合に等価なスラブ厚を評価するために用いられる．

厳密には，屈曲波は周波数依存性を持つため，衝撃時間内にも伝搬速度の速い高周波数の反射波は伝搬してきている．しかし，元来の加振力がこのような高周波数域では小さいことなどから，実際には無視できるものと考えられる．

(2) 測定の計画
a. 測定時期

測定の目的にもよるが，躯体完了時の性能確認の測定としては，躯体工事が完了し，外部サッシ工事などの完了直後頃が望ましい．例えば，戸境壁を乾式遮音間仕切壁とする場合には，これらによっても床振動性能が変化することも考えられるため，測定時期の設定には配慮が必要である．

b. 測定機器

RCスラブを対象としたインピーダンス測定における代表的な測定機器系統図を図 2.3.2 に示す．ハンマの衝撃周波数（図 2.3.1 に示した $1/2\Delta t$ に相当）としては，コンクリートスラブを対象とした場合には，200 Hz 程度となるゴムヘッドやスチールヘッドのものが用いられることが多い．

スラブを強制加振した場合の振動速度応答の測定であるため，建設工事中の現場においても，他の音響測定に比べ，比較的外乱の影響を受けにくい．したがって，床衝撃音の測定準備と並行してインピーダンス測定を実施し，他の作業の終了を待って床衝撃音測定を実施するという工程計画も可能である．

c. 対象とする室

床衝撃音の測定においては，加振室で発生した音が，未施工部分の開口や隙間などから受音室に伝搬しないよう配慮する必要がある．すなわち，玄関扉などの開口部には，音源室・受音室ともにせっこうボードなどを立てかける必要がある．また，外壁に取り付く換気口や，設備配管などが住戸内に貫通している場合などは，それらからの迂回路伝搬について配慮する必要がある．

(3) 測定の実施
a. インピーダンス

衝撃力波形および速度応答（もしくは加速度応答）波形を取り込み，FFT分析器を用いて伝達関数を算出する．測定の精度を高めるためには，数回の同期加算をすることが望ましい．

測定点の決定方法は，床衝撃音遮断性能の加振点とすることが多いが，測定目的によっても大きく変わることになる．すなわち，特定のスラブの共振系が影響することが想定される場合には，それらのモード形状の腹となる点をあらかじめ割り出し，評価すべきである．また，どのようなモードが支配的となるか想定がつかない場合には実験的モーダル解析などの手法によることが必要な場合もあろう．

衝撃内応答を対象としたインピーダンスを測定する場合には，ハンマ加振時の加振力と同時にスラブ上の加速度応答もしくは速度応答波形をデータレコーダに取り込む．衝撃時間前後の波形を観察し，加振力とほぼ等しい半波分を切り取る．この時間内の加振力および速度応答の積分値を算出し，その比を算出することになる．作業はきわめて煩雑となるので，分析には，パーソナルコンピュータを活用することが望ましい．

b. 床衝撃音遮断性能

竣工時の性能と比較するためにも，間仕切位置の墨などを参考とし，実際の平面計画とに従い，測定点を設定するのが望ましい．可能であれば，受音室については，竣工時と同様な間仕切り壁を設

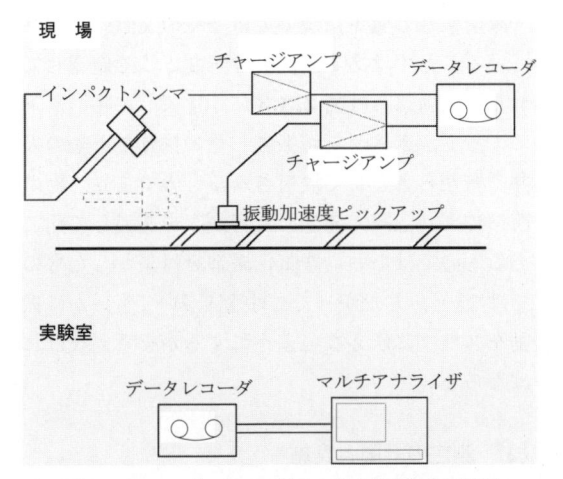

図 2.3.2 インピーダンス測定の代表的な機器系統図

置することが望ましい．

軽量床衝撃音レベルについては，受音室の内装条件が竣工時と異なる場合には，別途，等価吸音面積を測定し，補正する必要がある．

(4) 結果の検討

インピーダンスは，式 (2.3.4) をもとに，物性値から無限大版を想定したインピーダンスを計算し，共振の影響や梁・柱などの効果に関する評価を行う．床衝撃音遮断性能は，特に，矩形の室の場合には，受音室内の音響モードの影響を多大に受ける場合もあるため，音圧分布のばらつきを確認する必要がある．

(5) 対策の検討

天井や二重床などを設置することによる影響を考慮した上で，最終的な床衝撃音遮断性能を評価する．

床衝撃音遮断性能は，基本的に，躯体の性能でその多くが決定してしまう．躯体性能としての目標値を得られていない場合の対策方法としては，防振遮音天井などの付加材が効果を発揮する場合もあるが，一般的には，スラブを増し打ちする，あるいは湿式浮床などを採用するなどという手段しかないというのが現状であろう．

2.3.2 仕上げ材を対象とした測定

(1) 測定の対象

床衝撃音遮断性能は，重量床衝撃源と軽量床衝撃源とに分けられるが，集合住宅などで一般的な床施工を行った場合，重量床衝撃音は仕上げ材による床衝撃音の改善がほとんど期待できない．特に，二重床は下部の空気層が原因とみられる共振により，むしろ悪化する場合がほとんどである．したがって，ここでは，主として軽量床衝撃音に関する事項を扱い，一部重量床衝撃音について述べる．評価方法に関しては等級曲線によるものとする．

床仕上げ材には絨毯，フローリング，畳，CFシートなどさまざまなものがあり，また，その施工方法も大きく異なる．したがって，仕上げ材の納まりを念頭において測定を行わなければ性能低下の原因の追求や対策の立案は困難となる．床仕上げ材の施工ミスなどによる対策は広範囲にわたる場合が多く，多大な時間と費用がかかるので事前の十分な検討が必要である．

重量床衝撃源は子供の椅子からの飛び降りを模擬しているに対し，軽量床衝撃源については基本的に女性のハイヒール歩行を模擬したものである．これは軽量衝撃源が，国際規格 (ISO 140-7: 1998) を基にしていることに起因し，日常の起こりうる軽量系の床衝撃音の中では比較的大きなエネルギーを持っている．実際のクレームは，重量衝撃源系は歩行音，軽量衝撃源系はスリッパの歩行，椅子などの引きずり，物の落下などが多い．

床衝撃音の発生については多くの文献で記されていることではあるが，もう一度ここで確認しておく．床衝撃音は図 **2.3.3** に示すように物の落下によって，床スラブが振動しその振動が下階の天井や壁から音として放射されるものであり，物の落下により上階で発生した音が床を透過して聞こえるものではない（空気伝搬音を対象としたものではない）．したがって，対策についてもいかに振動をスラブに伝えないようにするかを考えなければならない．

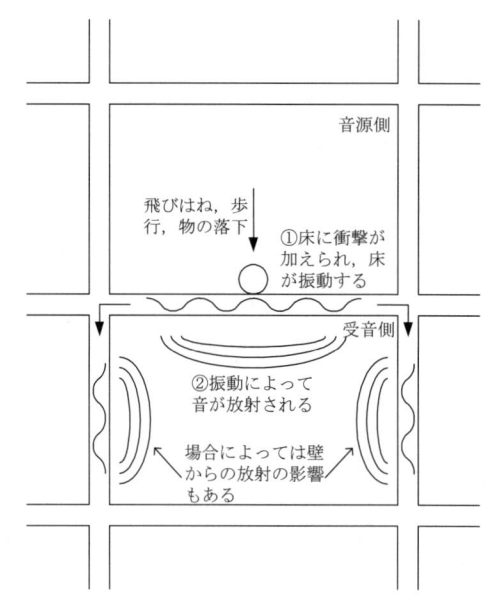

図 **2.3.3** 床衝撃音の意味

(2) 測定の計画と実施

仕上げ材を対象としての床衝撃音測定において

【音源系】
重量衝撃源
衝撃力特性(1)
衝撃力特性(2)

軽量衝撃源

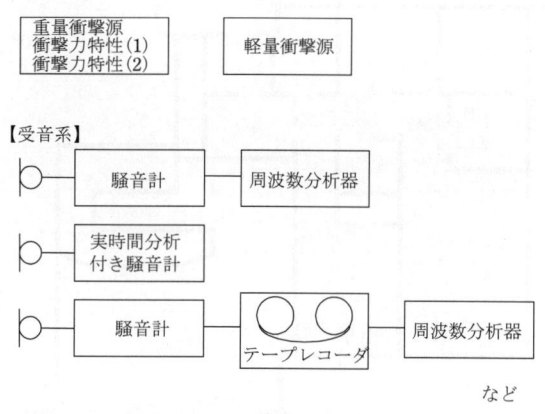

【受音系】
騒音計 — 周波数分析器

実時間分析付き騒音計

騒音計 — テープレコーダ — 周波数分析器

など

図 2.3.4　ブロックダイアグラム

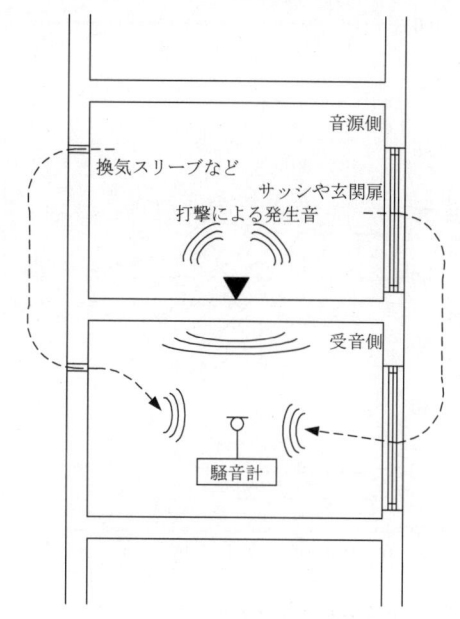

図 2.3.5　側路伝搬音の影響

は，まず何を測定するのかを吟味しておく必要がある．つまり

a. 性能目標値があってそれを満足しているか確認するのか（単に性能を調べたい場合も含む）
b. 性能が出ていないのでその対策を考えるためか
c. 仕上げ材自体の性能を調べたいのか

などの目的によって測定内容が変化する．以下これらについて概要を述べる．図 2.3.4 に床衝撃音測定のブロックダイアグラムを示す．

a. 性能目標値を満足しているか確認する場合

基本的な測定方法については JIS A 1418 群に規定されているものではあるが，対象とする床に衝撃源を設置したならば，測定の前段階として，まず衝撃源を稼動させ，対象受音室側において耳で聞いて確認するべきである．このとき開口部を通しての音の回り込みを確認しておく．特に，施工中の確認測定などでは，換気スリーブのキャップが取り付けられていなかったり，玄関扉が確実に閉められなかったりする場合がある．石やタイル，フローリングなどの表面が硬い材料で仕上げている場合，上階の衝撃源側でかなり大きな音が発生するので，図 2.3.5 に示すように，側路伝搬に十分注意して確認する．

軽量衝撃源では，5 本のハンマーが連続的に床を加振するので，スムーズに音が発生しているか，異音がないかどうかチェックする．直貼の防音床は局所的に音が大きくなる場合があるので，タッピングマシンを少しずらしてみて変わらないかど

うか確認をする．もし，そのような現象が生じた場合は，必ずメモをとっておく必要がある．

重量衝撃源では，受音室側に設置している部材が，衝撃による振動により騒音を 2 次発生させていないかも確認する．特にキッチン周りや照明などは 2 次騒音を発生させやすいので，測定値に影響が生じるようであれば対象となる 2 次騒音の発生部材を押えたりカバーをするなどして影響を及ぼさないようにする．また，上部の木質層と下部の防振層から構成されている防音直貼床では，重量衝撃源では防振層が押しつぶされてバネとしての挙動を失い，木質部分がスラブ面を直接打撃するかのような現象が起こる場合がある（2 度打ち現象）．図 2.3.6 に示す例ではこのために 500 Hz 帯域が決定周波数となっている．規格では重量床衝撃音を評価する周波数帯域は 63〜500 Hz となっているが，重量衝撃源の意味としては飛びはねの代用音源として用いるものであるので，実際の人の飛びはねなどでこの現象が起こりうるものかどうか確認し評価する必要がある．

b. 性能が出ていないのでその対策のための測定

後述する予測と実測の対応とも関連するが，予測方法に問題がなかった場合の調査方法としては以下の事項について確認する．床仕上げ材は直貼床と二重床とに分けられる．仕上げ材に問題がな

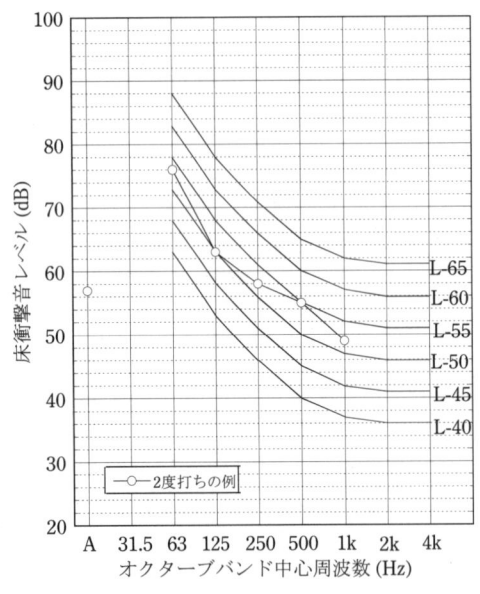

図 2.3.6 重量床衝撃源による二度打ち

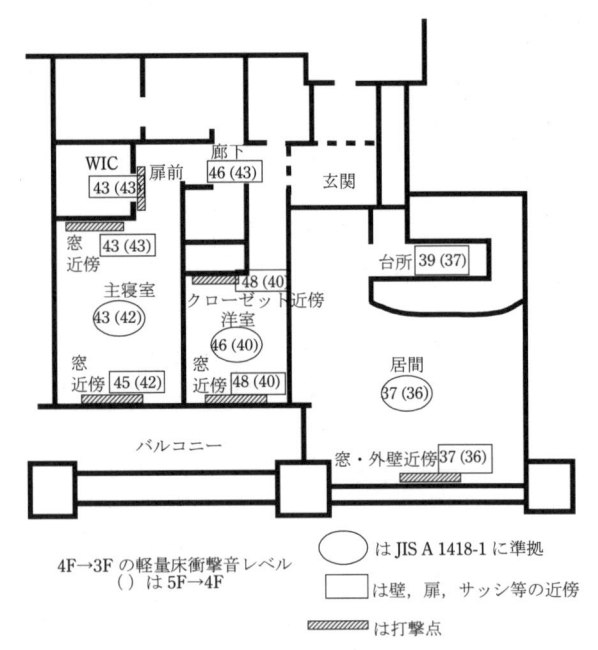

図 2.3.7 床端部の軽量衝撃音レベル

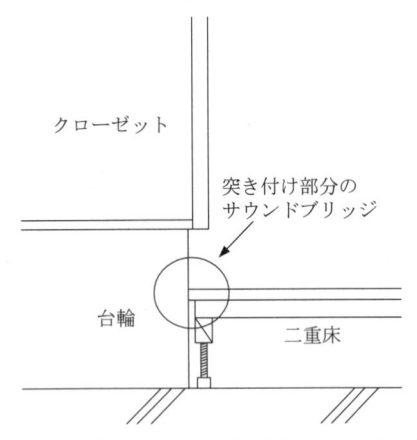

図 2.3.8 サウンドブリッジが発生しやすい納まり

い場合，直貼系の床材では接着方法で，二重床系の仕上げ材では端部の取合い部分の施工方法で性能が悪化する場合が多い．

二重床の端部は沈み込み防止のためある程度固定する必要がある．在来の際根太などで端部を強固に固定するとその部分がサウンドブリッジとなり，大幅に床衝撃音性能が悪化する．また，防振際根太等を使用しても床衝撃音が悪化する場合がある．原因としてはクローゼットや掃出しサッシもしくは建具下部などにおいて壁面に突き付けで仕上げる場合にその部分でサウンドブリッジとなることが挙げられる．図 2.3.7 に JIS 測定とは別に取合い部分近傍にタッピングマシンを設置し測定した結果を示す．突き付け部分において床衝撃音性能が悪くなる場合があることがわかる．クローゼット部分の納まりの概略を図 2.3.8 に示す．このような場合は特に床端部の取合いの所を中心に部屋全体を歩き回り，床の沈み込みを注意深く確認しながらサウンドブリッジになっているところはないかなどのチェックが必要である．2.6.3 で述べるがゴルフボールは衝撃力が安定しており，床のさまざまな場所の性能を確認するのに都合がよい．

防振層が裏打ちされた直貼の仕上げ材（直貼防音フローリングなど）では接着剤を原因とした性能低下が生じやすい．図 2.3.9 は実験室において接着剤の量を変えて（通常の 1.5 倍程度）施工した場合の軽量床衝撃音レベルをみた例である．量を増やした場合では，通常の量と比較して 125 Hz で 3 dB，その他の周波数においても 1〜2 dB 程度の遮音性能の低下が見られる．図 2.3.10 は L-40 タイプの防音直貼床を使用してスラブの若干の不陸を接着剤によって修正しようとした例である．カタログ性能より 2 ランク程度低下した．防音直貼床の性能は下部の防振層によるところが大きいので，スラブの平滑性の基準を設定し，それに基づいた施工をする必要がある．

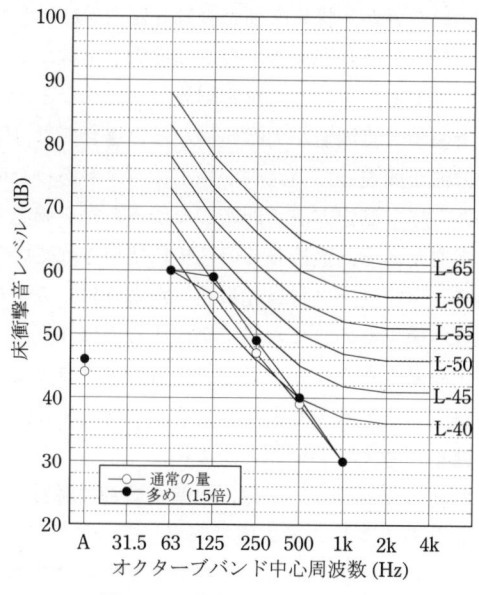

図 2.3.9 接着剤の量による影響

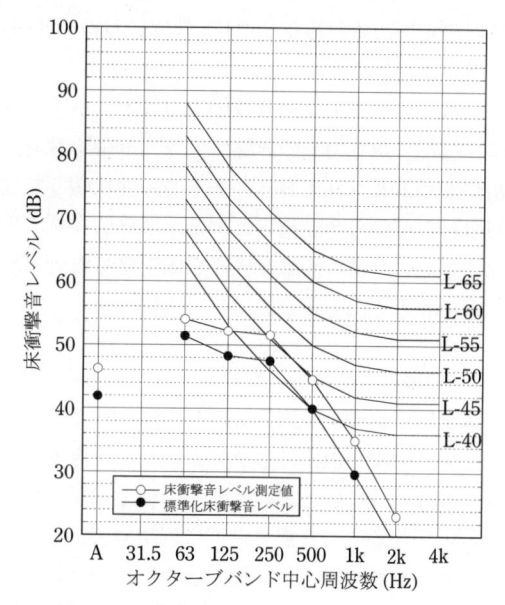

図 2.3.11 標準化床衝撃音レベルによる検討例

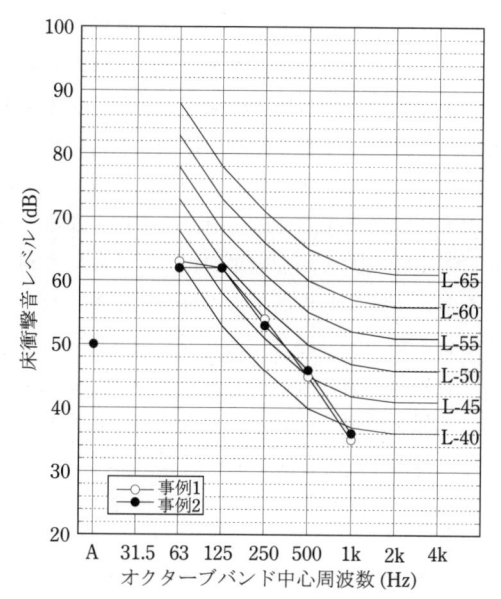

図 2.3.10 接着剤とスラブの不陸による床衝撃音低下例

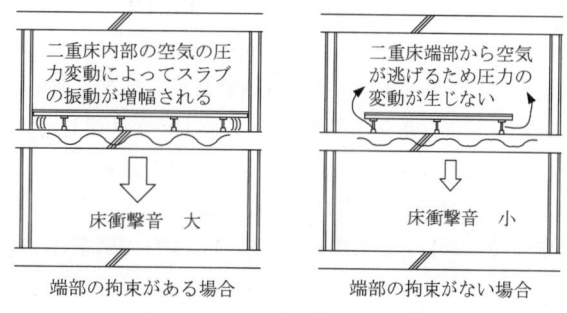

図 2.3.12 二重床端部の拘束の影響

c. 仕上げ材自体の性能を調べる場合

建物の建設途中において仕上げ材を決定するためにその仕上げ材の性能を把握する場合など，実際に建設中の建物を使用して床衝撃音性能を測定するという状況がしばしば生じる．

この場合においては，まず側路伝搬音の影響がないか十分確認する．特に仕上げ材の選定などは施工のかなり初期の段階で行われることが多いため，開口部の扉や障子は取り付けられていない場合がある．こういった部分についてはプラスターボードなどを使用して側路伝搬音の対策をする必要がある．スリーブをウエスなどで塞ぐといった処置も確実に行っておく．

施工段階での測定では間仕切り壁なども施工されていない状況もあり，受音室の残響時間が極めて長くなるため床衝撃音レベルに影響を及ぼす．そのため，仕上げ材の床衝撃音レベルのみを測定するのではなく，コンクリート素面の時の床衝撃音レベルも測定し，仕上げ材の床衝撃音低減量として捉えた方がよい場合が多い．もしくは JIS A 1418-1: 2000 に規定されている規準化床衝撃音レベルや標準化床衝撃音レベルを求める．図 2.3.11 にほとんど間仕切りを施工していない RC 集合住宅での軽量床衝撃音レベル測定値と標準化軽量床衝撃音レベルを示す．この場合では，床衝撃音等

級の決定周波数である 250 Hz 帯域において 4 dB 程度の差が生じた．

二重床の重量床衝撃音は図 2.3.12 に示すように，端部の空気拘束の影響によって床衝撃音レベルが変わるとされており，基本的に間仕切りで仕切られた部屋の全面施工とする．部分的な施工では二重床の重量床衝撃音性能を測定することはできないと考えた方がよい．

(3) 結果および対策の検討

床衝撃音レベルの測定そのものは JIS で規定されているので，JIS に準拠することができれば大きな間違いはないと思われるが，仕上げ材を検討する上で注意すべき点を以下に列挙する．

通常の建物の場合の床衝撃音の周波数特性がどのような形となっているかを認識しておくと，大きなミスを防ぐことができる．図 2.3.13 に防音フローリングを使用した RC 造の集合住宅での床衝撃音特性を示す．床衝撃音評価曲線である L 曲線に対して，重量床衝撃音では 63 Hz か 125 Hz 付近が最も大きく（その周波数で性能が決定される），軽量床衝撃音では 125 Hz～250 Hz 付近が評価曲線に対して最も大きくなる．いずれの衝撃音についてもこれらの周波数から離れるに従い床衝撃音レベルが小さくなる傾向にある．ただし，床衝撃音性能が悪くなると，重量床衝撃音はあまり変化はないが，軽量床衝撃音は評価曲線に対して床衝撃音レベルが大きくなる周波数が高域にシフトしてくる．すなわち決定周波数が高くなる．

予測値と実測値が大幅に異なった場合では，予測方法が間違っていたのか施工にミスがあったのかさらには測定方法に問題がなかったかを確認する必要がある．最近多くの住宅に使用されている防音フローリング材は先に述べたように，カタログ性能値をそのまま現場で実現するのは注意深く施工してもなかなか難しく，一般にカタログで示されている等級よりも 1 ランク程度悪化することを基本に考えておいた方がよい．

測定のミスについては，重量衝撃音は騒音計の時間重み特性 F の最大値で測定しているか，バンドごとの最大値であるか，軽量床衝撃音は基本的に等価音圧レベルで測定しているか，また，1/3 オクターブバンドで測定したものは，評価するときに 1 オクターブバンドにエネルギー合成しているかを確認する．A 特性音圧レベル（A 特性床衝撃音レベル）と床衝撃音等級にはかなり高い相関があるので，最初に A 特性音圧レベルを確認しておくのも測定ミスを防ぐのに有効な手段となる．さらに測定時に大まかな結果が得られるという利点もある．実時間分析器付きの騒音計が多くなってきているが，現場録音で持ち帰り後分析するような場合には，騒音計のセットしたレンジと校正信号の関係を理解していないと間違った結果となるので，特に注意が必要である．このためにも A 特性音圧レベルで床衝撃音レベルを確認するのは重要である．

測定のミスは受音系だけでなく音源系にも注意を払う必要がある．バングマシン（衝撃力特性 (1)）では，タイヤの空気圧の確認を必ず行い，タッピングマシンについては確実に 5 本のハンマーが落下しているか，スムーズに作動しているかを毎回確認する．

こういった，JIS に規定されている測定方法を用いた測定においても聴感的な判断はきわめて重要で，測定した数値のみを判断材料とすると思わぬ判断ミスが生じる場合がある．測定時には以上のような注意点をその場で判断しながら測定していくことが必要となる．

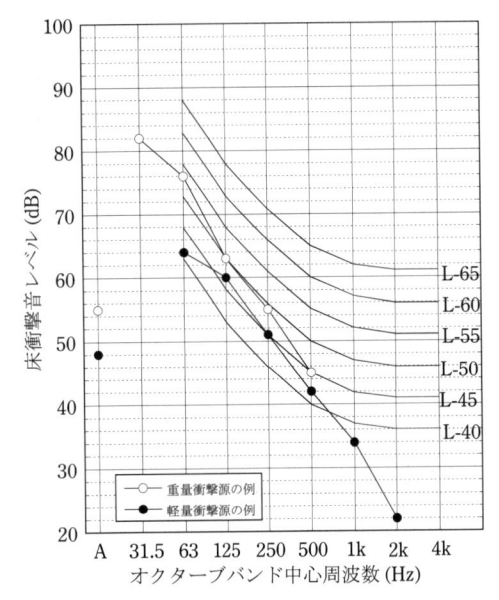

図 2.3.13 RC 建物の床衝撃音レベル

2.3.3 廊下を対象とした測定

(1) 測定の対象

建物には，事務室やリビングなど一般の居室のほかに，人が通行するためのエリアとして「廊下」がある．歩行や台車の走行などによって，廊下の床に与えられた衝撃は，固体伝搬音となって居室内で聞こえ，問題となることがある．

廊下からの床衝撃音の特徴を，床に衝撃が与えられて居室内で騒音が放射されるまでの模式図（図2.3.14）で検討する．

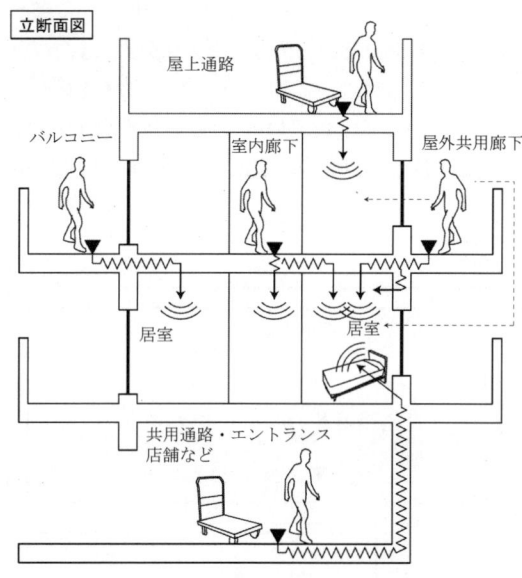

図 2.3.14 廊下からの床衝撃音の伝搬経路の概念図

衝撃源としては，人の歩行が主となるが，さらに，台車による荷物の輸送が衝撃源となることもある．

衝撃を与えるメカニズムは，歩行と台車では異なる．歩行では，足が床に打撃を与えることによる．一方，台車では，車輪の転動および車輪が床の段差に衝突することによる．

与えられる衝撃の大きさは，歩行者の身体（身長・体重）や靴の特徴，台車の車輪の材質や荷の重さ，床の仕上げ・段差の状態などにより異なる．廊下の床の仕上げは，耐久性の面から（特に屋外廊下で）床衝撃音遮断性能の低い，硬いものとなっていることが多い．

こうして発生した振動は，固体伝搬音として躯体を伝わり，居室内で放射する．伝搬方向としては，直下方向だけでなく，建物の構成上，斜め方向となることも多い．さらに，下階から上階への伝搬が問題となることもある．

また，加振時の発生音が，窓などから回り込み，対象居室で空気伝搬音として聞こえる場合もある（ただし，この空気伝搬音の測定はここでは対象としない）．

これらの特徴をふまえて，次項で廊下での床衝撃音の測定方法について検討する．

(2) 測定の計画

廊下からの床衝撃音によって問題が発生した場合には，他の騒音問題と同様に，実際の発生騒音の大きさ・頻度・音色などを現地にて把握することが，対策の第一歩である．歩行音など廊下からの床衝撃音は，その音圧レベルが小さいことも多いことから，測定により客観的なデータを得るのに加え，実際に耳で聞くことが対策の必要性などを判断する一助となる．また，固体伝搬音として聞こえているか，空気伝搬音であるかの調査も必要である．

測定にあたっては，実際の発生源による騒音を直接測定するのが理想である．しかし，騒音の発生頻度が少ないにもかかわらず測定にあてられる時間が短い場合であるとか，建物供用前の確認の場合などでは，測定者自身が歩行したり台車を走行させたりして測定することとなる．この場合，加振の方法を実際のものと近似させることが必要である．そのため，問題となる騒音の種類について，事前にヒアリングしておくことが求められる．

また，騒音が小さいことも多いことから，測定の時間帯についても注意が必要である．暗騒音の低い休日や夜間の測定が必要となる場合もある．

測定方法は，主に，図 2.3.15 左図に示すように，発生音をレコーダに記録し後日分析する方法と，分析器付騒音計で現地で分析する方法に分けられる．それぞれの特徴を表 2.3.1 にまとめた．

分析方法は，一般的に床衝撃音騒音は衝撃的であることから，時定数 FAST の最大値を求めることが多い．

実音源での騒音の測定に加えて，床衝撃音遮断性能の相互比較が可能な客観的データを得るためには，タッピングマシンやバングマシンなどの標

準衝撃源を用いての測定が必要である．この場合，一般住宅と同様に，日本工業規格や日本建築学会の指針に準拠して測定する．

ただし，廊下は細長い形状をしているのが普通なので，加振点や受音点を，十分に壁から離したり，対角線上とすることが難しいことが多い．また，加振室が狭いことから，重量床衝撃音レベルの測定には，バングマシンが使用できず，規定のタイヤを人力により落下させる方法を用いることもある．受音には，実時間周波数分析器付きの騒音計を用いることが多い．

台車の車輪や物体の引きずりなどによる床衝撃音に対する遮断性能は，加振のメカニズムが異なるため，タッピングマシンなどの標準衝撃源による加振では測定できないことに注意が必要である．

(3) 測定例

以下，実際の測定例を挙げ，その結果および対策を示す．

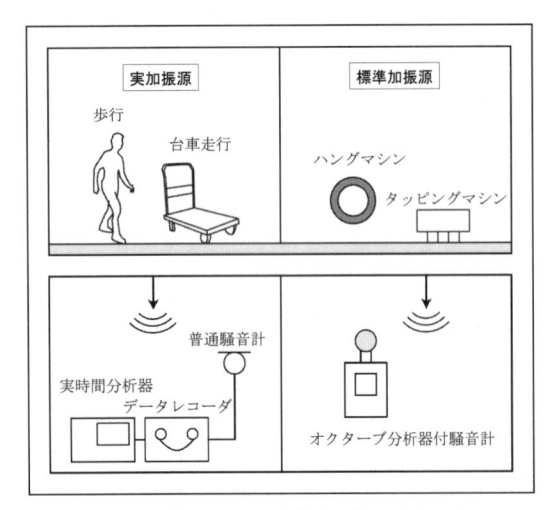

図 2.3.15 廊下からの床衝撃音の測定ダイアグラム

表 2.3.1 各測定方法の特徴

測定法	特徴
レコーダ記録	周波数範囲や時定数など，様々に条件を変え，詳細に分析を行うことが可能． 多点同時測定が可能（ただし，測定機材は多くなる）． 暗騒音と対象騒音との分離が比較的容易．
分析器付き騒音計	現場で結果を確認でき，結果取得が確実（現場での即時対策を行う場合や，対策効果の確認を行う場合にも適する）． 多点の移動測定が可能． 測定機材が比較的少量．

a. ホテル客室上階のレストラン

ホテル客室上階に厨房があり，食品保管庫とを結ぶ通路から発生する床衝撃音が下階の客室で聞こえ問題となった．厨房通路は，防水上に押えコンクリート，仕上げはタイル貼りであった．また，通路中央にはグレーチングで蓋がされた排水用の溝があった．

まず，通路の床衝撃音遮断性能を測定した．測定のダイアグラムを図 **2.3.16** に示す．客室中央に騒音計を三脚に立てて設置し，その出力をデジタルレコーダにて記録した．加振方法は，**表 2.3.2** に示す4種類である．加振点は廊下中央部の1点とした．この記録を持ち帰り，周波数分析を行った．軽量床衝撃音については，10秒の等価騒音レベルを，その他は時定数 FAST の最大値を分析した．

結果を図 **2.3.17**～図 **2.3.19** に示す．軽量床衝

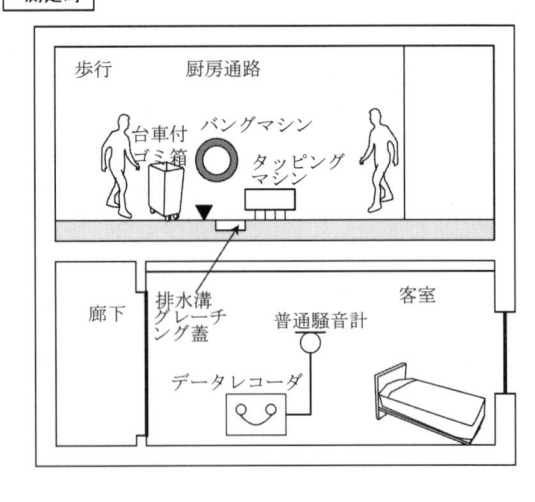

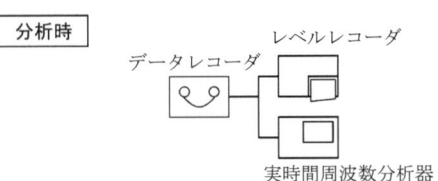

図 2.3.16 測定ダイアグラム

表 2.3.2 測定対象

名称	方法
軽量床衝撃音	タッピングマシン
重量床衝撃音	タイヤを落下させる
台車走行音	台車付きゴミ箱の走行
歩行音	実稼動時の従業員歩行

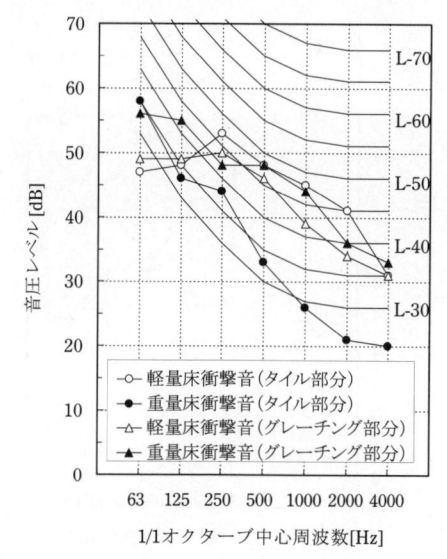

図 2.3.17 標準衝撃源による測定結果

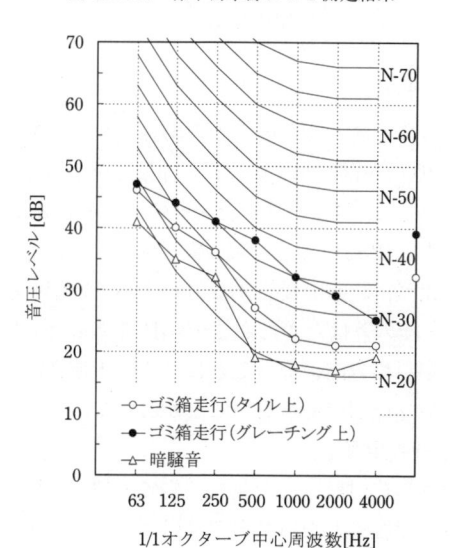

図 2.3.18 台車走行騒音の測定結果

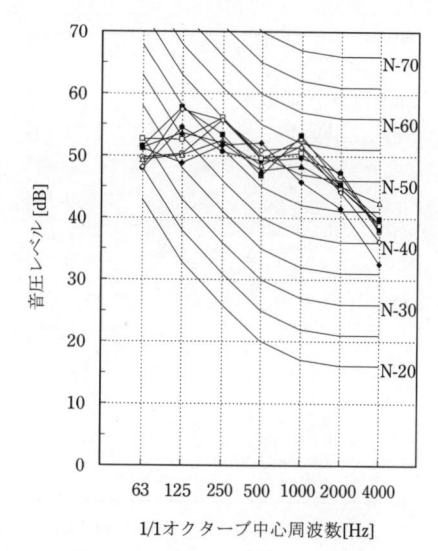

図 2.3.19 実際の歩行騒音の測定結果

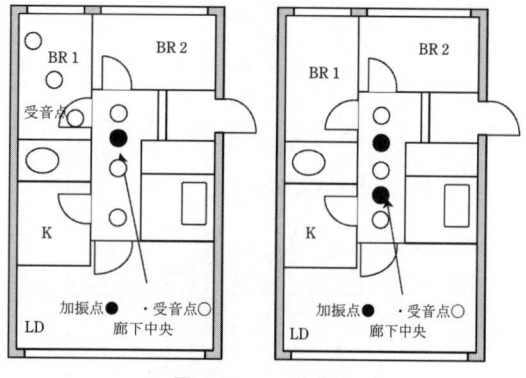

図 2.3.20 測定位置

撃音はグレーチング上の方が，タイル部分に比べ小さいが，重量床衝撃音および台車走行音では逆であった．これは，グレーチングのがたつきによる音が，軽量床衝撃音の場合に，タッピングマシンを載せることで，押さえられているものと思われる．

次に，夜間の営業時間帯について，実際に発生している従業員の歩行による騒音の大きさを測定した．測定機材は前記の場合と同じである．さらに，厨房内に，監視員を配置し，従業員の通行の状態を記録した．分析は，時定数 FAST の最大値について行った．結果として，1 時間ごとの時間帯のうち，発生騒音の最も大きいものを**図 2.3.19**に示す．N-50 から 55 の騒音が発生していた．

以上のように，台車走行および従業員の歩行による騒音が，下階客室で聞こえることが確かめられた．対策としては，ゴム等を枠との間にはさむことによるグレーチングのがたつき防止や天井を貼り増したうえ防振吊りするなど，客室側での固体伝搬音に対する遮音性能向上が考えられた．

b. 集合住宅の室内廊下

集合住宅の室内廊下での床衝撃音レベルを測定した．加振点・受音点の条件は，**図 2.3.20** の右図に示すとおり，加振点を 2 点・受音点 3 点とした．加振点は，廊下の形状による制限から対角線上とはなっていない．

床躯体はボイドスラブ（厚 320），廊下の床仕上げは乾式防振置床（LL-45 タイプ）にフローリング貼りで，周囲際根太は防振対策のされていない

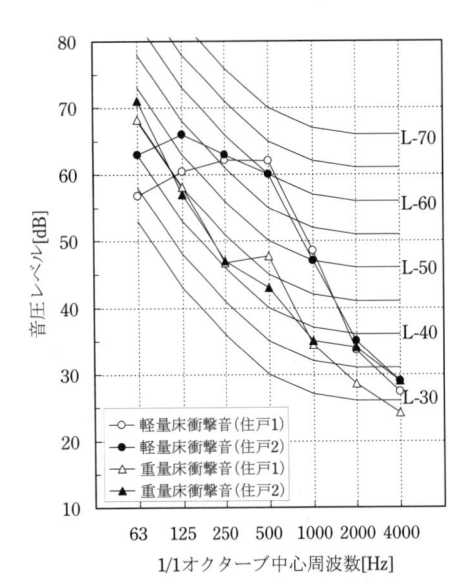

図 2.3.21 集合住宅の室内廊下における床衝撃音レベル測定結果

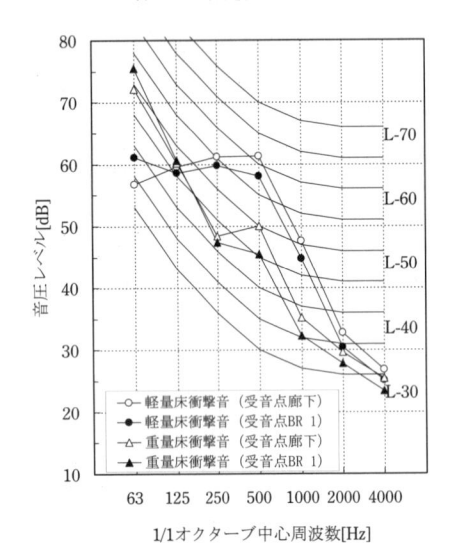

図 2.3.22 集合住宅の室内廊下における床衝撃音レベル測定結果（2）

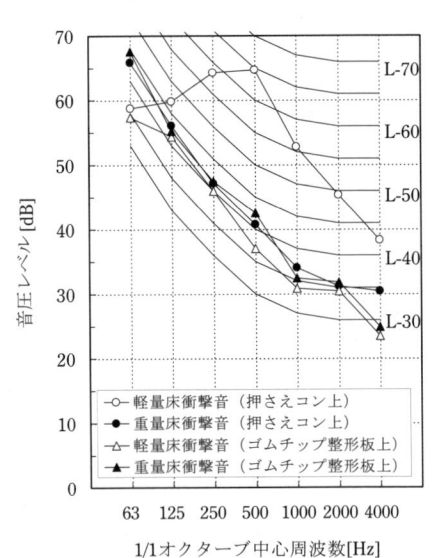

図 2.3.23 屋外共用廊下における床衝撃音レベル測定結果

在来工法である．

加振源として，タッピングマシンおよびバングマシンを使用した．受音は，実時間分析器付き普通騒音計を使用した．

測定結果を図 2.3.21 に示す．同仕様の 2 住戸に対して測定を行っている．

重量床衝撃音レベルは，LH-50 であった．一方，軽量床衝撃音レベルは LL-60 を示した．これは，廊下の形状から，床面積に対する際根太の長さが大きいため，在来際根太による悪影響が現れたためと思われる．

さらに，受音点が居室内の場合についても，図 2.3.20 の左図に示すように，加振点を 1 点・受音点 3 点とし，測定を行った．その結果を図 2.3.22 に示す．125 Hz 以上では，直下廊下で受音する場合に比べ，寝室で受音する方が，小さい値を示したが，その差はたかだか 2～3 dB であった．伝搬方向が斜め方向になることによる床衝撃音の減少は，多くは期待できないことがわかる．

c. 屋外共用廊下

傾斜地に建設された集合住宅で，住戸の屋上が屋外共用廊下となっている箇所があった．床衝撃音対策としてゴムチップを整形した床材を施工した前後で，床衝撃音レベル測定を行った．

下階住戸のリビング直上 1 点で，タッピングマシンおよびバングマシンで加振し，受音点 3 点で測定した．受音は，実時間分析器付き普通騒音計で行った．タッピングマシンの場合は，10 秒の等価音圧レベルを，バングマシンについては，時定数 FAST の最大値を求めた．

結果を図 2.3.23 に示す．重量床衝撃音レベルは，床材を施工した前後でほとんど変化がないが，軽量床衝撃音レベルを LL-65 から LL-45 に低減することができた．施工後，問題が発生したとの報告は受けていない．

2.3.4 階段を対象とした測定

集合住宅の内部共用階段においてRC階段と鉄骨階段の発生音が隣接居室に与える影響の程度を評価し，鉄骨階段を採用する場合の問題点と対応方法を検討するための測定例について説明する．

(1) 測定の対象

中高層住宅の内部共用階段は従来からRC階段が採用されているが，鉄骨階段を採用した場合に階段の歩行音が隣接する居室に伝搬し，クレームの対象となるおそれがあると考えられ，なかなか採用されないのが現状である．

では，本当にRC階段と鉄骨階段では隣接する居室に対する影響度にどれくらいの差があるのか．もし差があるとして改善の余地はないのか．

また，階段の歩行音の何が問題なのか，たとえば，階段室内で発生する音が界壁を透過して隣接居室に聞こえる空気伝搬音が問題なのか，階段をたたく歩行衝撃による振動が直接固体伝搬して隣接居室の内装仕上げ壁等から再放射されて聞こえる固体伝搬音が問題なのかなどを検証しなければならない．ここでは，測定対象の検討方法について解説する．

(2) 測定の計画

事前に対象物の何が問題で，それを明確にするためにはどのような測定が必要かを想定（検討）することは，有効な結果を得るための重要な第一歩である．

本事例の場合，階段の歩行音が隣接する居室に影響する音の伝搬経路はどのようなものがあり，どれが一番影響度が高いのかを考えて，確認する必要がある．これがわかればその一番影響度の高い部分を処理（対策）することで性能を良くすることができる．したがって以下に示すような，ある程度の予備知識が必要になってくる．

① 伝搬経路に対する知識
  ・空気伝搬音→透過音（基本部材の遮音性能）
    →空気音側路伝搬
  ・固体伝搬音→固体伝搬音
    →固体音側路伝搬

② 音場に対する知識

・音源側の吸音力（部屋が大，壁面が吸音→吸音力大→音源からの距離減衰大→壁面に入力する音圧小という関係になる）
・受音側の吸音力（部屋が大，壁面が吸音→吸音力大→対象透過面からの距離減衰大→受音室内の音圧分布の差が大きい（受音位置の選択により結果が異なる）

③ 音源として何を用いるのかの知識
  ・実際の歩行音（歩行衝撃）
  ・床衝撃音測定用の衝撃源（重量衝撃源，軽量衝撃源）
  ・スピーカ音源（空気伝搬音測定）

④ 受音側の測定器および分析に対する知識
  ・騒音レベルのみで評価可能か
  ・周波数分析をするべきか
  ・時間領域の評価をどうするか

などである．

では具体的にはどのような経路が考えられ，どのようなことに注意をした測定計画が必要になるのだろうか．

階段を対象とした測定では，一般的には伝搬経路として図 **2.3.24** および図 **2.3.25** のように，階段内で発生する歩行音が，対象の界壁を透過してくる空気伝搬音と，階段扉開口→廊下→窓または玄関等を経由する空気音側路伝搬，および，階段を歩行するときの床衝撃音が直接躯体内を固体伝搬（振動伝搬）して隣接する居室の対象壁内装材を振動させ音として再放射される固体伝搬音など

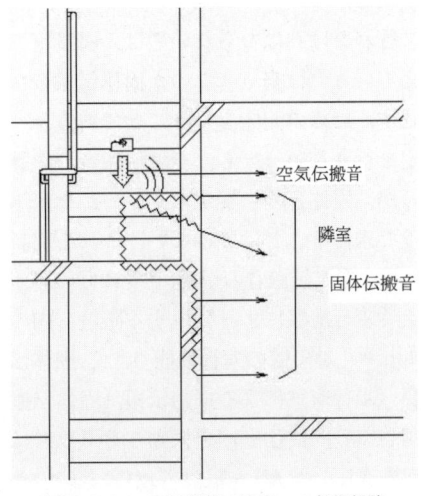

図 **2.3.24** 歩行衝撃の隣室への伝搬経路

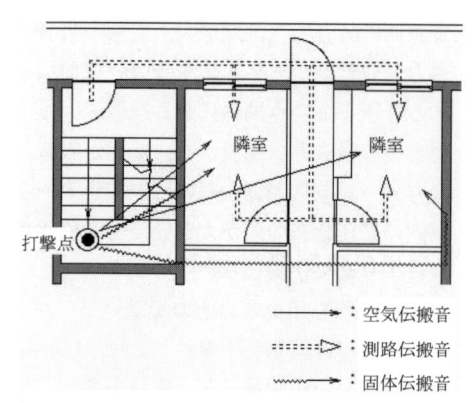

図 2.3.25 歩行衝撃の隣室への伝搬経路

が考えられる．

まず第一に，これらを確認するための測定が必要である．

最初に確認するべきものが側路伝搬音の影響度合いである．これには，

① スピーカから雑音を発生させ，伝搬が予想される各部位（受音点）で音圧レベルを確認する方法（データとして残す必要がなく確認だけでよい場合は，耳で聞いて確認してもよい）
② 実際の歩行音を伝搬が予想される各部位で確認する方法（再現性に安定感がない）
③ 床衝撃音測定用の重量・軽量衝撃源を用い階段室内で発生する音圧と伝搬が予想される各部位（受音点）で音圧レベルを確認する方法（衝撃源として安定（再現性）がある）がある（データとして残す必要がなく確認だけでよい場合は，耳で聞いて確認してもよい）．

などがある．

次に行わなければならないのは，隣接室に影響を与えているのは空気音なのか固体伝搬音なのかを確認するための測定を行うことである．

測定を行うといっても，空気伝搬音の影響が大きいのか，固体音の影響が大きいのかを簡単に測定だけで求めることはできない．これを判断するためには，空気伝搬音の影響（「受音側の音圧レベル」＝「歩行衝撃により発生する階段室内の音圧レベル」−「対象壁の遮音性能」）と，固体伝搬音の影響（歩行衝撃による振動伝搬（固体伝搬）→受音側居室の内装仕上げを振動させ再放射による受音室内音圧レベル）のどちらが大きいのかを判断することになる．そのためには対象壁の遮音性能と階段室内で発生する音圧レベルを事前の測定により把握しておく必要がある．

対象壁の遮音性能は，JIS A 1417 に準拠した測定「特定場所間の音圧レベル差の測定」により求めることができる．

階段室内で発生する音圧レベルは，通常歩行を再現したレベルと，安定性と再現性を考慮して用いる床衝撃音測定用の重量・軽量床衝撃音発生装置などの使用が考えられる．

（3）測定の実施

集合住宅の内部共用階段に鉄骨階段を採用するために行った「RC 階段」と「鉄骨階段」での事前測定の例を以下に示す．

事前測定ということから，いずれの場合も対象建物の用途は集合住宅ではなく，受音室側の部屋の大きさも仕上も異なるもので，受音点側の測定点（発生音圧の評価点）は，対象壁から 1m 点の横 2 点とし，部屋の大きさなどの影響が少なくなるよう考慮した．また，対象階段の仕様（固定の程度や各部の納まり）などを確認するために事前に図面等を入手し測定対象として適当かを検討した．測定に関して以下の点に留意した．

・事前に各部の納まり等，仕様がわかる図面類を入手し測定時に確認，記録する．
・まず各部の音を聞く（伝搬経路を確認する）
・測定は，現場録音し持ち帰って解析する場合でも，現場において騒音レベル等，必ず数値を確認する
・現場で概略の検討をする→必要なら測定方法の変更を考える
・測定点の記号の振り方は，まとめや整理のことを考えて統一性のある振り方をする．

具体的には次のとおりである．

① 加振点および受音点の位置

加振点は中間踊場（1），段床中央（2）の 2 点，受音点は階段に隣接する居室内の対象壁から 1m 点 2，とした（図 2.3.26）．

② 加振方法および測定方法

床衝撃音レベルの測定は，JIS A 1418-1, 2 に定める「建築物の床衝撃音遮断性能の測定方法」に

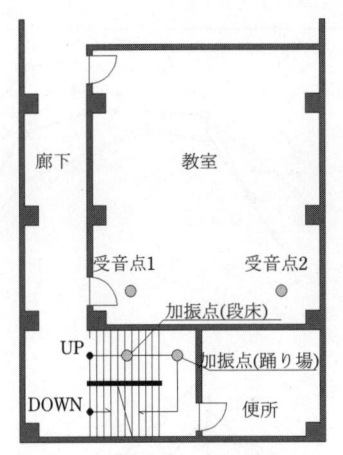

図 2.3.26 RC 階段の場合の加振点および受音点

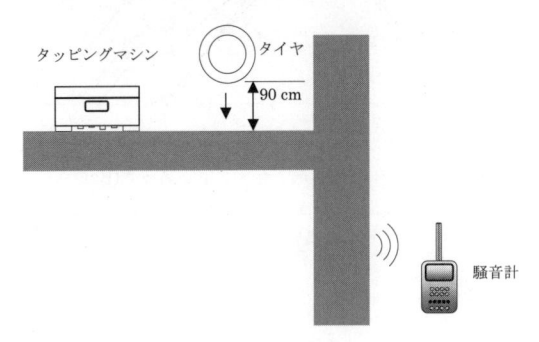

図 2.3.27 床衝撃音測定ブロック図

準じて実施した．受音点のマイクロホンの床からの高さは 1.5 m とした．

重量衝撃源にはタイヤを高さ 90 cm から落下させた衝撃とし，軽量衝撃源にはタッピングマシンを使用した．また，参考までに，ゴルフボールによる衝撃音（高さ 1 m より自由落下）と実歩行による測定も行った．

受音装置は実時間周波数レベル表示が可能な JIS C 1502 に規定される普通騒音計を用い，重量衝撃では 1 受音点につき 3 回のピークホールド値，軽量衝撃では 10 秒間の L_{eq} 値を求めた．測定は計測器を持ち回って行い，63～4 000 Hz のオクターブごとの床衝撃音レベルを記録した．

また，測定時には測定対象ノイズ以外の音（暗騒音）をチェックし，測定精度を上げるよう留意した．測定計器ブロックを**図 2.3.27** に示す．

評価は，1 加振点につき受音点ごとに平均音圧レベル（重量衝撃音では 3 加振のピーク音圧レベルのエネルギー平均，軽量衝撃では測定時間内の

等価平均）を求め，受音室の床衝撃音レベルを算出し，JIS A 1419-2「建築物及び建築部材の遮音性能の評価方法」および日本建築学会「建築物の遮音性能基準」により L 数および L 値について行った．

（4） 事前測定結果と考察

測定結果からそれぞれの衝撃源による空気伝搬音予測値と固体伝搬音の実測値を**図 2.3.28～図 2.3.31** に示した．空気伝搬音の予測値と固体伝搬音実測値の RC 階段と鉄骨階段の発生音を比較しまとめたものを**表 2.3.3** に示した．

表 2.3.3 RC 階段と鉄骨階段の発生音（dBA）

衝撃音	階段の種類	音源側発生音	受音側 空気伝搬音(予測)	受音側 固体伝搬音(実測)
タイヤ	RC 階段	80	28	41
	鉄骨階段	79	31	38
タッピング	RC 階段	84	31	65
	鉄骨階段	88	36	49
ゴルフボール	RC 階段	75	19	52
	鉄骨階段	77	26	40
実歩行者	RC 階段	67	14	37
	鉄骨階段	65	20	32

a. 階段室内の発生音

階段室内で発生する音は階段室内の内装条件（吸音の大きさ）や空間の大きさにも影響されるが，各測定結果を比較すると，おおよそ次のようなことがいえる．

① 重量床衝撃源による発生音は，測定場所によるばらつきが比較的少なく，RC 階段と鉄骨階段において明確な差は認められない．

② 軽量床衝撃源による発生音は，測定場所によりかなりばらついているが，RC 階段と鉄骨階段において明確な差は認められない．

③ ゴルフボールを 1 m の高さから落下させた結果は，測定場所によるばらつきが多いが，低周波帯域において，RC 階段による発生音が鉄骨階段による発生音より若干低い．

④ 実歩行による発生音は，測定場所によるばらつきが多少あるが，低周波帯域において，RC 階段による発生音が鉄骨階段による発生音より若

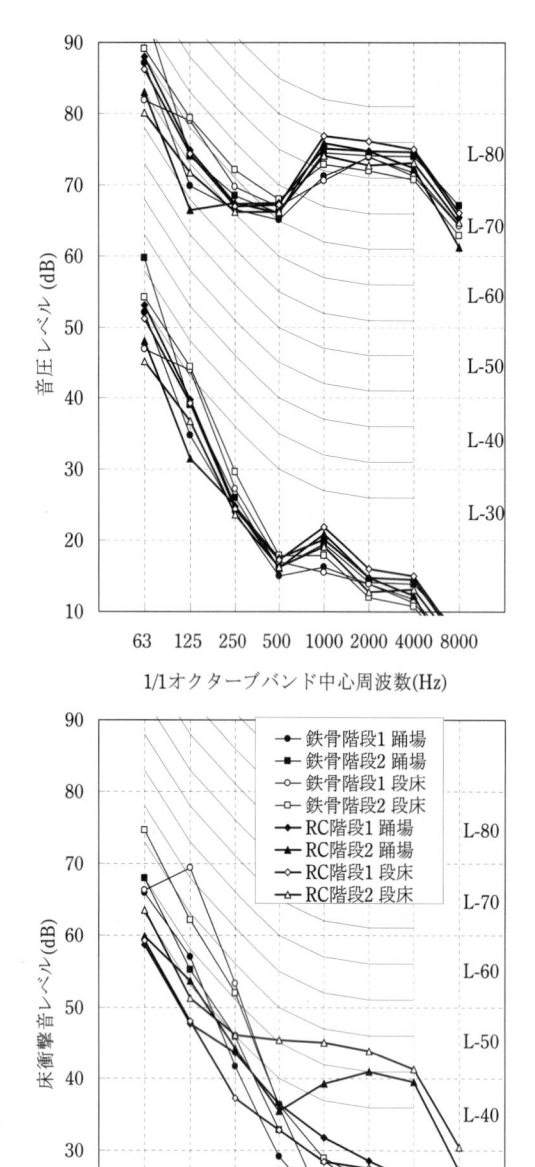

図 2.3.28 重量床衝撃源を用いた場合の空気伝搬音と固体伝搬音

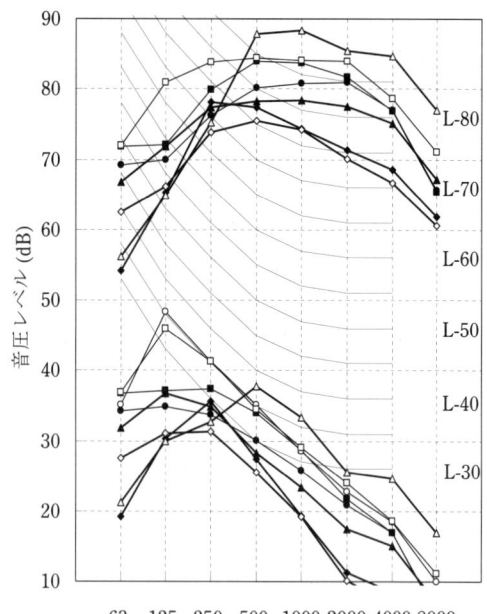

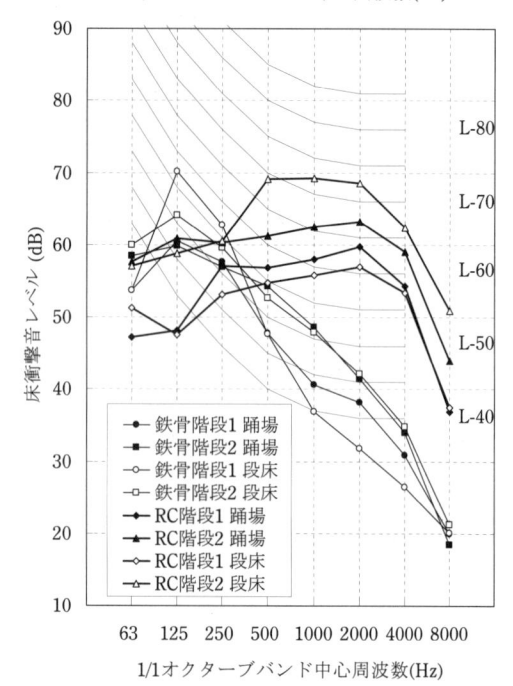

図 2.3.29 軽量床衝撃源を用いた場合の空気伝搬音と固体伝搬音

干低い．

b. 隣室で発生する空気伝搬音の予測値

階段室内で発生した騒音（空気伝搬音）がRC壁を透過して隣室に伝搬した場合の隣室の音圧レベルの予測を行った．RC壁の遮音性能はD-50と仮定した．この結果は，後述する **c.**「隣室に発生する固体伝搬音の実測値」より低く，RC壁のようにD-50程度の遮音性能をもつ界壁がある場合は，階段室内で発生する衝撃音は十分遮音できるものと考えられる．

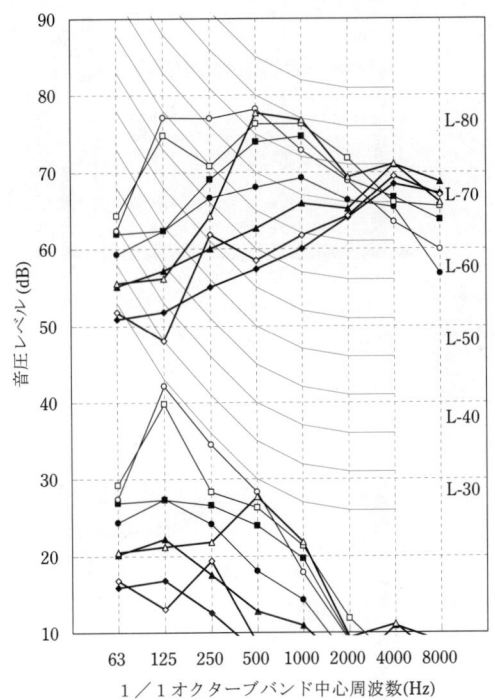

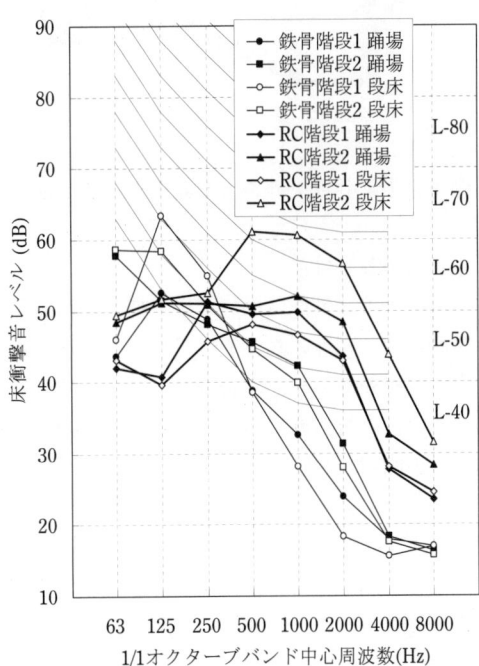

図 2.3.30 ゴルフボール衝撃源を用いた場合の空気伝搬音と固体伝搬音

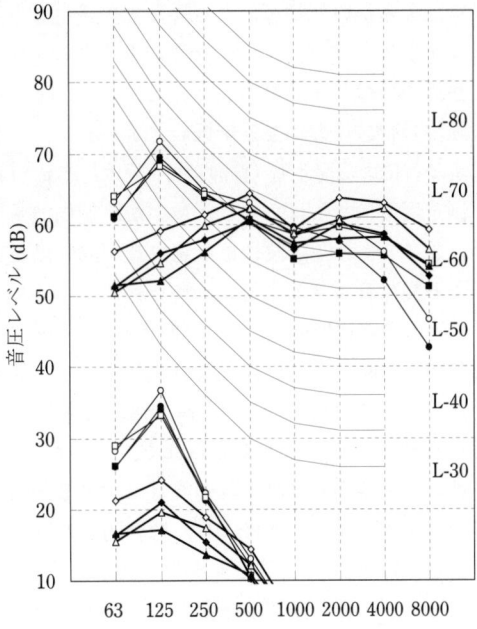

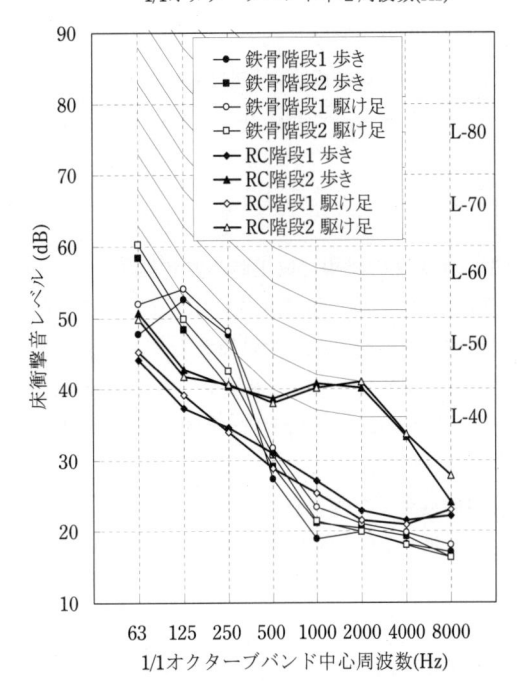

図 2.3.31 実歩行衝撃源を用いた場合の空気伝搬音と固体伝搬音

c. 隣室に発生する固体伝搬音の実測値

RC階段および鉄骨階段において各衝撃時に,隣室に発生する固体伝搬音を衝撃源別に比較すると,次のようなことがいえる.

① 軽量で堅い衝撃源による隣室での発生音（〔軽量床衝撃音:タッピングマシン〕と〔ゴルフボール1m落下〕）は,いずれの測定結果も鉄骨階段による発生音がRC階段による発生音より低く,特に聴感上の感度がよい500Hz〜4000Hzでは大きな差が生じており,軽量で堅い衝撃源では鉄骨階段が有利であることがわかる.

2.3 床衝撃音遮断性能の測定と評価

②重く柔らかい衝撃源による隣室での発生音（重量床衝撃音:タイヤ）は，RC階段による発生音が鉄骨階段による発生音より250 Hz以下の低周波数帯域において若干低い．
③実歩行による発生音（普通歩行・駆け足歩行）は，測定場所によるばらつきが多いが，低周波帯域において，RC階段による発生音が鉄骨階段による発生音より若干低い．

以上の測定結果を総合的に判断すると，ハイヒール等の歩行時にはRC階段より鉄骨階段が，比較的重い男性の歩行時等には，鉄骨階段よりRC階段が有利という結果と考えられる．したがって，男性の歩行時等の鉄骨階段の隣室に対する床衝撃音性能を改善することにより，総合的に遮音性能の良い階段方式が実現できると考えられるので，図**2.3.32**のように階段を支える柱を躯体から独立させた鉄骨とすることが考えられる．本方式は階段の歩行音を隣室に伝わらなくするのに有利なだけでなく，靱性の高い鉄骨階段をRC躯体と独立して設置することにより災害時にも階段部分の損傷が少なくなると予想されるため避難安全上有利となるものと考えられる．

(5) 対策後の結果（竣工時の測定結果）

前述の結果から図**2.3.32**のように構造躯体と振動的に縁を切った鉄骨階段とした．なお，この建物の別棟がRC階段であったため，竣工時にRC階段と鉄骨階段の比較測定が可能であったのでその結果を示す．

①加振点および受音点の位置

ほぼ同一条件における鉄骨階段とRC階段の床衝撃音性能の比較と，階段室に接している居室に与える影響を確認するため，測定対象はA-2号棟の鉄骨階段2か所と，A-3号棟のRC階段の合計3か所とした（図**2.3.33**）．加振点は中間踊場(1)，段床中央(2)の2点，受音点は階段に隣設する居室内の5点とした．そのほかの測定条件は事前測定と同様とした．

②測定結果

重量衝撃源を用いた測定結果と軽量衝撃源を用いた測定結果を図**2.3.34**に示す．また，事前検討時の予測と測定結果を比較して表**2.3.4**に示す．

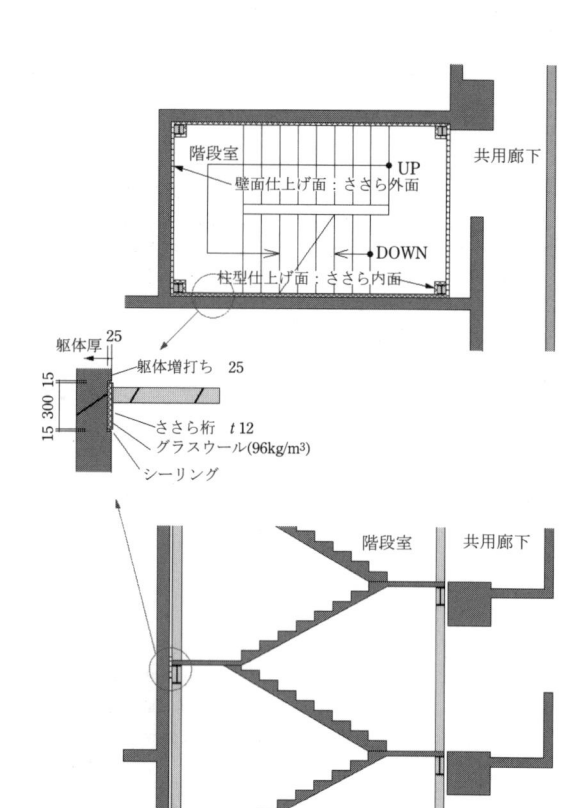

図**2.3.32** 鉄骨階段の床衝撃音対策

測定結果より以下のことを読み取ることができる．

・重量床衝撃音性能

重量床衝撃音性能については，低音域においては階段自体の剛性の高いRC階段の方が衝撃を低減する効果が高いが，高音域においては建物躯体と振動的に絶縁されている鉄骨階段の方が効果が高い．中間踊場と段床中央部のL数の平均値で評価すると，RC階段のLH-38に対して，鉄骨階段ではLH-38〜39であり，RC階段鉄骨階段ともほぼ同様の性能といえるが，中間踊場における鉄骨階段の重量床衝撃音性能が若干悪い傾向にあることがわかった．

しかし，発生騒音レベル（人間の聴感に応じて補正されたA特性の音圧レベル）は逆に，RC階段が34〜36 dB (A)であるのに対して，鉄骨階段が30〜34 dB (A)となり鉄骨階段の方が良い結果となった．したがって，重量床衝撃音性能については，高音域における低減効果が高い鉄骨階段の方が聴感上，有利であると考えられる．

測定No.A-1, 2の測定位置
—鉄骨階段—

測定No.B-1, 2の測定位置
—RC階段—

測定No.C-1, 2の測定位置
—鉄骨階段—

図 2.3.33 測定位置図（測定点）

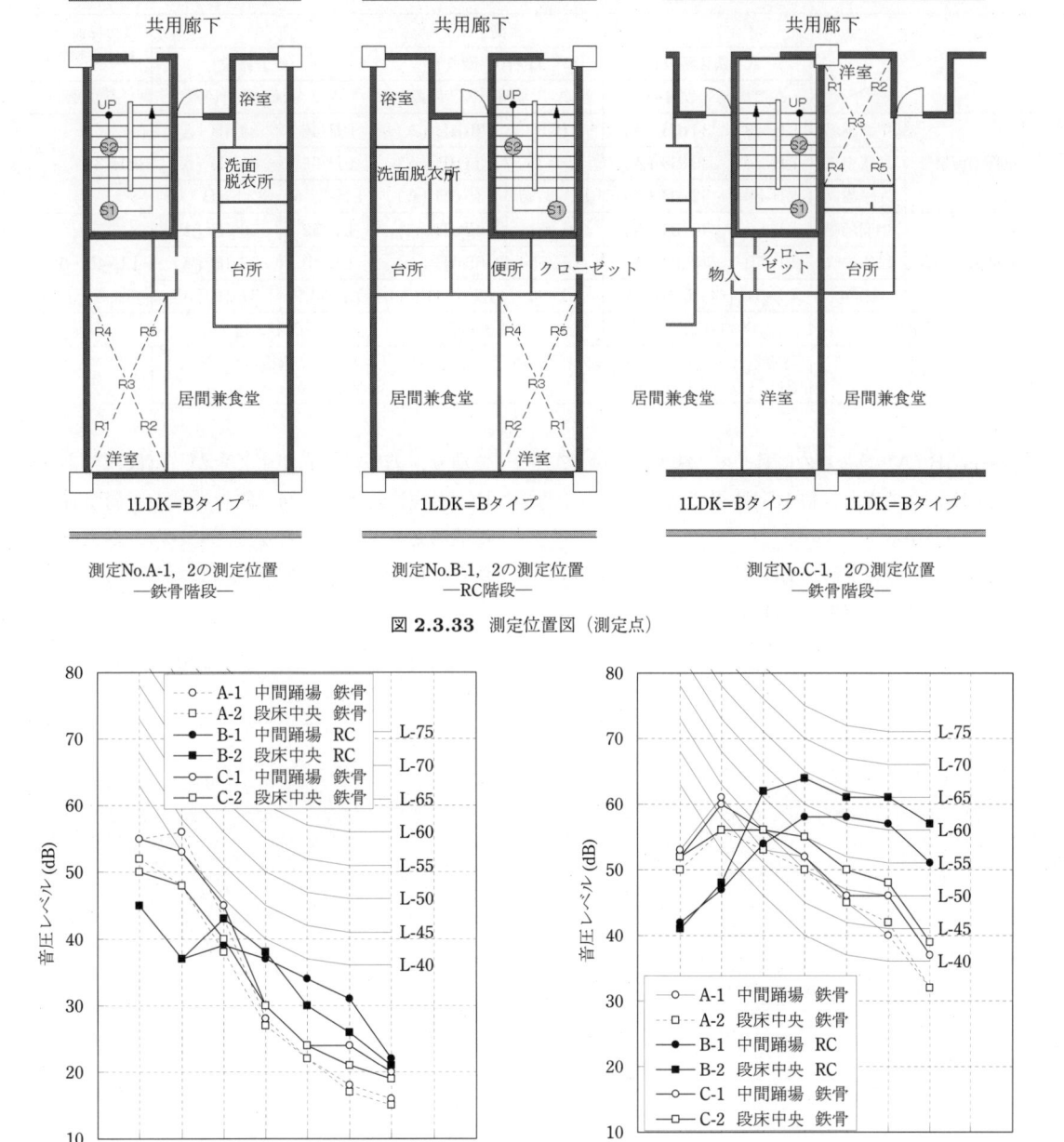

図 2.3.34 重量・軽量床衝撃音性能の竣工測定結果

・軽量床衝撃音性能

軽量床衝撃音性能についても，低音域においては階段自体の剛性の高いRC階段の方が衝撃を低減する効果が高く，高音域においては建物躯体と振動的に絶縁されている鉄骨階段の方が効果が高いという低減効果の現れ方は重量床衝撃音性能の場合と同様の傾向であると考えられる．中間踊場と段床中央部のL数の平均値で評価すると，L数でRC階段がLL-63であるのに対し，鉄骨階段ではLL-51〜54と約10dB程度性能が良いということがわかる．人間の聴感に応じて補正されたA特性の音圧レベルの結果を比べても，RC階段が

表 2.3.4 竣工測定結果と事前検討時の予測値

		実測データ						事前検討における想定値
		A (鉄骨階段)		B (RC 階段)		C (鉄骨階段)		
		A-2 号棟・鉄骨階段		A-3 号棟・RC 階段		A-2 号棟・鉄骨階段		鉄骨階段
重量床衝撃音	中間踊場	LH-43	34 dB (A)	LH-37	36 dB (A)	LH-40	34 dB (A)	LH-35
	段床中央	LH-35	30 dB (A)	LH-38	34 dB (A)	LH-35	31 dB (A)	
	平均	LH-39	32 dB (A)	LH-37.5	35 dB (A)	LH-37.5	32.5 dB (A)	
軽量床衝撃音	中間踊場	LL-52	48 dB (A)	LL-61	60 dB (A)	LL-52	50 dB (A)	LL-45〜50
	段床中央	LL-50	47 dB (A)	LL-65	65 dB (A)	LL-55	52 dB (A)	
	平均	LL-51	47.5 dB (A)	LL-63	62.5 dB (A)	LL-53.5	51 dB (A)	
測定箇所		bX11-12 通り		cX2-3 通り		bX1-2 通り		—
備考		階段室と居室の条件がほぼ同様なので，鉄骨階段とRC 階段の比較が可能				階段室に直接接している居室		

60〜65 dB (A) であるのに対して，鉄骨階段は 47〜52 dB (A) であり，約 13 dB 程度発生音が小さいことがわかる．

事前検討時の想定値が LH-35, LL-45〜50 に対して，今回の測定結果が LH-35〜43, LL-50〜55 であり，若干の差異が生じたが，ほぼ同じ条件の RC 階段に比べて今回の鉄骨階段の床衝撃音性能は改善されていることが確認できた．以上の結果から，概ね所期の目標を満足したと考える．

2.4 給排水音の測定と評価

2.4.1 室内騒音の測定

(1) 測定の対象

従来から，給排水騒音は特に，ホテル，集合住宅における居室内の静ひつ性能に影響を与え，問題視されている．これに関する研究成果がすでに多く発表されており，設計資料も比較的多く公表されているため，以前ほど給水管路系騒音による問題は少なくなってきたといえる．しかし，窓サッシの遮音性能向上により居室内の暗騒音が低くなったため，従来聞こえなかった騒音が聞こえるようになってクレームが生じたり，新たな騒音源の出現による新しい騒音問題が散見されている．

給排水騒音には，次のようなものがある．

① 給水ポンプ本体からの発生音が直接窓などから室内に透過してくる音（空気伝搬音）と，給水ポンプに発生した音・振動が直接，あるいは管路を伝搬して建物躯体に入り込み，居室内装材から放射される騒音（固体伝搬音）（図 **2.4.1** 参照）．

② 給水栓（給水栓，洗浄タンク用ボールタップ，止水栓，洗浄弁など）の使用時の水の流れによって，給水栓内部に発生した音・振動により給水栓（接続されている管，洗浄タンクなどを含む）などの表面から室内に直接放射される音（空気伝搬音）と，給水栓で発生した音・振動が給水管路に伝搬し，管路系から建物躯体を経て壁・床などの室内表面から室内に放射される音（固体伝搬音）（図 **2.4.2** 参照）．

③ 給水栓などからの吐水時の水の流れによって，浴槽・洗面器などが直接に，あるいは貯められている水面などが衝撃されて発生した音が，そのまま室内に直接放射されて騒音となるもの（空気伝搬音）と，発生した音（振動）が建物躯体に伝搬し，壁・床面などの内装表面から室内に放射される音（固体伝搬音）．

④ 便器洗浄時に排水時の水の流れによって便器で発生した音が，便器，排水管表面などから直接室内に放射される音（空気伝搬音）と，建物躯体を経て壁・床面などの室内表面から室内に放射される音（固体伝搬音）（図 **2.4.3** 参照）．

⑤ 便器への放尿に伴う発生音が室内に放射される音（空気伝搬音）と，便器への放尿に伴う振動が便器・管から建物躯体に入り込み壁・床などの室内表面から室内に放射される音（固体伝搬音）（図 **2.4.3** 参照）．

ここでは，これらの給排水騒音が影響する居室の室内騒音を測定対象とし，以下に測定の考え方を記述する．

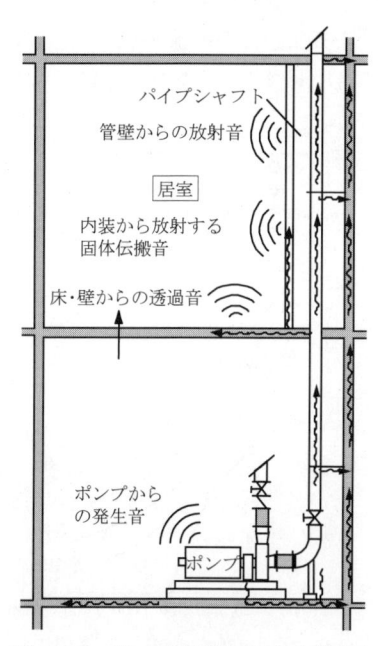

図 **2.4.1** ポンプ管路系騒音の発生模式図

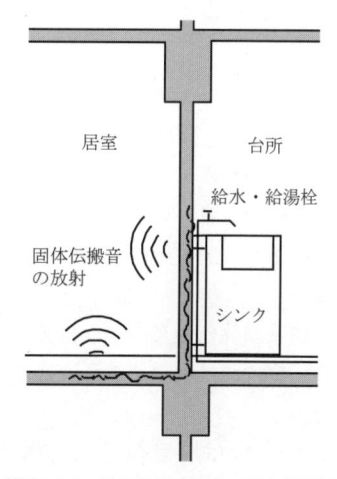

図 **2.4.2** 給水管路系騒音の発生模式図

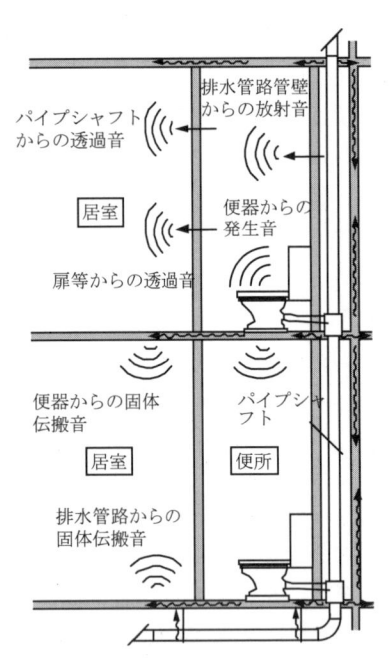

図 2.4.3 排水管路系騒音の発生模式図

（2）測定の計画

居室に伝搬した設備騒音の測定方法の規格は，現状では日本内外ともにない．国際的には，ISO/DIS 16032：2000 – Acoustics – Measurement sound pressure level from service equipment in buildings – Engineering method が審議中であり，規格化される予定である．また，日本では給排水騒音を対象として，「建築物の現場における給排水設備音の測定方法」が日本工業規格として規格化される予定である．

そこでここでは，給排水騒音を対象に，居室に伝搬した場合の室内騒音の測定の一般的な考え方を記述することとした．

a. 室内騒音の測定における特殊性

給排水騒音が居室に影響した場合の室内騒音は，次に示す特殊性がある．

① 各部位からの透過音，放射音の大きさ，方向はまちまちであり，居室内の音場は不均一である場合が多い．
② ポンプ管路系固体伝搬音のように純音性の高い音の場合，室内でモードが立ち，音場が顕著に不均一である．
③ 寝るという行為がある場合，立位，座位では聞こえなくても，骨伝導で感知される固体伝搬音が影響を及ぼす場合がある．

b. 給排水騒音の一般的な測定方法

給排水騒音の居室への影響を測定する場合，一般的には室内の分布した何点かで音圧を測定し，平均化することにより，平均的な音の大きさで評価することが多い．しかし，給排水騒音の種類，居室の用途，居室の使い勝手などによっては，単に室内の平均音圧を測定しただけではその騒音を評価することはできない場合がある．また，発生している音の低減対策を目的とした場合には，音源，あるいは伝搬・放射部位を特定するため等のそれぞれ特有の測定を実施する必要がある．以下に，居室における給排水騒音測定の現状で行われている一般的な方法を示す．

b-1. 固体伝搬音の影響の確認測定

設備機械室等の隣接居室では，空気伝搬音，固体伝搬音が共に影響している場合が多いが，低減対策ではまずどちらの影響が大きいかを判断する必要がある．図 2.4.4 に，エレベータシャフトに隣接した居室におけるエレベータ走行音測定事例を示す．これが空気伝搬音，固体伝搬音のいずれかの影響が大きいかを把握するひとつの例としては，エレベータシャフトと居室との特定場所間音圧レベル差を測定し，エレベータ走行時のシャフト内音圧レベル測定結果からそれを差し引くことにより，空気伝搬音の影響を抽出し，居室における実際の音圧レベル測定結果と比較する方法が抽

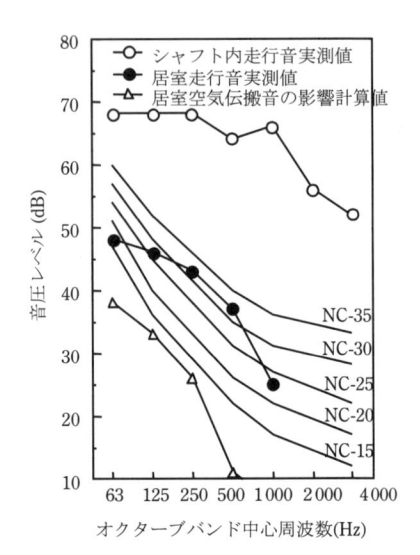

図 2.4.4 エレベータ走行音測定事例

出される．図中には，空気伝搬音の影響計算結果を合わせて示すが，この事例では居室における走行音（●印）が空気伝搬音の影響計算結果（△印）よりも 10 dB 以上大きく，固体伝搬音の影響で決定されていることが想定できている．建物内における設備騒音問題は，固体伝搬音であることが多いが，固体伝搬音の影響を抽出する方法として，ここに示した手法がよく用いられている．

b-2. 壁等からの透過音の測定

設備騒音が壁等から透過してくる音（空気伝搬音）だけが問題で低減対策を行う場合には，当然のことながら隔壁・隔床自体の遮音性能を検討対象とするが，他の部位との取合い部における隙間，およびダクト・管路貫通部の隙間からの影響を抽出するための測定が実施される場合もある．以下に，遮音欠損の部位を特定するための測定方法の実際を示す．

b-2-1. 音響インテンシティ測定による方法

透過面各部位の音響インテンシティを測定し，放射パワーを算出することにより，影響の大きい部位を特定することが最も確実な方法であると考えられる．しかし，設備騒音は，オクターブバンド中心周波数で 63～250 Hz の帯域が問題となることが多いが，実際の居室等空間ではこれら低音域の音響インテンシティを正確に測定することは難しいのが現状である．

b-2-2. 音圧測定による方法

騒音計等を用いて透過面各部位の近傍場の音圧を測定し，その大きさで透過度合いの大きい部位を特定する方法がある．この場合，近傍場音圧とはいえ他の部位からの伝搬音の影響もある程度含まれるので，正確な放射音の影響を測定しているとはいえない．しかし，透過音対策では各部位からの絶対的な音の大きさを正確に測定することではなく，影響の大きい部位を特定することが目的であり，この主旨からは音圧測定で十分な場合が多い．音響インテンシティの測定装置は現状では広くは普及していないことから，現実的にはここに示した音圧測定による方法が一般的に実施されているようである．

b-3. 固体伝搬音の測定

設備機器の振動に起因した固体伝搬音の場合，居室内装の各部位から音が放射するので，内装における低減対策を行う場合には，各部位からの放射度合いを測定する必要がある．

b-3-1. 音響インテンシティ測定による方法

居室内装各部位からの放射度合いを把握する場合には，壁等の遮音欠損を特定する測定と同様に，音響インテンシティを測定することが最も確実な方法であると考えられる．なお，測定周波数範囲等の問題は遮音欠損測定と同様である．

b-3-2. 音圧測定による方法

壁等の遮音欠損を特定する測定と同様に，放射面各部位の近傍場の音圧を測定して各部位からの放射度合いを把握することが行われている．

b-3-3. 振動測定による方法

内装各部位からの固体伝搬音の放射度合いを判断するのに，内装各部位の発生振動を測定する方法も一般的に用いられている．内装は音響放射効率が材料，工法によって異なるので，振動の大きさの比較だけで固体伝搬音の放射度合いを判断することはできないが，放射効率を含めた経験的な判断により放射度合いの大きい部位を特定することも行われているようである．ただし，内装の振動は測定する場所によって大きく異なるので，極力多くの点数で測定する必要がある．せっこうボンド直貼り工法のボード壁の場合，せっこうボンド上とボンド間では 10 dB 以上の差が生じる場合もあり，LGS 下地ボード壁の場合もスタッド上とスタッド間では差が生じる．

b-4. 周波数特性の測定

設備騒音は，一般的に騒音レベル，NC 値，N 値等で評価される．NC 値，N 値等が用いられる場合，それらはオクターブバンドで与えられていることから，周波数分析はオクターブバンドで行われることが多い．しかし，周波数特性を詳細に把握し，卓越周波数等を特定する場合には，1/3 オクターブバンド分析やスペクトル分析が行われる．

ポンプ管路系の固体伝搬音等特に純音性の高い音は，暗騒音と同程度のレベルでもクレームになることが往々にしてある．この場合，オクターブバンド，あるいは 1/3 オクターブバンドで周波数特性を測定したのでは，対象音を明確に把握することができない状況が多い．このような場合には，

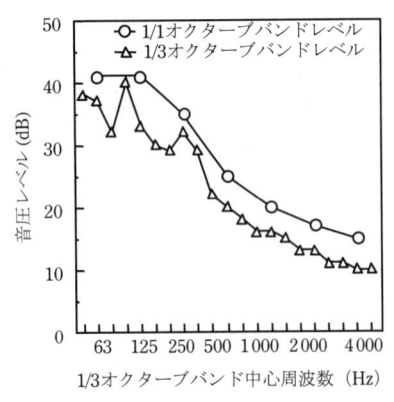

図 2.4.5 ポンプ管路系騒音測定事例（バンドレベル表示）

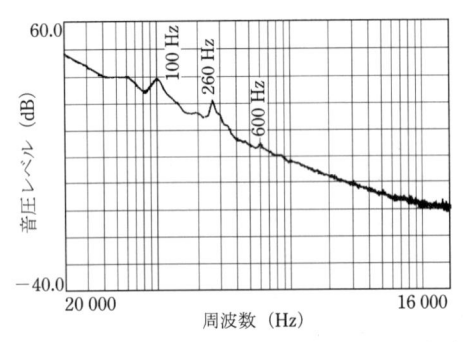

図 2.4.6 ポンプ管路系騒音測定事例（スペクトル表示）

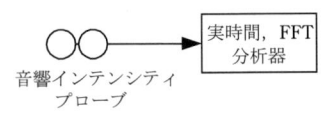

図 2.4.7 音響インテンシティ測定・分析系ブロック図

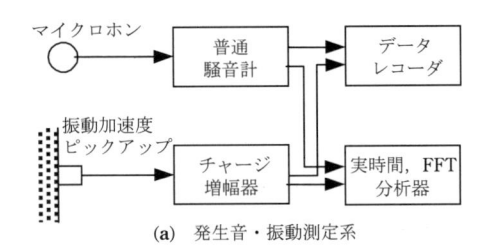

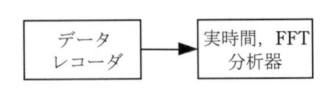

(a) 発生音・振動測定系

(b) 発生音・振動分析系

図 2.4.8 発生音・振動測定・分析系ブロック図

スペクトルで周波数特性を測定することが有効である．図 2.4.5，図 2.4.6 には，居室に放射されたポンプ管路系の固体伝搬音を 1/1 オクターブバンド，1/3 オクターブバンド，スペクトルで測定した事例を示す．スペクトルでは，ポンプの回転数に羽根枚数を乗じた 100 Hz で顕著に卓越した特性がよく表されている．例えば，この周波数を対象になんらかの対策を施した場合，バンドレベルではその帯域内の対象周波数以外のレベルの影響を受け低減効果が把握できない場合もあるのに対して，スペクトルでは対象周波数だけの低減効果を顕著に検出することができる．すなわち，聴感上は低減できたにもかかわらず，バンドレベルでは低減効果が現れない場合もあり，このような状況にスペクトル分析が有効になる．

b-5. 測定機器構成のブロック図

音響インテンシティの測定系ブロック図の例を図 2.4.7 に，発生音・振動の測定ブロック図の例を図 2.4.8 に示す．

c. 測定場所

ポンプ管路系の固体伝搬音等特に純音性の高い音の場合，室内でモードが立つため，測定する場所によって音のレベルは大きく異なる．特に，室の隅はレベルが大きい場合が多い．したがって，室内の平均的な音の大きさを評価する場合には室に分布した極力多くの測定点で測定する必要がある．また，寝室の場合にベッドの枕位置で測定する等，特定場所の測定・評価を行うことも必要になる場合もある．

d. 分析方法

設備騒音の分析は，定常騒音と変動，あるいは衝撃騒音で方法が異なってくる．

d-1. 定常騒音

給排水騒音が定常的である場合，等価騒音レベル，および等価音圧レベルを測定することが多い．等価騒音レベルは，測定時間内でこれと等しい平均二乗音圧を与える連続定常音の騒音レベルと定義している．図 2.4.9 には，設備機械室内の音圧レベルを実時間分析器によって時間重み特性 F で瞬時ホールド，および分析時間 10 秒，30 秒，60 秒，240 秒で分析した結果を比較して示す．対象騒音の変動状態によってはこの事例と同じ結果とはならないが，ある程度の分析時間を採用すれば，値は変わらなくなることが示されている．

d-2. 変動，間欠，衝撃騒音

給水栓の開閉，便器からの排水，ポンプの発停に伴う騒音は変動的，過渡的であり，これらをどのように分析し，評価するかは論議のいるところ

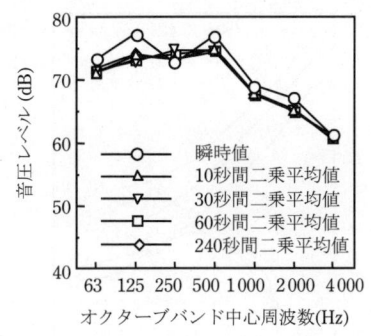

図 2.4.9 騒音測定結果に与える分析時間の影響

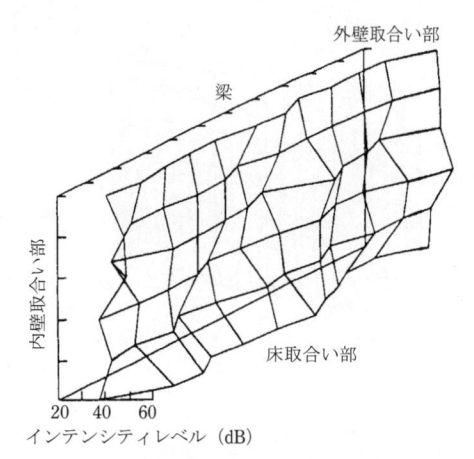

図 2.4.10 空調機械室の隣接居室における隔壁からの透過音の音響インテンシティ測定事例

である．最終的には人間の感覚量に対応した量として分析すべきと考えるが，ここでは現状で採用されている方法を紹介する．

d-2-1. 騒音レベル，音圧レベルの最大値

変動の大きい，または衝撃性の騒音では，時間とともにその大きさが変動するわけであるが，その時間的変化における騒音レベル，音圧レベルの最大値を測定する．暗騒音は一般的に等価騒音レベルで測定するが，暗騒音に近い対象騒音を最大値で測定した場合，暗騒音との差が見かけ上大きく測定され，対象騒音が検出できたと誤認される場合があるので注意が必要である．

d-2-2. 実効値の最大部分の平均二乗音圧レベル

変動的な騒音のピーク部分が評価に寄与されるとして，実効値のピーク部分の平均二乗音圧を測定する．ただし，鉄道軌道騒音のようにピーク部分が比較的一定している場合はよいが，レベル変動が山形を示す場合には測定区間によって値が異なるので区間を規定する必要がある．

d-2-3. 単発騒音暴露レベル

単発的に発生する騒音に対して単発騒音暴露レベルを測定する．これは，1回の発生ごとのA特性で重みつけられたエネルギーと等しいエネルギーを持つ継続時間1秒の定常音の騒音レベルを示す．騒音レベルの替わりにバンド音圧レベルを用いた分析も行われている．

d-2-4. 時間率騒音レベル

変動的な騒音を，発生時間率に着目して時間率騒音レベルを測定する．これは，従来から環境騒音の測定に用いられている分析法であり，騒音レベルがあるレベル以上である時間が実測時間の $X(\%)$ を占める場合，そのレベルを X パーセント時間率騒音レベルといい，L_x で表す．騒音レベルでなくバンド音圧レベルを用い同様な分析も行われている．

e. 測定器の時間重み特性

騒音計，またはレベルレコーダ等を用いた変動騒音，間欠騒音，衝撃騒音の測定では，時間重み特性によって瞬時値，あるいは最大値が異なるので，騒音の種類によって時間重み特性を選定する必要がある．しかし，現状では時間重み特性 Fast, Slow の使い分けは明確になっておらず，各測定機関でまちまちの選定が行われているようである．

(3) 測定の実施と測定結果

a. 音響インテンシティ法による透過音の測定事例

空調機械室の隣接居室における隔壁からの透過音の音響インテンシティ測定事例を図 2.4.10 に示すが，壁の他の部位との取合い部で遮音性能が低下していることがよく示されている．

b. 壁振動分布の測定事例

(2) b-3-3. で示したように，居室における各部位からの固体伝搬音の影響度合いを検出する方法として，各部位の振動測定を実施する方法がある．その際発生振動は測定場所によって大きく異なることを示した．ここでは，コンクリート壁の振動分布測定結果を図 2.4.11 に示した．このように均一板であっても振動モードの影響で測定場所間で大きな差が生じることがわかる．

c. ポンプ管路系固体伝搬音の測定事例

集合住宅8階住戸におけるポンプ給水管路系か

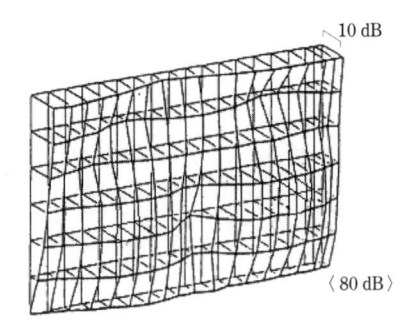

図 2.4.11 コンクリート壁（4×3×0.2）の振動分布測定事例

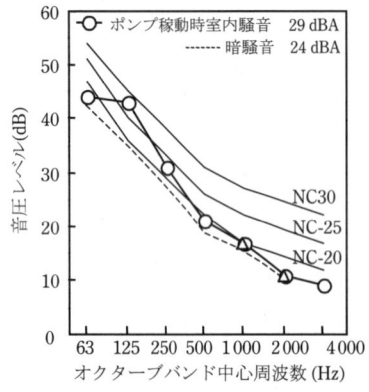

図 2.4.12 給水管路系固体伝搬音の測定事例

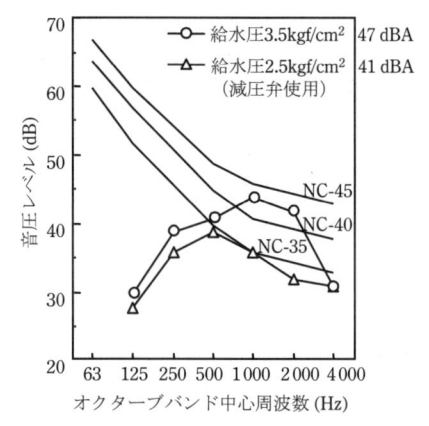

図 2.4.13 集合住宅における給水騒音測定事例（隣戸洗濯場給水栓全開時）

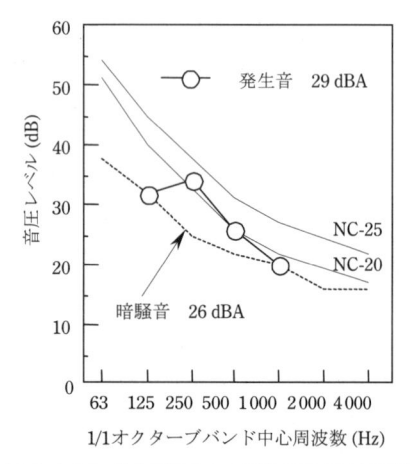

図 2.4.14 排水竪管からの固体伝搬音測定事例

らの固体伝搬音測定事例を図 2.4.12 に示す．給水ポンプは地下 1 階機械室に設置されており，機械室周りのポンプ，管路は防振支持されているが，竪管路は各階で立てバンドにより固定されていた．調査の結果，この発生音はポンプの音・振動が管路を伝搬し，8 階住戸居室の内装から放射する固体伝搬音であることが判明した．「ブーン」と聞こえ気になる音であるが，同様のクレーム事例は非常に多い．

d. 給水騒音の測定事例

集合住宅の住戸において，近隣住戸で給水栓を使った時の「キュー」，「シュー」といった音がよく聞こえるというクレームが生じた．この音は，台所，風呂場，洗濯場，便所の給水栓を使用したときのいわゆる給水騒音であった．

住戸への給水管に減圧弁を仮設し，給水圧力と給水騒音との関係を調査した結果，給水圧（吐水量）を下げることによって，給水騒音を低減できることを確認した．そこで，現状の 3.5 kgf/cm^2 から十分な給水に支障をきたさないと想定された 2.5 kgf/cm^2 に減圧することとし，各住戸個別に減圧弁を設けた．その結果，隣戸の洗濯場の給水栓を全開したときの対象住戸居室の発生音は，図 2.4.13 に示すように 47 dBA から 41 dBA に低減され，居住者から了承を得られた．

e. 排水騒音の測定事例

集合住宅の 1 階住戸における雑排水縦管の床貫通部からの固体伝搬音測定事例を図 2.4.14 に示す．発生音は 30 dBA 以下であり低いレベルであるが，250 Hz 帯域では排水時に暗騒音に対して 10 dB 程度上昇するために，感知されクレームとなった事例である．聴感上は，「ジョロ・ジョロ……」と聞こえる音であった．

f. 汚物排水に伴う固体伝搬音の測定事例

一般的に問題となる排水管からの固体伝搬音は流水音であるが，建物が高層化した近年では排水

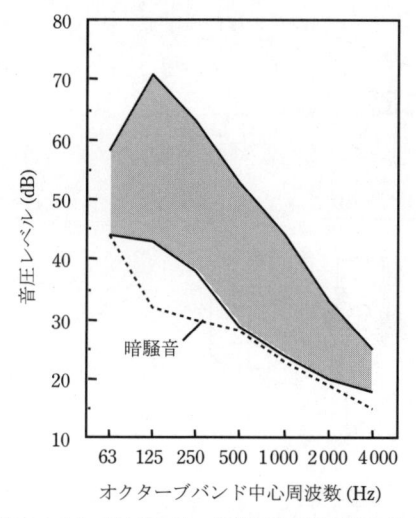

図 2.4.15 汚水排水時の衝撃固体伝搬音測定事例

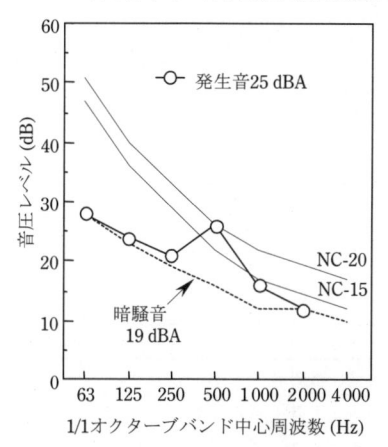

図 2.4.16 放尿に伴う固体伝搬音測定事例

汚物が排水竪管の最下部曲がり管に落下・衝突した時に発生する固体伝搬音が高層集合住宅等で問題となる場合もある．1 階住戸居室における発生音測定事例を図 2.4.15 に示すが，「ドン」という衝撃的な音であり，その他の衝撃的な生活騒音とは判別しにくいものの，汚物という特殊性から精神的な面でクレームにつながりやすい．

g. 便器への放尿に伴う固体伝搬音

集合住宅住戸便器への放尿時の直下階住戸における固体伝搬音の測定事例を図 2.4.16 に示す．これによれば，放尿時の発生音は 25 dBA であり十分に小さいが，500 Hz 帯域では暗騒音に対して 10 dB 程度上昇しており，明確に感知されるため，問題となった事例である．この音は，明らかに放尿音とわかるために，クレームにつながる可能性は非常に高い．

2.4.2 支持部の影響の測定

(1) 測定の対象

住居，特に集合住宅において，気になる騒音として問題になっている給排水音は，給水器具・水栓等で発生した振動が，配管や水中を伝わり支持部等から固体振動として床・壁体に伝搬し，室内へ騒音として放射される．支持部分等からの騒音・振動の伝搬を軽減するために，より効果的な振動絶縁継手や防振支持部の開発が要請されている．これらの軽減効果を定量化するために実験室において系統立てた測定を行うことが必要となる．

ここでは，各種配管支持方法，配管継手の低減効果の実験室における測定結果および実建物での測定結果について述べる．

(2) 実験装置

実験室測定装置の概念図を，図 2.4.17 に示す．水圧と流量を調節できる無音無振動の給水システム，配管振動によって励振されて音を放射する壁，残響室，標準水流音発生器（INS），供試水栓，水圧計，流量計，音響測定分析器よりなる．

水栓等の発生音は標準水流音発生器と置換して規準化される（JIS A 1424-1, 2: 1998）．支持部の伝搬減衰は完全固定に対する挿入損失として測定される．

(3) 測定事例

表 2.4.2-1，表 2.4.2-2 に示すような配管支持部と継手部について，標準水流音発生器および市販の 13 mm 万能水栓を用いて，各部の振動加速度と発生音圧を測定した．

支持部については，水栓等を鋼管に直結した状態で配管 1 か所をボルト固定した場合を基準として，防振材，X バンド等を入れた場合とのレベル差を算出し，防振継手については，INS と鋼管の間に各種継手を挿入したときと直結した場合とのレベル差を算出して性能値とした．

配管の 1 点を 5 kgf の力で各種材料を介して圧着した場合と，ボルト固定した場合との差は，図 2.4.18，図 2.4.19 のようになり直接接触でも 1 kHz では 5 dB 以上の減衰を示す，さらにゴムなど接触面積が広くバネ定数が小さい材料ほど大き

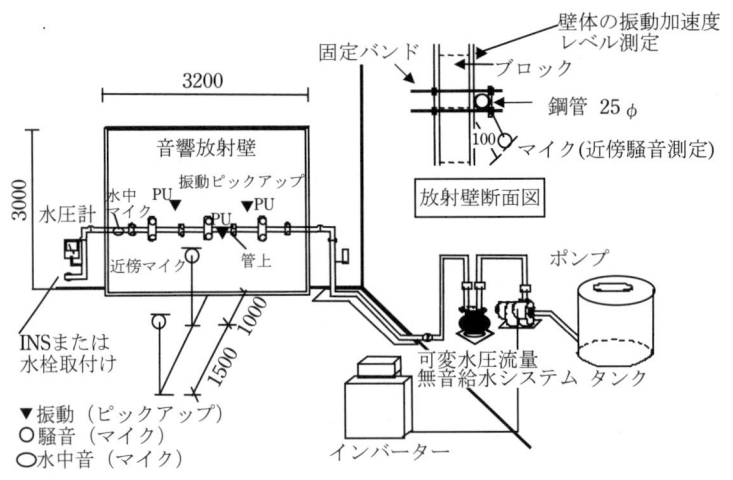

図 2.4.17 給水発生音実験装置

表 2.4.1 (a) 防振支持方法

普通水栓　フレキシブルジョイント　INS	中央1点 5 kg·f 圧着	パイプ	直接接触	ア 50	幅 100
			グラスウール	ア 12	幅 100
			合板	ア 27	幅 100
			発泡スチロール	ア 15	幅 86
			防振ゴムパッド付き	ア 2	1, 2, 3 枚
			発泡ポリエチレン	ア 3 幅 30	1, 2 枚
			ゴムシート	ア 3 幅 85	1, 2 枚
	中央1点 ボルト固定	鉄板 プレート	完全固定		
			X バンド	首長, 首短	
				首短 ア 3	ゴム付き
				首短 ア 4	ポリエチレン付き
	3点ボルト 固定	鉄板 プレート	完全固定		
			X バンド	首長, 首短	
				首短 ア 3	ゴム付き
				首短 ア 4	ポリエチレン付き

フリー／ロープ吊り2点

表 2.4.1 (b) バンドの種別と取付け方法

X バンド		堅バンド	
取付け方法	バネ定数 (N/m)	取付け方法	バネ定数 (N/m)
1. 直付け		1. 直付け	7.1×10^5
2. ゴムシート 3 mm		2. ゴムシート 3 mm	2.2×10^5
3. ポリエチレン 2 mm × 2		3. ポリエチレン 2 mm × 2	7.4×10^4
		4. スチール 9 mm	4.5×10^4

表 2.4.2 各種防振継手の取付け

	長さ l (m)	バネ定数 (N/m)	曲げ剛性 (N·m²)
INS直結			
ステンレスフレキシブルジョイント 長	360	1.9×10^5	1.4
ステンレスフレキシブルジョイント 短	245	2.9×10^5	1.5
銅パイプ	277	2.1×10^6	1.7×10^2
ビニールホース	250	1.5×10^3	1.8×10^{-2}
ゴムホース	255	1.5×10^4	1.7
塩化ビニール管 長	1100	2.2×10^4	
塩化ビニール管 短	600	4.0×10^4	1.4×10^2

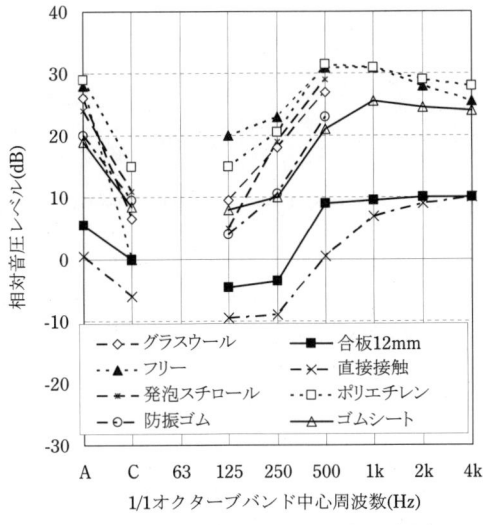

図 2.4.18 圧着時の振動伝搬損失（万能水栓）

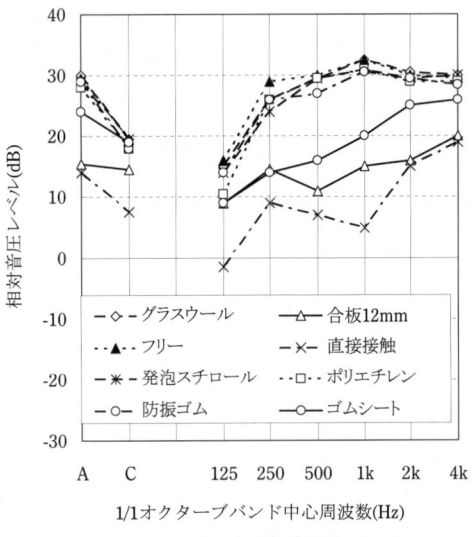

図 2.4.19 圧着時の振動伝搬損失（INS）

い減衰効果を示している．

配管を X バンド等で固定した場合は，図 2.4.20，図 2.4.21 のようにバンドの大小による違いや，ゴムシート 3mm の挿入により減衰効果が表れており，発泡ポリエチレンシート 2mm，2 枚では，測定限界に近い大きな減衰効果が出ている．

全体的にみて振動源の万能水栓と INS を比較しても顕著な差は出ていない．

配管の中間にフレキシブルジョイント等を挿入した場合は図 2.4.22 のようになり，ステンレスフレキ管の場合でも鋼管とのインピーダンスの比から 5〜10 dB 程度とかなりの減衰を示しており，耐圧ビニールホースの場合は減衰量が大きくて，むしろ回り込み伝搬音の方が大きくなっている．

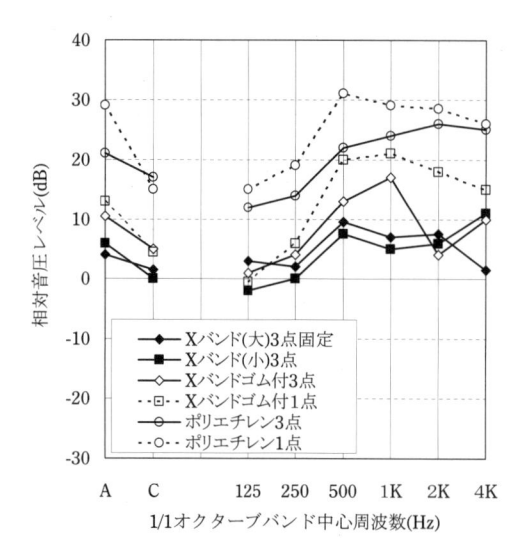

図 2.4.20 Xバンド支持の振動伝搬損失（万能水栓）

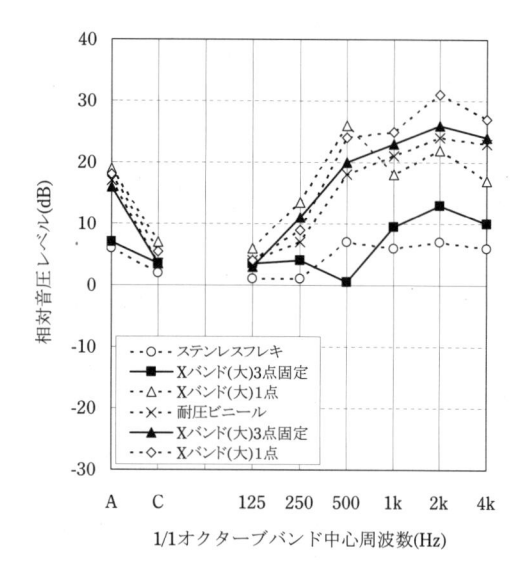

図 2.4.22 フレキシブルジョイントの振動伝搬損失

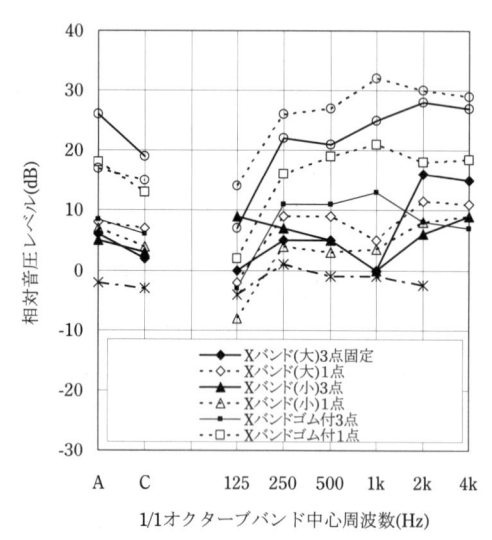

図 2.4.21 Xバンド支持の振動伝搬損失（INS）

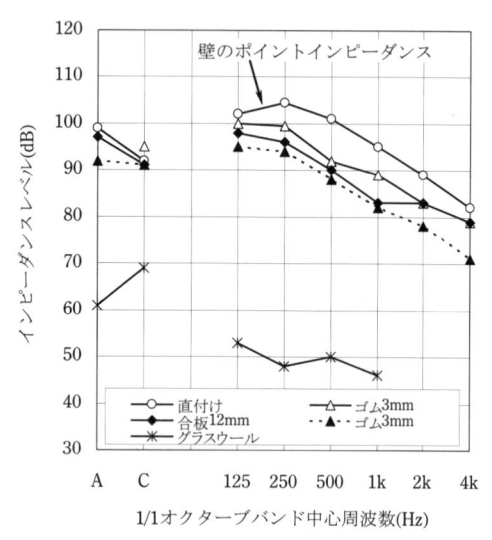

図 2.4.23 支持点のポイントインピーダンス

図 2.4.23 は，壁体に鋼管 20 mm φ を 5 kg·f で押し付けたときの配管からみた取付け点の各種材料を介したインピーダンスの測定結果と次式によって計算した壁自体のポイントインピーダンスを示したものである．

$$Z_b = 8\sqrt{Bm} \doteq 2.31 \cdot \rho \cdot c_l \cdot h^2$$
$$B = E \cdot I = E \cdot h^3/12$$

ここに，Z_b：ポイントインピーダンス (kg/s)
　　　　B：単位幅の曲げ剛性 (Nm)
　　　　m：面密度 (kg/m^2)
　　　　c_l：板の縦波伝搬速度 (m/s)
　　　　h：板厚 (m)
　　　　E：ヤング率 (N/m^2)
　　　　I：単位幅の断面二次モーメント (m^3)

グラスウール以外のゴム 3 mm，合板 12 mm 等はバネ定数から計算したインピーダンスの測定結果とよく一致している．

図 2.4.24，図 2.4.25 は，各種防振継手の配管振動，放射壁振動レベルによる挿入損失を示したものであるが，二つの測定値は同じような周波数特性をもち若干の差はあるものの本質的な違いはほとんどみられない．

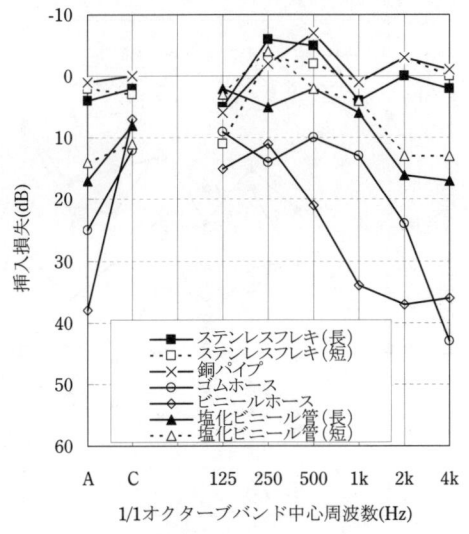

図 2.4.24 配管振動レベルによる挿入損失

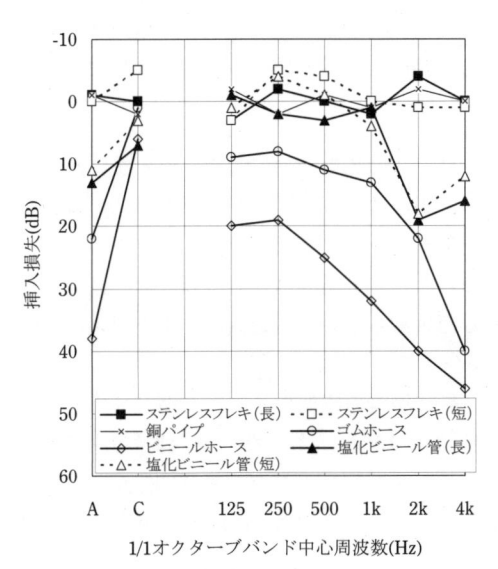

図 2.4.25 放射壁振動レベルによる挿入損失

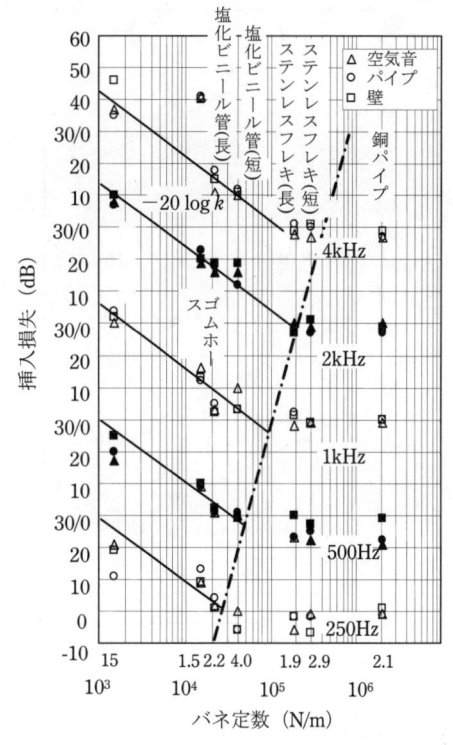

図 2.4.26 継手のバネ定数と挿入損失

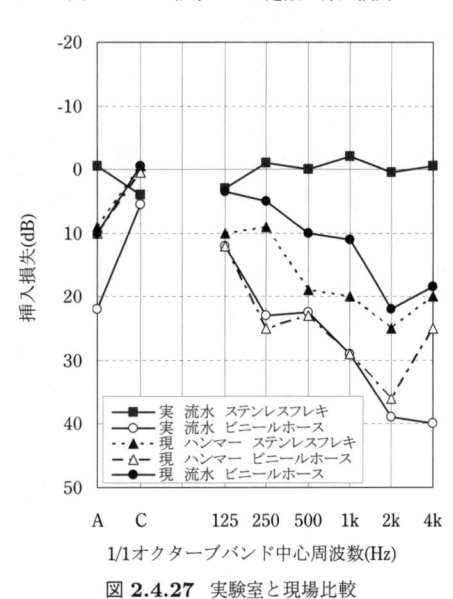

図 2.4.27 実験室と現場比較

図 2.4.26 は，各種防振継手の軸方向バネ定数と挿入損失の関係で，周波数別に特定のバネ定数以下でバネ定数の自乗に逆比例 ($20 \log k$) して上昇する防振効果を示すようになり，バネ定数が半分になると約 6 dB 程度増加している．また，防振効果を示し始めるバネ定数は大略周波数に比例して変化しているので，一定のインピーダンスを持つ配管系に，周波数によってインピーダンスの変化するバネ系 ($k/2\pi f$) が接続された伝搬系とみなすことができる．

図 2.4.27 は，防振継手の現場測定と実験室測定とを音圧レベルの挿入損失で比較したものであるが，ビニールホースでは現場のインパルスハンマー加振が実験室の流水加振に一致しているが，ステンレスフレキ管では両者の差が大きい．

図 2.4.28 は，挿入材付竪バンドの伝搬損失とバネ定数の関係を示したもので，防振継手の場合と同じような周波数特性と，バネ定数が半分にな

2.4 給排水音の測定と評価　129

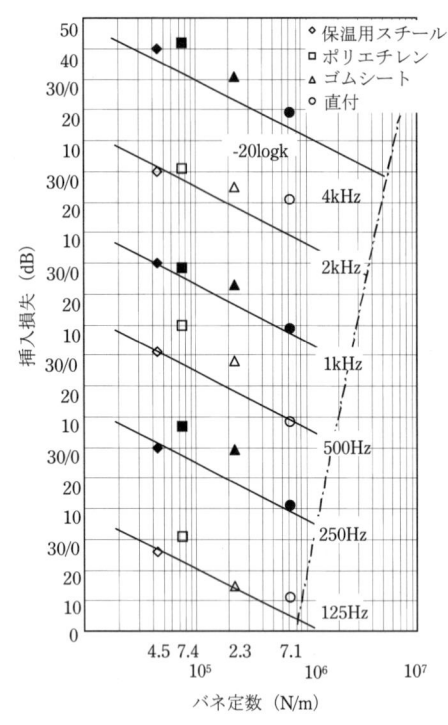

図 2.4.28 竪バンド伝搬損失と挿入材バネ定数

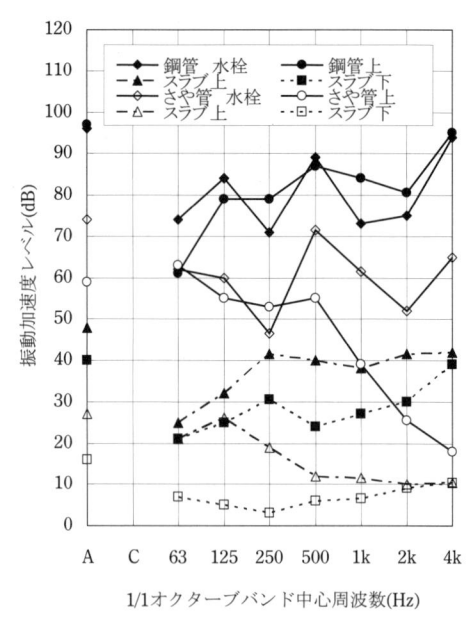

図 2.4.29 鋼管・さや管の振動加速度レベル比較

ると約 6 dB 程度増加する傾向がみられており，このことから，バネ定数から伝搬損失をある程度予測することができる．

上記の実験室実験および現場実験から，給水騒音の配管系の支持部・継手による振動・騒音防止効果を検討すると，

① 支持部について

　ボルト多点固定 → 一点固定 → バンド小 → バンド大 → ゴムシート 3 mm 挿入 → 発泡ポリエチレン 2 mm × 2 枚挿入

の順に減衰効果が大きくなる．

実用的には，ゴムシート 3 mm で 10〜20 dB 程度の減衰効果が得られており，柔らかい発泡ポリエチレンでは，さらに効果が上がっている．これらから，音響的には配管を躯体に埋め込んだり，直接固定することは避け，バネ定数 10^5 N/m 以下，できれば 10^4 N/m 程度の柔らかい弾性材料を挟み込んだ竪バンドや X バンドで取り付けるのがよいといえる．

② 継手について

防振継手については，継手と鋼管や壁とのインピーダンスの比をいかに大きく取るかにかかっており，周波数によってインピーダンスの変わるバネ定数 ($k/2\pi f$) の継手とインピーダンスのあまり変わらない配管系では，防振周波数に見合ったできるだけ柔らかいバネ定数の継手を用いる必要がある．

一般に鋼管の縦波のインピーダンスは大きな値（約 1.3×10^3 kg/s）となるが，曲げ波を考慮した等価的なインピーダンス（約 16 kg/s）との比で継手のバネ定数 10^5 N/m 以下を選定する必要がある．

③ さや管工法について

図 2.4.29 は，配管の建物躯体への接触を避けるために，鋼管およびさや管に防振材を巻いてバンド固定し，十分な工事管理を行ったものである．さや管工法は，水栓近傍でラフな固定から水の脈動により本管が揺れ，低中音域で振動レベルが大きいが，スラブへの伝搬は極力抑えられる．

以上から，給排水騒音・振動対策には，実験室段階で配管系の支持方法および防振継手の挿入損失の測定を系統立てて行えば，十分に予測できるものと考えられる．

2.4.3 管壁からの影響の測定

排水管等の管壁から放射する音の居室への影響を測定する方法,および低減対策方法について記述する.

(1) 測定の対象

管路系騒音は,管路管壁から居室内に放射する騒音と,管に発生する振動が支持部・貫通部から建物躯体に入り込み,隣接居室の内装材から放射される固体伝搬音に分けられる.ポンプに接続の管路系ではほとんどが固体伝搬音で問題が生じるのに対して,排水管路系では放射音,固体伝搬音の双方の問題が生じている.

排水管が便所内・居室内にむきだしで配管されていた以前の集合住宅では,管壁からの放射音の影響は大きく,クレームの対象となっていた.しかし,近年の集合住宅で排水竪管がパイプシャフト内に配管され,またシンク,浴槽等からの排水管が床スラブ上で横引きされているので,管壁からの放射音で問題となることは比較的少なくなった.したがって,集合住宅では管壁からの放射音よりも固体伝搬音の問題が多いのが現状といってよい.一方,ホテル客室では,バスユニットの排水管は直下階バスユニットの天井内に配管されるので,その曲がり管からの放射音が問題となることもある.また,ホテル客室の平面プランが上下階で異なったり,複合建物で居室の上に水回りがある場合には,図 2.4.30 に示すように居室の天井内に排水管が設置されるので,特に曲がり管からの放射音によりクレームが生じることが多い.さらに,音楽ホールやドーム等の大空間建築では,雨水排水管が天井内や内装壁の内側に配管されるケースも見受けられるが,この多くの場合は排水管の径が大きく,流量も多いので,放射音,固体伝搬音ともに影響は大きい.

図 2.4.31 には,排水竪管からの放射音の測定事例を示したが,比較的中音域のレベルが大きい周波数特性を示すことが多い.聴感上は,「ジャー……」,あるいは「ジョロ・ジョロ・ジョロ……」というように聞こえる場合が多い.

本項では,上記した管路系騒音の内,排水管路管壁からの放射音を対象に測定方法について記述する.

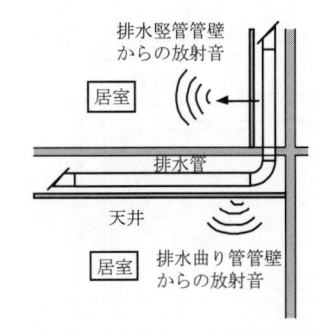

図 2.4.30 排水管管壁からの放射音の発生模式図

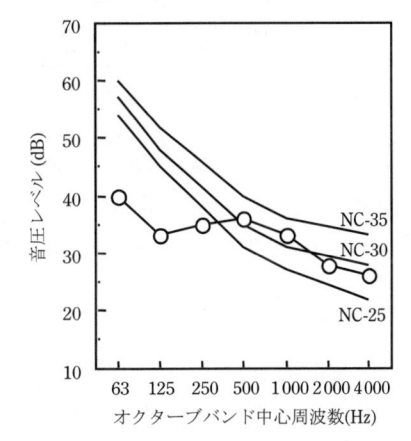

図 2.4.31 排水管からの放射音測定事例

(2) 測定の計画

a. 排水管路管壁からの放射音響パワーの測定方法

排水管路に隣接した空間における管壁からの放射音は,一般的に室内騒音として騒音レベルや音圧レベルで測定するが,同じ排水管路であってもパイプシャフトの寸法,壁仕様,居室の寸法,内装仕様等によって音圧レベル等は異なる.すなわち,音圧レベル等はある建物,ある排水管路系における特定の値でしかありえない.一方,排水管路管壁からの放射音を放射音響パワーとして音源特性を把握し,データを蓄積することは,排水管路管壁からの放射音の居室への影響を予測するために望ましい形態といえる.そこでここでは,排水管路管壁からの放射音響パワーの測定方法の例を紹介する.

防振ゴムで支持して他からの固体伝搬音を遮断した図 2.4.32 に示すような測定室内に,排水管路を測定室躯体から音響的につながらないように設置する.排水管路は,測定室とは振動的に絶縁

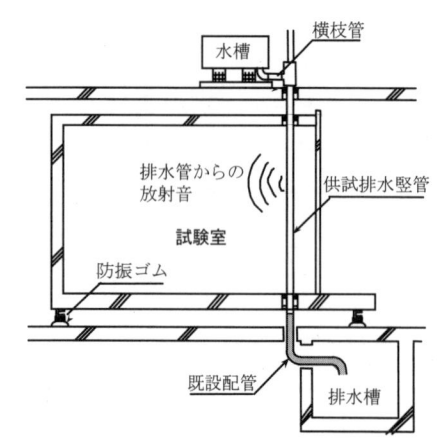

図 2.4.32 排水管管壁からの放射音測定実験室の例

したスラブ上に設けた水槽に接続し，また最下端で排水槽まで配管して，水槽から排水管に流した水を排水できるようにする．水槽からは定量の水を連続的に排水管内に排水することができるようにする．

排水時の排水管路管壁から測定室内への放射音の平均音圧レベル SPL を測定し，次式から単位長さ当りの放射音響パワーレベル PWL_m を算出する．

$$PWL_m = \frac{SPL + 10\log A - 6 - 10\log S}{L} \quad (2.4.1)$$

ここに，A：試験室内吸音力 (m²)
S：排水管表面積 (m²)
L：試験室内の排水管路の長さ (m)

b. 排水管路管壁からの放射音の管被覆による低減効果の測定方法

排水管路管壁からの放射音の低減方法のひとつに遮音材による管の被覆がある．その低減効果を測定する方法を次に示す．

図 2.4.32 に示すような試験室において，試験室内に排水管路を設置し，被覆しない場合と供試遮音材を被覆した双方の条件で水槽から同じ流量で排水したときの試験室内音圧レベルを測定し，次式から被覆による放射音低減効果 ΔL を算出する．

$$\Delta L = SPL_o - SPL_r \quad (2.4.2)$$

ここに，SPL_o：被覆しない場合の試験室内平均音圧レベル (dB)

SPL_r：被覆した場合の試験室内平均音圧レベル (dB)

c. 測定機器構成ブロック図

試験室内の音圧ベルの測定系ブロック図の例を図 2.4.33 に示す．

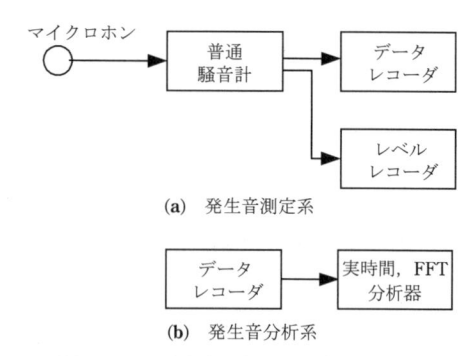

図 2.4.33 発生音測定・分析系ブロック図

(3) 測定の実施と測定結果

a. 排水管路管壁からの放射音の発生機構

図 2.4.32 に示す試験室において，水を水槽から 52 l/分の流量で排水時の試験室内平均音圧レベルと排水竪管を排水時の振動加速度レベルと同じになるように動電型加振器により加振したときの測定室内平均音圧レベル測定結果を比較して図 2.4.34 に示す．これによれば，排水時の管壁からの放射音と管壁加振時の管壁からの放射音は，非常によく一致しており，排水時の管壁からの放射音は管壁振動による管壁からの放射音で決定されていることがわかる．

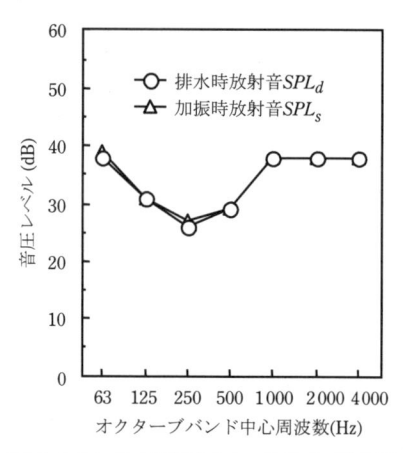

図 2.4.34 排水管管壁からの放射音（排水用硬質塩化ビニール管）

冷温水，揚水，給水管等では満水の状態で水が流れるのに対して，自由落下方式の排水管では一般的に満水となることはない状態で流水が行われる．この場合における管壁からの放射音は，以上の結果から，排水の水滴による管の内壁加振により管壁に振動が生じ，音を放射する発生機構であると判断される．

b. 管壁からの放射音の基本特性

排水管路管壁からの放射音の基本特性に関する実験・測定を行った結果を以下に紹介する．

b-1. 各種排水管における管壁からの放射音

図 2.4.32 に示す試験室において測定した各種排水竪管における管壁からの放射音の特性（測定室内5点のエネルギー平均値）を図 2.4.35 に示す．これによれば，排水用硬質塩化ビニルライニング管は中音域でピークを持ち，排水・通気用耐火二層管（塩ビ内管VP仕様）は比較的平坦な周波数特性である．その他の排水管は，相対的に高音域のレベルが大きい同様の周波数特性を示している．

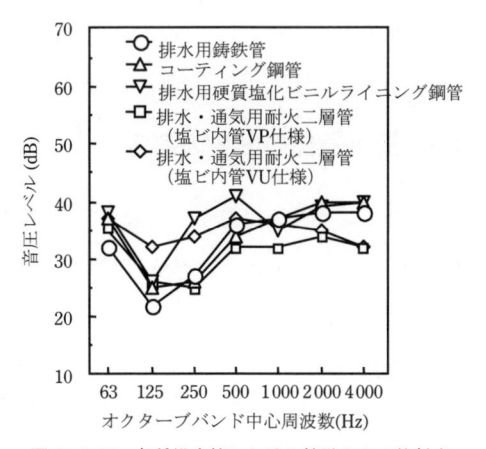

図 2.4.35 各種排水管における管壁からの放射音

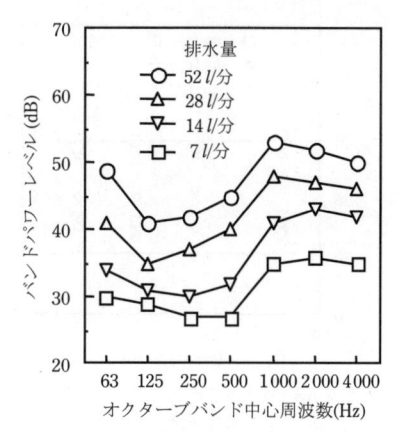

図 2.4.36 排水管管壁からの放射音の単位長さ当りの音響パワーレベル

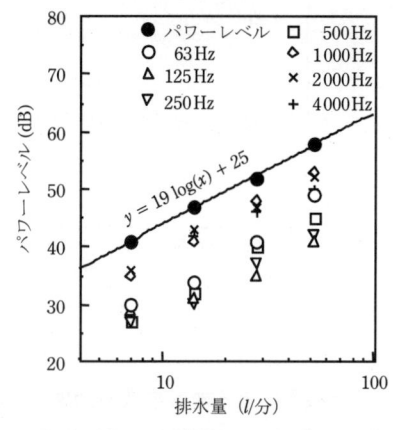

図 2.4.37 排水管管壁からの放射パワーレベルと排水量との関係

b-2. 管壁からの放射音の単位長さ当りの音響パワー

図 2.4.32 に示す試験室において測定した排水用塩化ビニル管 100 A，排水量 52 l/分における管壁からの放射音の単位長さ当りの音響パワーレベルを図 2.4.36 に示す．

b-3. 排水量が管壁からの放射音に与える影響

図 2.4.36 に示す事例において排水量と管壁からの放射音との関係を整理した結果を図 2.4.37 に示す．このように，放射音は排水量が増すに従って，ほぼ倍流量当り 6 dB の勾配で増加する傾向を示す．

b-4. 排水高さが管壁からの放射音に与える影響

実際の集合住宅1階住戸において，2，4，6，8階住戸便器から水だけを排水したときの排水竪管管壁からの放射音を測定した結果を図 2.4.38 に示す．これによれば，排水高さが異なっても放射音はほとんど変化しない傾向が示されている．これは，水だけの排水の場合，排水高さによらずほとんどの排水は管内の管壁に沿って渦巻き状に流れるために，一定の流速になっていることによる．

c. 管被覆による管壁からの放射音の低減効果

図 2.4.32 に示す試験室における，管被覆による排水管路管壁からの放射音の低減効果に関する測定結果を次に示す．

2.4 給排水音の測定と評価 133

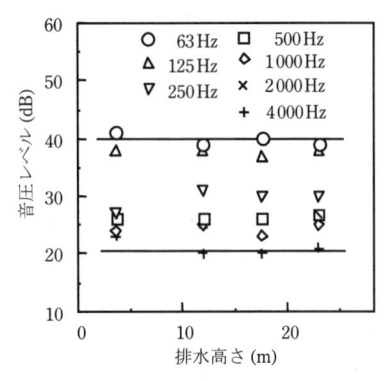

図 2.4.38 排水管管壁からの放射音と排水高さとの関係

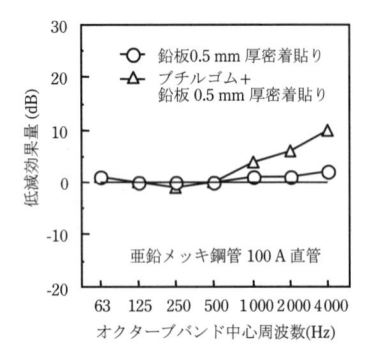

図 2.4.39 鉛板被覆による排水管管壁からの放射音低減効果

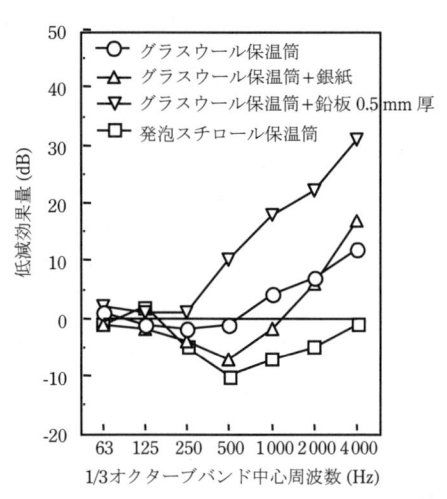

図 2.4.40 排水管からの放射音の管被覆材料による低減効果事例

c-1. 鉛板被覆による放射音低減効果

100 A の亜鉛メッキ鋼管の直管に鉛板 0.5 mm 厚（片面粘着性接着面）を直接密着して巻いた場合と，ブチルゴム 1 mm 厚を巻きさらに鉛板 0.5 mm 厚（片面粘着性接着面）を直接密着して巻いた場合の放射音低減効果を図 2.4.39 に示す．これによれば，ブチルゴムを併用した場合には高周波数領域において若干の低減効果は見られるものの，鉛板を巻いただけでは放射音の低減は全く認められない．

鉛やゴム系の材料は内部減衰が大きいので，制振効果を得ることができる材料であり，板状のものを空調ダクトのように薄い材料に密着して貼れば制振効果が顕著に現れる．しかし，貼られる材料が管のように肉厚が厚く曲げ剛性が大きい場合には，この事例で巻いたような薄い鉛板やゴム板では大きな制振効果は得られない．

c-2. 一般被覆材の被覆による放射音低減効果

排水管に一般の各種被覆材料を施工した場合の放射音低減効果測定結果を図 2.4.40 に示す．このように，一般に使用されている被覆材では被覆することにより中音域で放射音が増幅する傾向がみられ，特に発泡スチロール製の保温筒を被覆した場合には顕著であることから，低減対策の上からは採用は望ましくない．図に示すように，確実な低減対策としては，グラスウール保温筒を巻きさらに鉛板を巻く方法が抽出される．

2.4.4 管貫通部の影響の測定

給排水管路の躯体貫通部から伝搬する固体伝搬音の居室への影響を測定する方法，および測定事例について記述する．

(1) 測定の対象

ホテル，集合住宅，事務所ビル等の建物には，従来から冷水，温水，冷却水，給水・給湯，揚水等のポンプとそれに接続された管路が設置されている．また，近年では，集合住宅における給水も重力式からポンプにより圧送する方法の採用が一般的となってきている．これらのポンプに接続された管路系では，図 2.4.41 に示すように，ポンプに発生した音・振動が直接，あるいは管路を伝搬して躯体貫通部，支持部から建物躯体に入り込み，居室内装材から放射される固体伝搬音であることが多くの事例から明らかになっている．

また，排水管路系では，図 2.4.42 に示すよう

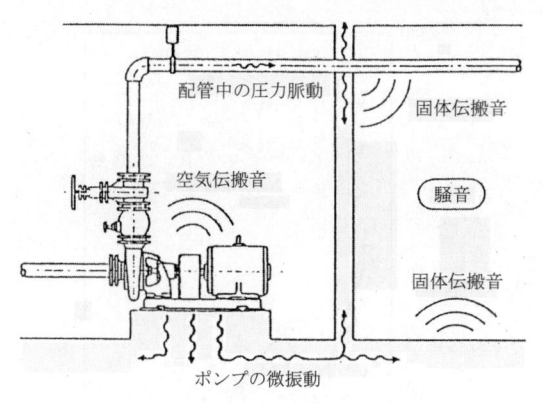

図 2.4.41 ポンプ騒音の伝搬経路

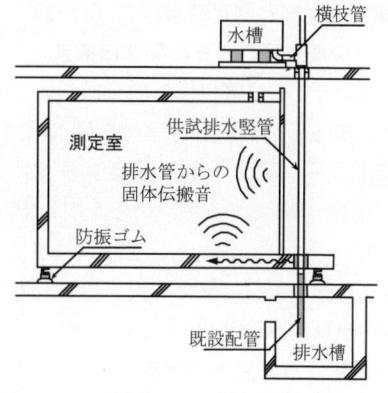

図 2.4.43 排水管からの放射音測定実験室の例

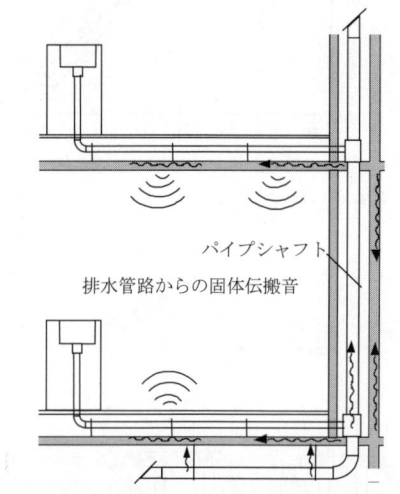

図 2.4.42 排水管からの固体伝搬音の発生模式図

に竪管の床貫通部から排水に伴う振動が建物躯体に入り込み固体伝搬音として影響し，クレームが生じる場合もある．

ここでは，これら管路の躯体貫通部から伝搬する固体伝搬音を対象とする．

(2) 測定の計画
a. 実験室における管路からの固体伝搬音および躯体貫通部処理の低減効果の測定方法

竪管の躯体床貫通部からの固体伝搬音の影響，および貫通部処理工法の低減効果に関する実験室測定法の一例を次に紹介する．防振ゴムで支持して他からの固体伝搬音を遮断した図 2.4.43 に示すような測定室において，構造的につながった床に各種排水竪管を各種貫通部処理工法で設置した場合に，水槽から排水時に測定室内に放射される固体伝搬音や躯体等の振動を測定する．その結果から，室内騒音の大きさを評価したり，排水竪管の仕様の違いによる差，あるいは貫通部処理工法の低減効果を把握することが可能である．

具体的には，貫通部処理工法による固体伝搬音の低減効果 ΔL は，排水竪管をモルタル埋戻しした条件における測定室内の音圧レベル SPL_o とある貫通部処理工法で設置した条件における音圧レベル SPL_i を図 2.6.33 に示すような測定系により測定し，次式から算出する．これは，モルタル埋戻しを完全固定条件と仮定し，それを基準とした場合の防振支持等処理工法による挿入損失レベルと定義できる．

$$\Delta L = SPL_o - SPL_i \tag{2.4.3}$$

またここでは，排水竪管を例にして紹介したが，壁や床に給水管やポンプに接続の管路を設置することにより，同様の測定を実施することができる．

一般建物においても実験的に同様の測定を実施できるが，次に示す問題点に注意する必要がある．まず，一般の建物では例えばパイプシャフトからの音は，管壁から放射される音と貫通部から伝搬する固体伝搬音が合わさっている場合があり，固体伝搬音を対象とした測定が実施可能であるかを確認する必要がある．また，暗騒音と対象固体伝搬音とに十分な SN 比が取れているかを確認する必要がある．一般的には実建物は暗騒音が高く SN 比が取れないので，貫通部処理工法の違いの影響等を測定することは難しい．

(3) 測定の実施と測定結果

a. ポンプ接続竪管路からの固体伝搬音

パイプシャフトに隣接する居室において管路からの固体伝搬音を測定した事例を図 **2.4.44**,図 **2.4.45** に示す.図 **2.4.44** は管が防振支持されていない場合の事例であるが,室内騒音は NC-50 にも達している.これに対し,図 **2.4.45** は 650ϕ の冷却水竪管を床貫通部で防振支持した場合であり,室内騒音は NC-25 以下となっている.

b. 排水竪管からの固体伝搬音

各種排水竪管からの固体伝搬音を図 **2.4.43** に示す測定室において測定した結果を図 **2.4.46** に示す.これによれば,排水管の種類によって固体伝搬音が異なることが示されている.測定室における音の大きさは特定の値であり絶対値を評価することはできないが,この事例のように相対比較は可能といえる.

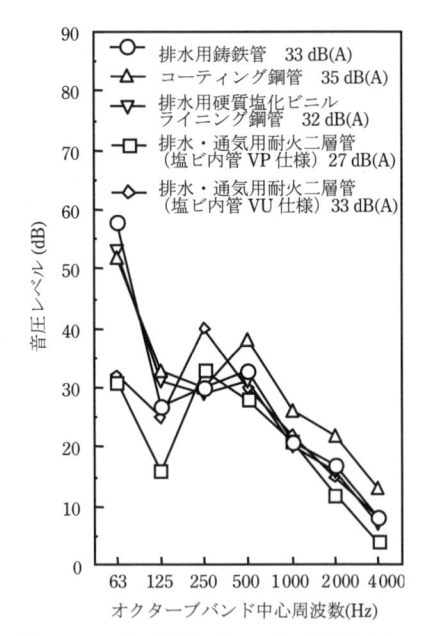

図 **2.4.46** 管の種類の違いによる排水管からの流水による固体伝搬音の比較

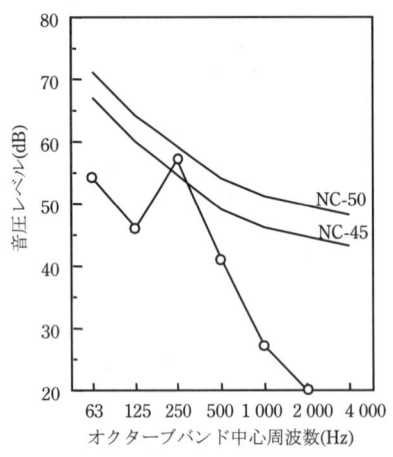

図 **2.4.44** 冷温水竪管からの固体伝搬音の測定事例

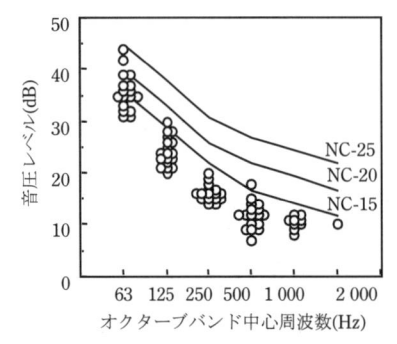

図 **2.4.45** パイプシャフトに隣接した居室における管路系騒音測定事例

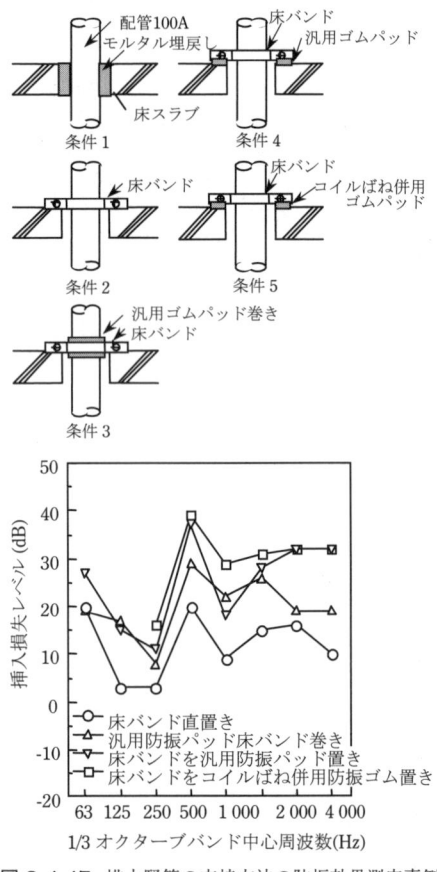

図 **2.4.47** 排水竪管の支持方法の防振効果測定事例

c. 排水竪管貫通部処理工法による固体伝搬音の低減効果

各種貫通部処理工法における排水竪管からの固体伝搬音の低減効果を図 2.4.43 に示す測定室において測定した結果を図 2.4.47 に示す．これによれば，貫通部処理工法の種類によって低減効果が異なることが示されている．このような比較は実験室における測定が有効である．

また，集合住宅において汚水排水竪管の最下部に汚物が落下・衝突するときに発生する固体伝搬音の測定事例を 3 種類の竪管貫通部処理工法で比較して図 2.4.48 に示す．これによれば，横引き管を鉄筋吊り，竪管をモルタル埋戻し固定した場合と比較して，竪管を床躯体から切り放すことにより，固体伝搬音は低減できることが示されている．しかし，実際には竪管の自重を支持するために防振支持が，また防火上の処理が必要になる．この場合固体伝搬音の低減効果が低下するので，曲がり管に発生した振動が竪管に極力伝搬しないようにする方法が考えられる．図 2.4.49 には防振機構付き曲がり管を用いることによる固体伝搬音の低減効果を測定した事例を示す．このように，防振機構付き曲がり管を用いることにより，汚物排水による固体伝搬音を大きく低減できる．

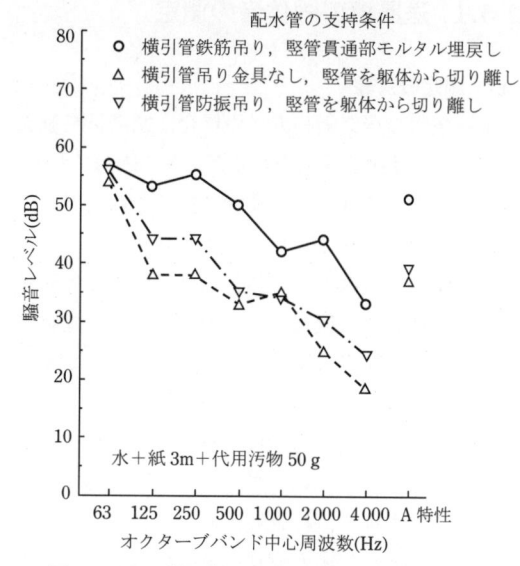

図 2.4.48 竪管，横引き管の支持方法の違いによる汚物排水固体伝搬音の比較

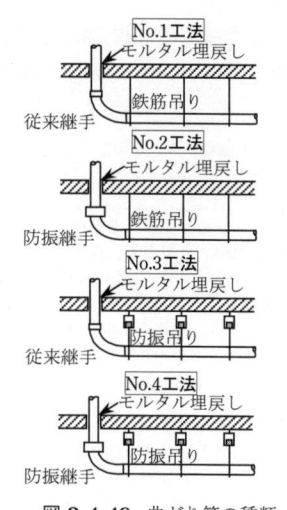

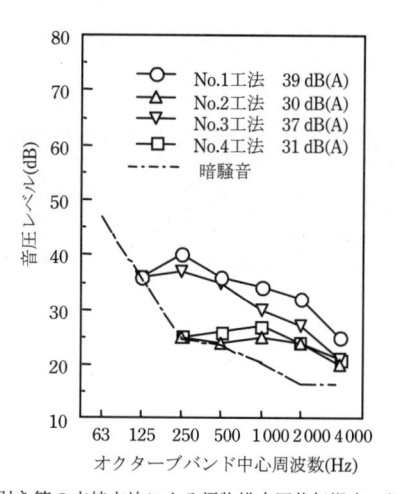

図 2.4.49 曲がり管の種類，横引き管の支持方法による汚物排水固体伝搬音の比較

2.5 設備機器類発生音の測定と評価

2.5.1 送風機の固体音の測定

(1) 測定の対象

中央集中の空気調和方式の場合，空調機で制御された空気は送風機を介してダクトで搬送される．また，室内の空気は，送風機に接続されたダクトを用いて回収される．

送風機は，空調機と一体化されていることが多く，空調機と伴に機械室内に配置される．建物における空調機騒音は送風機に起因することが多いため，送風機にかかわる騒音防止策が必要となってくる．空調設備（送風機）騒音の伝搬模式図を図2.5.1に示す．室内での発生音は①機械室内の騒音が隔壁や扉を直接透過する空気音，②送風機で発生した音・振動が直接，あるいはダクトを介して建物躯体に伝搬し，居室内装材から放射される固体伝搬音，③送風機で発生した音がダクト内を伝搬し，空調吹出し口や吸込み口から放射される空気音の3つに大別される．このうち，①の隔

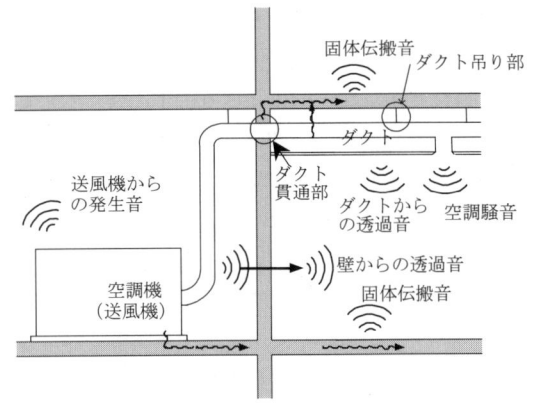

図2.5.1 送風機騒音の伝搬模式図

壁からの直接透過音については，機械室と対象室の配置によって考慮の有無が異なる．

これらの伝搬経路の中でも，固体伝搬音については機械室と対象室の位置関係に関係なく共通の経路であるといえる．ここでは，固体伝搬音の予測に欠くことのできない送風機の加振力測定法と防振材の防振効果の測定方法を中心に述べる．

(2) 測定の計画

a. 送風機の加振力測定法[1]

設備機器の加振力測定法は，直接法，置換法，弾性支持法といった方法が提案されている．その方

表2.5.1 加振力測定法の特徴

	直接法	置換法	弾性支持法
長所	・機器および架台の影響を含んだ支持点での加振力を直接測定できる ・加振力を直接測定するため，他の方法に比べ誤差が少ない	・設置点の駆動点インピーダンスなどの伝達関数が測定できれば，回転機器，往復動機器，管路，ダクトなど多くの機器，管路系の測定に適用できる ・設置面内の伝達関数が測定できれば，水平方向の加振力も測定できる ・べた置きの条件を含む実際の機器設置状態で測定することができる ・剛性の大きい床を必要としない ・床構造や寸法，機器設置位置，他の機器の設置状況など，設置床の剛性が様々となる実際の建物においても適用が可能である	・測定が他の方法に比べ簡便である ・同型，同タイプの機器の相対比較ができ釣合い不良などの異常診断に使える ・弾性支持された機器の脚部加振力は，支持系の固有周波数の2〜3倍以上の周波数領域では，通常支持部材の影響を無視することができる
短所	・設置床が十分剛である必要があり，現場での測定には制約を受ける ・設備機器の設置方法は，力変換器で支持する方法に限られ，べた置きに対応したものは測定できない ・力変換器の取付け方法により，測定値が異なる場合がある．各力変換器は，バランス良く静的荷重が分布するように配慮する必要があり，実際の支持方法とは異なる場合がある ・支持点数および各点の加振力値の合成方法により，測定結果が異なる場合がある	・低周波数領域まで測定するには，大型の加振器が必要となる ・実験室では，現場での設置条件を再現する必要がある ・防振された機器の場合，防振架台上の伝達関数が測定できない場合があり，加振力も測定不可となる ・測定点数や平均化の方法により，測定結果が若干異なる場合がある ・空気励振（音響加振）の影響が含まれる	・弾性支持された機器しか測定できない ・機器を弾性支持せず設置した場合，弾性支持法により得られる加振力と実際の値は異なる ・弾性支持されていることから，配管された機器を対象とする場合には配管の影響を受けやすい

表 2.5.2　加振力測定法の概要

	直接法	置換法	弾性支持法
設置床	十分剛な床（駆動点インピーダンスが支持点での質量より計算されるインピーダンス（$\|j\omega m\|$, ω：角振動数, m：機器の支持点質量）よりも 10 dB 以上大きい床とする）	極力均一，平滑に仕上げた鉄筋コンクリート製の床版とし，機器設置位置は，機器の重心と床の中心は一致させない（中心よりも 500 mm 以上ずらす）	十分質量の大きい剛な床とする
SN 比	機器を運転しないときの測定値は，機器を運転したときの測定値よりも 10 dB 以上小さいこととする　読取値との差が 6〜9 dB の範囲で補正すれば測定が可能		
機器の据付け方法	ボルトなどを用いて設置床に据え付ける	・べた置き：機器と床の間に隙間をなくす（水練りしたせっこうを塗布する） ・点支持：機器の防振支持を想定し，支持部位にナット，ワッシャなどを挿入する	機器脚部を弾性材によって支持する．機器脚部を直接弾性支持できない場合は，十分な剛性を有し損失の少ない架台上に設置し，それ全体を弾性支持する
支持点数	機器の防振支持を仮定し，実際に支持される点数とする．原則としては各支持点には均等に荷重が掛かるように配置する	点支持：同左	点支持：同左　弾性材は機器脚部より十分柔らかくし，支持系の鉛直方向固有振動数は機器回転数の 1/3 以下とする
配管・ダクトの接続	運転時の負荷は極力，実際と合わせるようにする　機器に付帯する配管・ダクトなどは十分な長さのフレキシブル継手やキャンバス継手を用い，機器ができるだけ自由に振動できるように対策する		
運転条件	測定は原則として定格運転条件で実施する．		
測定器	力変換器，プリアンプ，周波数分析器，記録装置	力変換器付きハンマ，プリアンプ，振動ピックアップ，増幅器，周波数分析器，記録装置	振動ピックアップ，増幅器，周波数分析器，記録装置
測定点数	支持点数と同じ	・ベタ置き：機器周囲の 4 点以上 ・点支持：支持点近傍の床上 ・防振支持：機器架台上の防振支持位置	弾性支持した脚部を持つものはすべての支持点，補強架台を用いた場合では，架台を支持する弾性材の上部の架台部を最低 4 点以上選択し測定点とする
測定周波数	3.15 Hz〜630 Hz（1/3 オクターブバンド）	25 Hz〜630 Hz（1/3 オクターブバンド）	f_0 の 3 倍以上〜630 Hz（1/3 オクターブバンド）
レベルの読み取り	エネルギ平均値（少なくとも 30 秒以上）を求める		

法の特徴を**表 2.5.1**に示す．どの時点で加振力を測定できるのかによって，選定する測定法が異なる．すでに現場に設置された機器に対する測定では，これらの測定法の中でも弾性支持法が最も簡易であるといえる．加振力測定法の概要を**表 2.5.2**に示す．なお加振力測定の一般的な測定ブロックダイアグラムは**図 2.5.15**を参照していただきたい．具体的な測定方法を以下に記述する．

a-1. 直接法

送風機の支持部に設置された力変換器により加振力を直接測定し，各力変換器で検出された値をエネルギ合成して機器加振力を求める方法である（**図 2.5.2**）．

a-2. 置換法

既知加振力 F' の標準加振源で加振したときの振動 V' との比 F'/V'（V' が振動速度応答の場合は駆動点インピーダンスとなる）と送風機運転時に発生する振動 V から，$F_i = (F'/V') \cdot V_i$ より加振力を算出する．そして，それらの値をエネルギ平均することにより加振力を求める（**図 2.5.3**）．

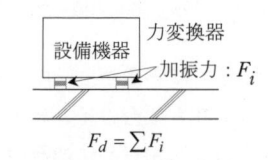

$$F_d = \sum F_i$$

図 2.5.2　直接法の測定概念図

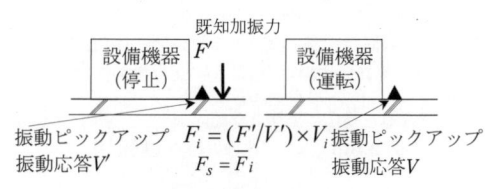

$$F_i = (F'/V') \times V_i$$
$$F_s = \overline{F_i}$$

図 2.5.3　置換法の測定概念図

a-3. 弾性支持法

送風機を弾性支持し，送風機運転時に弾性支持点上（架台上）で発生する振動加速度のエネルギ平均値と機器質量から加振力を求める（図 **2.5.4**）．

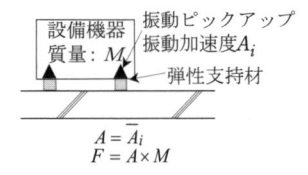

図 **2.5.4** 弾性支持法の測定概念図

なお，支持系の固有周波数（f_n）の $\sqrt{2}$ 倍～3倍の範囲においては，次式に示す修正係数 C を乗じて補正を行う．

$$C = \sqrt{\left[1-\left(\frac{f_n}{f}\right)^2\right]^2 + \left[\eta\left(\frac{f_n}{f}\right)\right]^2} \quad (2.5.1)$$

ここに，η：支持系の損失係数，f：バンド中心周波数（Hz），f_n：支持系の固有周波数（Hz）

b. 防振効果の測定方法

防振効果の表し方と意味を図 **2.5.5**～図 **2.5.8** に示す．ここで示している値は必ずしも一致せず，それらの関係を曖昧なまま使用することは危険でありトラブルの原因ともなりかねない．そのため，使用する防振材の防振効果がどのような方法で測定されたものなのかを十分に理解した上で選定する必要がある．防振効果の測定方法を以下に記述する．

b-1. 力の伝達率（伝達損失）

機器の加振力（F_o）と設置床に伝達する加振力（F_f）の比で表される．すでに防振支持されて機器が設置されている場合には，置換法などによって機器架台上および設置床の加振力レベルを求める（図 **2.5.5**）．

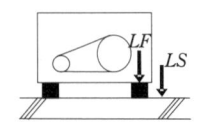

防振支持条件における機器架台上での加振力（LF）と設置床（PC 版）での伝達加振力（LS）の差を求める．
$$\Delta L = LF - LS$$
LF，LS は置換法により求める．

図 **2.5.5** 力の伝達損失の測定概念図

b-2. 挿入損失

防振なしの状態（点支持またはべた置き）における機器近傍設置床上の発生振動（V_o）と防振支持した状態における機器近傍設置床上での発生振動（V_f）の比で表される（図 **2.5.6**）．

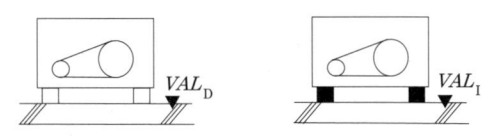

点支持（防振なし）条件またはベタ置き条件における機器近傍床上での発生振動（VAL_D）と防振支持条件における機器近傍床上での発生振動（VAL_I）の差を求める．
$$\Delta L = VAL_D - VAL_I$$

図 **2.5.6** 挿入損失の測定概念図

また，機器の近傍でなくても，隣接スラブにおける防振あり／なし時の振動を測定して，その差で表すことも可能である（図 **2.5.7**）．

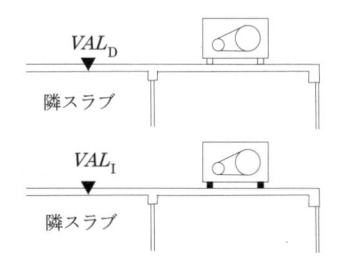

点支持またはベタ置き条件での，機器設置床の隣スラブにおける発生振動（VAL_D）と防振支持条件における機器設置床の隣スラブでの発生振動（VAL_I）の差を求める．
$$\Delta L = VAL_D - VAL_I$$

図 **2.5.7** 挿入損失の測定概念図（隣接スラブでの測定）

b-3. 振動振幅比

防振支持した状態で機器架台上（防振上）での発生振動（V_o）と設置床上での発生振動（V_f）の比で表される（図 **2.5.8**）．

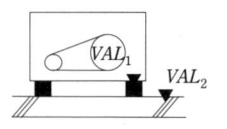

防振支持条件における機器架台上での発生振動（VAL_1）と設置床上での振動（VAL_2）の差を求める．
$$\Delta L = VAL_1 - VAL_2$$

図 **2.5.8** 振動振幅比の測定概念図

この方法は簡易ではあるが，一般的に設置床のインピーダンスよりも架台のインピーダンスが小さい場合が多いので，相対的に架台の振動が大きくなり，防振効果を過大評価することとなるので，

取扱いには注意が必要である．

(3) 測定の実施と測定結果の考察

(2)に示した加振力および防振効果の測定事例を以下に記述する．

a. 測定条件

測定した送風機は，3番手送風機（モータ出力1.5 kW，軸回転数605 rpm，機器質量91 kg）と4番手送風機（モータ出力3.7 kW，軸回転数550 rpm，機器質量172 kg）である．送風機にはダクトを接続していないが，最高効率で運転できるように吹出し口に鉄板製の仕切り板を設置し適当な負荷を与えた．なお，機器の防振架台は鉄骨フレーム架台とした．

送風機を設置した床は，図 **2.5.9** に示すようなハーフPC版と土間コンクリートである．

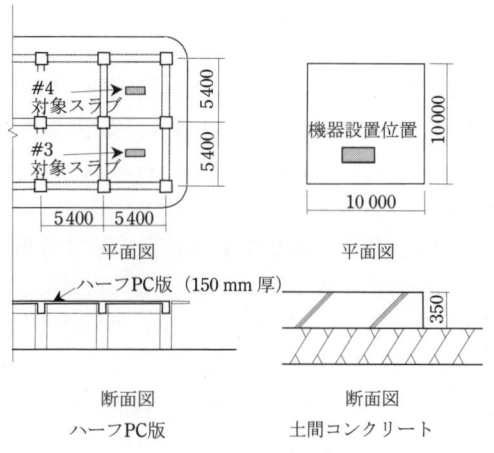

図 **2.5.9** 機器設置床の概要

b. 加振力の測定結果と考察

3番手送風機（#3）をハーフPC版上に設置したときの測定結果を図 **2.5.10**，4番手送風機（#4）をハーフPC版上に設置した場合を図 **2.5.11**，土間コンクリート上に設置した場合を図 **2.5.12** に示す．直接法（誤差要因が少なく，ほぼ真値が得られると仮定）と他の方法による結果を比較してみると，置換法の結果では，設置床の駆動点インピーダンスがほぼ確実に測定できている範囲（力検出器付きハンマの加振力と発生振動のコヒーレンスがほぼ1の範囲，ハーフPC版では20 Hz以上，土間コンクリートでは50〜300 Hzの範囲）で，直接法の結果と一致している．しかし，駆動点イン

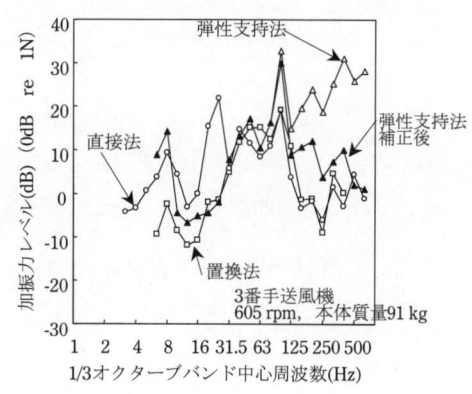

図 **2.5.10** 加振力測定結果（ハーフPC, #3）

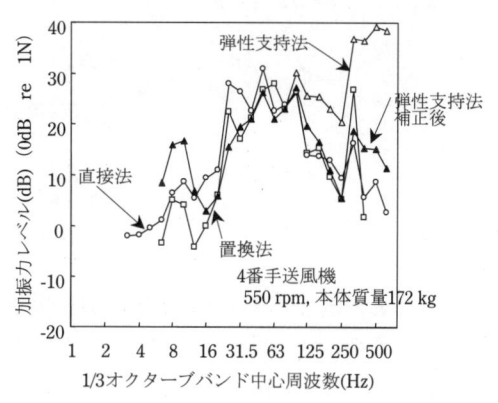

図 **2.5.11** 加振力測定結果（ハーフPC, #4）

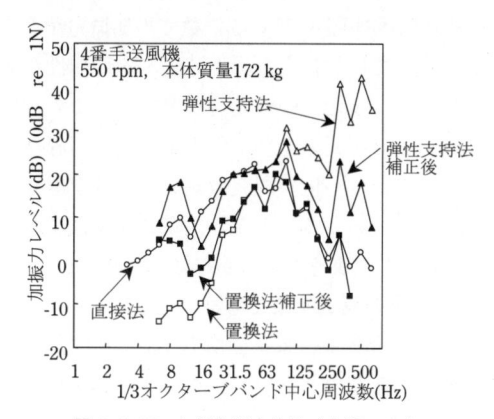

図 **2.5.12** 加振力測定結果（土間, #4）

ピーダンスが確実に測定できていない範囲では，置換法の結果は小さく推定されることとなる．

弾性支持法の結果では，低い周波数領域の一部の周波数帯域を除いて，直接法とおおむね似た傾向を示しているが，80 Hz以上の帯域で大きく異なっている．これは，機器の有効質量が周波数の上昇に伴い低下するためと考えられる．そこで，機器側の有効質量が高い周波数では -9 dB/oct 程

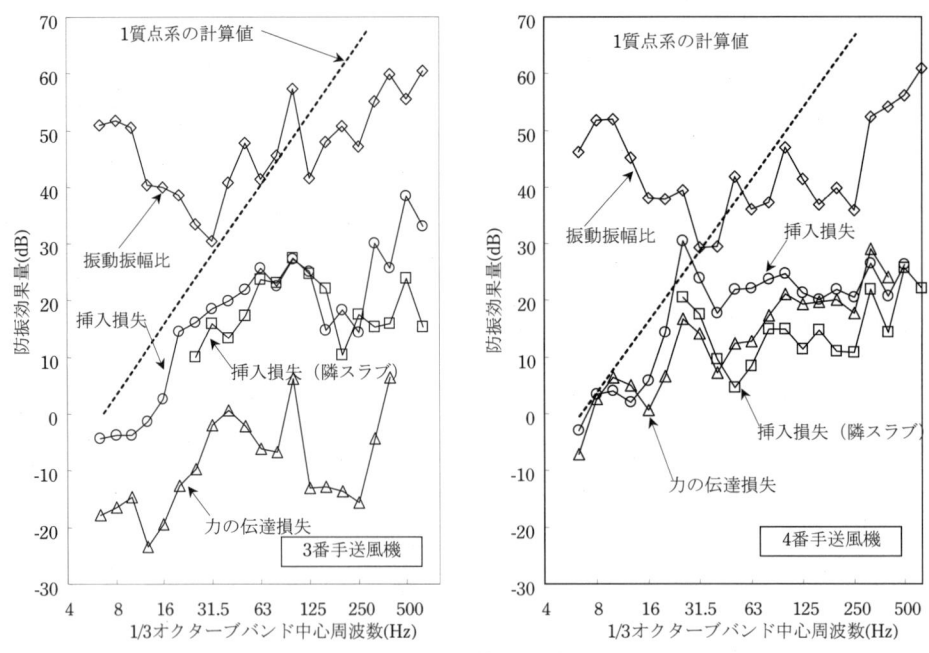

図 2.5.13 防振効果の測定結果

度低下すると仮定してみると，直接法の結果と図の程度一致する．

以上の結果から，置換法では駆動点インピーダンスが正確に得られる範囲で有用な測定法であるが，それ以外の範囲（低い周波数での加振力が得られにくい）では加振力を過小評価する可能性があるといえる．また，弾性支持法では，機器の有効質量が低下せず質量全体が作用する範囲（置換法では測定の難しい低い周波数領域）では有用な測定法であるといえる．ただし，高い周波数については，前記したような何らかの補正が必要となる．

c. 防振効果の測定結果と考察

防振効果の測定結果を図 2.5.13 に示す．実際の防振効果を表すと思われる挿入損失（図 2.5.6）は，低い周波数で1質点系の計算値より多少小さい程度であるが，周波数が高くなると1質点系の計算値との差は大きく，防振効果が頭打ちとなる傾向である．これは，理想的な条件（1質点系の計算仮定）よりも，実際の機器運転時では加振方向などの加振条件が複雑であることや機器から放射される空気音により設置床が励振されるなどの影響を含むためであると考えられる．また，隣スラブでの振動測定結果から求めた挿入損失（図 2.5.7）の結果は，3番手送風機は，250 Hz 帯域付近までは一致した傾向を示している．

力の伝達損失（図 2.5.5）の結果は，3番手送風機の場合には挿入損失で得られる防振効果よりも小さくなっている．これは，架台の駆動点インピーダンスの測定が困難であったため（振動応答が架台全体の応答とはならず，局部的な応答となることで，駆動点インピーダンスが低下する），機器の加振力が正確に得られていない可能性が考えられる．

振動振幅比（図 2.5.8）では，それぞれの測定点における振動応答特性（駆動点インピーダンス）が異なるため，それを含んだものとなっていることから，防振効果とはいえない．特に，一般の設備機器の場合には，架台の駆動点インピーダンスが床版に比べ小さいため，その値が大きくなっている．このような方法で得られた防振効果を用いて固体音の予測を行うことは非常に危険であるため注意が必要である．

2.5.2 冷凍機の固体音の測定

(1) 測定の対象

ターボ型冷凍機やコンプレッサ型冷凍機は，発生音や発生振動が大きい機械である．また，冷凍機に接続される管路系からの固体音の影響が大きい機械でもある．

冷凍機は，建物の地下や屋上に設置されることが多く，中間階に配置されることもある．屋上に設置する場合には，周辺環境（隣地など）への影響についても考慮する必要がある．

本節では，冷凍機の加振力測定事例を紹介する．

(2) 測定の計画
a. 冷凍機の加振力測定法

冷凍機は本体が大きく質量も重いため，加振力の測定事例は少ない．ここで紹介する例[1]は，**2.5.1**節に示す直接法により測定されたものである．測定対象とした冷凍機を図**2.5.14**に示す．測定対象はターボ冷凍機であり，運転時質量6.4t，長さ4.14m，幅1.175mである．なお，羽車回転数は10050rpm，モータ回転数は3000rpmとなっている．測定ブロックダイアグラムを図**2.5.15**に示す．

機器は基礎梁上のコンクリート（厚さ2m）に設置されており，図**2.5.14**に示したF1～F4に図**2.5.16**に示す力変換器とロードセルを挟み込んでいる（機器を4点支持）．

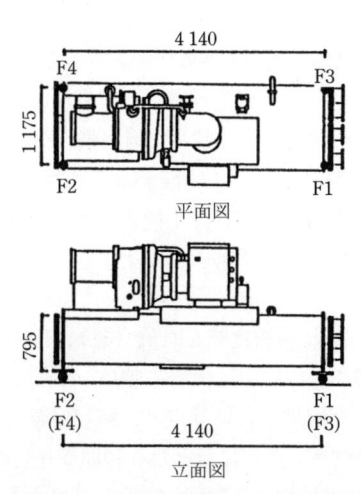

図 **2.5.14** 測定対象機器（ターボ冷凍機）

図 **2.5.15** 測定ブロックダイアグラム

図 **2.5.16** 測定機器周辺状況

機器の運転状況は，稼働率100%，60%，30%とし，それぞれの運転状態における4点の力変換器の出力を同時にPCM録音した．

(3) 測定の実施と測定結果の考察
a. 解析方法

各支持点で得られた加振力波形の時系列応答に着目し，次の3パターンの方法を用いて解析を行った．

① 各支持点の加振力時間波形をA/D変換後，時系列上で加算し，1秒間のデータ列をフーリエ変換して加振力レベルを求める方法

② ①と同様にA/D変換した後，各支持点の加振力を支持点ごとにフーリエ変換し加振力レベルを求め，それらをエネルギ加算して総加振力レベルを求める方法

③ 各支持点の出力をオクターブバンドフィルタを通して10秒間当りの平均レベルを求め，エネ

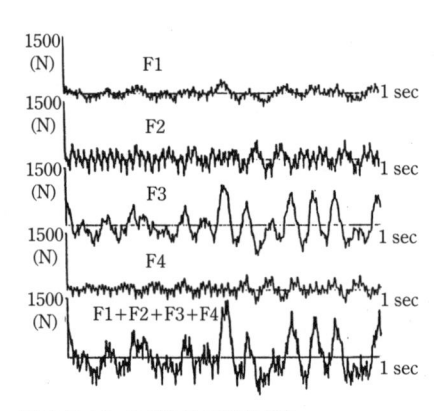

図 2.5.17 加振力時系列波形例

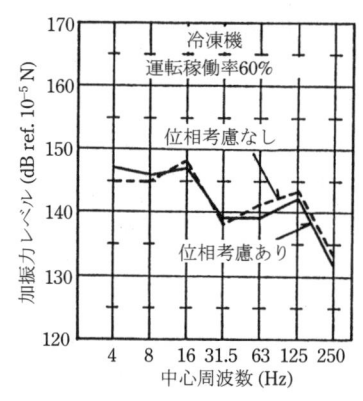

図 2.5.19 解析法①および②による加振力解析結果

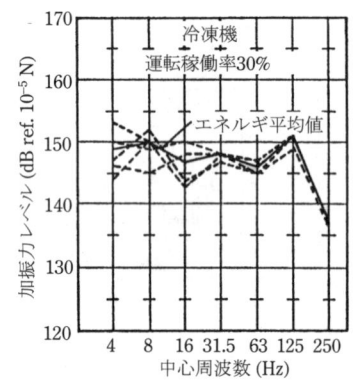

図 2.5.18 解析法①による加振力解析結果

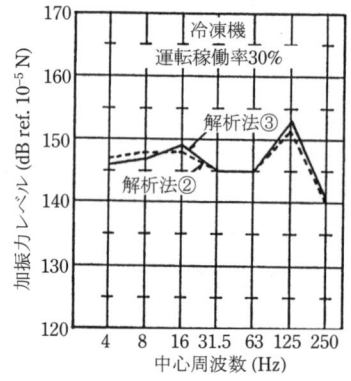

図 2.5.20 解析法②および③による加振力解析結果

ルギ合成して加振力レベルを求める方法

これらの解析法のうち，①は時系列上で加振力波形を加算することにより位相を考慮し，4点の加振力が1点で基礎に伝達されると仮定した考え方である．②③は，機器を支持する各脚部から設置床に入力される力の位相を無視することにより，各支持点ごとに独立した力の伝達が起こると仮定した考え方である．

b. 加振力の測定結果と考察

各支持点（測定点）における加振力時間波形の測定例を図2.5.17に示す．なお，図中には，各支持点の加振力を時系列上で加算した波形も示している．

各支持点での加振力波形を見ると，圧縮機やファンの回転に伴う変動は当然みられるが，明確な低周波の周期性をもった変動が認められないことから，1秒間程度のデータを対象として解析しても差し支えないことがわかる．そこで，収録波形から，任意に5箇所（5秒分）を取り出し，解析法①を用いて1秒間ずつの加振力特性を算出した例（運転稼働率30%）を図2.5.18に示す．図中には1秒間ずつ解析した5か所のデータのエネルギ平均値を併せて示しているが，16 Hz帯域以下で±2～3 dBの変化はみられるものの，全体的にばらつきは少ないことがわかる．

次に，位相考慮の有無の影響をみるため，同一の波形を用いて，位相を考慮した解析法①と位相を無視した解析法②を比較した例（運転稼働率60%）を図2.5.19に示す．位相を無視した場合，必ずしも位相を考慮した場合を上回るわけではなく，周波数帯域によって両解析値が上下していることがわかる．

解析法②と③を比較した例（運転稼働率30%）を図2.5.20に示す．両者の差は，デジタル解析かアナログ解析かという点と，解析対象時間幅が1秒間ずつランダムにとった5秒間か連続した10秒間かという点であるが，解析結果に大きな差は生じていないことから，適切な解析対象時間をと

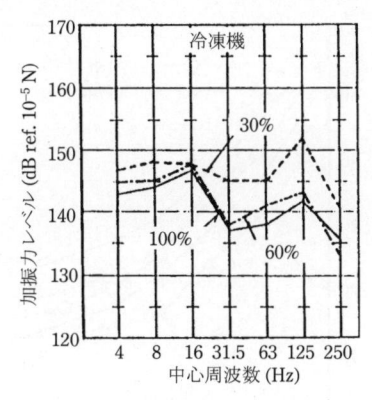

図 2.5.21 運転稼働率を変えたときの解析法②による加振力解析結果

れば，アナログ解析とデジタル解析の対応性はよいといえる．

運転稼働率別に解析法②を用いて分析した結果を図 2.5.21 に示す．これをみると，運転稼働率 30％の場合では，他の稼働率時に比べ 31.5 Hz 帯域以上の周波数領域で上昇する傾向がわかる．これは，循環冷媒量を 30％程度まで絞り込むと，ターボファン部分の回転状態が不安定になることを示すものと考えられる．

c. 測定結果のまとめ

解析法による加振力の差は，前記した程度であり，大きな差異は生じていない．留意すべき点は，機器の運転状況であり，同種機器の加振力を測定する場合には，その機器に付属する配管なども設置して行うべきであろう．

2.5.3 ポンプ固体音の測定

（1）測定の対象

ホテル，集合住宅，事務所ビル等の建物には，従来から冷水，温水，冷却水，給水・給湯，揚水等のポンプとそれに接続された管路が設置されている．

ポンプは一般的に機械室内に設置されるので，ポンプ本体からの直接音（空気伝搬音）で問題となるケースは少ないが，屋外に設置される場合に非常に暗騒音の低い居室，あるいは暗騒音が低くなる夜間等においてポンプの稼動音や発停時の音が問題となることもある．しかし，多くの場合は，図 2.5.22 のポンプ管路系発生音の伝搬模式図に示すように，ポンプに発生した音・振動が直接，あ

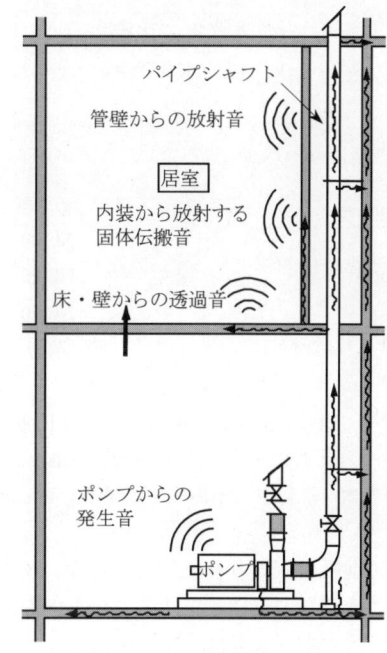

図 2.5.22 ポンプ管路系騒音の発生模式図

るいは管路を伝搬して建物躯体に入り込み，居室内装材から放射される固体伝搬音であることが多くの事例から明らかになっている．また，ポンプと管路で構成された系では，ウォータハンマ，キャビテーション，サージング，吸込み渦等の発生により騒音・振動が生じ，問題となる事例も見受けられる．

ここでは，ポンプ管路系発生音の内クレーム事例として最も多いポンプ管路系固体伝搬音を対象として，事例を紹介することにより，その傾向を述べる．

a. 給水ポンプ管路系からの固体伝搬音

集合住宅において，給水ポンプ管路系からの固体伝搬音で問題となった事例を次に示す．給水ポンプは地下 1 階機械室に設置されており，機械室周りのポンプ，管路は防振支持されているが，竪管路は各階で立てバンドにより固定されていた．

ポンプ機械室に直近の賃貸部分 1 階住戸と 8 階のオーナー住戸における室内騒音測定結果を図 2.5.23 に示す．1 階住戸は問題ない状態であったが，8 階のオーナーの住宅は「ブーン」という管路系固体伝搬音が聞こえてクレームとなっていた．両者の違いは内装仕上げであり，1 階住戸は

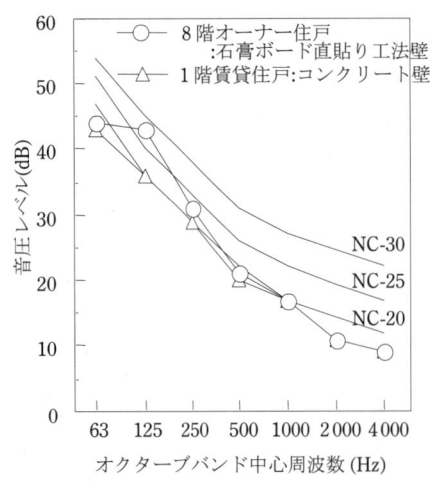

図 2.5.23 給水ポンプ管路系固体伝搬音の測定事例

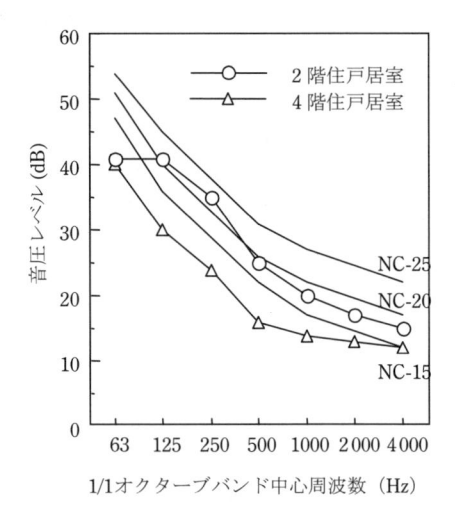

図 2.5.24 住棟暖房・給湯システムからの固体伝搬音の測定事例

躯体壁に壁紙の直貼り仕上げであるが，8階住戸はせっこうボード直貼り工法壁で仕上げられていた．せっこうボード直貼り工法壁はポンプ管路系からの固体伝搬音等をよく放射するため，クレームが生じた事例といえる．

b. 住棟暖房・給湯システムからの固体伝搬音

集合住宅における住棟暖房・給湯システムからの固体伝搬音の事例を紹介する．この集合住宅は，地下4階地上14階のSRC造建物であり，地下2階にガスを熱源とした住棟暖房・給湯システムが設置されている．2～4階の住戸では当システム稼動時の音が聞こえ，不快で眠れないというクレームが生じた．システム稼動時の居室における室内騒音を図 2.5.24 に示すが，2階住戸が NC-25，4階住戸が NC-15 であった．

この発生音は，調査の結果，地下2階に設置されたシステムを構成するポンプ，および接続の管路の振動が構造柱を伝わり，住戸居室の内装材から放射するポンプ管路系固体伝搬音であることが判明した．暗騒音が非常に低いため，NC-15 という非常に小さいレベルであっても「ブーン」という耳につくポンプ管路系固体伝搬音であるためクレームにつながった事例である．

c. 測定事例における共通の特殊性

ポンプ管路系の固体伝搬音は「ブーン」という聞こえ方で聴感上感知される音である．また，いずれも 125～250 Hz の周波数帯域でレベルが大きい周波数特性を示している．これは，ポンプの回転数に羽根枚数を乗じた周波数であり，この周波数で顕著に卓越し，純音成分が大きくなるため，気になる．したがって，ポンプ管路系の固体伝搬音は，暗騒音が低い場所はもとより，一般的には広帯域ノイズの空調騒音が定常的に暗騒音として存在する場所においてもよく感知されるという特殊性を有しているため，聴感上のクレームにつながることが多い．

(2) 測定の計画

居室におけるポンプ管路系からの固体伝搬音の測定法に関しては，**2.4.1** 項を参照することとし，ここでは固体伝搬音の音・振動源特性の測定法を記述する．

a. ポンプ管路系固体伝搬音の予測体系

ポンプ管路系固体伝搬音の低減対策は，居室等に発生する振動・固体伝搬音と低減対策による効果とから主に経験的な判断により，管路途中に消音器を設置したり，管路を防振支持する等の個々の対応により行われているのが現状である．この原因としては，特にポンプの音・振動源特性，ポンプから管路への音・振動の入射特性，管路系における音・振動の伝搬特性等に関する理論体系が複雑であり，体系的な研究が非常に遅れていることが挙げられる．

したがって，実務に適用できる汎用的なポンプ管路系固体伝搬音の予測手法は確立されていないため，ここでは，現状で考えうる予測の考え方を

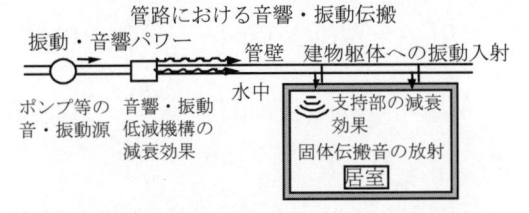

図 2.5.25 音源から管路への音響・振動入射，伝搬，居室における固体伝搬音の放射模式図

紹介する．

ポンプ管路系固体伝搬音の伝搬・放射は図 2.5.25 に示すように模式化される．すなわち，ポンプ等に発生した音・振動が管壁，あるいは水中を伝搬して，管路の支持部から建物躯体を介して居室に到達し，内装から固体伝搬音が放射されるという機構である．したがって，この予測は，理想的には図 2.5.26 に示す流れによって行うことができる．

この予測体系では，ポンプの音・振動源特性をポンプから管路への音響出力，伝達加振力とした予測手法としている．この予測手法を概略説明すれば，次に示すとおりとなる．

① ポンプ等の管路系固体伝搬音の音・振動源は，音・振動エネルギーを発生しており，そのエネルギーが振動，あるいは水中音となって接続管路に入射される．
② 接続管路は種々雑多であり，同じエネルギーが入射した場合でも管路に発生する音・振動は異なってくる．したがって，エネルギー入射に対する管路の応答特性が必要となる．
③ 音・振動源が持つ音・振動エネルギーと管路の応答特性から管路のある部位に発生する音・振動を算出する．
④ 音・振動源近傍の管路部位から実際に建物躯体に振動が伝わる管路支持部位への振動，音伝搬特性を推定して適用することにより，音・振動源近傍の管路部位に発生する音・振動から管路支持部位への音・振動伝搬量を算出する．
⑤ 管路支持部位の管壁振動が求まれば，防振材を含む管路支持部材の振動低減効果を推定することにより，管路支持躯体の発生振動を算出する．
⑥ 以降は，設備機器等の振動・固体伝搬音予測と同様であり，まず建物躯体内の振動伝搬特性を

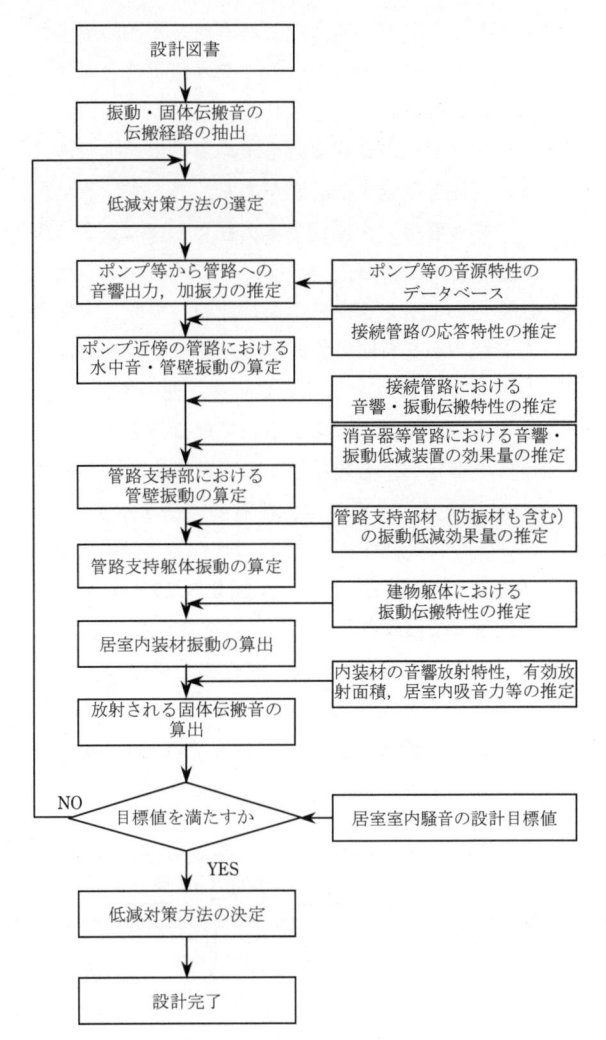

図 2.5.26 ポンプ管路系固体伝搬音の予測・低減設計の流れ

推定して，管路支持部の躯体振動から対象居室内装における到達振動を算定する．
⑦ 最後に内装の有効音放射面積，内装材の音響放射係数，居室内の等価吸音面積等から放射される固体伝搬音を算出する．

したがって，ポンプ管路系固体伝搬音の予測・低減対策では，まず振動源であるポンプから管路内水中に放射される音響出力と管路に伝達される加振力を定量的に把握しておく必要がある．

b. ポンプから管路内水中に放射される音響出力

ポンプに接続された管路内のある断面における水中内の音圧は，管と水中とでエネルギーの収支が行われていないという仮定条件のもとでは，ポンプから到達する音波（ここでは進行波と定義す

る）とポンプとは逆方向にある何らかの境界条件から反射してくる音波（ここでは後退波と定義する）が合成されて測定される．したがって，ポンプから水中への音響出力を求めるには，進行波による音圧を測定する必要がある．

この音響出力を測定する方法としては，2つの方法が抽出できる．一つは，音響インテンシティ法を用いてポンプからの進行波のパワー，すなわち管路のある断面に入射するパワーを直接測定[1]して音響出力とする方法である．他の方法は，2つの水中マイクロホンを用いて進行波を抽出して音圧を測定し，その結果から音響出力を求める方法[2]である．ここでは，後者の方法を示す．

ポンプに接続された管路において，2つの水中マイクロホン Mic.1, Mic.2 が図 **2.5.27** に示すように間隔 d で設置されている場合を考える．ここで，ポンプから到達する音波を進行波 $U(t)$，ポンプと逆方向から到達する音波を後退波 $V(t)$，Mic.1, Mic.2 から得られる音圧信号をそれぞれ $m_1(t)$, $m_2(t)$ とする．

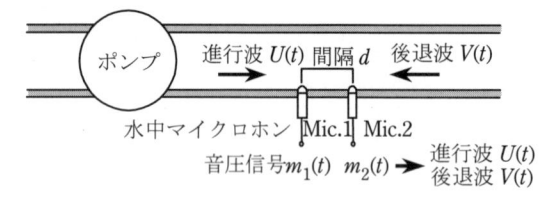

図 **2.5.27** ポンプから管路内水中への音響出力測定における設定概念

$m_1(t)$, $m_2(t)$ のフーリエ変換を $M_1(\omega)$, $M_2(\omega)$，また $m_1(t), m_2(t)$ の $\tau = d/c$ (c:音速) だけ遅延した信号のフーリエ変換を $M_1'(\omega), M_2'(\omega)$ とすれば，$U(t), V(t)$ のフーリエ変換 $U(\omega), V(\omega)$ は次式により求められる．

$$U(\omega) = M_1(\omega) - M_2'(\omega) \quad (2.5.2)$$

$$V(\omega) = M_2(\omega) - M_1'(\omega) \quad (2.5.3)$$

なお，信号 $f(t)$ に対して時間 τ だけ遅延した $f(t-\tau)$ と $f(t)$ のフーリエ変換 $F(\omega)$ は，

$$f(t-\tau) \supset F(\omega) \cdot \exp(-J\omega\tau) \quad (2.5.4)$$

の関係となるから，$M_1'(\omega), M_2'(\omega)$ は，

$$M_1'(\omega) = M_1(\omega) \cdot \exp\left(-\frac{j\omega d}{c}\right) \quad (2.5.5)$$

$$M_2'(\omega) = M_2(\omega) \cdot \exp\left(-\frac{j\omega d}{c}\right) \quad (2.5.6)$$

で表される．

この原理をブロック図で表せば，図 **2.5.28** に示すとおりとなる．

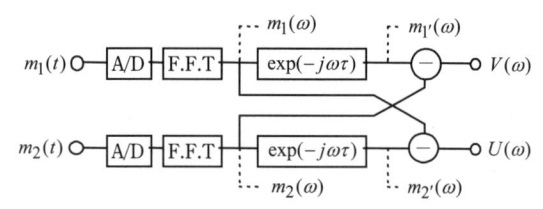

図 **2.5.28** 進行波，後退波の検出ブロック図（周波数領域における信号処理方法）

ポンプから水中への音響出力レベル PWL は，次式から算出する．ここに，W：音響出力 (W)，p：音圧 (kg/m^2)，A：管内断面積 (m^2)，ρ_c：水の固有音響抵抗 (kg/m^{2}s)，W_0：基準値 (10^{-12} W)．

$$W = \left(\frac{P}{\rho_c}\right)^2 A \quad (2.5.7)$$

$$PWL = 10\log_{10}\frac{W}{W_0} \quad (2.5.8)$$

c. ポンプから管路への伝達加振力

ここでは，置換法によるポンプから管路への伝達加振力の測定方法[3]を紹介する．

異なったポンプ等の加振源がそれぞれ同じ管路系に図 **2.5.29** に示すように設置された場合，加振力 F と管路系に発生する振動 V の比が一定であると仮定すれば，

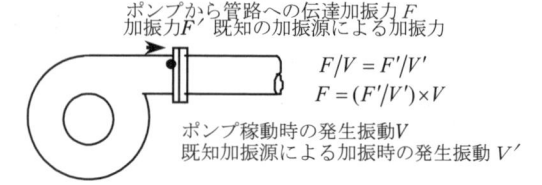

図 **2.5.29** ポンプから管路への伝達加振力の測定概念図

$$\frac{F}{V} = \frac{F'}{V'} \quad (2.5.9)$$

が成り立つ．これは変形して，

$$F = \frac{F'}{V} \times V \quad (2.5.10)$$

(a) 発生振動測定系

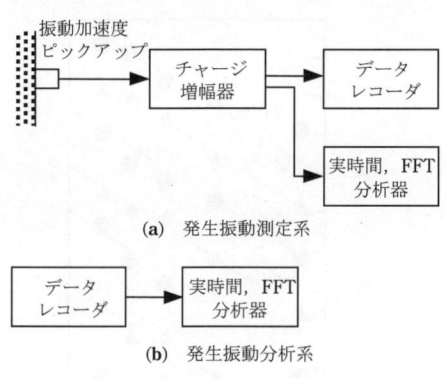

(b) 発生振動分析系

図 2.5.30 発生振動測定・分析系ブロック図

となる．ここで，加振力 F' の標準加振源で管路系を加振したときの発生振動 V' を測定して (F'/V') を求めておけば，ポンプ稼動時の管路系の発生振動 V を測定することにより，ポンプから管路への伝達加振力 F が算出される．発生振動の測定系ブロック図を図 2.5.30 に示す．

(3) 測定の実施と測定結果

(2)で示したポンプから管路内水中に入射する音響出力と管路への伝達加振力の測定方法により測定したいくつかの結果を以下に記述する．

a. 測定条件

測定対象ポンプは，管径 50A，電動機出力 0.75 kW のインライン型ポンプとし，図 2.5.31 に示す管路系において音響出力，伝達加振力を測定した．

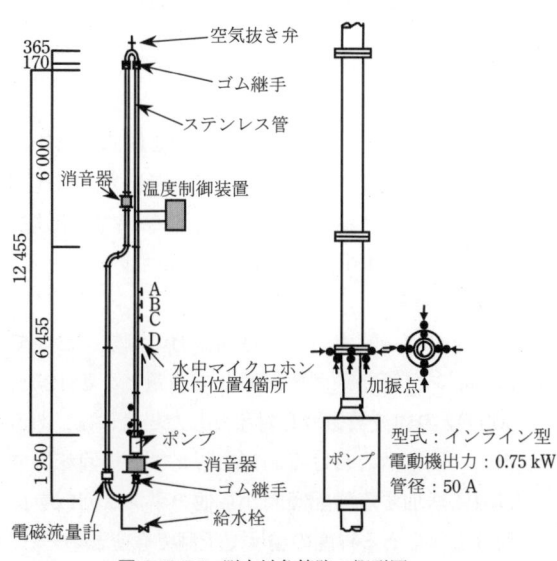

図 2.5.31 測定対象管路の概形図

表 2.5.3 マイクロホン間隔と測定対象周波数

マイクロホンの組合せ	マイクロホン間隔 (mm)	測定対象周波数 (Hz)
A, D	2 025	50〜 150
B, D	1 600	160〜 630
C, D	400	800〜1 600

表 2.5.4 ポンプの回転数，および管内流量

ポンプ回転数 (Hz)	ポンプ回転数×羽根枚数 (Hz)	管内流量 (m³/min)	水中温度 (°C)
10	40	117	20
20	80	238	10, 20, 30, 40, 50, 60
30	120	358	20
40	160	478	20
50	200	598	20

音響出力の測定周波数は，マイクロホン間隔によって表 2.5.3 に示す組合せとした．また，伝達加振力は，図 2.5.31 に示すポンプ吐出側フランジの管軸方向 4 点ごとに伝達加振力レベル（0 dB re 1 N）を測定し，エネルギー平均値を求めて表した．

音響出力，伝達加振力の測定は，ポンプの回転数，管内流量，水中温度の影響を見るために，表 2.5.4 に示す条件において行った．

b. 測定結果

b-1. 各ポンプ回転数（流量）における音響出力，伝達加振力

各ポンプ回転数，すなわち管内流量における音響出力測定結果を図 2.5.32 に，伝達加振力測定結果を図 2.5.33 に示す．これによれば，音響出力はいずれのポンプ回転数においても同様な周波数特性を示し，ポンプ回転数によって特定の周波数帯域で卓越する傾向はない．すなわち，本ポンプ管路系の音響出力においては，ポンプの回転に起因する振動・音特性の影響は小さいものと想定される．一方，伝達加振力は，ポンプ回転数に羽根枚数を乗じた周波数付近で卓越する傾向があり，ポンプ自体の振動・音特性の影響が現れていることが想定される．

b-2. ポンプ回転数と音響出力，伝達加振力との関係

ポンプ回転数と音響出力，伝達加振力との関係

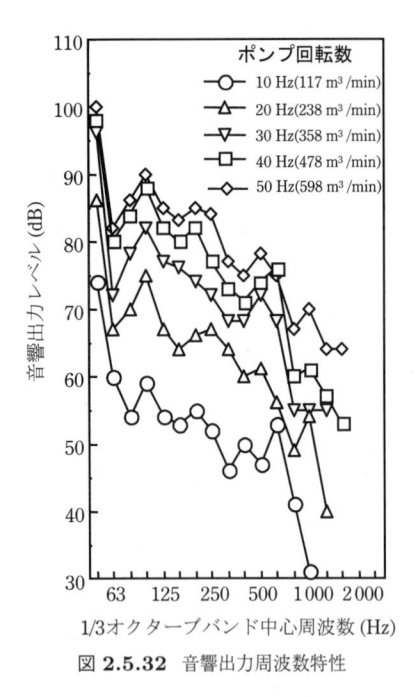

図 2.5.32 音響出力周波数特性

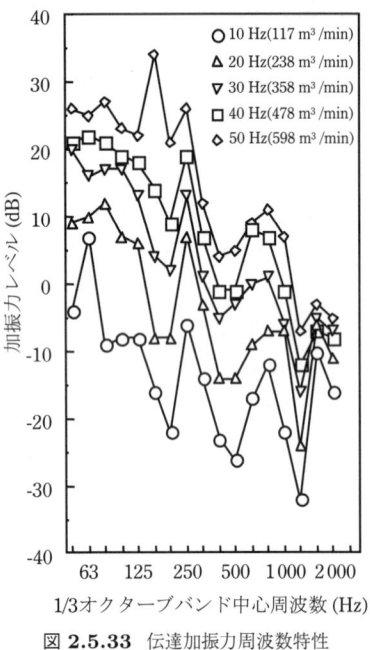

図 2.5.33 伝達加振力周波数特性

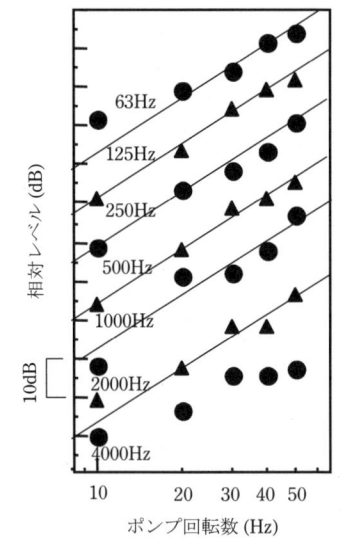

図 2.5.34 ポンプ回転数と音響出力との関係

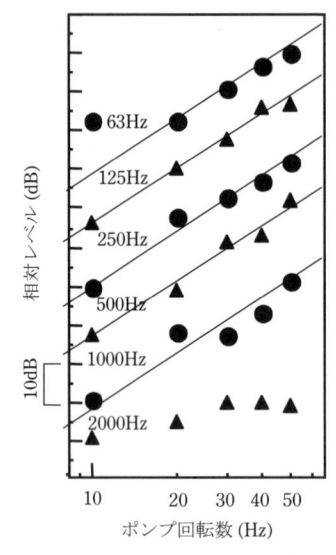

図 2.5.35 ポンプ回転数と伝達加振力との関係

を整理した結果を図 2.5.34, 図 2.5.35 に示す. これによれば, ポンプ管路系固体伝搬音で一般的に問題となる 125〜500 Hz では, 音響出力, 加振力ともにほぼ倍回転数で 15 dB 増加する (回転数の 5 乗に比例する) 傾向が見られる.

b-3. 各水中温度における音響出力, 伝達加振力

各水中温度における音響出力測定結果を図 2.5.36 に, 伝達加振力測定結果を図 2.5.37 に示す. 水中温度の違いによって音響出力, 伝達加振力はほぼ変わらないことから, 音響出力, 伝達加振力に対する水中温度の依存性は小さいといえる.

b-4. 考察

ポンプの音響出力, 伝達加振力の測定においては, ポンプ管路系固体伝搬音で問題となる 125〜500 Hz の周波数領域を対象とした場合には, あるポンプ回転数における測定を行えば, 倍回転数で 15 dB 増加する勾配傾向から他のポンプ回転数における値をある程度の精度で予測できるといえる.

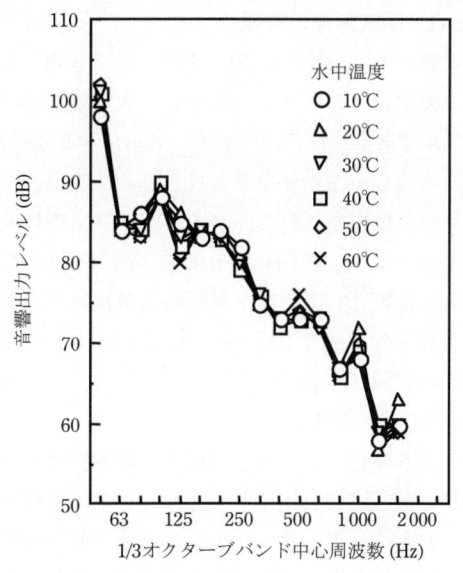

図 2.5.36 各水中温度における音響出力

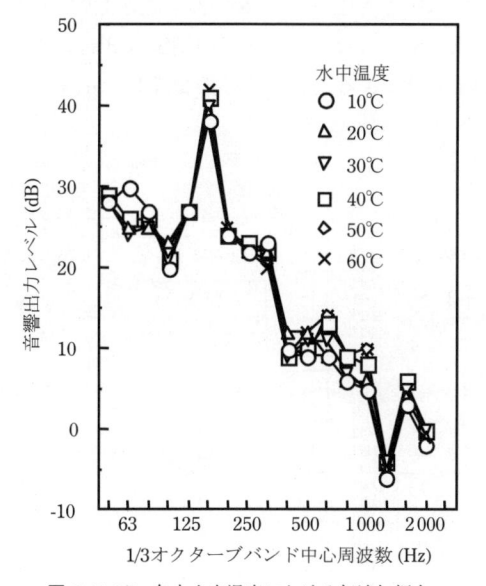

図 2.5.37 各水中音温度における伝達加振力

また，測定に際し実用上は水中温度は規定しなくてもよさそうである．

2.5.4 管路系の発生音の測定（太い径）

(1) 測定の対象

地域開発では，一般の大規模ビルに熱源供給センターを設置し，そこから開発地域内の各建物に必要熱源の供給を行う例が多く見受けられる．この場合，冷却水管等の大口径管が供給センター設置建物内の居室に隣接したパイプシャフトに設置されることが多い．また，建物の大規模化，超高層化によって，管路が大口径化され，あるいは集中配置されることが必然的に多くなってきている．このような設備条件下では，シャフトの隣接居室において流水音，ポンプのうなり音が聴こえるといった状況があるため，室内に高い静ひつ性能が要求されるホテル・集合住宅では，管路系騒音の影響に対しては，設計段階から十分な対応を検討する必要がある．

熱源供給センターは地下に設置され，地上階はホテル，事務所ビル，娯楽施設等であることが多い．この場合，大型ポンプに接続の冷却水管等の大口径竪管が居室に近接するパイプシャフト内に設置されるケースがある．このパイプシャフトに近接した居室では，管路の振動に起因した固体伝搬音が影響を与える．この発生機構，特徴，予測体系，および発生源であるポンプの音・振動源特性は，2.5.3 節に記載しているのでこれを参照する．

(2) 測定の計画

ここでは，パイプシャフトに近接した居室における竪管路からの固体伝搬音を対象に，それに関連した測定方法[2]を記述する．

大口径竪管路が設置されたパイプシャフトと隣接居室の概念図を図 2.5.38 に示す．ポンプから管路を介して伝搬した大口径竪管路壁の振動は，床貫通部から建物躯体に伝わり居室の内装材から固体伝搬音として放射する．したがって，居室内の室内騒音の評価は騒音レベル，音圧レベルを測定することにより行われるが，低減対策の立案や貫通部支持方法の固体伝搬音低減効果の把握のためには，室内騒音，シャフト内騒音，管路内水中音や管壁，支持材，床貫通部躯体，居室内装等の

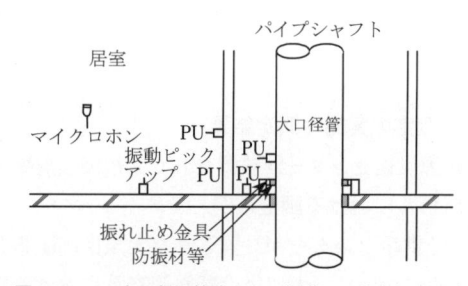

図 2.5.38 大口径竪管路からの振動・固体伝搬音測定概念図

振動の測定も実施される．

居室で発生している竪管路からの固体伝搬音の測定は，**2.4.1**節に示した方法により実施する．

竪管路の床貫通部における支持工法の振動，固体伝搬音低減効果は，**2.4.4**節の実験室における測定方法に準じるが，ここでは実建物への適用に関連して示す．

建物に設置された管路の支持工法の振動，固体伝搬音低減効果を測定する場合，2つの方法[14]が抽出される．

一つは，防振材等を介した管路側支持部材と躯体側支持部材等の振動のレベルを測定し，次式から防振材等の振動低減効果（伝達損失）を測定する方法である．この振動低減効果は，支持部の躯体や支持部材の剛性によって変わる測定量であり，防振支持材の挿入によって得られる振動低減効果ではない．

$$L_{\mathrm{TL}} = L_p - L_s \qquad (2.5.11)$$

ここに，L_p：管路側支持部材の振動のレベル（dB），L_s：躯体側支持部材の振動のレベル（dB）

もう一つは，大口径竪管路を床躯体貫通部に固定支持したときと防振支持したときの居室における発生音のレベル，または支持部材，床貫通部躯体，居室内装等の振動のレベルを測定し，次式から防振材等の振動低減効果（挿入損失）を測定する方法である．

$$L_{\mathrm{IL}} = L_f - L_i \qquad (2.5.12)$$

ここに，L_f：固定支持の場合の居室における発生音のレベル，または支持部材，床貫通部躯体，居室内装等の振動のレベル（dB），L_i：防振支持の場合の居室における発生音のレベル，または支持部材，床貫通部躯体，居室内装等の振動のレベル（dB）

(3) 測定の実施と測定結果

a. 熱源供給センターが設置された大規模高層事務所ビルにおける調査事例

熱源供給センターが設置された大規模高層事務所ビルにおいて，大口径冷却水管路系における騒音・振動に関する調査を行った事例を紹介する[7]．

a-1. 調査対象の概要

調査対象は，**図2.5.39**に示すように，地下5階に熱源供給センターが設置された大規模高層事務所ビルである．往き還り2本の800ϕ冷却水管が，主たる騒音・振動発生源と目される冷凍機，ポンプ等から横引きされて，パイプシャフト内に入って竪管となり，31階に至って再び横引きされて冷却塔に接続されている．竪管の重量はほとんどが地下5階の下部で支持され，約3階ごとに水平振れ止めが設けられている．

a-2. 測定方法

地下5階のポンプ周り各部と，竪管壁から支持金物を経て建物躯体に至る各部の振動加速度レベル，および管壁近傍とシャフト内音圧レベルを測定した．また地下5階と最上階の横引き管部において水中の音圧レベルと管壁の振動加速度レベルを測定した．なお，すべての測定は3台のポンプの組合せによる運転条件を**表2.5.5**に示す5段階

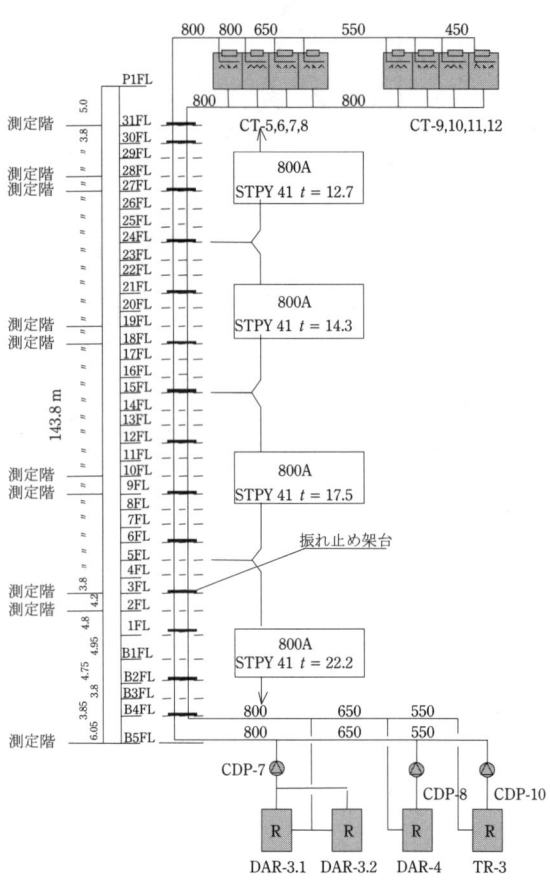

図**2.5.39** 測定対象建物の冷却水管系統図

表 2.5.5 ポンプ運転（管内流速）条件

条件	流量 (m³/h)	管内流速 (m/s)	稼動冷却水ポンプ	ポンプ回転数 N (Hz)	羽根枚数 n	$N \times n$ (Hz)
No.1	780	0.47	B	24.2	5	121
No.2	960	0.58	C	24.2	5	121
No.3	1 560	0.93	A	24.8	8	174
No.4	2 340	1.40	A＋B	—	—	—
No.5	3 300	2.00	A＋B＋C	—	—	—

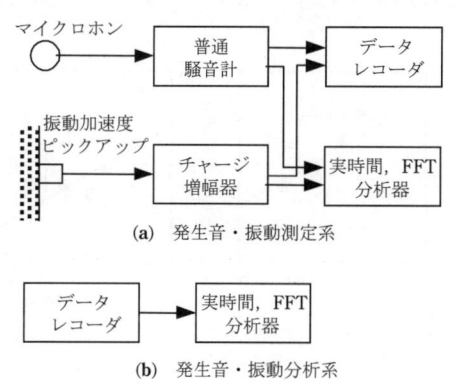

(a) 発生音・振動測定系

(b) 発生音・振動分析系

図 2.5.40 発生音・振動測定・分析系ブロック図

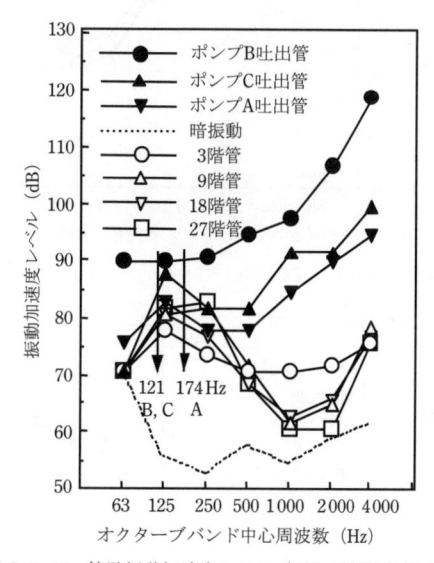

図 2.5.41 管壁振動加速度レベル（ポンプ運転条件 5）

に変化させて，オクターブ周波数分析で行った．

また，冷却水竪管路における振動伝搬特性を検討するために，竪管路の地下 5 階位置の管壁をハンマで衝撃加振し，上階位置の管壁で応答振動を測定した．測定系ブロック図を図 2.5.40 に示す．

a-3. 測定結果および検討

a-3-1. 管路系の振動・騒音特性

ポンプ運転条件 5 の場合について，各測定階の冷却水竪管壁と各ポンプ吐出管壁の面外方向（以下すべて同じ）の振動加速度レベルを図 2.5.41 に示した．これによれば，ポンプ吐出管では右上がりのホワイトノイズ的な周波数特性を示しているが，竪管ではいずれの階でもポンプ回転数にブレード羽根枚数を乗じた周波数（A：174 Hz，B，C：121 Hz）付近の 125 Hz が卓越し，250 Hz がこれに続いて大きい特性を示し，上階になるほど 125 Hz のピークが鋭く，かつその値も大きくなっている．なお，竪管路における 4 000 Hz でレベルが大きいのは，チャッキ弁の衝撃的な発生振動の影響である．

以上の結果について若干考察する．ポンプ近くでは羽根の高速回転によるキャビテーション，弁通過によるキャビテーション等によって気泡が生じ，発生後短時間で崩壊して騒音・振動を発生するため，ホワイトノイズ的な周波数特性になるものと想定される．これに対してポンプから離れた竪管部分では，気泡崩壊等による高周波成分の振動・騒音は，拡散，管壁からの音の放射，あるいは管の支持部からの振動の散逸減衰により，急激にその大きさが減少するが，ポンプ回転数に羽根枚数を乗じた周波数に相当する流体の脈動による振動は比較的低周波であり，流体中と共に管壁部分を伝搬するので減衰しにくいために，卓越した成分として現れると推定される．したがって，建物内における大口径管路系からの騒音・振動を考える場合には，流体の脈動により発生する振動の帯域に着目する必要があるといえる．

また，図 2.5.42 の各測定階における管壁近傍の音圧レベルを見ると管壁振動と同様に 125，250 Hz の帯域が大きい周波数特性を示しており，階層間の差は小さく管壁振動の傾向とは異なっている．

a-3-2. ポンプの運転条件と振動・騒音特性

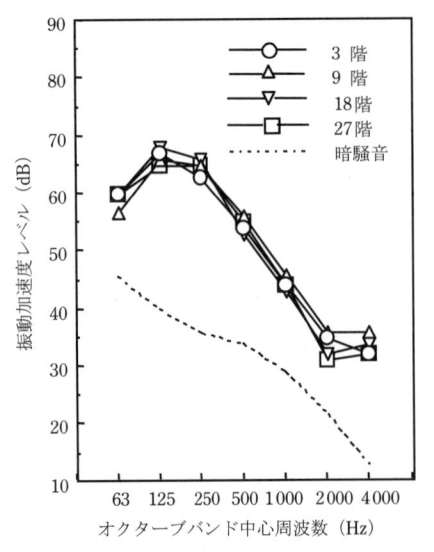

図 2.5.42 客室室内音圧レベル（ポンプ運転条件 5）

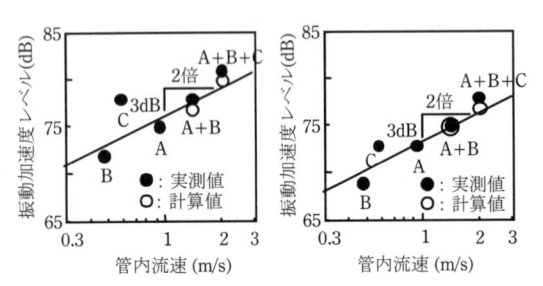

図 2.5.43 管壁振動加速度レベルと管内流速との関係（18 階）

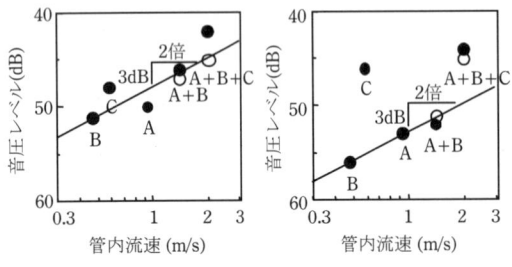

図 2.5.44 管壁近傍音圧レベルと管内流速との関係（18 階）

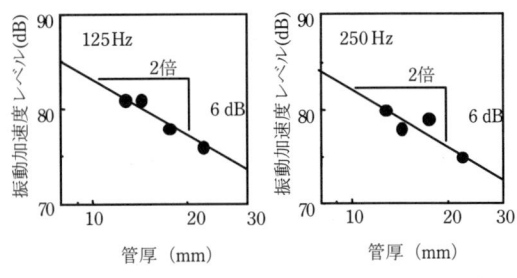

図 2.5.45 管壁振動加速度レベルと管壁厚との関係（ポンプ運転条件 5）

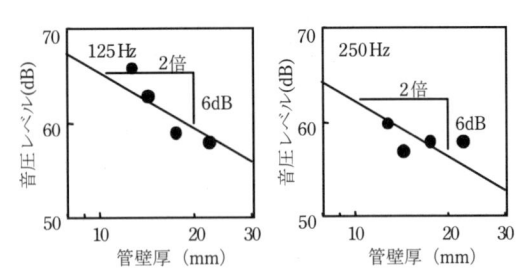

図 2.5.46 管壁近傍音圧レベルと管壁厚との関係（ポンプ運転条件 5）

ポンプの運転条件（管内流速条件）と 18 階における管壁振動加速度レベル，管壁近傍音圧レベルとの関係を図 2.5.43，図 2.5.44 でみると，ポンプ C が特異であるが大略流速に比例する傾向（2 倍で 3 dB 増）を示している．ポンプ C とポンプ A を比較した場合，流量，電動機出力ともに前者の方が小さいにもかかわらず，図 2.5.41 に示すように吐出管壁の振動はポンプ C の方が大きい．このように当管路系では，ポンプ自体の振動発生特性の個体差が顕著にあり，それが竪管における振動，放射音に現れているために，一部管内流速の依存性に対する傾向がはずれるものがあるものと想定される．

a-3-3. 管壁厚と振動・騒音特性

各階の竪管振動および放射音には，管壁厚の違いのほかに縦方向の振動モード，および距離減衰が影響することが想定されることから，管壁厚の依存性だけを抽出することはできない可能性があるが，管壁振動加速度レベル，および近傍音圧レベルと管壁厚との関係を整理した．図 2.5.45，図 2.5.46 にポンプ運転条件 5 の場合で 125，250 Hz の低周波数帯域における関係を示したが，管壁厚が 2 倍になると約 6 dB 低下する特性を示している．しかし，これは明らかな傾向が示された例であり，他の運転条件では単純な傾向とはなっていないものが多い．また，管路内が満水状態において，地下 5 階部分の管壁を衝撃加振したときに上階各部位の管壁で測定した振動加速度レベルと管壁厚との関係を整理した結果を図 2.5.47 に示したが，この場合は管壁厚が 2 倍になると約 12 dB 低下する特性となっており，管壁振動に与える管壁厚の影響はポンプ稼動時よりも大きい．ちなみに管が水中音圧に円周方向の引張力で抗する時倍

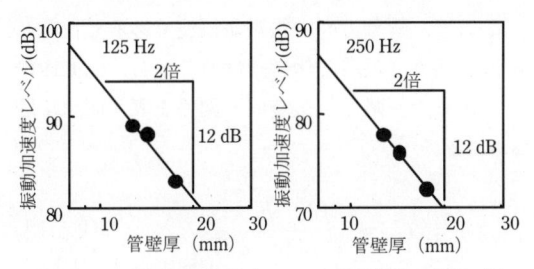

図 2.5.47 管壁振動加速度レベルと管壁厚との関係（衝撃加振時）

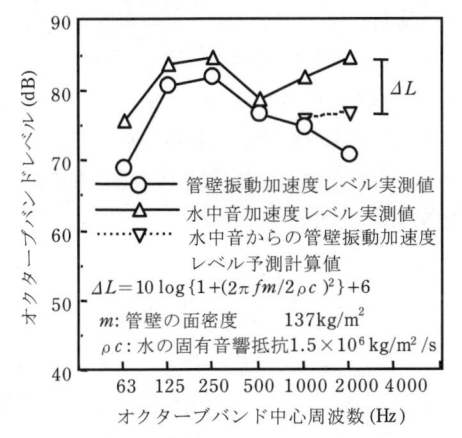

図 2.5.48 管壁振動と水中音との対応（B5 階）（ポンプ運転条件 5）

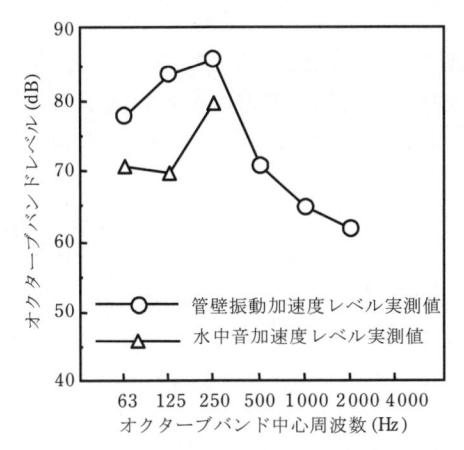

$\Delta L = 10 \log\{1+(2\pi fm/2\rho c)^2\}+6$
m: 管壁の面密度　　　137kg/m^2
ρc: 水の固有音響抵抗 $1.5 \times 10^6 \text{kg/m}^2/\text{s}$

図 2.5.49 管壁振動と水中音との対応（屋上階）（ポンプ運転条件 5）

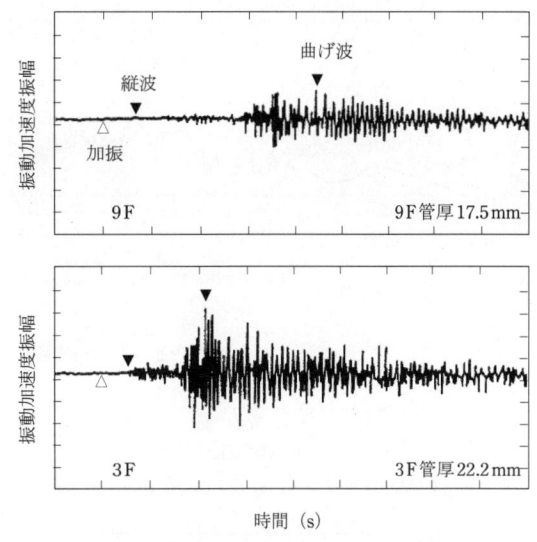

図 2.5.50 管壁衝撃加振時の管壁面外方向振動波形

管厚で 6 dB, 曲げインピーダンスのとき 12 dB 低下することになる．このことから，衝撃加振の場合は管壁を曲げ振動が伝搬し，ポンプ稼動の場合は水中音が伝搬し，各部で管壁を励振する伝搬形態が想定される．

a-3-4. 水中音と管壁振動

水中音圧（加速度レベル換算値）と管壁の振動との関係を図 2.5.48, 図 2.5.49 でみると，地下 5 階においては中低周波数領域でほぼ両者は一致し，管断面方向に音波が生じる約 900 Hz 以上の周波数領域では水中音から質量則により求めた管壁振動予測値が実測値とほぼ一致している．これに対し，最上階においては水中音の 125 Hz の成分が冷却塔の開放端反射の影響と想定される原因で落ち込んでいる．

a-3-5. 竪管における振動伝搬特性

ポンプ稼動時，地下 5 階管壁衝撃加振時ともに，上階各部位の管壁の振動加速度レベルは 125, 250 Hz 帯域において上階にいくほど大きくなる傾向が示された．これは，前記結果から管壁厚が上階ほど薄くなることに起因していることが想定される．したがって，本竪管における振動伝搬特性を距離減衰として表すことには，大きな意味は持たない．ここでは，竪管路系における振動伝搬波の実体を把握するために伝搬時間に関する検討を行った．

地下 5 階管壁加振時の 3 階，9 階における管壁振動波形および管壁振動周波数特性測定結果を図 2.5.50, 図 2.5.51 に示した．これによれば，波形の初期部分では比較的高周波の波形が現れ，次にやや低周波の波形が大きな振幅で現れる傾向にある．この結果から，伝搬波の種類を伝搬時間に着目して検討した．管軸方向の振動波形において，衝撃加振時の時間を基準にし，各測定位置の波形

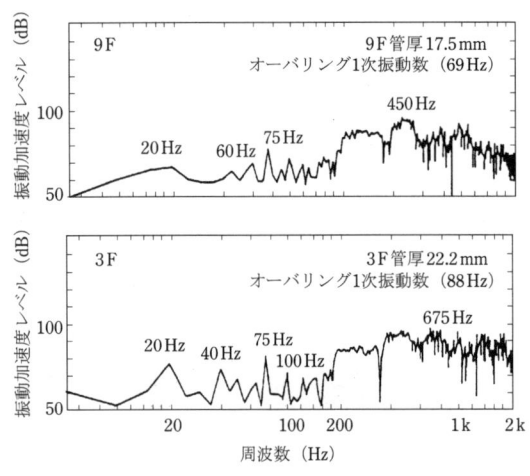

図 2.5.51 管壁衝撃加振時の管壁面外方向振動周波数特性

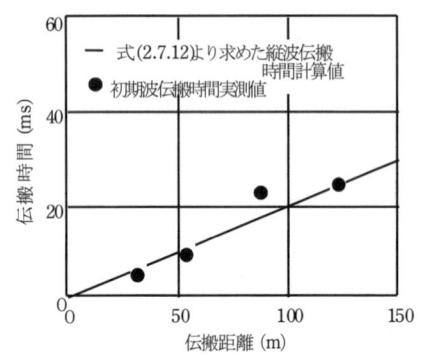

図 2.5.52 初期波（縦波）の伝搬時間（実測値と計算値との比較）

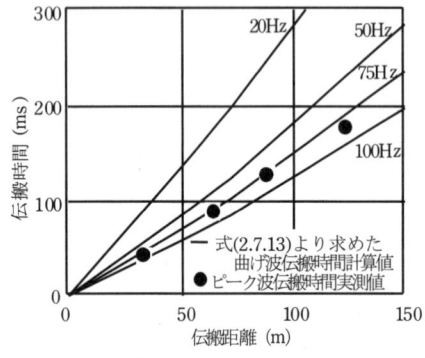

図 2.5.53 ピーク波（曲げ波）の伝搬時間（実測値と計算値との比較）

が現れる時間を初期波の伝搬時間として，横軸伝搬距離，縦軸伝搬時間をとって整理した結果および管壁面外方向の振動波形において，ピーク波の現れる時間をピーク波の伝搬時間として整理した結果を，それぞれ図 2.5.52，図 2.5.53 中に●印で示す．

ここで，管軸方向の振動が縦波であると仮定して，次式より縦波の伝搬速度を算出し，伝搬距離から求めた距離と伝搬時間の関係を表す直線を図 2.5.52 に示す．

$$C_v = \sqrt{\frac{E}{\rho(1-\sigma^2)}} \qquad (2.5.13)$$

ここに，C_v：縦波の伝搬速度（m/s），E：管材のヤング係数（N/m^2），ρ：管材の密度（kg/m^3）．

また，管壁面外方向の振動が曲げ波であると仮定して，卓越周波数 20，50，75，100 Hz に対して次式により曲げ波の伝搬速度を計算し，伝搬距離から求めた距離と伝搬時間の関係を表す直線を図 2.5.53 に示す．

$$C_b = \sqrt[4]{\frac{4\pi^2 f^2 F}{m}} \qquad (2.5.14)$$

ここに，C_b：曲げ波の伝搬速度（m/s），I：管断面の断面 2 次モーメント（m^4），m：管の単位長さ当り質量（kg/m）[水の質量も含む]．

これらによれば，初期波の伝搬時間実測値は，縦波伝搬時間計算値によく一致しており，初期波は縦波であると推定される．また，曲げ波の伝搬時間実測値は，75 Hz における曲げ波伝搬時間計算値によく一致しており，ピーク波は曲げ波であると推定される．

一般的に，大口径管路系の振れ止め部から建物躯体に進入し，居室内に伝搬して放射される固体伝搬音は，管壁の面外方向の振動に起因することが多いこと，またピーク波は曲げ波であると推定されることから，大口径管路系における振動低減対策は，曲げ波に着目して行う必要があることが示されたといえる．

a-3-6. 竪管振れ止めの有無が支持躯体発生振動に与える影響

大口径竪管設置のパイプシャフトに隣接した居室で発生する音は，隔壁が十分な遮音性能を有している場合，竪管の振動が支持部から建物躯体に伝わり居室内装から放射する固体伝搬音であることが経験的に明らかにされている．そこで，振れ止めの有無によって支持躯体の振動がどの程度異なるのかを把握する目的で，水平方向の振れ止め（バネ定数 4.7×10^6 N/m）の防振ゴムが 4 方向

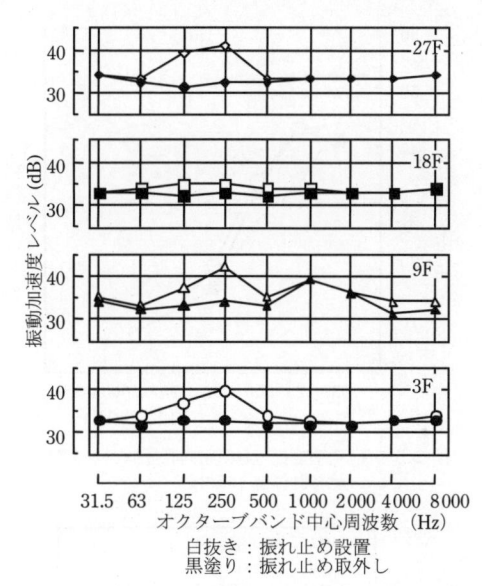

図 2.5.54 振れ止めの有無が支持躯体床水平方向振動加速度レベルに与える影響

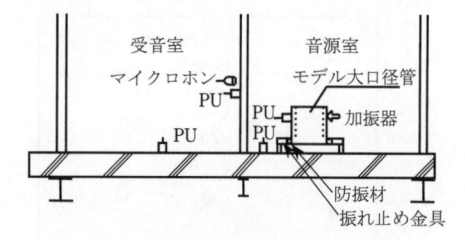

図 2.5.55 建築部分模型，竪管模型の概要

表 2.5.6 防振材の仕様

防振材番号	防振材仕様	静的バネ定数(N/m)
No.1	ゴム，硬度 90	4.6×10^6
No.2	ゴム，硬度 50	2.0×10^5
No.3	ゴム，硬度 50	1.6×10^5
No.4	ゴム，硬度 50	7.6×10^4
No.5	空気バネ，空気圧 3 kgf/cm^2	7.9×10^4

4か所で支持）が設置されている階において，設置されている場合と取り外した場合について竪管貫通躯体床の水平方向の振動加速度レベルを測定した．その結果を図 2.5.54 に示す．これによれば，いずれの階も，管壁振動のレベルが大きい 125，250 Hz の帯域において振れ止めの有無によってレベル差が認められる．階によってレベル差は異なるが，振れ止めがあることによって最大 10 dB 程度のレベルの上昇が示されている．したがって，振れ止め方法を考慮することにより，パイプシャフト隣接居室に発生する固体伝搬音を低減できる可能性が示されたといえる．

b. 大口径管路系の固体伝搬音に関する実大模型実験

大口径冷却水管路系における騒音・振動の実測調査により得られた知見を基に，大口径竪管路からの固体伝搬音の低減工法を検討するために，実大の建築部分模型と竪管模型を用いた固体音伝搬系のシミュレーション実験を行った[7]．

b-1. 実験方法

図 2.5.55 に示すような建築部分模型において，音源室の床版に設置した振れ止め金具に，防振材を介して取り付けた実大の大口径竪管の管壁を加振器により定常加振したときの各部の振動，および受音室における発生音を測定した．建築部分模型は鉄骨造で，床版は鉄筋付き PC 板 (70 mm 厚) を下地としたコンクリート板 (150 mm 厚)，音源室と受音室との間仕切壁はせっこうボード中空二重壁（両面 12 mm 二重貼り），受音室は壁・天井がせっこうボードクロス貼り，床仕上はカーペット敷きであり，室内には家具が設置されていた．管壁の加振方法は，前記調査建物において収録した冷却水竪管壁の振動を再生した波形を加振器により入力し，その量的なコントロールを管壁の振動加速度レベルをモニタして行う方法とした．振動は加速度レベルを，発生音は音圧レベルをいずれもメータ直読で 1 オクターブバンドごとに測定した．

b-2. 実験条件

実験に用いた管壁と振れ止め金具との間に挿入する防振材は表 2.5.6 に示す 5 仕様とした．管壁の加振条件は，管壁の振動加速度レベルが図 2.5.56 に示した特性になるようにし，防振材 No.3 においてはさらに 10 dB レベルが大きい B の特性も用いた．また防振材の締付け力は No.1, 2, 4, 5 においては工事作業員が適度に締め付ける程度とし，No.3 においては 255，745，1630 N の 3 条件とした．

b-3. 実験結果

b-3-1. 防振材の固体伝搬音低減効果

図 2.5.57 に防振材仕様ごとの受音室内バンド

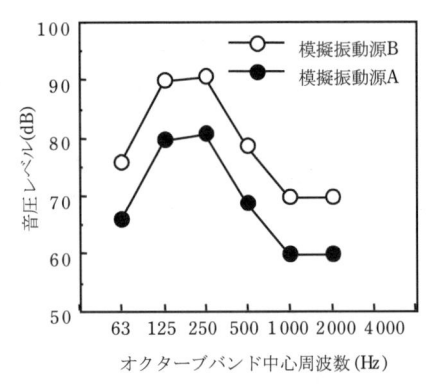

図 2.5.56 模擬振動源の周波数特性

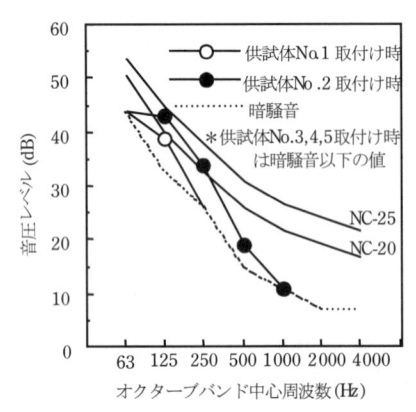

図 2.5.57 防振ゴムの種類と受音室内発生音との関係

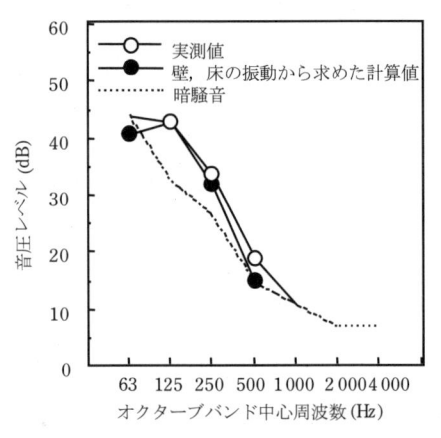

図 2.5.58 管壁加振時音源室内音圧レベル実測値と計算値との対応

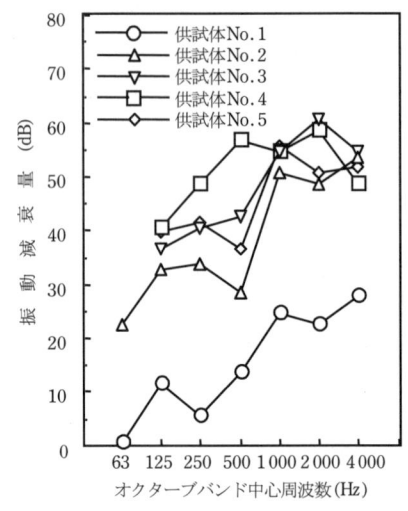

図 2.5.59 防振ゴムによる振動減衰量の比較（管壁と振れ止め金具との振動加速度レベル差）

音圧レベルを示したが，防振材 No.3, 4, 5 においては発生音が暗騒音以下となっており，聴感的にも問題がないことが確認された．これらの防振材のうち，一般的には耐震上の問題から No.1 のようなバネ定数の大きなものを用いているが，高い静ひつ性能が要求されるホテル客室，集合住宅居室に隣接して竪管を設置する場合には，No.3 程度のバネ定数のものを用いることが必要である．

また，図 2.5.58 に示すように受音室の音圧レベル実測値と壁・床の振動加速度レベルから算出した音圧レベルの値はよく一致しており，防振材による受音室内発生音の低減効果を振動に置換しても差し支えないことが確認されたことから，図 2.5.59 に示した振れ止め金具での振動加速度レベルの低減量で発生音の低減効果を評価できるものと想定される．

騒音対策上の卓越周波数である 125 Hz と 250 Hz における振動減衰量（防振材を介した管路側支持材と床躯体側支持材の振動加速度レベルの差：伝達損失）と防振材の静的バネ定数との関係を示すと図 2.5.60 のようになり，大略バネ定数が半分になると減衰量が 6 dB 増加する関係を示しており，バネは共振系の要素としてではなく，単なる直列インピーダンスとして作用しているといえる．

c. 固体伝搬音の低減工法を施した建物における確認調査

大口径竪管の水平振れ止め機構の防振装置を設計し，熱源供給センターを有する超高層ホテルに適用したので，固体伝搬音の低減効果を確認するための調査を行った[7]．

c-1. 調査対象の概要，および測定方法

調査対象は，図 2.5.61 に示すように，地下 5 階

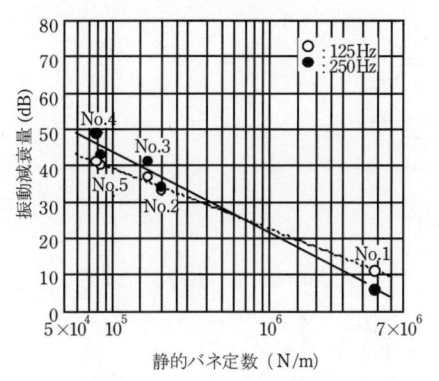

図 2.5.60 振動減衰量と防振ゴムバネ定数との関係（管壁と振れ止め金具との振動加速度レベル差）

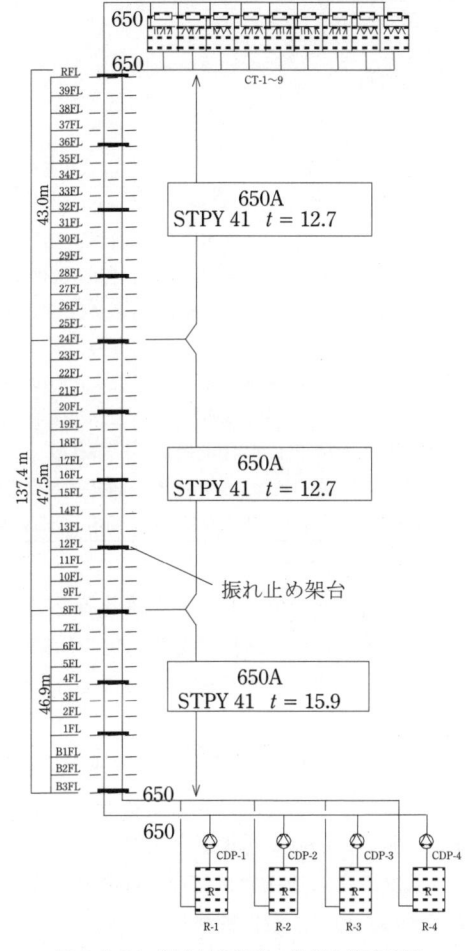

図 2.5.61 測定対象建物の冷却水管系統図

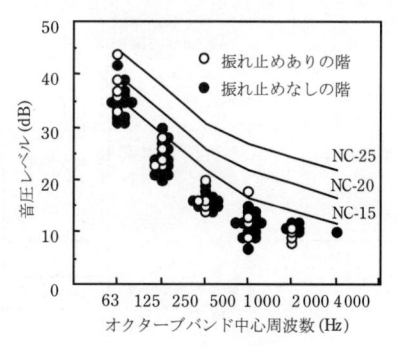

図 2.5.62 パイプシャフト隣接客室室内発生音

に熱源供給センターが設置された大規模高層ホテルである．往き還り2本の650φ冷却水管が，冷凍機，ポンプ等から横引きされて，パイプシャフト内に入って竪管となり，31階に至って再び横引きされて冷却塔に接続されている．竪管の重量はほとんどが地下5階の下部で支持され，約4階ごとに水平振れ止めが設けられている．竪管がおさめられているパイプシャフトにはホテル客室が隣接している．また，水平振れ止めには耐震上からも検討して設計した特殊形状の防振ゴムを取り付けた．その静的バネ定数は，常時は固体伝搬音の低減上から決定した1.5×10^5 N/mであり，地震時には水平荷重により変形して5×10^6 N/mとなる非線形性を持つ．

c-2. 測定結果

大口径冷却水竪管が設置されたパイプシャフト隣接客室の20室において室内騒音を測定した結果を図 2.5.62 に示したが，NC曲線を用いてこれらを評価するといずれの室においてもNC-25以下であり，聴感上も問題のない結果が得られた．また，測定階ごとに室内騒音の大きさを比較すると，振れ止め機構設置階の発生音レベルが大きいとは必ずしもいえない．このように，振れ止め機構の有無が室内騒音の大きさに明確な影響を与えていないことから判断して，本測定対象建物に適用した耐震・防振振れ止め機構は所要の性能を満足しているものと推定される．

2.5.5 集中ごみ処理ブロワ室の騒音測定・対策例

設備機械室等からの騒音は，発生過程，伝搬経路（図 2.5.63）により下記のように分類できる．
① 機器発生騒音
・設備機器等から発生した騒音が直接聞こえる
② 空気伝搬音
・設備機器より発生した騒音が床，壁などを透過して隣室に伝搬する

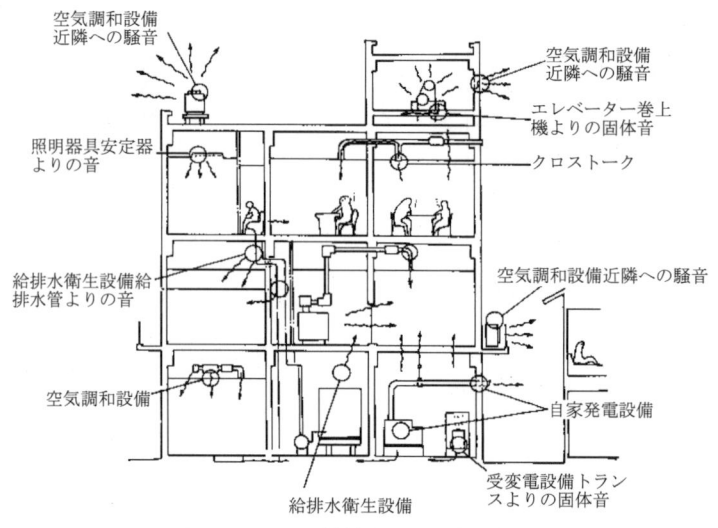

図 2.5.63 設備機械室の騒音と伝搬経路

表 2.5.7 主な設備機械室騒音発生事例

建物種別	設備機械室名称	主な騒音源・振動源	騒音発生事例	主な伝搬経路
集合住宅	電気室	トランス，ファン	トランスの防振不良により上階居室に固体伝搬	固体伝搬
商業施設	熱源機械室	ガスタービン，ポンプ	振動源につながる配管の防振不良により固体伝搬	空気，固体伝搬
商業施設	発電機室	原動機，換気ファン	ファンの防振不良により事務室に固体伝搬	空気，固体伝搬
集合住宅	ポンプ室	ポンプ，配管	ポンプ配管の吊防振不良により上階に固体伝搬	固体，空気伝搬
ホテル	PS	配管，ダクト	冷温水配管のスラブ貫通部分より固体伝搬	固体伝搬
劇場	空調機械室	空調機，冷凍機	空調屋外機器配管の防振不良により固体伝搬	空気，固体伝搬
ホテル	屋上機器類	室外機，冷却塔	低層棟屋上の屋外機冷却ファンから騒音伝搬	空気，固体伝搬
集合住宅	ロープ式エレベータ	昇降機，ガイドレール	寝室横の EV のガイドローラ摩擦音が固体伝搬	固体伝搬
集合住宅	油圧式エレベータ	油圧ユニット，配管	油圧 EV 機械室遮音および防振不良による騒音伝搬	固体，空気伝搬
事務所	機械式駐車設備	駆動部，架構支持部	振動が架構支持部より外壁に伝わり低周波音発生	固体，空気伝搬

・屋外に配置された機器やガラリ等から発生した騒音が近隣に影響を及ぼす

③固体伝搬音
・機器，配管，ダクト等で発生した振動が躯体中に伝わり，その振動が別の場所で仕上げ材等を振動させて騒音となる

このように，騒音源は発生形態，伝搬経路や方法によって異なる．固体伝搬の影響により騒音源に新たな音源が加わることもあり，防止対策も条件により違ってくる．したがって，検討のために実施する測定や対策方法が大きく変わる．

──測定方法および条件

騒音対策を検討する場合は，すぐに騒音計を出して測定を開始するのではなく，実際に騒音が問題になっている室，音源と考えられる設備機械室および伝搬経路を自分の目と耳で確認調査することが重要である．また，騒音発生部位や伝搬経路が振動しているかどうかを確認することも忘れてはならない作業である．

この確認調査を基に，空気伝搬のみ調査するか，固体音を含めた調査が必要なのかを決めると無駄な測定を省け，的確な対策案を見つけることができる．表 2.5.7 に設備機械騒音の対策を検討する際の参考のために，設備機械室の主な騒音発生事例，騒音源，騒音伝搬経路を示す．

集合住宅の地下に計画された集中ごみ処理用浄化槽機器を運転した際，上階の住戸内において騒音が発生したため，現況の調査と騒音の特定および対策を実施したので概要を紹介する（図 2.5.64，図 2.5.65）．

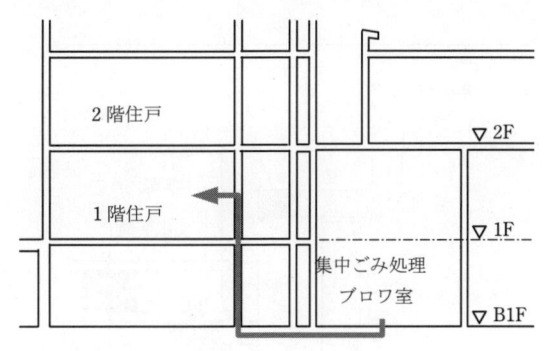

図 2.5.64 集中ごみ処理ブロワ室断面

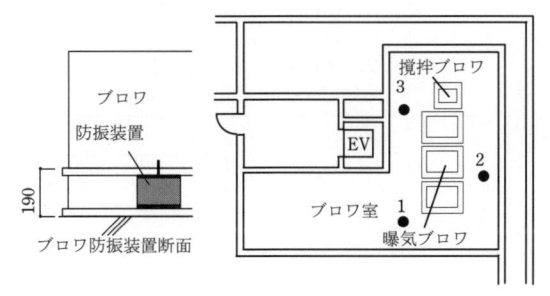

図 2.5.65 機械室平面

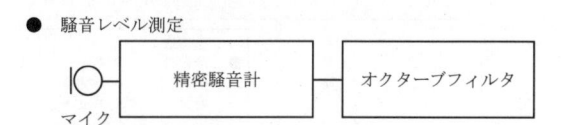

図 2.5.66 測定ブロックダイアグラム

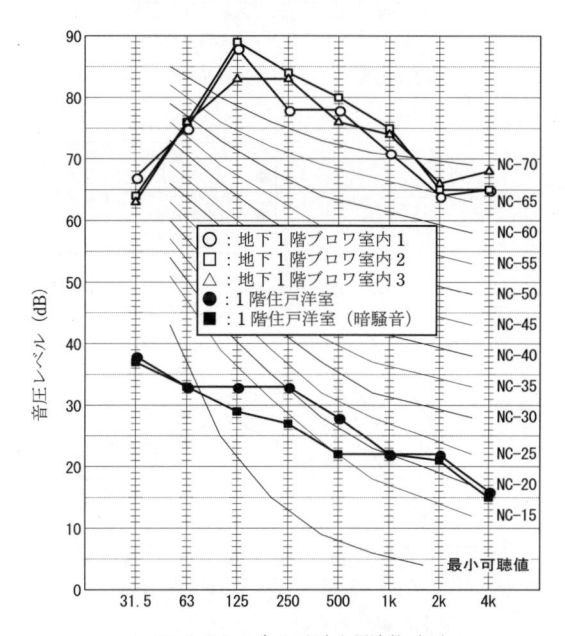

図 2.5.67 住戸および機械室内の音圧レベル

（1） 目視と聴感による確認調査

騒音発生の状況を把握するために目視と聴感による事前調査を実施した．

a. 騒音源の特定

1階住戸内における騒音は，集中ごみ処理用浄化槽機器のブロワ運転時に聞こえることから，騒音源は地下ブロワ機器に特定した．

b. 空気伝搬音の影響

騒音が発生している住戸は地下ブロワ室の直上ではなく，ずれた位置にある（図 2.5.64）．また，ダクト，配管等で直接つながっていないことから，遮音性能は十分あると考えられ，空気伝搬音の影響は少ないと判断した．

c. 固体音の影響

騒音レベルは小さいが，2階住戸でも，1階住戸と同じような特性で騒音が聞こえることから，固体伝搬音の影響が大きいと考えられた．また，地下の機械室内の調査では，機器本体の防振架台や配管類の吊防振など，一見，固体伝搬音の対策を十分施されているように見えるが，機械室の躯体（床，壁）を手で触れると振動しており，機器の防振が十分でないことが判明した．

（2） 騒音調査計画

上記結果から，騒音の原因は地下ブロワ室から機械振動が躯体を伝搬する影響が大きいと考えられ，固体伝搬音経路の特定のために，以下に示す調査を実施した（図 2.5.66）．

①住戸および機械室内の騒音レベル
②住戸内の振動加速度レベル
③機械室内の振動加速度レベル

（3） 調査結果

a. 住戸および機械室内の騒音レベル（図 2.5.67）

住戸内の測定結果はブロワ運転時が 32 dBA，停止時（暗騒音）は 26 dBA で，明らかに運転音の影響が認められる．特に，125 Hz～500 Hz で影響が顕著である．

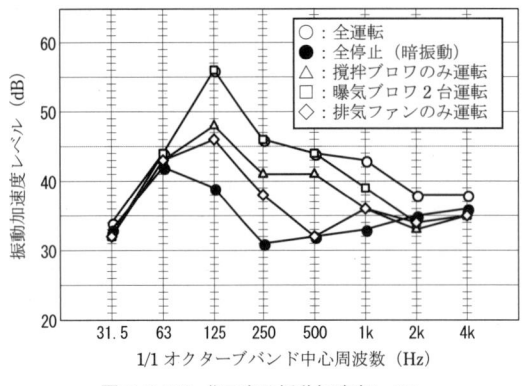

図 2.5.68 住戸内の振動加速度レベル

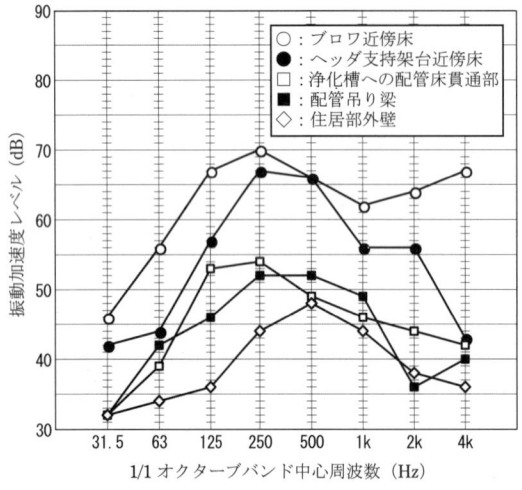

図 2.5.69 機械室内の振動加速度レベル

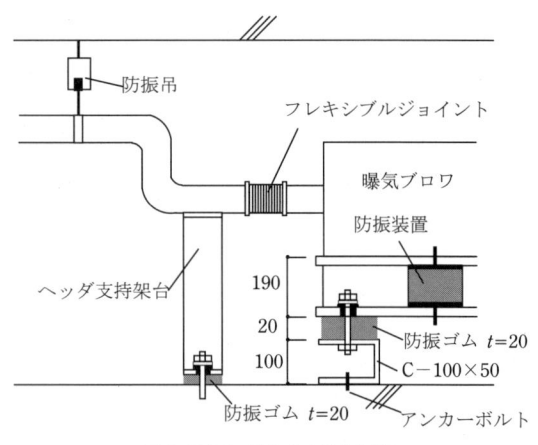

図 2.5.70 具体的な防振対策

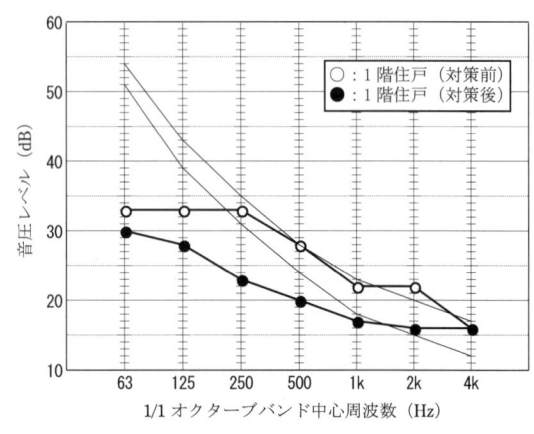

図 2.5.71 対策後の住戸の音圧レベル

b. 空気伝搬音の影響度

機械室の騒音レベルは 79 dBA であり，住戸内との差は 47 dB 程度である．簡易遮音測定では，室間音圧レベル差が 60 dB 以上あり，空気伝搬音の影響は少ないことが判明した．

c. 固体音の影響度

住戸の壁の振動加速度レベル測定結果（図 2.5.68）から，全機器運転時は 125 Hz 以上の周波数帯域で振動の伝搬が顕著に現れている．また，曝気ブロワ 2 台の運転による影響が全機器の運転と同レベルであり，振動発生の寄与率が一番高いことがわかる．後は撹拌ブロワ，排気ファンの順に影響度が高い．

また，機械室内の測定結果（図 2.5.69）から，ブロワ本体以外にヘッダ受け架台からの影響も大きいことが判明した．

(4) 騒音対策および結果

以上の測定結果から機械室の防振および振動絶縁対策は以下の項目に絞って対策工事を実施した．具体的な対策方法は図 2.5.70 に示した．

① 曝気ブロワの防振装置の見直し
② ヘッダ支持架台の防振
③ 配管貫通部の振動絶縁

対策の結果，住戸内の騒音レベルは NC-20 以下に低減され，通常は聴感上で確認できないレベルになった（図 2.5.71）．

その効果は，125 Hz～2 kHz で 5 dB 以上であった．

2.5.6 ダクト系の発生騒音の測定

(1) 測定対象

空気調和設備における騒音の主な伝搬経路を図 **2.5.72** に示す．これらの主な騒音の発生源は，送風機や室内空調機などの機器から発生する騒音とダクト内や吹出し口あるいは吸込み口で発生する騒音の2つに大きく分けられる．

ダクト系の発生騒音は，後者の空調ダクト系で発生する騒音のことであり，すべて気流による発生音である．その対象は，主に，ダクト直管部，曲管部および分岐部，断面変化部，流量制御装置，ベーン，吹出し口および吸込み口，また，音を消すために用いられる消音器も気流によって音が発生する．したがって，本来，ダクト系のほとんどすべてのエレメントについて，その発生音のパワーレベルを知る必要がある．

しかし，これらのうち，ダクト直管部，曲管部，分岐部，断面変化部および消音器は，空調ダクト設計において，無視されることが多い．

そもそも空調ダクト設計の第一の目的は，送風機から吐き出された空気を各部屋まで設計どおりに送風することである．その際，行われる消音設計で重要なことは，ダクト内で最大の騒音である送風機の発生騒音が各部屋に到達しないように計算することであり，この計算によって配置される消音器や音の距離減衰および開口端減衰などの自然減衰によって，これらの無視されるダクト内の発生騒音が消音されるものと考えるわけである．

しかし，騒音許容値が小さい部屋に対しては，発生騒音がいちばん小さいダクト直管部の気流による発生騒音が影響しないような気流速度を設定してダクト寸法などを調整しておく必要がある．

これらの騒音は，ダクト内を伝搬してきた送風機の発生騒音と一緒に吹出し口あるいは吸込み口から合成されて室内へ放射されるので，どこのエレメントで騒音が発生しているか，なかなか判断できないのが現状である．

すなわち，ダクト系の発生騒音においては，設計段階で気流によって発生しそうなエレメントに対して事前に気流による発生騒音の測定を行い，必要であれば，消音設計に組み込むべきである．

ここでは，空調騒音に用いられる室内音場の評価と許容値およびダクト系を構成するエレメントのうち，VAVユニットおよび吹出し口や吸込み口で用いられるルーバの気流による発生騒音の実験施設における測定方法について述べる．

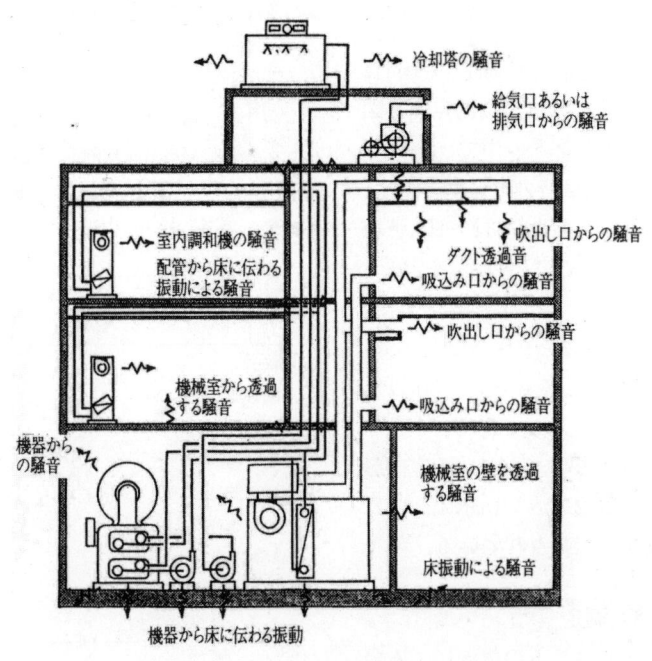

図 **2.5.72** 騒音の伝搬経路

(2) 空調騒音の測定と評価

上記で述べたように，ダクト系の発生騒音は，ダクト内を伝搬してきた送風機の発生騒音と一緒に吹出し口あるいは吸込み口から合成されて室内へ放射される．

空調騒音の測定として，特に，測定方法を規定しているものは日本にはなく，室内音場における騒音測定と基本的に同様であるので，詳細は第1編の基礎的な測定法のA特性音圧レベルあるいはオクターブバンド音圧レベル測定や前節などに述べられている室内騒音の測定に準じる．

ただし，その際，吹出し口から放射される気流速度を標準設定にする必要があり，安全性をとるならば，設定されている最大流速時における室内騒音を測定するべきである．また，吹出し口近傍の測定ポイントでは，吹出し気流がマイクロホンに直接あたらないように配慮する必要がある．

室内騒音に対する評価は，騒音レベルをはじめ日本建築学会のN数[1]やBeranekらによって提案され，のちにIEC規格に適合するようにShultzが修正されたNC数[2]があるが，ここでは，空調騒音の評価として近年用いられており，特にアメリカのASHRAE Handbookにも1980年以降紹介されているRC数[3]を取り上げる．

RC（Room Criteria）曲線[3]を図 2.5.73 に示す．

RC数の決定は，対象となる室内騒音の16 Hzから4 kHzまでのオクターブ分析した測定値を図2.5.73 にプロットして9バンドの中で，最大のRC数をその対象となる室内騒音のRC数とする．NC数と異なる点は，16 Hzおよび31.5 Hz帯域の低音域が増え，2 kHzおよび4 kHz帯域を厳しくして8 kHz帯域を削除したことである．また，RC曲線を適用するのは25から50までとして，25以下は音響専門家に判断してもらい，50以上はNC曲線を用いるように指示してある．

ASHRAE Handbookに掲載されている室内騒音のRCの推奨許容値を表 2.5.8[3]に示す．これは，NC数も適用が可能と記載されている．

(3) 発生音パワーレベル測定

ダクト系を構成するエレメントの気流による発

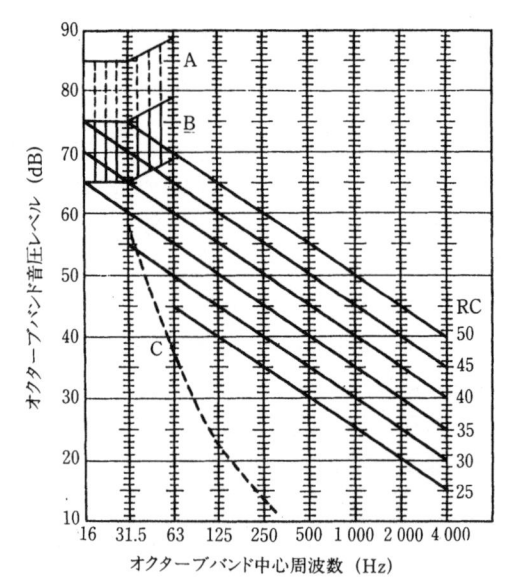

注）A：軽量の壁および天井に騒音による振動が明らかに認められる．軽量の家具・ドア・窓などががたつく．
B：上記振動がやや認められ，軽量の家具・ドア・窓などががたつくことがある．
C：これ以下は連続音については感知されない．

図 2.5.73 RC 曲線（ASHRAE）

表 2.5.8 室内騒音（空席）の許容値（ASHRAE）

建物あるいは室の用途		RCの推奨値（NCにも適用可）
個人住宅		25～30
アパート		30～35
ホテル	客室	30～35
	会議室・宴会場	30～35
	ホール・廊下・ロビー	35～40
	サービス区域	40～45
事務所	重役室・会議室	25～30
	個人事務所	30～35
	一般事務所（大部屋）	35～40
	ビジネス機器室・コンピュータ室	40～45
病院	個室・手術室	25～30
	一般病棟	30～35
学校	教室	25～30
	オープンプランの教室	35～40
教会		30～35
図書館		35～40
法廷		35～40
劇場		20～25
映画館		30～35
コンサートホール		15～20
レコーディングスタジオ		15～20
テレビスタジオ		20～25
レストラン		40～45

生音パワーレベル測定方法を規定しているものは，日本においてはない．ISO規格ではISO 7235において消音器の気流による発生騒音が，消音器の性能測定の一部として記述されている．

気流による発生音パワーレベルの測定は，基本的に第1編で述べられているパワーレベルの測定方法に順ずるが，そこで用いられる無響室および残響室には給排気口がなければならない．そして，対象となる供試体に流す気流は暗騒音以下の無音気流でなければならない．また，吹出し口近傍の測定ポイントでは，吹出し気流がマイクロホンに直接あたらないように配慮する必要がある．

ここでは，残響室を用いたダクト系を構成するエレメントの気流による発生音パワーレベル測定方法を述べる．

a. VAVユニット

図 2.5.74 に示すようなVAVユニットの気流による発生騒音の実験装置を図 2.5.75 に示す．

いずれのダクト系も給排気口を有する残響室へ無音送風する．ダクト開口端より放射されたダクト系の気流による発生音の残響室内平均音圧レベル L_{we} を測定し，ダクト開口端におけるパワーレベルを求める．VAVユニットの気流による発生音パワーレベルは，ダクト系(a)における L_{we} からVAVユニット上流側ダクトの発生音（ダクト系(b)），VAVユニットおよびその下流側ダクトの音響減衰を考慮して求める．この場合，下流側ダクトの気流による発生騒音は，VAVユニットのそれに比して十分小さいので無視できる．

この実験装置を使って4流速以上のVAVユニットの気流による発生騒音を求める．VAVユニット入口における平均流速は，流量測定用ダクトでピトー管により測定して求める．

図 2.5.76[4)] に測定から求めたVAVユニット入口の平均流速とその発生音オーバーオールパワーレベル $O.A.L_w$ との関係を示す．これらによれば，

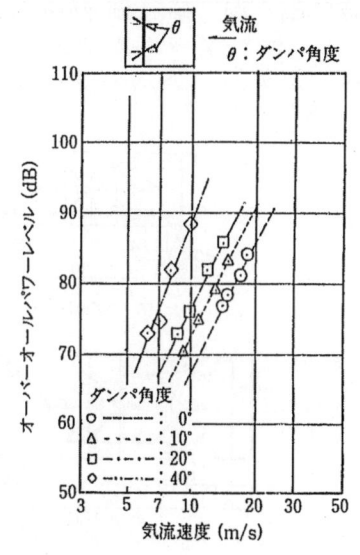

図 2.5.76 VAVユニットの発生音（板本守正，塩川博義）

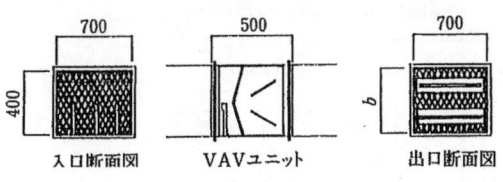

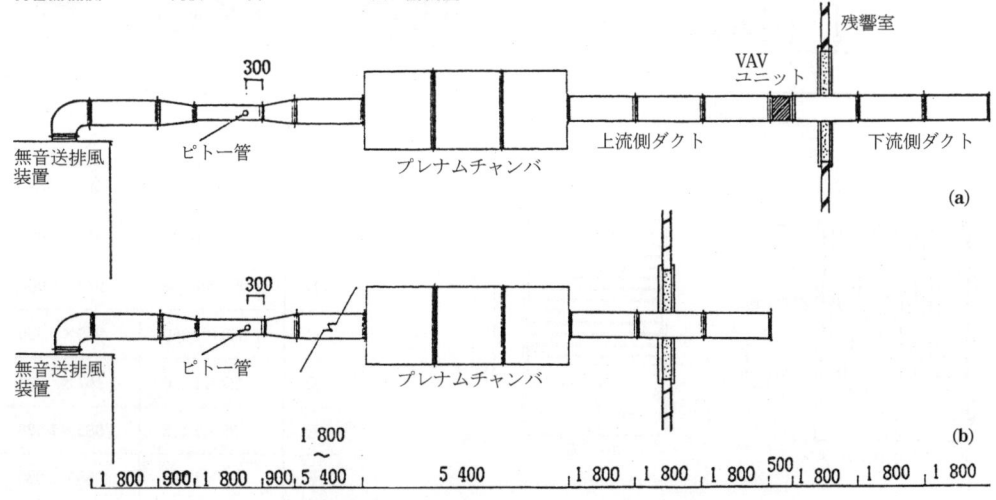

図 2.5.75 発生音の測定装置（VAVユニット）

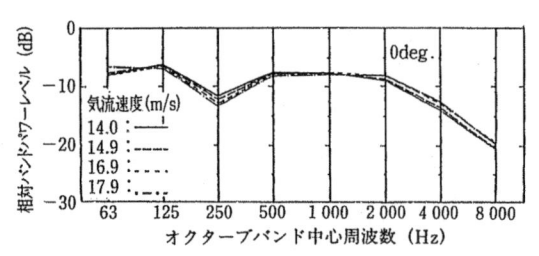

図 2.5.77 VAV ユニット発生音の周波数特性（板本守正，塩川博義）

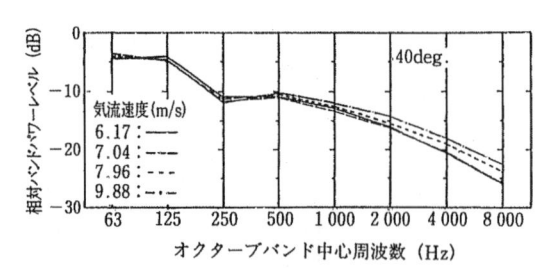

図 2.5.78 VAV ユニット発生音の周波数特性（板本守正，塩川博義）

VAV ユニットの発生音 $O.A.L_w$ は，ダンパ角度 $0°$，$10°$ および $20°$ で平均流速の 6 乗，$40°$ で 8 乗に比例する．これらは，平均流速が倍になると前者の発生音 $O.A.L_w$ は，18 dB，後者のそれは，24 dB 増加することを意味する．この関係が求まれば，これよりも小さい流速の発生音 $O.A.L_w$ を予測することができる．

また，ダンパ角度が $0°$ および $40°$ のときの VAV ユニットの発生音 $O.A.L_w$ を 0 dB としたときの相対バンドパワーレベルを図 2.5.77 および図 2.5.78[4]) に示す．

高音域で多少ばらついているが，平均流速が変化しても周波数特性は，ほぼ等しい．

b. ルーバ

図 2.5.79 に示すようなルーバの気流による発

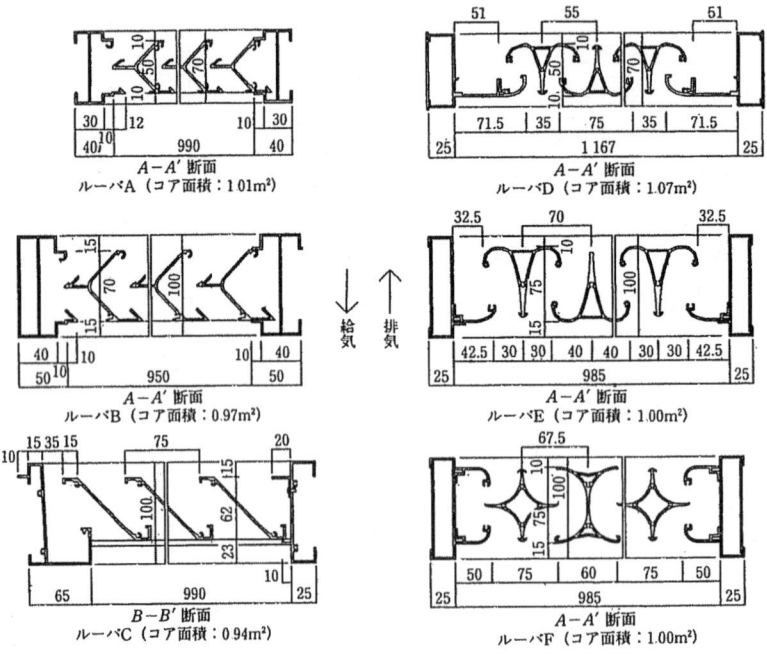

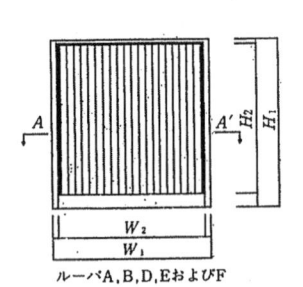

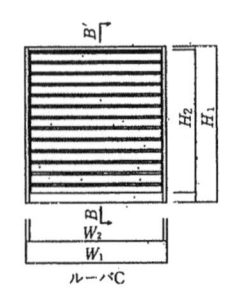

種類	$W_1 \times H_1$	$W_2 \times H_2$
A	1 150×1 125	1 010×1 000
B	1 050×1 155	970×1 000
C	1 000×1 060	950× 990
D	1 220×1 250	1 167× 920
E	985×1 185	985×1 020
F	985×1 185	985×1 020

(mm)

図 2.5.79 ルーバ

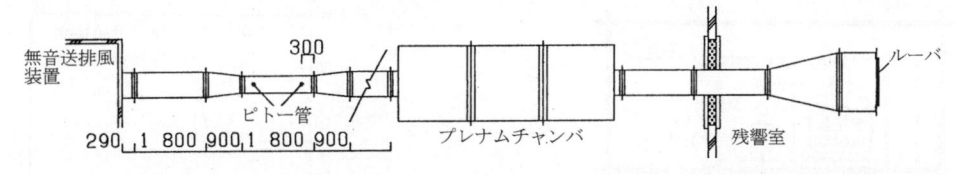

図 2.5.80 発生音の測定装置 (ルーバ)

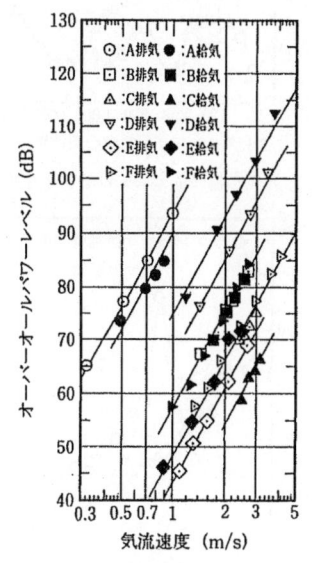

図 2.5.81 ルーバの発生音 (板本守正, 塩川博義)

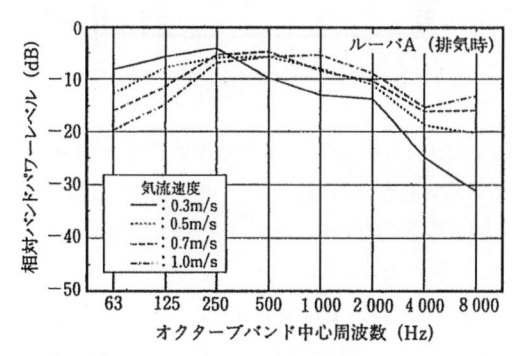

図 2.5.82 ルーバ発生音の周波数特性 (板本守正, 塩川博義)

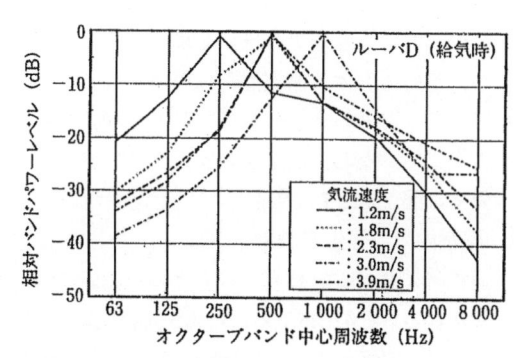

図 2.5.83 ルーバ発生音の周波数特性 (板本守正, 塩川博義)

生騒音の実験装置を図 2.5.80 に示す.

VAV ユニットと同様に,無音送排風装置よりダクト系を通し,給排気口を有する残響室へ無音送風する.残響室内のチェンバに取り付けたルーバより放射された気流による発生音の残響室内平均音圧レベルを測定し,ルーバからの放射音のパワーレベルを求める.

この実験装置を使って 4 流速以上のルーバの気流による発生騒音を求める.ルーバのコアにおける平均流速は,流量測定用ダクトでピトー管により測定して求める.

図 2.5.81[5)] に測定から求めたルーバのコアにおける平均流速とその発生音オーバーオールパワーレベル $O.A.L_w$ との関係を示す.これらによれば,ルーバの発生音 $O.A.L_w$ は,いずれもコアにおける平均流速の 6 乗に比例する.これらは,VAV ユニットと同様,平均流速が倍になると発生音 $O.A.L_w$ は,18 dB 増加することを意味する.

また,ルーバ A の排気時およびルーバ D の給気時における発生音 $O.A.L_w$ を 0 dB としたときの相対バンドパワーレベルを図 2.5.82 および図 2.5.83[5)] に示す.いずれも平均流速が変化すると周波数特性も変化する.特に,後者では,ルーバの笛吹き現象が見られる.

2.5.7 電気室 (変圧器) の発生音の測定

(1) 測定の対象

変圧器などの変電機器は,電磁振動による加振力が大きく,特定の周波数の音・振動が卓越することが多く,純音性の音であるがゆえに発生音が小さくてもクレームに発展しやすい.

電気室からの騒音伝搬に関する模式図を図 2.5.84 に示す.伝搬経路で問題となるのは固体

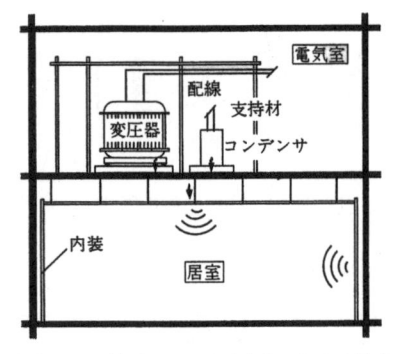

図 2.5.84 電気室からの騒音伝搬に関する模式図

伝搬であるが，隔壁・床などの遮音性能が悪い場合や電気室内での発生音が大きい場合には，空気伝搬音も問題となる．

(2) 測定の計画
a. 電気室内の発生音測定
　変圧器からの発生音は，純音成分が卓越していることから，電気室内の位置によっては，モードなどの影響により過小評価する場合がある．このため，室内における測定点数は場所を変えて多数点設けて，室内の音圧分布に着目した測定を行った方がよい．なお，測定ブロックダイアグラムについては図 2.5.17 を参照していただきたい．

b. 居室内での発生音測定
　通電時における対象室での発生音を測定することが基本であるが，電気室に付属する排気設備（室内温度が一定値を超えると稼動するタイプが多い）を強制的に運転したときの騒音も測定した方がよい．なお，測定ブロックダイアグラムについては図 2.5.17 を参照していただきたい．

(3) 測定の実施と測定結果の考察
a. 測定対象の概要 [1]
　2階に電気室，1階に事務室がある事務所ビルにおいて測定された事例である．この事例では，変圧器は防振ゴムで確実に支持されているが，コンデンサは直接床に固定されていた．

b. 振動，騒音の測定結果とその考察
　コンデンサ通電時における変電機器設置床の発生振動測定結果を図 2.5.85，直下事務室における発生騒音測定結果を図 2.5.86 に示す．
　振動，騒音の測定結果とも，315 Hz 帯域に顕著な卓越がみられる．コンデンサを遮断すると 315 Hz

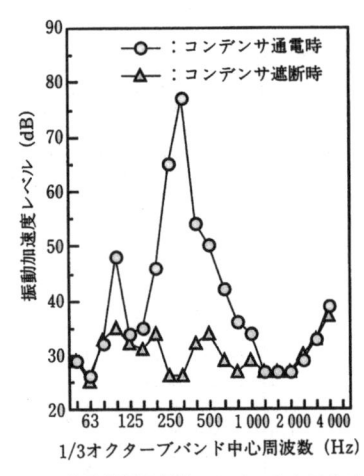

図 2.5.85 変電機器設置床における発生振動測定結果

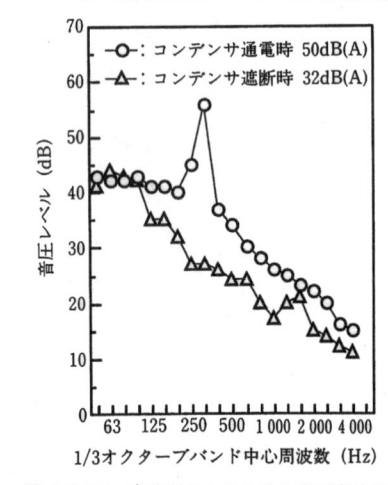

図 2.5.86 事務所における発生音測定結果

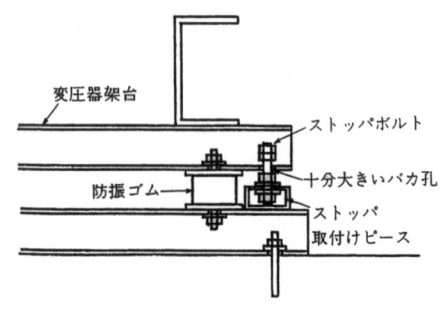

図 2.5.87 変圧器の防振対策例

帯域での卓越はなくなり，聴感上も音が聞こえなくなった．

c. 測定結果のまとめと対策法
　これらの結果から，コンデンサについても確実に防振支持する必要があるといえる．
　また，変圧器については，図 2.5.87 に示すような防振対策を用いれば，変圧器自体の振動や固体音を低減することができる．

2.5.8 エレベータから発生する騒音の測定

エレベータより発生する騒音は，静けさに対する要求が強い集合住宅居室やホテル客室において問題となるケースが多い．ここでは，主に住宅居室を対象にエレベータ走行時の発生騒音の概要を述べ，騒音問題に対応した測定方法について説明する．

(1) 測定の対象

エレベータから発生する騒音は，機器の改良等により振動・騒音低減対策がなされ，全般的に静音化傾向にあると考えられる．しかしながら，建物の高層化に伴う走行速度の高速化など発生音を増大させる要因もあり[1]，事前の防振・防音対策を徹底する必要があることは言うまでもない．

特に，エレベータシャフトや機械室に近接する居室については，建物の引き渡し前に発生騒音の確認を行う必要があり，騒音の影響が顕著であると判断された場合には，適切な対応が求められる．

すなわち，エレベータ騒音を調査・測定する目的は，現状の発生音を評価すること，および，騒音発生原因の追及と改善策立案のためのデータ収集であるといえる．

エレベータからの騒音の発生源は，その構造や製品ごとに異なるが，主なものとして表2.5.9，および，表2.5.10に示すものがあげられる．

表2.5.9は，代表的な構造であるロープ式と油圧式について，その騒音発生源をまとめたもので，表2.5.10はそれらについての内容と伝搬経路の概略をまとめたものである．

エレベータより発生する騒音は，空気伝搬音と

表2.5.9 主なエレベータの種類と騒音発生源

タイプ		騒音・振動発生源
ロープ式	トラクション方式 ・機械室設置するタイプ ・機械室レスタイプ（巻上機をシャフト内に設置）	巻上機（モーター），滑車（返し車），ロープヒッチ，ガイドレール（ローラー，シュー），制御装置（電磁スイッチ，他）
	巻胴式	
油圧式	直接式	油圧機器（パワーユニット，ジャッキ），油圧配管，ガイドレール（シュー，ローラー）他
	間接式	

表2.5.10 エレベータ騒音の発生源と伝搬経路

種類	発生源	内容	発生場所	伝搬経路	影響を受けやすい場所
空気伝搬音	巻上機モータ等（ロープ式）	巻上機の稼働音	機械室内	→ロープ穴→シャフト→居室	機械室に近接する居室（最上階）
			シャフト内オーバーヘッド，または，ピット付近（機械室レスタイプ）	→居室等	シャフトに近接する最上階，または，最下階居室
	油圧パワーユニット等（油圧式）	機器稼働音	機械室内	→居室等	機械室に近接する居室
	かご（共通）	風切り音	シャフト内	→乗り場等	—
固体伝搬音	巻上機（ロープ式）	モーターの起動によって発生する振動	機械室内	→設置架台→躯体→居室等	機械室に近接する居室（最上階）
			シャフト内オーバーヘッド，または，ピット付近の壁面（機械室レスタイプ）	→巻上機固定架台→躯体→居室等	シャフトに近接する最上階，または，最下階居室
	滑車類（主に機械室レスタイプ）	昇降時のかご，つり合いおもりより伝わる振動	シャフト内オーバーヘッド	→設置架台→躯体→居室等	シャフトに近接する最上階居室
	ガイドレール，ローラー，シュー（共通）	昇降時のレールとシューとの摺動時に発生する振動	ガイドレール（主に継目段差）とシューやローラーとの接触部	→レールブラケット→ビーム→躯体→居室等	シャフトに近接する各階居室全般
	電磁スイッチ（共通）	コンタクタスイッチ入切時に発生する振動	制御盤設置箇所（機械室，あるいは，シャフト内）	→躯体→居室等	機械室，シャフトに近接する居室
	油圧機器，配管等（油圧式）	機器稼働に伴い発生する振動	機械室内，配管の躯体貫通部他	→躯体→居室等	機械室に近接する居室

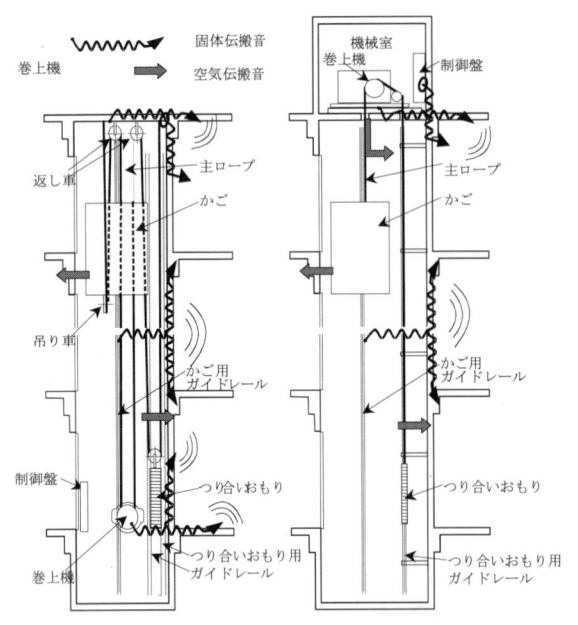

図 2.5.88 騒音・振動の伝播経路の概略図（左：機械室レスタイプ，右：機械室ありタイプ）

表 2.5.11 測定における確認事項

項目	内容
建物用途（影響度）	住宅，ホテル客室，病室，養護施設居室等は影響度大
居室レイアウト（影響を受ける居室の把握）	エレベータと対象居室との位置関係，居室の用途他
建物の構造，内装仕様	構造（RC，SRC，S 造），エレベータ昇降路との界壁仕様（内装壁仕様，断熱工法の有無など），室の状態（家具の有無等）
エレベータ構造，設置方法	エレベータ種類，設置機器，巻上機のタイプ，巻上機の支持方法，レールブラケットの取付け位置等振動伝搬源，経路の把握
エレベータの用途，稼働状況	エレベータ速度，規模，定員数，運行パターン
問題の概要	問題の把握，騒音が問題となる時間帯，問題となる音の大きさ（感覚的な），発生頻度
建物周辺環境	立地条件，周囲の環境騒音の影響等

固体伝搬音に分類でき，その中でも機器類の振動に起因する固体伝搬音の影響が大きい．機器類の設置場所，種類は，エレベータの構造やタイプによって異なるため，伝搬経路，影響を及ぼす範囲も変わってくる．**図 2.5.88** にはその一例としてロープ式エレベータの2タイプについて騒音・振動発生源の概略を示した．

(2) 測定の計画
a. 測定の目的の把握

エレベータ騒音の測定には，建物引き渡し前の隣接諸室に対する影響度の調査，クレームに対応した発生騒音の評価，原因探査のための調査等が想定でき，それぞれの調査・測定の目的に応じて測定場所や使用する測定機器，調査規模（必要人員，時間，費用等）が異なる．

調査では，エレベータが影響を及ぼすと想定される居室等において音圧レベルを計測することが基本となるが，固体伝搬音の原因探査においては，その騒音（振動）発生源を明らかにするために，居室内にとどまらず，振動発生源，または，振動発生源近傍における振動加速度レベルの測定も必要となる．

したがって，現況騒音の評価だけを目的とした調査でも，測定結果に応じて原因探査のための測定が必要となるケースもあることを念頭に置き，測定にあたっては，事前に，その目的を明確にするとともに，建築・設備計画全般を把握し，必要となる測定内容や調査規模をイメージした上で計画を立案することが望ましい．

b. 測定対象についての確認事項

測定の計画を立案するにあたり，事前に把握すべき事項をまとめて**表 2.5.11** に示す．

調査の対象となる建物の計画図面からは，建物・室の用途，エレベータのレイアウト，建物の構造，エレベータシャフトと隣接居室との界壁の仕様（空気伝搬音に対する遮音性能と関係するため）を読みとり，騒音の影響の受ける居室，影響の重要度等を事前に把握しておく．

また，エレベータ仕様図，据付け図からはエレベータの構造，規模，運行パターン，据付け方法を読みとり，騒音・振動発生源とその位置を確認し，騒音（振動）の伝搬経路をある程度予測しておく．特に巻上機や滑車類の防振処理の有無やレールブラケットの取付け方法，位置などを把握しておくことは，有意な振動発生伝搬経路を特定する手掛かりとなる．

その他に，発生騒音自体の特徴や測定場所の周辺環境（暗騒音の影響等）を把握しておくことは，

表 2.5.12 測定方法，評価量

内容	評価内容	測定場所		測定条件等
		室内平均	特定場所	
騒音レベル	・騒音レベルの変動波形 ・等価騒音レベル ・最大値（指示計器動特性：Fast）	・一様に分布する3～5点 ・測定高さは1.2～1.5 m ・壁から1 m離れる	・騒音の影響を受ける位置（寝室であればベッド枕元など）	・走行速度 ・運行パタン（上昇，下降，各階始動・停止，扉開閉等を逐次無線機等を使用し把握） ・乗車人員（平均的な数が望ましい） ・測定室の内装条件等 ・エレベータが稼働していない状態における暗騒音（時刻）
オクターブ（1/3オクターブ）バンド音圧レベル	・等価音圧レベル（対象周波数帯域は，63～4 000 Hz程度） ・最大値（指示計器動特性：Fast）			

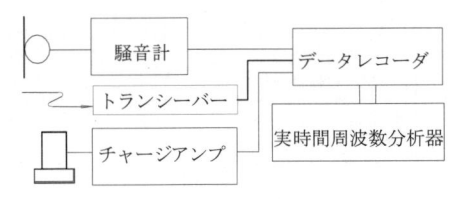

図 2.5.89 測定ブロックダイアグラム

測定を実施する時間帯や準備すべき測定機器類を決定する上で重要な情報となる．

c. 測定方法・評価量

騒音測定の方法，および，評価量を日本建築学会推奨基準[2]等を参考にまとめて表 2.5.12 に示す．また，代表的な測定におけるブロック図を図 2.5.89 に示す．

エレベータの運転によって生じる騒音は，運転状況（上昇，下降，停止，動き始め，ドア開閉等）に応じて変化するため，その評価を行うにあたっては，すべての運転行程を通して観測される騒音の種類や特徴を正確に把握することから始めなければならない．

したがって，測定現場においては，積分機能や周波数分析機能の付いた騒音計等を使用し，最大レベルや周波数特性といった発生騒音の基本的な特徴を捉えておく必要がある．同時に図 2.5.89 に示す測定系により，騒音計の交流出力をデジタルデータレコーダ等に記録しておくことが望ましく，これにより，事後に，現地測定の結果を補完する詳細な解析を行うことが可能となる．

騒音の評価量は，表 2.5.12 に示すように，騒音（音圧）レベルの最大値，等価騒音（音圧）レベル，オクターブバンド音圧レベル（中心周波数63 Hz～4 kHz 程度までのオクターブバンド，また

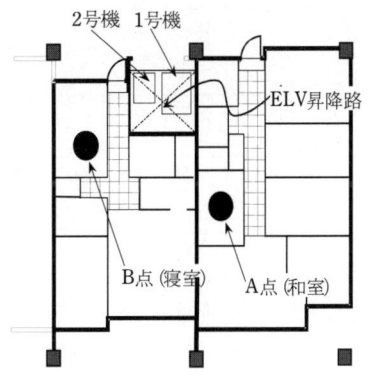

図 2.5.90 事例1：測定点位置図

は，1/3 オクターブバンド）等があり，目的に応じて選択する．基本的には，騒音レベルの時間変動波形より，騒音レベルの最大値や有意な騒音発生時刻を確認し，同時記録されたエレベータ動作状況（無線機などを利用）とを照らし合わすことによって，騒音の発生原因を推定することができる．

(3) 測定の実施

集合住宅の居室を対象にした測定方法と測定結果の事例を2例示す．それぞれの測定概要を表 2.5.13，および，表 2.5.14 に示す．

a. 事例1：20階建てマンションにおける測定

この測定は，エレベータに近接する住戸居室内の騒音の影響を確認する目的で実施したものである．測定対象となったエレベータは建物最上部に機械室（巻上機）を設けたロープ式エレベータである．

図 2.5.90 に測定居室とエレベータとの位置関係を平面図で示す．

測定対象とした居室は，機械室に最も近接する

表 2.5.13 測定概要

項目	事例1：20階建て集合住宅	事例2：7階建てワンルームマンション
測定の目的	エレベータ走行音の有無の確認	現状の評価と異音原因の追及
建物概要	鉄筋コンクリート造20階建て	鉄筋コンクリート造7階建て
エレベータ種類	ロープ式（最上階に機械室あり）2基	ロープ式（機械室レス）
エレベータの走行速度	60～90 m/min	60～90 m/min
エレベータの定員	9人	9人
界壁の仕様	鉄筋コンクリート　200 mm–AS 65 mm（GW 25 mm）＋ボード12.5 mm 2枚貼り（間柱独立）	鉄筋コンクリート300 mm クロス仕上げ

表 2.5.14 測定条件等

項目	事例1：20階建て集合住宅	事例2：7階建てワンルームマンション
測定地点	20階，11階，1階のELVに隣接する住戸2室内（各室内中央1点．図2.5.90）	5階，2階のELVに隣接する住戸内（図2.5.91）枕元相当位置1点（音圧レベル），枕元付近壁面1点（振動加速度レベル）
測定内容	騒音レベル	騒音レベル，音圧レベル（1/3オクターブ），振動加速度レベル
エレベータの動作条件（走行状態）	上昇，下降，停止，扉開閉	上昇，下降，停止，扉開閉
エレベータの乗車人数	1名	1名＋60 kg相当のおもり
測定対象室の内装等	内装仕上げ済み，家具等は無なし	軽量壁等施工済み，クロス貼り未施工
解析内容	騒音レベルの時間変化（指示器動特性＝Fast）	騒音レベルの時間変化，音圧レベル最大値，振動加速度レベル最大値（指示器動特性＝Fast）

最上階（20階）とし，加えて，ガイドレール等からの固体伝搬音の影響を確認する目的で，最下階（1階），中間階（11階）においても実施した．

特に図2.5.90上のA点は窓のない居室内にあるため，外部騒音の影響を受けにくい．したがって，暗騒音は非常に低く，エレベータ騒音は認知されやすい条件にあると考えられた．

測定では，現地において騒音計の出力をデジタルデータレコーダに記録し，事後に暗騒音の影響の少ない箇所を選択し，対象とする騒音の分析を行った．

b. 事例2：7階建てワンルームマンション

対象は図2.5.91に示すように，ワンルームタイプでベッド枕側にエレベータが近接配置されている居室である．エレベータはロープ式機械室レスで，エレベータシャフト内に巻上機が設置されたタイプである．

測定は，居室内のベッド枕元付近に相当する位置に騒音計を設置し，2階，および，5階の居室のそれぞれ1か所において実施した．

本ケースでは，事前調査により，外部騒音の混

図 2.5.91 事例2：測定点位置図

入が避けられない状況にあること，および，ガイドレール継目と思われる箇所の通過時に異音が発生していることを確認していた．したがって，測定対象とする騒音と暗騒音・外部騒音との違いを明確に分離する目的で居室内の2階と5階の壁面における振動加速度レベルの計測を併せて実施した．

参考までに，居室内において，振動加速度レベルを測定する際の注意点を以下に記す．

・振動ピックアップの設置方法：設置共振周波数が測定範囲より高くなるように，強固に設

表 2.5.15 事例1：測定結果のまとめ

エレベータ種類	測定階・室		確認された騒音の種類	騒音レベル（暗騒音補正値）
1号機	20階	A点 和室	リレーの動作音	27 dB（動特性 FAST での最大値）
			巻上機稼働音	暗騒音（20 dB）以下
		B点 寝室	リレーの動作音	30 dB（動特性 FAST での最大値）
			巻上機稼働音	暗騒音（25 dB）以下
	15階	B点 寝室	認められない	—
	1階	B点 寝室	認められない	—
2号機	20階	A点 和室	巻上機稼働音	20〜24 dB
		B点 寝室	巻上機稼働音	暗騒音（27 dB）以下
	11階	B点 寝室	認められない	—
	1階	B点 寝室	認められない	—

置する．ワックス，接着剤等の塗りすぎや厚手の両面テープの使用は，設置面が柔らかくなるため，測定誤差を生じさせる要因となりやすい．

・振動ピックアップの設置場所：エレベータシャフトに面する壁面や床スラブ上に設置する．壁面に設置する場合は，ガイドレールブラケット，または，ビームの躯体に対する取付け位置を把握しておき，そこより伝搬する振動が観測しやすい位置に設置する．また，GL工法壁に設置する場合は，GLボンドでボードが拘束されている位置とボンド中間位置とを現地において特定し，それらの両方の位置に取り付けることが望ましい．木下地の場合についても同様に，胴縁上，胴縁間との双方に設置する．

(4) 結果の検討

a. 事例1：20階建てマンションにおける測定結果

この事例では，記録された音圧データをもとに，騒音レベルの時間変動のみについて解析を行い，騒音レベルの最大値を求めるとともに，有意な騒音発生源の特定を行った．

マンション各階のA点，B点における測定結果の概要を表 2.5.15 に示す．また，騒音レベルの時間変動図を図 2.5.92，および，図 2.5.93 に示す．

表 2.5.15 に示すように，聴感による検討，および，音圧レベルの記録データの解析結果より，エレベータ騒音を確認できた点は，エレベータ機械室に近い20階の居室のみであった．したがって，

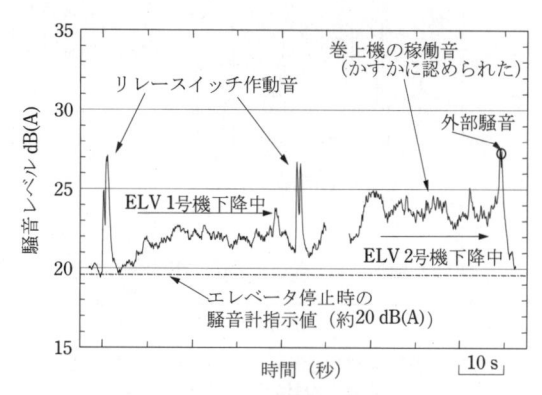

図 2.5.92 A点における騒音レベルの時間変動

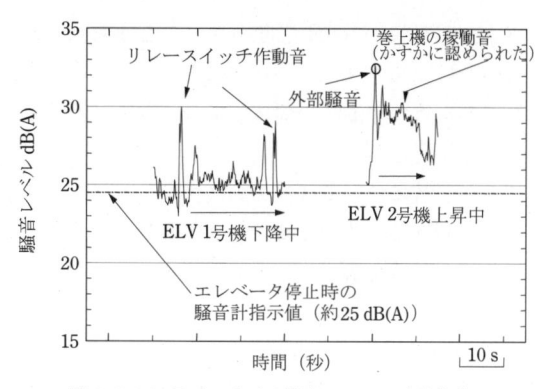

図 2.5.93 B点における騒音レベルの時間変動

このエレベータによる騒音が影響を及ぼす範囲は，機械室に近い地点のみであり，その発生源は主に機械室内にあると推定された．

図 2.5.92，図 2.5.93 はそれぞれA点，B点における騒音レベルの時間変動の様子を示したものである．いずれの居室においてもリレースイッチの作動音が顕著であり，A点で27 dB (A) 前後，B点で約30 dB (A) となっている．A点では，B

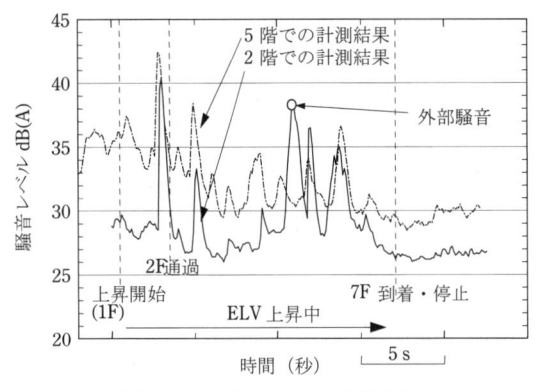

図 2.5.94 騒音レベルの時間変動

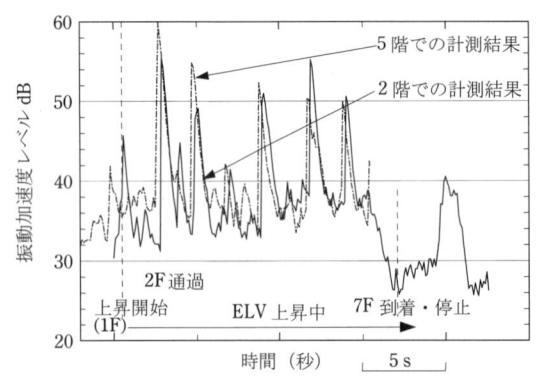

図 2.5.95 振動加速度レベルの時間変動（中心周波数 250 Hz, 1/3 オクターブバンド）

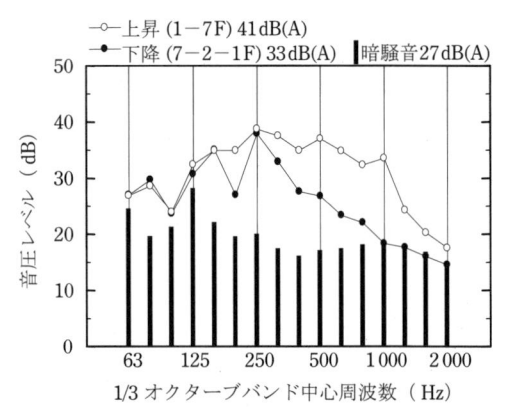

図 2.5.96 音圧レベル最大値測定結果（2 階の測定点）

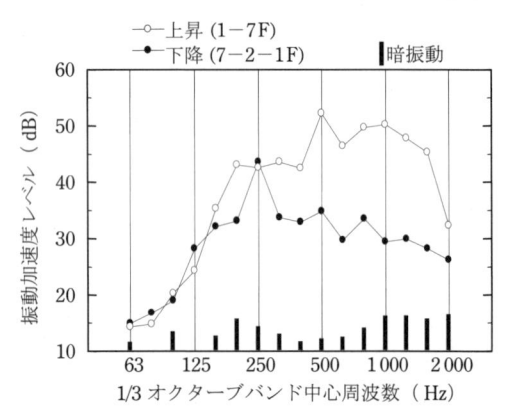

図 2.5.97 振動加速度レベル最大値測定結果（2 階の測定点）

点より暗騒音が 5 dB 程度小さいことから，これらの音は認知されやすい状態にあるといえる．また，巻上機の稼働時の固体伝搬音についても同様なことが言える．

本ケースについては，この後，リレースイッチのある制御盤の防振支持，巻上機の架台の 2 重防振化等の対策を講ずることで，騒音レベルの低減を図った．

b. 7 階建てワンルームマンションにおける事例

この事例では，記録された音圧，および，振動加速度データをもとに，騒音レベル，振動加速度レベルの時間変動の解析と周波数分析を実施し，その結果を評価した．

図 2.5.94，図 2.5.95 にエレベータを 1 階より 7 階まで停止することなしに上昇させた場合の騒音レベルと振動加速度レベル（中心周波数 250 Hz の 1/3 オクターブ帯域）の時間変動図をそれぞれ示す．

図 2.5.94 より，エレベータの上昇時の騒音は，規則的，単発的に発生し，2 階レベルを通過前において最大（42 dB (A)）に達し，聴感上も容易に認知できるレベルとなっている．

この傾向は，図 2.5.95 の振動加速度レベルにも現れており，騒音レベルの変動と連動している．

図 2.5.96 は 2 階の測定点における 1/3 オクターブ帯域ごとの音圧レベルの最大値を示したもので，250 Hz〜1 000 Hz の帯域の音が卓越しているようすが読みとれる．また，エレベータ上昇時の方が下降時よりも発生レベルは大きくなっている．

図 2.5.97 は，同じく，同時に計測した振動加速度レベルの最大値を 1/3 オクターブ帯域毎に示したものであり，その周波数特性，および，エレベータの上昇，下降時のレベルの違いについて，音圧レベルの測定結果と似た傾向にある．

これらのことより，このケースにおいて観測された騒音は固体伝搬音であると考えられ，また，発生する騒音が規則的，単発的であり，250〜1 000 Hz

が卓越していることから，既往の研究[3]を参考にすれば，ガイドシューがレール継目（ジョイント部）を通過する際に発生する振動が主たる騒音源である推定された．

この後，レールのジョイント部の段差（0.2〜0.3 mm 程度）を削り，平滑にすることにより，発生騒音が認知できないレベルにまで低減されたことを確認した．

(5) まとめ

本項では，エレベータの運転によって生じる騒音（振動）の例として，機械室からの電磁スイッチ作動音，巻上機稼働音，および，走行時のガイドレールからの摺動音を取り上げた．

エレベータは，**表 2.5.10** に示したように，その発生源が多岐に及ぶため，一連の運行サイクルの中で，規則的な変動や単発的な衝撃性を示す場合があるなど，発生音が変化することに特徴がある．したがって，測定にあたっては，各発生音の特徴を正確に捉え，最終的にはその発生源を明確に特定できることが望ましい．

その意味で，騒音レベルの時間変動波形は，エレベータの運転時の発生音の有無を判断する最も簡便な方法であり，発生レベルの最大値を評価できるとともに，エレベータの運行状態を同時に記録しておくことで，騒音発生原因を特定する手掛かりになると言える．

また，音圧信号の周波数分析を行うことにより，発生音の中で対策が必要となる卓越した周波数帯域を特定することでき，騒音レベル等のオーバーオール値では表現できない発生音の特徴を捉えることが可能である．

さらに，振動加速度レベルを音圧と同時に測定することは，固体伝搬音の発生を正確に捉えることができるほか，改善処置を施した場合の効果を定量的に評価する上で有用である．

エレベータ騒音の評価は，最終的には，聞こえるかどうかが問題になるため，ここに挙げた測定・評価方法のみならず，状況に応じて聴感上の印象をいかに的確に表現できるかが課題である．

2.5.9 エレベータシャフトに隣接する居室の騒音の実測例

エレベータシャフトに隣接した住戸居室でのエレベータ騒音の実測例として，竣工したマンションの住戸居室で測定したエレベータ騒音を，全く聞こえない場合，聞こえるが暗騒音（窓からの外部騒音など）が大きいためほとんど聞き取れない場合，暗騒音と比較してはっきり聞き分けられる場合の 3 つのケースに分けて示す．

(1) 全く聞こえない場合（A，B，C マンション）

図 2.5.98 に示す A マンションの場合，エレベータシャフトの躯体壁側にクローゼットや洗面所が配置されており，さらにエレベータシャフトとの遮音対策として，躯体壁から離した独立スタッドと鉛シート（1 mm）付きのせっこうボード（PB 12.5 mm）の仕上げとしてあり，クローゼット内と洗面所内ではエレベータ稼動時の騒音は暗騒音以下で聞こえない．

A マンションではエレベータシャフトが住戸居室に隣接している場合，クローゼットや洗面所を配置し，かつ躯体壁から離した独立スタッドとすることで躯体壁から内装材への直接的な振動伝搬を避けており，さらに鉛シート（1 mm）付きのせっこうボード（PB 12.5 mm）を仕上げ材とすることで，内装材からの音響放射の低減も図られている．

図 2.5.99 に示す B マンションの場合，1〜8 階の洋室においてはエレベータシャフトの躯体壁側に収納スペースが配置されており，独立スタッドと制振タイプのせっこうボード（PB 12.5 mm）による仕上げとしてあり，エレベータ稼動時の騒音は暗騒音以下で聞こえない．

なお，最上階の 11 階ではエレベータシャフトの躯体壁側に収納スペースはないが，エレベータ稼動時の騒音は暗騒音以下で聞こえない．独立スタッドと制振タイプのせっこうボード（PB 12.5 mm）により躯体壁から内装材への振動伝搬対策と内装材からの放射音の低減効果が現れている．

図 2.5.100 に示す C マンションの場合，エレベータシャフトと居室間の遮音対策として，躯体壁と離した独立スタッドにせっこうボード（PB

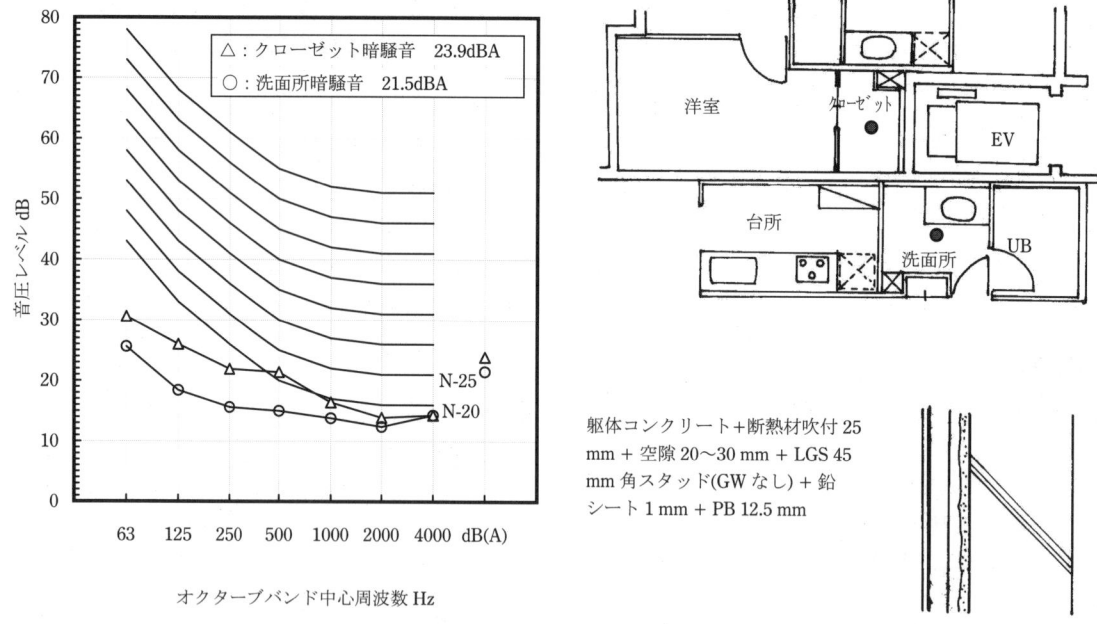

図 2.5.98 A マンションにおけるエレベータ騒音（暗騒音）

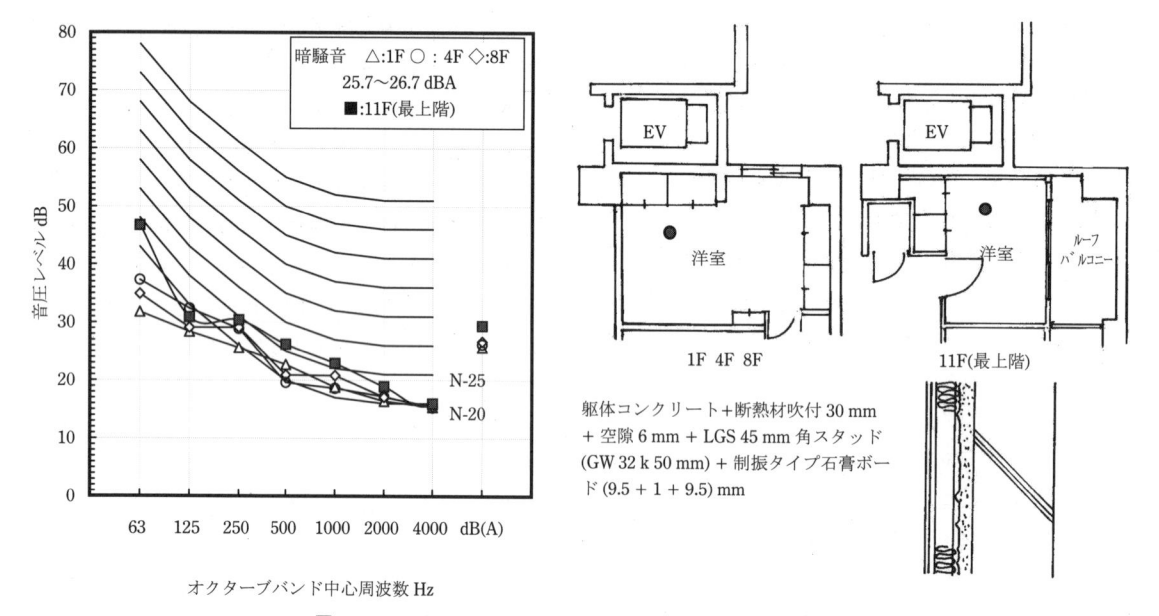

躯体コンクリート＋断熱材吹付 25 mm ＋ 空隙 20〜30 mm ＋ LGS 45 mm 角スタッド(GW なし) ＋ 鉛シート 1 mm ＋ PB 12.5 mm

図 2.5.99 B マンションにおけるエレベータ騒音（暗騒音）

躯体コンクリート＋断熱材吹付 30 mm ＋ 空隙 6 mm ＋ LGS 45 mm 角スタッド(GW 32 k 50 mm) ＋ 制振タイプ石膏ボード (9.5 ＋ 1 ＋ 9.5) mm

12.5 mm 2 枚貼り）仕上げであり，エレベータ稼動時の騒音は暗騒音以下で聞こえない．

　さらに，C マンションでは外壁側の仕上げを断熱 GL 工法とせずに，独立スタッドのせっこうボード（PB 12.5 mm）仕上げとしているため，外壁側からの側路伝搬音の影響もなく，暗騒音がかなり小さいにもかかわらず，エレベータ稼動時の騒音は聞こえない．外壁側の仕上げを断熱 GL 工法とした場合，エレベータシャフト内のガイドレールが外壁側にある場合などでは，250〜500 Hz の周波数で振動増幅するために，外壁側からエレベータの稼動音が聞こえる可能性がある．したがって，外壁側にガイドレールがある場合には，躯体壁・梁にガイドレールを直接取り付けず中間ビームを設けること，隣接する居室の外壁の内装仕上げ下地を外壁躯体壁から離した独立スタッドとするこ

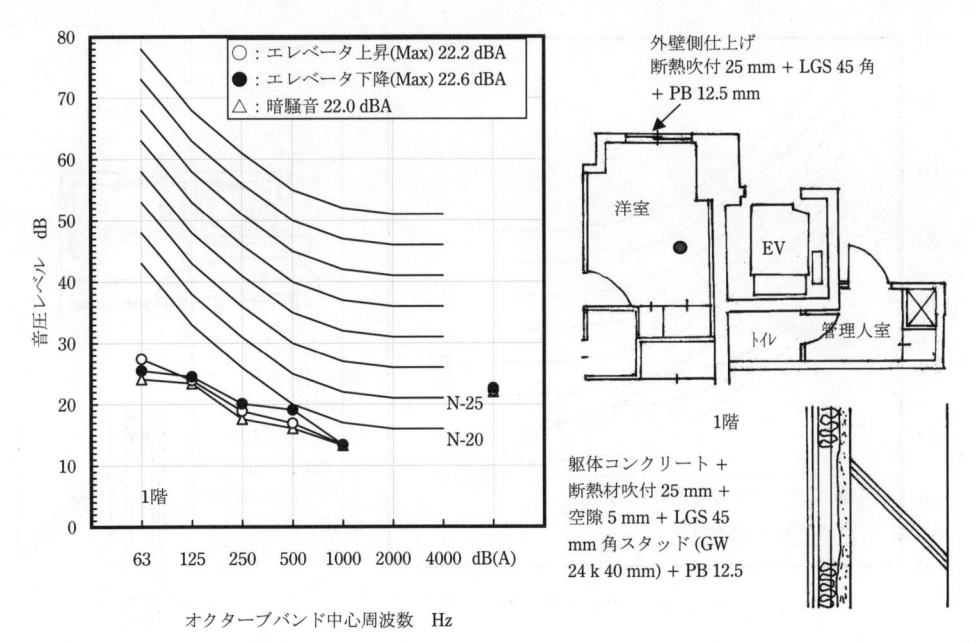

図 2.5.100-1 C マンション 1 階におけるエレベータ騒音（暗騒音）

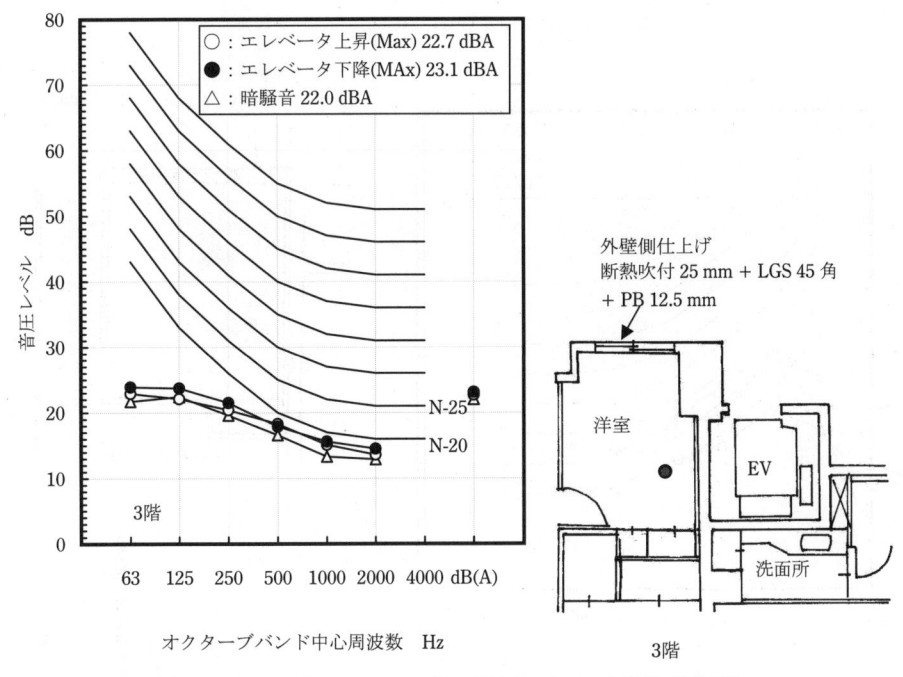

図 2.5.100-2 C マンション 3 階におけるエレベータ騒音（暗騒音）

とが望ましい．

(2) ほとんど聞き取れない場合（D, E マンション）

図 2.5.101 に示す D マンションの場合，エレベータシャフトと居室間の遮音対策として，躯体壁側に独立スタッドと制振タイプのせっこうボード（PB 12.5 mm）で仕上げてあり，かつ外壁側の仕上げは独立スタッドのせっこうボード（PB 12.5 mm）仕上げとしているが，エレベータ稼動時の騒音がかすかに聞き取れた．

外壁側の仕上げに断熱 GL 工法ではなく，独立スタッドのせっこうボード仕上げとしているにもかかわらず，かすかに聞こえる原因としては，カウ

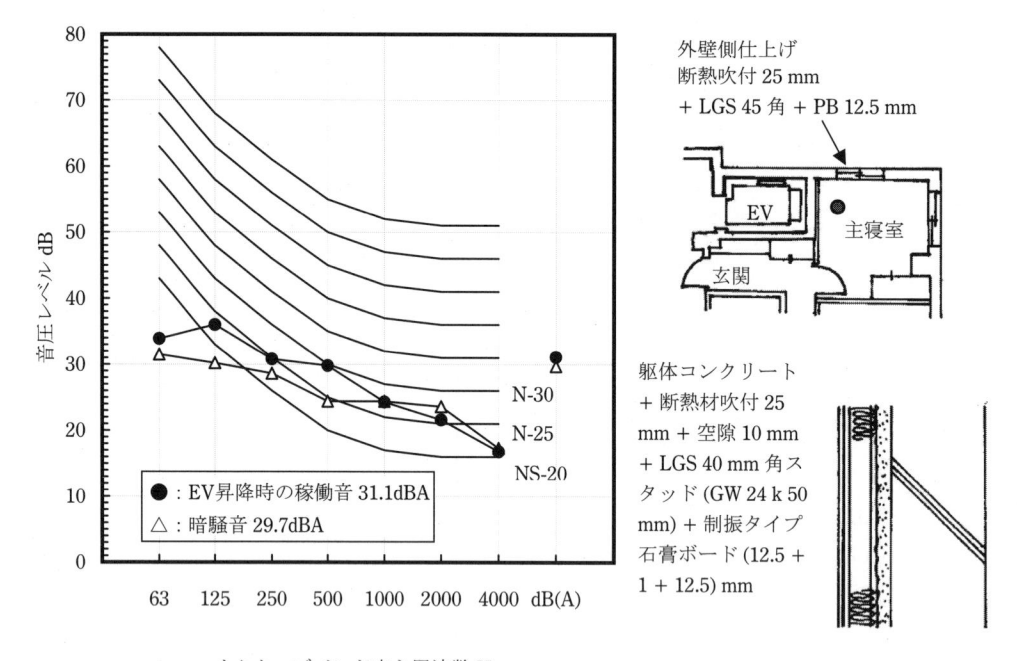

図 2.5.101 D マンションにおけるエレベータ騒音

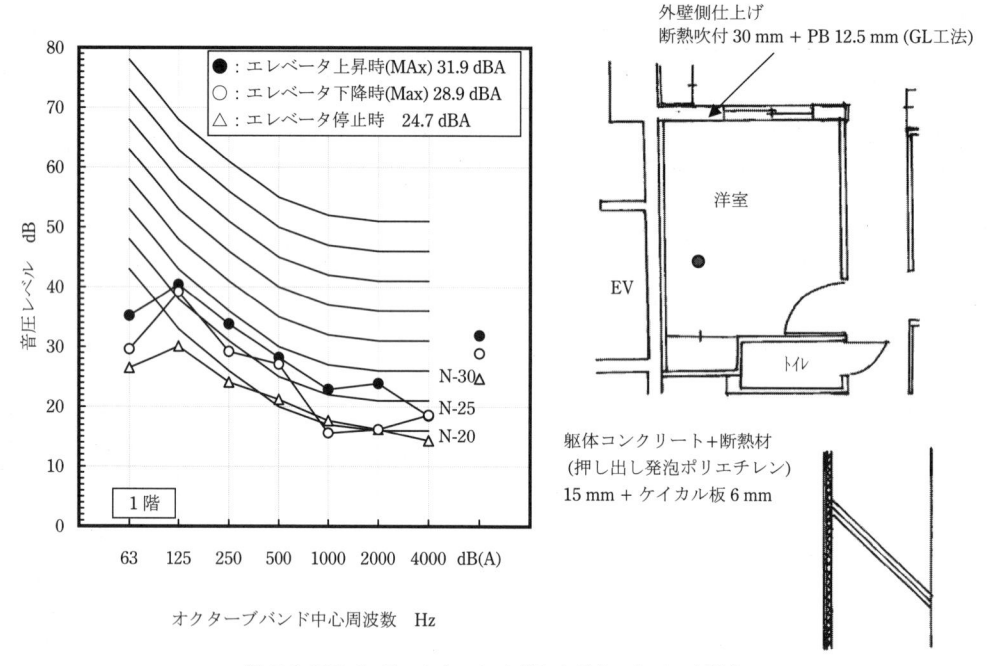

図 2.5.102-1 E マンション 1 階におけるエレベータ騒音

ンターウェイトが外壁側にあるため,カウンターウェイトのガイドシューがガイドレールと擦れたときの音,さらにレール継目を通過する際の「コツン」という音が聞こえている.ただし,窓サッシからの外部騒音(道路騒音)の影響がかなり大きいので,道路の交通の途切れた瞬間(図中に示す暗騒音)に,エレベータが稼動した場合にエレベータ騒音が聞き分けられた.したがって,深夜などで道路騒音が間欠的になっているときなどに,エレベータ稼動時の騒音が聞こえる可能性がある

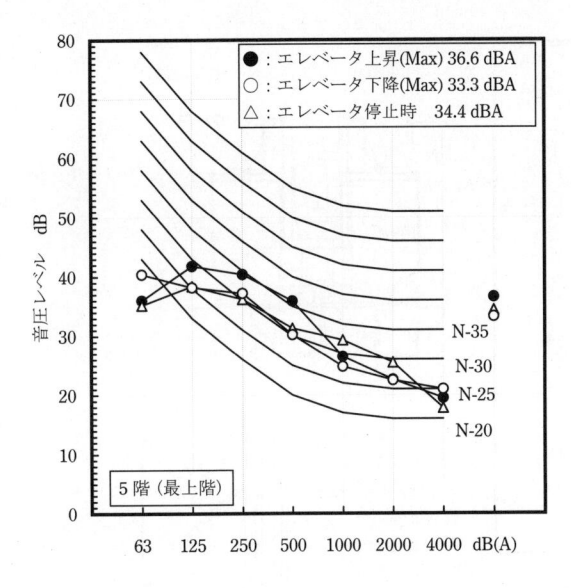

図 2.5.102-2 E マンション 5 階におけるエレベータ騒音

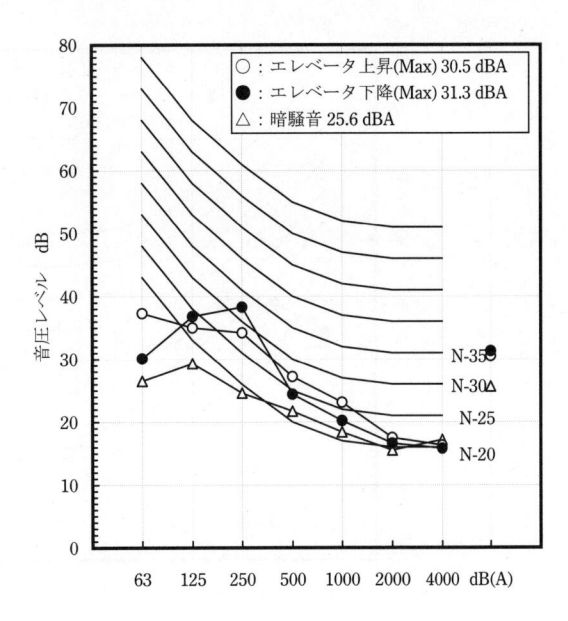

図 2.5.103-2 F マンション B 住戸洋室におけるエレベータ騒音

が，意識して聞いていないとエレベータの稼動音とは気がつかないレベルであり，マンションの引渡し後1年以上たっているがクレームはない．

図 2.5.102 に示す E マンションの場合，エレベータ側の躯体壁側に断熱材を直接貼り付けたボード（ケイカル板 6 mm）仕上げであり，かつ外壁側の仕上げは断熱 GL 工法である．エレベータシャフトと居室間の遮音対策は考慮されてないため，1 階および最上階の 5 の洋室でエレベータ稼動時の騒音は暗騒音よりも大きく聞こえている．また，エレベータ騒音自体は最上階の 5 階の方が 1 階よりも大きいが，1 階の方が 5 階よりも暗騒音が小さいために，エレベータ騒音は 1 階の方が容易に聞き分けられる．2 階以上では窓からの外部騒音（道路騒音）の影響が大きく，エレベータ騒音は聞き分けることが困難な状況であった．5 階の測定では，エレベータを上下に連続して稼動させて，暗騒音が下がったときに測定を行った．したがって，2 階以上ではエレベータ稼動時の騒音を聞き分けることがほとんどできないため，ほとんど気がつかないと思われる．しかし，1 階は住戸の位置が奥まっているため，外部騒音が窓からほとんど入ってこないために暗騒音がかなり低く，はっきりと聞き分けられた．対策方法として，鉛シート付きのせっこうボードを貼り増すことを提案し

て，改修工事を行ったが，どの程度下がったかについては確認できなかった．

(3) はっきり聞き分けられる場合（F，G マンション）

図 2.5.103 に示す F マンションの場合，エレベータシャフトと居室間の遮音対策として，エレベータシャフト躯体壁と離した独立スタッドに制振タイプのせっこうボード（PB 12.5 mm）で仕上げとしてあるが，外壁側の仕上げが断熱 GL 工法のせっこうボード仕上げ（PB 12.5 mm）としているために，エレベータ稼動時の騒音が外壁側から聞こえており，特にカウンターウェイトにある A 住戸洋室側のエレベータ稼動時の騒音が大きい．

同様に，図 2.5.104 に示す G マンションの場合も，エレベータシャフトと居室間の遮音対策として，エレベータシャフト躯体壁と離した独立スタッドに制振タイプのせっこうボード（PB 12.5 mm）で仕上げてあるが，外壁側の仕上げを断熱 GL 工法のせっこうボード（PB 12.5 mm）仕上げとしており，かつカウンターウェイトが外壁側にあるため，エレベータ稼動時の騒音が外壁側からはっきりと聞こえており，125〜500 Hz の周波数で暗騒音を上回っている．

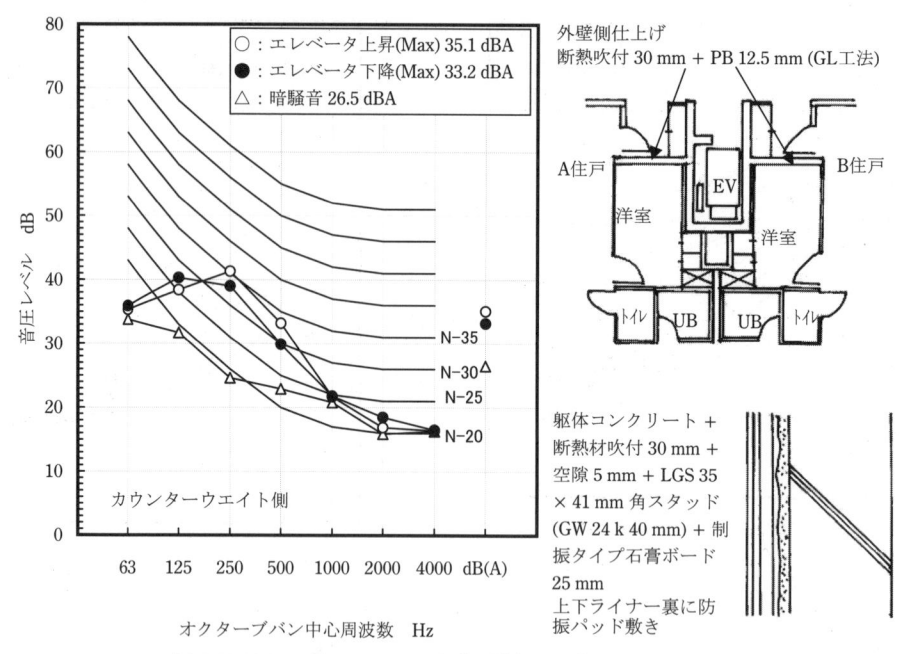

図 2.5.103-1 F マンション A 住戸洋室におけるエレベータ騒音

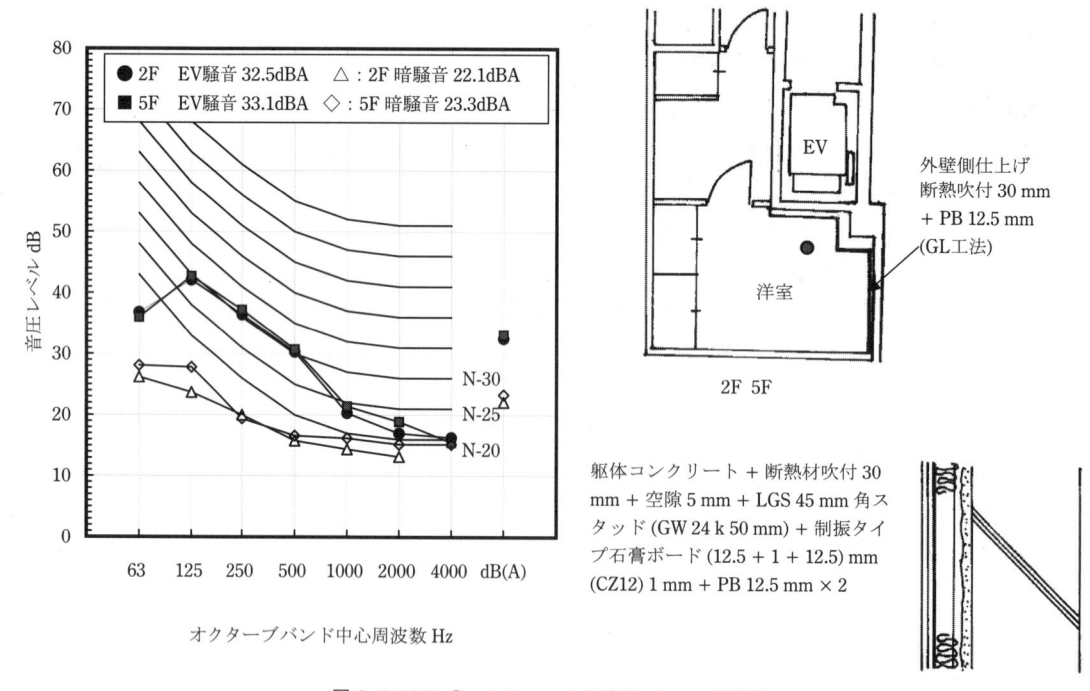

図 2.5.104 G マンションにおけるエレベータ騒音

　以上の実測結果より，居室がエレベータシャフトに隣接する場合の遮音対策として，エレベータシャフト側の躯体壁から離した独立スタッド壁（仕上げ材を PB 12.5 mm × 2 枚または制振ボード）とすることが必要である．

　また，エレベータシャフト壁と隣接した外壁がある居室の場合，外壁側の仕上げ材として断熱 GL 工法は避けて，独立スタッドのボード壁（PB 9.5 mm または PB 12.5 mm）とすることで，居室内でエレベータ騒音はほとんど聞こえないと考えられる．

ただし，図 2.5.100 や図 2.5.104 に示すように暗騒音がかなり低くなると想定される場合で，カウンターウェイトが外壁側にある場合には，外壁の壁または梁にカウンターウェイトのガイドレールを直接取り付けずに，振動伝搬減衰を考慮して中間ビームを介して取り付けることが望ましい．中間ビームを設けるスペースがない場合には，ガイドレールの建て入れ精度の確保と，継目の段差を極力少なくするなど発生振動を極力抑える対策が必要である．なお，場合によっては，外壁側独立スタッド壁の仕上げ材として制振ボードを使用することも考えられる．

2.5.10 ホテル油圧エレベータ機械室の騒音対策

ホテルの油圧エレベータ機械室に隣接する結婚式場（図 2.5.105）において，エレベータ昇降時の騒音がうるさくて結婚式に支障をきたしているために，現況の調査と騒音の対策を実施した例の概要を紹介する．

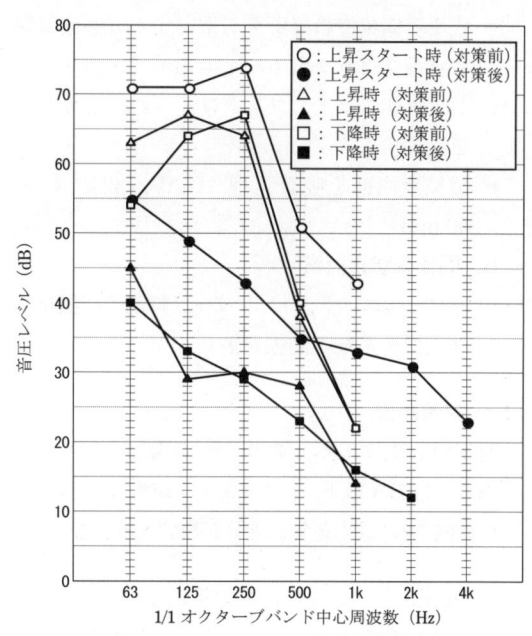

図 2.5.106 油圧エレベータ騒音調査結果

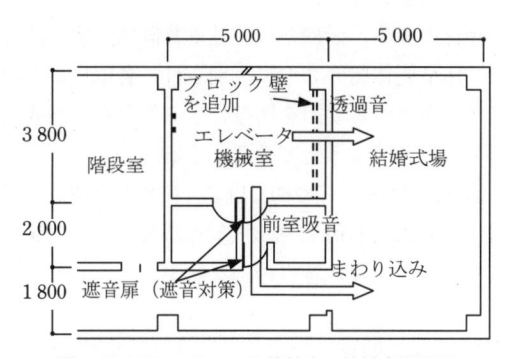

図 2.5.105 エレベータ機械室，結婚式場平面

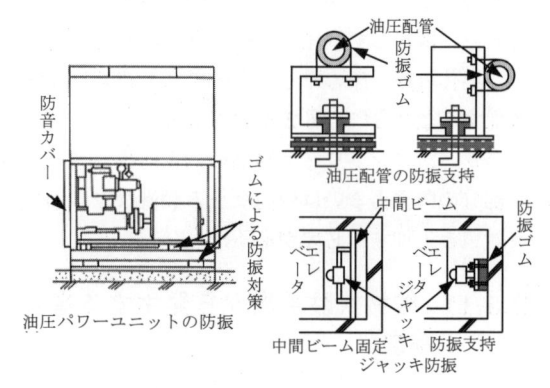

図 2.5.107 油圧エレベータ防振対策

(1) 現状調査

騒音の伝搬経路を把握するために，目視および聴感による事前調査と騒音測定を実施した．

a. 空気伝搬音の影響

結婚式場ではエレベータ昇降時に機械室からの騒音が RC の壁および入口の扉方向から騒音が聞こえており，壁，扉の遮音性能が不足していることが判明した．図 2.5.106 の測定結果によると，式場内でエレベータ上昇のスタート時に 64 dBA，上昇中は 62 dBA，下降中は 53 dBA であった．式場を円滑に運営するためには 25 dB 以上の騒音低減が必要と考えられた．また，機械室の内部は吸音されていないので，内部の音圧上昇も非常に大きい．

b. 固体伝搬音の影響

エレベータ機器と配管系統の防振対策が不足しているので，室の躯体（壁や床）は振動しており，固体音の影響も十分考えられた．

(2) 騒音対策

現状調査の結果，次に示す対策（図 2.5.107）を実施した．

a. 遮音対策

・機械室の入口を二重扉にして前室内を吸音

- 式場と機械室の隔壁を二重にする（機械室側に重量ブロック壁 $t=150\,\mathrm{mm}$ を追加）
- パワーユニット，コントローラに防音カバーを設置する
- 機械室内部を吸音処理（G.W. 32 k, $t=50\,\mathrm{mm}$）

b. 固体音防止対策
- パワーユニット，コントローラ脚部の防振対策
- 油圧配管系統の防振対策

(3) 対策結果

対策の結果，エレベータの上昇，下降時の騒音は式場内で 30 dBA 以下，上昇スタート時も 40 dBA 以下に低減され，式場運営に支障がないようになった．

(4) 油圧エレベータの防振対策について

上記の対策では，まだ聞こえる範囲である．ホテル客室やマンション等のより静けさを必要とする居室に隣接して油圧エレベータを計画する場合は，躯体の壁，床の厚さを十分にして遮音性能を確保するとともに，図 **2.5.107** に示した，パワーユニット，コントローラ脚部の二重防振，ジャッキ部分の防振あるいは中間ビーム設置などの固体音対策を追加する必要がある．

2.5.11 機械式駐車場から発生する音の測定

(1) 機械式駐車場騒音の概要

機械式駐車場の種類は，メーカによって名称は異なるが，一般的には次のように大別される．
- 垂直循環方式
- 多層循環方式
- 水平循環方式
- エレベータ方式
- エレベータ・スライド方式
- 平面往復方式
- 二段方式・多段方式

事務所やホテル，ショッピングセンター等では，大規模駐車装置で収容台数が多い高速平面往復方式が増え始め，集合住宅では，単純昇降二段・多段方式（ピット式，昇降横行式）が採用されることが多いが，最近は，ボイド空間を利用したエレベータ方式が増える傾向にある．

機械式駐車場騒音の伝搬には，壁，床などを透過する空気伝搬音（以下空気音）と建物の躯体等に伝搬した振動が，居室の天井，壁および床等から音として放射される固体伝搬音（以下固体音）がある．

機械式駐車場を計画する際，居室における騒音に対する性能要求値（目標値）を満足させるために，特に住棟内に組み込まれる場合，あるいは暗騒音が非常に小さい場合や性能要求値が厳しい場合には，騒音や振動に対する遮音・防振設計が不可欠となり，機械装置側と建物側の両面から検討を行う必要がある．

騒音の発生・伝搬系は，駐車装置側，建築設備側，建築躯体側の 3 つに大別され，各項目ごとの騒音に関連する要因を明確にすることが性能要求値を満足させるうえで重要となる．

図 **2.5.108** に一般的な騒音，振動と周波数との関係，図 **2.5.109** に機械式駐車場騒音に関連する各種騒音の周波数特性の例を示す．

(2) 遮音・防振計画から引き渡しまでのフロー

機械式駐車場設置に際して，遮音・防振計画か

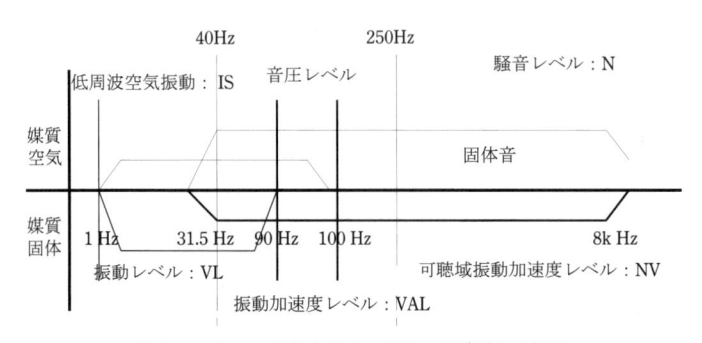

図 **2.5.108** 一般的な騒音，振動と周波数との関係

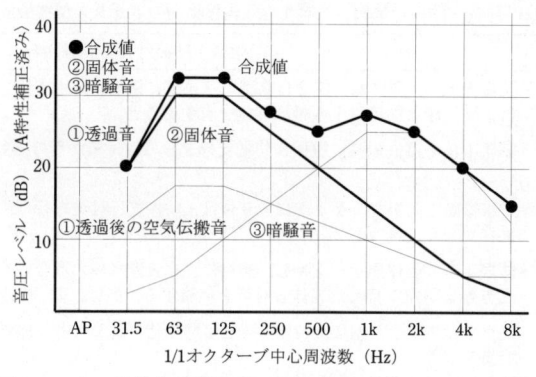

図 2.5.109 機械式駐車場に関連する各種騒音の周波数特性の例

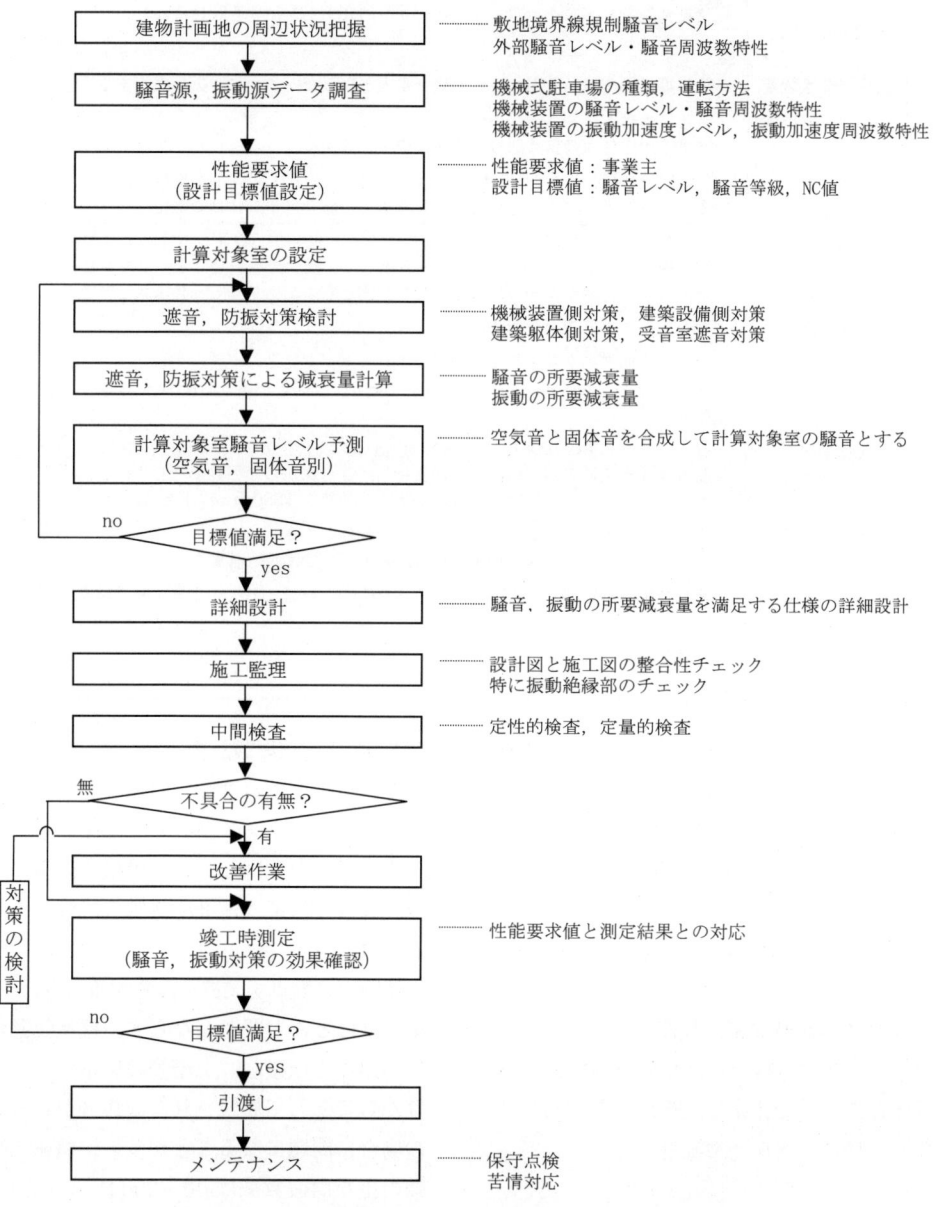

```
建物計画地の周辺状況把握 ……… 敷地境界線規制騒音レベル
                              外部騒音レベル・騒音周波数特性
          ↓
騒音源，振動源データ調査 ……… 機械式駐車場の種類，運転方法
                              機械装置の騒音レベル・騒音周波数特性
                              機械装置の振動加速度レベル，振動加速度周波数特性
          ↓
性能要求値          ……… 性能要求値：事業主
(設計目標値設定)        設計目標値：騒音レベル，騒音等級，NC値
          ↓
計算対象室の設定
          ↓
遮音，防振対策検討 ……… 機械装置側対策，建築設備側対策
                          建築躯体側対策，受音室遮音対策
          ↓
遮音，防振対策による減衰量計算 ……… 騒音の所要減衰量
                                      振動の所要減衰量
          ↓
計算対象室騒音レベル予測 ……… 空気音と固体音を合成して計算対象室の騒音とする
(空気音，固体音別)
          ↓
     目標値満足？ no→(戻る)
          ↓ yes
      詳細設計 ……… 騒音，振動の所要減衰量を満足する仕様の詳細設計
          ↓
      施工監理 ……… 設計図と施工図の整合性チェック
                      特に振動絶縁部のチェック
          ↓
      中間検査 ……… 定性的検査，定量的検査
          ↓
   不具合の有無？ 無→
          ↓ 有
      改善作業
          ↓
     竣工時測定 ……… 性能要求値と測定結果との対応
 (騒音，振動対策の効果確認)
          ↓
     目標値満足？ no→(対策の検討)
          ↓ yes
      引渡し
          ↓
     メンテナンス ……… 保守点検
                        苦情対応
```

図 2.5.110 機械式駐車場の遮音・防振計画から引き渡しまでのフロー

表 2.5.16 防音・防振対策例（低層集合住宅建物内のボックス型機械式駐車場）

区分		対象位置	防音・防振対策の詳細内容
A・機械装置側対策	①	駐車場設備全体	・防振床上に設置され，完全自立型でサイドに横揺れ防止支持を取らない．もし，支持する場合は，防振床と同等以上の絶縁性能を有すること．
	②	抵抗器，制御盤廻り	・装置本体を剛性の高い壁面に防振支持をして盤付属からの振動影響を下げる．
	③	制御盤接続配管等	・電線管類を防振ブラケットに取り付け，防振支持対策を行う．制御盤や駆動装置間の接続の一部にフレキシブルジョイント（CD 管やスパイダルチューブ）を使用する
	④	出入り口扉	・防振支持で躯体側から支持し，絶対に駐車装置本体に取合いを設けない．防振ゴムを介して扉三方枠を防振支持した固体音対策を実施する．扉は，防音仕様とする．
B・建築設備側対策	①	ダクトスペース	・ダクトはスラブ，壁に支持する場合は防振仕様にしたり，剛性の高い梁面から防振ブラケット支持を取る． ・躯体面の貫通部は，防振仕様で絶縁する．
	②	ダクト	・ダクトが共振しないように制振等対策を講じる． ・給排気騒音レベルを考慮しサイレンサや消音チャンバ等を設ける．
	③	自家用発電装置	・駐車場以外の振動要因に対して複合要因とならないように防振配慮をする．
	④	入出庫室給排気口	・駐車場歩廊と接触させない． ・ダクトの躯体面の貫通部は，防振仕様で絶縁する．
	⑤	給排気口廻り	・換気口廻り騒音レベル 75 dBA − 45 dBA = 30 dB 低減させるため，コンクリートダクト面等で吸音処理を行う．夜間規制値を考慮した防音タイプ仕様を選定
C・建築躯体側対策	①	駐車場設備設置足下	・地下階の駐車場設備本体の設置足下（基礎）に防振床（防振マット，共通架台方式，本格方式防振床）を採用する．湧水や漏水を考慮して，排水溝等を設ける．コンクリートは，250 mm 以上とし，荷重がかかる位置はダブル配筋としコンクリート一体床板とする
	②	防振床上点検口	・防振床上に点検口を設置する．
	③	ターンテーブル廻り	・境界面の側溝のグレーチング蓋をゴムパッキングによって固定する． ・発生騒音レベルが 55〜60 dBA 程度であり，夜間規制値 45 dBA を考慮し，壁・塀面に吸音対策を講じる．
	④	入出庫室壁面	・換気ガラリに 80 dBA − 45 dBA = 35 dB 以上のサイレンサを設ける． ・装置本体を剛性の高い壁面に防振支持して盤付属からの振動影響を下げる． ・壁面を 50 mm 80 k 程度の GW で吸音処理する（250 Hz 以下を考慮）．
	⑤	入出庫室天井面	・天井は，防振吊りとし，かつ遮音・吸音仕様とする． ・PB 捨て張りの上を 50 mm 80 k 程度の GW で吸音処理する．
	⑥	エレベータピット廻り駐車内	・壁面に吸音材を張り，EV シャフト内を音の伝声管としないように吸音材を床面に置く．
	⑦	エントランス室への自動扉	・固体音対策を講じる．

ら工事が完了し引き渡した後のメンテナンスまでのフローを図 2.5.110 に示す．

事業主から提示される性能要求値は，以下に示す事項について規定されるのが一般的である．

・評価値：騒音レベル，騒音等級，NC 曲線
・採用の値：ピーク値，L_{eq} 値，統計処理の L_5 値
・測定条件：就寝時間帯，昼間

計算対象室における騒音レベルの予測では，空気音と固体音に分けて計算し，それらを合成して計算対象室の騒音レベルとする．

(3) 遮音・防振設計の概要

機械式駐車場の遮音・防振設計の具体的な対策について，ボックス型駐車設備を低層集合住宅に設置する場合を例として，機械装置側の対策，建築設備側の対策，建築躯体側の対策をまとめて表 2.5.16 に示す．

建物内に駐車場装置を設置する場合，一般に，空気音はほとんど問題とならず，機械装置の振動が建物躯体を伝搬し，上階等の居室の天井，壁，床等から音として放射される固体音が特にピット式の場合に問題になることが多い．機械式駐車場振動の主な周波数域は 40〜250 Hz の範囲であるため，発生源およびその近傍での比較的低周波数域

表 2.5.17 防振仕様の例と振動絶縁性能

	振動絶縁性能	備考
Aタイプ	コンクリート浮き床（鋼製根太）＋防振ゴム 固有振動数 10 Hz 以下の防振仕様	極めて要求値が厳しく，コンサートホールや重量装置で積載時のたわみ変動が少ない要求の場合．さらに防振架台の設置スペース高さ（650 mm 程度の懐）がある場合
Bタイプ	共通架構架台＋防振ゴム 固有振動数 15 Hz 以下の防振仕様	架台を受ける床板に強度的制約が厳しい場合．メンテナンス上は優れているが，全体を安定させるためストッパーが必要
Cタイプ	コンクリート浮き床＋高密度多孔質材	積載される荷重に制約があり，水対策が重要

に対する振動絶縁が主な対策となる．

建築躯体側の遮音・防振対策を立案する場合，建物に関して以下に示す事項を確認する必要がある．
・ 建物の構造（RC 造，SRC 造，S 造等）
・ 建物のグレード，室用途
・ 静穏さが求められる居室と駐車場との位置関係
・ 各部位の遮音構造，遮音性能

なお，最近，梁のない大型 PC スラブを採用した構造体が増え始めたが，振動減衰面では不利になるので注意を払う必要がある．

固体音を低減するための具体的な対策について以下に示す．

① 駐車場設備の周囲との振動絶縁対策

横揺れ防止等のサポートを直接躯体に取り付けないようにする．また，駐車場内の換気ダクトが共振したり，二次発生源や音の伝声管とならないように配置や取付け方法に配慮する必要がある．

② 駐車場設備設置箇所の剛性向上対策

防振架台を設計する場合，駐車場設備を設置する躯体の剛性が重要になるので，スラブの厚さ，地中梁，小梁の増設補強等の検討が必要となる．

③ 駐車場設備設置箇所の防振架台対策

防振架台は，発生源近傍での固体音対策として最も有効な対策となる．防振架台を設計するに際しては，防振ゴムのばね定数やシステム全体の固有振動数，空車と実車の積載時のたわみ等を総合的に検討する必要がある．防振ゴムを選定する場合は，対象とする周波数 40 Hz の 1/4〜1/3＝10〜14 Hz を考慮して，設計固有振動数が 10 Hz 前後になるようにするのが一般的である．その場合，実際には固有振動数は 12〜14 Hz となることが多い．

防振仕様の例を図 2.5.111 に示し，それらの仕様の振動絶縁性能を表 2.5.17 に示す．

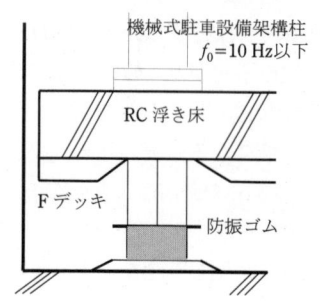

Aタイプ：コンクリート浮き床＋防振ゴム

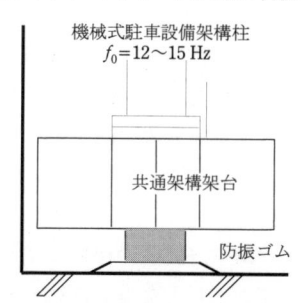

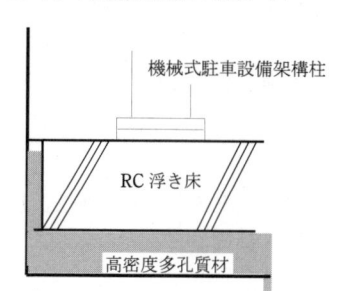

Bタイプ：共通架構架台＋防振ゴム

Cタイプ：コンクリート浮き床＋高密度多孔質材

図 2.5.111 防振仕様の例

④ 外装板の防振支持

特に屋外に自立したり，住棟間，ボイドに設置される垂直循環方式のタワーパーキングやエレベータパーキング等は，構造体自体が外壁の支持構造体になることが多い．その場合，機械装置の振動が直接間柱，胴縁を介して外壁に伝わり，外装板自体が大きな面音源となることで空気音だけではなく固体音が問題になるため，外壁を防振支持し

浮き構造にすることがある．固有振動数 f_0 を 10～14 Hz，支持荷重に対するたわみが 3 mm 程度に設計するのが標準的であり，それにより，可聴域振動加速度レベルで 20 dB，機械装置側騒音レベルで 5～7 dB の低減が可能となる．また，空気音を低減させるために，外装板の機械室側に吸音材を取り付けることも多く用いられる．

⑤ 受音室の共振対策

機械式駐車場の振動は，31.5～250 Hz に卓越成分をもつ特性を示すが，一般的に駐車場は RC 造よりも S 造が幅広く用いられており，建物自体の固有振動数が低くなる．そのため，平面的なスパン割や 2.5～3.5 m の階高による固有モードとも一致することが多々みられるようになってきており，31.5～63 Hz で共振をさせないように配慮することが必要になる．

(4) 機械式駐車施設の騒音に関わる要因

これまで述べてきた建築的，設備的な対策のほかに，以下に示す機械装置に関連する要因が騒音発生の大小に関連するため考慮する必要がある．

① 収容能力

タワーパーキング等装置の稼動に伴って，ケージと格納エリアが一体となって移動するものやエレベータパーキングのように駐車棚と昇降装置の移動方式はいろいろあり，それらの違いによって騒音の発生形態が異なるため，単に収容台数だけでは一義的に騒音の大小は決まらない．

④ 速度

駆動装置，リフト装置，昇降速度，横行速度等により騒音，振動は異なる．

⑤ ブレーキ

衝撃性の強い発生音となるので，その影響をできるだけ軽減する．

⑥ インバータ装置

インバータ装置がないものもあるが，最近のインバータ制御の多くは，出入り口部の騒音低減のために導入されることが多い．また，暗騒音が非常に小さい場合は，夜間と昼間の運用を考慮して可変機能型を採用するケースも増え始めた．

⑦ 換気設備（給気・排気）

防音型と標準型があるが，外部環境を考慮して防音仕様とすることも必要である．

⑧ 出入口扉

防音型，標準型があるが，上階等への固体音対策として防振支持やインバータ制御を施すこともある．

⑨ 脱出扉

防音型，標準型がある．

⑩ 駐車場操作盤ボックス

遮音タイプや標準タイプのボックスがあるが，躯体内へ設置することが多く，場合によっては，防振仕様とする．

(5) 騒音，振動測定の概要

a. 測定条件

① 測定位置の選定

振動測定における機械装置側廻りの測定点は，非常に剛性の高い梁上は避け，スラブ面中央のような標準的な位置を選定する．受音室も同様であるが，振動の距離減衰を把握する場合の測定では，柱近傍を測定点とすることもある．

② 測定システム

測定においては，騒音と振動が容易に比較できるように，全測定点を同時に測定できるようなシステムとする．

同時測定が不可能の場合は，最も厳しい営業運転を考慮した標準運転パターンで測定し，測定位置を移動しながら時間を掛けて実施することになるが，夜間周囲に対しても迷惑をかけるおそれがあるので，多点同時測定を行うことが望ましい．

③ 標準測定運転パターン

通常の運転状況下で実施するものとし，実車状態で駐車場設備の最も過酷な条件（最長駐車位置からの入庫，出庫や騒音面からみて最も不利な最大速度が出る条件等）で行う．

④ 測定カテゴリー

室内の暗騒音と区別できるように，必ず騒音レベルと可聴域振動加速度レベルの両方を測定する．

⑤ 各運転別測定

機械装置の運転動作によって発生騒音が異なるので，それらの特性が把握できるように各運転別に測定を実施する．

⑥ 測定時間の設定

測定結果の評価においてピーク値，等価騒音レベル L_{eq}，統計処理の L_5 値等，後の処理ができるように配慮して設定する．

⑦ 機械式駐車場以外の騒音（暗騒音）の確認

機械式駐車場の騒音と暗騒音を区別する．暗騒音や暗振動には周辺の道路交通騒音や振動があり，場合によっては空調騒音も測定する．

⑧ 機械式駐車場の対策仕様の確認

測定の前に機械式駐車場側の防音・防振対策，建築側対策，ダクト等の換気空調設備に対する防音・防振対策等の確認を行う．

b. 測定の方法

騒音の測定は，騒音計を用いて，A特性 Fast で JIS Z 8731 "環境騒音の表示・測定方法" に則って行う．また，振動の測定は，JIS Z 8735 "振動レベル測定方法" に則って JIS C 1510 に定める振動計を用いて，振動加速度レベルを測定する．

測定では，騒音と振動が同期できるような2チャンネル以上のレベルレコーダと後の分析を考慮してデータレコーダでの収録も併用する．測定対象室の暗振動が小さい場合は，測定機器の自己発生騒音の影響を受けないように，影響の少ない場所まで延長ケーブルを延ばして測定する必要がある．また，必ず有人で測定することを原則とし，機械装置の運転による騒音であるかどうかを判別するようにする．

なお，特に振動の測定においては，電源ノイズや延長ケーブルによるノイズに留意し，測定機器の電源はできるだけ電池を使用するなど細心の注意を払って測定する必要がある．図 2.5.112 に測定，分析系のブロックダイアグラムを示す．

c. 測定データの整理

① 記録チャートからレベル変動のピーク値を読み取る．

② 各々の動作は約2〜3分程度であるが，変動騒音となるので，等価騒音レベル L_{eq} や時間率レベル L_5 を算出する場合もある．

(6) 測定事例

高級住宅地に計画された集合住宅に採用したボックス型駐車場の騒音，振動の測定例について紹介する．なお，当集合住宅は，閑静な環境にあり非常に暗騒音が小さいことを考慮して，建築側の固体音対策として，防振マット仕様の防振床と吸音・遮音対策等を実施し，さらに機械装置側でも防振対策を実施している．

測定は，駐車場内機械装置，住宅居室，およびエントランス室の騒音レベルと振動加速度レベルについて行った．

a-1. 測定点

騒音の測定点は，1階エントランス，2階，3階，7階居室の室中央，振動の測定点は，住戸玄関の床面，駐車設備の入口側リフトの柱脚部廻り，入口・奥側リフト中間の横行部，および奥側リフトの運転制御機器廻り部のそれぞれ装置架台上，防振床スラブ上，躯体コンクリートスラブ上とした．測定点を図 2.5.113 に示す．

a-2. 測定時の運転パターン

本事例は，1層目と2層目および3層目と4層目が独立して循環する構造である．それぞれリフト＋横行が交互に繰り返す運転および1層・2層目リフトから3層・4層目リフトへのつなぎ運転をする場合がある．測定を行った代表的運転パターンを図 2.5.114 に示す．

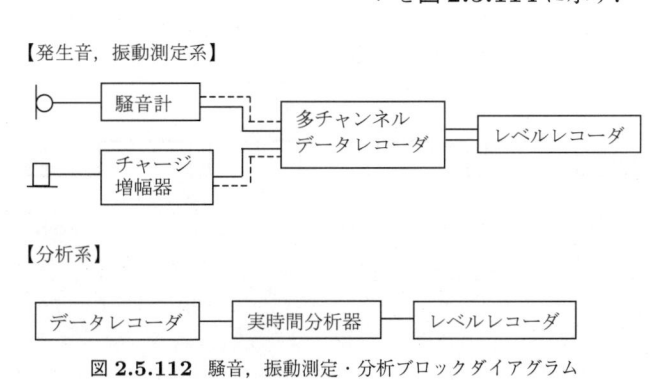

【発生音，振動測定系】

騒音計 ─┐
         ├→ 多チャンネルデータレコーダ → レベルレコーダ
チャージ増幅器 ─┘

【分析系】

データレコーダ → 実時間分析器 → レベルレコーダ

図 2.5.112 騒音，振動測定・分析ブロックダイアグラム

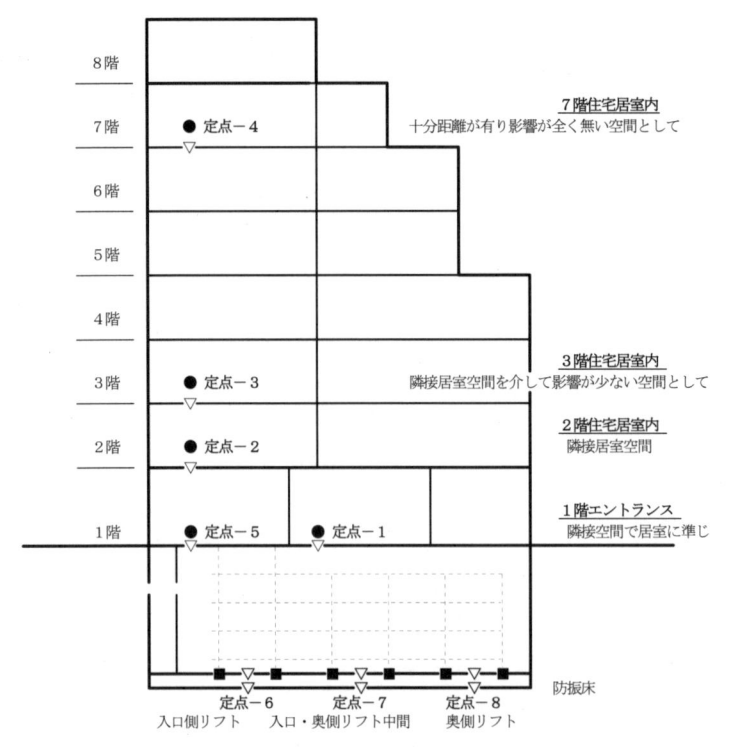

図 2.5.113 測定位置

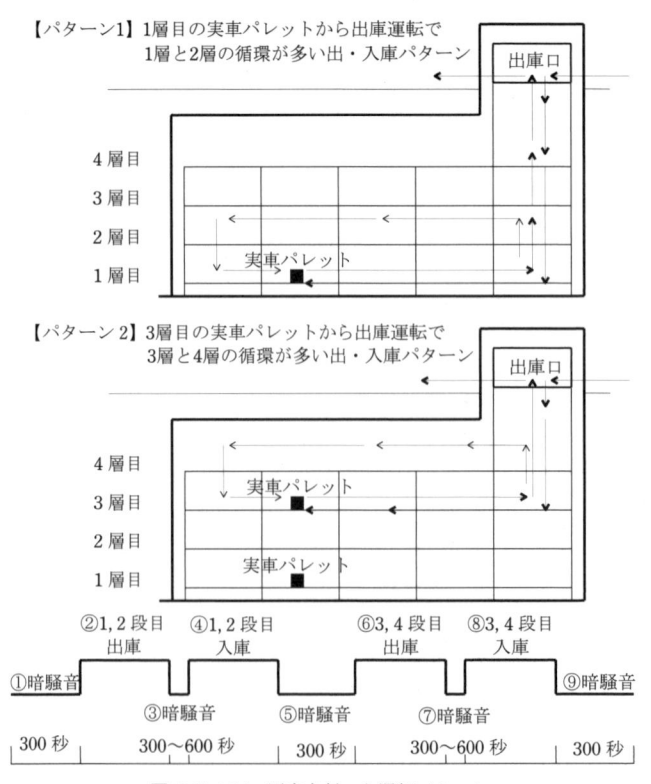

【パターン1】1層目の実車パレットから出庫運転で
　　　　　1層と2層の循環が多い出・入庫パターン

【パターン2】3層目の実車パレットから出庫運転で
　　　　　3層と4層の循環が多い出・入庫パターン

図 2.5.114 測定を行った運転パターン

表 2.5.18 駐車場からの騒音レベルと振動加速度レベル測定結果（L_5値）

測定点		要因	運転ケース	1層,2層循環		3層,4層循環		ターンテーブル	停止時 BGN-V
				横行運転時	リフト運転時	横行運転時	リフト運転時		
定点-1	1階エントランス室	L_A dBA		47	51	49	55	46	40
	1階エントランス床上	L_a dB		56	56	56	57	58	52
定点-2	2階201号室 洋室	L_A dBA		33	38	29	31	43	25
	2階201号室 玄関床上	L_a dB		45	46	46	45	48	37
定点-3	3階301号室 洋室	L_A dBA		35	35	39	41	35	24
	3階301号室 玄関床上	L_a dB		42	42	43	42	46	37
定点-4	7階701号室 洋室	L_A dBA		39	41	45	45	40	31
	7階701号室 玄関床上	L_a dB		40	41	41	41	44	35
定点-5	（入・出庫室内）	L_A dBA		67	67	68	69	54	38
	入・出庫室 歩廊上	L_a dB		75	75	75	76	62	54
定点-6	（入口側リフト部）	L_A dBA		75	74	77	78		45
	装置架台上	L_a dB		102	100	103	101		62
	防振床スラブ上	L_a dB		83	83	83	82		40
	躯体コンクリートスラブ上	L_a dB		46	46	47	45		35
定点-7	（入口・奥側リフト中間）	L_A dBA		79	80	77	76		47
	装置架台上	L_a dB		117	117	96	96		62
	防振床スラブ上	L_a dB		80	80	80	79		40
	躯体コンクリートスラブ上	L_a dB		46	47	45	45		35
定点-8	（奥側リフト）	L_A dBA		75	76	76	72		41
	装置架台上	L_a dB		78	78	78	77		45
	防振床スラブ上	L_a dB		77	76	75	75		49
	躯体コンクリートスラブ上	L_a dB		47	47	48	46		36

なお，駐車場メーカによりすでに，十分な給油や整備がなされており，また駐車場内での電線管や付属機器についても振動絶縁された状態であった．

【パターン1】1層目の実車パレットから出庫運転で1層と2層の循環が多い出・入庫パターン
① 1層目実車パレットが1層2層循環，入口側へ移動
② 移動後昇降リフトにて上昇
③ 2層，3層へリフトにて上昇
④ 出入口に実車パレットが着床し，扉が開き出庫
⑤ ターンテーブルを旋回後出庫完了
　停止状態の確認
⑥ 車がターンテーブルの上に乗り入庫
⑦ 扉が開き空パレット上に車乗り入れ
⑧ 3層，2層へリフトが下降
⑨ 1層目リフトから4パレット横行し，駐車完了

【パターン2】3層目の実車パレットから出庫運転で3層と4層の循環が多い出・入庫パターン
① 3層目実車パレットが3層4層循環，入口側へ移動
② 移動後昇降3層，4層へリフトにて上昇
③ 出入口に実車パレット着床し，扉が開き出庫
④ ターンテーブルを旋回後出庫完了
　停止状態の確認
⑤ ターンテーブルの上に乗り入庫
⑥ 扉が開き空パレット上に車乗り入れ
⑦ 4層，3層へリフトが下降
⑧ 3層目リフトから4パレット横行し，駐車完了

a-3. 測定結果

騒音レベル（L_A）および振動加速度レベル（L_a）の測定結果を表 2.5.18 に示す．

2.5.12 自動ドアを対象とした測定

多数の人が出入りする建物では，自動ドアは欠かすことのできない設備となっている．騒音源である自動ドア本体の静穏化も進められているが，機構に起因して開閉時の騒音が問題になることがある．ここでは，自動ドアからの発生音が隣接する室に与える影響についての測定方法，および測定例について説明する．

(1) 測定の対象

自動ドアを対象とした測定では，その機構および騒音の発生源を理解することが重要である．

図 2.5.118 に広く用いられる電気式自動ドアの開閉機構の概念図を示す．モーターからの駆動力が減速機を介してベルトに伝えられ，ベルトに固定されレールから吊られているドアを開閉する．扉の下部には振れ止めがあり，床に埋め込まれたガイドレールに挿入され，風圧等による面外方向の外力に対抗する仕組みとなっている．

自動ドアの開閉機構における騒音の発生源として，次のようなものが挙げられる．

・モーター，減速機，プーリーの回転音
・ベルト，チェーンの走行音
・レール上を戸車が走行するときの転動音
・開閉時に扉同士，また扉が戸当たりにぶつかる音
・下部の振れ止めがガイドレールとぶつかる音
・起動時に急激にかかる負荷による音

騒音の発生源として自動ドア上部の機構は意識されやすいが，扉同士や振れ止めとガイドレールがぶつかる音も問題になることに留意する必要がある．

図 2.5.119 に自動ドアから隣接する室への伝搬経路の概念図を示す．大きく固体伝搬音と空気伝搬音（一部，空気伝搬音による側路伝搬音）に分けられる．振れ止めとガイドレールがぶつかり合っているような場合は，開閉する扉自体も伝搬経路となる．自動ドアによる騒音が問題となるときは，固体伝搬音によることがほとんどである．

以上の自動ドアの騒音発生源および伝搬経路を考慮し，現状把握，対策検討，また対策効果確認のための測定方法について述べる．

(2) 測定の計画

自動ドアによる騒音の現況を把握し，対策を立案するための測定は次のような方法が考えられる．

① 聴感による方法
② 騒音測定による方法
③ 振動加速度レベル測定による方法

また，原因を明確にするバックデータを得るための測定として，次の方法が考えられる．

④ 音源室，受音室間の音圧レベル差の測定による方法

a. 聴感による方法

聴感によって騒音発生の要因を概略特定できる場合がある．測定前に可能な限り現況を確認するのが望ましいが，遠方などの理由で事前の確認が難しい場合は，利用者あるいは現況を把握している管理者等から下記のような点に留意してヒアリングすれば，より適切な測定計画につながる．

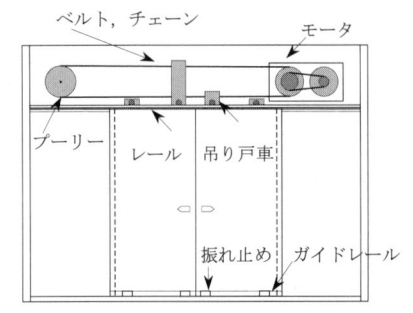

図 2.5.118 自動ドアの開閉機構の概念図

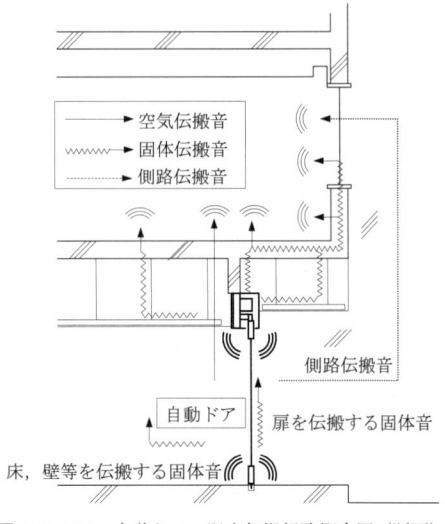

図 2.5.119 自動ドアの騒音伝搬経路概念図（断面）

聴感による方法においては，まず問題となる騒音が開閉時の比較的定常的な騒音なのか，衝撃性の騒音なのか確認する．

単発の衝撃性の騒音の場合，扉同士がぶつかる音，あるいは起動時の応力による音である可能性がある．扉同士がぶつかる音は閉じるときに，起動時に急激にかかる負荷による音は動き出すときに発生し，発生のタイミングが異なるので自動ドア前で開閉する人と受音室間でトランシーバー，携帯電話等で連絡を取りながら発生タイミングを確認すれば両者の違いを特定できる．

定常的な騒音の場合は，モーター等による回転音や戸車の走行音，あるいは振れ止めとガイドレールがぶつかりあいながら開閉している際の音の可能性がある．自動ドアの前に立てばガタガタとぶつかる音が聴き取れるので，発生部位を特定できる．

騒音発生の要因が一つとは限らず，聴感によって特定できない場合は，次項のような測定の結果と合わせて要因を判定する必要が生じるが，測定に先立ち聴感により発生騒音の特徴を把握することは常に重要である．

b. 騒音測定による方法

受音室における騒音は，欠かすことのできない測定項目である．開閉時の全体的な騒音の測定結果も重要であるが，自動ドアは起動時，扉移動時，停止時等で発生要因が異なるので，時間的な騒音の変化を把握するための測定も重要となる．

自動ドアによる騒音は，聴感上聴き取れる場合でも暗騒音に対して十分な S/N が確保されることは少ないため，騒音レベルだけではなく周波数分析をして，問題となっている周波数域を特定し，その時間変化等について考察する必要も生じる．

c. 振動加速度レベル測定による方法

固体伝搬音が主となっている場合でも，最終的に問題となるのは仕上げ材から再放射される音であり，振動から音に変換される仕組みは複雑であるため，振動加速度レベルの測定結果のみから評価を行うのは困難である．

振動加速度レベルの測定は，騒音の測定結果と合わせて考察するとき，あるいは自動ドアの上部の機構と下部のガイドレール部でどちらの振動が大きいかなどについて考察を加える際に有効になる．

なお，複数の測定点を設ける場合は，一般に各測定点での振動特性が異なる場合が多いので数値の絶対値の比較には注意が必要である．

d. 音源室，受音室の音圧レベル差による方法

自動ドアからの騒音は，固体伝搬音の影響が大きいことがほとんどであると前述したが，これを定量的に判断するためには，自動ドアが設置されている音源室と受音室との音圧レベル差の測定が有効である．

「①自動ドアのある音源室での騒音から界床，界壁等の遮音性能を差し引いた数値」と，「②自動ドア開閉時の受音室での騒音の数値」のどちらが大きいかを見ればよく，②の方が明確に大きければ固体伝搬音の影響が大きいと判断が可能である．

界床，界壁等の遮音性能は，JIS A 1417 に示される「特定場所間の音圧レベル差の測定」によるが，部材の音響透過損失に関する基礎的な知識があれば，JIS に規定された測定を実施しなくても判断できる場合もある．

(3) 測定の実施と測定結果

オフィスビルのエントランスに設置された円形の引き分け自動ドア（**図 2.5.120**）を対象とした測定事例を示す．なお，本事例では以下の詳細な測定を実施する前に，騒音対策として自動ドアの建込み等の調整を行っている．

測定では，直上の執務室を受音室とし，受音室および音源室での騒音測定，執務室スラブ上での振動加速度レベル，および界床を対象とした特定場所間音圧レベル差を測定した．**図 2.5.121** に一

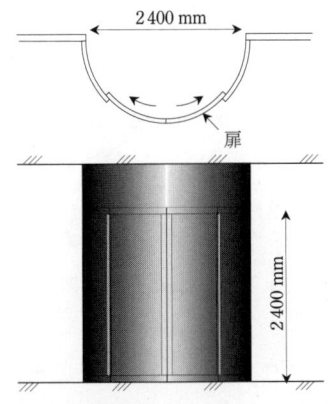

図 2.5.120 測定した自動ドアの概要

騒音，振動加速度レベル測定

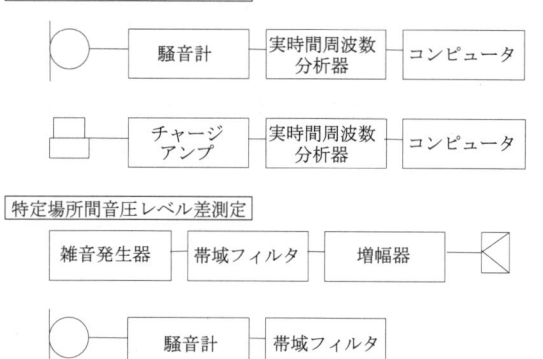

図 **2.5.121** 測定ブロックダイアグラム

一般的な測定ブロックダイアグラムを示す．

発生騒音の再現性も含めて見るため，測定は開閉を3回繰り返している．衝撃性の騒音を含む場合は特に数回の測定を繰り返し，その再現性を確認する必要がある．また，数回の測定から代表値を得る場合は，各回の数値の算術平均とするのが妥当と考える．

図 **2.5.122** に受音室における開閉時間内（開：約3秒，閉：約4秒）の L_{eq} および L_{max} を示す．250 Hz 以上の周波数域では S/N が得られていないが，聴感では開閉時の低音がはっきりと聴き取れた．

図 **2.5.123** に S/N がある程度確保されている 125 Hz 帯域の時間変化について，音圧と振動加速度レベルを合わせて示す．これを見ると，125 Hz 帯域の音圧レベル，振動加速度レベルとも起動時

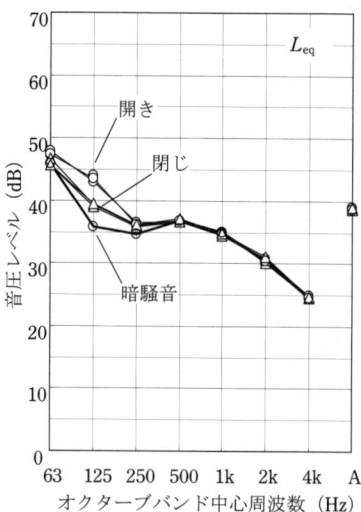

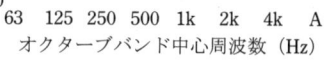

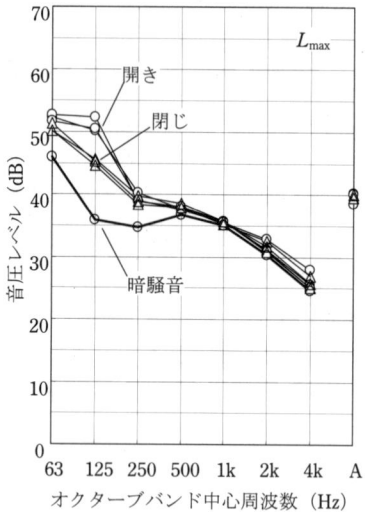

図 **2.5.122** 室内騒音測定結果

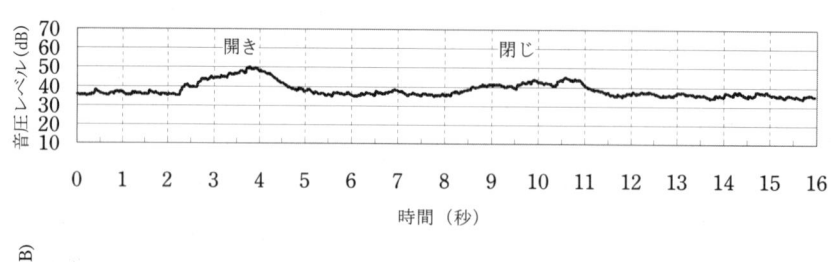

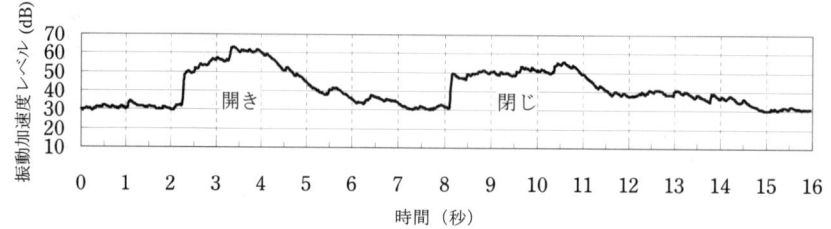

図 **2.5.123** 音圧，振動加速度レベルの時間変化（125 Hz）

192　第2編　実務編

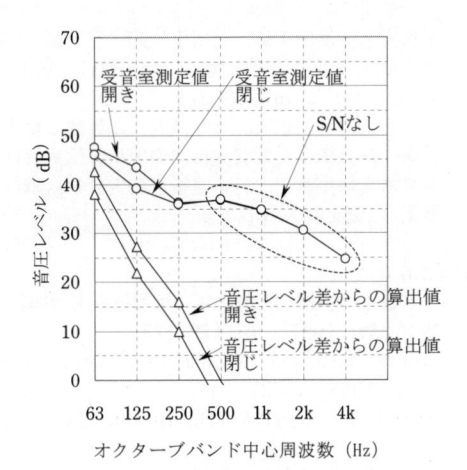

図 2.5.124 固体伝搬音の影響に関する検討

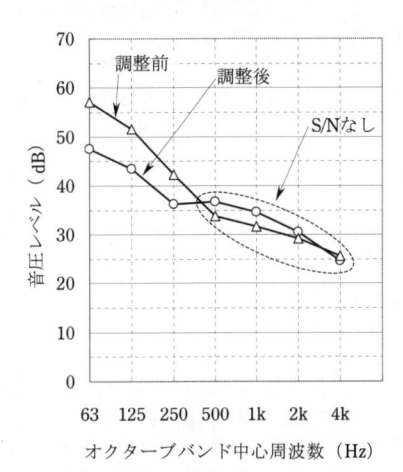

図 2.5.125 対策前後の騒音比較

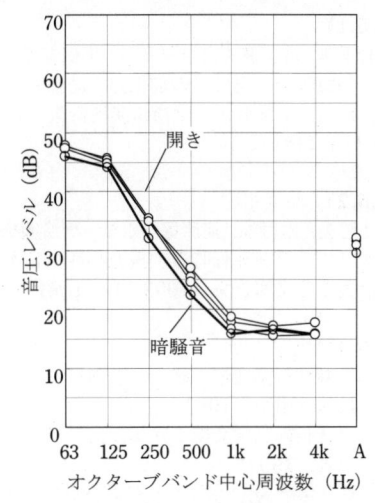

図 2.5.126 室内騒音測定結果

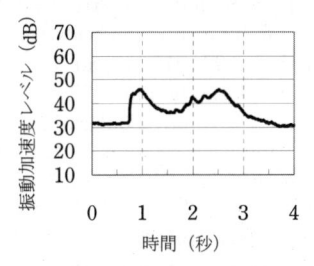

図 2.5.127 振動加速度レベル測定結果（250 Hz 帯域）

から扉の速度が速くなるに従い大きくなり，停止前に扉の速度が遅くなるのと対応して小さくなる様子がわかり，この測定結果から戸車の走行音やガイドレールからの発生音が主な発生源であることが示唆される．

図 2.5.124 に音源室における開閉時の騒音測定結果（L_{eq}）から音源室，受音室間の特定場所間音圧レベル差測定結果を差し引いた数値を，受音室における騒音測定結果（L_{eq}，3 回の算術平均値）と合わせて示す．これを見ると，音圧レベル差から算出した数値に対し，受音室での開閉時の騒音は全帯域にわたり大きく，自動ドア開閉時の騒音は主に固体伝搬音によることが示されている．

本事例は，対策として自動ドアの調整を行った後の測定であることを前述したが，参考として図 2.5.125 に調整前の扉が開くときの騒音を，調整後と比較して示す．63〜250 Hz 帯域で調整後に音圧レベルは約 5〜10 dB 小さくなっており，建込み，機構のバランスを取る等の調整が騒音低減に有効であることがわかる．また，騒音低減対策として機構を防振支持する対策は効果が大きく，あらかじめ組み込まれている製品も流通している．

良好な調整がなされている水平引き分け式の自動ドアに関する測定事例として，図 2.5.126 に直上居室における扉が開くときの騒音測定結果（L_{eq}，約 3 秒）を，図 2.5.127 に上階スラブ上での振動加速度レベル測定結果を比較した S/N が得られていた 250 Hz 帯域について示す．これらを見ると，騒音は問題となりやすい低周波数域において暗騒音と同程度の大きさである．振動加速度レベルは起動時および扉の速度に対応したレベルの上昇が見られるが両者の最大値はほぼ同じレベルであり，聴感上もほとんど気にならない程度であった．

文献 (2.5.1)
1) 田野正典, 井上勝夫, 中澤真司, 平松友孝, 下西知行, 稲留康一：送風機の加振力と防振効果の測定例, 日本建築学会大会学術講演梗概集（1997.9）, pp.115–118

文献 (2.5.2)
1) 井上勝夫, 木村翔, 河原塚透：ターボ冷凍機, ヒートポンプチラー運転時の加振力特性, 日本建築学会計画系論文報告集（1993.11）, pp.1–8

文献 (2.5.4)
1) 日本音響材料協会編：騒音・振動対策ハンドブック（技報堂出版, 1982）
2) 日本騒音制御工学会編：建築設備の騒音対策（技報堂出版, 1997）
3) 日本機械学会編, ：ポンプその設備計画・運転・保守（丸善, 1980）
4) Fahy, F. : Sound and Structual Vibration Radiation, Transmission and Response
5) Cremer, L., M. Heckl and E. E. Ungar : Structure-Borne Sound
6) Breeuwer, R. and Tukker, J. C. : Resilient Mounting System in Buildings, Applied Acoustics, 9 (1976), pp.77
7) 藤波保夫, 平松友孝, 大川平一郎, 安岡正人：大口径管路系の騒音・振動特性とその低減方法に関する検討, 日本建築学会計画系論文報告集, 第478号（1995.12）, pp.9–16
8) 平松友孝, 大川平一郎, 安岡正人：管路系固体音の音・振動源特性に関する研究, 日本建築学会計画系論文報告集, 第488号（1996.10）
9) 平松友孝, 大川平一郎：設備機器加振力の測定方法, 日本音響学会誌, 50巻4号, pp.312–318
10) Koyasu, M., Ohkawa, H. and Hiramatsu, T.: Method for measurement of vibromotive force generated by machnery and equipment installed in buildings, J. Acoustic. Soc. Jpn. (E) 17, 4 (1996), pp.203–210
11) 平松友孝, 浜田幸雄, 大川平一郎, 子安勝：防振材の防振効果に関する検討, 騒音制御, Vol.21, No.4（1997）, pp.263–272
12) 平川哲久, 安岡正人, 藤井弘義, 江哲銘：給水配管系の防振継手と配管支持部の固体音伝搬特性に関する実験室測定, 日本建築学会大会学術講演梗概集（1984.10）, pp.3–4

文献 (2.5.6)
1) 日本建築学会編：実務的騒音対策指針 応用編（技報堂出版, 1987）, pp.172–173
2) Shultz, T. J. : J. Acoust. Soc. Am., Vol.43, No.3 (1968), p.637
3) ASHRAE : ASHRAE Handbook, HVAC Applications (1991), pp.42.2–42.23
4) 板本守正, 塩川博義：VAVユニットの音響特性について, 日本騒音制御工学会技術発表会講演論文集（1987）, pp.77–80
5) 板本守正, 塩川博義, 小野寺美恵：ルーバの気流および音響特性について, 日本建築学会大会学術講演梗概集（1996）, pp.5–6

文献 (2.5.7)
1) 日本騒音制御工学会編：建築設備の騒音対策, 3 建築設備の防振設計（技報堂出版, 1999）, pp.42–44

文献 (2.5.8)
1) 杉山美樹：超高速エレベータの騒音対策, 騒音制御, 18巻2号（1994）, pp.18–22
2) 日本建築学会編：建築物の遮音性能基準［第二版］（技報堂出版, 1997）, pp.438–447
3) 濱田幸雄, 大川平一郎, 平松友孝, 村石喜一：エレベータ昇降音・振動特性とその低減方法に関する検討, 騒音制御, 21巻3号（1997）, pp.198–205

2.6 生活音の測定と評価

2.6.1 窓, 扉, 襖を対象とした測定

(1) 開口衝撃音とは

窓や扉, 襖などの開閉に伴う衝撃性の発生音が隣接室等で聞こえ問題となる場合がある. このときの音を一般的に開口衝撃音という. この種の騒音は, 音源および発生位置が明らかで, 比較的再現性が良いことが特徴である. また, 開閉に伴う衝撃音が空気伝搬音として与える影響よりも, 開閉時に発生する振動が躯体中を伝搬し, 内装材より放射される固体伝搬音の影響の方が大きい場合が多い (図 2.6.1).

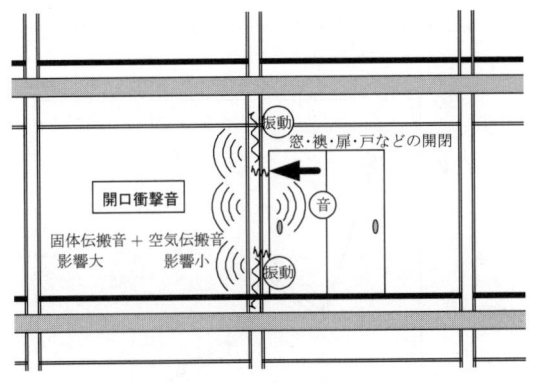

図 2.6.1 開口衝撃音発生概念図

(2) 開口衝撃音の測定と評価の考え方

開口衝撃音は普段の生活行為によって発生することから, その行為 (窓や扉の開閉) を再現し, その音を測定すればよいことになる. 開口衝撃音は, 故意に強く開閉したり, あるいは弱くしたりと意識せずに, 通常の生活程度の開閉を再現した音を測定し, 評価することが基本である. 通常の生活程度の開閉を再現することにより, 音源および発生位置が一定であることから比較的再現性の高いデータを得ることができる. ただし, 開口衝撃音は, 位置関係や納まり (対策程度) によりレベルが小さく, 暗騒音の影響を受け再現性が得られにくい場合もある.

受音側の測定位置は, 放射された開口衝撃音を, 受音室空間の平均的な 5 点程度で測定し, 平均する方法があるが, 実際に問題になっている, あるいは問題になるであろう場所 (例えば, リビングであればソファーの位置, ベッドルームであればベッドの枕位置) を想定し, その場所で測定するという方法もある. いずれにしろ, 測定位置は必ずメモしておく必要がある.

測定は, 窓や扉を開閉し, そのときの音圧レベルおよび騒音レベルの最大値を読み取る. 騒音計の時定数は衝撃性の音を測定するため FAST とする.

現在は実時間分析器付きの騒音計が市販されており, MAX.HOLD 機能を使えば, 容易にオクターブバンドごとの音圧レベル, 騒音レベル等の最大値を同時に得ることができる.

(3) 開口衝撃音の測定事例

高層集合住宅の住戸間仕切壁には, 乾式壁が使われる場合が多く, また, 平面計画が複雑になり, キッチンに隣接して他住戸の居室が配置されている計画がみられる. この場合, キッチンに取り付けられた吊戸棚の開口衝撃音の検討が必要になる.

ここでは, 実験的に住戸間仕切壁に吊戸棚を取り付けて, 扉を開閉したときの, 隣接住戸における開口衝撃音の検討事例を紹介する.

①測定方法

乾式壁に取り付けられた吊戸棚を開閉し, 隣接住戸において開口衝撃音を測定することとした. 測定位置は, 壁際に置いたダイニングチェアーに座っているところをイメージし, 壁から 1 m 離れ, 床から 1.2 m の高さとした. 測定は実時間分析器付きの騒音計により, MAX.HOLD 機能を用いて, 吊戸棚を開閉したときのオクターブバンドごとの音圧レベルを求めた.

②吊戸棚扉開閉時の開口衝撃音の再現性

戸棚を 5 回開閉し, 開口衝撃音の再現性を確認した. 乾式壁の種類は 2 社 2 製品ずつの 4 種類とし, 結果を図 2.6.2〜図 2.6.5 に示す. この結果によると, どの壁も暗騒音との差が十分にあり, 再現性が高いことが示されている.

③壁の違いによる吊戸棚扉開閉時の開口衝撃音

図 2.6.2〜図 2.6.5 に示した 5 回のエネルギー平均値を用いて, 壁の種類の違いによる吊戸棚扉

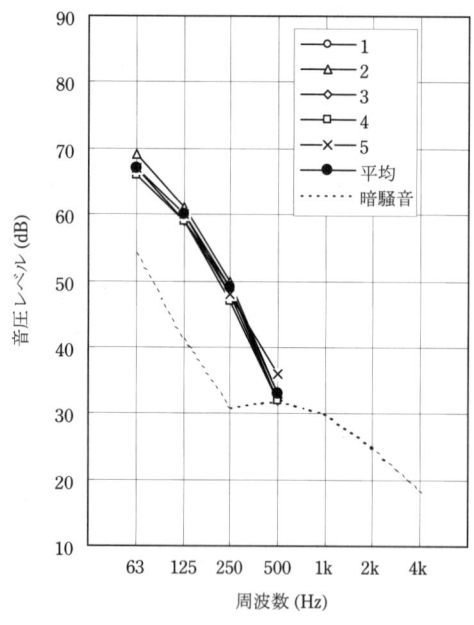

図 2.6.2 吊戸棚扉開閉時の開口衝撃音の再現性測定事例 1

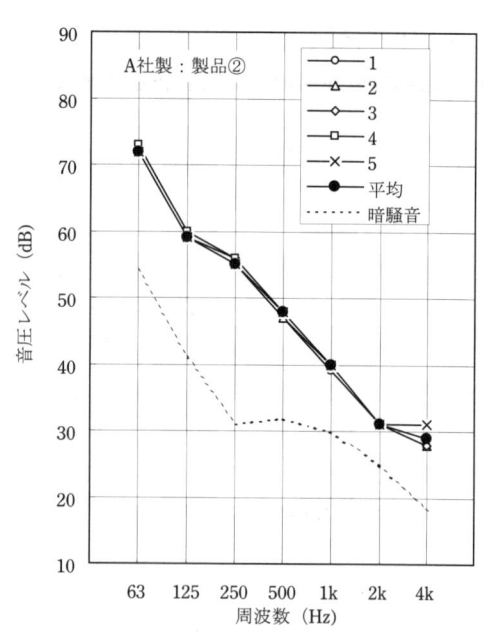

図 2.6.4 吊戸棚扉開閉時の開口衝撃音の再現性測定事例 3

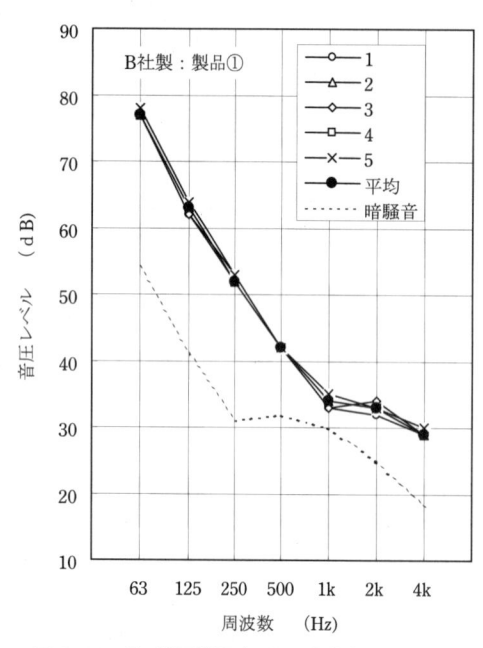

図 2.6.3 吊戸棚扉開閉時の開口衝撃音の再現性測定事例 2

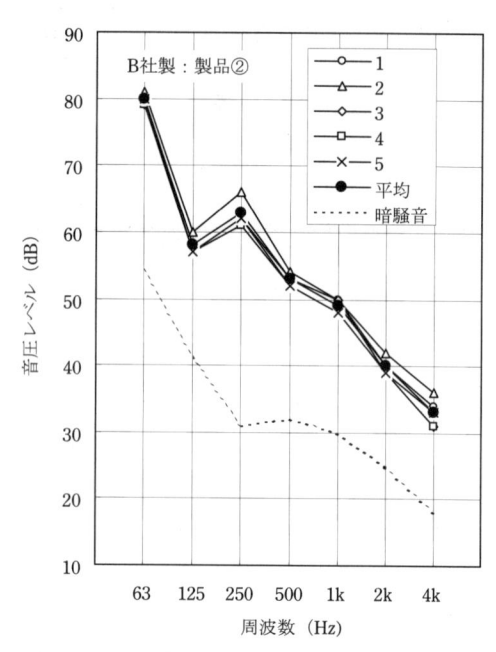

図 2.6.5 吊戸棚扉開閉時の開口衝撃音の再現性測定事例 4

開閉時の開口衝撃音測定値を比較して図 2.6.6 に示す．この結果によると，壁の違いにより吊戸棚扉開閉時の開口衝撃音に差が生じており，壁の種類によっては，開口衝撃音を低減できる可能性が示されている．

④ **吊戸棚支持点数変化による扉開閉時の開口衝撃音**

壁に取り付けられている吊戸棚の支持点数を変化させたときの，各壁における扉開閉時の開口衝撃音測定値を比較した事例を，図 2.6.7 に示す．この結果によると，開口衝撃音に若干の差が見ら

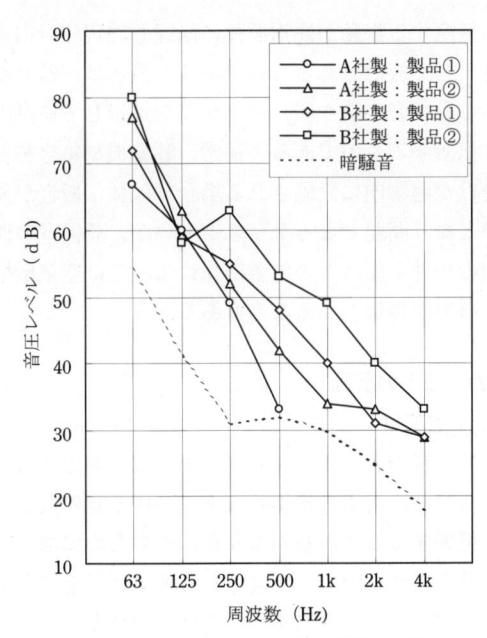

図 2.6.6 壁の違いによる吊戸棚扉開閉時の開口衝撃音測定事例

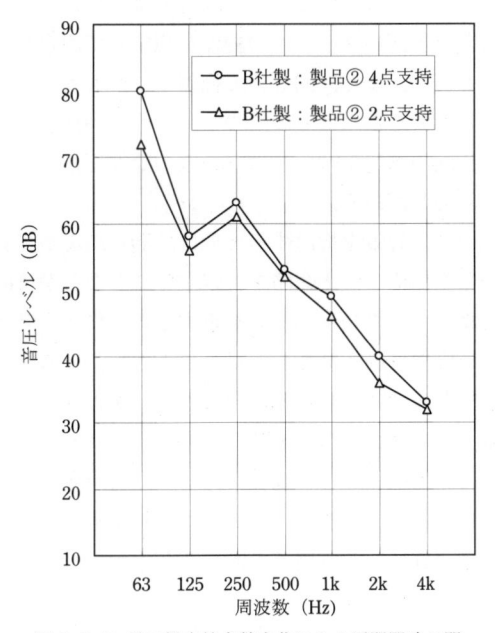

図 2.6.7 吊戸棚支持点数変化による扉開閉時の開口衝撃音測定事例

れ，支持点数が少なくなると，開口衝撃音が小さくなる傾向がみられる．

2.6.2 駐輪機，郵便受けから発生する音の測定

　集合住宅においては建物内に駐輪場を設け駐輪機が設置されたり，建物内のエントランスに集合郵便受けが設置されるケースが多い．このような共用施設に近接して上階や隣に住戸が配置されることも多く，住戸への伝搬音が問題となることがある．ここでは，建物内に設置された駐輪機，集合郵便受けの騒音対策のための測定方法について述べる．

(1) 測定対象
a. 駐輪機の種類

　駐輪機の種類としては大きく**表 2.6.1** のように分類できる．自転車を固定するラックが一段（平置き）のものや，このラックが上下二段に配置された二段式があり，それぞれラックが動かない固定式とラックがスライドする可動式に分類できる．**図 2.6.8** に可動式の形状の例を示す．二段型可動式は上段のラックを下方にスライドさせることで自転車のラックへの着脱が容易にできるようにしたものであり，平置き型可動式はラックが左右にスライドして自転車の出し入れ時のスペースを確保させるものである．音の発生部位としては固定式の場合には自転車を固定する際に車輪がラックにぶつかる音や，擦れたりする音などが挙げられる．また，可動式のものでは，ラックのスライドに伴う部材同士の衝突音や床との衝突音などが発

表 2.6.1 駐輪機の種類

	仕組み	主な発生音
平置き型固定式	ラックが床に固定されており可動部がない	車輪がラックにぶつかる音
平置き型可動式（左右スライド）	ラック部分が左右にスライドして出し入れ時のスペースを確保できる	車輪がラックにぶつかる音 ラック同士がぶつかる音
二段型固定式	ラックが上下二段に固定されており可動部がない	車輪がラックにぶつかる音 上段の自転車を下ろす音
二段型可動式（上下スライド）	上段ラックが下方にスライドして降りる	車輪がラックにぶつかる音 上段ラックのスライド音 上段ラックが床に当たる音 部材同士の衝突音

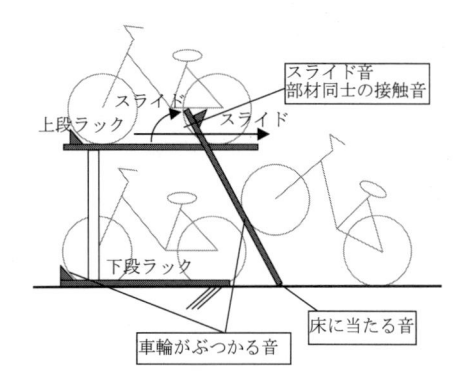

ら発生する振動が建物躯体に伝達し周辺住戸内で音として放射されるものであり，後者は，器具からの発生音が壁や床，サッシ等を透過して住戸内に伝搬するものである．通常，駐輪機や集合郵便受けが建物内に設置される場合は固体伝搬音が優勢となり問題となるケースが多いが，設置室の開口の条件や住戸との位置関係によっては空気伝搬音の方が優勢となることもある．

（2）測定の計画
a. 測定項目

発生音の大きさを評価する上では，測定の目的としては，実際の使用状況下における音の大きさを把握することが基本となる．そのためには，音を発生させる際に，想定される使用状況をできる限り再現するようにする．これらの発生音については使い手の個人差や使い方によるばらつきが大きいため，普通に使用した場合や乱暴に使用した場合など何パターンかの動作を想定して測定を行うとよい．また，同じ力で操作したつもりでも発生音の大きさはばらつくので，一つの動作に対して数回の測定を行い，ばらつきの範囲を把握しておく必要がある．

一方，対策を検討する上では，測定によって音の発生部位や伝搬経路を特定することなどが目的となる．音の発生部位を特定するためには，例えば二段型可動式駐輪機の場合のように，音の発生部位が多数考えられる場合は，ラックのスライド時，ラックと床の衝突時，自転車設置時というように発生部位ごとに動作を区切って再現することが必要となる．また，伝搬経路の特定を目的とする場合は，音源室側での測定なども項目に加える必要がある．

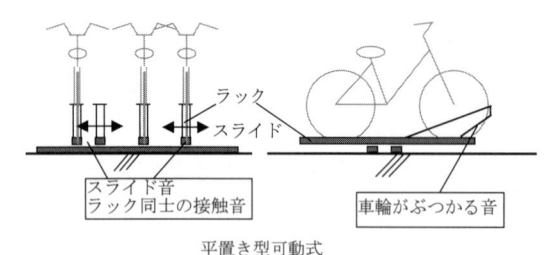

図 2.6.8 駐輪機の形状と音の発生部位

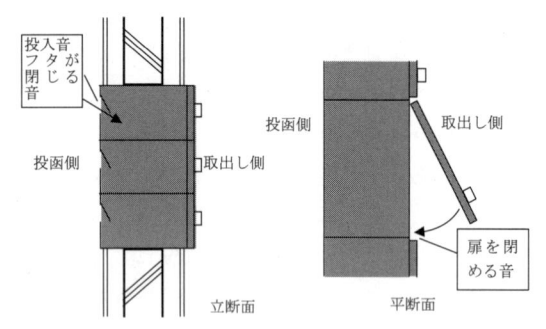

図 2.6.9 郵便受けの形状と音の発生部位

生源として加わる．

b. 集合郵便受けの種類

集合郵便受けについては，音の発生部位は取出し側の扉の閉まる音と郵便物や新聞などを投入する際の音である．形状の例を図 2.6.9 に示す．形状にそれほどバリエーションはないが，取出し側の扉を閉める機構には機種による違いがあり，普通に閉める分にはほとんど音の出ない製品もあれば，どんなに慎重に閉めてもどうしても最後にガチャンと音が出てしまう製品もある．

c. 音の伝わり方

建物内に設置された駐輪機や集合郵便受けから住戸に伝搬する音の伝わり方には固体伝搬音と空気伝搬音の2通りが考えられる．前者は，器具か

表 2.6.2 駐輪機，集合郵便受けの測定項目例

	動作	使用状況
二段駐輪機（二段型可動式）	上段パレットを下にスライドさせる	普通，強く
	上段パレットを床に置く	普通，強く
	上段パレットに自転車を置く	普通，強く
	上段パレットを上にスライドさせる	普通，強く
	上段パレット収納完了時（輪止めに当てる）	普通，強く
集合郵便受け	投入口に新聞を入れる	普通，強く
	受取り側扉を閉める	普通，強く

表2.6.2に駐輪機，集合郵便受けからの発生音測定における測定項目の例を示す．

b. 測定方法

駐輪機や集合郵便受けからの発生音は衝撃性の音であり，単発的に発生することが多い．このような単発的に発生する衝撃音を定量化するには1回の音の発生ごとに音圧レベルの最大値を測定する方法が一般的である．受音点は室内で音の大きさがほぼ均一ならば室中央1点でもよいが，伝搬経路を問題とする測定などでは，壁際，サッシ近傍，室中央など数点で測定する場合もある．

特に駐輪場やエントランスは外部に対して開放となるプランが多いため，外部から回り込んでサッシを透過してくる音にも注意が必要である．この音の回り込みの影響の確認は，聴感で判断するか，聴感で判断できない場合は測定によって確認する必要がある．簡易的にはサッシを開けて対象とする音のサッシ外での音圧レベルを測定し，このサッシ外の音圧レベルがサッシを閉めた場合の室内での音圧レベルとサッシ遮音性能の和よりも十分に小さい場合は，外部から回り込んでくる音よりも固体伝搬音の方が優勢であると判断できる．また，外部の音圧レベルが室内音圧レベルとサッシ遮音性能の和とほぼ同じ場合は外部からの回り込みの音で室内音圧レベルが決まっている可能性があると判断できる．

その他の注意点としては，発生音の大きさの評価では室内の暗騒音とのレベル差が重要な要素となることが多いので，受音室ごとに暗騒音レベルも必ず測定するようにする．また，これらの音の評価にあたっては測定値そのものよりも聴感上どの程度の大きさで聞こえるかといったところが問題となることが多いので，「かすかに聞こえる」「聞こえない」というように測定時の聴感的な印象をメモしておくと評価の際の参考として役に立つことが多い．

(3) 測定事例

a. 駐輪機

① 測定の実施

この測定は，固体伝搬音対策として駐輪機の防振対策を選定することを目的としたものである．対象

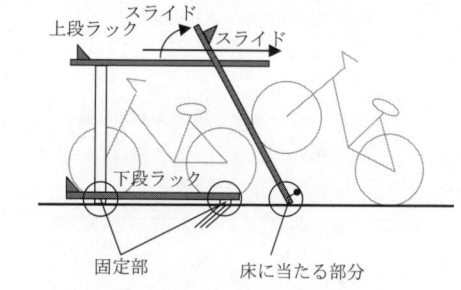

図 2.6.10 対象とした駐輪機

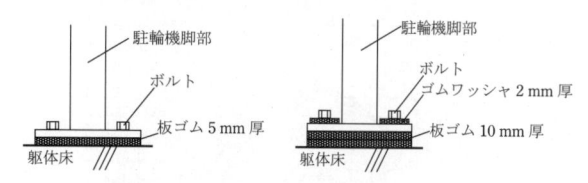

図 2.6.11 固定部の仕様

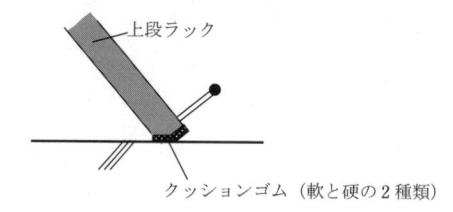

図 2.6.12 床に当たる部分の仕様

とした駐輪機は二段型可動式であり，対策部位としては駐輪機の床への固定部分の防振と上段ラックの床に当たる部分の2か所とした（図2.6.10）．床への固定部分の防振仕様は5mm厚のゴムを挟み込んだ仕様と，10mm厚のゴムと2mm厚ゴムワッシャを併用した仕様の2種類とした（図2.6.11）．上段ラックの床に当たる部分については硬いゴムと軟らかいゴムの2種類とした（図2.6.12）．

自転車を収納する一連の動作の中で音の発生箇所が数か所あったので，音の発生部位ごとに動作を区切って測定した．それぞれ音圧レベルの最大値を測定した．

② 結果の検討

図2.6.13および表2.6.3に駐輪場の直上居室における発生音の測定結果を示す．表2.6.3より動作ごとの発生音の大きさを比較すると上段パレットを床に降ろとき時の音と上段パレットを収納したときの音が他の動作に比べて大きくなっていることがわかった．これらの発生音について防振仕様の違いによる差をみると，図2.6.13より，動作によっては繰返し測定でのばらつきが多少みられ

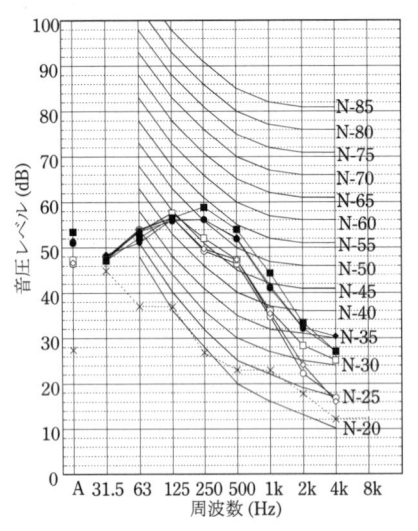

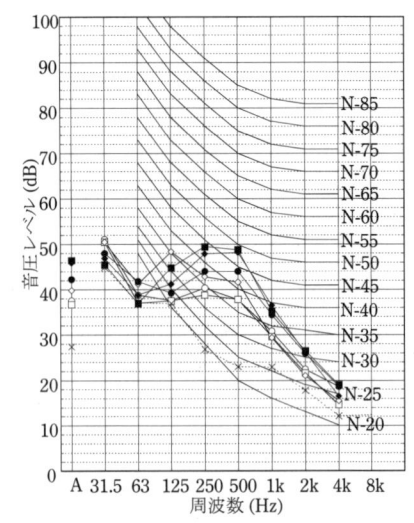

図 2.6.13 駐輪機発生音測定結果の例

表 2.6.3 駐輪機発生音測定結果の例

動作	騒音レベルピーク値 $L_{A\ max}$ (dBA)		暗騒音レベル (dBA)
	固定部：ゴム 5 mm 床接触部：ゴム硬	固定部：ゴム 10 mm 床接触部：ゴム軟	
上段パレットをロックしたままカチャカチャ動かす	33～34	未測定	27
上段パレットをスライドさせる	33～34	33～34	27
上段パレットを手で持って床に降ろす	39～44	37～42	27
上段パレットを高さ 10 cm から床に落とす	51～54	46～47	27
上段パレット収納最後ゴムに当てる	42～47	37～40	27

るが，250 Hz 以上の周波数帯域において防振効果に 4～7 dB 程度の差がみられることがわかった．

b. 集合郵便受け

① 測定の実施

この測定は，建物竣工時に実際の使用状況下での発生音の大きさを確認することを目的として行ったものである．集合郵便受けは厚さ 5 mm の防振ゴムを介して軽鉄下地に取り付けられている．集合郵便受け室と居室の位置関係は，図 2.6.14 に示すように集合郵便受け室の斜め上とエントランスホールを介した隣に居室が配置されており，これら 2 室を測定室とした．集合郵便受けの取出し側の扉を閉めるときの発生音について，普通の強さで閉めた場合と強く閉めた場合の測定を行った．測定値は音圧レベルの最大値とした．

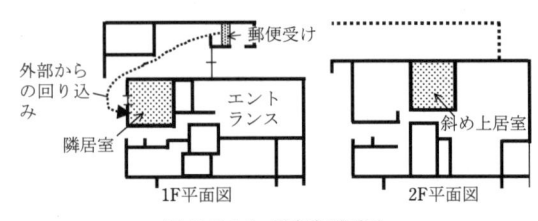

図 2.6.14 測定室平面図

② 結果の検討

斜め上居室においては聴感による確認の結果，外部からの回り込みの影響はなく，発生音は固体伝搬音によるものであった．測定結果を図 2.6.15 に

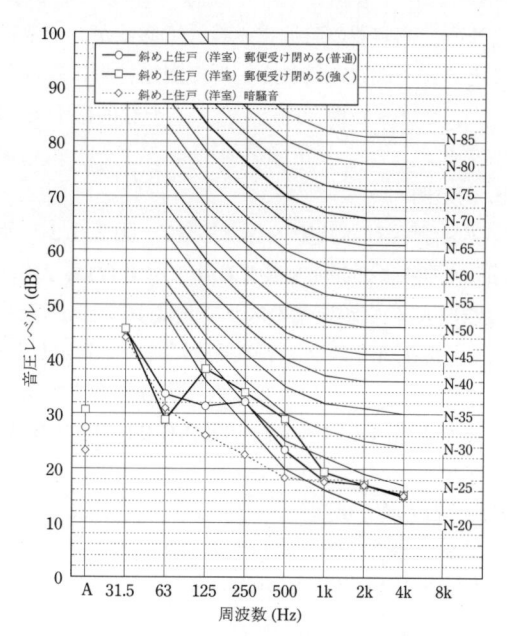

図 2.6.15 上階住戸での集合郵便受け発生音

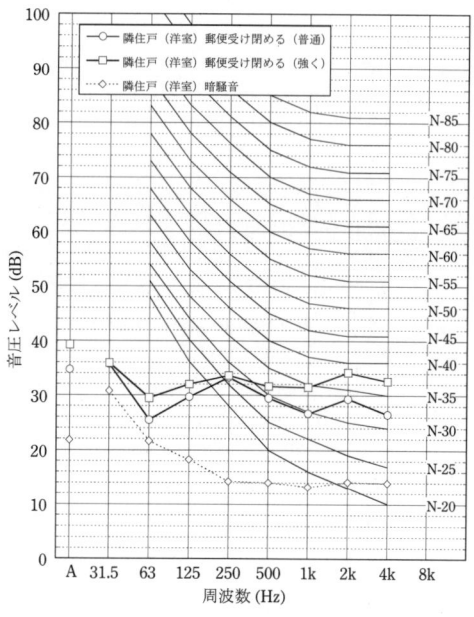

図 2.6.16 隣住戸での集合郵便受け発生音

一方，エントランス隣の住戸での測定結果を図 2.6.16 に示す．エントランスから共用廊下側に回り込んだ音がサッシから透過してきているのが聴感上明らかであり，空気伝搬音が優勢であった．騒音レベルは 500 Hz 以上の高音域で回り込みの影響が顕著になっている．騒音レベルは普通の強さで閉めた場合は 35 dBA，強く閉めた場合は 39 dBA であり，固体伝搬音が優勢であった斜め上居室よりもレベルが大きい結果となった．

対策としては，郵便受け扉の戸当たり部にゴム等の緩衝材を取り付け，発生音自体を小さくすることが有効と考えられる．

2.6.3 台所，浴室で発生する衝撃音の測定

水廻りと言われている台所，浴室，洗面，便所において，生活行為の中で発生する振動・音が下階などの周辺住戸に聞こえる場合がある．水回りの直下に寝室が配置される場合，戸境壁に接して寝室が配置される場合などはその可能性がある．これらの行為音を測定評価する場合，その目的は対策を前提とする場合もあるが，伝わる程度を確認するための測定も多い．現状ではこれらを対象とした測定方法，評価方法は定まってはおらず，そのため標準加振源についても決まっていない．

伝わる程度を確認することが測定目的であるならば，ことさら標準加振源にこだわらなくても，実加振源で実際の行為より音を発生させるだけでも目的は達成されることになる．対策の程度を定量的に把握する場合は，実加振源では再現性については問題があろうが，最低でも実加振源の材質，落下高さ，行為の程度などを対策の前後で規定しておけばある程度目的は達成する．また，実加振源による測定は，実際の行為音を聞いてその影響を判断できるので，単に数値を求めるだけになる標準加振源を使う測定よりも，測定の持つ意味は大きいといえる．

通常これらの行為音は周辺住戸に空気音で伝わることはほとんどないので，ここでは固体伝搬音の測定法として扱い，その方法を対象ごとに以下に述べる．

示す．暗騒音に対して 125 Hz～500 Hz の帯域の音圧レベルが卓越した特性となっている．騒音レベルでは普通の強さで閉めた場合は 28 dBA であり，強く閉めた場合は 31 dBA であった．騒音レベルとしては特に大きな値ではないが，建物周辺は閑静な住宅街であり居室内の暗騒音が 23 dBA 程度と低かったため，普通に閉めた場合でも比較的容易に聞き取ることができた．

(1) 台所

a. 測定対象

台所での一連の行為において振動・音が発生すると考えられる行為は次のようなものがある.

① まな板と包丁で材料を切る行為（トン,トン,トン）
② 鍋などをレンジに置く行為（ドン,ガン）
③ シンク内に鍋などがあたる行為（ガン,ゴン）

これらはキッチンユニット上で発生するものである. さらに,以下の行為が挙げられる.

④ キッチンユニットの扉の開閉（バタン,ドン）
⑤ 吊り戸の開閉（バタン,ドン）
⑥ ディスポーザ（ガッガー,ゴー）

これ以外にも様々な行為が考えられるが,代表的なものとして挙げた.

測定においてもこれらの実加振源によりそれぞれの行為を模擬するわけであるが,問題点としては再現性が挙げられる. 人によってこれらの行為による発生振動は異なると考えられ,行為者を複数にする,回数を増やす,材質や重さを規定する,などの工夫が必要と言える.

洗面については,扉の開閉音,吊り戸との開閉音などが考えられ,台所と同様な方法となる.

b. 測定方法

下階などでの発生音の測定方法を以下に述べる. まず測定量であるが,対策を前提とした測定であればバンド音圧レベルが基本となるが,発生音の評価だけが目的であればA特性音圧レベルだけでもよい. ただし,最近では騒音計の筐体にリアルタイムオクターブバンド分析器が内蔵している機器も多いので,容易にバンド音圧レベルを求めることができる.

次に分析方法（時間領域）であるが,定常音とみなせるものは等価音圧レベルが良い. 衝撃音は,音圧レベルの最大値となる. 時間的に変化する最大値を記録することになるが,測定器のMAX.HOLD機能を使えば容易に求めることができる. このとき注意することとして,対象音が暗騒音に近い場合は対象音以外でHOLDがかからないように実際に音を聞きながら注意深く測定する必要がある. 最大値以外にも,実効値の最大部分の平均二乗音圧レベル,単発騒音暴露レベルを求める方法もある.

また,測定器の時間重み特性であるが,定常音であれば時間重み特性F,Sで測定結果に差はないが,衝撃音の場合は差が生じ,一般的にFを採用する.

c. 測定例

実験建屋での測定例を図 2.6.17～図 2.6.20, 使用した加振源の諸元を表 2.6.4 に示す（写真 2.6.1 参照）. この実験建屋のスラブ厚は 160 mm（天井なし）発生音をスラブ下の部屋において測定した. キッチンユニットの天板は人工大理石製である.

また実現場での測定例を図 2.6.21, 図 2.6.22 に示す.

d. ディスポーザ

近年,集合住宅においてもディスポーザ（生ゴミ処理システム）が採用される事例が増えてきている. このディスポーザは,シンクの排水口の位置に取り付けられ,モータによる生ゴミ破砕時の

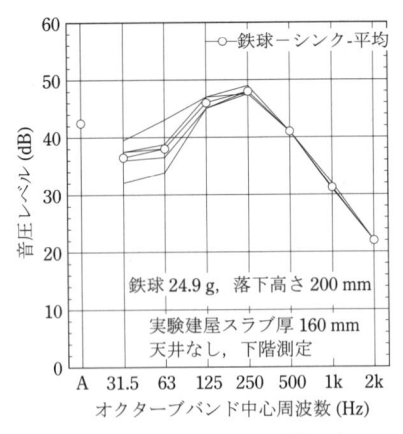

図 2.6.17 台所シンク鉄球落下音

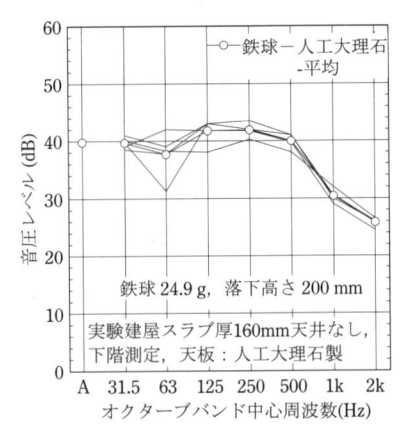

図 2.6.18 台所天板鉄球落下音

表 2.6.4 台所発生音測定に使用した加振源諸元

加振源		動作	諸 元		
			材 質	寸 法	質 量
共通	鉄球	落下 200 mm	ボールベアリング	直 径 18.3 mm	24.9 g
台所	包丁	まな板上で千切り		刃渡り 176 mm	121.9 g
	菜切り包丁	まな板上で千切り		刃渡り 147 mm	136.7 g
	フライパン	天板に置く	アルミニウム製	直 径 185 mm	390.7 g
	まな板	天板に置く	木製（米檜）	419 × 207 × 30 mm	1 105.8 g

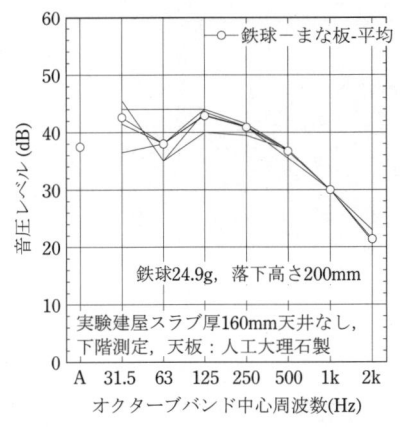

図 2.6.19 台所まな板（天板上）鉄球落下音

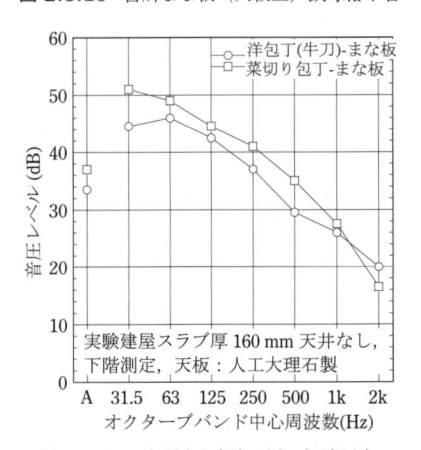

図 2.6.20 台所まな板包丁音（天板上）

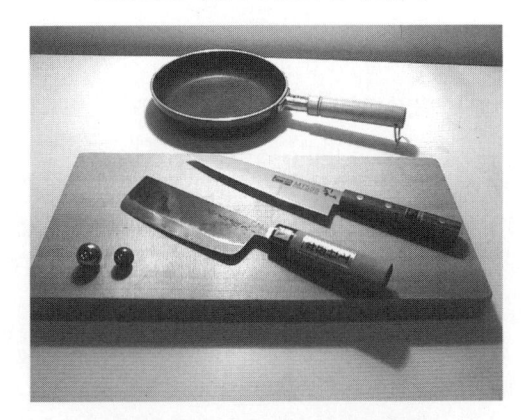

写真 2.6.1 実験に使用した実加振源

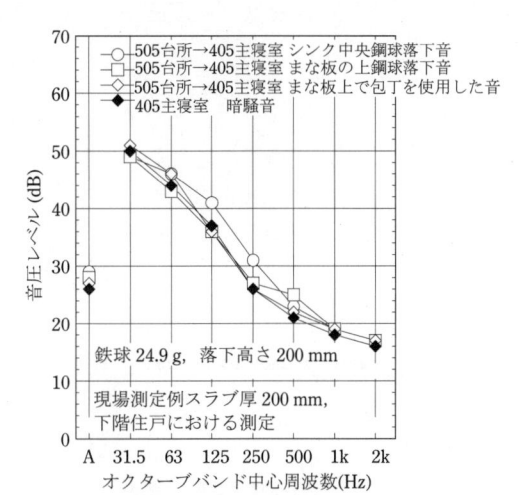

図 2.6.21 実現場台所発生音 (1)

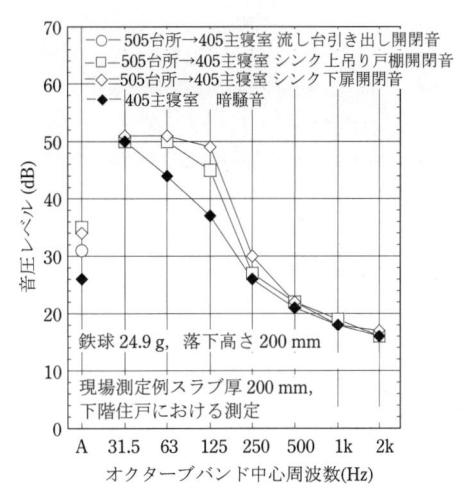

図 2.6.22 実現場台所発生音 (2)

発生振動が固体音となって他住戸へ影響を与えることが懸念されている．この発生音の測定方法について以下に示す．

実験的に検討する目的で，ディスポーザを取り付けたキッチンユニットをコンクリート実験建屋（スラブ厚 160 mm）上部に設置し，稼働時の発生音を音源室および下階受音室で測定した事例であ

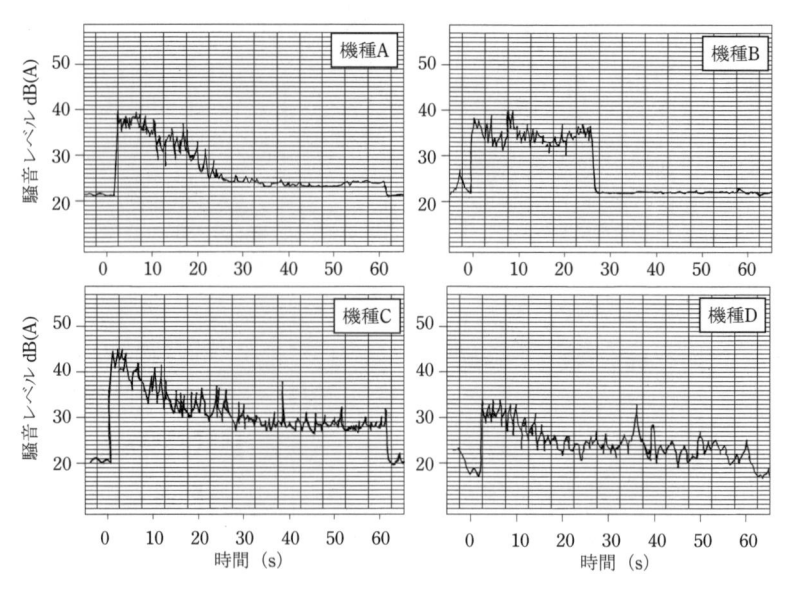

図 2.6.23 ディスポーザ発生音時間波形（実験室）

表 2.6.5 標準生ごみの組成

	成分材料	重量（g）
1	にんじん	45
2	きゃべつ	45
3	バナナの皮	25
4	りんご	25
5	グレープフルーツの皮	25
6	鳥の手羽もとの骨	20
7	あじの頭・骨	25
8	卵の殻	5
9	米飯	25
10	茶殻（水を切った状態）	10
	総重量	250

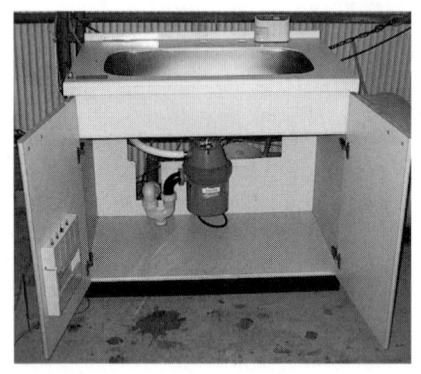

写真 2.6.2 シンクについたディスポーザ

る（写真 2.6.2 参照）．ディスポーザはメーカーの異なる 5 機種を使用した．試験に使用した生ゴミは建設省技術開発プロジェクト「ディスポーザによる生ゴミリサイクルシステムの開発」で規定されている標準ゴミ 250 g である．標準ゴミの組成を表 2.6.5 に示す．

図 2.6.23 に発生騒音レベルの時間波形を示す．4 機種の結果を示すが発生音はいずれも起動時に大きく粉砕が進むにつれて徐々に小さくなっている．また，稼働時間は長くても 60 秒程度で機種により 20 秒で停止する機種もあった．これらの条件を考慮すると，測定量は，A 特性音圧レベル，バンド音圧レベル，分析方法については，起動時から 10 秒間の等価音圧レベルがふさわしいと考える．これは現場測定において発生音は暗騒音に近いレベルであることが予想され，この場合，長い平均時間では暗騒音の影響を受けやすいことも考えたためである．

図 2.6.24, 図 2.6.25 はこの方法で求めた下階受音室での 5 機種の発生騒音レベル周波数特性である．機器の筐体の材質，粉砕方法，シンクとの取付け方法等で発生音は異なっている．さらに現場（スラブ厚 200 mm）において測定し，下階の結果を図 2.6.26 に，隣室（乾式戸境壁 TLD-55 程度）の結果を図 2.6.27 に示す．いずれも発生音は 30 dBA 以下であり，暗騒音との差は 4～8 dB と小さい結果であった．

測定用の生ゴミについては，材料の大きさ，冷凍の有無で発生音が異なるので注意が必要である．また，発生音に影響を持つのは硬い鳥手羽骨であ

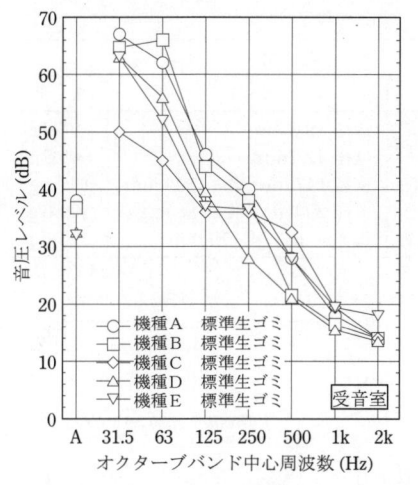

図 2.6.24 ディスポーザ発生音周波数特性（実験室）

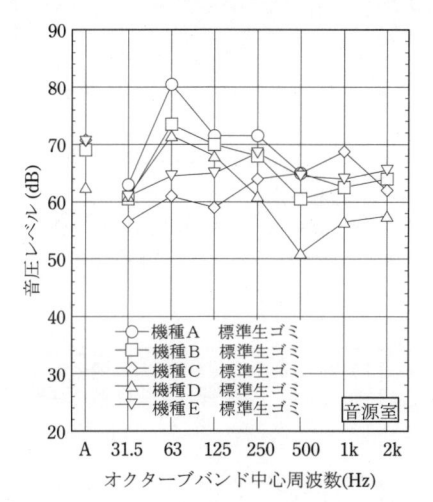

図 2.6.25 ディスポーザ発生音周波数特性（実験室）

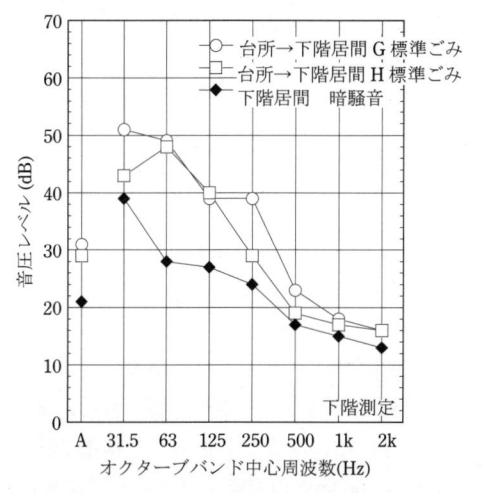

図 2.6.26 ディスポーザ発生音周波数特性（現場）

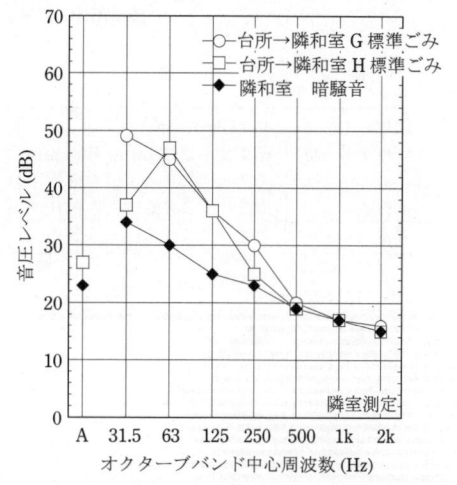

図 2.6.27 ディスポーザ発生音周波数特性（現場）

るため，この鳥手羽骨のみの測定でもよいと考える．さらに，大きさの規定ができれば，氷でも測定は可能である．

(2) 浴室

浴室において他住戸へ影響を与える生活音は，入浴時の鼻歌と考える設計者も多いが，実際に影響があるのは，浴室におかれている付属品を入浴時に使うことによって発生する音が多い．具体例を挙げれば，手桶，洗面器，シャワーヘッド，シャンプーボトルを浴室の床に落下させたり，擦ったりする振動が下階や隣接住戸に固体音として伝わるものである．この浴室における固体伝搬音に関して，発生音の程度を定量的に把握したり，低減対策の効果を比較したりする必要があっても，現状において標準加振源など測定方法が定まっていないのが現状である．

浴室における固体音の発生の程度を把握するために使用している加振源の例を表 2.6.6 に示す．ここでは，実加振源として手桶，洗面器，腰掛け，また安定的な加振源として鉄球，ゴルフボールを取り上げた．実加振源は，再現性ということでは検討の余地があるが，手軽に使えて実際の発生音を聞いて確認できる意味は大きい．ゴルフボールは手軽に入手でき軽量であるので，落下高さを決めるだけで容易に測定できる．ゴルフボールは様々なメーカーから数多くの製品が出ている．図 2.6.28 は市販の 49 個の製品について 60 cm の高さから落下したときの衝撃力を示したものである．これによるとロストボールと呼ばれている中古ボール

表 2.6.6 浴室発生音測定に使用した加振源諸元

加振源	動作	諸元		
		材質	寸法	質量
鉄球	落下 200 mm	ボールベアリング	直径 18.3 mm	24.9 g
ゴルフボール	落下高さ 200 mm, 600 mm		直径 42.7 mm	45.2 g
手桶	たたく, こする, 引き摺り	ポリプロピレン製	直径 147 mm, 深さ 132 mm	135.5 g
洗面器	たたく, こする, 引き摺り	ポリプロピレン製	直径 293 mm, 深さ 88 mm	199.6 g
腰掛	たたく, こする, 引き摺り	ポリプロピレン製	258 × 183 × 179 mm	514.5 g

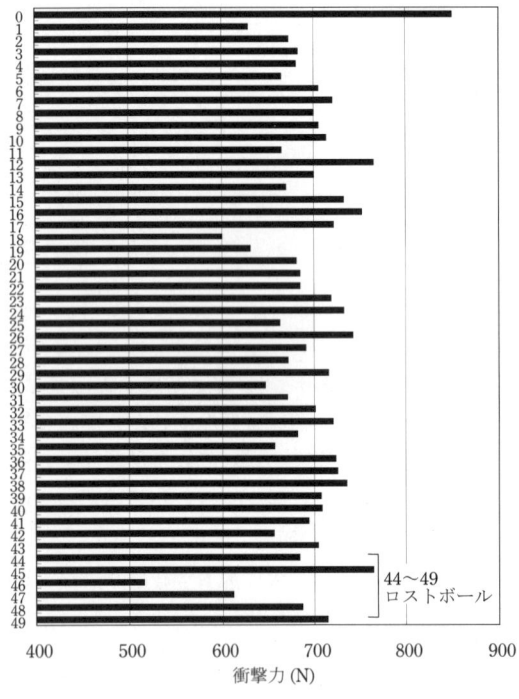

図 2.6.28 ゴルフボールの衝撃力測定結果

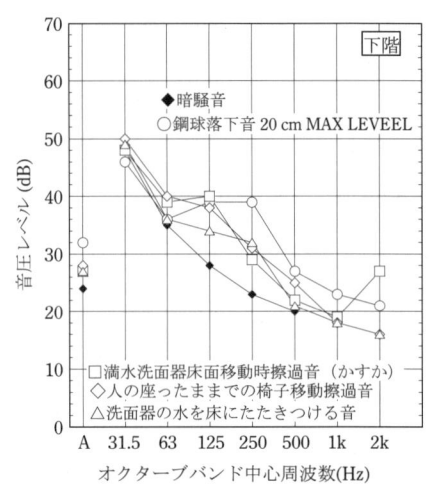

図 2.6.29 浴室発生音 (1)

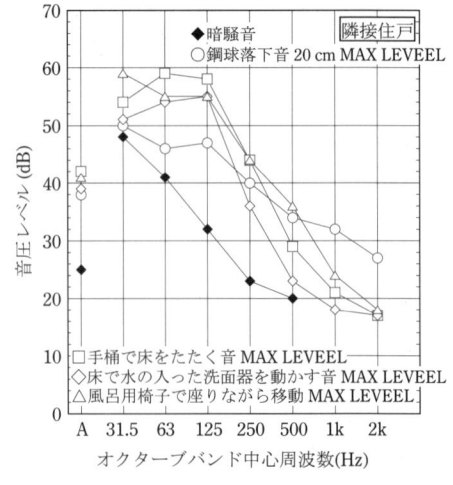

図 2.6.30 浴室発生音 (2)

(44〜49) に衝撃力の小さいものもあるが,新品であれば衝撃力のばらつきは 1 dB であった.衝撃時間は 60 μs である.

測定量は,A 特性音圧レベル,バンド音圧レベル,分析方法についてはどの加振源も衝撃性であるので,騒音レベル,音圧レベルの最大値が基本となる.

現場における浴室発生音の測定例を図 2.6.29,図 2.6.30 に示す.スラブ厚は 200 mm,二重天井あり,戸境壁は乾式壁 (TLD-55 程度),浴室はユニットバスである.図 2.6.29 は下階での測定結果である.125 Hz 以上にピークを持つ音である.図 2.6.30 は隣接住戸での結果である.この例では,下階に比べて,隣接住戸の方が大きく,その差は硬球落下音で比較すると 6 dB であった.この例では,洗面器に水を入れた状態で引きずるなど様々な方法で加振しているが,測定目的により臨機応変に行いたい.ただし何らかの標準加振源を決めておき,最低その測定を行うことが望ましい.

また,ユニットバスでは FRP 構造が多いが,パンの形状や仕上げの石ばりの有無などによっても発生音は異なるので注意が必要である.

2.6.4 便所で発生する振動・音を対象とした測定

水洗便所で発生する音には，便器洗浄音，便座や蓋の開閉音，放尿音（ここでは，小便による便器溜水面から発生する音を放尿音と定義する）がある．便器洗浄音は，洗落し式は大きな発生音が生じていたが，近年，音の小さなサイホン式等を採用することにより，ほとんど問題となる事例はみられなくなった．便座や蓋の開閉音に関しても，陶器製からほとんどが軽量化したプラスチック素材等に変わっているため，近年は，ほとんど問題となる事例はみられなくなっている．

放尿音に関しては，音源が人間の生理的行為であるために様々な支障が生じ，隣接室で聞こえることを問題とした事例や，直下階住戸で問題となった事例等少なくない．放尿音の測定は，単に音が聞こえるか聞こえないかのチェックを行う場合は，ヤカン等から水を注いだ程度の模擬音源で十分な場合もあるが，写真 2.6.3 に示すような放尿模擬装置を使い，定量的に放尿音を測定・評価する方法もある．

実際に放尿音が便所の隣接室において聞こえ，気になるとの指摘があった都内の某集合住宅の一室を対象に模擬放尿装置を用いた測定結果を紹介する．

対象とした部屋の平面は図 2.6.31 に示すように，居間・食堂が便所と隣接しており，ここで聞こえる発生音が問題となっている．隔壁の仕様は木軸下地でせっこうボード 12 mm＋グラスウール 50 mm（24 kg/m^3）＋せっこうボード 12 mm となっている．測定は，便所内および隔壁から 1 m 離れた点（ソファーが置いてある位置）を測定位置として，模擬放尿装置による発生音を測定した．また，隔壁の遮音性能も測定した．

居間・食堂での便所からの発生音測定結果を図 2.6.32 に示した．なお，同図には便所内発生音から隔壁の遮音性能（図 2.6.33）を差し引き，居間・食堂への空気伝搬音のみの影響を抽出した計算値を図中に示した．これによると，発生音は NC-30 と評価され暗騒音と比較しても 1～10 dB 大きい

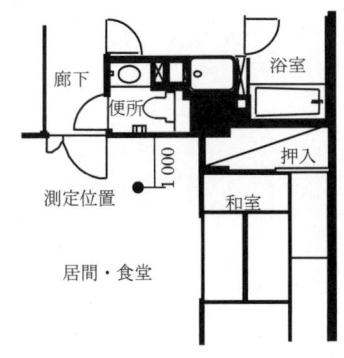

図 2.6.31 平面図（測定位置図）

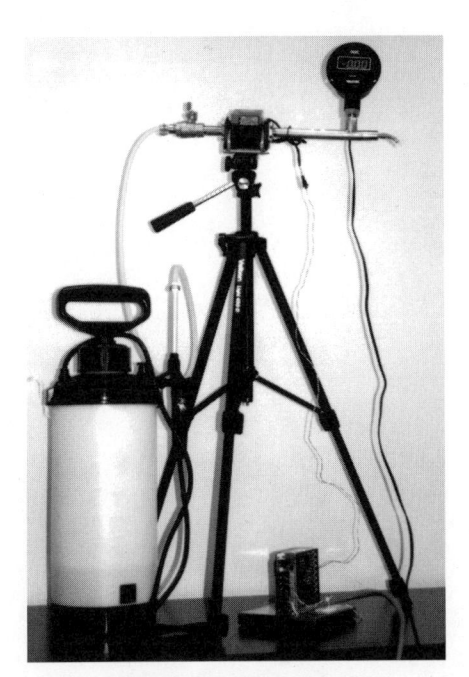

写真 2.6.3 放尿模擬装置の例

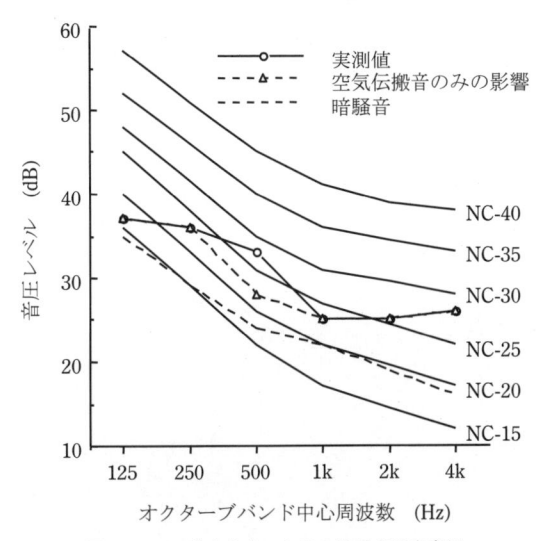

図 2.6.32 集合住宅における放尿音測定事例

図 2.6.33 間仕切壁の遮音性能

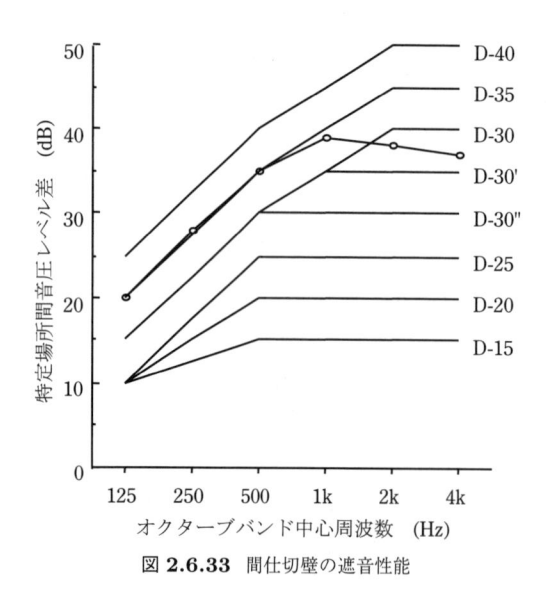

値を示しており，聴感上感知される大きさである．

また，500 Hz 帯域以外の周波数では発生音実測値と空気伝搬音のみの影響を抽出した計算値が同じ値を示し，空気伝搬音の影響が大きいことが想定される．しかし，500 Hz 帯域に関しては，発生音実測値の方が大きい値を示しており，この周波数帯域に関しては固体伝搬音による影響が大きいものと想定された．以上の結果から空気伝搬音だけでなく，固体伝搬音対策も必要な場合もあり得ることが示された．

実際にこの事例における対策は，固体伝搬音対策と空気伝搬音対策を併用して行った．固体伝搬音対策は便器を防振ゴムによって支持した．また，空気伝搬音対策として，隔壁と便所内の天井面に鉛 1 mm とせっこうボード 12 mm を付加した．その結果，放尿音の影響を暗騒音程度まで低減されたことを確認している．

2.7 自然現象に関わる音の測定と評価

2.7.1 雨音の測定

(1) 測定の対象

屋根に対する雨の落下衝撃音は,表面材の振動から発せられ,屋根材の振動速度と関係が深い.一般的には振動速度が低下すれば発生騒音も減少する,それゆえ質量が大きくて振動しにくく,振動エネルギーを熱エネルギーに変換する能力の大きい材料が雨音防止に有効である.

通常使用されている屋根材料には,瓦,金属系(鋼板,ステンレス板,銅板),プラスチック系,スレート系,ガラス系等様々あるが,屋根部材の構造的長所を確保しつつ,制振性能を向上させることが騒音防止の対策につながる.

前述のごとく雨音は屋根部材が雨滴により加振され,一粒当りのエネルギーは小さくても多数の雨で,屋根面全体が振動するので室内放射音が大きくなっている(図2.7.1)(住宅では,まれに窓のサッシ周りや庇等が金属の場合に雨滴によって加振され室内騒音となることがある).

屋根材料や取付け法は多々あるが,ここでは一般的な鋼板屋根を中心に,騒音・振動についての測定法と測定例を中心に述べる.

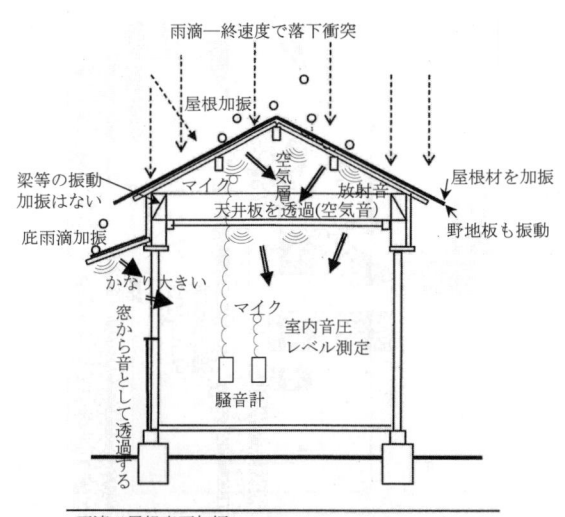

(2) 測定方法

雨音騒音を定量的に捉えるための測定として,自然降雨による測定は欠かせないが,降雨待ちで時間のかかることや経費の面から人工降雨,雨滴加振,擬似雨滴加振などによって比較実験を行うことを考える必要がある.しかしながら,そのためには,自然降雨の測定値を,別途,基準として用意しておくことが不可欠である.

以下に測定法を大別して示す.

a1 自然降雨:現場実験法(実物屋根,図2.7.2)
a2 自然降雨:実験室法(実物屋根,図2.7.2)
a3 自然降雨:実験箱法(小試料,図2.7.2の室の代わりに無響受音箱を用いる)
b1 人工降雨:実験室法(実物屋根,図2.7.3)
b2 人工降雨:実験箱法(小試料,図2.7.3)
c1 一滴加振:実験箱法(小試料,図2.7.3のシャ

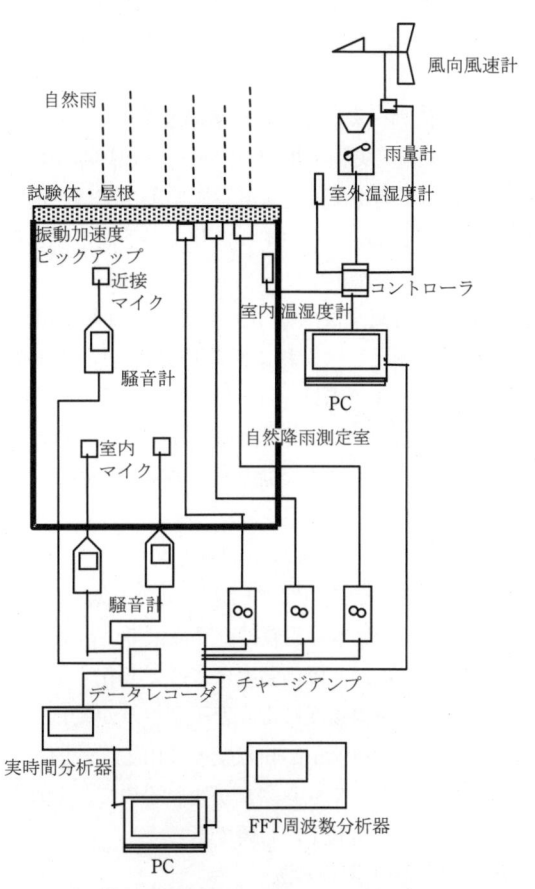

図2.7.1 雨音騒音の発生機構

図2.7.2 自然降雨の実建物または実験室装置

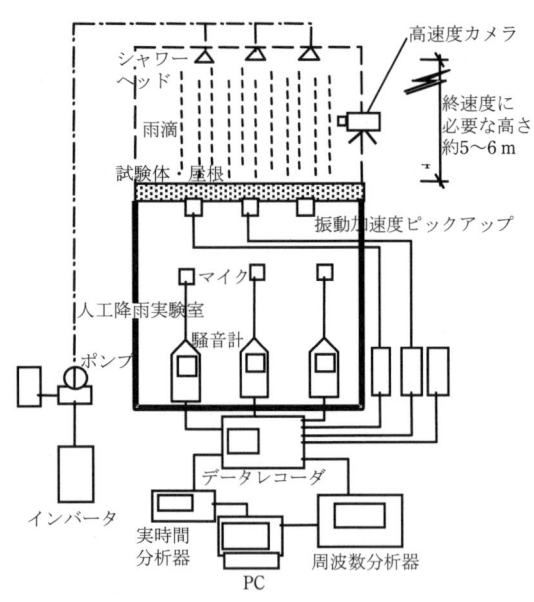

図 2.7.3 人工降雨測定装置

ワーヘッドの代わりに水滴落下装置を用いる）
c2 擬似雨滴加振：実験箱法（スチールボールの落下衝撃による）
c3 ランダム雨滴加振：実験箱法（水滴落下をランダムノイズで変調する）

a. 自然降雨・実建物または実験室法

自然降雨・実物屋根の測定を行うか，取付け方法も含めて実物に近い試料設置による実験室測定法が考えられるが，いずれにしても下記の項目を測定する必要がある．

① 残響時間（秒），または等価吸音面積（m²）
② 室内音圧レベルおよび屋根近傍（小屋裏）音圧レベル（dB）
③ 屋根材料下面（天井があれば天井面も行う）の振動速度または加速度レベル（dB）
④ 降雨強度（mm/h）
⑤ 風速（m/s），風向（勾配方向）
⑥ 室内外の温度（℃）・湿度（%）・気圧（Pa）

一般的に，日本の雨粒は直径最大 5 mm 程度といわれているが，降雨強度によって変化する．また，当然，降雨強度により音圧レベルが変化するので 5 mm～240 mm/h 程度の降雨量の範囲と風向，風速によってもレベルが変わるので，それらの点を考慮した測定が必要である．

b. 人工降雨・実験室法

測定項目は自然降雨に準ずる．

人工降雨実験室法は，自然降雨測定に比べて，材料・取付け方法等を含めた比較が行いやすく，繰り返し同一条件で行える利点がある．しかし，降雨強度，雨粒径を大きく変化させることが難しいことや，かなり大掛かりな建物と測定場所の確保が必要となってくる．また，事前に自然降雨の同じ雨量に当たる音圧レベルの値とすり合わせておくことが大切である．

人工降雨は，雨滴径：約 3～5 mmφ 程度，落下高さ：約 5.5 m 以上，雨量強度：100 mm/h 程度を最大とし，できれば可変となるようにする．

c. 雨滴加振実験法

単発雨滴による測定は，材料の比較を行うのであれば，測定機器も含めて比較的簡易な測定法である．ただし，屋根取付け方法まで含めた測定は難しい．その上，落下雨滴は，風の影響を受けやすいので，パイプで囲うなど，工夫が必要である．

擬似雨滴加振実験は，基本的に雨滴と相似な衝撃加振源を得ることが難しいので，単純な比較実験の域を出ない．

（3） 実験室の実測例

ここでは，主に「横葺き鋼板屋根」を対象とした場合の測定結果について述べる．

自然降雨・実験室実物屋根・音圧レベル（a2）

図 2.7.4 の自然降雨騒音では，降雨強度，風速が大きく影響している．時間雨量が 10 倍で約 10 dB 程度音圧レベルが全周波数にわたって大きくなっ

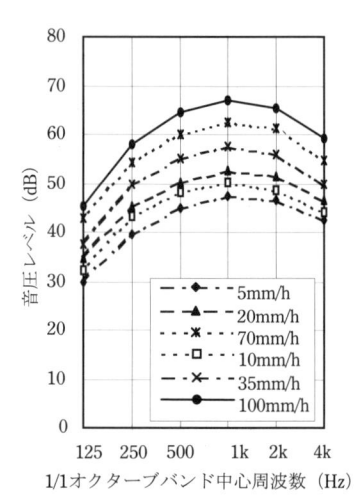

図 2.7.4 横葺屋根大試料・自然降雨音圧レベル（室内床上 1.5 m）

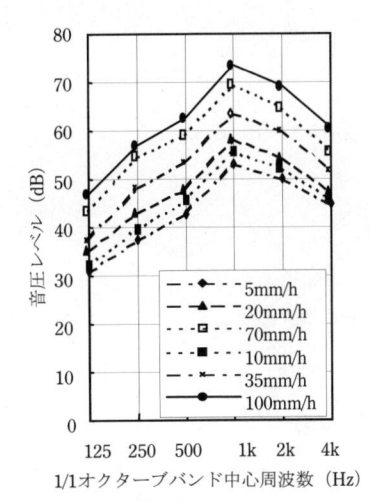

図 2.7.5 横葺屋根小試料・自然降雨音圧レベル（屋根近傍）

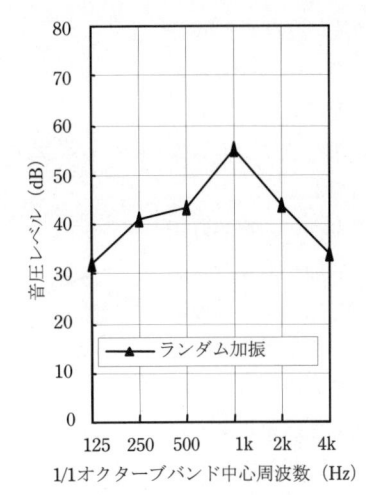

図 2.7.6 横葺屋根・ランダム雨滴加振音圧レベル

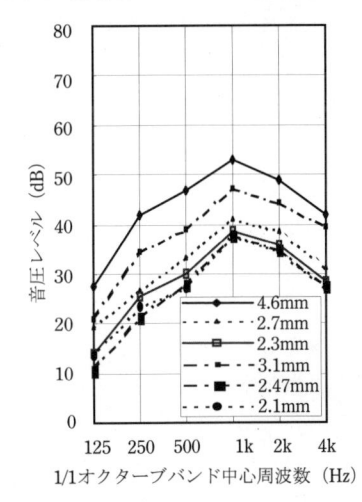

図 2.7.7 横葺屋根・一点加振音圧レベル

ていることが伺える．

さらに，風については，図は示していないが，10倍の風速で1kHz以上の周波数で約5〜7dB，それ以下の周波数では2〜4dB程度の音圧レベルの上昇が見られた．

また，風速が一定の場合に「切妻」や「寄棟」屋根の形状で，風上に面している屋根面で振動加速度レベル，近傍音圧レベルともに大きくなるが，屋根面より離れた屋根全体を見上げる場所の室内音圧レベルは，概ね風方向による違いがないことが伺えた．

和瓦やスレート板でも測定を行い，降雨強度，風速が大きくなるとともに，音圧レベルも大きくなることが確認できたが，鋼板ほどの差は出ていない．

自然降雨・実験箱・音圧レベル（a3）

図2.7.5の小試験体は，大試験体と比べて屋根近傍で，125Hz〜500Hzまでの周波数で，箱の寸法と板の音響放射インピーダンスの関係から音圧レベルは小さくなっている．

しかし，1kHz以上の周波数では形状・音圧レベルとも，大略同じ値となっている．

ここには示していないが，大，小試験体の振動加速度レベルはよく一致している．また，降雨強度の増加に対しても，振動レベルはよく一致している．

ランダム変調雨滴加振・実験箱・音圧レベル（b3）

図2.7.6のランダム雨滴加振は，シャワーヘッドを加振機によってランダム加振し，雨粒径等にばらつきを与えて自然降雨を模擬したものである．ただし，シャワーヘッドは1つで，全体の降雨量は少ないので，音圧レベルは低い．周波数特性は自然降雨と相似の1kHzをピークとした形状を示している．

雨滴・一点加振・実験箱・音圧レベル（c1）

図2.7.7の一点加振による音圧レベルは，自然降雨の周波数特性の形状と似ているが，最大粒径4.6mmでも自然降雨100mm/hの音圧レベルよりはるかに小さい値となり，全体的に約20dB程度低い値となっている．

これをもとに，音響パワーレベルに換算する場合，面積当りに雨粒がどの程度当たるのかを設定することが必要である．降雨強度に合った各雨粒

径ごとの数が設定できれば，パワーレベルへの換算はおおよそ可能なので，一点加振による測定法は，それなりに有用である．

以上のように，自然降雨と雨滴一点加振およびランダム雨滴加振による周波数特性は，非常によく似た形状を示しているといえる．

小試験・実験箱による自然降雨時の時間降雨量の少ないときと雨滴一点加振の近傍音圧レベルは，非常に近い値となっている．

試験体の放射係数や試験室内，実験箱の条件を整理すればそれぞれの試験体から算出したパワーレベルも近似した値に換算できると考えられる．

さらに，材料ごとの損失係数を得ることができれば，振動伝搬エネルギーの減衰に対する効果の判断ができる．

いままで述べたように，屋根の雨音騒音対策には，屋根の材質，形状，取付け方法，天井，受音室の特性などさまざまな要因が考えられるので，やはり，実物建物屋根で測定を行うことが一番現実に則しているが，擬似雨滴加振：実験箱法等を含めて，小試験体による測定方法も相互比較には有用であるといえる．

（4）実建物による測定例

実建物に，降雨強度計と風向風速計，ならびに，音響・振動計測器を組み合わせた，一定降雨強度以上で自動的にデータを収録し，電話回線によって自動送信するシステムを設置して得られたデータを以下に示す．

a. A市体育館

図 2.7.8 に示すような断面詳細のカラー鉄板瓦棒葺の蒲鉾屋根をもつ，床面積約 500 m²，天井高 5〜7.9 m の体育館である．

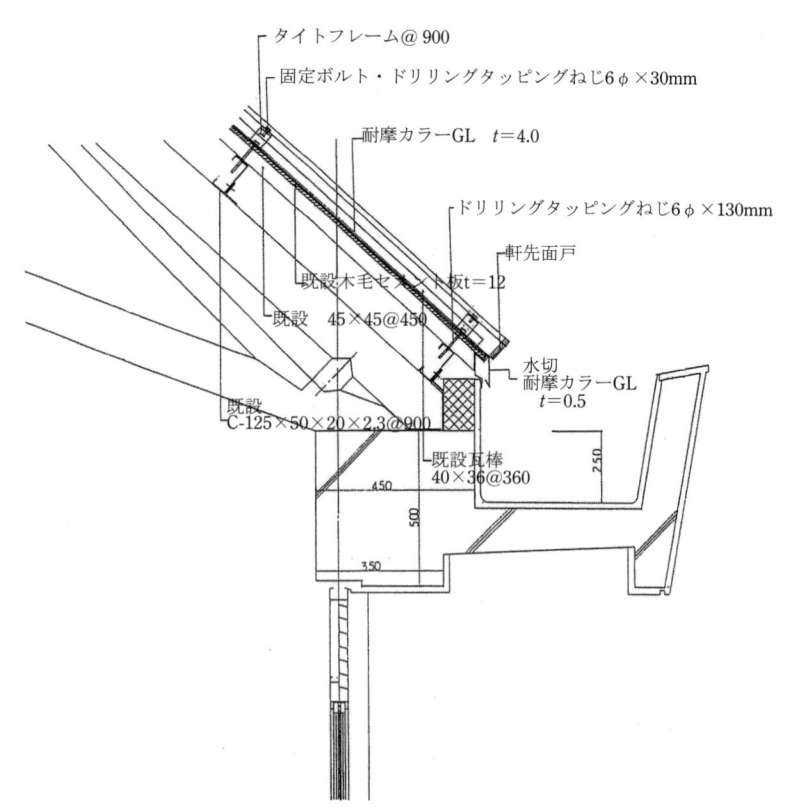

図 2.7.8 A市体育館断面詳細

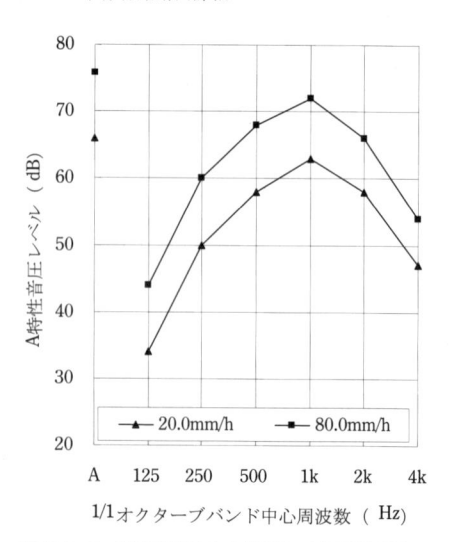

図 2.7.9 自然降雨による騒音レベル比較グラフ
（A市体育館，風速 0 m/s）

図 2.7.9 に，降雨強度 20 mm/h と 80 mm/h の風速 0 m/s の場合の A 特性音圧レベルを示す．1 kHz をピークとする山形の周波数特性をもち，20 mm/h で 66 dBA，80 mm/h で 76 dBA を示していることから，雨量 4 倍で 10 dB 増加してい

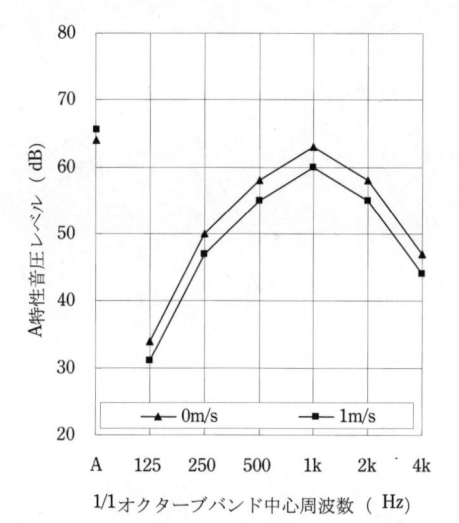

図 2.7.10 自然降雨による騒音レベル比較グラフ
（A 市体育館，雨量 20.0 mm/h）

る．単純に量的にみれば，4 倍で 6 dB の増加となるが，やはり，降雨強度とともに雨滴の粒径が大きくなり，終速度も速くなって運動量が増加していると考えられる．音圧レベルの増加分から推定すると，速度が約 1.6 倍になっていることになる．

図 2.7.10 の風速 0 m/s と 1 m/s との差は，20 mm/h で大きく，80 mm/h では小さい．

b. Y 市体育館

図 2.7.11 に示すような断面詳細で，中央部の傾斜の緩い，1 段腰折れ型の折版屋根をもつ，床面積約 800 m^2，天井高約 11 m の体育館である．

図 2.7.12 に降雨強度 10.5 mm/h と 40 mm/h の風速 1 m/s の場合の A 特性音圧レベルを示す．500 Hz にピークをもつ比較的平坦な周波数特性を示しており，40 mm/h でも 58 dBA と，A 市の場合より低い．降雨強度 4 倍弱で 8 dB 弱の増加も，A 市の場合より少ないが，これは，屋根の特性というよりも，最大雨量が 40 mm/h と小さいことによるものと考えられる．

図 2.7.13 の風速 1 m/s と 2 m/s との差は，A 市の場合よりも大きく，5 dB 程度である．

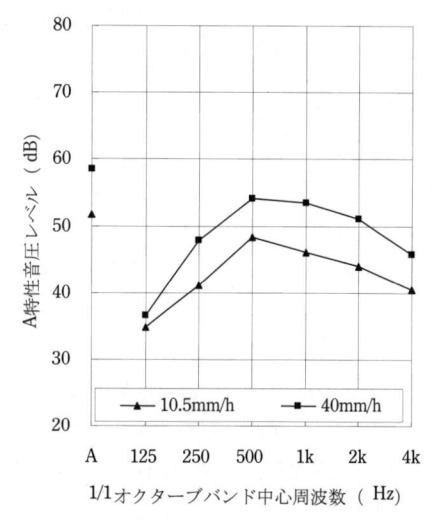

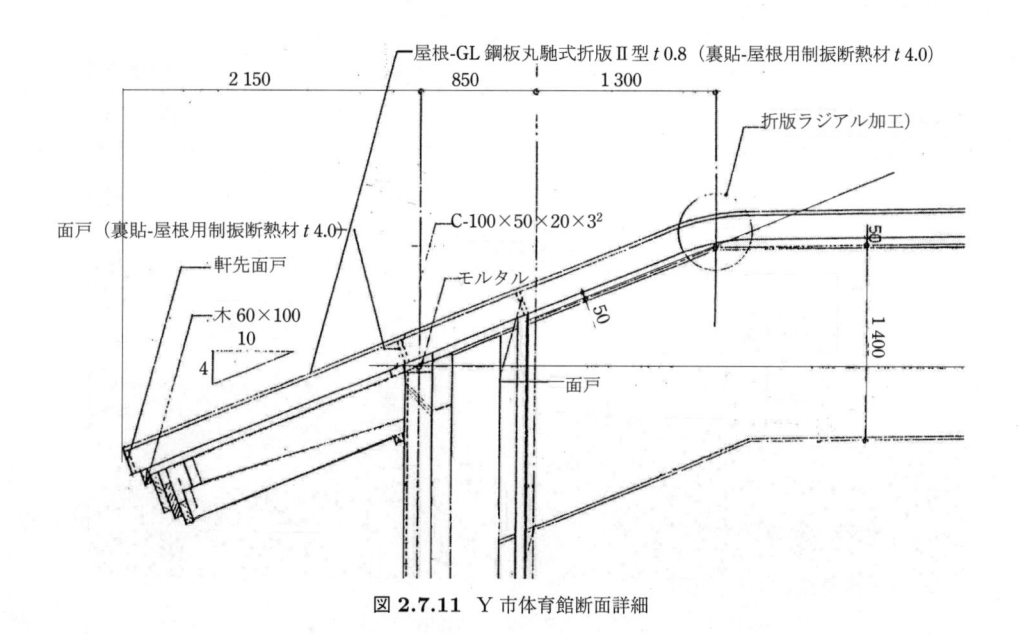

図 2.7.12 自然降雨による騒音レベル比較グラフ
（Y 市体育館，風速 1 m/s）

図 2.7.11 Y 市体育館断面詳細

2.7 自然現象に関わる音の測定と評価

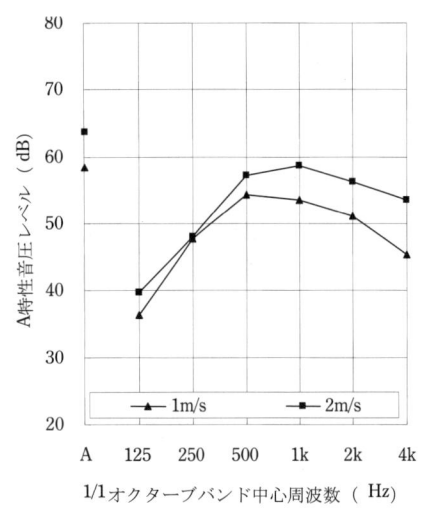

図 2.7.13 自然降雨による騒音レベル比較グラフ
（Y市体育館，雨量 40.0 mm/h）

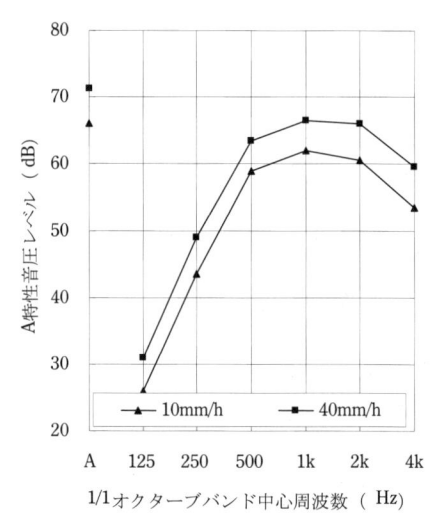

図 2.7.15 自然降雨による騒音レベル比較グラフ
（K市住宅，風速 1 m/s）

c. K市住宅

図 2.7.14 に示すような，長尺カラー鉄板平葺の複雑な屋根伏をもつ在来木造住宅である．

図 2.7.15 に降雨強度 10 mm/h と 40 mm/h の風速 1 m/s の場合の A 特性音圧レベルを示す．500 Hz 以上で大略平坦で，低音域の少ない周波数特性をもち，10 mm/h で 66 dBA，40 mm/h で 71 dBA と，かなり高いレベルを示している．降雨強度依存性は雨量 4 倍で 5 dB と，単純量的な 6 dB より小さい．

図 2.7.16 の風速依存性は 4 倍で 6 dB とかなり大きく，降雨強度によらない．

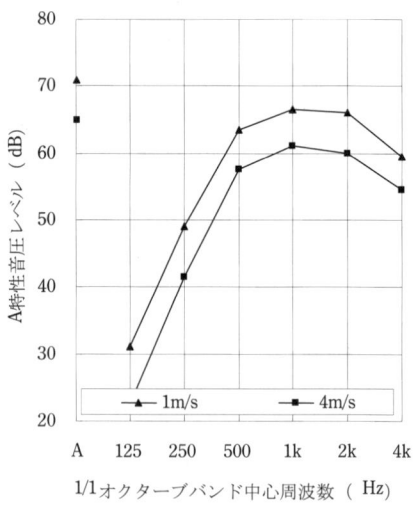

図 2.7.16 自然降雨による騒音レベル比較グラフ
（K市住宅，雨量 40 mm/h）

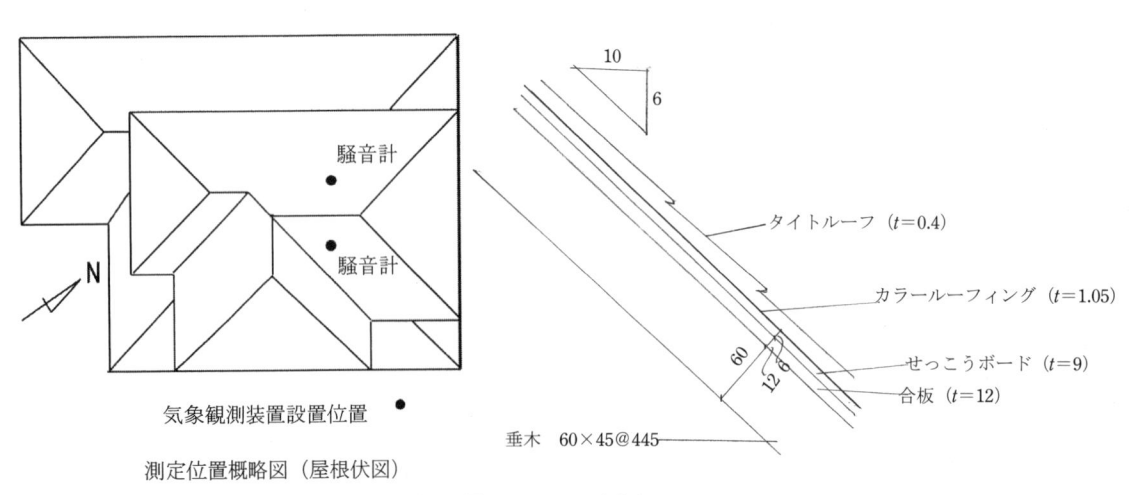

気象観測装置設置位置

測定位置概略図（屋根伏図）

タイトルーフ ($t=0.4$)
カラールーフィング ($t=1.05$)
せっこうボード ($t=9$)
合板 ($t=12$)
垂木　60×45@445

図 2.7.14 K市住宅

d. S県住宅

図 2.7.17 に示すような長尺カラー鉄板平葺の単純な屋根伏をもつ在来木造住宅である．

図 2.7.18 に，降雨強度約 7 mm/h と約 60 mm/h の風速約 1 m/s の場合の A 特性音圧レベルを示す．約 7 mm/h で 61 dBA，約 60 mm/h で 80 dBA となっており，特に雨量の多いとき，大変大きなレベルを示している．降雨強度依存性も雨量約 8.3 倍で 18 dB と最も大きい値を示している．

図 2.7.19 の風速依存性も，0 m/s と 0.9 m/s で 7 dB と大きな値を示している．

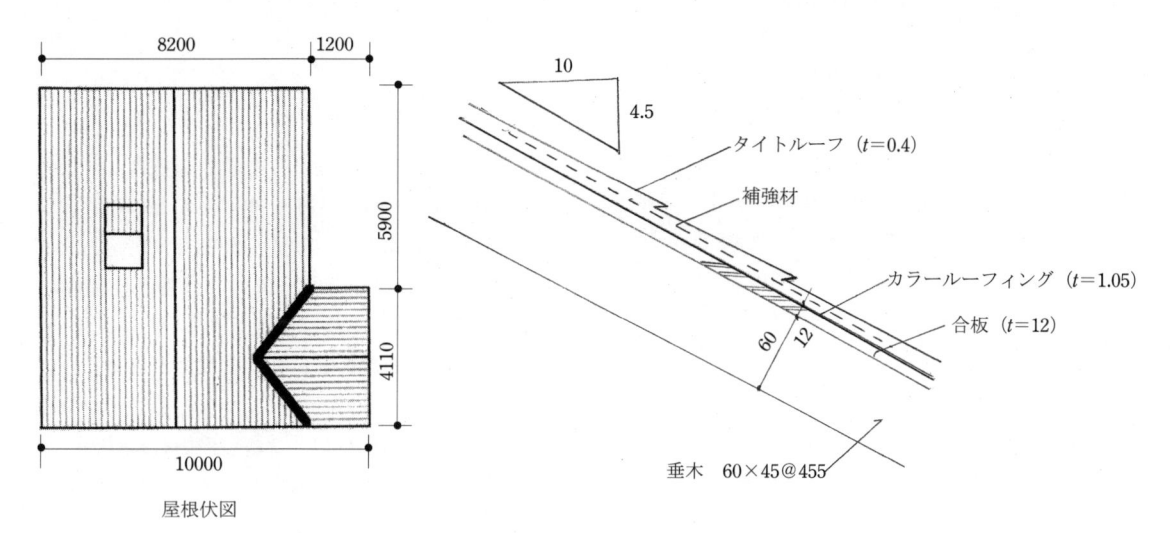

図 2.7.17 S県住宅

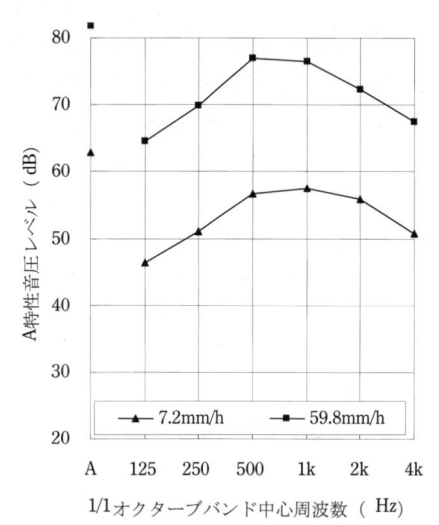

図 2.7.18 自然降雨による騒音レベル比較グラフ（S県住宅，風速 1 m/s）

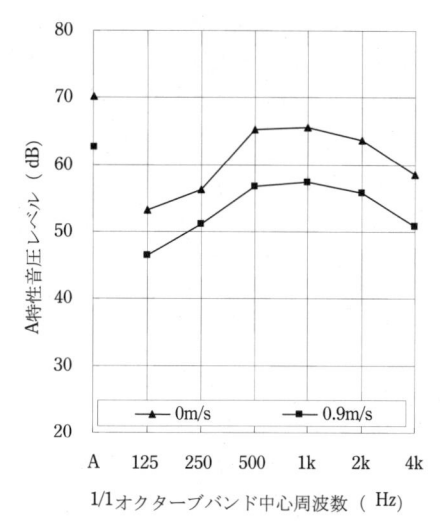

図 2.7.19 自然降雨による騒音レベル比較グラフ（S県住宅，雨量約 10 mm/h）

2.7.2 建築物周辺および内部で発生する風騒音の測定と評価

(1) 測定の対象

自動車や鉄道車両のように，空気中を高速で移動する機械や構造物においては，気流音（空力音）の制御・低減ということが，騒音制御の重要なテーマの一つとなることは論を待たない．これに対して，地上に「静止した構造物」の典型ともいえる建築物においては，一見，騒音制御のテーマとして，気流音が関連するとは考えにくいのが事実であろう．しかし，現実には，建築物も，風という高速かつ複雑な気流中に置かれた，かなり複雑・多様な形態をした構造物であり，その内部あるいは周辺に居住する人々に対して，音環境上の課題を考える限り，そこで発生する気流音の影響（居住性への影響）は，かなり重要かつ興味深いテーマであることが理解されてくる．

従来の建築史上，この意味で，風に起因する騒音（総称して風騒音と呼ぶ）と建築物との関わりを示した事例は，しかしながらそれほど多いわけではなかった[1]～[3]．バルコニー手すり子[4]～[5]やルーバー[6]類など，風に起因する特異的な音発生がある場合にのみ，その発生部位に注目して報告される例が多かったといえる．しかし，最近の中高層～超高層の集合住宅における実測調査により，強風時の風騒音は，居住域において容易に認知できる程度のものであり，その居住性に対する障害程度は無視し得ないものであることがわかってきた[2],[3]．この場合の風騒音は，非常に多様な，多数の音源からの寄与が重畳されたものであり，特異的な音発生として部位ごとに区別できるようなものではない[2]．

風騒音を，以上のような観点から，「風という気流に伴って，建築物周辺および内部で発生し，居住者に影響を及ぼす騒音」と定義する．それは，かなり広範囲にわたる多様な音源をさすものである．図 2.7.20 に，風騒音の発生～伝搬～評価に関連する要因を模式的に示した．

(2) 測定の計画

風騒音の影響評価あるいは対策検討のための測

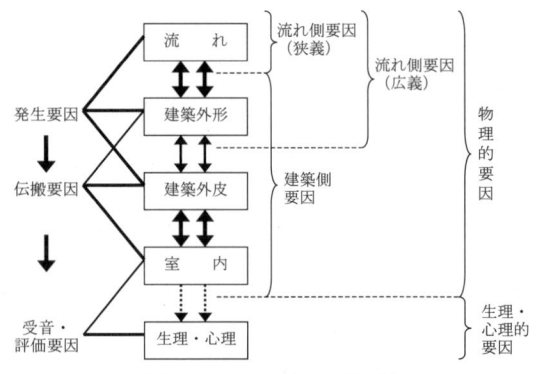

図 2.7.20 風騒音の関係要因

定方法は，まず，風騒音の総量的な把握，すなわち，発生部位を特定せず全体としてどれだけの騒音の影響があるかという観点から行う測定方法がある．これは，上記したように，風騒音の音源は，通常，ある特定のものに限定できないためであり，それらの総量的な影響にこそ重要性があることによっている．一方，特定部位からの発生音が卓越する事例なども存在し，これらの場合には，その限定された部位からの発生音に関して騒音の測定を行うことになる．後者の場合には，発生部位を実際の気流中に暴露して行う測定（実大実験）と，これを風洞気流中において行う測定（風洞実験）とに大別される．以上をまとめると，次の3つの測定法に大別できる．

① 風騒音の総量の実測（広義の風騒音の実測）
② 特定部位からの発生音（狭義の風騒音）の実測
③ 特定部位からの発生音に対する風洞実験

ここに，③の風洞実験手法は，検討対象が単純な部材に限定されるなど適用範囲が限られ，まだ一般的な方法とはいいがたい．このため，本書では，①，②の2つの測定方法を対象に述べる．

a. 風騒音の総量の実測（広義の風騒音の実測）

居住性に及ぼす風騒音の影響を明らかにするためには，総量としての風騒音を，室内において測定し，風の条件，建屋の条件などの関連要因と風騒音の関係を明らかにしていくことが有効である．このためには，建屋周辺の代表流れを実測し，室内の風騒音と比較することが必要になる．

図 2.7.21 に一般的な測定ブロックダイアグラムを示す．騒音の測定点は，人の居住域，すなわち室内に設ける．風向・風速は，代表流れが実測

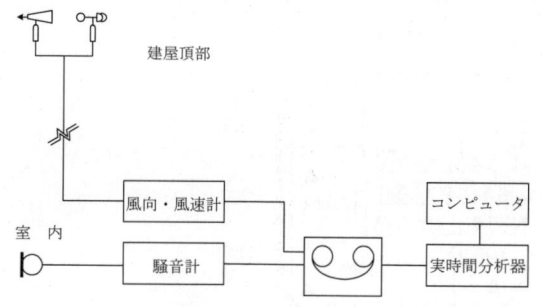

図 2.7.21 広義の風騒音の実測ブロックダイアグラム

可能な測定点を選ぶ必要があり，一般的には，建屋頂部のペントハウス上部などに設置した風向・風速計によって測定する．ただし，測定対象建物の周辺が複雑な地形や構造物に囲まれている場合は，代表流れの測定は困難になる．

b. 特定部位からの発生音（狭義の風騒音）の実測

特定部位からの発生音が卓越する場合には，その部位近辺を対象にした測定の計画を立てることが必要になる．風騒音としては，このような事例は特殊なものというべきであるが，特異的な音発生がある場合など，対策の緊急度は高い場合が多いともいえる．

図 2.7.22 に一般的な測定ブロックダイアグラムを示す．騒音の測定点は，風の影響がない室内に設ける．一方，発生部材近辺での騒音測定は，マイクロホンへの風の影響を無視し得ないため，一般的には非常に難しい．このため，むしろ，発生部材近辺では，部材の振動や部材周辺の流速などを測定することになる．この場合，ピックアップやケーブル類への風の影響，また，これらからの発生音の影響，気流への影響など，十分注意した測定計画が必要となる．

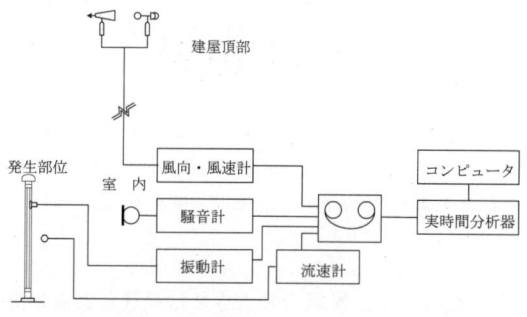

図 2.7.22 風騒音（特定部位からの発生音）の実測ブロックダイアグラム

（3） 測定の実施と測定結果

a. 風騒音の総量の実測（広義の風騒音の実測）

図 2.7.23，図 2.7.24 に測定対象とした建物（中高層～超高層集合住宅）の概要を示した．これらの建物は，代表流れと風騒音の関係が把握しやすいように，周囲に目立った高層構造物がない位置に計画されたものから選んだ．また，それ以外に特別な条件を設けず，近年わが国の高層住宅として一般的な計画基準に従ったものとした．これらの建屋において，風騒音と，これに関連する各種要因との関係を定量化することを目標として，風

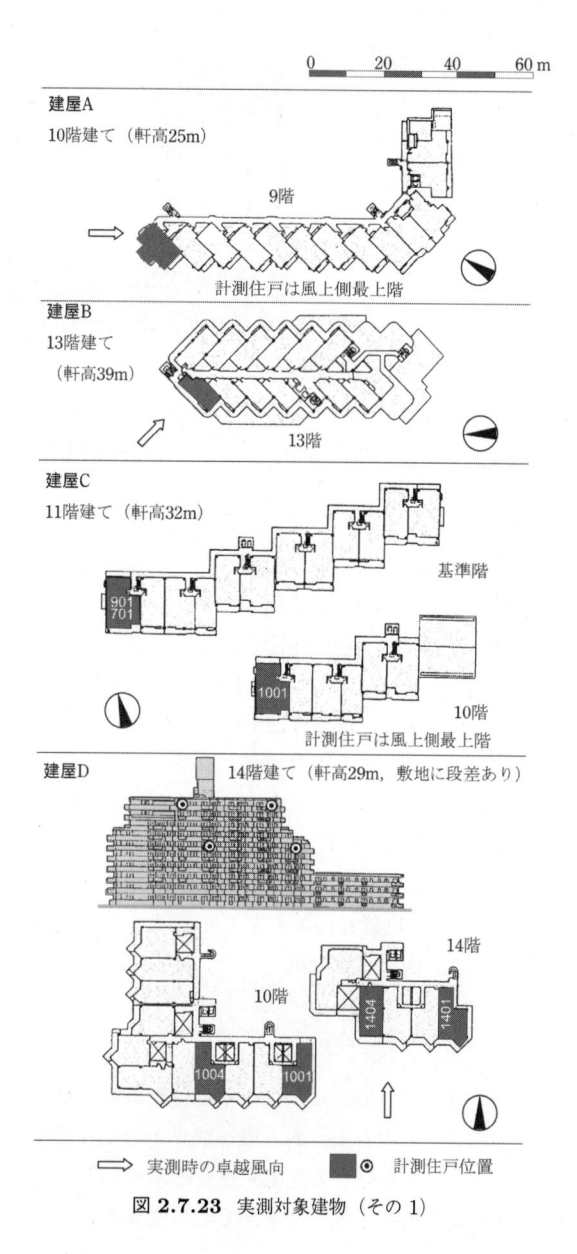

図 2.7.23 実測対象建物（その1）

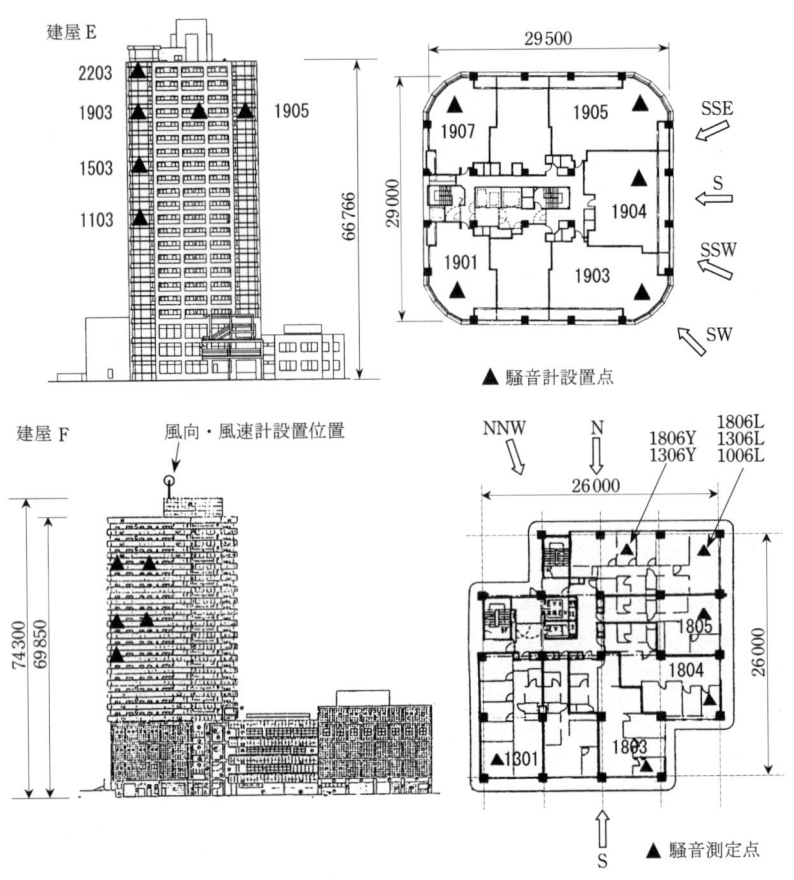

図 2.7.24 実測対象建物（その 2）

騒音の総量に関する実測調査を行った[2),3)].

①風騒音と平均風速の関係

室内で計測した等価騒音レベル L_{eq}（dB，平均時間 10 分）と，建屋頂部で同時に計測した平均風速 V_{mean}（m/s，平均時間 10 分）の関係を散布図にして示すと，図 2.7.25 のようになった．風速が小さいうちは，室内騒音と風速との間に明確な関係はないが，風速が大きくなると，室内騒音の L_{eq} は平均風速 V_{mean} との間に，明確な比例関係を示すようになる．すなわち，ある風速値を超えると，室内騒音のエネルギー E と，平均風速 V_{mean} との間にべき乗則

$$E \sim V_{mean}^{\alpha}, \qquad \alpha = 3 \sim 7$$

が成り立っている．これは，室や建屋等の建築条件等によって固有な，ある風速値以上の風速になると（これを風騒音の支配風速と呼んでいる[3)]），風騒音が室内の主要な騒音源として受聴されるよ

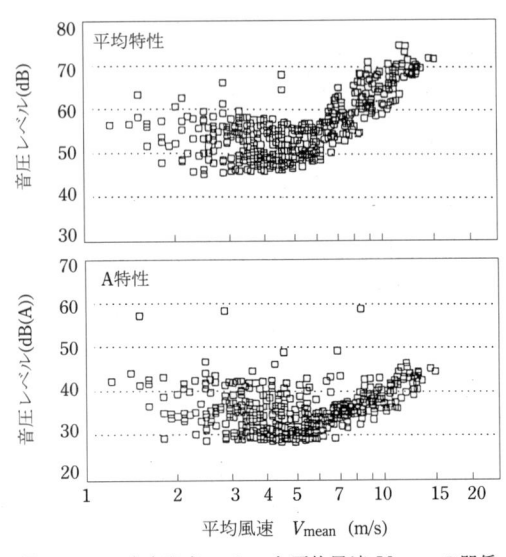

図 2.7.25 室内騒音の L_{eq} と平均風速 V_{mean} の関係（建屋 C）

うになること，風騒音の大きさは風速とともに急激に増大すること（$\alpha = 6$ の場合，風速が 10 m/s から 15 m/s に増大すると，L_{eq} は 10.5 dB も増

大する）を示している.

図 2.7.25 のような傾向は，実測対象としたすべての測定結果から得られており，風騒音は，特定の建屋のみで発生する特異的な事例ではなく，建屋が風にさらされている限り，ある意味で不可避的に発生する一般的な現象であることがわかる．しかし，後述するように，その大小は，建屋の条件によって，変わり得ることも事実である．

②風騒音の関係要因とその影響

風騒音に関連する要因を分類した図 2.7.20 を参照すると，風騒音の定量化とは，図 2.7.20 の各要因の影響が，定量的に評価できることであると考えられる．したがって，まず実測結果から，これらの要因が風騒音に対してどのような影響を及ぼしているのかを考察する．

まず，建屋による風騒音の差異として，図 2.7.23 の 4 つの建屋に対して，比較した図を図 2.7.26 に示す．各建屋では複数の部屋を対象にして測定を行っているので，図 2.7.26 では，最も風騒音が大きな住戸（風上側最上階の住戸など）で各建屋を代表させた．また，測定時の風向は，各建屋とも，図 2.7.23 に示した方向で一定していた．図 2.7.26 に示した直線は，風騒音のべき乗則に基づいて回帰分析して得られた直線である．これを見ると，$V_{mean} = 10\,\mathrm{m/s}$ のときに，最大のものと最小のものとで，A 特性で $14\,\mathrm{dB\,(A)}$ の差異となっている．ただし，この結果は，建屋の影響のほかに，建屋の建設地ごとに特有な風の特性（「流れ側要因」）の影響も反映されたものである．また，同図より，風騒音の大きな場合には，$V_{mean} = 10\,\mathrm{m/s}$ で，室内騒音が $45\,\mathrm{dB\,(A)}$ にも達しており，風騒音が，居住環境の，見過ごせない騒音源であるばかりか，場合によってはかなり深刻な障害要因たり得ることがわかる．

図 2.7.27，図 2.7.28 は，建屋 E において，様々な室位置による風騒音の比較を行ったものである．鉛直方向に並んだ室の間で風騒音を比較すると（図 2.7.27），あまり大きな違いがないのに対して，水平方向の室間では（図 2.7.28），かなり大きな差異がある．その差異の様子も風向ごとで異なり，分析すると様々な特徴が見いだせる．中でも，隅角部に位置する室では，かなり広い風向範囲で風騒

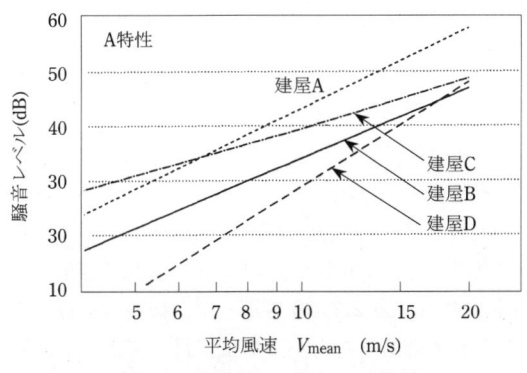

図 2.7.26 風騒音の建屋による差異

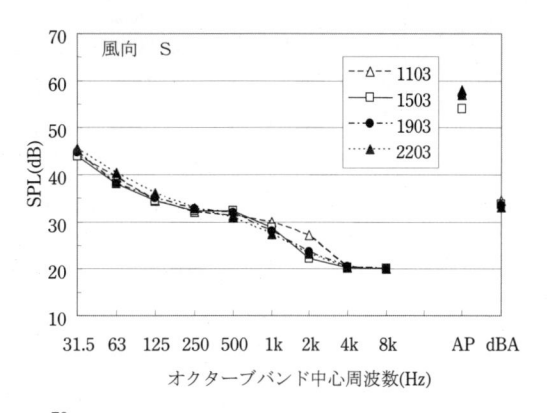

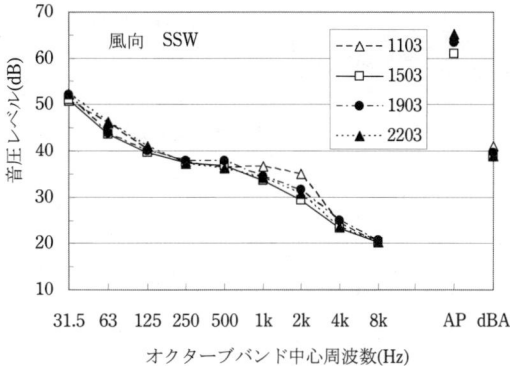

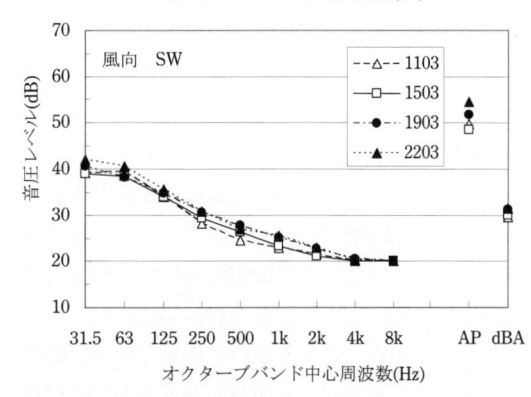

図 2.7.27 風騒音の室位置による差異（鉛直方向・建屋 E）

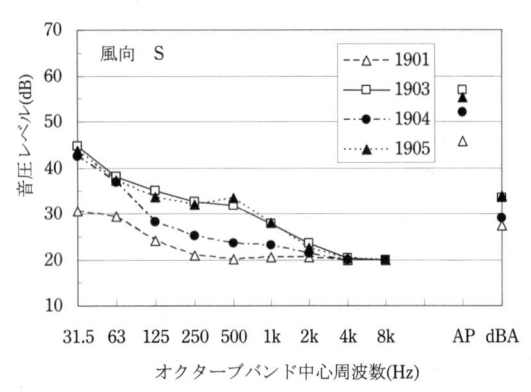

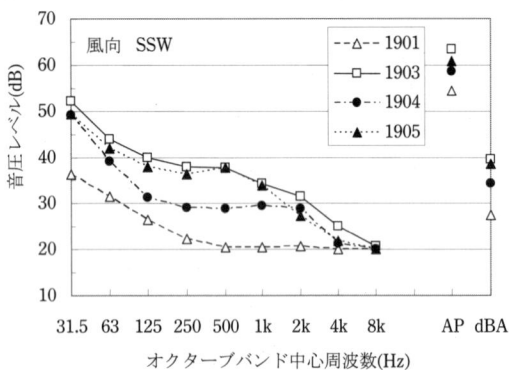

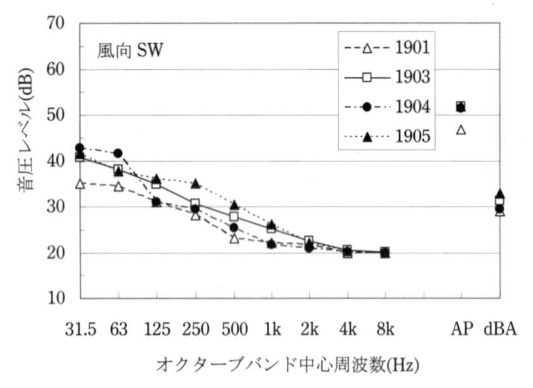

図 2.7.28 風騒音の室位置による差異（水平方向・建物 E）

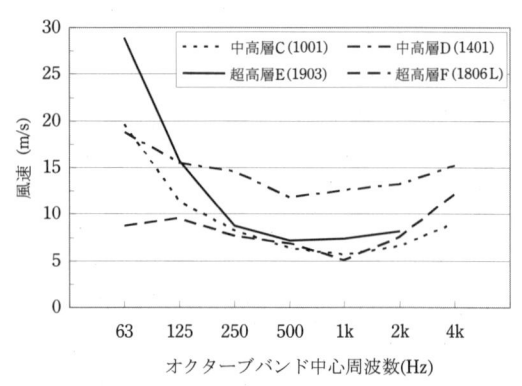

図 2.7.29 N-30 相当風速の建屋による差異

音が最も大きくなっていることに注目される．

図 2.7.29 は，超高層の建屋 E, F と，中高層の建屋 C, D とで，風騒音の大きさを比較したものである．ここでは，べき乗則に基づく回帰直線（図 2.7.26 と同様のものを各オクターブバンドごとで求めたもの）を用いて，風騒音が建築学会の N-30 となる風速，すなわち，N-30 相当風速を求めて表示している．この意味は，図示した風速（建屋頂部での風速）になると，室内の風騒音が N-30 に相当した大きさになるということであり，この風速が小さい建屋ほど，小さい風速で N-30 になること，すなわち風騒音の影響が大きいことを表している．図 2.7.29 を見ると，超高層の建屋 E, F は，いずれも，中高層の風騒音が大きい例（建屋 C）と同程度の，小さめの N-30 相当風速になっていることがわかる．しかし，図 2.7.29 は，建屋頂部高さでの風速で基準化して示しているので，図で同じ風速値でも，建屋の高さが異なる場合には，一般風の風速に換算すると異なる値になることに注意が必要である．

以上のように，風騒音の大きさは，建屋や建屋内の室位置により，また風向，風速等の風の条件により変化するものであることが明らかになった．また，その絶対値も，一部ではかなり深刻な大きさになっていることがわかった．

b. 特定部位からの発生音（狭義の風騒音）の実測

集合住宅などでよく用いられる軽金属製手すりから発生する特徴的な風騒音に関しては，従来から風洞実験などによる報告[4],[5]が散見されるが，実際の風環境下での発生機構や影響程度，あるいは現地での対策例などに関する報告は非常に少ない．ここでは，特定部位から発生する風騒音に注目した研究事例として，バルコニー手すりからの発生音を対象とし，実際の風環境下での発生音の物理特性や発生機構の究明，およびその対策効果の確認等を目的として実施した実測調査[3]について紹介する．

①対象建屋と対象部位

実測を行った建物は，14 階建ての集合住宅（軒高 39.9 m，図 2.7.30 参照）で，後述する特徴的な音発生のあった南からの風に対しては，上流側

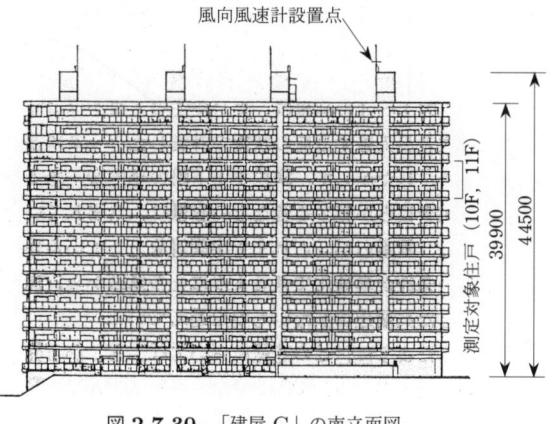

図 2.7.30 「建屋 G」の南立面図

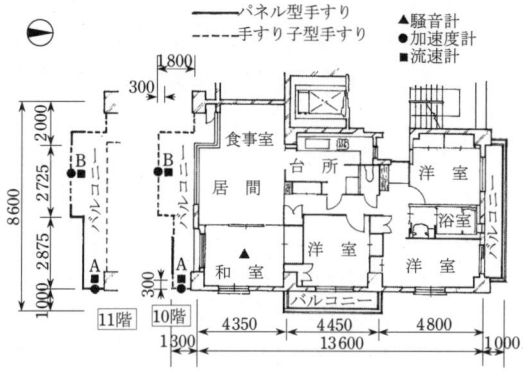

図 2.7.31 「建屋 G」の平面図と測定点

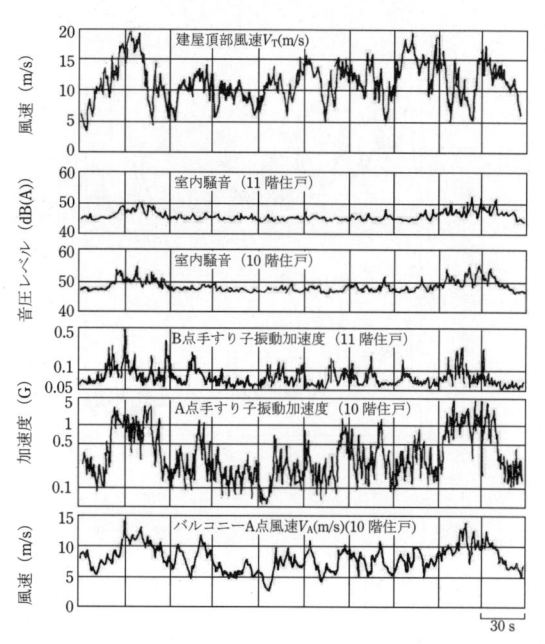

図 2.7.32 風速，騒音，手すり各部位の振動の時間変化

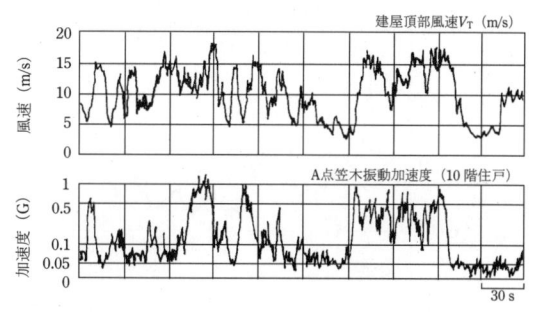

図 2.7.33 風速，手すり笠木の振動の時間変化

の目立った障害物がない場所に建設されている．

10 階と 11 階の東側端部の住戸を対象とし，室内における騒音と，代表風向・風速（建屋頂部で計測），バルコニー内各点の流速，手すり各部位の振動加速度を計測した．図 2.7.31 に住戸平面図と計測器設置点を示す．10 階と 11 階とでは，平面・断面とも同一形状をしているが，バルコニー手すりの「手すり子」と「パネル」の位置は違う状態となるように設定した．これは，バルコニー内の流速の低減を目的として，11 階の住戸で手すりのパネル面積を増加させたものである．12 階も，11 階と同様とした．

②特徴的な音発生の原因

図 2.7.31 の測定点で，強風時に，室内騒音，バルコニー内の流速，手すり各部位の振動加速度を測定した．また，建屋頂部で風向・風速を測定し，これらの測定結果と対応させた．

図 2.7.32 に建屋頂部風速 V_T，バルコニー A 点風速 V_A と，室内騒音の時間変化を示した．室内騒音は，10 階と 11 階とで非常によく似た変化をしており，$V_A > 8\,\mathrm{m/s}$ で急激に大きくなっているが，このとき，両室において，ブーンとうなるような特徴的な低い音の発生が確認された．このときを含め，測定中の風向は，南に一定していた．図 2.7.32 には，手すり子の振動の時間変化も示したが，10 階の A 点手すり子の振動も，$V_A > 8\,\mathrm{m/s}$ で急増しており，特徴的な騒音発生との関連がうかがわれる．このような，室内騒音との相関，あるいは，$V_A > 8\,\mathrm{m/s}$ における振動の急増現象は，10 階の A 点手すり子と A 点笠木において最も顕著であった（図 2.7.32，図 2.7.33）．

次に，この特徴的な騒音発生があった時刻における騒音，振動の周波数スペクトル（図 2.7.34）を見ると，10 階住戸において 119 Hz の明確なピー

2.7 自然現象に関わる音の測定と評価

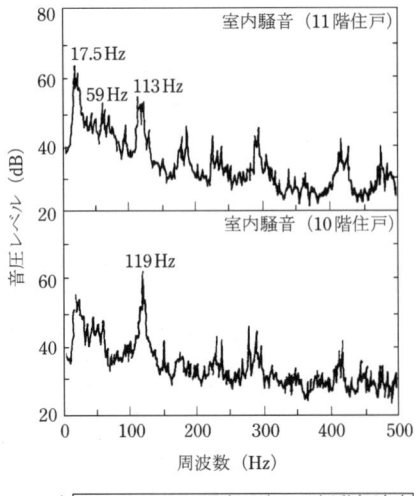

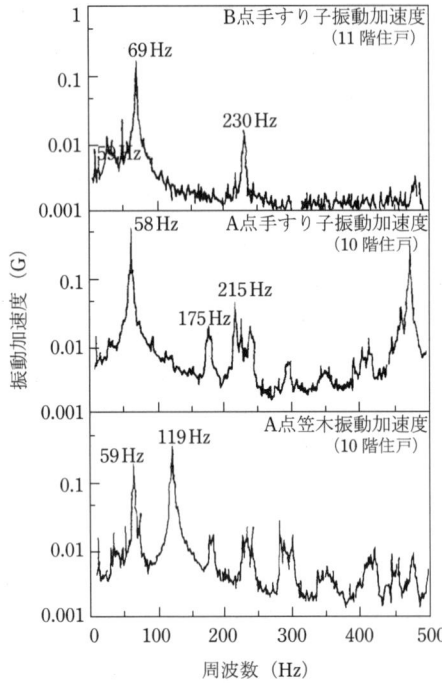

図 2.7.34 騒音・振動の周波数スペクトル

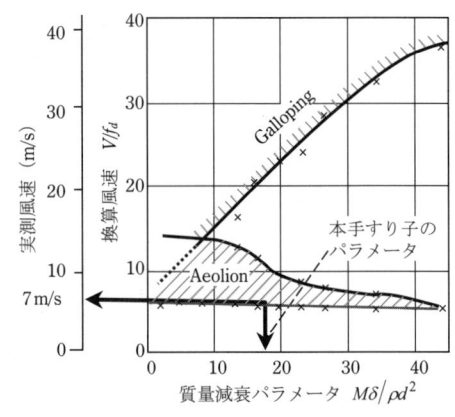

図 2.7.35 正四角柱の空力的不安定領域図

クがみられ，風速が変動しても，周波数は変わらなかった．このピークは，上述した特徴的な音発生に対応したものであり，手すり各部位の測定結果からは，A点笠木（10階）のみが対応している．手すり子の振動測定結果をみると，69Hzや59Hzの1次固有振動に対応した周波数のピークがみられるが，A点手すり子においては，119Hzの約1/2にあたる58Hzのピークがみられる．このことから，119Hzの特徴的な音は，直接的には10階のA点手すり笠木から発生しているが，そ

れは，A点手すり子の固有振動数における大きな振動が，笠木に対して2倍周波数の強制力となって作用し，生じたものと考えられる．

手すり子の固有振動数における大きな振動は，風の流れによって生じる，いわゆる渦励振と呼ばれる空力不安定現象に起因するものと考えられるが，このことは，本手すり子に対して，図2.7.35に示したScrutonの正四角柱に対する空力的不安定領域図[7]から求めた不安定領域の下限風速値7m/sと，上記した8m/sが対応していることからも確認される．

すなわち，室内騒音で観測された特徴的な音は，10階A点手すり子が，強風時に渦励振を起こして大きな振動となり，これが笠木に作用して119Hzの大きな音発生につながったものであると考えられる．A点手すり子のみで，渦励振の発生風速を超えたのは，風が建物を迂回する際，建物隅角部では流速が極めて大きくなるからである．実測結果からも，ほぼ $V_A = 0.77 V_T$（10階）であったのに対し，$V_B = 0.2 \sim 0.3 V_T$（10階および11階）であったことが確認されている．

③低減対策

バルコニーの詳細が同一であれば，手すり子付近の流速に大差のない11階と10階の端部住戸で，手すりパネルの設定を変化させたところ，上述のような風騒音発生の差異が生じた．すなわち，手すり子の渦励振による笠木の強制振動は，10階バルコニーA点のみにみられ，これが，卓越的な騒音と認められるレベルに達していたのに対して，パネル型手すりを要所に配置した11階や，10階

の他の手すり部位では，一部に軽微な振動がみられたが，それに基づく騒音レベルはあまり大きなものではなかった．以上の結果より，バルコニー手すりの仕様として，11階のように，パネルをA点側に配置したものとすることの，風騒音低減策としての有効性が確認できた．すなわち，A点側にパネル型手すりを配置することで，流速が大きくなる部分の流れを阻止することになり，手すり子の渦励振という空力的不安定現象を回避することができたものである．

従来，手すり子の渦励振については，風の条件は変えられないと考え（あるいは風は変動するので対策できないと考え），手すり子側で部材を変更したり補強材を付与したりという対策を考えることが多かったようである．しかし，本例で示したように，風の条件を考慮した対策も有効であり，そうすることで，比較的簡単な対策によっても風騒音の防止，低減は可能になるものであることがわかる．

2.7.3 熱音の測定

（1） 測定の対象

自然現象に起因する発生音のうち，建築部材の熱伸縮による発生音は，衝撃性であり，発生頻度が少ない場合もある．自然現象に関わる発生音のうちでも，最も測定の難しい部類のひとつであるといえる．

また，原因が不明確ないわゆる「不思議音」のうちでも，衝撃性騒音の場合には熱伸縮音である可能性が高い．しかし，熱伸縮に起因するものであるかどうかの見極めができない場合も考えられる．

ここでは，まず，原因が不確かな衝撃性の騒音を対象とし，それが熱音であるか否かの判断と，発生部位や原因系の推定方法について述べる．

衝撃性の音を対象とした場合には，熱膨張率の異なる部材が接している部位において発生する可能性が高い．この種の音は，木造の戸建住宅でも発生しているものであり，例えば以下の部位などにおける発生が考えられる．

・サッシ枠や方建て
・サッシに付随するパネル
・手すり
・エキスパンションジョイント

また，溶接などにより固定されている部分では発生しにくく，元来ある程度の変形を配慮したルーズなボルトなどが発生源となりやすい．

（2） 測定の計画

a. 聴感試験

音質の評価，音源の方向の推定などについては，測定をするよりも，人間の聴覚の分析能力の方が優れている部分もある．また，問題となっている音がどういう原因によるものなのかなどを推察する上でも，まずは音を聞いてみることが肝要である．

ただし，測定対象としようとしている室に，固体伝搬音として伝搬している場合には，聴感試験では発生位置の推定は難しくなる．つまり，発生源とは異なる場所に取り付いている部材からの放射音が，音源近くの部材よりも大きくなることがある．

b. 自然現象との関連性の把握

熱伸縮に起因するものであっても，その直接の原因はさまざまである．したがって，対象部位周辺の温度（外気温，室温，表面温度），湿度，日射量，変位（ひずみゲージ），などを，発生している音・振動の発生時間帯・頻度，発生レベルなどと対比することが大切である．

直達日射による場合など，原因と直結している場合も多い．図 2.7.36 は，直達日射により，サッシ枠が熱伸縮をすることによって衝撃音が発生していた事例における一日の毎時間ごとの発生回数を示したものである．14時前後に発生回数が少

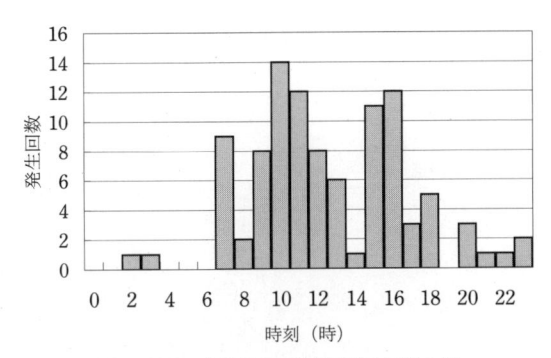

図 2.7.36 熱伸縮音の時刻別発生回数の例

ないのは，日が陰ったことによるものである．しかし，熱伸縮には，熱容量の影響を受けて，自然現象の変化と比べて時間遅れをもって発生する場合もある．例えば，日中暖められて伸びたものが徐々に縮み，深夜2時頃に衝撃音が発生するというパターンが考えられる．このような場合，暖められて伸びていく間にも同様の衝撃音が発生することも考えられるが，暗騒音の昼夜差がある場合が多く，深夜に発生する衝撃音のみが問題となる場合もある．

いずれの場合にも，発生部位の特定や発生メカニズムの推定のためにも，上述のようなデータの収集が有用である．

c. 促進試験

サッシなど，対象物が比較的小さい場合には，やかんの湯を注いだり，ヒータで強制加熱をする方法がある．

しかし，対象部材が大きい場合などでは，人工的に促進できる熱量は，自然の熱量と比べると小さい．まさに「焼け石に水」であり，促進実験が簡単に実現できない場合もある．

d. 音響・振動測定の留意点

発生時刻が厳密に予期できない衝撃音を想定した場合に望ましい測定機器ブロックダイアグラムを図 **2.7.37** に示す．

意図的な発生促進が可能な場合もあるが，基本的にはいつ発生するかわからないことを想定すると，データレコーダなどに録音することが必要である．

データレコーダには，録音後の分析や聴感による比較のために，F 特性の音圧レベルを録音することが望ましい．一方，発生頻度と発生音のレベルを把握するためには，A 特性音圧レベルの把握を録音と同時に進めることが望ましい．

また，対象を特定するためには，指摘者の立会いにより，測定された音が問題としているものと同じ種類の音であるか否かを現認する必要がある．

対象とする音と暗騒音のレベルが非常に低い場合が多く，レベルレコーダやデータレコーダの機器騒音だけでなく，測定者の発生する騒音も測定の障害となることがあり，ノイズの少ないデータを収集するためには，測定対象とする室から隔離された部屋に測定機器を配置し，監視をする方法をとることが望ましい．直接音を確認しないということは，音の現認と測定とが同時進行できなくなるおそれがあるが，夜間の連続測定などのように，測定の確度を高めるためには，このような体制をとることが望ましい．

また，躯体を伝搬してきた衝撃（振動）波が，音の発生の指摘されている部屋に伝搬し，音として放射しているという場合も多い．この場合には，受音室のさまざまな内装部材の音響放射係数により放射音の寄与が変化し，どこから発生しているか特定しづらい場合が多い．このような場合には，さまざまな部位に振動加速度ピックアップを設置し，到来する振動加速度（あるいは振動速度）の時刻差や大小を比較検討することが大切である．

なお，騒音計などの配線計画にあたっては，室内外の温度条件などに影響を与えないよう配慮し，極力，窓などを開放しないような配線計画をする必要がある．

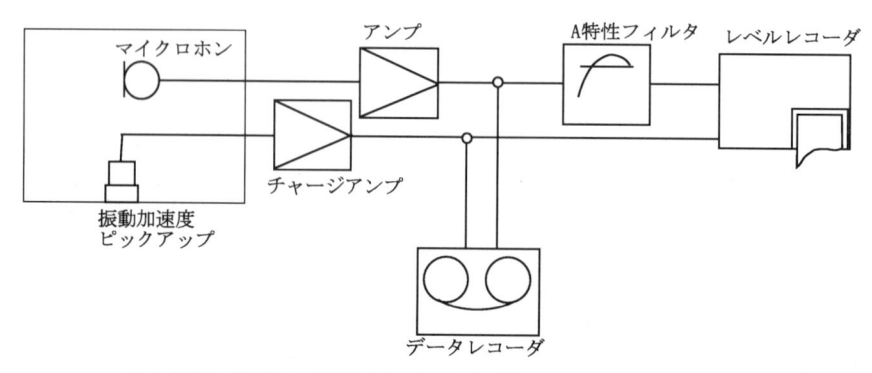

図 **2.7.37** 衝撃性の不思議音を対象とした測定ブロックダイアグラムの例

(3) 測定の実施

いつ発生するか不明である場合も多く，またその振幅も不確定な衝撃音の測定であるため，測定レンジの設定については，経験を要する．

騒音については，レベルレコーダに確認できた発生音をマーキングするとともに，その発生時刻，発生したと考えられる部位などについて，野帳に書き留めておくとよい．

振動加速度を比較する場合には，部位により，伝搬する波の種類が変化する．柱・梁近傍では縦波の伝搬が支配的だが，スラブ中央では屈曲波が支配的となる．RC造の建物を対象とした場合には，この種の2波の伝搬速度は大きく異なるため，できるだけ振幅や到来時刻の相互比較のできるような部位に振動加速度ピックアップを設置することが重要である．

受振点の条件を一定のものとした場合の測定例として，集合住宅の1住戸を対象とし，周囲のすべての柱に振動加速度ピックアップを配置し，模擬的に加振した場合の到来時間差を測定した事例を示す．図2.7.38に示す集合住宅において，6つの柱の上下にそれぞれ2点ずつ振動加速度ピックアップを設置した．この状態で隣接する階段を大人一名が駆け上ったときに観測された振動加速度波形について，各点の到来時刻差を比較した結果が図2.7.39である．到来時刻を比較するために，それぞれの波形の縦軸のスケールは揃えずに示している．図から，階段室に近い，柱Bや柱Dの測定点の結果が最も早く到来しており，到来時間差から推測される加振位置は，実際の行動と矛盾なく推測できる．

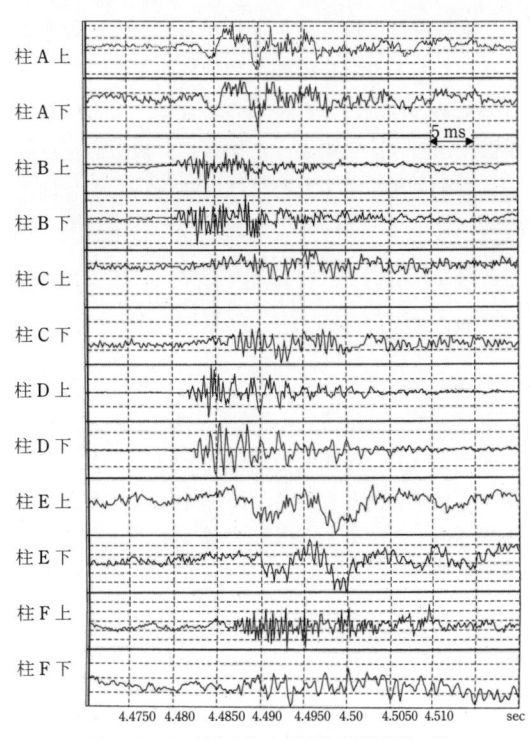

図 2.7.39 測定された振動加速度波形の例

このように，振動加速度の到来時刻差によって発生源の位置を推定するためには，各受振点に到達する波の種類を統一させる必要がある．その解決方法としては，スラブを囲む柱，あるいは柱近傍のスラブ上に測定点を設定する方法が望ましい．

多くの衝音は，多かれ少なかれ，ある部位にそれまで集中していた力が，耐えきれなくなり開放されるときに発生するものであると考えられる．

ひずみゲージにより変位を比較する場合には，こういった現象が発生していると考えられる部位近傍にの変位の差分を時々刻々測定し，音の発生と変位との関係を比較していく方法も有効である．

(4) 結果の検討

躯体を伝搬する振動は，周波数に応じ減衰量が異なり，高い周波数の振動ほど減衰が大きい．つまり，測定された音・振動が躯体を伝搬してきたものであると考えられる場合，周波数特性を比較することにより，伝搬距離の大まかな比較ができる．つまり，高い周波数成分の減衰が大きければ，距離が遠いと考えることができる．

また，振動の到来時刻を比較する場合，曲げ波

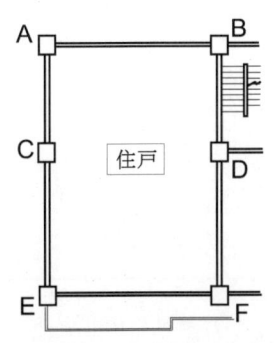

図 2.7.38 測定対象住戸平面図

の伝搬速度には周波数依存性があることに留意する必要がある．特定の周波数帯域が卓越しているものであれば別だが，多くの場合は，広帯域の衝撃波であろう．このような場合に，複数測定点の到来時刻を比較するためには，収録した振動加速度波形に1/1オクターブ帯域程度の帯域制限をかけ比較した方が明快に比較できることが多い．

(5) 対策の検討

熱音の対策としては，以下の方法などが考えられる．①熱を受けている部分に断熱材などを巻き，問題となっている箇所の熱伸縮を防ぐ．②熱変形をする部分を滑りやすくし，熱伸縮しても音が発生しないようにする．③熱変形をする部分を固定する．

どの対策方法を採用するかは，部位や条件，意匠的・構造的な理由などに大きく左右される．

2.7.4 事務所ビルにおける熱伸縮に起因する衝撃性発生音

(1) 測定の対象

鉄骨造の事務所ビルで外壁はアルミカーテンウォールである．この建物は，早朝からアルミカーテンウォールに朝日が直接当たる配置となっていた．事務所の執務者から衝撃性の音（コン，ビシ，バシ）が気になるとの指摘があった．そこで，執務者に発生時間帯，そのときの天候，音の種類等をヒアリングした．その結果，晴天時に直接日射が当たる時間帯から発生し始め，2時間ほど経過すると衝撃性発生音はほとんどなくなること，さらに，曇天時には，ほとんど発生していないことがわかった．この現象から熱に起因する発生音と推定し測定計画を策定した．

(2) 測定の計画

晴天時の早朝7時30分から執務に邪魔にならないよう事務所の始業時間前の8時40分まで測定を行うこととした．測定を行う項目は，聴感による音源方向の把握，普通騒音計による騒音レベルの大きさ，10分間ごとの衝撃性発生音の回数とした．アルミカーテンウォールの温度，ひずみの測定も考慮したが，①ヒアリング調査の結果から熱に起因する音にほぼ間違いないと推定できたこと，②測定準備，撤収に時間がかかるため，執務に影響を及ぼす可能性があること，から本事例では，実施しなかった．しかし，はっきりとした原因が特定できないような場合については，温度，ひずみの測定は，重要である．

(3) 測定の実施と測定結果

測定のブロックダイアグラムを図 **2.7.40** に示す．普通騒音計は，窓際の執務者の位置と事務室中央付近 G.L.+1.2mの高さに設置した．測定時には，外部から入射する音や内部の機器からの発生音と区別するため，高速度レベルレコーダに常時騒音レベルを記録させ，測定技術者がその場で衝撃性発生音と推定される部分に丸をつけるようにした．現地でテープレコーダに音を録音し，後で録音された音を分析する場合でも，必ずこのレベル記録をとっておくことが重要である．通常テープレコーダの音を聴くだけでは，熱に起因する音かどうかを判断することが難しいので注意が必要である．衝撃性発生音のレベル記録とオクターブバンド周波数分析結果を図 **2.7.41** および図 **2.7.42** に示す．

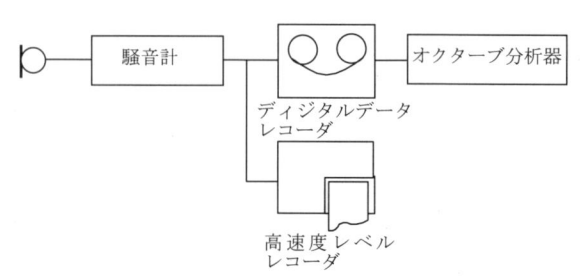

図 **2.7.40** ブロックダイアグラム

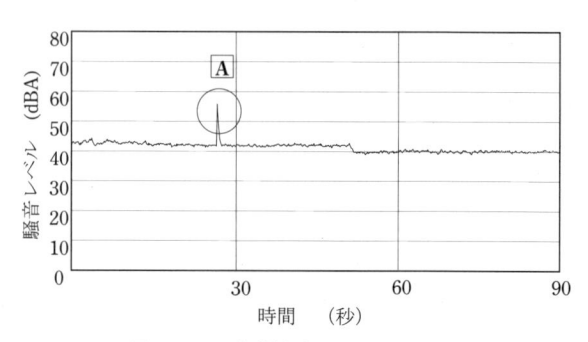

図 **2.7.41** 衝撃性発生音のレベル記録

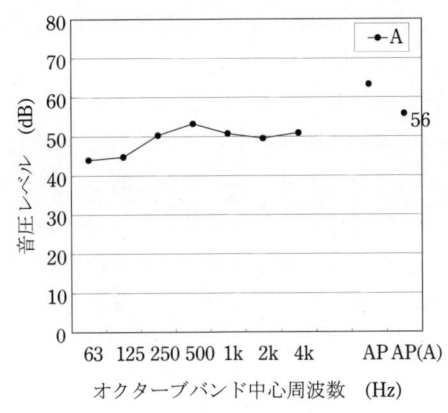

図 2.7.42 衝撃性発生音周波数分析結果

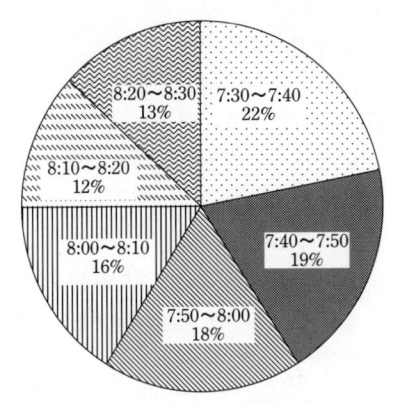

図 2.7.43 衝撃性発生音の割合

時間帯別に整理した，衝撃性発生音の割合を図 2.7.43 に示す．なお，発生音レベルは，45 dB～60 dB であった．

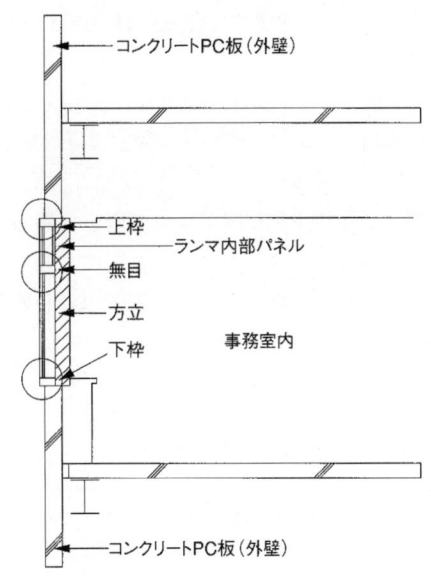

図 2.7.44 外部カーテンウォール断面

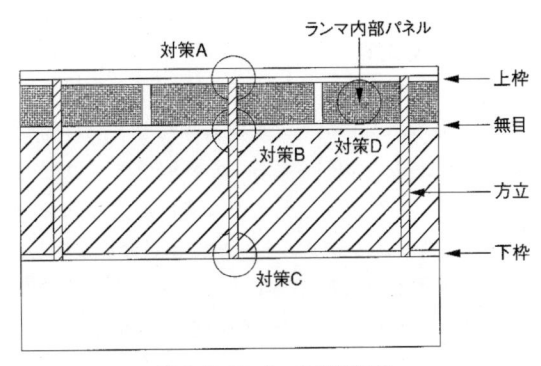

図 2.7.45 サッシ対策箇所

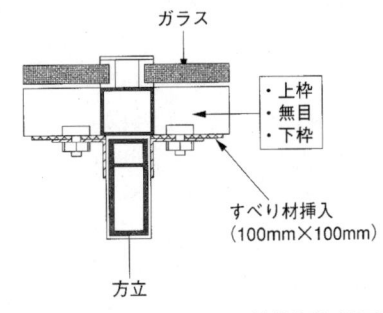

図 2.7.46 カーテンウォール対策箇所平断面図

(4) 結果の検討

発生音の時間帯別分布を見てみると，最初にアルミカーテンウォールに日射が入り始める時間帯（午前 7 時 30 分～7 時 40 分）に多く発生し，時間が経過するに従って発生回数が減少していることがわかる．事前のヒアリングおよびこの調査結果（音響技術者の聴感による判断を含む）を総合的に検討し，衝撃性の発生音は，アルミカーテンウォール部分の熱伸縮に伴うものと推定し，対策を検討した．

(5) 対策の検討

図 2.7.44～図 2.7.46 に示すように，アルミカーテンウォール接合部の滑り性能の向上とパネル部の防振処理を検討した．

①接合部に滑り材

（四弗化樹脂，摩擦係数 0.13，大きさ 50 mm × 50 mm，厚さ 1.5 m）を挿入し，ボルトの締付けトルクを調整（トルク値：400 kgf・cm）

対策場所：上枠と方立ての接合部（対策 A と図示）
　　　　　無目と方立ての接合部（対策 B と図示）

2.7 自然現象に関わる音の測定と評価　227

　　　　　　下枠と方立ての接合部（対策Cと図示）
②防振ゴム
　　（クロロプレン（CR），硬度60°，厚さ4mm）
　　対策場所：ランマ内部パネル固定部（対策Dと図示）

　対策完了後に事務室内で騒音測定を実施し，発生回数，騒音レベルの大きさ，ともに大幅に低減したことを確認した．事務所執務者からの衝撃性発生音の指摘もなくなった．

2.7.5　建物外壁からの熱音

　熱音には，建築や設備に関連する多くの発生物・形態があるが，ここでは，建物の外壁から発生する熱音について記述する．

(1)　測定の対象

　建物や設備等の構成部材は，熱膨張率が異なるため，何らかの温熱変化が負荷されると部材間で相対変位が生じようとする．ある変位までは摩擦によって同じ変位を生じるが，変位が進み部材間の応力が摩擦力を越えると一挙に相対変位が生じ，部材に衝撃的な振動が発生する．これは，地盤のひずみエネルギーが一挙に解放されて生じる地震と同様な発生機構といえる．この振動は，内装に伝わり音となって放射される．これが，熱音の発生機構である．

　建物では，コンクリート現場打ちの鉄筋コンクリート構造の場合，温熱負荷が掛かっても，例えば壁と床に相対的な熱応力が掛かっても，接続部の剛性が高いので両者間に相対変位が生じることはまずないといってよい．これに対して，PC板等がファスナ等で接続されて建設されたいわゆるプレハブ工法建物では，日射により例えば壁材や屋根材が熱膨張し，これらをファスナ等で固定している床等構造躯体との間で相対変位が生じる．この結果，前述の発生機構によりファスナ部等に振動が発生し，それがPC板や内装に伝わることにより，衝撃音となって居室に放射される．一方，夜間には冷却により，熱膨張した壁材や屋根材が収縮し，その過程でも同様な衝撃音が発生する．コンクリートは熱容量が大きいので，内部温度が上昇するのにも下降するのにも時間がかかる．すなわち全体が伸縮するのに時間を要する．したがって，特に日が沈んで外気温が下がってもコンクリート壁等は夜中の時間帯まで徐々に縮む．そのため，暗騒音が下がった夜中の時間帯に聞こえクレームにつながりやすいという特徴を有している．

　一方，窓サッシや手すり等でも熱音が発生することはあるが，これらがアルミや鉄製の場合には伸縮が日射や外気温度の変化に追従しやすいので，熱音の発生は夜半まで継続することは少ない．

(2)　測定の計画

a. 音の大きさと発生頻度

　熱音が発生している場合，まずその大きさの測定・評価が必要になるが，さらに発生頻度も重要になる．すなわち，発生音レベルが非常に大きい場合には発生頻度によらず，明らかなクレームとなるが，レベルは極端に大きくなくとも，発生頻度が高い場合にもクレームにつながることが多い．このような音の大きさと発生頻度とが関係した音の評価は明確化されていないため，今後の研究に期待せざるを得ない．

b. 音の大きさと発生頻度の測定

　熱音は，一般的には衝撃性の音であるので，単発騒音暴露レベルとして測定することが望ましい．これは，1回の発生ごとのA特性で重み付けられたエネルギーと等しいエネルギーを持つ継続時間1秒の定常音の騒音レベルを示す．騒音レベルの替わりにバンド音圧レベルを用いた分析も行われている．

　熱音の発生ごとにそれぞれ測定し，騒音レベルや音圧レベルの周波数特性を測定することが基本となるが，前述したように発生頻度も測定することが望ましい．具体的には，図2.7.47に示すように横軸発生音レベル，縦軸発生度数で整理した度数分布で表現することがわかりやすいといえる．さらに，時間帯ごとにレベルの度数分布を求めれば，時系列上の発生頻度も把握できる．

c. 発生源部位の特定のための測定

　熱音の低減対策を立案するためには，発生源部位の特定のための測定が必要になる．ここでは，そのいくつかの方法を紹介する．

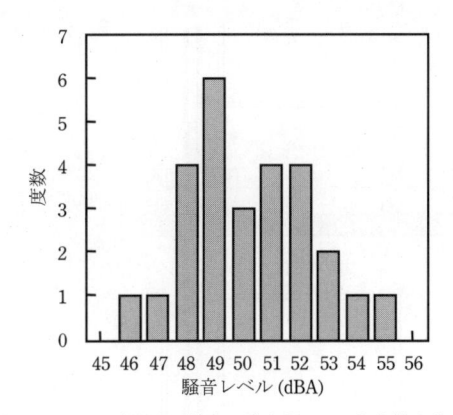

図 2.7.47 1 時間内の熱音の発生音レベルと度数分布の測定事例

c-1. 振動の伝搬方向を測定して特定する方法

単純な板状のコンクリート床スラブやコンクリート壁であれば，振動インテンシティ測定システムを用いていくつかの場所から振動の伝搬方向を測定し，その交点を見つけることにより発生源部位を特定することは可能である．また，いくつかの振動センサーを用いて衝撃振動のそれぞれの到達時間から発生源部位を特定する方法も適用できる．これは，いくつかの観測点から地震の震源を特定する方法と同じ原理である．しかし，実際の建物は，多くの部材で構成されていること，窓等の開口があること，柱・梁等剛性・質量が異なる部位があること等から振動の反射・減衰・増幅等の影響でこれらの方法で発生源位置を特定することは困難であるといってよい．

c-2. 振動到達時間，位相測定による方法

実用的な方法としては，いくつかの振動センサーを熱音が発生している室の内装材等に取り付け，衝撃性の振動が発生したときの図 2.7.48 に示すような振幅波形を各測定点で同時に測定し，それぞれの初期波（波が立上がる）時刻を比較して，最も速く初期波が到達した部位 A 点を特定する．

次に，A 点に取り付けた振動センサーはそのままにして，他の振動センサーを A 点により近づけた位置に移動し，同様の測定を行ってより速く初期波が到達した部位を特定する．以降，同様の測定を行って，振動発生源部位を特定する．振動センサーの初期の取付け位置は，経験を積むことにより，聴感上の判断から振動発生源部位に近い位置を設定できることが多い．

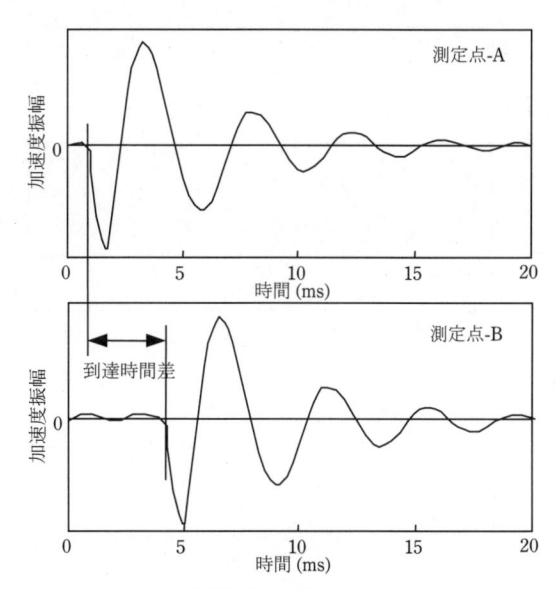

図 2.7.48 衝撃振動の加速度振幅波形模式図-1

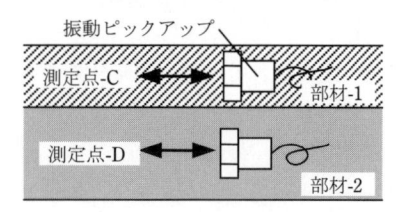

図 2.7.49 2 部材間の振動方向測定概念図

振動発生源部位を特定できた後，熱音が材料の熱膨張，収縮による部材間の急激な相対変位で生じる発生機構であることから，図 2.7.49 に示すよう発生部位の近接するいくつかの部材に同方向に振動センサーを設置し，熱音発生時に振動振幅を測定してそれぞれ 2 点間の位相を検出する．図 2.7.50 に示した模式図では，同時刻に位相が逆の振動が発生しており，瞬間的に部材間にずれが生じていることが確認できる．

振動発生源特定部位では部材間に衝撃的なずれが生じていることから，この部位が熱音の発生源である振動発生部位であると判断できる．

なお，各部位で暗振動（常時微動）が大きく，また熱音発生時の振動が大きくない場合は，初期波の到達時刻や位相を明確に検出しにくいこともあるので，何度も測定を行い，確度を高めることも必要である．

以上の測定では，振動の多チャンネル測定を実施することが有効であるが，現状では多チャンネル同時に信号を取り込み，分析可能な測定システ

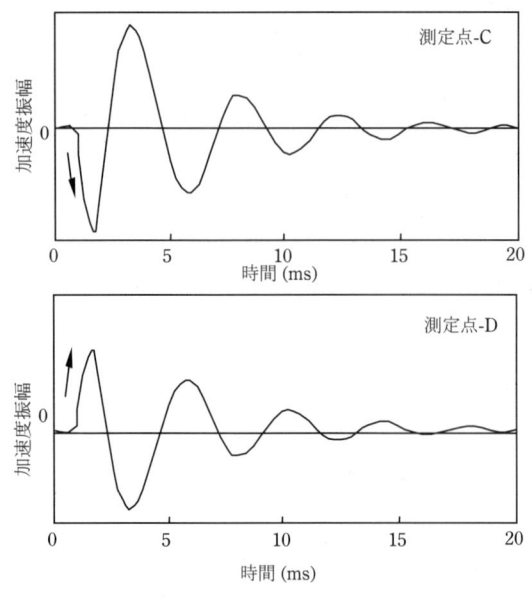

図 2.7.50　衝撃振動の加速度振幅波形模式図-2

ムも開発・販売されている．同時分析できない場合には，デジタルデータレコーダ等に多チャンネル同時録音を行い，最低限2チャンネル分の振幅波形を表示できる分析器があれば，2チャンネルずつレコーダの再生，波形の表示を行って，振動初期波伝搬時間，および位相を測定できるので，適用可能となる．熱音の発生頻度が高く，また同じ部位から発生している場合には，2チャンネルの振動センサーを用いた測定システムで順次2点を設定し，初期波到達時間と位相を測定することで特定することもできる．

なお，前記したように，コンクリートは熱容量が大きいので適用は難しいが，アルミや鉄製の部材による熱音の場合には，人為的に熱を与えて熱音を発生させて振動発生源部位を特定する測定も行われている．

(3) 測定の実施と測定結果

ここでは，熱音の発生源である振動発生部位を振動到達時間，位相測定による方法で特定した事例を示す．

a. 建物概要，熱音発生状況

高層建物において外壁部から「ピシ」という衝撃音が聞こえクレームとなった．

建物は，鉄骨造であるが，PCカーテンウォール板（以降，外壁板と記す）が図 **2.7.51** に示すよう

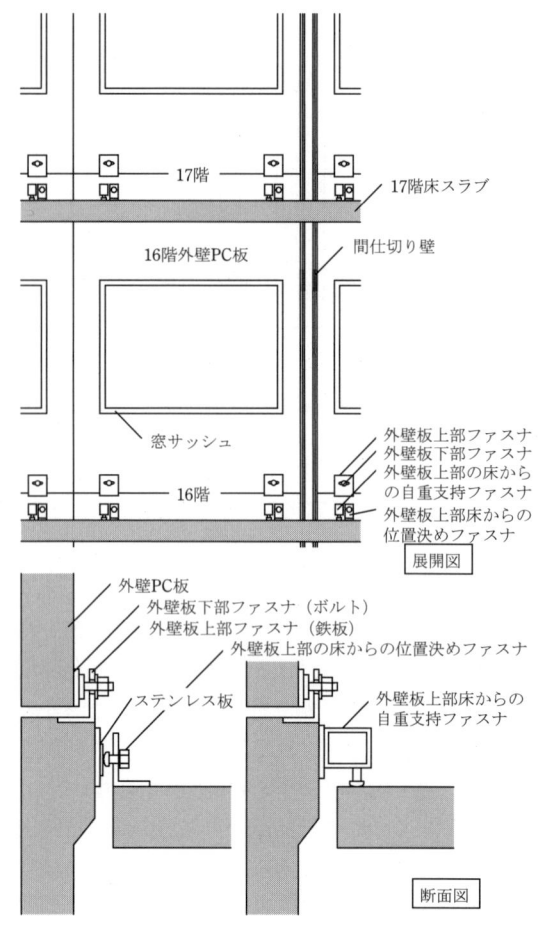

図 2.7.51　測定対象建物の外壁板周り説明図

にファスナで建物コンクリート躯体床（以降，床と記す）に固定されている．外壁板の上部ファスナに取り付けた鉛直方向ボルトにより外壁板自重を床で支持し，また床に取り付けた面外方向の位置決め用ボルトの先が外壁板上部取付けのステンレス板で取り合っている．この部分では，外壁板面内，面外ともに変形は拘束されている．一方，外壁板下部では，外壁板に取り付けた面外方向ボルト，ナットにより下階外壁板上部取付けの鉄板に固定されている．この鉄板の孔は水平方向のバカ孔になっており，建物の揺れに対し外壁板下部が床と水平方向に相対変位できるようになっている．

対象音は，太陽が昇り妻側外壁部に太陽光が入射する午前中と午後8時～翌日午前2時頃までの間に発生しており，日射に起因した熱音と想定された．そこで，熱音の発生源である振動発生部位を特定し，低減対策を立案することとした．

b. 測定方法

振動発生部位の特定は，(2)c-2.「振動到達時間，位相測定による方法」により行った．

測定点は，振動発生源部位と想定したファスナ，その周りの PC カーテンウォール板，支持躯体床の位置とした．

各測定点部位は仕上げボードを局部的に取り除いて8個の振動センサーを設置した．熱音発生時の各測定点における振動加速度振幅を同時測定し，分析を行った．測定系ブロック図を図 **2.7.52** に示す．

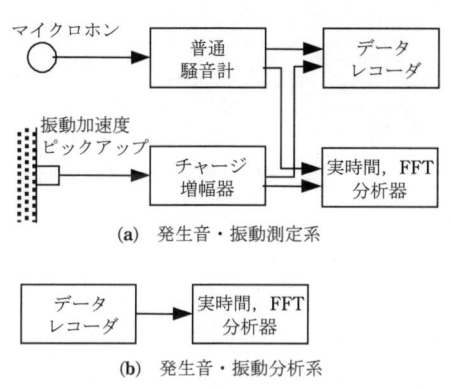

図 **2.7.52** 発生音・振動測定・分析系ブロック図

c. 測定結果

まず，どこの部位が衝撃振動発生部位であるかを特定する測定を行った．熱音発生時の図 **2.7.53** に示す各部位における振動加速度振幅波形測定結果の一例を図 **2.7.54** に示す．なお，本測定における測定点は，聴感上の判断と極力広範囲に設定した測定点における測定結果から，発生場所のある程度の絞り込みを行って決定した点である．また，図中には，各波形から読み取った初期波の到達時間とその振動方向を記載した．

これによれば，初期波が最も速く到達した部位は，15階外壁板上部ファスナの16階床側であった．また，その部位と16階外壁板下部ファスナの16階外壁側とは逆位相であり，16階床と16階外壁板間で衝撃的な相対変位が生じていることが確認された．なお，この傾向は数度の衝撃音の発生に対しても同様であった．したがって，16階下部ファスナ部付近が衝撃振動発生位置と特定した．

次に，振動センサーの位置を図 **2.7.55** に示すファスナ部に集結させ，同様の測定を行った．熱

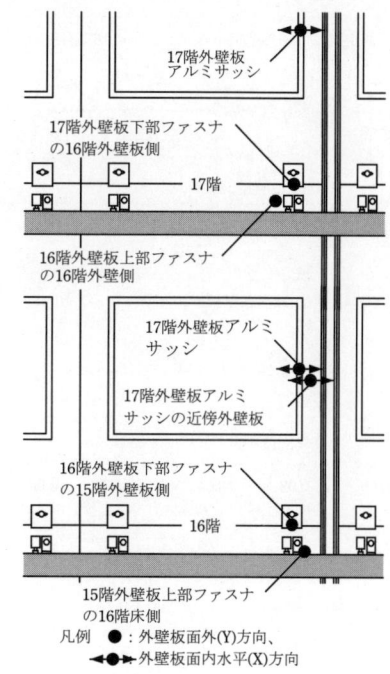

図 **2.7.53** 測定点位置図-1

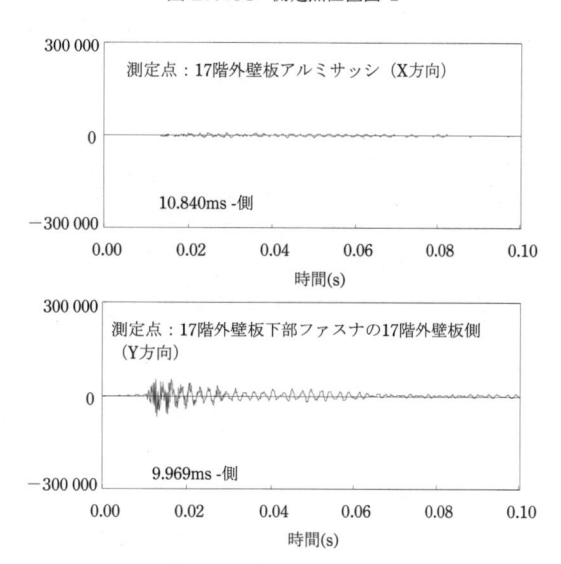

図 **2.7.54-1** 衝撃音発生時各部位振動加速度振幅波形-1

音発生時の各部位における振動加速度振幅波形測定結果を図 **2.7.56** に示す．これによれば，次のことがいえる．初期波が最も速く到達した部位と方向は，16階外壁板下部で，Z（鉛直）方向であった．また，この部位の X，Z 方向では，16階外壁板下部と16階床にファスナにより固定支持された15階外壁板上部とで逆位相になっており，上下外壁板間で衝撃的な相対変位が生じていること

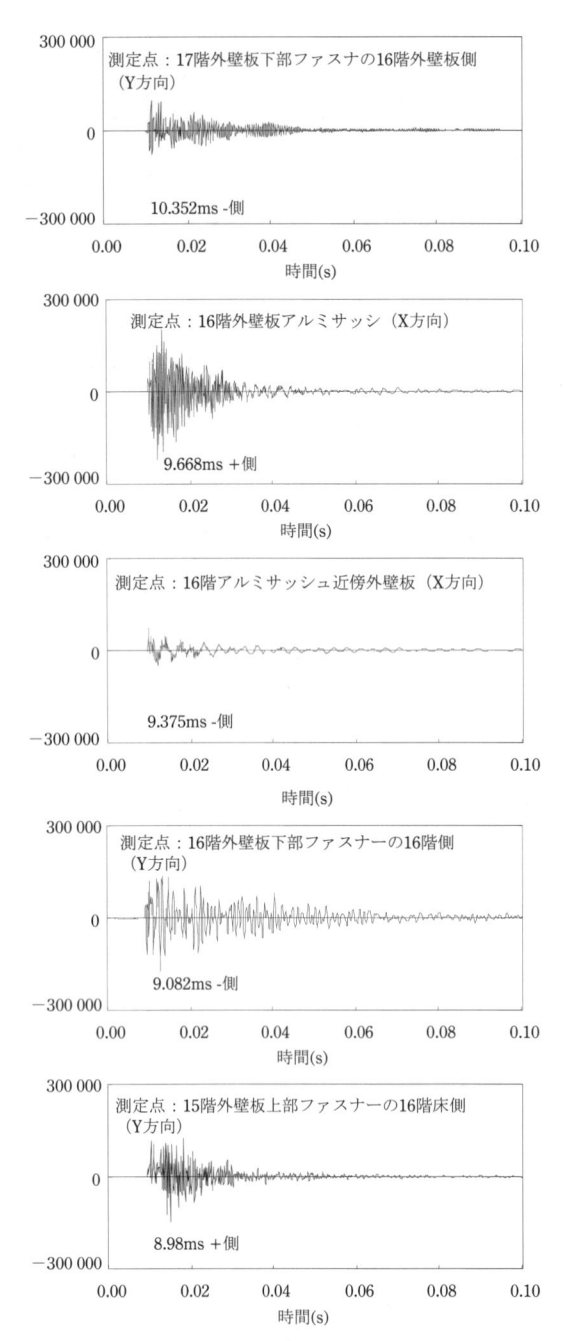

図 2.7.54-2 衝撃音発生時各部位振動加速度振幅波形-1

が確認された．これも，数度の衝撃音発生で同様の現象が確認された．

また，他の測定では，この部位間の Y 方向（水平方向）においても，最も速い初期波，および逆位相が測定された．

以上の結果から，熱音の発生源である衝撃振動

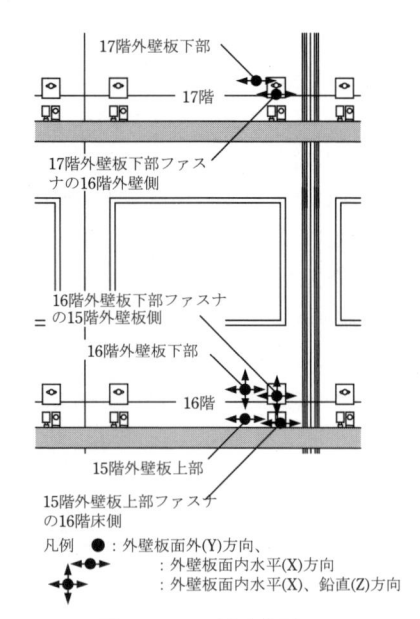

図 2.7.55 測定点位置図-2

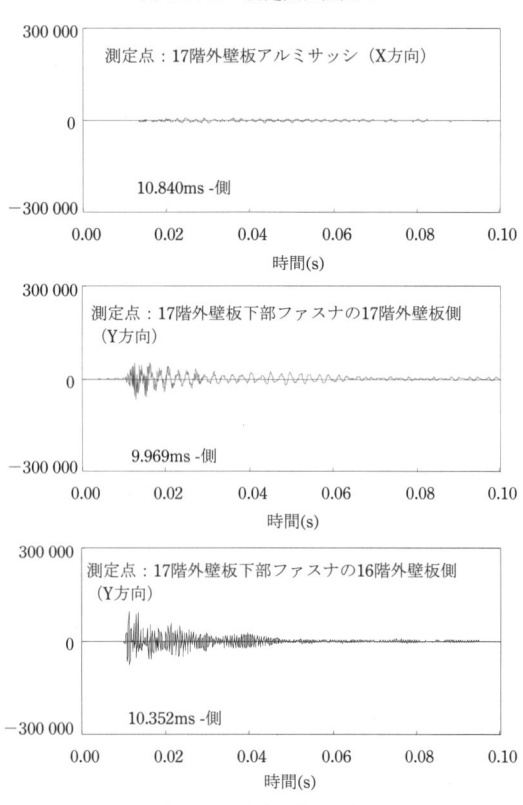

図 2.7.56-1 衝撃音発生時各部位振動加速度振幅波形-2

は，16階外壁板下部と15階外壁板上部が取り合うファスナ部間での衝撃的なずれによって生じる振動であると判断した．この部位では，前記したように，強風や地震による建物の外壁板面内水平方向の揺れに対し，外壁板下部が床，および下階外

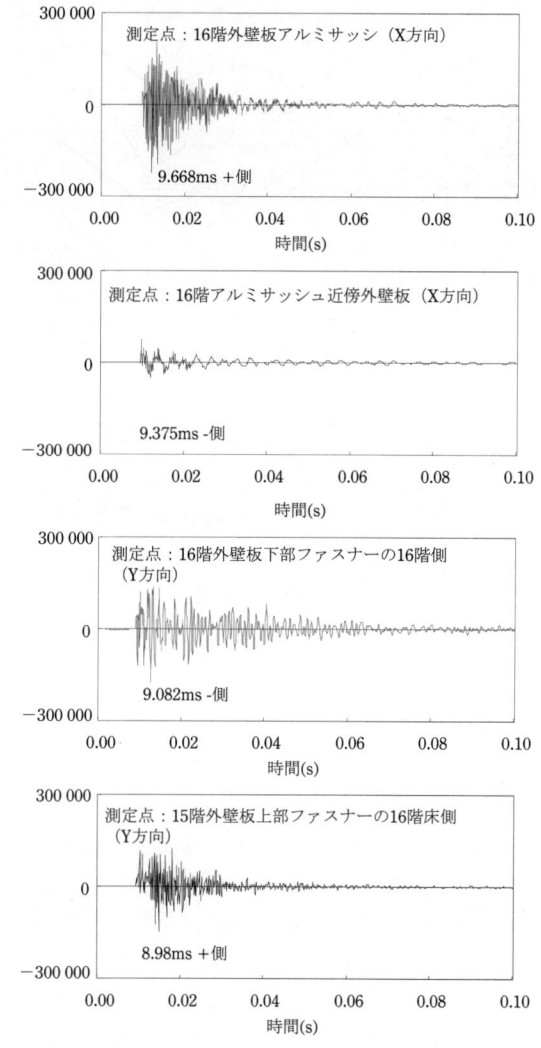

図 2.7.56-2 衝撃音発生時各部位振動加速度振幅波形-2

壁板上部とファスナのバカ孔により水平方向に相対変位できるようになっている．したがって，外壁板の日中の日射による熱膨張，夜間の冷却による収縮は，ファスナのバカ孔で吸収しやすくなっているため，この部位で衝撃振動が発生する結果になっていると想定された．

2.7.6　クラシックホールの異音原因調査

（1）概要

クラシック音楽用の小ホールにおいて，冬季になると天井付近で衝撃性の異音が頻繁に発生した．この異音は音楽演奏会場の雰囲気を壊すために早急な対策が要求された．初期の騒音および振動の測定結果から，建築仕上げ材の熱伸縮による異音と考えられ，建築上の対策が実施された．しかしながら，異音は春秋期や夏期には発生しなかったが冬季になると再発し，建築上の対策が適切でなかったことが指摘された．このため，天井の吹出し口と周辺部位に着目した発生音，振動および温度変化を測定した結果，天井裏の温度はほとんど一定なのに対して，吹出し口の温度変化は大きいことが明らかになった．これらの温度変化と各部位の振動レベルの差異から，ブリーズラインとその周囲付近の温度差によって熱伸縮が起こり，異音が発生していると断定された．これらの結果を基に，ブリーズラインのアルミ枠を撤去して経過を観測したところ，異音は発生しなくなった．

（2）初期の異音原因調査

冬季にホールで「ぴしっ」「ぱちっ」と聞こえる衝撃性の異音が頻発し，建築工事が原因であると疑われて早急な対策が要求された．ホールを施工した建設会社は天井裏へ昇り，聴感によって発生場所の特定を試み，併せて目視検査による建築工事のゆるみやずれを徹底的にチェックした．この結果，発生原因の特定には至らなかったが，建築上の対策として，①天井下地金物の交差部に潤滑剤を塗布して摩擦を低減する，②天井ボードとアルミ枠の接地圧を低減して摩擦音を防ぐ,③短管周辺に断熱材を貼って吹出し口から天井下地材への熱伝導を低減する，を実施した．

対策後の経過観測では，春秋の中間期および夏期は異音が発生せずに音楽演奏会場として支障なく使われていたが，冬季になると異音が再発した．

（3）第2段階の原因調査

測定データの見直し作業を行い，異音の発生箇所としては，①ダクトまたはダクトの接続部，②吹出し口，の2か所の可能性が高いと判断された．このため，図 2.7.57 に示す測定機器によって，騒音，振動および温度を図 2.7.58 に示す複数測定点で同時測定を行い，次の結果を得た．

① 騒音のレベルは，図 2.7.59 の現状に示すように低音域はダクト内が高く，中高音域は逆転しており，発生箇所は特定できない．

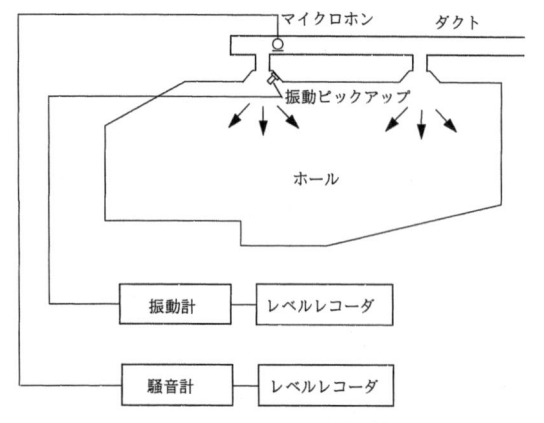

図 2.7.57 振動騒音の測定系統図

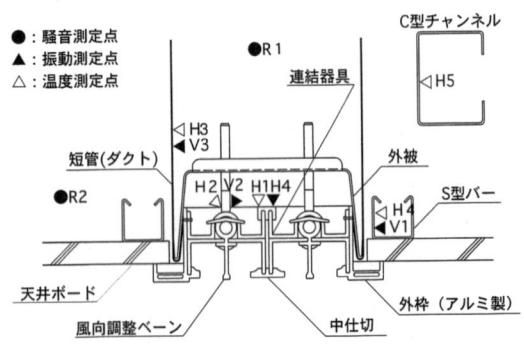

図 2.7.58 現状の吹出し口の仕様と測定位置

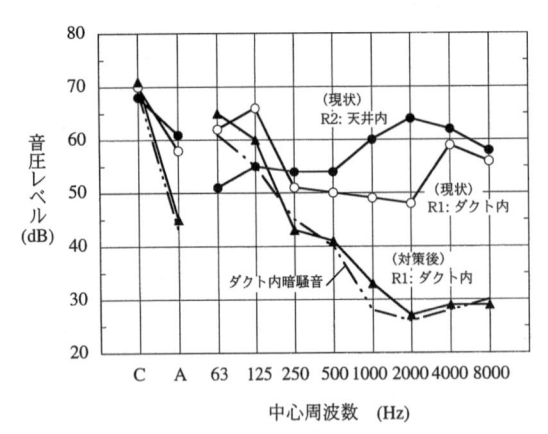

図 2.7.59 対策前後の異音測定結果

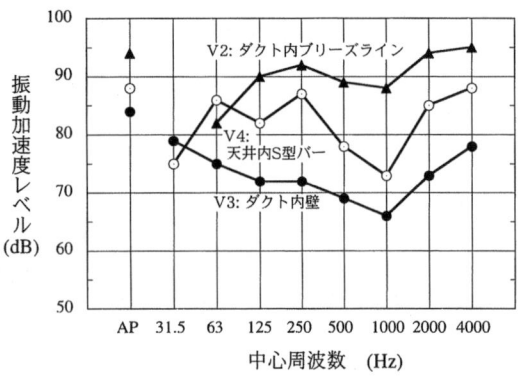

図 2.7.60 現状の振動測定結果

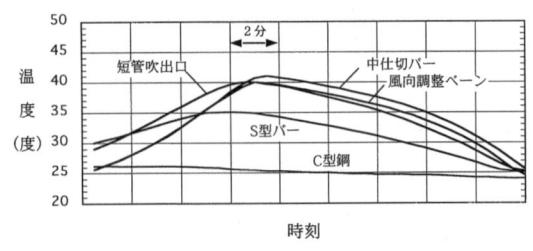

図 2.7.61 現状の温度変化

② 振動加速度レベルは，図 2.7.60 に示すようにブリーズライン付近が天井内 S バーまたはダクト内壁より 4～16 dB 高く，発生箇所に近い可能性が高い．

③ 温度変化は，図 2.7.61 に示すようにブリーズラインの風向き調整バー，中仕切バーおよび短管吹出し口では 15 度以上と大きい．一方，S バーの変化は 9 度，C 型鋼では 1 度程度に止まる．

以上の測定結果から，ブリーズラインおよび周囲のダクトや枠の金属部分が，送風空気の温度差によって熱伸縮を起こし，異音が発生していると判断された．このため，客席後部の吹出し口 1 列を撤去して騒音，振動および温度を測定したところ，吹出し口を撤去する前と温度上昇の変化はなかったが，撤去した部分での騒音と振動による異音は発生しなかった．これらの結果から，空調吹出し口が異音の発生源であると特定され，吹出し口のどの部位から異音が発生しているかを特定するため，内部の中仕切バーおよび風向調整ベーンを取り外し，外枠のみを取り付けた状態で再度測定を行った結果，異音は発生しなかった．

吹出し口はラインディフューザと呼ばれ，外枠，中仕切バーおよび風向調整ベーンはアルミ製である．これらのアルミ部分の伸縮によって異音が発生したと判断され，ホール内に仮設足場を設置してすべてのブリーズラインの中仕切バーと風向調整ベーンを図 2.7.62 に示すように撤去した．この結果，異音の発生頻度は激減し，発生音レベルも図 2.7.59 に示すように暗騒音レベル近くまで低下した．

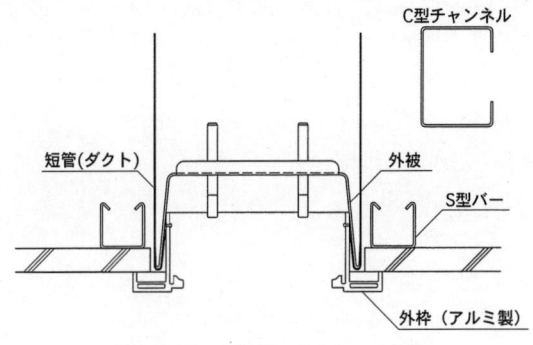

図 2.7.62 対策後の吹出し口の仕様

(4) 最終対策と効果確認

その後，ホール運営者から発生レベルの低い異音が時折発生するとの指摘を受けた．このため，最終対策案としてブリーズラインのアルミ枠を塩ビの成型材に変更し結果，異音は発生しなくなり解決した．

文献 (2.7.2)
1) Berhault, J. P. A. : Wind Noise in Buildings, Wind Engineering, Vol.1, No.1 (1977), pp.67–82
2) 吉岡清：風騒音の発生特性とその制御法, 音響技術, N.o77 (1992), pp.43–49
3) 吉岡清, 須田健一：高層集合住宅の風騒音に関する実測調査と基礎的考察, 日本建築学会計画系論文報告集, 第449号 (1993), pp.1–10
4) 板本守正：ガラリ・手すりの風切り音, 騒音制御, 6巻4号 (1982), pp.188–190
5) 十倉毅, 和木孝男, 西村宏昭：建物手すりによる風騒音の実験的検討, 日本建築学会大会学術講演梗概集（計画系）(1984), pp.83–84
6) 田野正典：目隠しルーバーによる風切り音, 音響技術, No.85 (1994), pp.14–16
7) Scruton, C. : Wind-excited Oscillations of Structures, Proc. ICE, Vol.27 (1964), pp.673–702

文献 (2.7.4)
1) 大脇雅直, 近藤誠一：熱伸縮に伴う衝撃性発生音（不思議音）に関する検討例, 日本音響学会建築音響研究会資料 (2001), AA2001-32

第3編 事例編

3.1 幹線道路沿いの騒音測定と窓の遮音設計　239
- 3.1.1 高速道路沿いの社員寮新築計画における道路交通騒音の調査と窓サッシ遮音性能の検討［縄岡好人］　239
- 3.1.2 幹線道路を含む地域でのバルーンを用いた集合住宅，ホテルの騒音測定［安岡博人］　241

3.2 郊外の交差点近傍の騒音測定と窓の遮音設計（レベル差の大きい場合）　246
- 3.2.1 比較的静穏な場所での外部騒音測定［安岡博人］　246

3.3 鉄道騒音の測定と対策　249
- 3.3.1 地下貨物線に近接したマンションにおける鉄道振動対策［羽染武則］　249
- 3.3.2 鉄道線路際に計画された社宅における鉄道騒音の調査と窓サッシ遮音性能の検討［羽染武則］　251
- 3.3.3 鉄道（地下部分）騒音の測定と対策［松岡明彦］　255

3.4 航空機騒音の測定と対策［井上勝夫］　262
- 3.4.1 航空機騒音の測定　262
- 3.4.2 航空機騒音の対策　264

3.5 室間平均音圧レベル差の測定と対策　270
- 3.5.1 鉄骨系集合住宅の遮音改善［中川清］　270
- 3.5.2 ホテルの側路伝搬音による遮音低下例［田野正典・古賀貴士］　272
- 3.5.3 外壁を経由する側路伝搬音による遮音欠損と対策［村石喜一］　274
- 3.5.4 ホテル壁のシール不良［赤尾伸一］　278
- 3.5.5 ホテル（和室）の遮音改善例［大脇雅直］　279
- 3.5.6 機械室に隣接する客室の遮音測定［綿谷重規］　282

3.6 床衝撃音レベル（重・軽）の測定と対策　287
- 3.6.1 フラットスラブの床衝撃音遮断性能測定と対策［田野正典・古賀貴士］　287
- 3.6.2 天井による床衝撃音の影響調査［中川清］　292
- 3.6.3 歩行音対策例［赤尾伸一］　294
- 3.6.4 用途変更時（コンバージョン時）における床衝撃音レベルの測定と対策［大脇雅直］　295
- 3.6.5 大型スラブの加振源非直下室における床衝撃音の測定［綿谷重規］　298

3.1 幹線道路沿いの騒音測定と窓の遮音設計

3.1.1 高速道路沿いの社員寮新築計画における道路交通騒音の調査と窓サッシ遮音性能の検討

(1) はじめに

高架高速道路沿いの社員寮新築計画に際し，道路交通騒音を計画地において調査し，測定結果を基に窓サッシの必要遮音性能について検討した．また，竣工後に室内騒音の測定を行い，目標値が満足されていることを確認した．

(2) 騒音の事前調査

計画建物は7階建て棟屋1階の社員寮であり，高速道路とは図 **3.1.1** に示す位置関係にある．騒音測定は，クレーン車を用いて高さ方向4点にマイクロホンを吊り上げ，道路交通騒音を測定した．

測定した時間帯は，計画建物の用途が社員寮であることから，午後5時から翌朝の午前9時まで（騒音が最も低くなると考えられる午前3時と4時を除く），毎正時ごとに10分間，騒音レベル波形をレベルレコーダに記録して突発的な騒音の有無を観測しながら，DATに騒音を録音した．録音と同時に，実時間分析器付き騒音計により1/1オクターブバンド分析を行い，時間率音圧レベルおよび等価音圧レベルを求めた．図 **3.1.2** に測定系統ブロック図を示す．表 **3.1.1** に測定時の交通量を示す．図 **3.1.3** は測定点 P1 における時間率騒音レベルおよび等価騒音レベルを示す．通過台数が減少する0時から5時を除いて，騒音レベルはほ

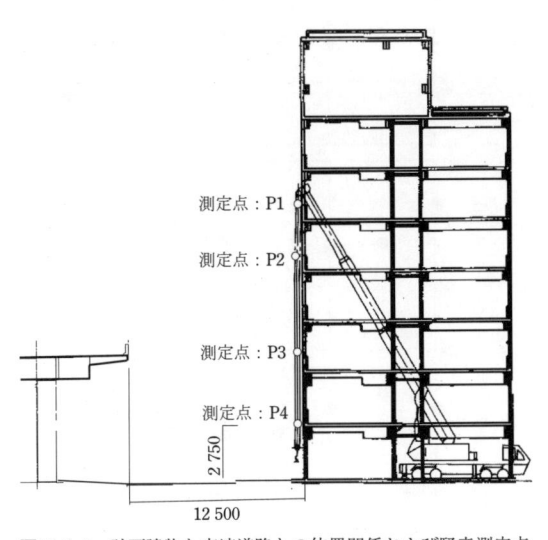

図 **3.1.1** 計画建物と高速道路との位置関係および騒音測定点

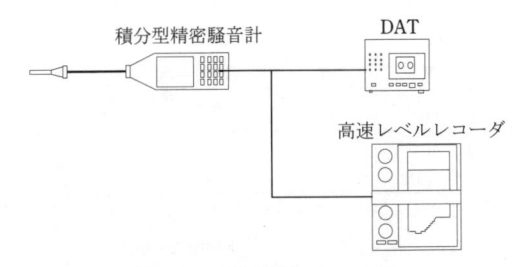

図 **3.1.2** 測定系統ブロック図

表 **3.1.1** 交通量調査結果

時間帯	交通量（大型・小型車の合計：台/10分）	
	上り車線	下り車線
17:00	292	235
18:00	279	245
19:00	212	210
20:00	184	181
21:00	142	191
22:00	148	128
23:00	138	97
0:00	117	84
1:00	77	94
2:00	84	56
5:00	72	58
6:00	143	115
7:00	263	321
8:00	370	299
9:00	248	284

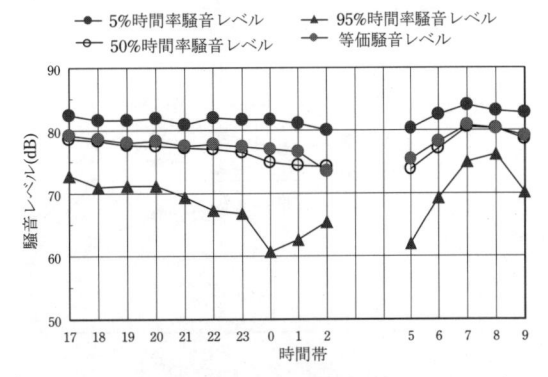

図 **3.1.3** 測定点 P1 における時間率騒音レベルおよび等価騒音レベル

ぼ一定であり，5%時間率騒音レベルと等価騒音レベルとの差は約3dBである．

（3） 窓サッシの必要遮音性能の検討
a. 室内騒音の目標値
日本建築学会では集合住宅の居室における室内騒音の適用等級として，道路交通騒音のように不規則かつ大幅に変動する騒音に対しては，1級（好ましい性能水準）を等価騒音レベル35 dB，2級（一般的な性能水準）を40 dBとしている．

ここでは，社員寮であることを考慮して，等価騒音レベル40 dB以下を室内騒音の目標値とした．

b. 外周壁の屋外音圧レベル設定
測定した時間帯の中で騒音レベルが最大であった午前7時のデータ（図 **3.1.4**）を道路交通騒音の代表値とした．計画建物外周壁の屋外音圧レベルは図 **3.1.4** の測定値（1階を測定点P4，2階と3階を測定点P3，4階と5階を測定点P2，6階と7階を測定点P1）に3 dB加えた値とした．

c. 窓サッシの必要遮音性能検討
窓サッシの遮音性能に関する基本検討として，室内騒音目標値を満足するサッシの遮音等級を式(3.1.1)により計算し，1階はT-2（30等級），2階より上階ではT-3（35等級）のサッシが必要である結果を得た．基本設計で得られたサッシの必要遮音等級に基づき，サッシ（二重窓：FL6+AS100+FL6）を選定し，再度室内騒音の予測を行い，目標値が満足されることを確認した．

$$TL = L_{p,\mathrm{out}} - L_{p,\mathrm{in}} + 10\log_{10}\frac{S}{A} + 3 \quad (3.1.1)$$

ただし，$L_{p,\mathrm{in}}$ は室内音圧レベル目標値（dB），$L_{p,\mathrm{out}}$ は屋外音圧レベル実測値（dB），TL は窓サッシの音響透過損失（dB），A は室内等価吸音面積（m^2），S は窓面積（m^2）である．

（4） 竣工後の騒音調査
竣工後に事前予測の検証測定として，1階，3階，5階，最上階において窓前内外1 m点で道路交通騒音を測定した．測定方法は前述の方法と同様である．この測定によって，室内騒音レベルは，目標値を満足していることが確認できた．

図 **3.1.5** に窓外1 m点における音圧レベルを示す．図 **3.1.6** にサッシの内外音圧レベル差を示す．窓外音圧レベル設定値は，高速道路が見通せる上階では実測値とよく一致しているが，高架道路による回折減衰が含まれる低層階では設定値が実測値よりも小さくなっている．

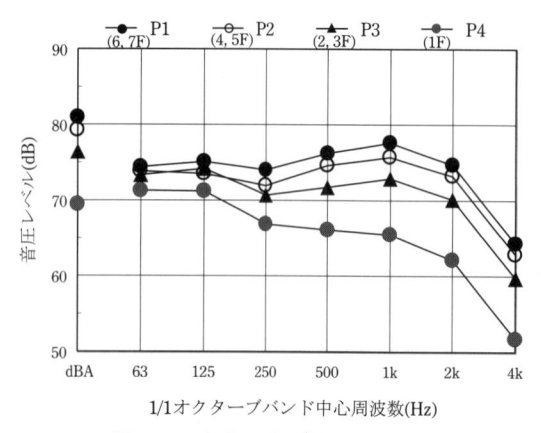

図 **3.1.4** 午前7時の等価音圧レベル

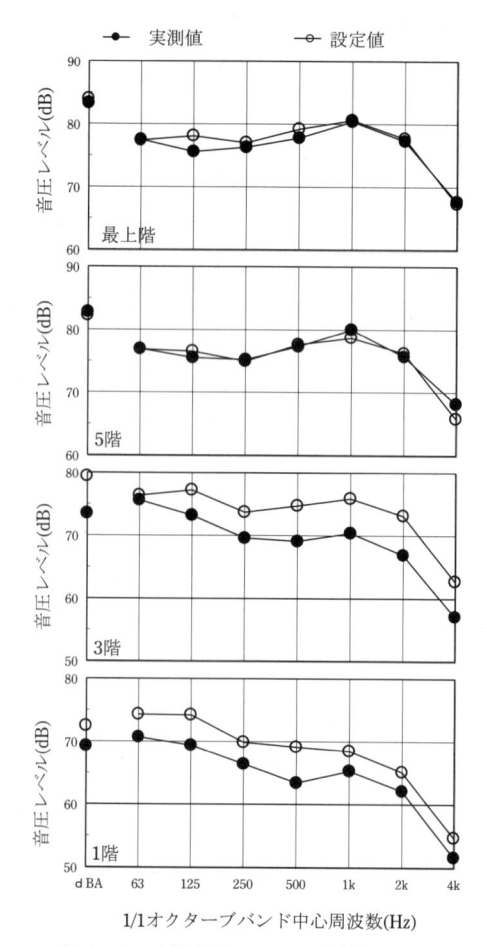

図 **3.1.5** 窓外音圧レベルの設定値と実測値

図 3.1.6 内外音圧レベル差

写真 3.1.1

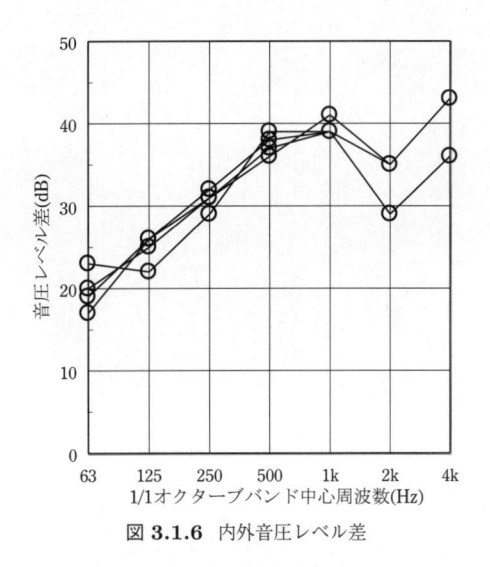

3.1.2 幹線道路を含む地域でのバルーンを用いた集合住宅，ホテルの騒音測定

　道路交通騒音や鉄道騒音，工場騒音，建設騒音などほとんどの都市騒音は高さ方向に独特の騒音レベル分布を示す．通常，高層ビルの外部騒音レベル分布は水平方向の距離減衰や大気による屈折などを考慮して計算されるが，高さ方向には音源の広がりや騒音密度，他の建物による遮蔽などが関連して複雑となる．100 m を越すような上空となると騒音密度に依存しながら定常的な騒音となり，季節変動も若干出てくるし，風の影響もある．

　高さ方向の騒音調査には長い棒やクレーン，近接の高い建物を借りるなどの方法がとられるが，気球を用いて高所で最大 200 m の高さまで騒音調査を行い高層マンション，ホテルの開口部の遮音設計に用いた事例を示す．

(1) 気球の概要

　気球は騒音計やマイク，電線を持ち上げなければならないので浮力が載荷重量より大きくなければならないが，牽引ロープの重量や風による水平方向への引張などにより浮力が低減するのでそれも考慮に入れなければならない．写真 3.1.1 に示すように直径 2.5 m 程度の気球であると無風時 50 m 程度の高さまでは測定できる．気球にはヘリウムガスを充填するが，6 m^3 程度のボンベ 2 本あれば充填できる．高く揚げると牽引ロープの重量が増加してくるので，無風でも揚がる高さが決まってくる．横風を強く受けると気球が変形し凧状となり引張られるので牽引ロープの引張強度は十分に確保しておく必要がある．アラミド繊維のロープなどが細くできるので風の抵抗も少なく最適である．時々監視しながら高さを所定の位置に保つようにしなければならない．丸型に対し飛行船型の気球は風の方向に遡上する特性があるので安定性が高くコントロールしやすいので，できればそれに越したことはない．より高く 200 m 以上を対象とすると浮力の絶対量を増やす必要があり，筆者らは写真 3.1.1 の右側に示すように丸型の気球を 3 球並列にして用いている．これぐらいになると巻き戻しのため 2 人以上必要となるため，巻き取り機を用いている．気球に取り付けたカメラにより周辺状況を撮影することもできて，周辺の騒音源の状況が道路だけではなく把握できる．工場や屋外冷却塔なども騒音源とみなされる．

(2) 測定機器の構成

　マイクロホンのみを気球に吊るしてマイク延長ケーブルを用いることもできるが，高くすると種々の電波を拾いノイズがでたり放送自体が聞こえてしまうので，通常は騒音計自体を吊るし，騒音計の出力をケーブルで取り込んでいる．最新の機器

を用いれば無線で転送できるのではないかと考える．また，騒音計自体のメモリにデータを取り込んでおく方法もある．

マイクロホンの指向性は広いものを用い，向きは下向きとしている．気球の高さを変えながら測定することが多いので，地上のやや高い位置の校正点を設け，そことの差により騒音分布の補正を行っている．その他の機器は通常用いるものと同じである．風の影響は必ず受けるので，大型のウインドスクリーンを用いる必要があり，その能力を超える強風の場合は測定値を検討する必要がある．このためにはレベルレコーダやリアルタイムアナライザでモニターを行い，風雑音の特徴を把握しながら測定する必要がある．また，モニターにより電波や雑音のチェックも行えるので，実音を聞きながら行うとよい．また強風により気球が流され電線や建物に接触しないように細心の注意を払って測定する必要がある．

(3) 測定事例

測定は建物の周辺の騒音事前調査に関わるものがほとんどであり，特に高速道路の影響を受けるもの，超高層で地域全体の騒音を受けるものなどが調査対象として重要である．高さ方向では遮蔽などの影響が特に顕著で，見え隠れが重要であるため，騒音測定と同時に気球による写真撮影などで検討することもできる．

【事例1】36階建ての超高層マンションの騒音事前調査と季節変動

近辺にあまり大きな道路が接していない敷地での調査であり，周辺の道路や高速道路の影響を遠くから受けている．図3.1.7に周辺状況を示す．また図3.1.8に測定ブロックダイアグラムを示す．敷地内は広く生活騒音などは比較的小さい．上空を航空機が着陸するため高さ500m程度を通過する．

図3.1.9に各測定点での時間帯別騒音レベルの統計値を示す．図3.1.10に高さ8m点で基準化した相対騒音レベルを示し，図3.1.11に各高さにおける周波数特性を示した．図3.1.12に竣工後の110m点での屋外での1年の季節変動を載せた．ばらつきの少ないことと，季節変動により夏

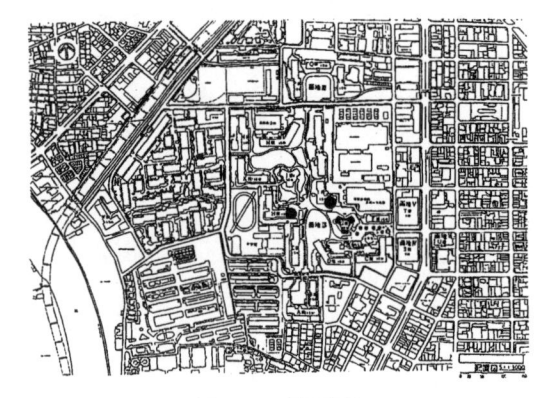

図3.1.7 周辺状況

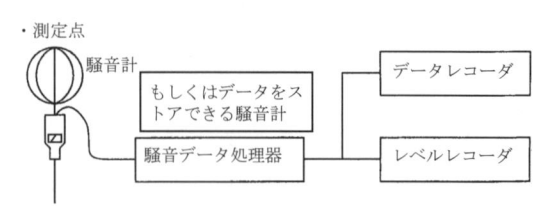

図3.1.8 測定ブロックダイアグラム

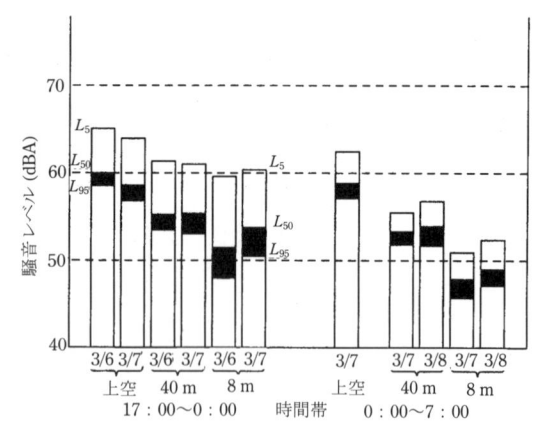

図3.1.9 時間帯別騒音レベル分布

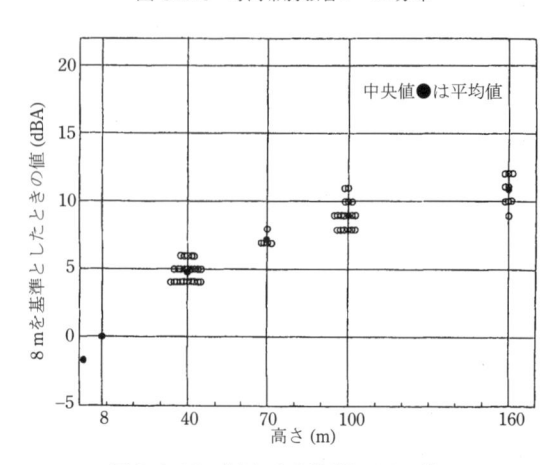

図3.1.10 高さによる騒音レベルの違い

と冬の騒音レベルに2dBA程度の差が生じていることがわかる．原因は気温差，大気の状態，風の状態などが考えられるが，未検討である．

【事例2】40階建てマンションの騒音事前調査

近辺に道路と河川，工場，事務所，住宅などを含んだ地域で，敷地は大きく近傍の道路の直接的影響は小さい．図3.1.13に周辺状況と建物配置を示す．図3.1.14に垂直方向の測定点の建物に対する相当位置を示す．図3.1.15に各高さでの騒音レベル統計値の時間帯別平均値を示す．100 m以上になれば定常的に60 dBA程度の騒音レベルを示している．定常的な60 dBAは窓を開けた場合はそれなりの騒音であるので事前に認知しておく必要がある．また遮音対策も状況により必要で

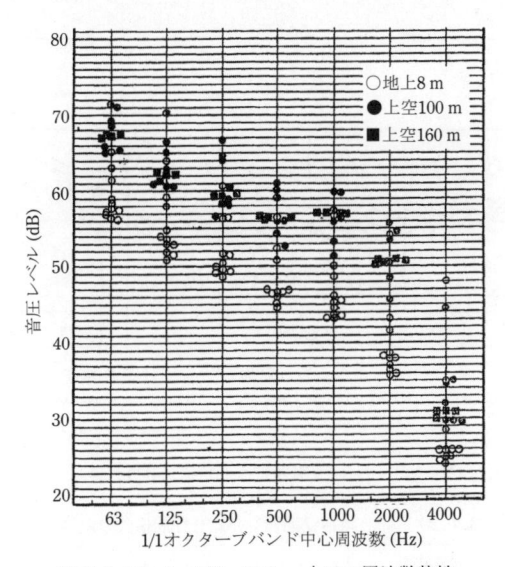

図3.1.11 8，100，160 m点での周波数特性

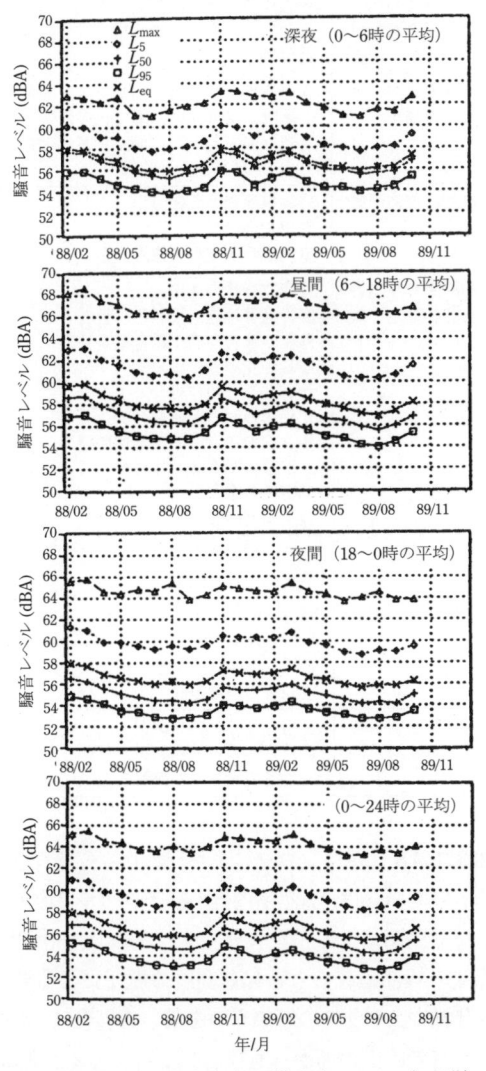

図3.1.12 騒音の年変動（月平均騒音レベルの年変動）

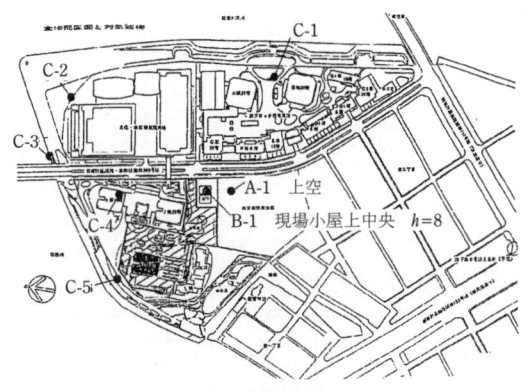

図3.1.13 周辺状況

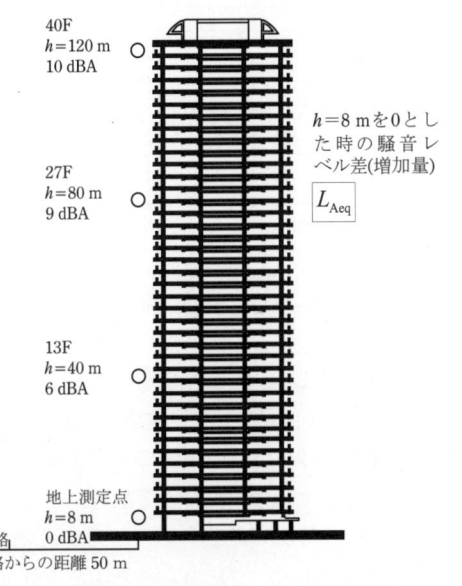

図3.1.14 垂直方向の建物に対する相当位置

3.1 幹線道路沿いの騒音測定と窓の遮音設計

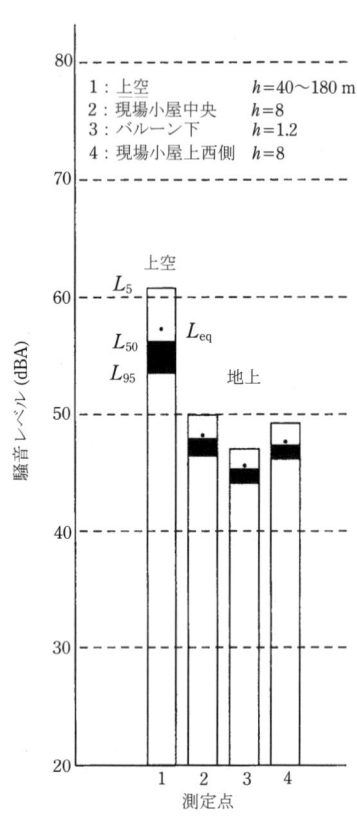

図 3.1.15 騒音レベル統計値の時間帯別平均値
（0：00〜6：00）

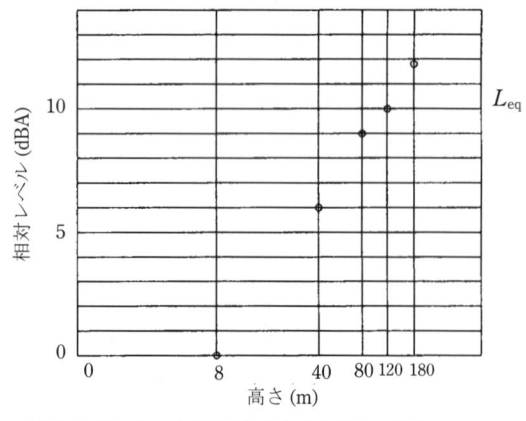

凡例：
1：上空　　　　　　$h=40〜180$ m
2：現場小屋中央　　$h=8$
3：バルーン下　　　$h=1.2$
4：現場小屋上西側　$h=8$

図 3.1.16 8 m を基準とした上空と地上の騒音レベルの関係（地上　B-2：現場小屋上中央）

あろう．図 3.1.16 に 8 m を基準とした上空と地上騒音レベルの関係を示す．有意な差が見られる．図 3.1.17 に高所における騒音レベル分布と風の影響について示す．強風になると騒音レベルに影響が出ている．ちなみにウインドスクリーンは直径 30 cm 程度のスポンジ状のものである．外部騒音を把握した後の遮音性能の選定と施工は表 3.1.2，

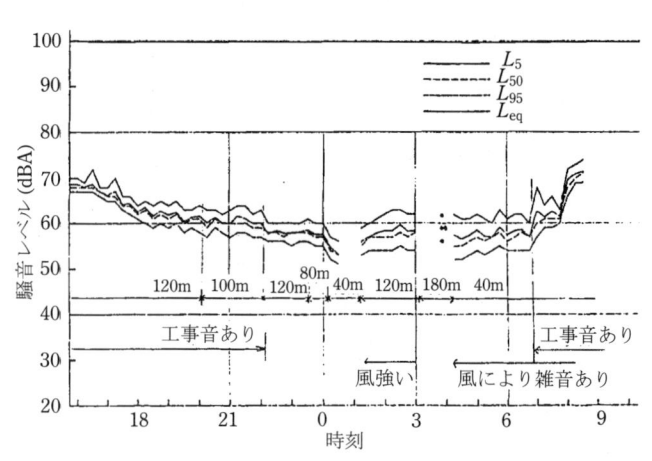

図 3.1.17 A-1 における騒音レベル分布と風の影響

表 3.1.2 道路・鉄道交通騒音の遮音性能検討の項目と方法

検討項目	検討方法
外部騒音の大きさと周波数特性の把握	敷地境界，敷地内，高さ方向の実測 交通台数の実測による指定式への適用 近似例からの類推
外壁面レベルとしての補正	入射角度，反射物，バルコニーの影響 遮蔽物，後壁反射，隔て板の影響 外壁面騒音レベルの測定位置の壁面からの距離の設定
室内目標値の設定	建物用途別の等級設定 室用途別の設定 室内騒音測定点の位置設定
外壁遮音性能の設計と選定	目標遮音量の算出 窓の遮音性能，換気口の性能 外壁の遮音性能，総合遮音性能 遮音性能誤差の設定 サッシの種類の組合せ ガラスの厚さと組合せ サッシの遮音性能安定性の検討 二重窓の空気層と吸音材 気密材の選定 施工精度の設定
建物の施工	窓サッシの遮音調整 換気孔の遮音調整
遮音性能の確認	確認方法の設定 室内音圧レベルの測定 音圧レベル差の測定と補正 室吸音力の測定
設計目標値の適正さの確認	使用者へのヒアリング 供給者へのヒアリング 使用者のクレームの解析

図 3.1.18 に示すフローにより行われる．遮音性能を上げた場合は，当然室内外の騒音レベル差が大きくなり開閉による差を大きく感じるので，60 dBA 程度の外部騒音のときに超高層の風圧によるサッシ仕様や，ガラスの厚いものを用いる場合は，室内暗騒音の設定の面からも検討しておく必要がある．

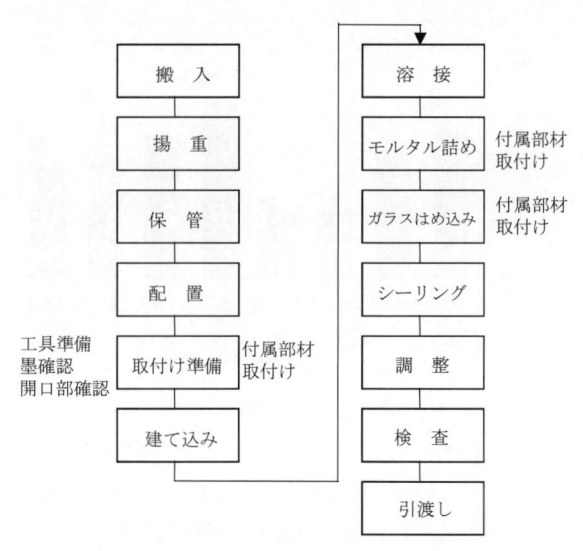

図 3.1.18 サッシ取付け工事のフロー

【事例3】ホテルなどで高速道路が見渡せるようになったため騒音が大きくなった事例

　高速道路の下部に道路がある場合は高い位置と地上の騒音差は少ないが，下部道路がない場合はその差は相当大きくなる．また一般道路でも地上の測定点が少し遮蔽を受けている場合などは高い位置は相当大きくなるので，留意する必要がある．図 3.1.19 に高架道路に面した場所の高さ方向の騒音レベル分布を示す．

　図 3.1.20 に超高層住宅と中層集合住宅の騒音分布を示す．白丸が超高層住宅であるが，L_5 に関しては中層に比べ低い方であるが，L_{95} に関しては中層に比べ高い方であり変動の少なさと絶対値の比較ができる，昼間と深夜の差も少ないので，窓を開けて生活するときなどに中低層や戸建てに比べて違いを感じることになるだろうが，騒音レベル自体はそれほど大きなものではない．

(4) 全体的な留意点

　気球を用いた高所騒音測定法について述べた．気球を用いることは一つの方法である．多少の工夫と外乱に対する準備があれば十分信頼できるデータを得られる．今後は測定器の発達により，より軽量でデータ通信ができたり，内部メモリのある機器を搭載すれば，小型の飛行船型気球で安定した測定が行えるものと考えるが，いずれにせよ耳でモニターして風雑音などをチェックすると確実である．

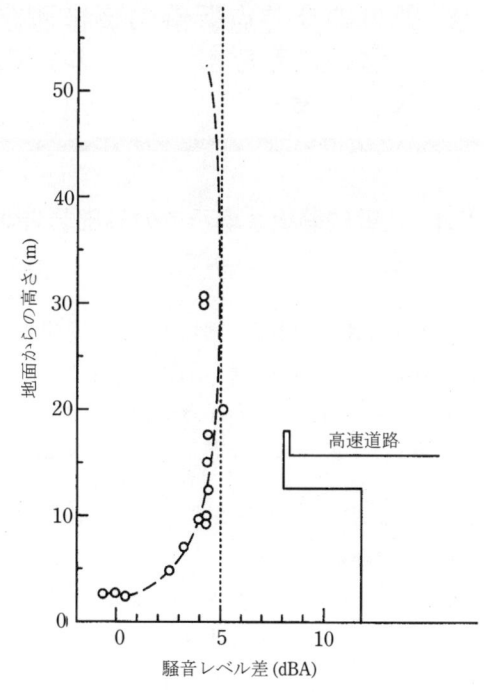

図 3.1.19 高架道路に面した場所の高さ方向騒音レベル分布

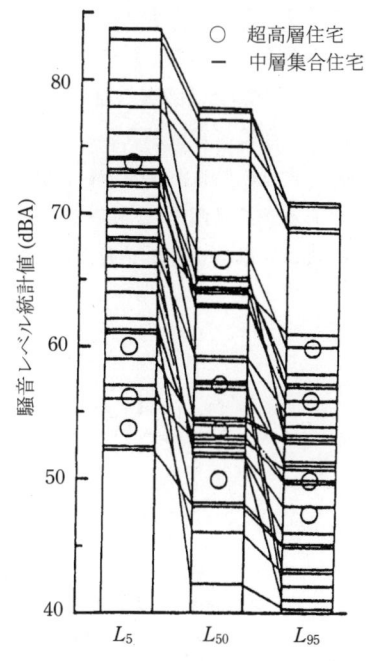

図 3.1.20 超高層住宅と中層住宅の騒音変動幅の違い

3.2 郊外の交差点近傍の騒音測定と窓の遮音設計（レベル差の大きい場合）

3.2.1 比較的静穏な場所での外部騒音測定

外部騒音の比較的小さい地域での騒音測定の留意点を述べる．目的の音源の騒音レベルが小さいと，他の騒音の混入による影響が大きくなることが考えられる．以下に全体的な要因を図 **3.2.1** に示す．

(1) 気候的要素

音源が広く分散したり，遠くの音源の長距離伝搬などの影響が考えられる場合は，音源の指向性などを含めて検討しておく必要がある．特に高速道路や大規模工場などがある場合は気候や地形により特殊な伝達をする場合もあるので，かかる騒音の影響がありそうな場合は聴感で確認しておく必要がある．雨の場合は図 **3.2.2**，図 **3.2.3**，図 **3.2.4** に示すように高音域が大きくなることが知られている．大雨の時は測定を避けるか補正を加える必要があるが，降雨の状況は一定でないのでデータの取扱いには留意する必要がある．

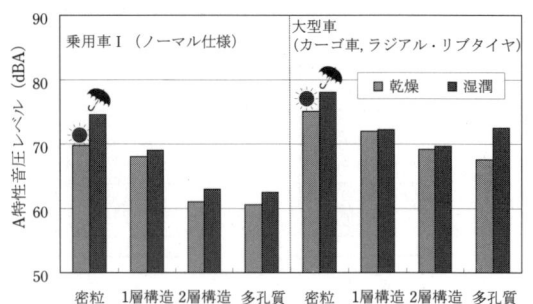

図 **3.2.2** 乾燥路面と湿潤路面の差（60 km/h）[1]
(財)日本自動車研究所より

(2) 日月，曜日などの要素

比較的交通量の少ない場所では，原則的に日月の要素の影響は比較的少ないと思われるが，店舗の営業や近隣駐車場への出入りは影響が大きい．また物品の搬入搬出など時刻的要素も重要であるので，周辺の物流などの事業にも留意する必要がある．建設工事は一時的であるが，その時点では影響が大きいので注意する．またトラックなどが時間待ち等で測定点近辺に停車する場合もある．また静穏な場所は昼と夜間における騒音の大きさの差（日偏差）が大きい場所が多い．このことは室内騒音目標値などを設定する場合に時間帯により目標値を検討する場合が多いが，時間設定の意味付けが重要となってくる．つまり夜間を 22：00–7：00 のように考えるか，0：00–6：00 に考えるかにより数 dB の差が生じる場合がある．

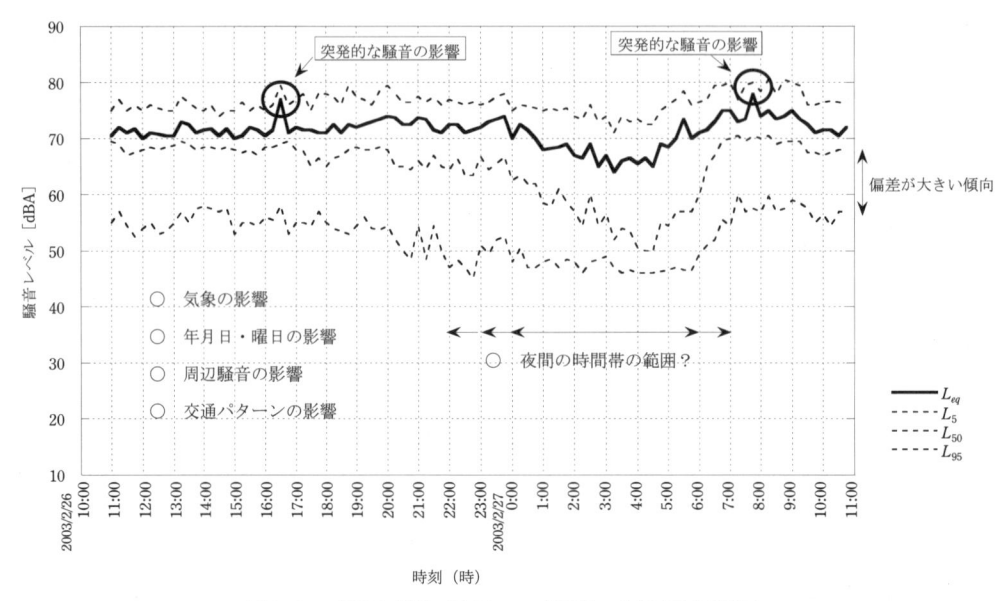

図 **3.2.1** 静穏な場所の騒音レベル統計値の時間変動と留意点

図 3.2.3 乾燥路面と湿潤路面の周波数特性（60 km/h）[1]—乗用車Ⅰ（ノーマル仕様）—(財)日本自動車研究所より

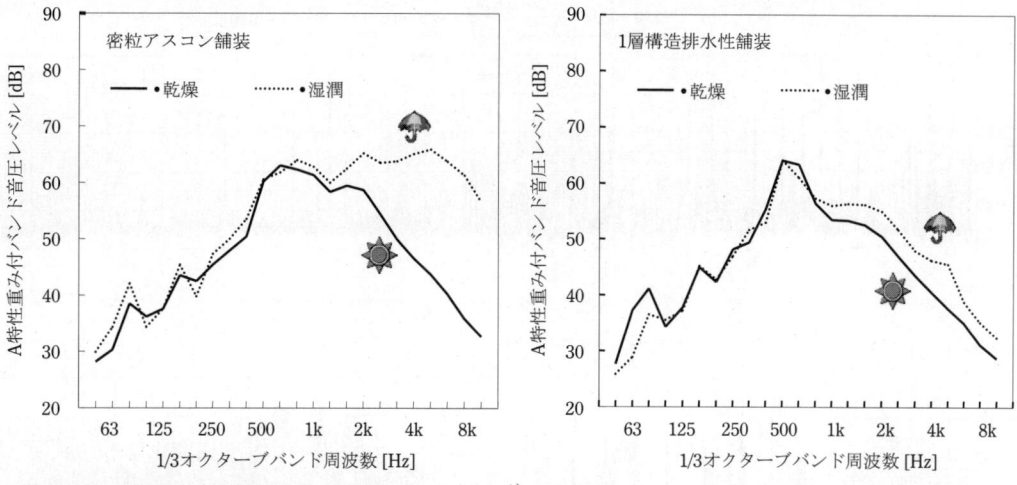

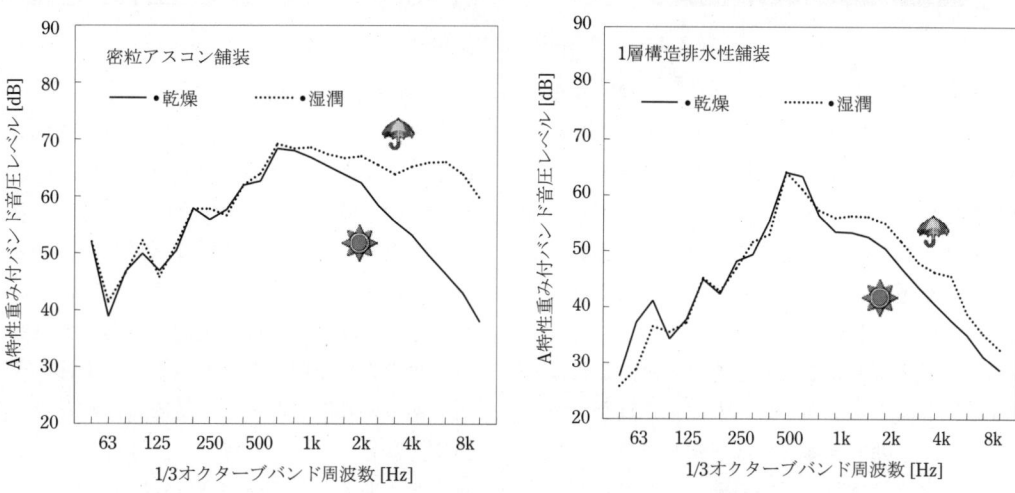

図 3.2.4 乾燥路面と湿潤路面の周波数特性（60 km/h）[1]—大型車Ⅱ（カーゴ車，ラジアル・リブタイヤ）—(財)日本自動車研究所より

（3） 周辺騒音

周辺騒音には各種事業所，学校，工場，建設工事，道路工事，電線工事，ごみ収集作業，催し，祭りなどがある．交通では航空機，ヘリコプター，鉄道，救急車，消防車，パトカー，暴走族，マフラー改造車，整備不良車，広告宣伝車，選挙演説車，信号音，などがある．一時的なものが多いが騒音レベルは相当大きいので留意する必要がある．

（4） 周辺生物騒音

犬や猫，セミやコオロギ，カエルなどは影響がある．セミ特にアブラゼミなどは定常音に近く集団化するので確認する必要がある．スズメ，カラスやムクドリなども集団化して夕刻騒ぐので留意する．また場所によっては深夜の通行人の談笑，放歌なども影響がある場合があろう．

（5） 測定システムや機器の問題

風の影響は夜間や荒天時には大きい．風向も一定ではないので大型のウインドスクリーンなどを用いて風によるノイズの影響を小さくする必要がある．雨によるマイクへの影響や雨だれ音に関しても周辺の材料での雨音についても確認しておく必要がある．

（6） 交通のパターン

比較的静穏な場所では交通のパターンが不規則である場合が考えられる．静かなときと自動車が

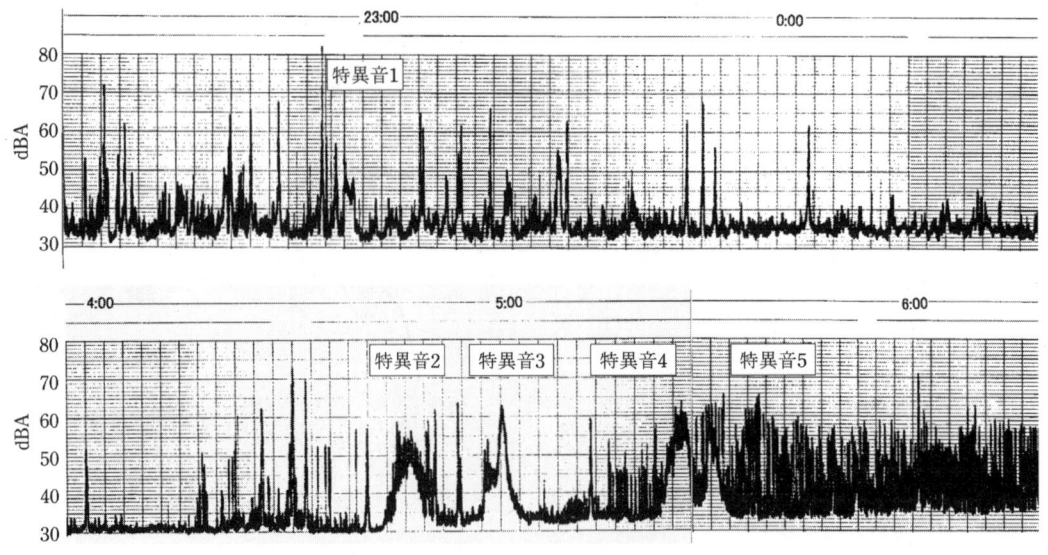

図 3.2.5 道路交通騒音における特異音の混入例

通るときの偏差が大きいとサンプリングタイムなどを調整して，時間的な代表性に配慮することも必要である．間欠的にサンプリングするとき1台1台の走行パターンや車種に依存することが多くなると考えられ，ある程度時間を取り込む必要がある．対策を考える場合，測定を行ったその日で捉えられなかった騒音源や発生パターンが，あり得ることを考えておくことも必要である．これはなかなか難しいことであるが，上記留意点などを参考にされて予期できるものは想定しておく．比較的静穏な場所は道路が近い場合騒音の偏差が大きくなると等価騒音レベルと L_5 など統計値を参照して，立ち上がりの大きい音などにも対応できる設定を行う．また遮音性能も T-1 などを用いる場合は，サッシの遮音性能自体にもばらつきが多いので，実態としての遮音性能を考えるとともに，施工，調整に留意して性能を確保する必要がある．

(7) 室内騒音を測定する場合

静穏な場所で室内騒音を測定する場合，まず室内の暗騒音を把握しておく必要がある．目的音以外の騒音が室内に発生する場合，例えば換気扇の音，換気口からの音，内部の工事音など固体音を含んで留意しておく必要がある．またサッシの調整，換気口の状態設定など共通した留意点は騒音の大きい場所と同様である．

(8) 特異音混入の例

道路交通騒音における特異音の混入例を図 3.2.5 に示す．特異音1は短時間的な警笛や改造車のようなもの，特異音2は10分程度継続し，中央の時間が大きくなる例，特異音3はピークがあり5分程度継続する例，特異音4は2に近いがレベルが大きい．特異音5は継続的に作業しているゴミ収集車のような例となっている．いずれも音源が何であるか判明しないと，環境騒音とみるか，道路交通騒音とみるかは難しい．毎日定時的に起きる事象であると，道路交通騒音とみなせるものもあるかもしれない．

比較的静穏な地域での騒音測定の留意点について述べたが，静穏な地域ではできるだけ各音源を特定できる測定を行った方がよい．つまり，特異的な環境騒音を除くことができるように，人間が付いているか，録音により判断するかで対応する．無人による録音は情報量が少なくなるが，実用上は十分検査用として使用できると考える．

また，ある程度予見できる気象的要素，曜日の要素などは事前に検討しておくことが望ましい．条件の悪い状況のときは，測定日を変えるなどの検討も必要であると考えられる．

文献 (3.2.1)
1) 押野康夫：自動車，タイヤ，路面の騒音対策の複合効果，日本自動車研究所主催・シンポジウム「道路交通騒音低減のための総合的取り組み」資料（2002）

3.3 鉄道騒音の測定と対策

3.3.1 地下貨物線に近接したマンションにおける鉄道振動対策

(1) 調査概要

敷地内に地下貨物線があるマンションの建設に際し、地盤上の鉄道振動を事前に調査し、居室内における固体伝搬音の予測を行い、防振対策の検討を行った。建物竣工後に地盤上の鉄道振動と居室内での固体伝搬音の実測を行い、予測値と比較した。

(2) 地盤上での鉄道振動測定

地下貨物線および鉄道高架橋と建物の位置関係、および鉄道振動の測定位置を図 3.3.1 に示す。また、地盤上（V01 は土、V02～V04 と V12 はコンクリート）での鉄道振動の測定結果（SLOW-PEAK 値）を図 3.3.2 に示す。貨物列車が通過するために、卓越周波数は 25 Hz と一般的な鉄道振動の卓越周波数 63 Hz 付近よりも低い。また、地下貨物線直上の V01 から V04 へと離れるに従って、地盤上の鉄道振動は周波数全体に徐々に減衰している。

なお、隣接した既存マンション直前（V12）での鉄道振動は計画地内で等距離の V02 と比較して 16～63 Hz の周波数範囲で数 dB 大きく、建物反射による増幅と考えられる。

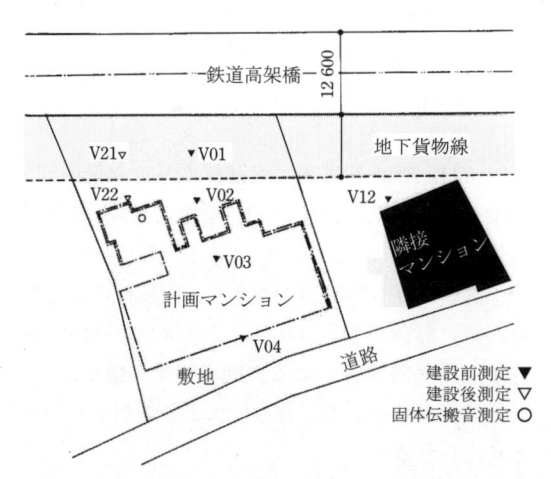

図 3.3.1 鉄道軌道と建物の位置関係および振動の測定位置

(3) 鉄道振動に対する防振対策と固体伝搬音の予測結果

a. 建物内居室での固体伝搬音の予測結果

計画地における地盤上の鉄道振動（V02 での平均値）から、マンション建設後における居室内での固体伝搬音を予測した。最も近接した居室での予測結果を表 3.3.1 に示す。

予測結果によると、居室内の固体伝搬音は平均値で 41～52 dBA（平均値 46 dBA）と予測された。一方、鉄道高架橋（地上線）からの鉄道騒音は V02 の位置（高さ 1.2 m）で 70～72 dBA であり、防音壁（高さ 1.5 m）による遮蔽効果を考慮すると、列車が見通せる計画建物の 5 階以上では 80 dBA 程度の鉄道騒音と考えられた。そこで、窓から透過する鉄道騒音を 40～45 dBA 程度になるように、鉄道高架橋が見える位置の窓サッシは遮音性能を Ts-35 等級とした。したがって、地下貨物線からの固体伝搬音は地上線の鉄道騒音よりも 5～10 dB 低い 35 dBA 程度が望ましく、少なくとも 40 dBA 以下が必要と考えた。

b. 建物基礎への防振対策

防振対策は、地下貨物線に面した建物基礎の側面に発泡スチロール 200 mm を貼り付け、荷重のかかる基礎の底面と地下貨物線に面さない側面は若干防振性能が下がるが防振ゴム 25 mm を施工した。建物と地下貨物線の位置関係と、建物基礎に実施した防振対策方法を図 3.3.3 に示す。発泡スチロールの施工範囲を図 3.3.1 に二重の一点鎖線で示す。なお、杭には施工できないため、防振対策の効果は文献 1)、2) における対策効果（31.5～63 Hz で 10 dB 前後）よりやや小さい約 7 dB 程度と推定した。防振対策後の固体伝搬音の予測結果を表 3.3.1 に示す。なお、地盤-建物間の入力損失はないものとして扱った。

(4) 建物竣工後の測定結果

a. 地盤上における鉄道振動

建物竣工後に、地盤上における鉄道振動（測定点 V21、V22）を測定した。測定結果を建物建設前の測定結果（測定点 V01、V02）と比較して図 3.3.4 に示す。地下貨物線の直上に機械式駐車場（3 段式、下段地下）が設置されたため、V21 にお

表 3.3.1 鉄道振動からの固体伝搬音の予測

室寸法 $L \times W \times H = 3.8 \times 2.1 \times 2.8$ m

	31.5	63	125	250	500	dBA
VAL (V02 平均値)	68.5	58.8	52.0	37.7		
$20\log(f)$	30.0	36.0	41.9	48.0		
放射面積 S	13.0	21.3	28.2	33.7		$1/4\lambda$ 補正
吸音率 α	0.12	0.12	0.12	0.11	0.10	洋室
吸音力 A	5.9	5.9	5.9	5.4		$S = 49\,\mathrm{m}^2$
$10\log(S/A)$	3.4	5.6	6.8	8.0		
放射係数 k	0.16	0.32	1.0	1.0		
$10\log(k)$	−7.9	−4.9	0.0	0.0		RC 150 mm
定数	36.0	36.0	36.0	36.0		
スラブ・壁の増幅	5	5	2.5	0		
予測値（対策なし）	75.1	64.5	55.3	33.7		43.0
防振対策の効果	−7.0	−7.0	−7.0	−7.0		
対策後の予測値	68.1	57.5	48.3	26.7		36.0

$SPL = VAL - 20\log(f) + 10\log(S/A) + 10\log(k) + 36$

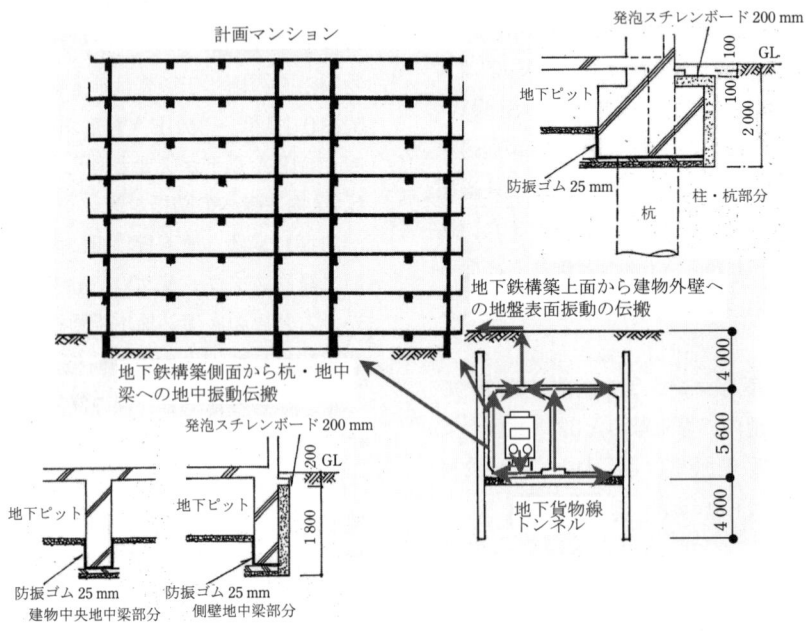

図 3.3.3 地下貨物線構築からの振動伝搬経路の概念図

ける鉄道振動は建物建設前の V01 と比較して，全周波数にわたって 10 dB 以上大きくなっている．しかし，建物直前の V22 における鉄道振動は建物建設前の V02 における鉄道振動とほぼ等しいレベルとなっている．

b. 固体伝搬音の実測値と予測値の比較

地下貨物線に最も近接した 1 階洋室における固体伝搬音の実測値と，防振対策なしの予測値と防振対策ありの予測値を比較して図 3.3.5 に示す．

31.5 Hz では予測値は実測値よりやや低いが，63 Hz と 125 Hz においては，予測値と実測値（平均値）はほぼ一致している．また，250 Hz 以上では予測値よりも実測値が大きく，内装材による振動増幅の影響が考えられる．これは，居室内での音響放射は内装材による振動増幅を考慮せずに，躯体コンクリートの音響放射により予測したためと考えられる．

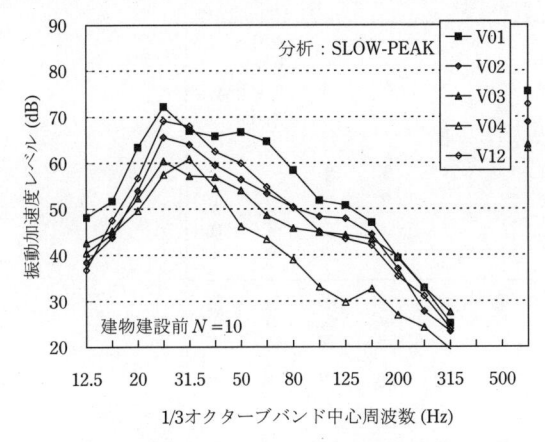

図 **3.3.2** 地盤上における鉄道振動の比較

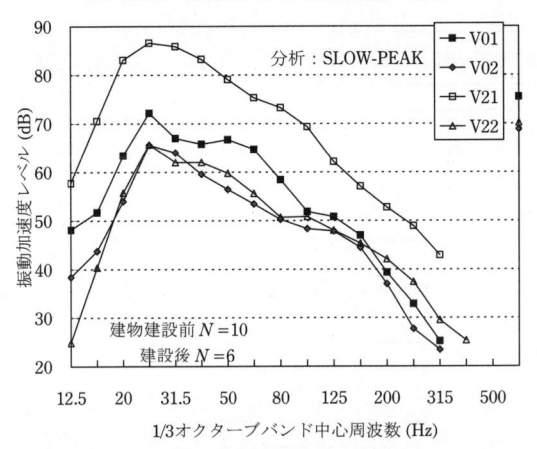

図 **3.3.4** マンション竣工後における地盤上の鉄道振動

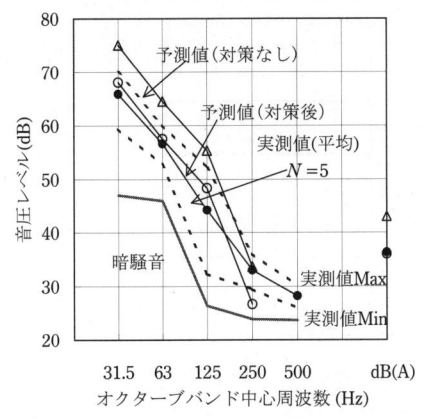

図 **3.3.5** 固体伝搬音の予測値と実測値の比較

(5) 対策効果について

基礎部分への部分的な対策であったが，地下貨物線がかなり近接していたため，当初に予定した防振効果（地盤と基礎間に振動緩和層を設けた効果，約 7 dB）が得られていると推定される．

実際に居室内で聞こえる地下貨物線の固体伝搬音は，窓を透過してくる鉄道騒音に比べてレベル的には低い．しかし，固体伝搬音は居室内のすべての方向から音が聞こえ，かつ低音域が卓越しているため，窓方向から聞こえる鉄道騒音と比較して耳障りな感じであった．

3.3.2 鉄道線路際に計画された社宅における鉄道騒音の調査と窓サッシ遮音性能の検討

(1) 調査概要

既存社宅の建て替え工事に際し，敷地に隣接する新幹線（高架橋）と在来線（掘り割り線路）の鉄道騒音を既存建物および敷地内で調査し，建て替え社宅の寮室窓面位置における鉄道騒音を予測し，寮室窓サッシの必要遮音性能を検討した．

(2) 鉄道騒音の調査結果

図 **3.3.6** に示す敷地内と既存建物（窓外）において，鉄道騒音を測定した．建物窓外と敷地内で測定された鉄道騒音をレベルレコーダに書き出して，dBA の Fast-Peak 値を読み取った．各測定点における鉄道騒音の Fast-Peak 値の範囲と平均値を図 **3.3.7** に示す．

掘り割り線路については，上り・下り線および旧型と新型車両のすべての実測値にさほど差がないので，建物 4 階窓面位置（S1-4F）におけるすべて

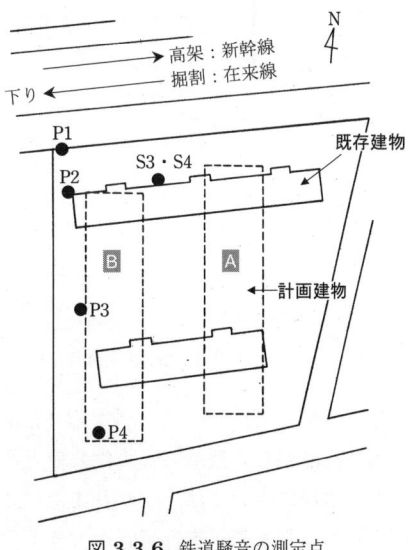

図 **3.3.6** 鉄道騒音の測定点

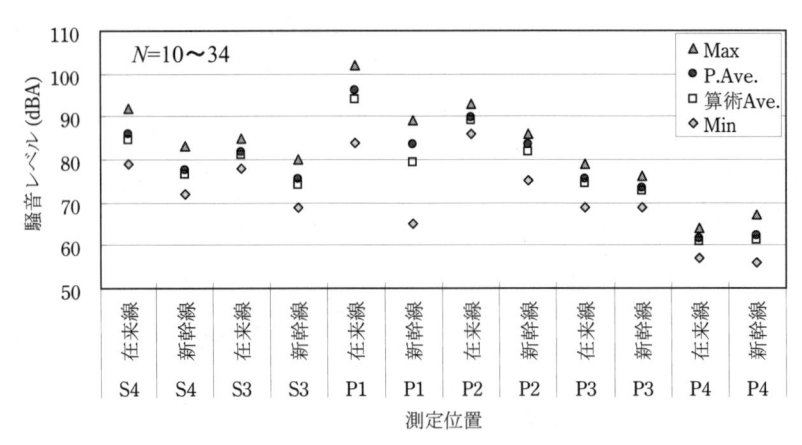

図 3.3.7 鉄道騒音の測定結果

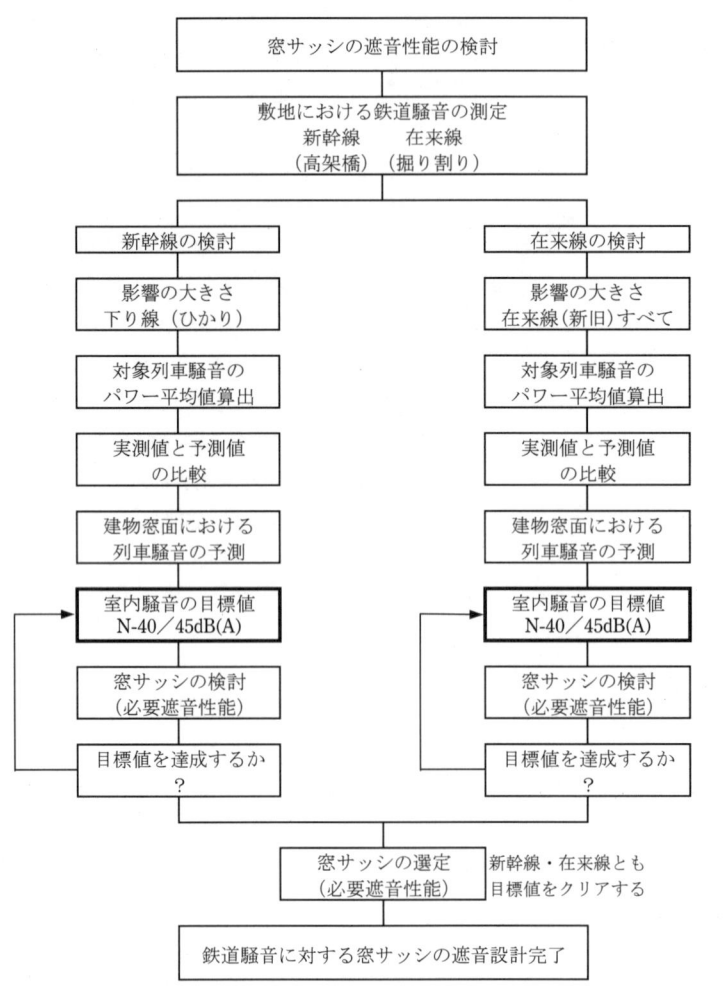

図 3.3.8 鉄道騒音に対する窓サッシの必要遮音性能の検討フローチャート

の鉄道騒音（$N=21$）のパワー平均値 85.5 dBA を掘り割り線路からの鉄道騒音の代表値とした．

また，新幹線については，ひかりまたはこだまの方がのぞみよりも若干走行騒音が大きく，下り線の方が上り線よりも走行騒音がやや大きいため，こだまを含むひかりの下り線について，建物4階窓面位置（S1-4F）におけるパワー平均値 79.2 dBA を高架橋線路からの鉄道騒音の代表値とした．

(3) 窓外の外部騒音の予測方法と予測結果

鉄道騒音に対する窓サッシの必要遮音性能の検討フローチャートを図 3.3.8 に示す．

4 階窓面位置（S1-4F）の代表値から，掘り割り線路側の鉄道騒音のパワーレベル，高架橋側の鉄道騒音のパワーレベルを計算し，他の測定位置（S1-3F, P1～P4）における鉄道騒音を予測して，実測値と比較した結果を表 3.3.2 に示す．なお，高架橋から下に位置する窓面については，高架下からの反射音を加味した．予測断面と仮定した音源位置と測定点の位置関係を図 3.3.9 に示す．

実測値と予測値は，位置によって数 dBA のレベル差はあるが，全体的にはほぼ対応していることから，同様な予測方法により，計画建物建設後の寮室窓面における鉄道騒音の予測を行った．

計画建物 2 棟（仮に A 棟と B 棟とする）の窓面位置における鉄道騒音の予測値（騒音レベル）をまとめて図 3.3.10 に示す．

なお，計画建物は音源である鉄道と直角方向に妻壁があり，それぞれの寮室の窓も鉄道に直角になっている．したがって，鉄道と正面に窓がある場合に比べて，約半分の鉄道騒音の影響を受けることになる．ここでは，妻側のベランダ壁による遮蔽も考慮して，以下の式による見通し角度の補正を行った．

表 3.3.2 実測値と予測計算値の比較　　　dBA

		P1	P2	P3	P4	S1-3F	S1-4F
在来線	実測値	84.8	80.0	64.6	61.0	81.9	85.5
	予測値	87.2	78.9	63.8	61.5	82.5	85.5
	レベル差	−2.4	1.1	0.8	−0.5	−0.6	基準
新幹線下り	実測値	75.9	75.5	65.4	64.0	77.2	79.2
	予測値	75.6	75.2	67.5	66.2	77.1	79.2
	レベル差	0.4	0.4	−2.1	−2.2	0.1	基準

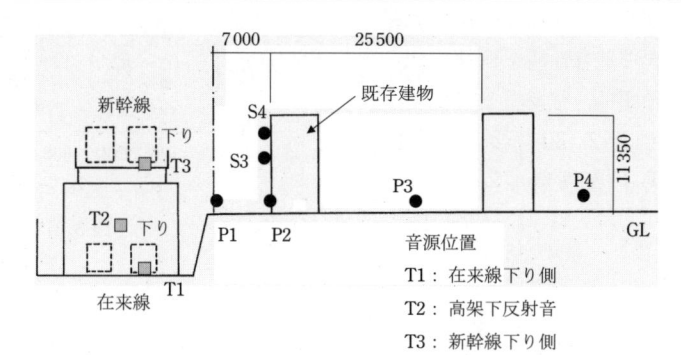

図 3.3.9 予測断面と仮定した音源位置と測定点の位置関係

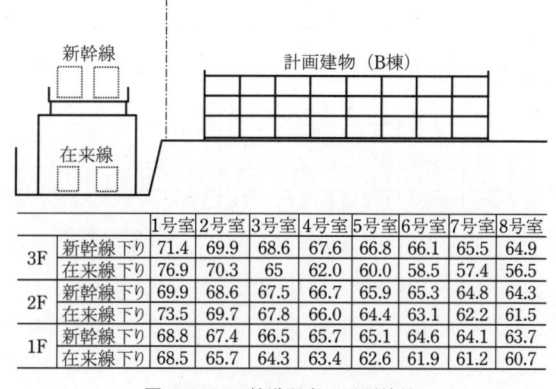

		1号室	2号室	3号室	4号室	5号室	6号室	7号室	8号室
3F	新幹線下り	71.4	69.9	68.6	67.6	66.8	66.1	65.5	64.9
	在来線下り	76.9	70.3	65	62.0	60.0	58.5	57.4	56.5
2F	新幹線下り	69.9	68.6	67.5	66.7	65.9	65.3	64.8	64.3
	在来線下り	73.5	69.7	67.8	66.0	64.4	63.1	62.2	61.5
1F	新幹線下り	68.8	67.4	66.5	65.7	65.1	64.6	64.1	63.7
	在来線下り	68.5	65.7	64.3	63.4	62.6	61.9	61.2	60.7

図 3.3.10 鉄道騒音の予測結果

$$\Delta = 10 \times \log_{10}(\theta/\pi)$$
$$= 10 \times \log_{10}(67/180)$$
$$= -4.3\,\mathrm{dB}$$

ここに，Δ：減衰値（dB），θ：67度，π：180度

(4) 室内騒音の目標値と窓サッシの遮音性能

a. 鉄道騒音に対する室内騒音の目標値

日本建築学会では，集合住宅の居室における室内騒音の適用等級として，1級の標準を35dBAとし，許容の2級は40dBAとしている．しかし，室内騒音に適用される騒音は定常的な騒音（室内の空調騒音など）を対象にしており，そのまま適用はできない．そこで，過去に施工された線路際の集合住宅において，鉄道騒音（通過時のピーク値）が室内で50dBA程度ではクレームが発生し，45dBA以下であればクレームはほとんど発生していないことから，クレームの発生しない45dBAを鉄道騒音に対する室内騒音の目標値とした．

b. 窓サッシの種類と遮音性能

鉄道騒音が建物内の居室に侵入する経路として，窓・ドアおよび換気口があり，外部に直接面する窓サッシについて，必要な遮音性能を検討した．

検討した窓サッシの種類は，普及型気密のT-1（25等級），完全気密型のT-2（30等級），防音合わせガラスを使用したT-3（35等級），二重窓サッシ（気密型＋普及型で空気層105mm）T-3（35等級）とした．

c. 寮室の窓サッシの選定

計画建物（A棟・B棟）それぞれの寮室の窓面における鉄道騒音の予測値から，掘り割り線路（在来線）と高架橋（新幹線下り）に対して，室内騒音の目標値45dBAをクリアする窓サッシを選定した．最も鉄道騒音の影響が大きいB棟の301号室における窓サッシの検討結果を図**3.3.11**に示し，B棟における各住戸ごとに必要な窓サッシの遮音等級を図**3.3.12**に示す．

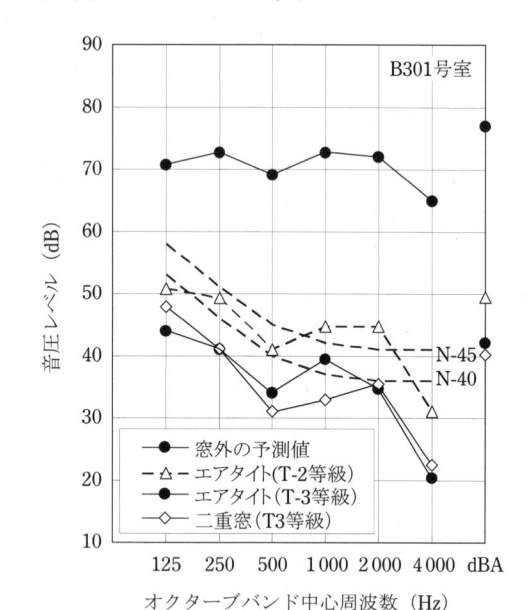

図**3.3.11**

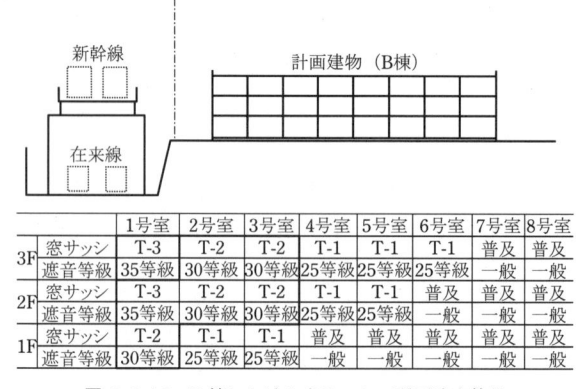

		1号室	2号室	3号室	4号室	5号室	6号室	7号室	8号室
3F	窓サッシ	T-3	T-2	T-2	T-1	T-1	T-1	普及	普及
	遮音等級	35等級	30等級	30等級	25等級	25等級	25等級	一般	一般
2F	窓サッシ	T-3	T-2	T-2	T-1	T-1	普及	普及	普及
	遮音等級	35等級	30等級	30等級	25等級	25等級	一般	一般	一般
1F	窓サッシ	T-2	T-1	T-1	普及	普及	普及	普及	普及
	遮音等級	30等級	25等級	25等級	一般	一般	一般	一般	一般

図**3.3.12** B棟における窓サッシの所要遮音等級

3.3.3 鉄道（地下部分）騒音の測定と対策

(1) はじめに

電車騒音に関しては，第一に地上を走行する場合が考えられる．これは，車両本体から発生する騒音，車輪とレールとの摩擦音，レールの継目などの衝撃音などが，空気伝搬音として建物に影響を及ぼす騒音である．この場合は，建物敷地内における騒音を測定し，主に建物開口部である窓サッシの遮音性能を十分検討して，居室内騒音レベルが目標値をクリアするよう対策をとる必要がある．

第二に，地下鉄またはトンネルを走行する場合が考えられる．これは，主に車両がレール上を走行する際に発生した振動が軌道に伝搬し，軌道を囲っている躯体を振動させ，それが地盤を通して建物躯体に伝搬して居室内の内装材から音が放射され，騒音となるものである．この場合は，まず敷地内における地盤の振動特性を把握することが重要となる．一般的に地下鉄やトンネルからの地盤振動は 63 Hz 帯域付近が主成分となることが知られている．したがって，居室内の騒音も地上を走行する電車騒音と全く異なる音質となり，まるで近くで雷が鳴っているような感じとなる．騒音の主成分が低音域であるため，内装材での騒音対策によって大きな低減効果を得るのは困難であるといえる．

ここでは，地下鉄およびトンネルを走行する電車からの固体音に対する有効な対策例として，免震構造を採用した建物と内装浮構造を採用した建物の測定例を示す．

免震構造建物は，薄いゴムと鋼板を交互に重ねた積層ゴムを基礎と上部建物との間に挿入し，地震による上部構造の水平方向の揺れを低減させることを主目的として開発されたものであり，最近，この免震構造の集合住宅が多く建設されるようになってきている．

(2) 免震構造建物の概要
a. 地下鉄近傍の集合住宅（建物 A）

この建物は，地震対策としてだけでなく，固体伝搬音防止を目的の一つとして免震構造を採用した都内の地下鉄近傍に建設された集合住宅である．建物の概要および電車軌道と建物との位置関係を図 3.3.13 に示す．

建物は，地下鉄線に隣接しており，その距離は，地下鉄構造物から最も近い点で約 7 m である．構造は RC 造地上 12 階建てで，地下の基礎と上部構造との間に免震装置が挿入されている．免震ピットの耐圧版のコンクリート厚は 300 mm，2 階以上のスラブはアンボンドスラブ厚 270 mm である．積層ゴムには低弾性天然ゴムを採用し，ダンパー

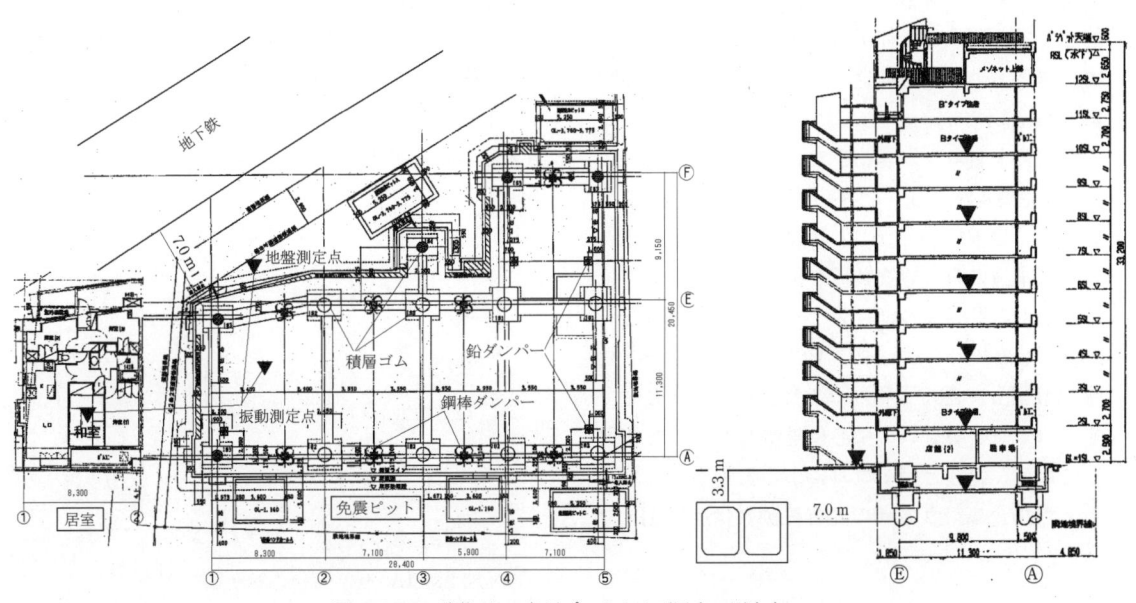

図 3.3.13 建物 A の免震ピットおよび居室の測定点

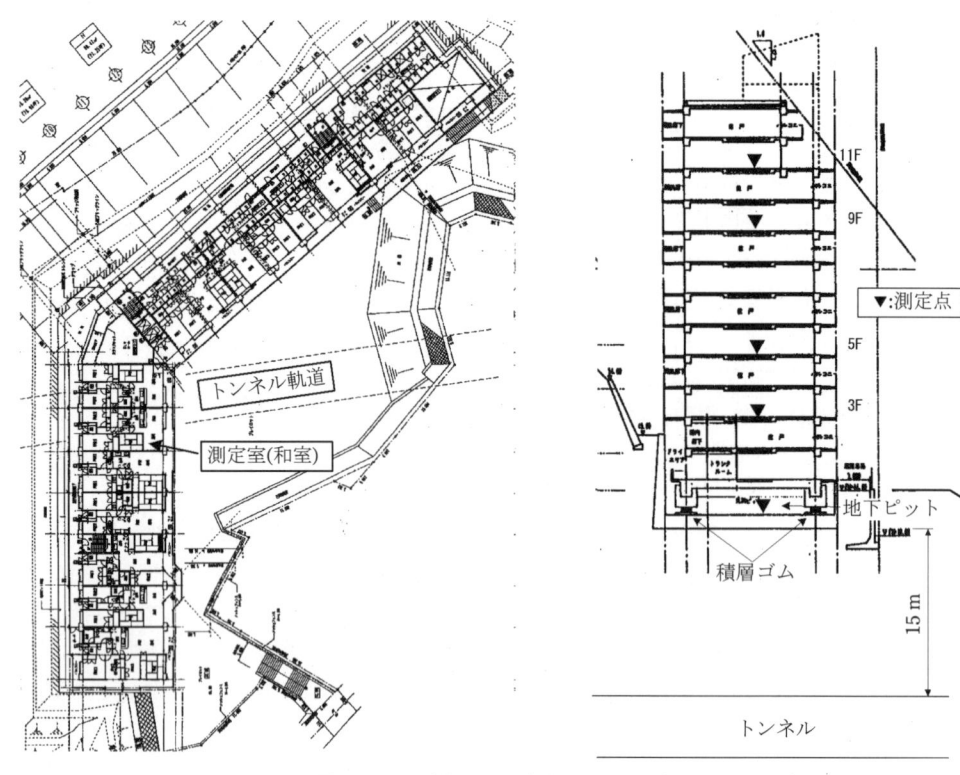

図 3.3.14 建物 B の測定室および測定点

は鋼棒ダンパーおよび鉛ダンパーが併用されている．建物と積層ゴムによる振動系モデルを考えた場合の鉛直方向の固有振動数は，9.9 Hz である．

b. トンネル上の集合住宅（建物 B）

この建物は，鉄道のトンネルの上の敷地に計画されたため，トンネルからの固体伝搬音対策を目的として免震構造を採用した集合住宅である．建物の概要および電車軌道と建物との位置関係を図 3.3.14 に示す．

鉄道のトンネルが建物下を通っており，その距離は，免震基礎からトンネル躯体まで約 15 m である．構造は RC 造地上 12 階建てで，地下の基礎と上部構造の間に免震装置が挿入されている．免震ピットの耐圧版のコンクリート厚は 1 200 mm，2 階以上のスラブはハーフ PC ＋コンクリート総厚 200 mm である．積層ゴムは，ダンパーとして鉛のコアを積層ゴムの中心に配置したものを使用している．建物と積層ゴムによる振動系モデルを考えた場合の鉛直方向の固有振動数は，10 Hz である．

(3) 騒音・振動測定方法

測定は，躯体工事が完了した時期に，図 3.3.13，図 3.3.14 に示した測定点に振動ピックアップを取り付け，電車が通過した際の振動加速度をデータレコーダに収録し，リアルタイムアナライザで動特性 FAST の最大値を 1/3 オクターブバンドで分析した．測定および分析ブロックダイアグラムを図 3.3.15 に示す．

また，免震装置による実質的な低減効果を検討する際の基礎データとするため，地下免震ピット耐圧版および上部構造躯体のスラブ中央部をイン

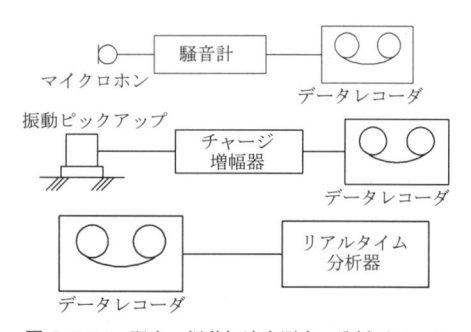

図 3.3.15 騒音・振動加速度測定，分析ブロックダイアグラム

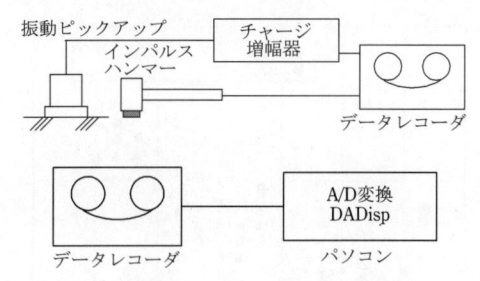

図 3.3.16 駆動点インピーダンス測定，分析ブロックダイアグラム

パルスハンマー（衝撃周波数 80 Hz）で衝撃したときの駆動点インピーダンスの測定も行った．なお，上部構造躯体スラブの測定点は，和室のスラブ中央部とした．測定および分析ブロックダイアグラムを図 3.3.16 に示す．

騒音は，竣工時に室内の電車騒音を収録し，リアルタイムアナライザで動特性 FAST の最大値を分析した．

(4) 測定結果

a. 振動加速度レベル測定結果

それぞれの建物の各測定点において比較的振動加速度レベルが大きかったものを算術平均した結果を図 3.3.17 に示す．

建物 A の建物近傍地盤は 63 Hz 帯域にピークがあり，地下鉄振動の特徴が現れている．免震ピットの耐圧版の振動加速度レベルの周波数特性は，地盤とほぼ同じ特性を示しており，50 Hz を除いた他の周波数で 10〜15 dB 程度の入力損失が得られている．

建物 B の地盤の振動は，63 Hz 帯域にピークがあり，80 Hz 帯域以下で約 10 dB 程度の入力損失が得られている．耐圧版の厚さが 1 200 mm と厚いため，31.5 Hz 帯域以下で上階スラブの方が大きな値を示している．

図 3.3.18 に耐圧版を基準としたときの各階スラブの振動加速度レベル低減量を算出した結果を示す．建物 A において，測定点によるばらつきはみられるが，地下鉄による固体音の主成分である 63 Hz 帯域では，約 10 dB 程度低減している．また，一般の建物でみられるような，上階になるほどレベルが小さくなる傾向はみられない結果となっている．

建物 B においては，耐圧版が厚いために 31.5 Hz 帯域以下では，振動加速度レベル低減量がマイナスになっている測定点が多くみられるが，振動加速度レベルの主成分である 63 Hz では 5 dB 程度

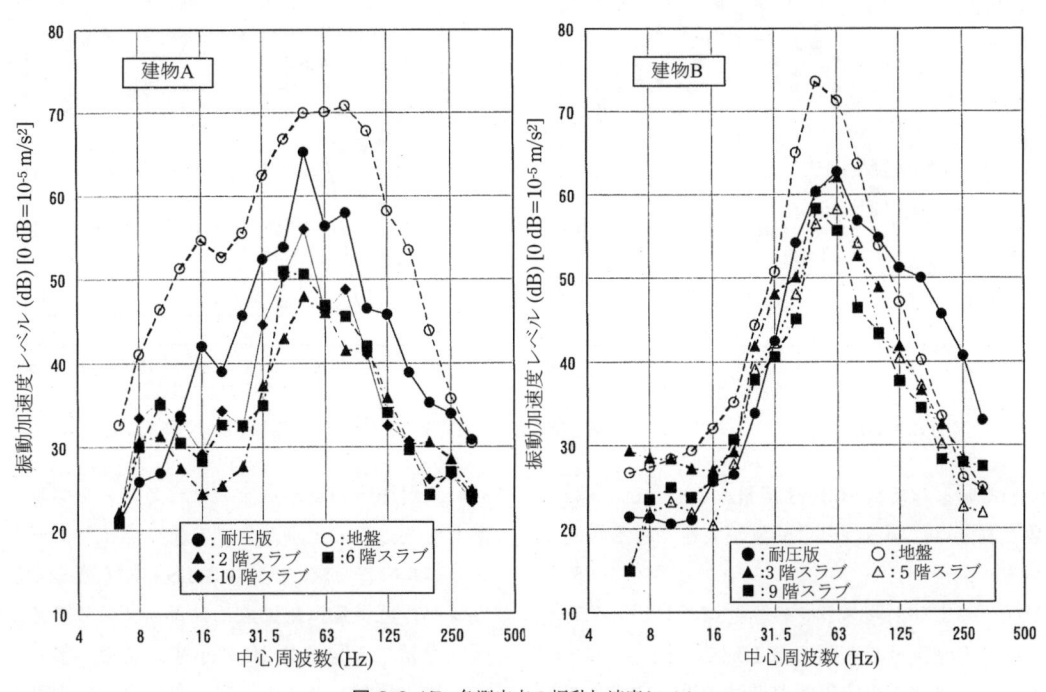

図 3.3.17 各測定点の振動加速度レベル

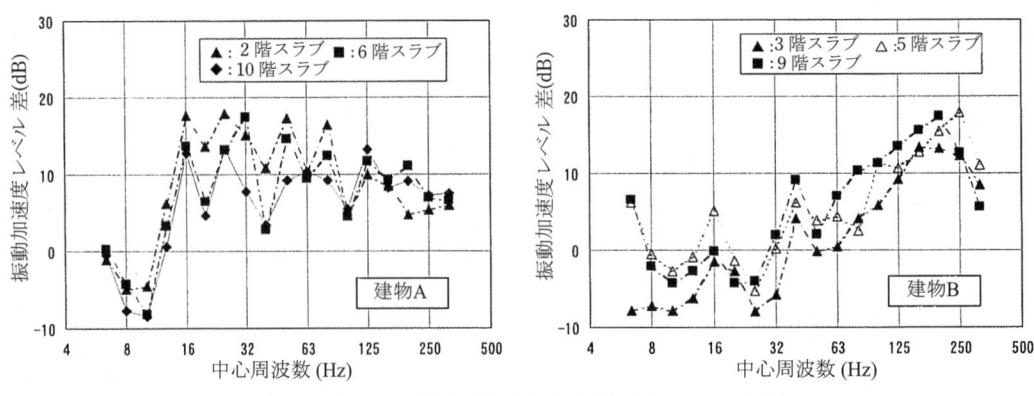

図 3.3.18 耐圧版を基準としたときの振動加速度レベル低減量

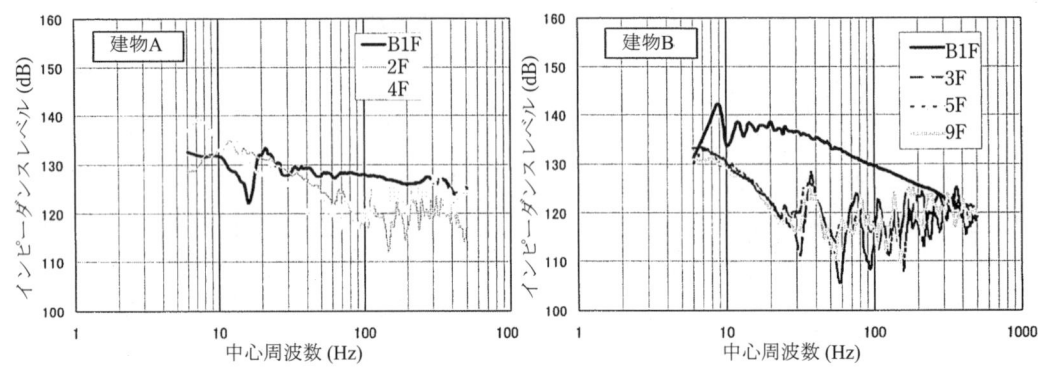

図 3.3.19 駆動点インピーダンスレベル

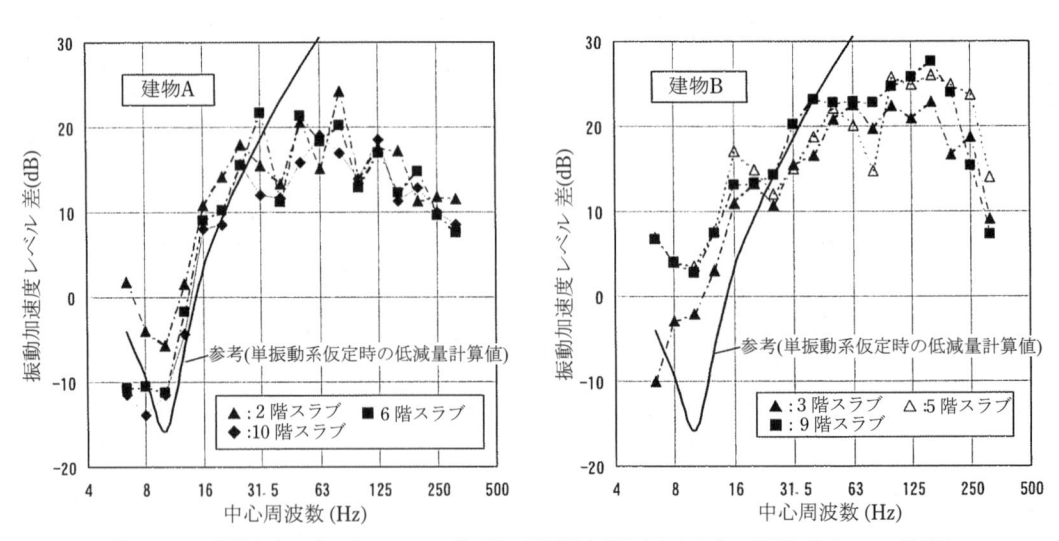

図 3.3.20 駆動点インピーダンスレベル補正後の耐圧版を基準としたときの振動加速度レベル低減量

低減している．また，63～125 Hz において，高い階数の測定点になるほど低減量が大きくなる傾向にある．

耐圧版および上階スラブの駆動点インピーダンスレベルの測定結果を図 3.3.19 に示す．

次に，免震ゴムの実質的な低減効果を求めるために，耐圧版の駆動点インピーダンスレベルを基準としたときの上階スラブの駆動点インピーダンスレベルの差を求め，図 3.3.18 に示した振動加速度レベル低減量に駆動点インピーダンスの補正を行った結果を図 3.3.20 に示す．また，参考として，損失係数を 0.3 と仮定した場合の単振動系の

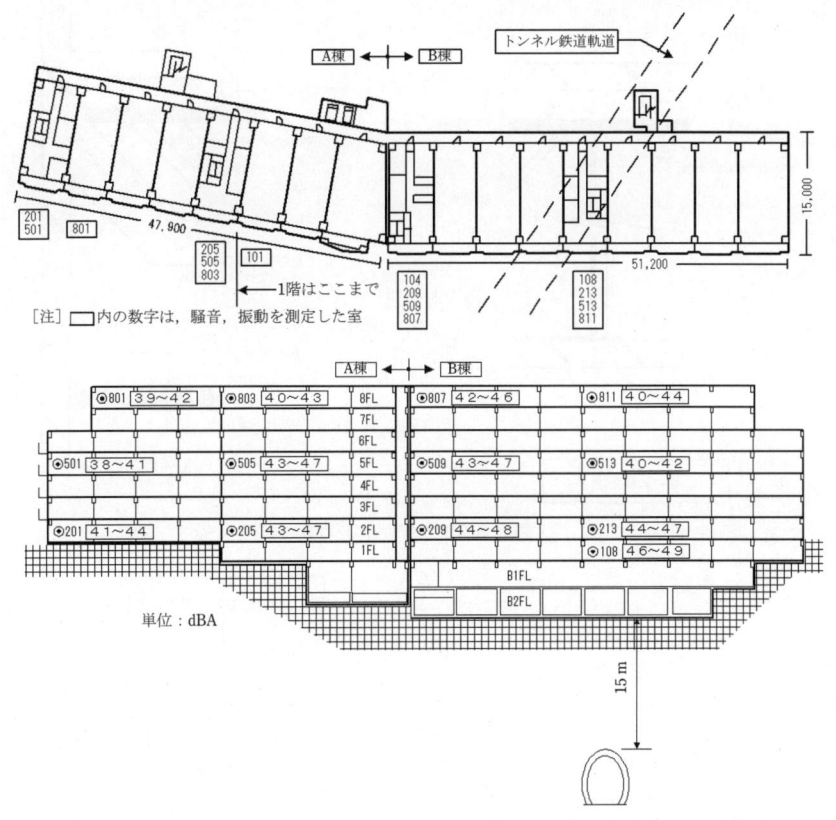

図 3.3.21 トンネル上の非免震建物の平面図・断面図および竣工時騒音レベル測定結果

表 3.3.3 竣工時騒音レベル測定結果［建物 A］
単位：dBA

測定点	騒音レベル範囲	暗騒音レベル
201 和室	25～30	25
401 和室	26～31	27
601 和室	25～30	27
801 和室	29	28
1001 和室	27～28	28

表 3.3.4 竣工時騒音レベル測定結果［建物 B］
単位：dBA

測定点	騒音レベル範囲	暗騒音レベル
301 和室	29～31	23
801 和室	29～32	23
1001 和室	28～31	24

低減効果量を計算した結果も合わせて図中に示す．

建物 A, B とも固有振動数が 10 Hz にあるため，10 Hz で低減量が負または小さくなるが，31.5 Hz までは計算結果にほぼ一致する結果が得られ，40 Hz 以上では，低減効果が頭打ちとなっている．63 Hz 帯域においては，建物内の距離減衰も含めて，15～20 dB 程度の低減効果が得られており，免震装置が地下鉄またはトンネルを通過する電車からの固体音対策に有効であるといえる．

b. 騒音レベル測定結果

建物 A, B の竣工時の騒音測定結果をそれぞれ表 3.3.3 および表 3.3.4 に示す．電車通過時の和室における騒音レベルは建物 A で 25～30 dBA, 建物 B で 30 dBA 前後となっており，良好な結果が得られた．また，振動加速度レベルと同様，騒音レベルも階数によるレベル差はみられない傾向を示している．

(5) 非免震建物の測定例

建物 B と同じトンネルの上に建てられた非免震建物の固体音の測定結果を，免震構造の建物と比較するために以下に示す．

図 3.3.21 にその平面図および断面図と，竣工時の騒音レベル測定結果を示す．

この建物では，図 3.3.22 に示すような室内側で施工可能な固体音低減対策を A 棟は 3 階, B 棟

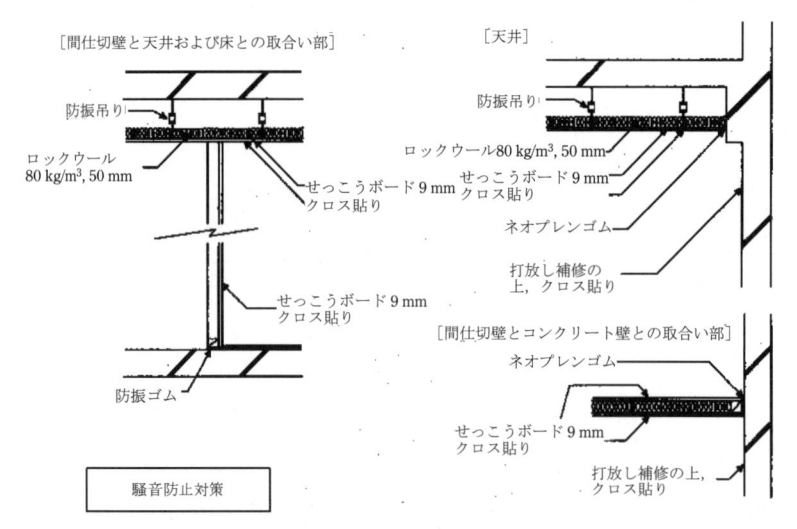

図 3.3.22 室内固体音対策

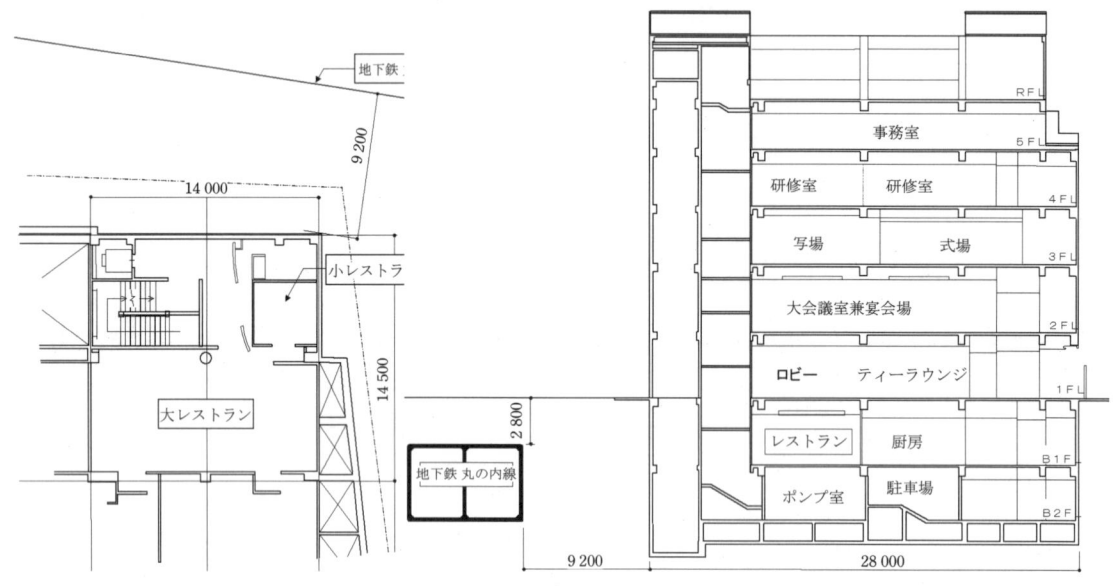

図 3.3.23 地下鉄近傍の非免震建物の地下1階平面図および断面図

は5階まで実施したが，直上建物居室での騒音レベルの下端値が40～46 dBAとなり，このような内装による対策に比べて，免震装置による低減効果がかなり有効であることがわかる．

(6) 内装浮構造建物の測定例

図 3.3.23に地下鉄近傍に建設された複合ビルの概要を示す．この建物は，地下鉄線との水平最短距離が9.2 mであり，特に騒音防止対策は盛り込まれていない．地下1階のレストランが地下鉄側に計画されていたため，地下鉄からの騒音が危惧されたので，躯体施工中に騒音および振動測定を行い，内装での固体音対策を行った．

躯体施工段階における大レストランの騒音測定結果を図 3.3.24に示す．63 Hz帯域を主成分として，騒音レベルで50 dBAを超える結果となった．

そこで，まず建物外壁と地盤との間に緩衝材として発泡ポリスチレン200 mmを全面に貼ることとした．また，内装の浮構造として，床は防振ゴムを用いた湿式浮き床を採用し，天井は防振遮音天井とした．そして内装の壁は，この躯体から絶縁した床と天井との間に施工することとした．図 3.3.25に実際に施工した騒音防止対策の仕様を示す．

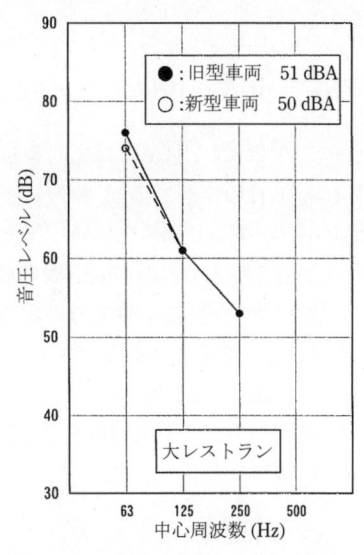

図 3.3.24 躯体工事段階の騒音測定結果

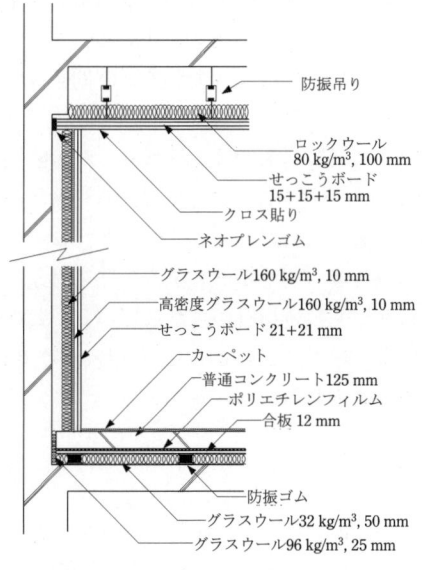

図 3.3.25 実施した騒音防止対策

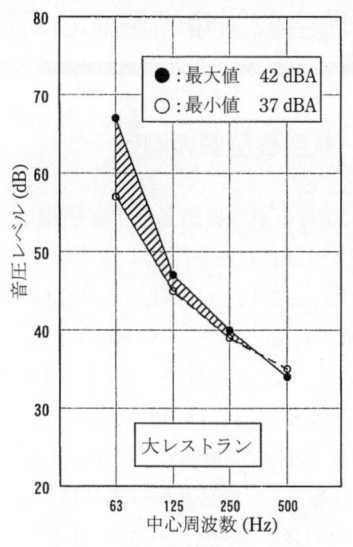

図 3.3.26 竣工時の騒音測定結果

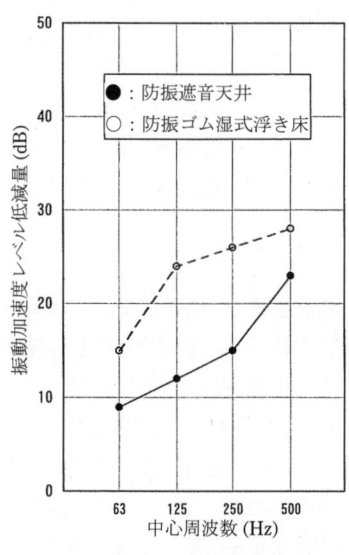

図 3.3.27 防振ゴム湿式浮き床および防振遮音天井の効果

竣工時の騒音測定結果を図 3.3.26 に示す．騒音レベルで 37～42 dBA となり，約 10 dB 程度の改善が得られた．実際には，空調や BGM などによって暗騒音レベルが 40 dBA 程度になるため，注意深く聞き取らなければわからない状態であった．

図 3.3.27 に防振ゴム湿式浮き床および防振遮音天井の振動絶縁効果を示す．これは，躯体工事段階のスラブと竣工時の床および天井の振動加速度レベル差で求めた．63 Hz 帯域では，外壁部の発泡ポリスチレンの効果も含まれているが，防振ゴム湿式浮き床で 15 dB 程度の効果，防振遮音天井で 10 dB 程度の効果が確認された．

集合住宅など，対策すべき居室が多い建物に関しては，建物全体で防振効果が得られる免振工法の効果は大きいといえる．

文献 (3.3.1)
1) 綿谷他 4 名：全労済会館ホールの音響性能について その 2（地下を通る鉄道からの振動特性について），建築学会大会論文（1989.10）
2) 綿谷他 4 名：防振層による地下鉄振動の低減効果および振動の回り込みの影響について」，音響学会講演論文（1992.10）

3.4 航空機騒音の測定と対策

3.4.1 航空機騒音の測定

日本における航空機騒音の評価方法については，昭和48年の環境庁告示154号で示されて以来，その指標としてWECPNL (Weighted Equivalent Continuous Perceived Noise Level) が用いられている．この環境基準で示すWECPNLは，ICAO (International Civil Aviation Organization：国際民間航空機構) の提案式 (Annex 16：1971) に基づき，継続時間補正や純音補正等を省略した形のものであり，結果的にはPNL (感覚騒音レベル：Perceived Noise Level) をベースにして発生時間帯補正を行った等価騒音レベルと見ることができる．一方，国内の防衛施設周辺における航空機騒音による区域指定のための運用式としては，一日単位の飛行回数等に変化があることなどから，ICAOの近似計算法に類似した計算法が用いられている．

公害対策基本法第9条の規定に基づく航空機騒音に係る環境基準 (平成5年改正) では，その評価量をWECPNLとし，地域類型をⅠ (WECPNL70以下とする地域で，専ら住居の用に供される地域)，Ⅱ (WECPNL75以下とする地域で，Ⅰ以外の地域で通常の生活を保全する必要がある地域) に分類し基準値を定めている．この環境基準による判断は，以下の測定法により測定し評価された値である．すなわち，

① 空港周辺の対象地点において，原則として7日間連続測定を行い暗騒音より10 dB以上大きい航空機騒音のA特性音圧レベルのピーク値，飛来した飛行回数を記録する．

② 測定は屋外の当該地域を代表する点を選定する．

③ 測定時期は航空機の飛来状況，風向・風速等の気象条件を考慮し，対象点を代表すると考えられる時期に行う．

④ 評価は測定したA特性音圧レベルのピーク値 (dBA)，飛行回数 (N) から，次式によって1日当りのWECPNLを算出し，そのすべてをパワー平均する．

$$\text{WECPNL} = \overline{\text{dBA}} + 10\log_{10} N - 27 \quad (3.4.1)$$

ただし，ここで示す $\overline{\text{dBA}}$ とは，対象点において観測された1日のすべてのA特性音圧レベルピーク値をパワー平均した値をいい，N とは，午前0時から午前7時までの間の航空機の飛来回数を N_1，午前7時から午後7時までの間の航空機の飛来回数を N_2，午後7時から午後10時までの間の航空機の飛来回数を N_3，午後10時から午後12時までの間の航空機の飛来回数を N_4 とした場合，次式で算出した値．

$$N = N_2 + 3N_3 + 10(N_1 + N_4) \quad (3.4.2)$$

⑤ 騒音の測定時に使用する騒音計は，計量法第71条の条件に合格したものを用いる．また，使用する周波数補正回路はA特性を，時間重み特性は遅い特性 (SLOW) を用いる．

なお，同環境基準では1日当りの離着陸回数が10回以下の飛行場および離島にある飛行場の周辺地域には適用しないとされているが，このような小規模飛行場 (ヘリポートを含む) を対象とした同法に基づく暫定指針が表されている．この暫定指針では，評価量として L_{den} が用いられており，次式で与えられる．

$$L_{den} = \text{dBA} + 10\log N - 40 \quad (3.4.3)$$

これらの測定法上で，注意すべき点を上記①～⑤について示すと以下のようなことが挙げられる．

①に示す暗騒音より10 dB以上大きい航空機騒音とは，暗騒音の影響が無視できる対象騒音を測定対象とするということであるが，飛行場によって飛行する機種，行き先，飛行方法等により飛行コースや音源の音響出力が大きく変化するため，対象点への到達レベルは大幅に変化する．現環境基準による測定法では，機種・飛行カテゴリーにより分類し，TNELを算出してWECPNLを算定する方法が取られていないことと，評価のポイントが環境基準を満足するかどうかに重点が置かれているので，あまり低レベル地点は測定対象とならない場合が多いことから，暗騒音の影響が混

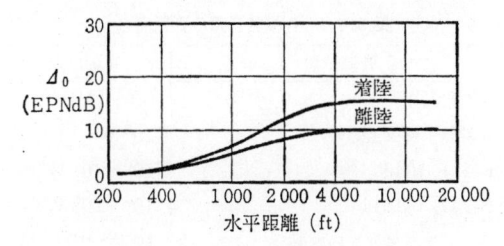

図 3.4.1 水平距離と地上伝搬減衰の関係

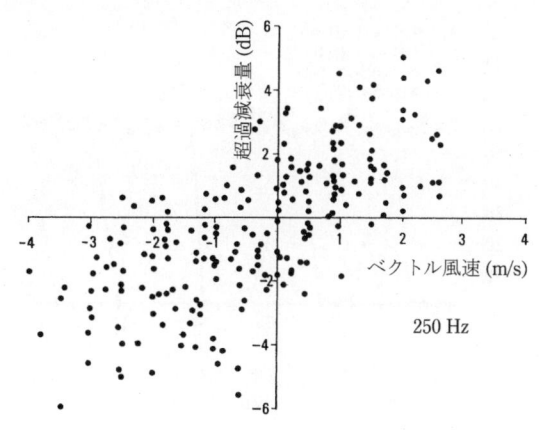

図 3.4.2 ベクトル風速による余剰減衰量（伝搬距離 100 m, 250 Hz 帯域）

入する測定値を測定対象から除外する方法がとられている．よって，低レベル区域も含めた空港周辺全体にわたるような測定時には，暗騒音も考慮に入れた測定法，結果の補正方法が必要である．また，騒音の測定が dBA のピーク値に限定されているので，対象地点におけるすべての観測波形をレベルレコーダ等に記録する測定法を用いる方が，後のデータ処理に対して便利である．ただし，**3.4.2** で示す空港周辺の建築物の遮音計画を行う場合の測定法としては，dBA のピーク値だけでなく，オクターブバンド別の周波数特性を求めることが必要である．

次に，②に示す当該地域を代表する屋外地点とは，測定対象とするすべての航空機の飛行コースと観測点間に音の伝搬特性を左右する局部的な遮蔽物等がないことや観測点周辺に大きな反射面等がない地点とすること等を示しており，到達音が特異となる地点は避けるべきであることを表している．この問題は市街地内等での測定時には重要な場合が多いので，測定点の設定には注意を要する．

また，③に示す問題であるが，測定時期や気象条件は測定結果に大きく影響するので，慎重に決定しなければならない．特に地表条件の変化や風による影響は音の伝搬特性を大きく左右するので，1年を通じて変化の大きいことが予想される場合は，条件の異なる複数回の測定値をもって判断する必要がある．地表面の条件変化は，音の伝搬に対する吸音の効果を意味し，田園地帯や山村部に存在する空港を対象とする場合は，夏季と冬季で大きく変化する．地表面の影響は図 **3.4.1** の例に示すように，測定対象地点から飛行コースまでの水平距離が長くなる場合や，空港内でのエンジンテスト音の周辺地域への伝搬のように，地表面に沿った騒音伝搬時などに顕著に影響するから，測定時

の条件設定には注意を要する．また，風による影響は騒音の伝搬特性を大きく左右するので，特に風向・風速条件を明確にしておく必要がある．ただし，航空機騒音の場合では伝搬距離が数 km に及ぶこともあるので，局部的な風向・風速データよりは，その地域の気象データとしての風向・風速によって条件設定した方がよい場合が多い．図 **3.4.2** には伝搬距離を 100 m とした地上約 40 m の高さにおける市街地空間での伝搬特性をベクトル風速（音源と測定点を結ぶ方向に対する風の成分）で整理した例を示した．この例でもわかるように，音の伝搬方向に対して逆向きに風が存在する場合（図中でベクトル風速が＋の部分）は，ベクトル風速の大きさによって音の減衰量が増加する傾向を見ることができる．しかしながら，一般的な空港の場合，航空機と測定対象点間全体にわたって一定した方向からのみ風が吹く場合は非常にまれであり，強い季節風のある場合などを除いて，風による影響を余剰減衰要因として考慮することは難しく，むしろ伝搬量に対するばらつきの要因として扱った方が説明しやすい場合が多い．ただし，測定時には測定点付近の風向・風速，空港周辺の気象データとしての風向・風速は記録を入手し，特記事項として記録しておくことは非常に重要である．

次に，④の航空機騒音の dBA ピーク値および飛行回数の問題であるが，実測時の記録に基づくのが基本である．しかし，特に飛行回数については，民間飛行場周辺の場合，運行計画（フライト

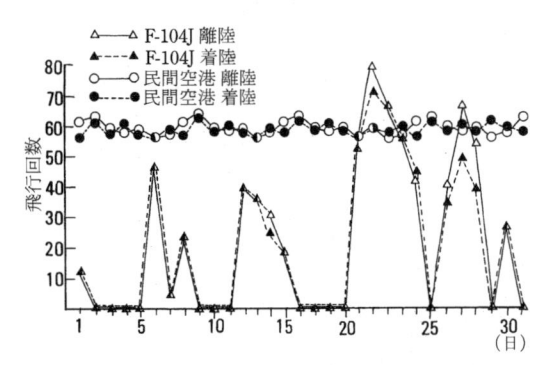

図 3.4.3 1か月間の飛行回数の変動状況例（東京国際空港および航空自衛隊 N 基地）

表 3.4.1 各種騒音源の音響出力

音源種類	音響出力
大型自動車	$0.1\sim1$ W
新幹線（橋梁通過時）	10^2 W
F-4, F-104J	$10^6\sim10^7$ W
B-747, L-1011	$10^4\sim10^5$ W
ステレオ（昼間）の聴取	$10^{-2}\sim10^{-1}$ W
建設機械（ドロップハンマー）	$1\sim10$ W
建設機械（アースドリル）	$0.1\sim1$ W

スケジュール）によって離着陸が行われているので，実測時とは別に運行計画表をチェックし付き合わせて飛行回数を求めることが必要である．また，航空自衛隊の基地周辺の場合，実測時のデータは A 特性音圧レベルピーク平均値の算出にとどめ，飛行回数は過去1年間程度の飛行実績によって求める必要がある．図 3.4.3 には，航空自衛隊のある基地における1か月間の飛行実績を民間飛行場の場合と比較して示した．これを見てもわかるように，基地の場合は，日によって飛行回数に大きな変動がある．曜日や天候，日にちによって変化が激しいので，この図のような実績から適正な飛行回数を算出することが必要である．既報[4]によれば，飛行した日のみを対象として飛行回数を決定した方が，周辺居住者の反応と対応性が良いとの報告もある．

⑤に示す騒音計に関する測定法上の問題点としては，航空機騒音は準定常騒音であるため，騒音計の時間重み特性は SLOW によって，dBA の時間変動波形からピークレベルを特定すればよい．なお，測定が屋外となるため，風による騒音計のマイクロホン部分での発生騒音を制御するため，風防（ウインドスクリーン）は必ず装着するようにしなければならない．また，測定点の高さは他の騒音測定と同様，地上1.2 m 程度とすればよいであろう．

3.4.2 航空機騒音の対策

航空機騒音の対策方法を分類すると，以下のような項目が挙げられる．

(1) 音源対策
(2) 飛行方法による対策
(3) 騒音の伝搬系による対策
(4) 土地の利用方法による対策
(5) 家屋の防音性能の向上による対策

上記の対策法には，その効果や簡便さから優先順位があり，対策の基本は音源の低騒音化であり，次いで飛行コース，飛行方法の選択により家屋等から音源を離すことである．騒音の伝搬系に遮蔽物を設置したり，家屋の防音性能に依存する方法は最後の手段となる．ただし，航空機騒音の場合は，表 3.4.1 の例に示すように，音源の音響出力が他の騒音源に比べて格段に大きいから，実際的な対策は上記対策法を総合的に利用した対処が必要になる場合がほとんどである．以下に，各対策法の概要を解説する．

(1) 音源自体の対策は，いわゆる，低騒音型エンジンの開発，機体の空力騒音の低減化である．ジェットエンジンから発生する騒音は，ジェット騒音，タービン回転音，コンプレッサーおよびファン回転音等に分けられ，図 3.4.4 のように表される．発生騒音の低減化から見た場合，ターボファンエンジンの出現は，ジェット騒音の低減に大きく貢献している．図で示すようにエンジン前部に取り付けられたファンによって加速されたバイパス空気によってジェット噴流が包み込まれる形となり，相対的なジェット流の速度は低下し音響発生パワーは大幅に低減される．バイパス比（$R = V_b/V_p$；V_b：バイパス空気量，V_p：ジェット噴流量）によって図 3.4.5 のように騒音低減効果が表されている．現状での民間航空機は，ほとんどが，このターボファンエンジンを採用しており，バイパス比が5程度となっていることから，大きな低騒音化を実

(a) ターボエンジン

(b) ターボジェットエンジン

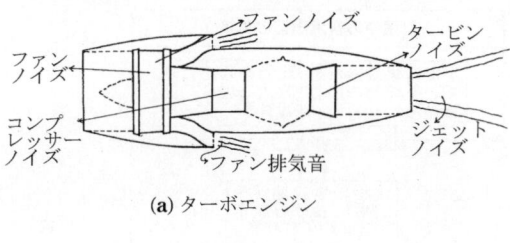

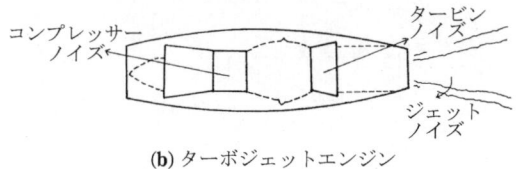

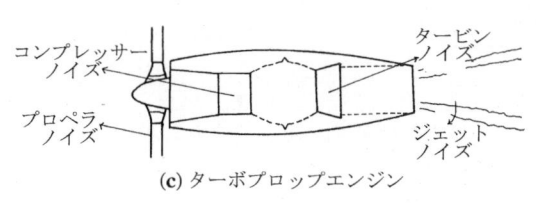

(c) ターボプロップエンジン

図 **3.4.4** エンジン形態と発生騒音の種類

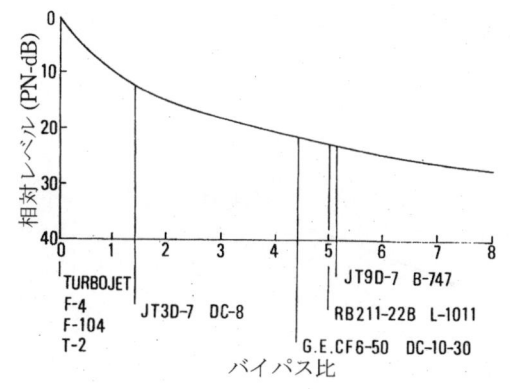

図 **3.4.5** バイパス比による騒音低減効果

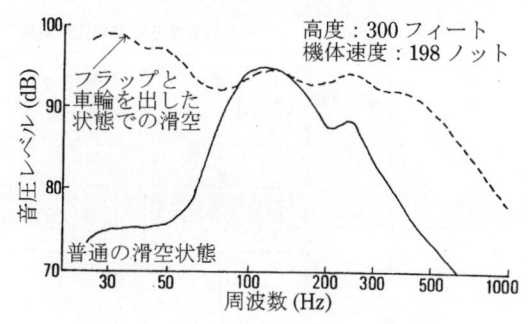

図 **3.4.6** C-5A (GALAXY) の空力騒音測定例

現している.しかしながら,軍用の航空機は,航空機重量に対する推力の比が大きいターボジェットエンジンが主流を占めており,飛行性能が中心的に考えられている.よって,基地周辺では,航空機騒音問題が深刻化している一つの原因でもある.また,タービン音やコンプレッサー音などの低減化には吸音ナセルの利用など,エンジンの改良が検討されているが,航空機やジェットエンジンの生産国に依存する傾向が強く,日本の場合,音源自体の低騒音化については受け身的な立場にならざるを得ないところがある.また,図 **3.4.6** には大型輸送機を利用して測定された空力騒音の測定例を示した.空力騒音は機体の各部で流体力学上の乱流現象から発生する騒音であり,フラップや車輪などの影響が大きく,空気抵抗の大きい離着陸時に影響が顕著に現れる.周波数特性は低周波数域にピークを有する場合が普通である.この空力騒音も機体の設計に関係することから,騒音の低減化は航空機生産国に依存する傾向が強い.

(2) 飛行方法による対策であるが,この対策方法は日本では有効に利用している対策である.例えば,離陸後早めに旋回し,市街地上空を避けて飛行する方法などは,非常に効果的な対策である.市街地周辺に存在する飛行場では,ほとんどの飛行場で,この対策方法を採用し,大きな成果を挙げている.航空機騒音の対策の基本の一つに航空機からの距離を十分とることが挙げられるが,本対策方法はこの基本に基づくものである.

(3) 騒音の伝搬系による対策は,航空機が空中を移動する音源であることから,基本的にはあまり利用できない方法であるが,航空機が地上移動中やエンジンテスト音など,地上で発生する航空機騒音の対策には,かなり効果のある対策法である.防音ハンガーや防音塀の設置,地形の変化を利用した回折減衰効果を利用するなど,有効な対策効果を得ているケースもある.

(4) 土地利用計画による対策は,環境基準など法的にも規制されている方法であり,効果的な対策法と位置付けられる.騒音強度の大きい区域にはゴルフ場やレジャー施設を配置したりして建築規制をかけることにより,実害を防止する方法は有効である.現在も,用途地域規制によりゴルフ場等を配置して効果を挙げている例は多い.

(5) 最後に,建築物による遮音対策であるが,この対策は航空機騒音そのものの対策ではなく,少

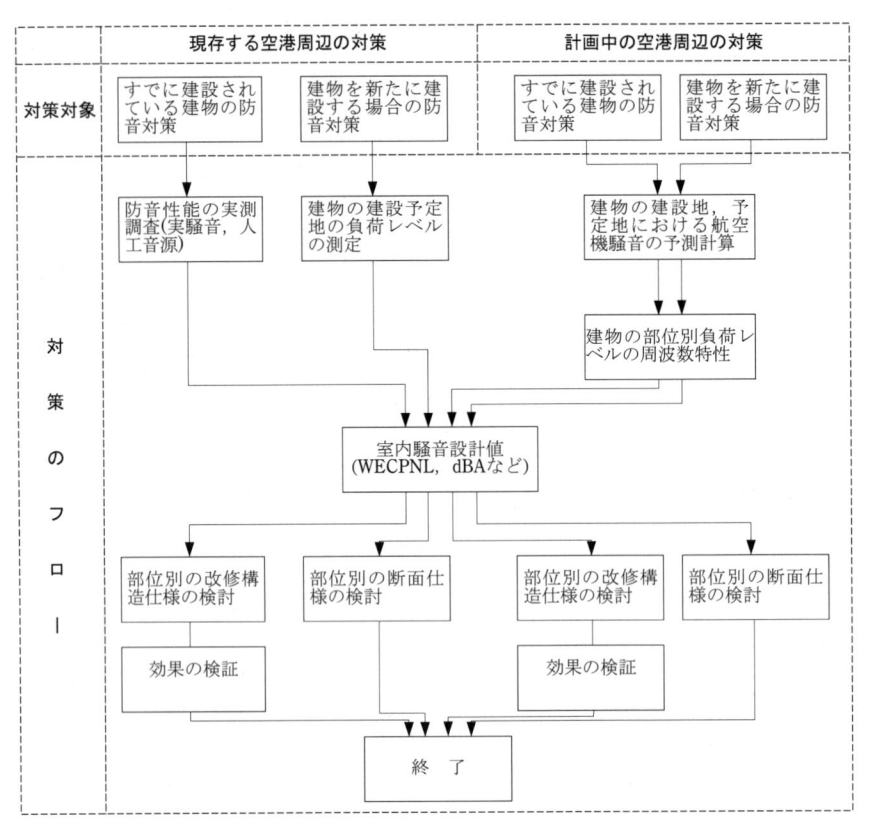

図 3.4.7 航空機騒音の防音対策フロー

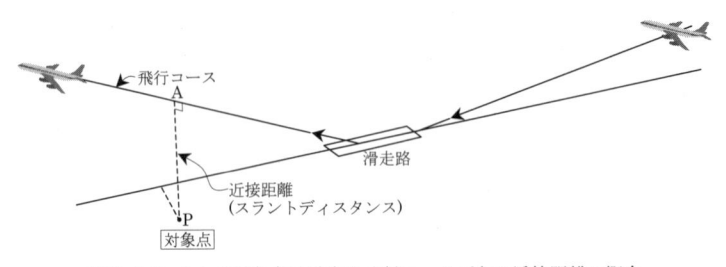

図 3.4.8 地上の対象点に対する飛行コースごとの近接距離の概念

なくとも居住空間は音環境を適正に維持しようとする受動的対策である．ゆえに，根本的な対策にはならないが，日本のように空港周辺に住宅等が多く存在する国にとっては重要な対策法と位置付けられる．航空機騒音は他の騒音と異なり，家屋に対する音の入射が地表面上の半空間全体にわたって行われるところに特徴がある．よって，遮音対策は対象とする室空間の全方向について，遮音性能のバランスを取りながら対策を行うことが必要になる．ある一壁面のみの対策では，ほとんど効果が得られない場合も少なくない．遮音対策の流れをまとめると図 **3.4.7** に示すようになる．全体の流れは，(a) 対象地点（家屋）の負荷レベルの決定，(b) 対象居室の許容値（設計値）の設定，(c) 家屋各部の適正な遮音構造の選択，(d) 性能の実測検証（または予測計算による検証）に分けられる．

(a) の家屋の負荷レベルの設定については，原則として対象地点における実測値を用いることが基本である．この場合の測定は，基本的には環境基準で示す方法に準ずるが，追加測定量して周波数特性を求めることが必要である．当然，同時に飛行回数，飛行方法等のデータ入手も必要であり，対象空港におけるすべての機種，飛行カテゴリーに対する統計的データの測定が必要である．なお，航

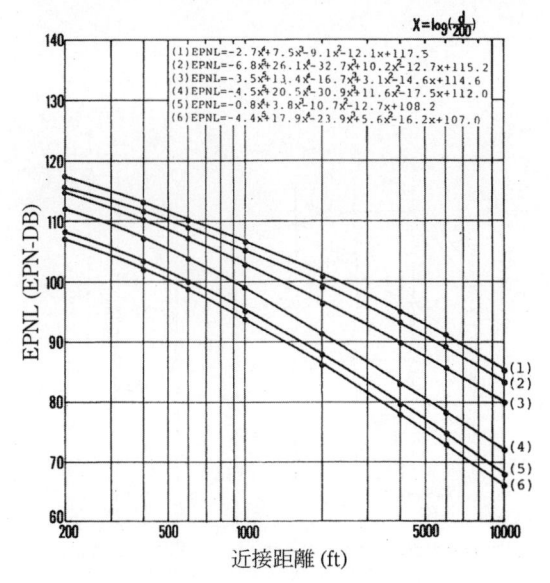

$X = \log\left(\frac{d}{200}\right)$

(1) EPNL = -2.7x³ + 7.5x² - 9.1x - 12.1x + 117.5
(2) EPNL = -6.8x³ + 26.1x² - 32.7x + 10.2x - 12.7x + 115.2
(3) EPNL = -3.5x³ + 11.4x² - 16.7x + 3.1x - 14.6x + 114.6
(4) EPNL = -4.5x³ + 20.5x² - 30.9x + 11.6x - 17.5x + 112.0
(5) EPNL = -0.8x³ + 3.8x² - 10.7x - 12.7x + 108.2
(6) EPNL = -4.4x³ + 17.9x² - 23.9x + 5.6x - 16.2x + 107.0

【設定推力】(1) 35 500, (2) 31 100, (3) 23 700,
(4) 16 500, (5) 10 250, (6) 8 850 Lbs

図 **3.4.9** 基礎騒音データ (B-747)

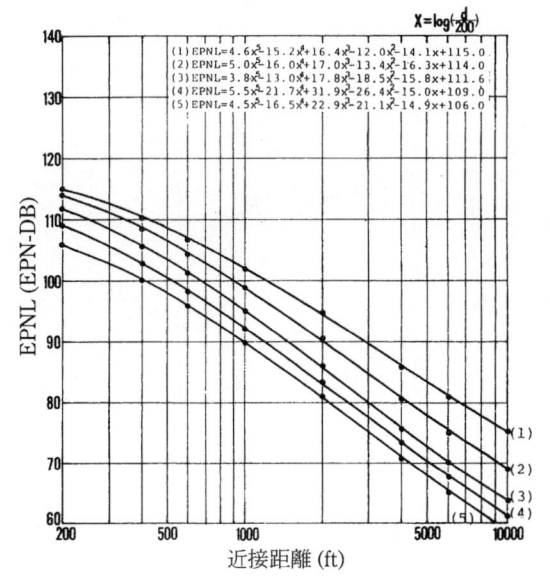

$X = \log\left(\frac{d}{200}\right)$

(1) EPNL = 4.6x³ - 15.2x² + 16.4x - 12.0x - 14.1x + 115.0
(2) EPNL = 5.0x³ - 16.0x² + 17.0x - 13.4x - 16.3x + 114.0
(3) EPNL = 3.8x³ - 13.0x² + 17.8x - 18.5x - 15.8x + 111.6
(4) EPNL = 5.5x³ - 21.7x² + 31.9x - 26.4x - 15.0x + 109.0
(5) EPNL = 4.5x³ - 16.5x² + 22.9x - 21.1x - 14.9x + 106.0

【設定推力】(1) 30 800, (2) 20 600, (3) 14 600,
(4) 11 900, (5) 9 200 Lbs

図 **3.4.10** 基礎騒音データ (DC-10)

空機騒音の実測が不可能である場合は，図 3.4.9～図 3.4.11 に示すような基礎騒音データ等を用いて，対象地点から航空機までの近接距離を算出し，機種別，飛行カテゴリー別のピークレベル (dBA に換算) を求める．図 3.4.8 に飛行コースと近接距離 (スラントディスタンス) の関係を示す．そして，求めたピークレベルから，図 3.4.12～図

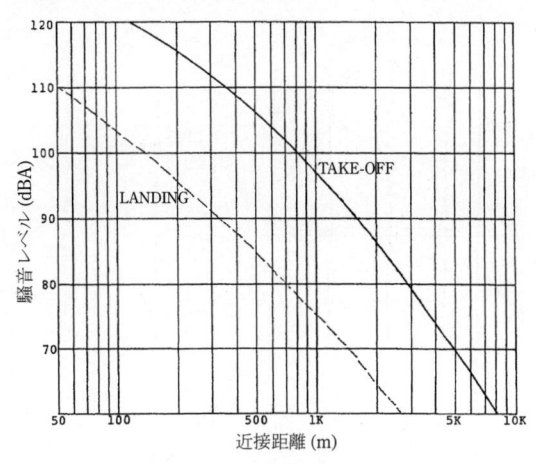

図 **3.4.11** 航空機までの近接距離とピーク騒音レベルの関係 (F-4EJ)

表 **3.4.2** 航空機騒音に係る環境基準

地域の類型	基準値（単位 WECPNL）
I	70 以下
II	75 以下

（注）I をあてはめる地域は専ら住居の用に供される地域とし，II をあてはめる地域は I 以外の地域であって通常の生活を保全する必要がある地域とする．

3.4.14 に示すような「dBA －周波数特性」の関係図を用いて負荷騒音の周波数特性を求めることもできる．

(b) の室内の許容レベル（設計値）の設定については，環境基準で示す地域類型ごとの屋外基準 (**表 3.4.2**) や**表 3.4.3** で示す「屋内で WECPNL 65 以下，60 以下」が基準となるものと考えられるが，日本建築学会の遮音性能基準でも，室内騒音に対して騒音等級 N による適用等級を示しているので，設計目標値を決定するうえで参考となる．第 4 編「検査編」**表 4.4.8** に室内騒音に対する適用等級を，また，図 **4.4.2** に評価曲線を，**表 4.4.9** に適用等級の意味を示す．

(c) の負荷レベルに対する適正な遮音構造の選定に対しては，建物各部に対応する断面仕様の透過損失データから，面積，室内の吸音力を考慮して行うこととなる．特に航空機騒音を対象とする場合は，建物の全方向が騒音入射対象面となる場合が多いので注意する必要がある．断面仕様別透過損失データについては，別章または文献 1) や文献 5) などを参照されたい．

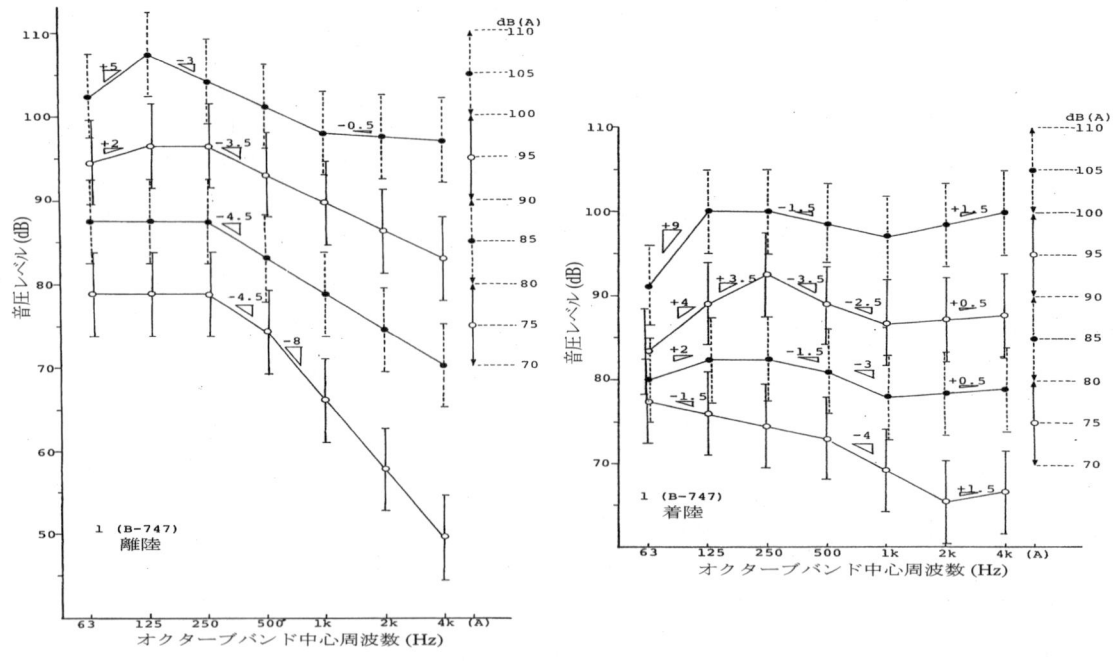

図 3.4.12 10 dBA クラスごとの周波数特性の基準化（B-747）

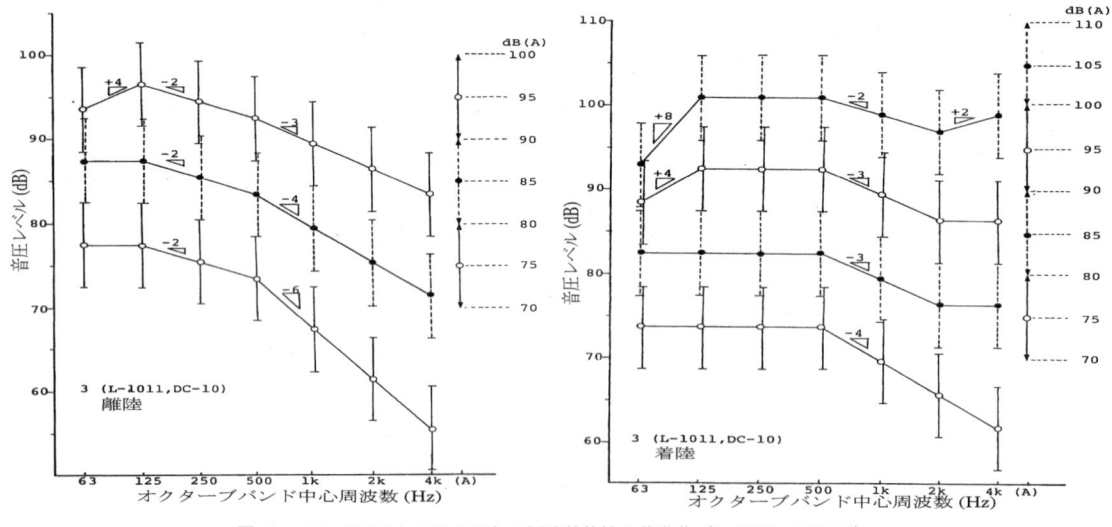

図 3.4.13 10 dBA クラスごとの周波数特性の基準化（L-1011, DC-10）

　(d) の性能検証については，前述の dBA によるピーク負荷レベルの実測・推定，周波数別負荷レベルの設定，室内騒音の設計目標値の設定，建物各部の遮音構造仕様の選択と遮音性能決定，室内レベルの推定計算の流れにより，性能検証を行う．当然，実測が可能な場合は実騒音を用いた騒音測定により室内における航空機騒音が設計目標値以下となっていることを検証する．

表 3.4.3 環境基準の達成期間（公共飛行場）

飛行場の区分			達成期間	改善目標
新設飛行場			直ちに	—
既設飛行場	第三種空港及びこれに準ずるもの		5年以内	—
	第二種空港（福岡空港を除く．）	A	5年以内	—
		B	10年以内	5年以内に，85 WECPNL 未満とすること又は 85 WECPNL 以上の地域において屋内で 65 WECPNL 以下とすること．
	新東京国際空港			
	第一種空港（新東京国際空港を除く．）及び福岡空港		10年をこえる期間内に可及的速やかに	1　5年以内に，85 WECPNL 未満とすること又は 85 WECPNL 以上の地域において屋内で 65 WECPNL 以下とすること． 2　10年以内に，75 WECPNL 未満とすること又は 75 WECPNL 以上の地域において屋内で 60 WECPNL 以下とすること．

備考 1　既設飛行場の区分は，環境基準が定められた日における区分とする．
　　　2　第二種空港のうち，B とはターボジェット発動機を有する航空機が定期航空運送事業として離着陸するものをいい，A とは B を除くものをいう．
　　　3　達成期間の欄に掲げる期間及び各改善目標を達成するための期間は，環境基準が定められた日から起算する．

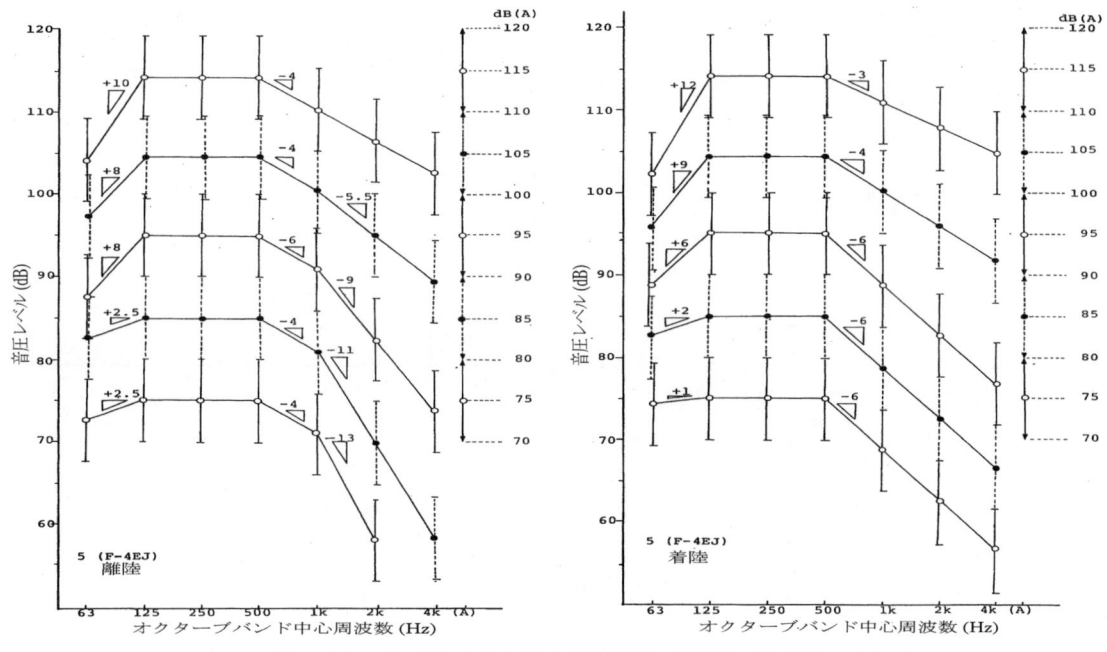

図 3.4.14　10 dBA クラスごとの周波数特性の基準化（F-4EJ）

文献 (3.4)

1) 日本音響材料協会編：騒音・振動対策ハンドブック（技報堂出版，1982），pp.490–508
2) 日本建築学会編：建築物の遮音性能基準と設計指針［第二版］（技報堂出版，1997），pp.2–8
3) 木村翔，井上勝夫：基地周辺における航空機騒音予測コンターの作成手法，日本音響学会誌，第33巻6号（1977），p.301
4) 井上勝夫：航空機騒音の予測手法と家屋の遮音計画に関する研究，学位論文，1983
5) 日本建築学会編：実務的騒音対策指針（第二版）（技報堂出版，1994）

3.5 室間平均音圧レベル差の測定と対策

3.5.1 鉄骨系集合住宅の遮音改善

(1) 概要

建設中の鉄骨系集合住宅において，デベロッパから竣工検査の段階で隣戸間の遮音性能が低いと指摘された．このため，遮音性能実態を測定した結果，同一階遮音と上下階遮音の室間平均音圧レベル差を遮音等級で評価するといずれも D-45 と評価され，集合住宅の遮音性能としては不足していることが明らかになった．このため，界壁と鉄骨梁の取合い部と内壁などを遮音改善を実施した結果，室間平均音圧レベル差は，同一階間で D-50，また上下階間は D-55 まで改善された．

(2) 現状の遮音実態測定

a. 聴感による調査

本件の鉄骨系集合住宅は，外壁カーテンウォールが ALC 版で内壁はボード直貼工法が採用されている．また隣戸間の界壁は乾式二重壁であり，現場打ちの RC 造と比較すると隙間の影響によって遮音低下が起こりやすい．問題の発端は上階居室のサッシ開閉音が下階居室でよく聞こえると指摘されたことにあったが，同一階居室間または上下住居間の遮音性能へと問題が発展した．隣戸間の遮音性能を実感するため，ラジカセから会話音や音楽等を流して聴感実験を行った結果，同一階または上下階のいずれの隣接住居においても音が聞こえやすい傾向が確認された．

b. 隣戸間の遮音実態測定

b-1. 測定方法と対象室

遮音実態を把握するとともに，遮音性能の弱点となっている部位の特定を目的として，JIS A 1417 の建物内の遮音測定方法に従って室間平均音圧レベル差を測定した．すなわち，中心周波数 63～4 000 Hz のオクターブ帯域の試験ノイズをスピーカから再生し，スピーカは試験ノイズが音源室で拡散するように室の隅に測定対象面とは反対向きに配置した．試験ノイズのオクターブ音圧レベルは，音源室と受音室の各 5 点の測定点において測定した．室間平均音圧レベル差は，音源室と受音室のそれぞれ平均音圧レベルの差として求めた．

図 **3.5.1** に，測定に用いた機器を示す．

測定対象はカーペットが敷かれた洋室（12 m^2，天井高さ 2 400 mm）であり，床構造はスラブ RC 200 mm に二重天井が設けている．

b-2. 遮音測定の結果

図 **3.5.2** には同一階の戸境壁の室間平均音圧レベル差を示す．周波数特性は全般に D-50 の曲線に沿う傾向が見られるが，2 kHz 帯域で大きく落ち込んでいるため遮音等級では D-45 と評価される．この戸境壁にはメーカカタログ値では D-55

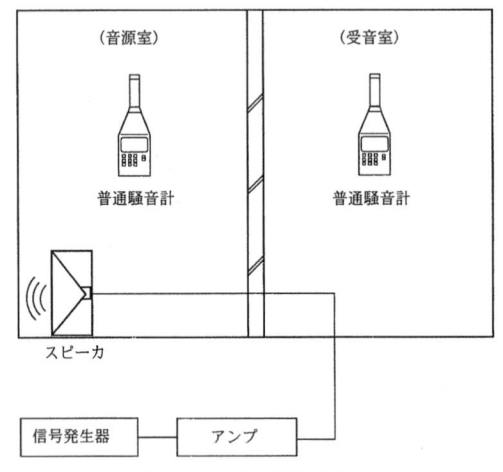

図 **3.5.1** 測定機器系統図

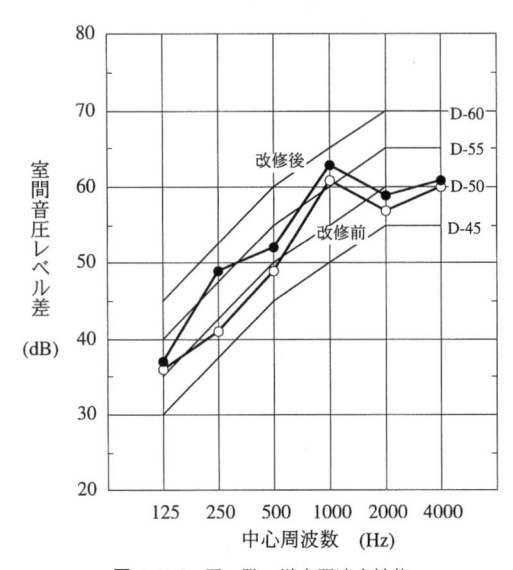

図 **3.5.2** 同一階の洋室間遮音性能

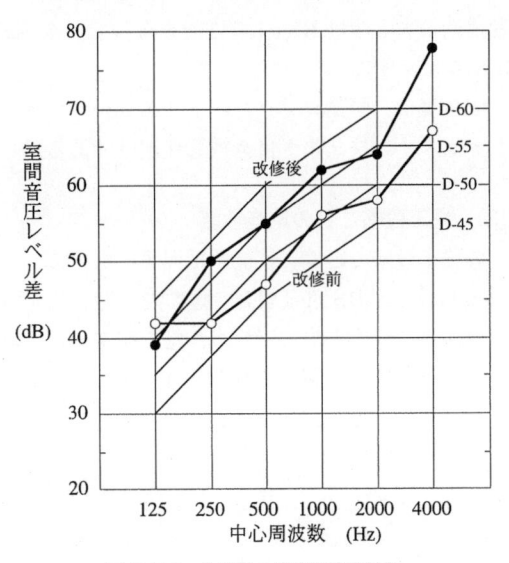

図 3.5.3 上下階の洋室間遮音性能

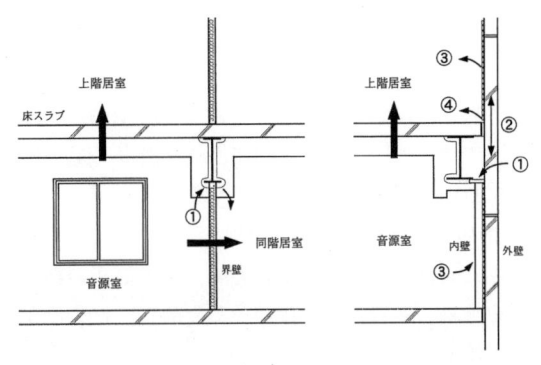

図 3.5.4 遮音低下の経路

の乾式二重壁が採用されているが，実測データからは2ランク低い評価結果となった．

図 3.5.3 には上下階の室間音圧レベル差を示す．周波数特性は 500 Hz および 2000 Hz 帯域で遮音低下が見られ，遮音等級では同一階遮音と同じ D-45 と評価される．床構造は RC 200 mm で D-50 以上は得られるはずであるが，実際には外壁側の音の回り込みが大きく影響して遮音低下が起こっていると推察された．

これらの同一階と上下階の遮音等級を建築学会の適用等級に当てはめると，いずれも2級と評価され，「一般的な性能水準」に相当するが，これらの遮音性能の低下の原因を，実測データと図面から検討した結果，次の要因が考えられた．
① 鉄骨梁また柱型には耐火被覆が施されており，遮音壁との取合い部の耐火被覆部分から音が回り込んでいる．
② 外壁カーテンウォールは上下階の 1/2 高さで継がれており，上下階間の振動が伝わりやすい．
③ 外壁の内壁は 9.5 mm 厚のせっこうボードを使用した直貼工法壁[1]であるため，遮音欠損が起こりやすい．
④ 外壁 ALC 板と床スラブの取合い部はロックウールを介し接する構造であり，遮音低下を起こしやすい．

(3) 遮音改善と効果確認

a. 改善策

上下階および同一階の遮音性能を改善するため，次の対策を実施した．
① 鉄骨梁の耐火被覆部分は耐火パテおよびモルタルでコーティングする．
② 外壁の内壁は，ボード直貼工法から木軸下地のボード貼り工法に変更して内部にはグラスウールを充填する．
④ 外壁カーテンウォールと床のジョイント部は弾性シールおよびモルタルでコーティングする．

b. 改善策施工後の室間音圧レベル差

図 3.5.2 には同一階の改善策を施工した前後の室間平均音圧レベル差を示す．改修前と比較すると，250 Hz 帯域では 8 dB，500 Hz～4 kHz 帯域では 1～2 dB 改善している．この結果は遮音等級で D-50 と評価され，改修前と比較すると1ランク改善された．

図 3.5.3 には上下階の改善策を施工した前後の室間平均音圧レベル差を示す．改修前と比較すると，125 Hz 帯域を除いて全帯域で 6 dB 以上改善している．この結果は遮音等級で D-55 と評価され，改修前と比較すると2ランク改善された．

以上，鉄骨系集合住宅の遮音改善例について述べたが，図 3.5.2 の同一階遮音性能に示すように 2000 Hz 帯域の遮音低下は改善されていない．また，建物妻側壁でボード直貼工法を廃止できない場合には，遮音改善効果は期待できないことに注意する必要がある．

3.5.2 ホテルの側路伝搬音による遮音低下例

(1) 概要

建設中の都市型ビジネスホテルにおいて，竣工時において目標の遮音性能（Dr-45〜50）を満足させるために，建設途中において中間測定を実施した例について報告する．この例においては，第1段階：内装仕上げ前，第2段階：絨毯仕上げ時，第3段階：家具・什器搬入時に測定を実施したが，第2段階において絨毯の共振により床からの側路伝搬音により，遮音低下が起こっていることが確認された．しかし，第3段階においては設計目標値であるDr-45〜50を満足しているため，特別な対策は実施されなかった．

この絨毯の増幅による遮音低下を防止する方法としては，①共振自体をなくす（バネ部分にあたるフェルトを施工しない），②共振周波数をずらすなどが考えられる．

(2) 建築仕様

建設中の建物は，地方都市の駅前に計画された地下3階，地上23階建ての鉄骨造で，低層階（14階以下）が事務所として，高層部分（15階以上）がホテルとして計画された．

客室は，図 3.5.5 のごとく，乾式軽量壁で隣接しているごく一般的な計画である．

壁仕様は，せっこうボード系中空二重壁（独立間柱，PB12.5＋PB15（幅455）＋PB12.5＋air75（GW25mm，24kg/m³）＋PB12.5＋PB15（幅455）＋PB12.5）であり，実験室での音響透過損失等級はRr-54の性能を有している（図 3.5.5 に示す）．

床仕様は，軽量コンクリート120mm（フラットデッキ）にフェルト付き絨毯仕上げである．

(3) 施工段階ごとの遮音性能

各施工段階での遮音性能を把握するために，前項と同じく，JIS A 1417 の建物内の遮音測定方法に従って室間平均音圧レベル差を測定した．測定に用いた機器を図 3.5.6 に示す．

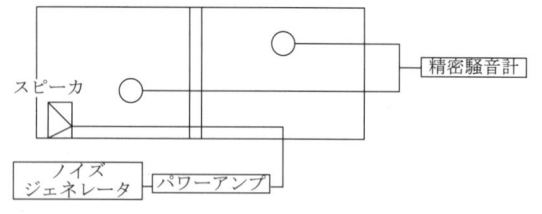

図 3.5.6 測定機器系統図

各施工段階ごとの遮音測定結果を図 3.5.7（内装施工前），図 3.5.8〜図 3.5.9（絨毯施工後），図 3.5.10（家具・什器搬入後）に示す．

a. 内装施工前の遮音測定結果

乾式間仕切りができた状態で，壁と周辺の納まりを含めた遮音性能を確認するために，遮音測定を実施した．

測定結果は，図 3.5.7 に示したごとく，この段階でDr-45の遮音性能を確保している．このため，内装施工後は，その吸音力の増加により，設計目標値（Dr-45〜50）を確保するものと考え，施工を続行した．

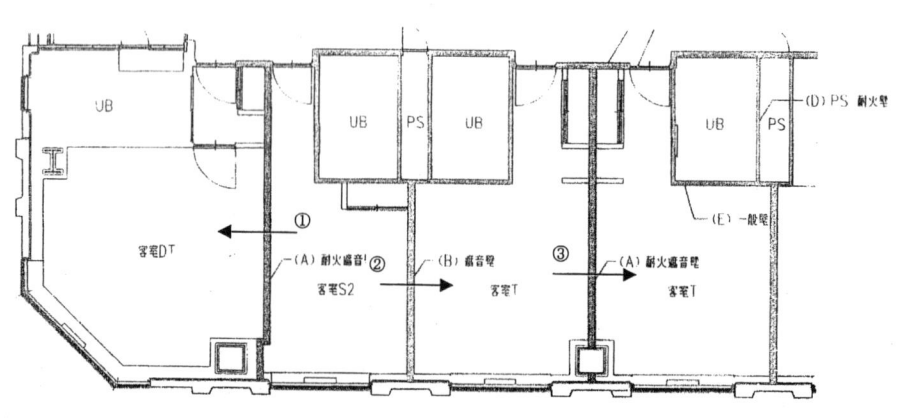

図 3.5.5 測定経路

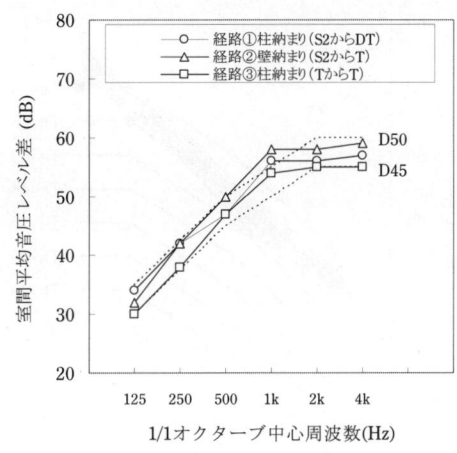

図 3.5.7 内装前（第1段階）の遮音測定結果（S2 → DT）

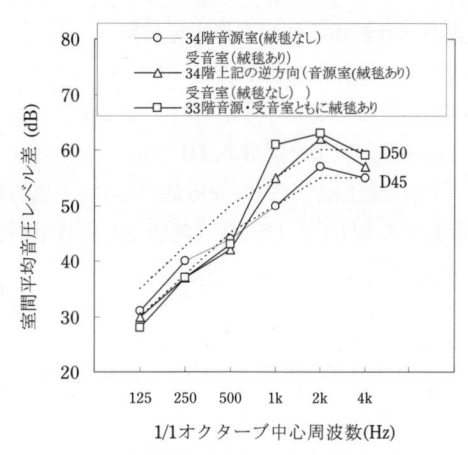

図 3.5.9 絨毯施工時（第2段階）の遮音測定結果（経路③T → T）

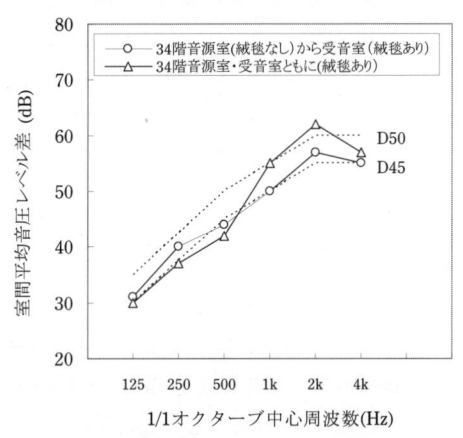

図 3.5.8 絨毯施工時（第2段階）の遮音測定結果（経路②S2 → T）

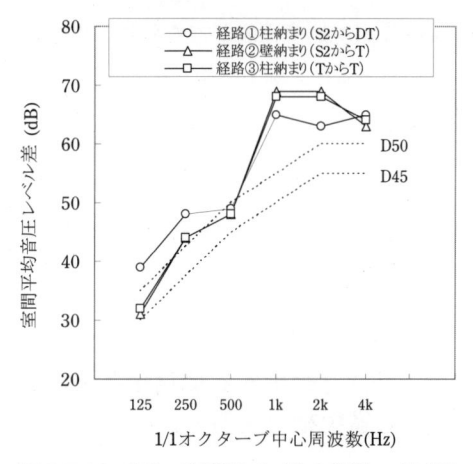

図 3.5.10 家具・什器搬入後（第3段階）の遮音測定結果

b. 内装後の遮音測定結果

他のホテルにおいて，絨毯を施工した場合に，内装前より界壁の遮音性能が低下する現象が認められた．そこで，このホテルにおいても，絨毯を施工した段階で遮音性能の確認を実施した．

測定は，片側のみ絨毯を施工した場合と両側に絨毯を施工した場合について，測定を実施した．

・今回は，内装施工前に測定した階と異なる階で測定を実施した（ただし，同一平面形）が，図 3.5.8，図 3.5.9 に示したごとく，絨毯を施工したことにより，250～500 Hz において遮音低下が認められ，Dr-40 から Dr-45 の結果となっている．

・この遮音低下は，片側のみ絨毯を施工した場合より両側に絨毯を施工した場合が大きく，床からの側路伝搬の影響に絨毯の増幅が関係しているものと推定された．

このような遮音低下の場合には，周波数が低いことと影響している面（床面からの放射）が大きいことから，現場においても必ずしも音圧レベルが大きな部分がなく，欠陥箇所の特定が難しい．今回の場合には，同種の遮音低下を他の現場で経験していたため，特定が可能であった．また，最初の例ではインテンシティ測定による確認と，床部分に仮設的にタイルカーペットを敷き，500 Hz における遮音低下が小さくなることを確認し，原因を特定した．

内装後の結果については，250～500 Hz に遮音低下が認められるものの Dr-40～45 の性能が得られていることから，竣工時には家具・什器の影響により設計目標値（Dr-45～50）を満足するものと判断した．

c. 家具・什器搬入後の遮音測定結果

最終的に設計目標値を満足しているかどうかを確認するため，家具・什器を搬入した段階で実施した遮音測定結果を図 **3.5.10** に示す．

いずれの経路も，250～500 Hz において遮音低下が認められるが，Dr-50 と評価され，設計目標値を満足した．

(4) まとめ

床構造が今回のように，床厚が薄く，鉄骨造で伝搬減衰が小さい場合には，床からの側路伝搬が絨毯の増幅の影響により遮音性能を決定する可能性がある．

Dr-50 以上の遮音性能が求められる場合には，何らかの対応策を実施することが必要であるものと考える．

この対応策としては，

・バネにあたるフェルトを硬くして遮音性能上余裕のある 1 kHz に共振周波数をずらす．
・フェルトをなくし，共振自体をなくす

などが考えられる．

3.5.3 外壁を経由する側路伝搬音による遮音欠損と対策

本稿では，**2.2.3** の側路伝搬音の影響のうち，ボード系中空二重壁を界壁とした住戸の遮音性能が，軽量気泡コンクリート（ALC）板の外壁（袖壁）と取り合うケースにおいて，ALC 外壁を経由する側路伝搬音によって遮音欠損が生じた事例を示し，その遮音欠損を解消するため，界壁と外壁との納まり・外壁の内装方法を検討した結果を紹介する．

(1) 遮音欠損事例

超高層集合住宅では，軽量化・工期短縮等の観点から界壁構造としてボード系中空二重壁が用いられることが多い．ここで通常用いられるボード系中空二重壁構造は，壁厚 15 cm 前後，面密度 60 kg/m^2 でありながら 18 cm 厚コンクリート壁（面密度 432 kg/m^2）と同等（音響透過損失等級 Rr-50），ないしそれを上回る遮音性能を持つものである．このようなボード系中空二重壁を界壁と

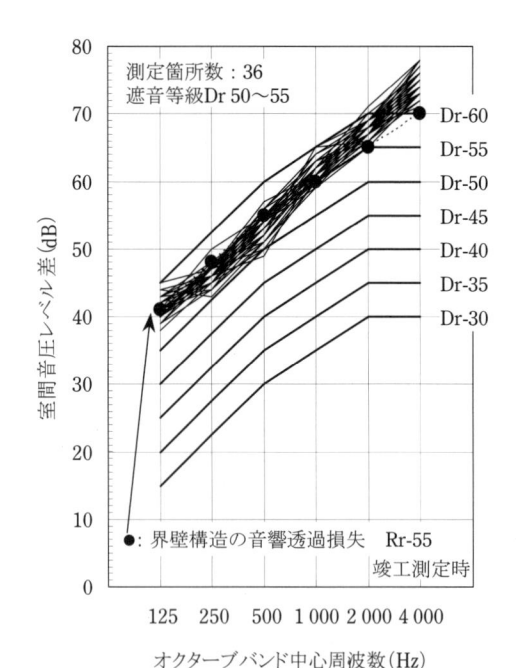

図 **3.5.11** ボード系中空二重壁を界壁とする室間音圧レベル差測定例（遮音欠損なし）

する住戸間の遮音性能は，乾式工法壁に生じやすい隙間による遮音欠損が生じないように施工された場合には，図 **3.5.11** に示すように室間音圧レベル差等級 Dr-50（遮音等級 D-50 とほぼ等価）～55 の遮音性能が得られている．この事例における界壁構造自体の遮音性能は Rr-55（TLD-55）である．

ところが，Rr-55 の遮音性能を持つ界壁構造を採用し，隙間による遮音欠損が生じないように施工された場合でも，図 **3.5.12**[1)] に示す A 室～B 室の遮音性能は○印で示すように Dr-50 が得られてるが，B 室～C 室では●印で示すように Rr-40 しか得られていない．両者の違いは，対象室の広さ以外に，A 室と B 室との界壁が SRC 造の柱と取り合っているのに対して，B 室と C 室との界壁は袖壁と取り合っていることである．遮音測定時の聴感による調査でも，B 室～C 室の測定では外壁方向から音が聞こえていた．

この袖壁の構造は，厚 100 mm ALC 板の室内側に断熱材として発泡ウレタンが吹き付けられ，直貼工法でせっこうボードが内装されたものである．そのような壁構造では，内装のせっこうボードが音によって振動（空気音励振）されやすく，せっ

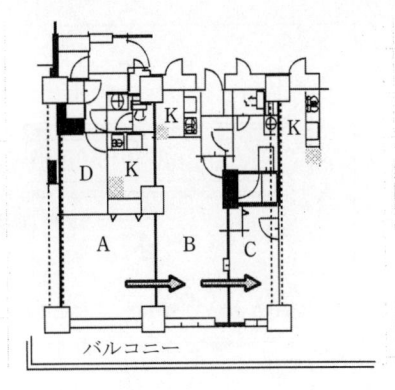

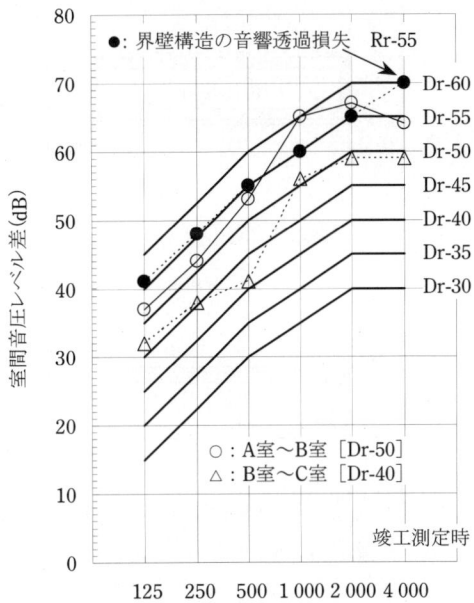

図 3.5.12 ボード系中空二重壁が ALC 外壁と取り合う室間の遮音欠損事例-1

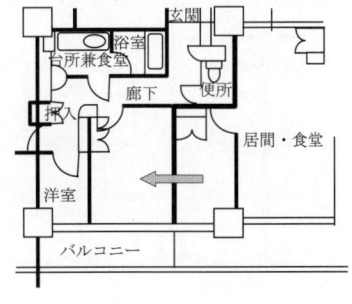

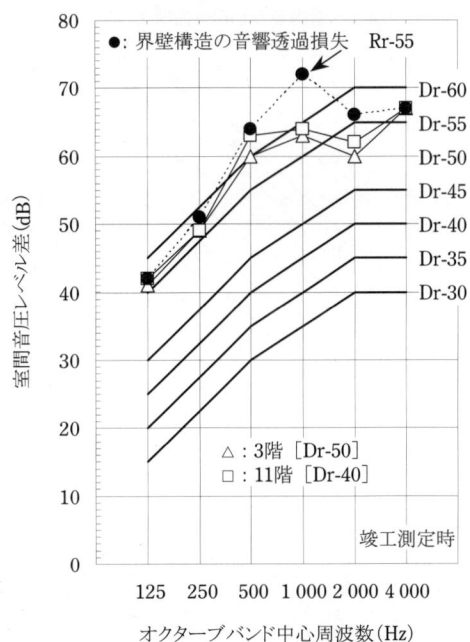

図 3.5.13 ボード系中空二重壁が ALC 外壁と取り合う室間音圧レベル差測定例-2

こうボードに生じた振動が ALC 板を経由して隣室に伝搬し,音として再放射される,側路伝搬経路による遮音欠損が生じやすい.

なお,遮音欠損は,図 3.5.12 に示した例では特定の周波数帯域でなく,測定対象周波数帯域である 125～4 000 Hz の広範囲において生じている.また,類似の現象とみられる遮音欠損は,図 3.5.13 に示すように他の建物,界壁構造においても認められている.

このような遮音欠損事例では,袖壁の内装壁から音が明らかに聞こえるので,界壁自体の施工不良による遮音欠損ではないことが聴感的にも確認できる.しかし,内装後の測定では,遮音欠損の原因が,前述のような側路伝搬経路による影響なのか界壁と外壁との取合い部の隙間の処理不良による影響なのかを判別することは困難である.隙間による遮音欠損も,図 3.5.14 に示すように広範囲の周波数帯域に遮音欠損が生じる場合があるからである.したがって,隙間による施工不良の有無のチェックは,内装前に行うことが望ましい.

(2) 対策

遮音欠損の原因の確認と対策方法の検討が,実験室において行われ,結果が公表[2]されている.図 3.5.15 は検討されたせっこうボード系中空二重壁 (Rr-55, TLD-56) と直交する ALC 板との取合い部の断面図,図 3.5.16 はそれらの取合い部を含むせっこうボード系中空二重壁の音響透過損失測定結果である.

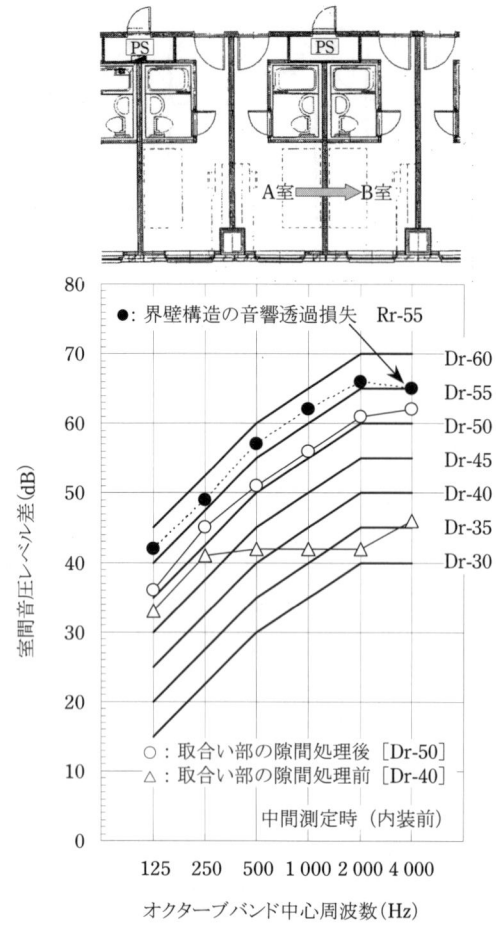

図 3.5.14 隔壁と他の部位との取合い部に生じた隙間による遮音欠損事例

せっこうボード系中空二重壁がALC板と取り合うだけで，隙間による遮音欠損がないように施工されても，○印で示すように，250～2000Hzを中心周波数とする帯域において明らかな遮音欠損が認められ，特に500，1000Hz帯域では10dB程度の欠損が生じている．また，ALC板にウレタンの断熱材を吹き付けると△印で示すように，1000Hz以上の周波数帯域で遮音欠損が大きくなり，特に4000Hz帯域では20dBの欠損となっている．さらに，ウレタンの断熱材の内装として，直貼工法で9.5mm厚せっこうボードを取り付けた場合，□印で示すように2000，4000Hz帯域では欠損が解消されたが，新たに250，500Hz帯域で遮音欠損が生じている．特に500Hz帯域では●印で示したせっこうボード系中空二重壁自体の遮音性能より20dB低下している．

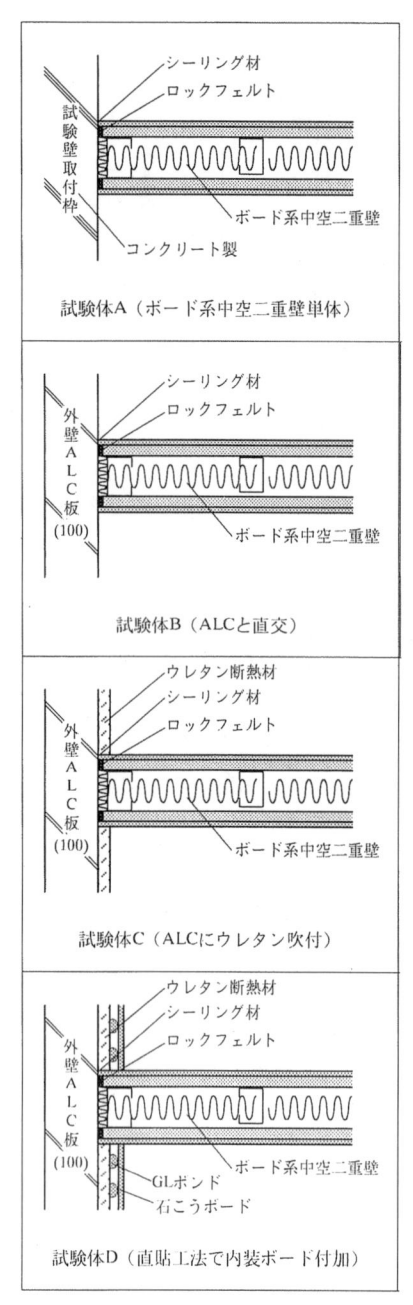

図 3.5.15 (a) 試験体断面-1

以上の結果から，せっこうボード系中空二重壁がALC板の外壁と取り合う室間の遮音性能は，①外壁がALC板である，②外壁の室内側に断熱材としてウレタンが吹き付けられている，③内装のせっこうボードが直貼工法で設置されている等の要因が複合され，広い周波数範囲にわたって遮音欠損が生じることが実証されている．

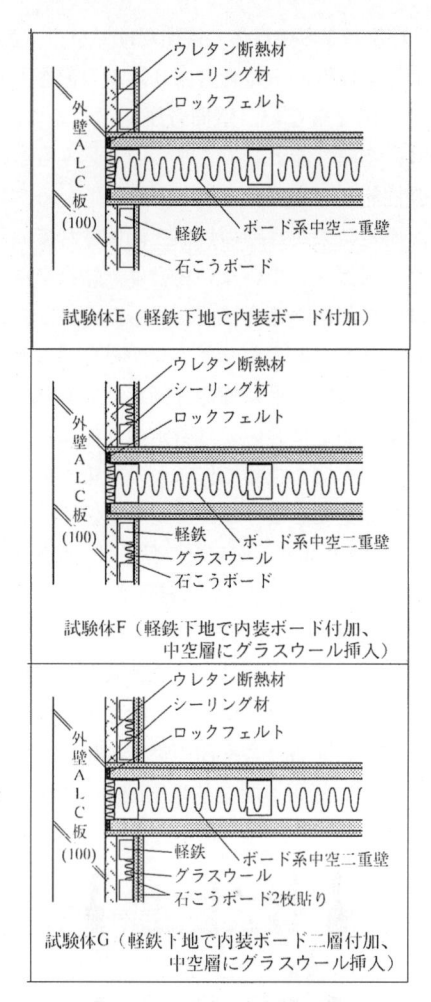

図 3.5.15 (b) 試験体断面-2

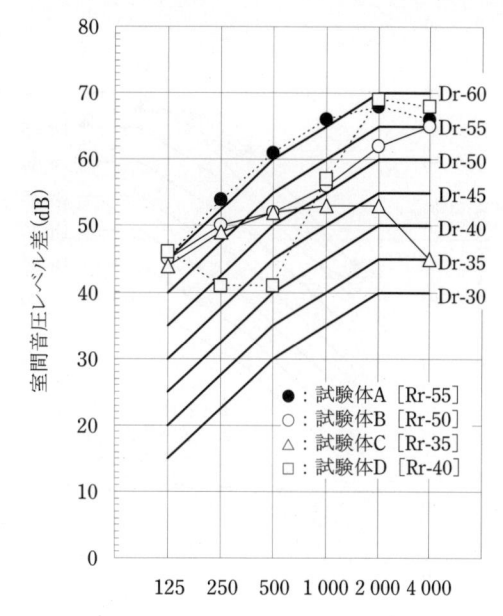

図 3.5.16 ボード系中空二重壁と ALC 外壁との取合い部の仕様の違いによる音響透過損失の比較-1

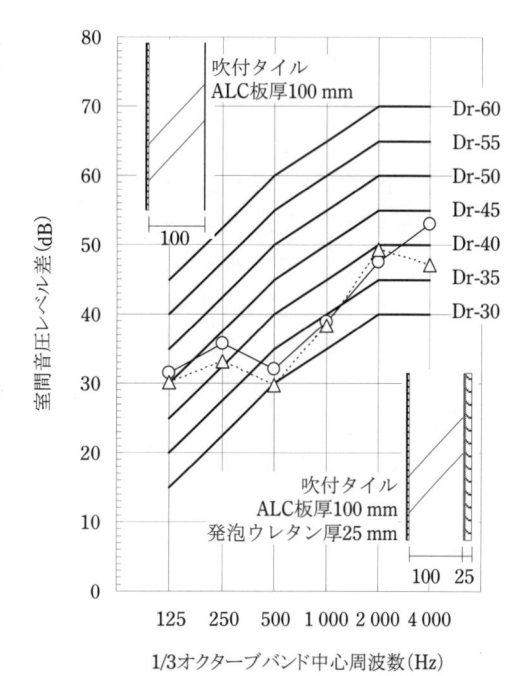

図 3.5.17 ALC 壁構造の音響透過損失

したがって，対策としてはこれらの要因をなくせばよいわけであるが，超高層集合住宅においてALC板の外壁およびウレタンの吹付けをやめた場合の代替え手段は，荷重，施工性，コスト等を考慮すると，現時点では適当な方法がない．そのため，内装のせっこうボードの振動が隣室に伝わりにくいように，あるいはせっこうボードが振動しにくいように設置することが，当面の対策として考えられる．

なお，ALC板外壁構造自体の音響透過損失は，図 3.5.17 に示す事例では，発泡ウレタンを厚 25 mm 吹き付けることによって 3 150 Hz 以上の周波数帯域で遮音欠損が生じ，5 000 Hz では 10 dB にも及んでおり，図 3.5.16 の△印と同様の傾向を示している．

遮音欠損を改善するための内装工法として，文献[2]に以下の 3 例が紹介されている．いずれも内装のせっこうボードを下地も含めて断熱材に接触しないで設置する方法である．

① 鋼製スタッドを発泡ウレタンに触れないよう

3.5 室間平均音圧レベル差の測定と対策

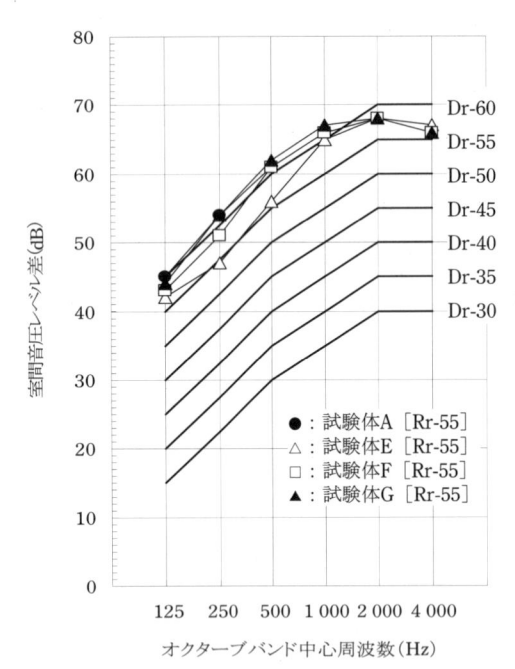

図 3.5.18 ボード系中空二重壁と ALC 外壁との取合い部の仕様に起因する遮音欠損の改善

に設け，内装のせっこうボードで貼ったもので，図 3.5.18 に△印で示すように直貼工法による内装に比べると大幅な改善が認められているが，250，500 Hz 帯域では界壁構造自体の遮音性能より 5 dB 以上の欠損が認められる．

② ①の工法に加え，発泡ウレタンと内装ボードとの中空層にグラスウールを挿入したもので，□印で示すように●印で示した界壁構造自体の遮音性能とほぼ同等の結果が得られている．

③ ②の内装せっこうボードの表面にさらにせっこうボードを増し貼りした場合，全周波数帯域で界壁構造自体の遮音性能と同等の結果となっている．

図中に併記した Rr（音響透過損失等級），Dr（室間音圧レベル差等級）は，JIS A 1419-1 で規定されている指標であり，125〜2 000 Hz の周波数範囲の結果に対して評価するようになっている．ここで示した遮音欠損は，4 000 Hz 帯域にまで及んでいるので，4 000 Hz 帯域の結果も含めて Rr，Dr を求めている．

3.5.4 ホテル壁のシール不良

集合住宅やホテルの界壁の遮音性能を検討する場合，対象となる壁自体の性能だけでなく，窓，廊下など対象以外からの音の回り込みの影響も考慮しなければならない．室間音圧レベル差の測定，評価は，空間性能としてこれら回り込みも含めての総合性能として捉えることとなっている．このため，測定結果が当初の目標を確保されていればよいが，確保されていない場合は，結果を見ただけではどの部位の遮音性能が足らないのか，あるいは回り込みがあるかなど，わからないことになる．測定の目的が単に性能評価だけであればよいが，通常の測定においては所定の性能に足らない場合は原因を突き止めて何らかの対策が可能となるような測定を心掛ける必要がある．

ここに示す例では，ホテルの客室間の間仕切壁の遮音性能を施工途中において確認した事例である．平面図を図 3.5.19 に示す．客室はコンクリートの壁で仕切られたワンスパンを乾式間仕切壁で二部屋に分け計画されている．この測定ではこの乾式間仕切壁を介した客室間の性能の確認が目的である．まず二室間の測定結果を図 3.5.20 に示す

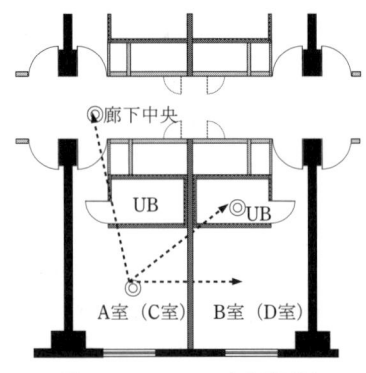

図 3.5.19 ホテル客室平面図

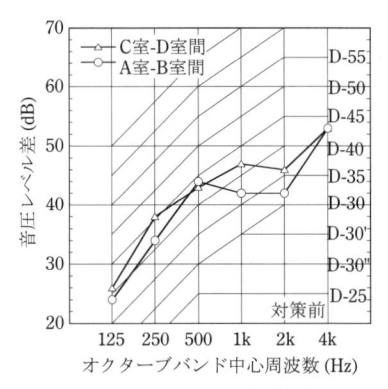

図 3.5.20 ホテル客室間遮音性能（対策前）

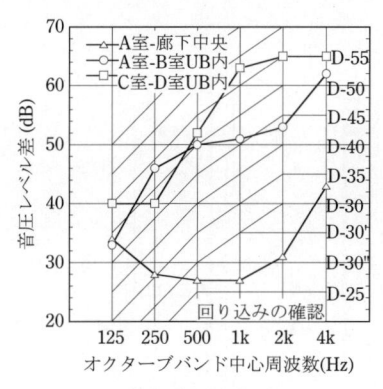

図 3.5.21 ホテル客室間遮音性能（回り込みの確認）

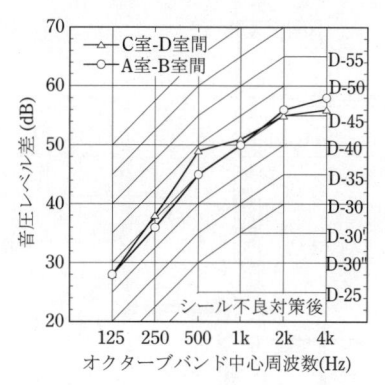

図 3.5.23 ホテル客室間遮音性能（対策後）

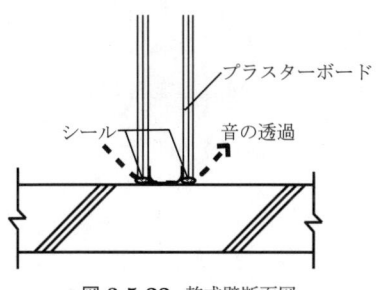

図 3.5.22 乾式壁断面図

が，主に 1 kHz，2 kHz において落ち込み D-30，D-35 の性能であった．当初の目標は D-45 であったため，これに満たなかった原因を探り対策立案に向けてさらに測定が必要となった．まず廊下を介した回り込みも考えられるため，客室－廊下間の遮音性能を測定した．この結果を図 3.5.21 に示すが D-25 であった．ドア近傍での測定ではなく，客室中央と廊下間の測定であるため，形状および吸音の影響で低音域と高音域で見かけ上性能が上がっている．さらに，ホテルでは空調ダクト，換気ダクト等を介した回り込みなど設備機器の影響も考えられる．これをみるため客室－ユニットバス間の遮音性能も測定した．D-45 の性能が得られ，ダクトからの回り込みの影響はないようである．これらの測定結果や，測定時の聴感的な判断などから総合的に判断し，遮音性能低下の原因を乾式壁周囲のシール不足と考えた（図 3.5.22）．

図 3.5.23 に対策後の測定結果を示す．所定の D-45 の性能が得られた．この例では回り込みを確認する測定を追加して行ったが，原因を探るには受音室の測定時には騒音計の値だけでなく耳もフルに働かせて聴感的に音の放射部位を探り原因追及に役立てることが重要である．室間音圧レベル差の測定ではホワイトノイズなどの広帯域ノイズを用いる方法もあるが，この方法では放射部位を探ることは困難であるため，対策といった観点からはバンドノイズを使うほうがよい．

3.5.5 ホテル（和室）の遮音改善例

(1) 測定の対象

旅館において隣の客室からの話し声が聞こえるとのクレームがあった．対象室の平面図を図 3.5.24 に示す．聴感によって客室間で遮音上弱点となっている部分の確認を行う．遮音上弱点となる経路は，開口部（サッシ，出入り口扉）と界壁である．聴感上で，開口部よりも界壁全体から話し声が聞こえることを確認した．設計図書によって界壁の仕様が図 3.5.25 に示すように GL 工法であり，遮音上弱点となっていることが想定された．

(2) 測定の計画

界壁を介して接している客室間（101 和室－102 和室間），（102 和室－103 洋室間）と界壁からの影響が小さい廊下を介して接している 102 洋室－103 和室間の室間音圧レベル差の測定を計画した．この旅館は，営業中であるため，測定できる時間帯が 11 時～2 時の 3 時間に制限されている．このため，測定に要する時間を極力少なくするため，音源室を 102 号室とし，受音室を両隣の 101 および 103 号室とした．さらに，音源にはピンクノイズを用い，周波数分析機能が付いている普通騒音計を用いて迅速に測定を行う計画とした．

図 3.5.24 測定平面図

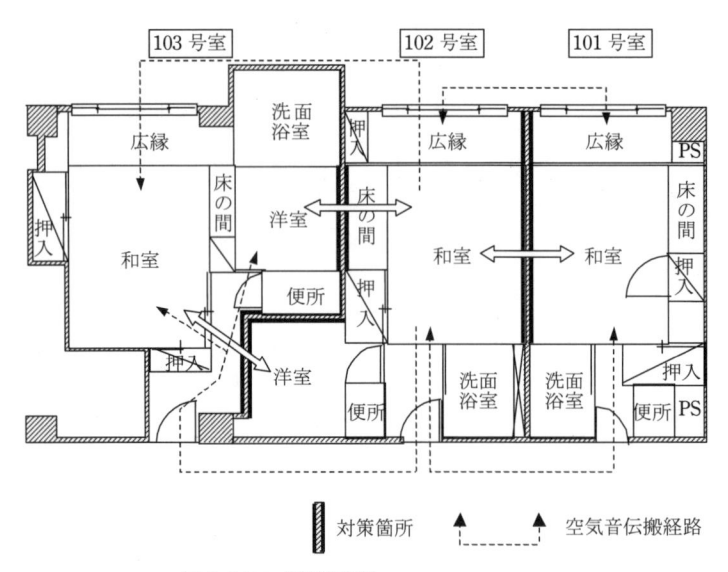

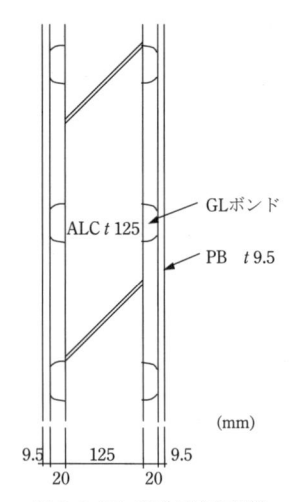

図 3.5.25 設計図書壁仕様

(3) 測定の実施と測定結果

室間音圧レベル差の測定ブロックダイアグラムを図 3.5.26 に示す．室間音圧レベル差の測定は，JIS A 1417：2000「建築物の空気音遮断性能の測定方法」に従って行う．なお，受音点のマイクロホンの高さは，床から 1.6, 1.4, 1.2, 1.0, 0.8 m とした．

室間音圧レベル差の測定結果を図 3.5.27〜図 3.5.29 に示す．室間音圧レベル差の値は，Dr-30〜35 であった．

(4) 結果の検討

室間音圧レベル差は，室内の廊下を介して接している 102 洋室−103 和室間が D-35，界壁を介して直接接している客室間（101 和室−102 和室間）が Dr-30 であった．さらに，2 室間の室間音圧レベル差を「日本建築学会編：建物の遮音設計資料」の計算式によって計算すると D-30〜35 と

なり，測定値とおおよそ一致していた．設計目標値を「日本建築学会遮音性能基準」のホテル 2 級（D-45）に設定すると，10〜15 dB（D 等級で 2〜3 ランク）遮音性能を向上させることが必要となる．

(5) 対策の検討

旅館は営業中であり，休業期間を最小限とする事が求められていた．そこで，聴感上最も寄与度の大きい GL 工法で施工されている壁を改修することとした．洗面所，浴室，便所が壁に接している部分については，直接，客室に接していないことと，改修工事に時間がかかることから，対策工事を行わないこととした．対策工事は，客室に面している GL 工法で施工された壁部分を撤去し，図 3.5.30 に示す付加壁を新設する方法で行った．対策後の室間音圧レベル差を図 3.5.27〜図 3.5.29 に合わせて示す．102 和室−101 和室間，102 和室−103 洋室間の室間音圧レベル差は，D-45，103

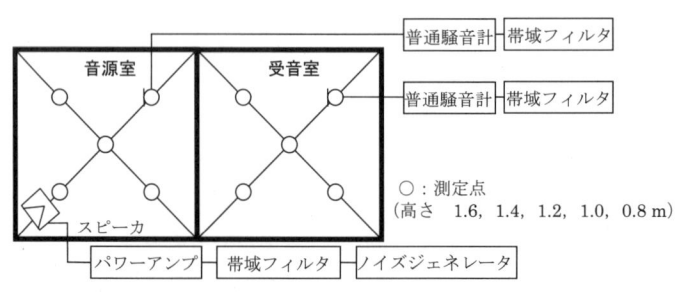

図 3.5.26 測定ブロックダイアグラム

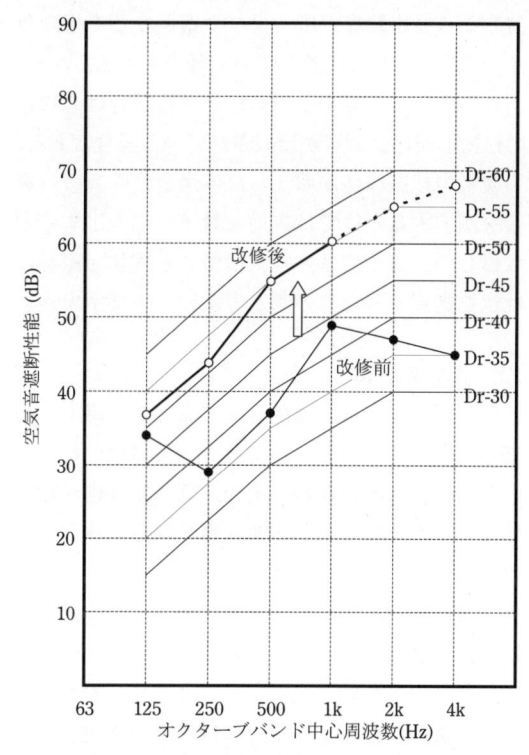

図 3.5.27 改修前後の室間音圧レベル差測定結果（103 和室→ 102 洋室）

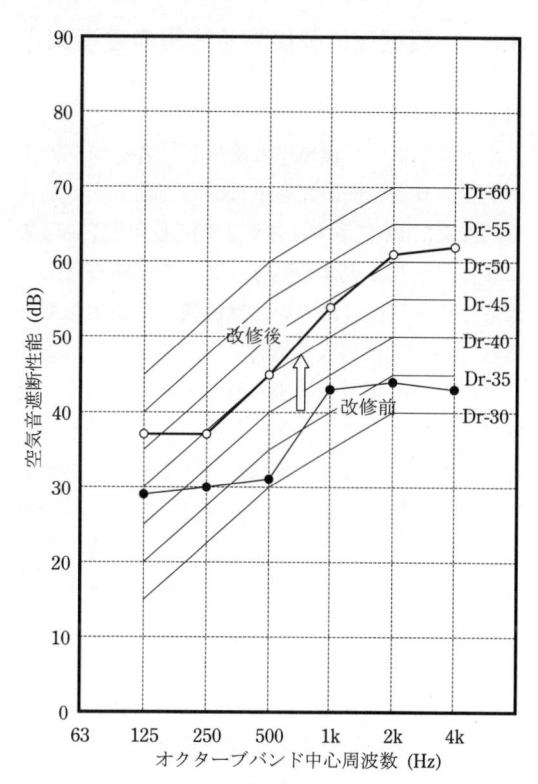

図 3.5.29 改修前後の室間音圧レベル差測定結果（102 和室→ 101 和室）

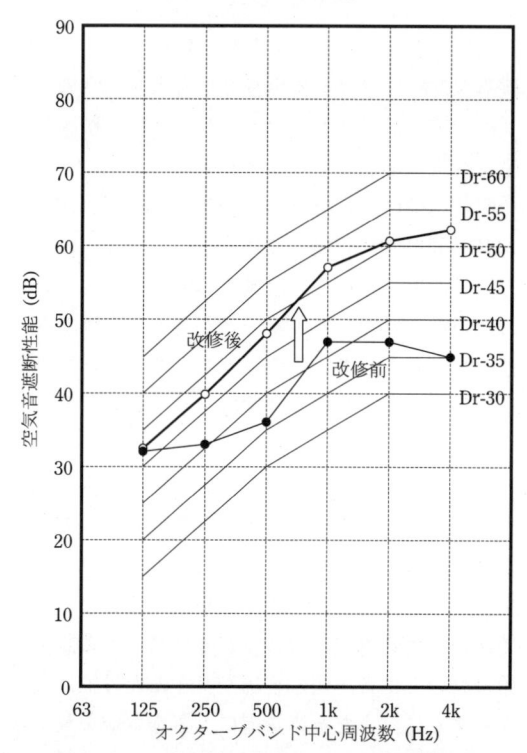

図 3.5.28 改修前後の室間音圧レベル差測定結果（102 和室→ 103 洋室）

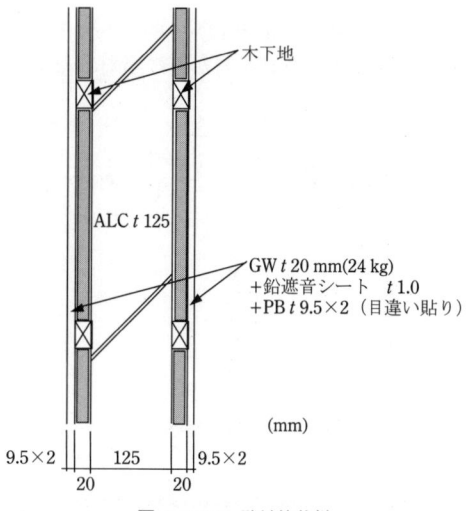

図 3.5.30 壁対策仕様

和室－102 洋室間は，間に廊下を挟んでいることから D-50 であった．この対策工事によって，設計目標値（D-45）を達成できた．なお，対策後に聴感的に客室として支障のないこと，宿泊者からのクレームも出ていないことを確認している．

3.5.6 機械室に隣接する客室の遮音測定

(1) 測定対象

ホテルにおいて機械室と隣接して客室が位置する場合，機器稼働時に客室において発生する騒音は，図3.5.31に示すとおり空気伝搬音と振動伝搬によって生じる固体伝搬音の2つの経路が考えられる．空気伝搬音については機械室で発生している騒音が①間仕切壁を透過して伝搬する音，②間仕切壁と外壁面や廊下側の壁面との取合い部，間仕切壁と上下床スラブとの取合い部などからの透過音が挙げられる．このほか，③機械室の外壁面を透過して屋外に伝搬し，外壁面に設けられた窓面を透過して室内に伝搬する音，④発生音が扉部分を透過して廊下に伝搬して客室扉から進入する音，さらには換気や空調設備系のダクトを介したクロストーク音などの側路伝搬音が考えられる．

一方，固体伝搬音としては機器の振動が床に入力され床スラブを伝搬して客室側に伝搬して床スラブや間仕切壁を振動させることにより放射される音，機器振動が配管の支持部や貫通部分において振動が入力されて躯体中を伝搬して客室において騒音として放射される音が挙げられる．また機器による発生騒音が床スラブや壁面などを振動させ，固体音として伝搬していく経路も考えられる．

このように隣接する居室における騒音は，複数の伝搬経路による音が合成されている場合がある．

複数の伝搬経路が考えられる場合，受音室の騒音を測定するだけでは有効な対策を導き出すことは難しい．ここでは，空気伝搬音と固体伝搬音の性状を把握するための測定方法について示す．

(2) 測定の計画

発生騒音によっては受音室において聴感上で到来方向を判断することができるが，対象となっている騒音の周波数が低い場合には，指向性が顕著でないため聴感により伝搬経路を判断することは難しい．

また機器振動が間仕切壁に伝搬している場合には間仕切壁の振動による放射音と透過音を区別することはできない．空気伝搬音と固体伝搬音の影響を定量的に把握するためには以下の測定方法が考えられる．

a. 空気伝搬音による遮音性能の測定

空気伝搬音による影響を確認する方法としては，機器稼働時における発生音と受音室側居室の音圧レベル差とスピーカを用いたときの間仕切壁の音圧レベル差を比較することである．

間仕切壁の遮音性能の測定については，JIS A 1417「建築物の現場における音圧レベル差の測定方法」が用いられる．機械室の内部は発生音低減のため吸音処理していることが多く，音源室内は拡散性が低下している音場であるため特定場所間音圧レベル差として遮音性能を示すことが実際的である．

また，音源機器稼働時の実際の騒音発生状況においては音源からの直接音が対象壁面に入射することがあるため，対象壁面に入射するエネルギーを把握できる位置にも測定点を設けることも必要である．遮音測定における音源スピーカの設置位置については音源側の音場ができるだけ拡散性となるように，また音の透過に大きな影響を与える測定対象の部位や側路伝搬の原因となる箇所に強い直接音が入射しない位置にスピーカを設置することが原則であるが，機器稼働時の実際の音場を

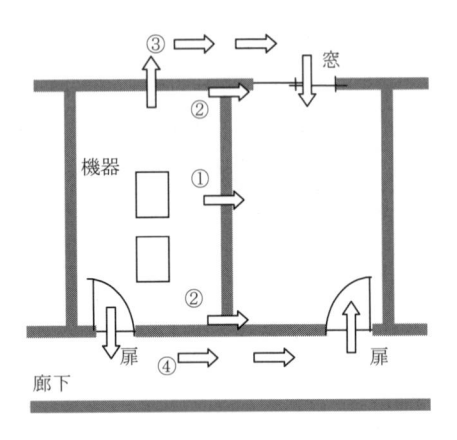

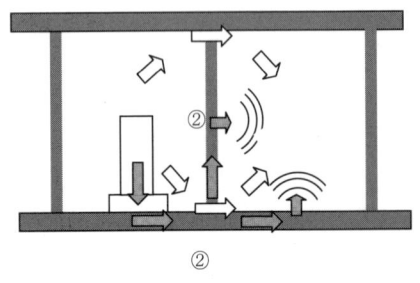

図3.5.31 室間遮音の伝搬経路の概念図

考慮して対象壁面に斜め入射で音を放射させるような測定を行うことも必要となる．

機器発生音から界壁の遮音性能を減じた空気音による透過音推定値と機器稼働時の騒音レベルを比較することにより空気伝搬音の影響を検討できるが，さらに以下の固体伝搬音の測定を行うことにより詳細な影響を確認できる．

b. 機器稼働時の発生騒音・振動の測定

機器稼働時における音源側の発生音レベルの測定においては，遮音測定において実施した測定点位置および対象壁面に入射する発生音を把握できる位置で測定することが有効である．客室においては問題となっている位置を含めて複数の測定点を設ける．機器の発生音が定常的な場合には，音源側と受音側を別々に測定することができるが，時間変動が生じる騒音の場合には音源側と受音側を同時に測定することが必要となる．振動の場合も同様であり，同時計測の場合は音源側と受音側の騒音，振動をデータレコーダにいったん録音し，後日解析する手法が用いられる．データレコーダの入力チャンネル数によっては全測定点を同時録音できないことがあるが，この場合は騒音，振動の測定それぞれに基準点を設けておき，基準点との相対レベル差で測定値を補正することで対応できる．

振動については機器稼働時の振動加速度レベル，振動速度レベルの測定結果および駆動点インピーダンス測定から機器稼働時の加振力を算出することが可能であり，固体音の検討につなげることができる．加振力の測定方法としては，①力変換器を用いて加振力を直接測定する方法（直接法），②機器稼働時の振動応答に対し加振力が既知の入力に対する振動応答との比較により加振力を求める方法（置換法），③機器稼働時の振動加速度応答を測定してニュートンの第2法則から加振力を求める方法（弾性支持法）などが主な方法として挙げられる．置換法により加振力を求める場合，既知加振力としてインパルスハンマーを用いる方法は，高い周波数において十分SN比を得ることは難しいが，周波数が63 Hzから500 Hz程度の固体音の検討においては適用可能である．ただし，機器稼働時の振動測定結果に機器からの発生音によって床面や壁面が振動する音響加振の影響が含まれていることを考慮しておく必要がある．また振動測定点の位置や個数によって加振力測定結果に影響が生じることに注意が必要である．

c. 振動入力によって生じる発生音の伝達特性の測定

機器の加振力がわかり，振動入力に対する隣接居室における発生音の応答（伝搬系の伝達関数）が求められると機器稼働時の振動によって発生する放射音（固体音）のレベルが求められる．系の伝達関数を求める場合，インパルスハンマーによる衝撃加振が簡便であり，周波数応答範囲に制限が生じることや伝搬系によってはSN比が十分取れないことなどの制約があるが，伝搬経路が短い隣接居室での固体音の場合には十分適用できると考えられる．

（3）測定の実施

a. 界壁の遮音性能（室間音圧レベル差）の測定

室間音圧レベル差測定のブロックダイアグラムを図 **3.5.32** に示す．機械室において音源スピーカから全帯域ピンクノイズを発生させ，SN比が十分確保できない高音域は1/1オクターブバンドノイズを用いている．測定は周波数分析（1/1, 1/3 oct）機能付き騒音計を用い，周波数範囲は63 Hzから2 kHzとした．測定点は音源側，受音側共に室空間を平均的に分布させた5点と壁面近傍に数点の測定点を設けた．

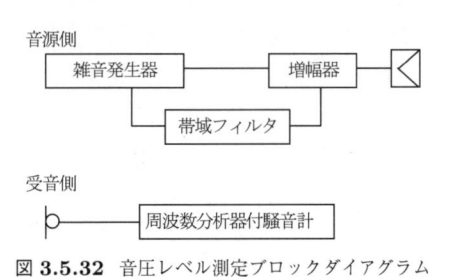

図 **3.5.32** 音圧レベル測定ブロックダイアグラム

b. 機器稼働時の騒音・振動測定

機器稼働時の騒音・振動測定ブロックダイアグラムを図 **3.5.33** に示す．騒音は音源側，受音側の室中央にマイクロホンを設置し，延長ケーブルを用いて騒音計に接続した．振動は，床スラブ上，機械基礎上，防振支持された機器架台上に数点圧

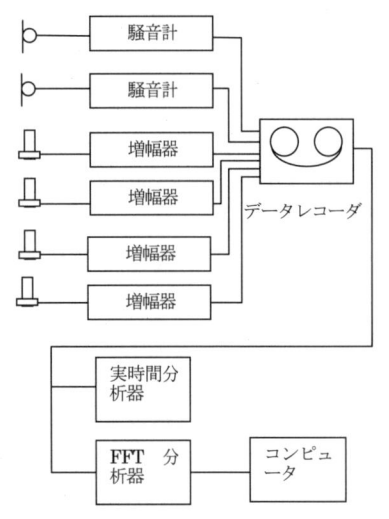

図 3.5.33 発生騒音・振動測定ブロックダイアグラム

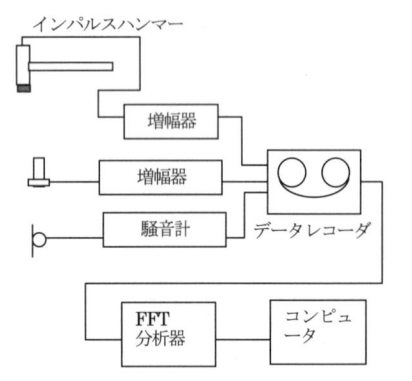

図 3.5.34 駆動点インピーダンス測定ブロックダイアグラム

電型の振動ピックアップを両面テープを用いて設置した．騒音計ならびに振動計チャージ増幅器の出力をデータレコーダに録音し，実時間分析器，FFT 分析器により騒音レベル，振動加速度レベルの 1/1, 1/3 オクターブバンドレベルならびにフーリエスペクトルを求めた．振動ピックアップを両面テープで設置するとテープの種類にもよるが数 kHz 付近に設置共振の影響が現れるが，対象としている周波数が 500 Hz 程度までであるため影響は生じていない．

c. 駆動点インピーダンス，伝達関数測定

駆動点インピーダンスならびに振動から放射される騒音の伝達関数測定系のブロックダイアグラムを図 3.5.34 に示す．インパルスハンマーにより衝撃加振を行い，加振点近傍の振動速度応答ならびに隣室客室における発生音をデータレコーダに録音し，5〜10 回の衝撃加振のエネルギー加算平均値から駆動点インピーダンスならびに系の伝達関数を算出した．

(4) 結果の検討

a. 界壁の遮音性能

空気音による遮音性能測定結果を図 3.5.35 に示す．500 Hz では 50 dB 程度の室間平均音圧レベル差で得られているが，低音域の遮音性能はやや低下した結果で建築学会の遮音等級では D-40 となる．壁面近傍測定点間の特定場所間レベル差では 125 Hz の遮音性能が低下しているため D-35 の結果となっている．

界壁の遮音構造は片側せっこうボード 12.5+15，空気層 100 mm（グラスウール 32k, t50）の二重壁であり，遮音性能測定結果は遮音構造に相応した結果といえる．なお，低音域の遮音性能の低下は二重壁の中間空気層による共鳴透過現象と考えられる．

b. 機器稼働時客室騒音レベル

隣接機械室における機器稼働時の客室内騒音ならびに振動のパワースペクトル測定結果の例を図 3.5.36〜図 3.5.38 に示す．機器稼働によって生じる隣室客室の騒音は 63〜125 Hz の低音域の成分が主である．騒音レベルは機器の運転状況によっ

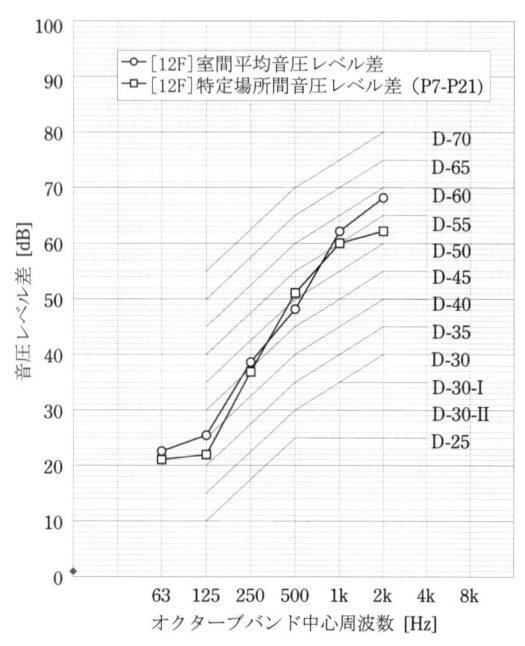

図 3.5.35 遮音測定による室間音圧レベル差

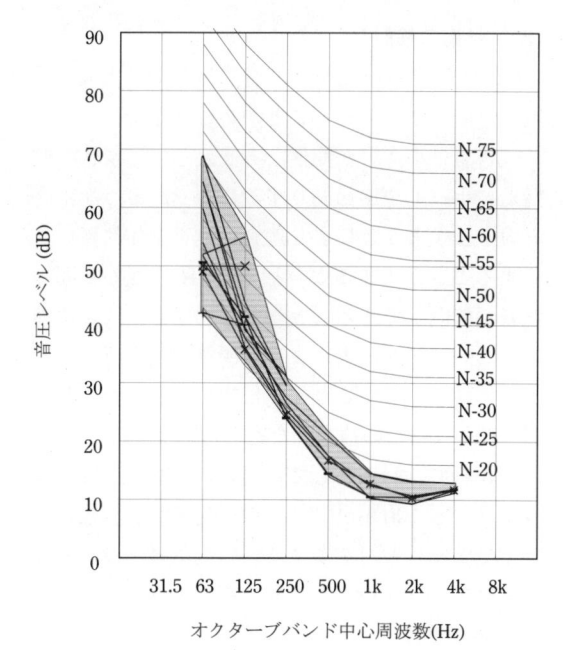

図 3.5.36 隣接機械室機器稼働時の客室間騒音レベル

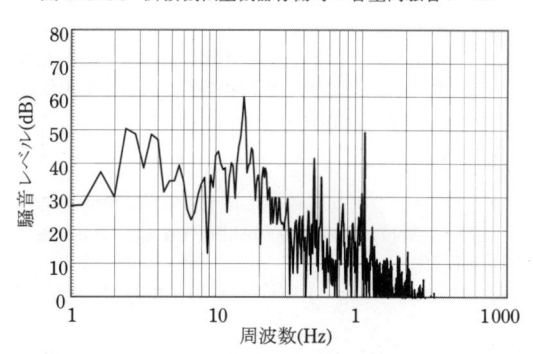

図 3.5.37 隣接機械室機器稼働時の客室間騒音スペクトル

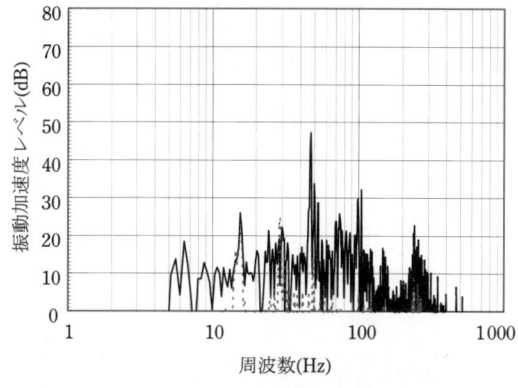

図 3.5.38 機械室機器稼働時振動測定結果

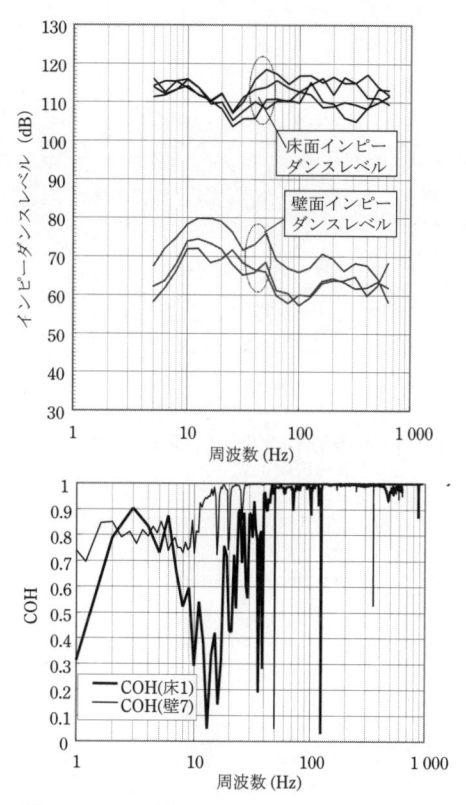

図 3.5.39 駆動点インピーダンスとコヒーレンス

~100数十Hz付近にスペクトルのピークが現れている．

c. 駆動点インピーダンスと伝達関数

　床スラブ，機械基礎上，壁面の駆動点インピーダンスとコヒーレンス測定結果を図 3.5.39 に示す．また機械設置床を衝撃加振したときの隣接する客室の発生音との伝達関数を図 3.5.40 に示す．

　駆動点インピーダンスならびに伝達特性測定時のコヒーレンスは，壁面では10 Hz以上，床面の場合20~30 Hz以上となると十分な値が得られている．

d. 空気伝搬音と固体伝搬音の推定値

　客室における発生騒音実測値，機械室発生音から界壁の遮音性能を減じた空気伝搬音推定値，機器稼働時の加振力と隣接居室発生音との伝達関数から得られた固体伝搬音推定値を図 3.5.41 に示す．

　周波数の低い場合は振動による影響が大きいが，50~200 Hz付近においては固体音による発生音予測値は小さい値であり，空気伝搬によって生じた透過音の推定値と実測結果はほぼ一致している．

て低音域レベルが大きく変動し，低音域の発生音が大きい場合にはN-40~45程度になる．機器がインバータ制御されているため稼働状況によりピークを示す周波数が変動しているが，50~60 Hz, 100

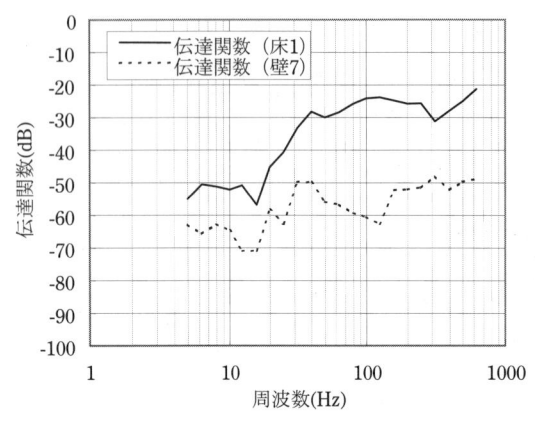

図 3.5.40 隣接機械室の機器設置床と客室発生音の伝達関数

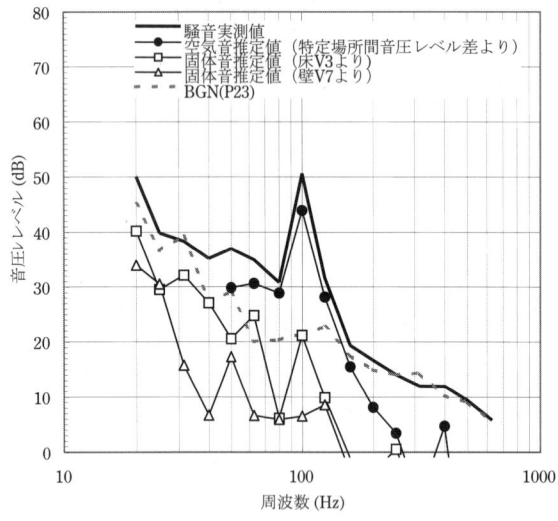

図 3.5.41 空気伝搬音と固体伝搬音による発生音推定値と室内騒音レベル

100 Hz 前後の騒音の主たる原因は空気伝搬音によるものと推測される．

(5) 対策の検討

63 Hz，125 Hz 帯域の騒音に対しては空気音の遮音性能を増加させることが必要となる．

改善量は小さいが簡便な方法としては現状の壁構造にボードを増し貼りすることである．面密度を大きくすることにより遮音性能を全体的に大きくすることができるが，通常 5 dB 程度の範囲の遮音性能向上であることが多い．なお，二重壁構造においてスタッドにより音源側と受音側のボードが連結されていると振動伝搬の影響のため改善量は低下するため抜本的な遮音対策とはいえない．したがって，対策としては現状の壁構造とは別に少なくとも 100 mm 以上（改善対象の周波数により空気層厚は検討を要する）の空気層を設けて独立間柱によりボード二重貼り程度の壁を付加することが有効といえる．

文献 (3.5.1)
1) 中川清：せっこうボード直貼り工法壁共鳴周波数の予測と遮音改善，日本建築学会大会学術講演梗概集（1981），pp.5–6

文献 (3.5.3)
1) 村石喜一：空気伝搬音に対する室間遮音性能の現状，音響技術 No.100 (vol.26, no.4), (1997.12), pp.59–66
2) YOSHINO 技術レポート No.1 (2001.9), pp.4–7

参考文献 (3.5.5)
1) 日本建築学会：建物の遮音設計資料（技報堂出版，1988）

3.6 床衝撃音レベル（重・軽）の測定と対策

3.6.1 フラットスラブの床衝撃音遮断性能測定と対策

(1) 概説

フリープランやバリアフリーといった建築計画の要求に対応し，梁・柱型のない居住空間を実現するために，フラットスラブなどの新しい構造形態が採用されてきている．

ここでは，背骨となる厚さ1 000 mm程度のコア壁を中央に配し，これと外周の柱のみによって耐震要素を構成し，梁・柱の少ない空間を提供するコア壁形式の採用された例について報告する．コア部分以外には梁がない大型フラットスラブとなるため従来の床衝撃音予測方法（インピーダンス法など）の適用外となり，集合住宅に適用するにあたっては床衝撃音の検討が不可欠であった．そこで，事前に実大モデル実験により基本性能を確認し，施工中には現場の先行ルームにおいて二重床・二重天井の影響を検討し，竣工時に当初の設計目標を満足した例を紹介する．

(2) 実大1/4カットモデルにおける実験

a. 概要

本構造を集合住宅に適用するにあたっては，居住環境性能のうち，検討が必要となると思われるのは床衝撃音遮断性能である．スラブ厚と梁背が等しくなるような内蔵梁しか存在せず，音響領域の振動に対しては，梁とみなすことができず，特に，重量床衝撃音遮断性能については，インピーダンス法の適用範囲外となる．

重量床衝撃音遮断性能の設計目標値（$L_{i,r,Fmax,H(1)}$-50（目標），$L_{i,r,Fmax,H(1)}$-55（確保））と軽量床衝撃音遮断性能の設計目標値（$L_{i,r,L}$-45（目標），$L_{i,r,L}$-50（確保））を満足するかどうかを検討するために，想定される建物の平面の約1/4に相当する実大モデル建物を構築し，施工性の確認実験とともに，音響性能の確認実験を行った．実験建屋を図**3.6.1**に示す．

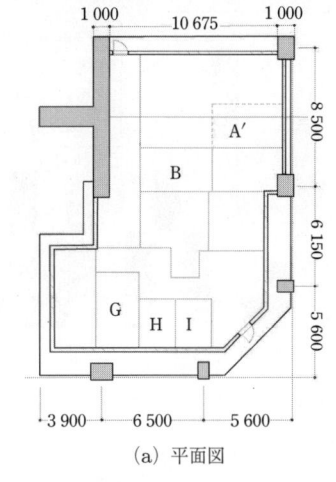

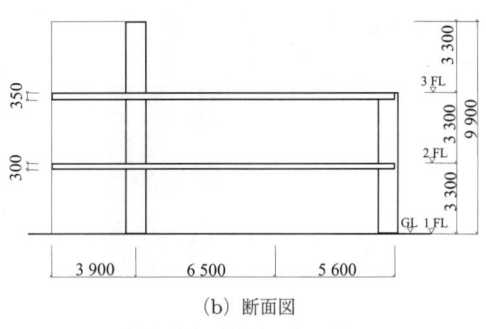

図**3.6.1** 実大カットモデル

2F床のスラブ厚は300 mm，3F床のスラブ厚は350 mmとしている．

b. 床衝撃音遮断性能測定結果

本節で示す床衝撃音レベルの測定時期は，JIS改正以前であり，JIS A 1418 : 1995に準拠し，受音点のマイクロホンの高さは，床から1.5 m一定とした．測定点は，いずれの場合にも図**3.6.1**中に細線で示した間仕切壁位置を基にして，対角5点とした．

b-1. 素面での重量床衝撃音遮断性能

測定にあたっては，間仕切りの有無による影響などについても着目して測定を実施した．まず，二重床・天井施工前のスラブ素面の状態において，外壁に相当する部分だけを施工した段階，続いて，住戸内間仕切壁を施工した段階での床衝撃音遮断性能測定結果をまとめて，図**3.6.2**に示す．

躯体での結果は，測定によるばらつきは少なく，L-45〜50（350 mm厚）とL-48〜52（300 mm厚）であった．面積が無限大板の駆動点インピーダンスの計算値に着目し，駆動点インピーダンスと床衝

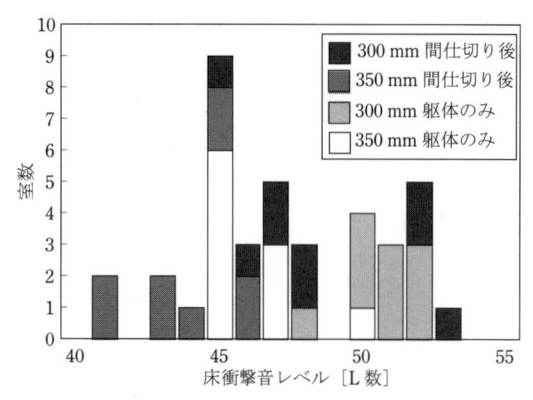

図 3.6.2 スラブ素面の重量床衝撃音遮断性能

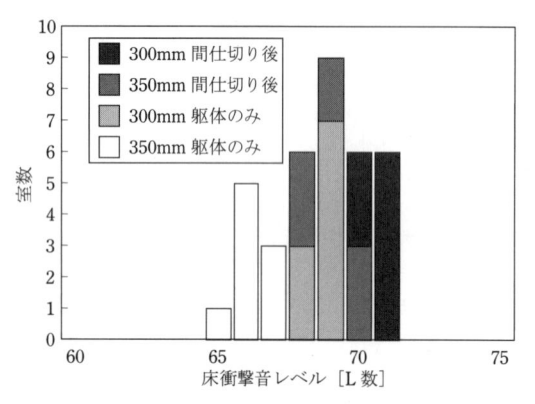

図 3.6.3 スラブ素面の軽量床衝撃音遮断性能

撃音との間に反比例の関係が成立すると仮定すると，スラブ厚 350 mm と 300 mm の床衝撃音遮断性能の性能差は，$40\log(350/300) = 2.7$ dB となり，ほぼスラブ厚の差に応じた変化が確認できる．

間仕切り施工後の結果は，概ね間仕切り施工前の結果よりも，若干レベルが小さくなる傾向にあり，L-41～46（350 mm 厚）と L-45～53（300 mm 厚）であった．

b-2. 軽量床衝撃音遮断性能

裸床の段階での床衝撃音遮断性能は，**図 3.6.3** に示すように L-65 から 70 程度である．300 mm スラブと 350 mm スラブの結果を比較すると，スラブ厚に応じた性能の差異が現れており，間仕切壁を施工することによって，3 dB 程度の増幅が確認できた．

c. 付加材の影響

c-1. 天井の影響

超高層集合住宅では，スプリンクラーの設置が義務付けられるため，天井の設置が不可欠となる．一般に，天井を施工することは，重量床衝撃音遮断性能を低下させる傾向にあることが知られている．そこで，通常のスラブよりも厚い床に対する天井材の重量床衝撃音に対する影響を確認する目的で，天井懐を 200 mm とした場合について，**図 3.6.1** に示した各部屋で重量床衝撃音測定を実施した．その結果では L-46～54（350 mm 厚）と L-48～54（300 mm 厚）であり，3～8 dB 性能が低下している．

また，各種断面仕様天井の影響について，間仕切り完了後（スラブ素面・天井施工前）の測定結果を基準として，床衝撃音の改善量を測定した．実大モデル内の 1 および 2 階のそれぞれ 3 室に，**図 3.6.4** に示す断面仕様の天井をそれぞれ施工し，施工前後の床衝撃音遮断性能の差を測定した結果を**図 3.6.5** に示す．天井懐寸法 200 mm 程度とした場合には，天井材による増幅が 63 Hz 帯域で 5 dB を超える場合がある．一方，天井懐を 50 mm, 75 mm とした場合には，比較的増幅量は小さい．また，折り上げ天井にすることも効果的であることが確認できた．天井を設けることによる増幅については，天井材と懐寸法によって決定するレゾナンス周波数との関連が深く，増幅の程度も，一般的なスラ

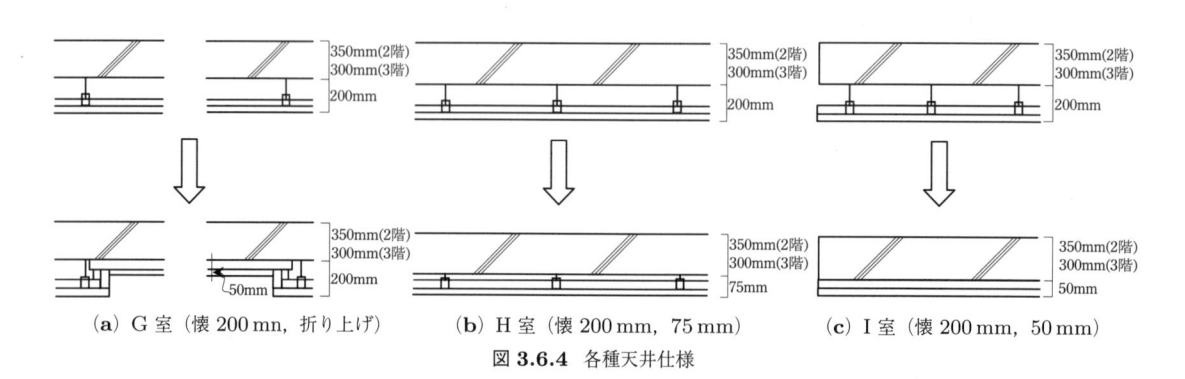

(**a**) G 室（懐 200 mn, 折り上げ）　(**b**) H 室（懐 200 mm, 75 mm）　(**c**) I 室（懐 200 mm, 50 mm）

図 3.6.4 各種天井仕様

ブにおけるものと大差ないことが確認された．

c-2. 二重床の影響確認

遮音シート付き二重床（床厚200 mm，実験室の改善量からメーカではL-50の性能としている）を施工した場合の重量床衝撃音遮断性能の測定結果は，L-42～47（350 mm厚）とL-44～48（300 mm厚）であり，素面の結果より遮音低下が認められる．軽量床衝撃音遮断性能は，L-32～37（350 mm厚）とL-35～44（300 mm厚）である．

また，二重床の仕様による違いをみるために，メーカ9社の協力を仰ぎ，間仕切り施工後・天井なしの状態を基準とし，各種仕様の二重床施工前後の床衝撃音遮断性能を測定し，その差から床衝撃音改善量を求めた．測定は，図3.6.1に示すA′室およびB室において実施した．それぞれ残響室における試験結果が L_H-55（A′室），L_H-50（B室）となるタイプを代表的な二重床として施工した．前者は主に遮音シートのないタイプ，後者は

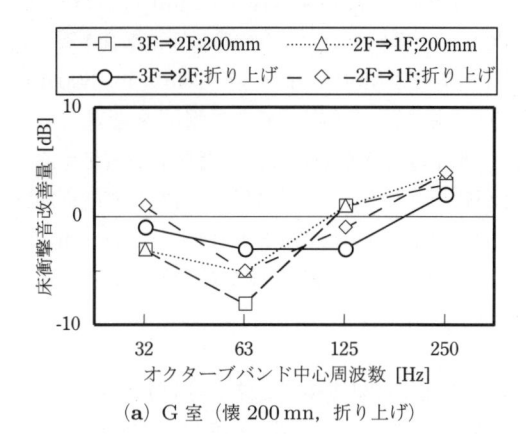

(a) G室（懐200 mm，折り上げ）

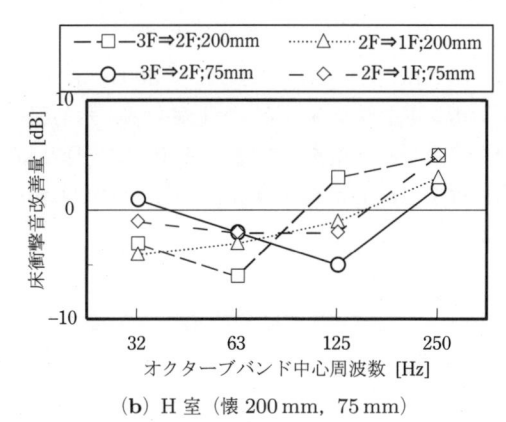

(b) H室（懐200 mm，75 mm）

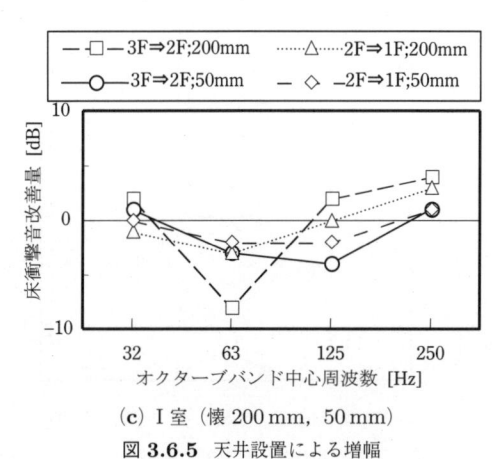

(c) I室（懐200 mm，50 mm）

図 3.6.5 天井設置による増幅

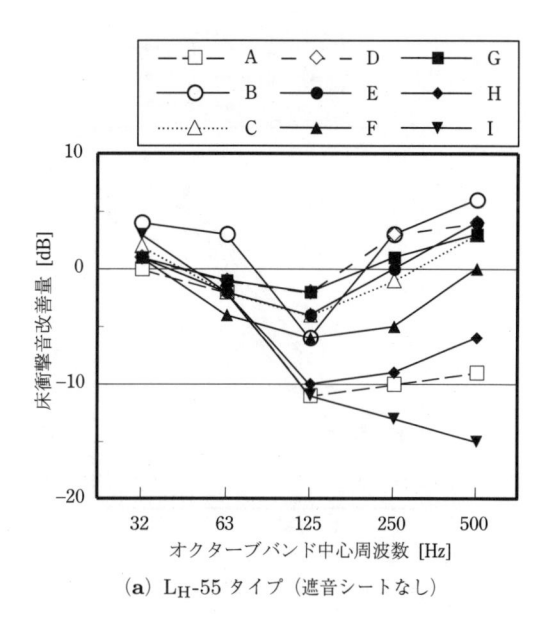

(a) L_H-55 タイプ（遮音シートなし）

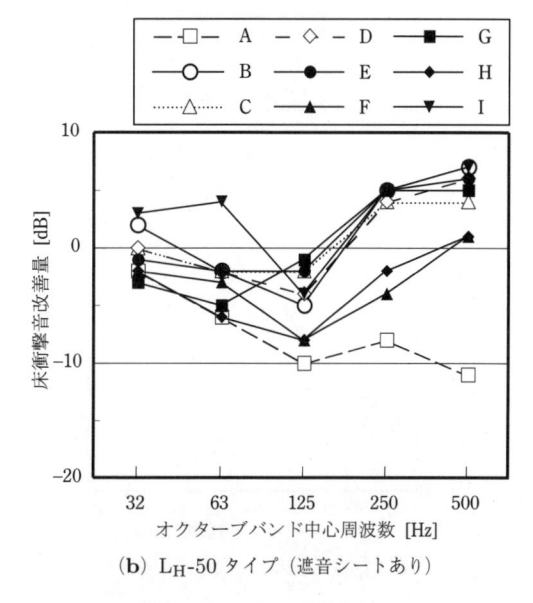

(b) L_H-50 タイプ（遮音シートあり）

図 3.6.6 重量床衝撃音改善量測定結果

遮音シートを挿入したタイプである．測定結果を図 **3.6.6** および図 **3.6.7** に示す．なお，図中の A～I は社名を示している．

重量床衝撃音遮断性能の改善量（図 **3.6.6**）については，試験位置が異なることや，試験方法・施工によるばらつきも多々含まれているものと考えられるものの，63 Hz 帯域の増幅量に着目すると，総じて L-55 タイプと L-50 タイプの差は明確に現れていない．またメーカによっては，残響室における試験結果とは異なり，L-55 タイプに比べて L-50 の方が改善量が悪いという結果になるものも見られた．

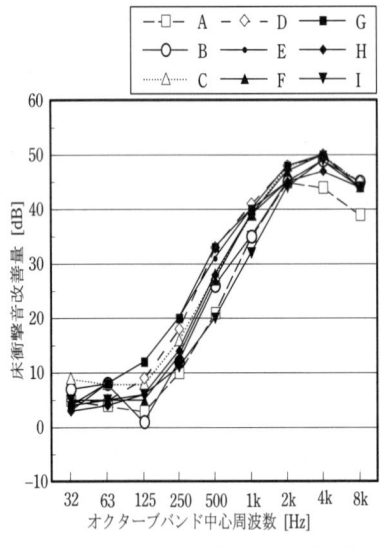

軽量床衝撃音に対する改善量（図 **3.6.7**）の場合には，ほぼ全周波数で改善効果が得られている．周囲の納まりで硬い材料が使われた仕様の改善量が小さくなっており，際根太の仕様の影響が大きいことが確認された．

c-3．内装材施工後の床衝撃音

内装材（二重床（床厚 200 mm）・天井（懐 200 mm））を施工した場合の重量床衝撃音遮断性能は L-45～53（350 mm 厚）と L-48～59（300 mm 厚）であり，二重床・天井の増幅を考慮しても 350 mm の床厚があれば設計目標値を満足することが確認された．また，軽量床衝撃音遮断性能は L-31～32（350 mm 厚）と L-39～44（300 mm 厚）であり，目標値に対して十分に余裕があることが確認された．

（3）現場における検討と竣工時測定結果

適用された現場は，図 **3.6.8** に示す平面をもつ，地上 25 階，地下 3 階の集合住宅であり，スラブは 370 mm（ただし，水廻り部は 300 mm）厚のアンボンドフラットスラブとしている．水勾配を確保することを考慮し，乾式二重床は壁先行とし，床高は 180 mm から 250 mm，天井懐は 220 mm である．

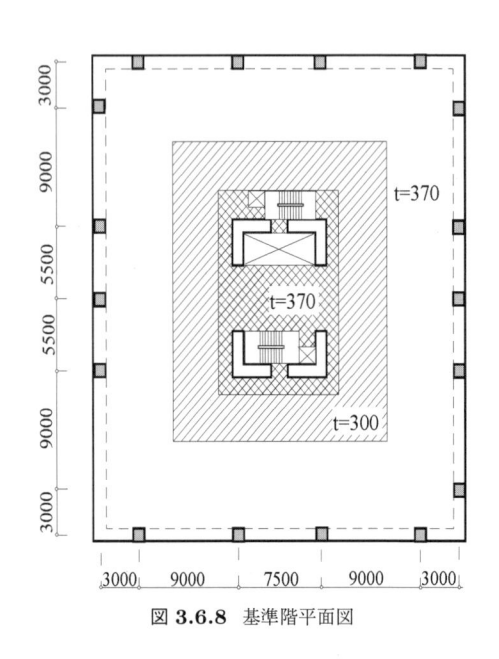

(a) L_H-55 タイプ（遮音シートなし）

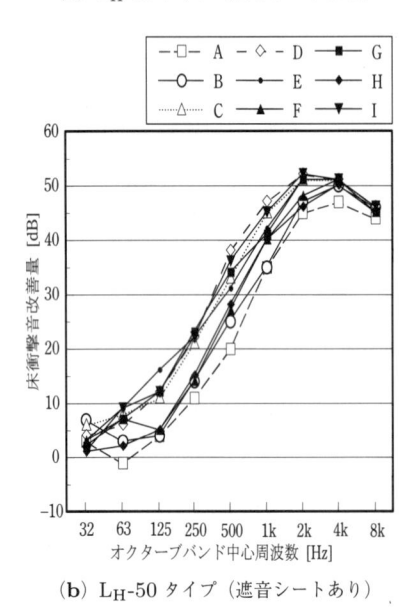

(b) L_H-50 タイプ（遮音シートあり）

図 **3.6.7** 軽量床衝撃音改善量測定結果

図 **3.6.8** 基準階平面図

実大モデルにおける結果から，軽量床衝撃音性能には目標性能を確保するうえで余裕があることを確認できたので，現場での検討は主に重量床衝撃音について実施した．

a. 現場における二重床の改善量の確認

二重床に関しては，実大モデルの結果を参考に改善量の目標を $-3\,\mathrm{dB}$ 以上とし，メーカに性能発注を実施した．4つのメーカに絞り込み，現場に先行ルームを作り，改善量の確認測定を実施した．先行ルームは，図 3.6.9 に示すように同一階の左右対称場所に設けた．最終的に二重床・天井ともが施工されることを考慮し，天井を施工した状態で改善量を測定した．

天井の改善量の測定結果は，図 3.6.10 に示すごとく，$63\,\mathrm{Hz}$ 帯域での結果で東側が $4\,\mathrm{dB}$，西側が $1\,\mathrm{dB}$ の増幅と多少ばらつきがあるが，天井施工後の L 数は，それぞれ L-44, L-43 とほぼ $1\,\mathrm{dB}$ の違いにとどまっている．

二重床施工前後の測定結果から改善量を算出した結果を，図 3.6.11 および図 3.6.12 に示す．

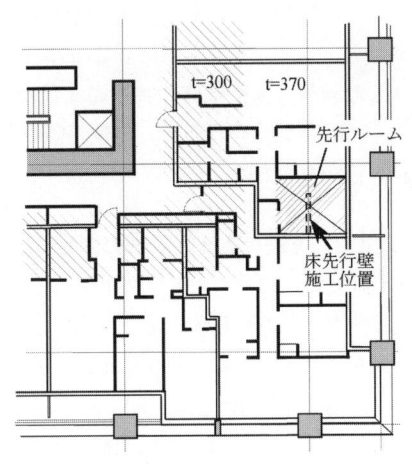

1社を除き，上記の改善量の目標値を満足しており，コスト等の要因を考慮してメーカを選出した．

また，周辺部に空気抜けを設けることの効果は，各仕様とも $32\,\mathrm{Hz}$ 帯域に確認されたが，それ以上の周波数帯域については効果が確認できなかった．当初，幅木に空気抜けを設けることも提案したが，これらの結果から，今回の建物での採用は見送った．

b. 竣工時の確認測定

b-1. 概要

竣工時に実施した音響測定結果（音源室・受音室ともフローリング仕上げの場合）では，重量床衝撃音遮断性能は L-50〜55，軽量床衝撃音遮断性能は L-35〜40 と，設計目標値（重量床衝撃音遮断性能の設計目標値（L-50（目標），L-55（確保）））と軽量床衝撃音遮断性能の設計目標値（L-45（目標），L-50（確保））を満足した．また，上下階間の遮音性能は床厚が十分厚く，かつ二重床および天井の存在が奏功し，Dr-60 ときわめて良好な結果が得られている．

b-2. 重量床衝撃音と室面積の関係

重量床衝撃音遮断性能の測定にあたっては，性能表示制度における特別認定を受けることを目的として，室面積が 10, 20, 30 m² 前後でそれぞれ

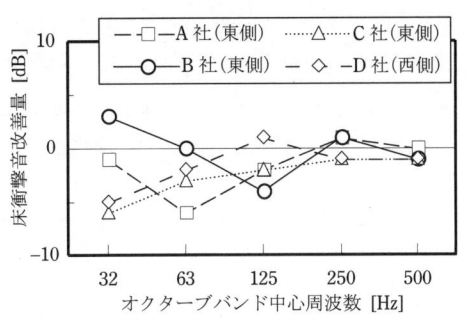

図 3.6.9 先行ルーム平面図

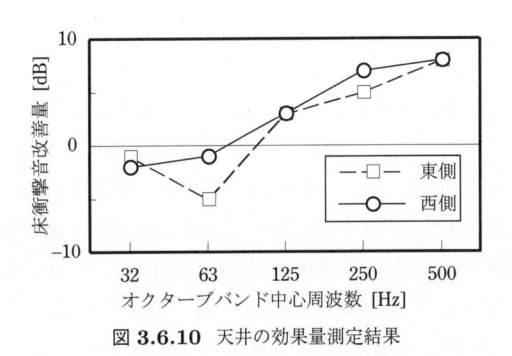

図 3.6.10 天井の効果量測定結果

図 3.6.11 二重床の改善量測定結果（幅木あり）

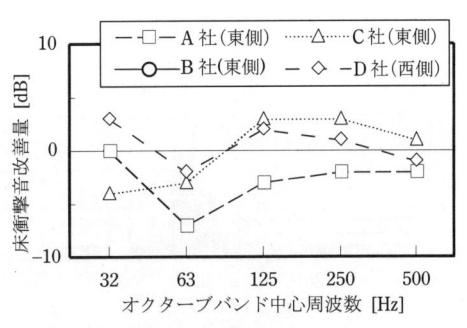

図 3.6.12 二重床の改善量測定結果（幅木なし）

の面積の変域が1.3倍以下となるように，それぞれ10室以上を任意に選択して測定した．

測定は，JIS A 1418 : 2000に準拠して実施した．ただし，加振点・受音点の平面位置は，原則として室の対角5点としたが，マイクロホンの高さについては1 800 mm・1 500 mm・1 200 mm・900 mm・600 mmの5種類とした．

なお，参考のために，受音点の設定方法について，マイクロホン位置を高さ1.2～1.5 mとした場合（旧JIS法）と上述の測定結果とを，面積11.35 m^{2}の室において比較した，125 Hz帯域では，旧JIS法の結果が4 dB小さいものとなったが，L数の決定周波数となる63 Hzを含め他の周波数については，差は1 dB以下であった．

竣工時の重量床衝撃音遮断性能（L数）を室面積別に整理して図**3.6.13**に示す．これから，30 m^{2}前後の室における結果はL-50を満足しているが，一般にいわれている現象とは逆に室面積が小さくなるにつれて性能が低下する傾向が確認できる．この原因としては，まず，本建物では，際根太は採用していないが，その代わりとなる周辺支持部の硬いゴムの影響が考えられる．つまり，室が小さいほど加振点が周辺の硬いゴムに近づくことにより伝搬の影響が大きくなると考えられる．また，天井および二重床内の衝撃加振時の圧力変動に着目すると，室面積が広いほど，これらの「圧力箱」の容積が大きくなり，圧力変動は小さくなるために，増幅が少なくなっているなどの理由が考えられる．

以上のごとく，梁・柱型のない居住空間を実現するために建設されるようになった大型フラットスラブ構造において，建設前および建設中に音環境性能，特に床衝撃音遮断性能を測定・検討し，集合住宅としての良好な音環境を確保することができた．

3.6.2　天井による床衝撃音の影響調査

（1）概要

高層集合住宅を中心に，二重天井が設けられるケースが増えているが，直貼天井の場合とは床衝撃音の聞こえ方が異なることが経験的に知られており，特に重量床衝撃音のレベルは二重天井を設けることで増幅する例も見られる．

このため，建設中の大面積床スラブのA集合住宅において，天井の有無によって床衝撃音レベルがどのように変化するかを実験した．この結果，二重天井にすることによって重量床衝撃音のレベルは125 Hz帯域で上昇する傾向が確認され，軽量床衝撃音のレベルは全帯域で改善することが確認された．また，別のB集合住宅において，天井懐が閉鎖された条件と開放された条件によって床衝撃音レベルに差が生じるか複数住戸で測定した結果，天井懐を開放する方が重量床衝撃音のレベル上昇は少ない結果が得られた．天井懐が閉鎖された洋室を選定して二重天井にせっこうボードを増し貼りした結果，床衝撃音の共振周波数が63 Hzから31.5 Hz帯域へ移行して，L数評価では1ランクの改善がみられた．

（2）二重天井を設ける床衝撃音の影響

A集合住宅は大面積の床スラブ構造であり，対象室は梁に拘束されない洋室2室とLDの計3室である．天井はせっこうボード9.5 mm厚1枚貼り，天井懐は洋室が270 mm，LDは430 mmであり，いずれも区切られていない開放空間である．床衝撃音の測定方法はJIS A 1418に従い，図**3.6.14**に示す測定系統によって裸スラブに対して二重天井を設けることによる効果を測定した．

重量床衝撃音のレベルは，図**3.6.15**に示すように二重天井を設けることで63 Hz帯域では2～8 dB上昇（悪化）する．この結果，遮音等級のL数は1～7程度上昇している．また，軽量床衝撃音のレベルは，図**3.6.16**に示すように二重天井を設けることによって全帯域で低下（改善）する．この結果，遮音等級のL数は8～10低下している．

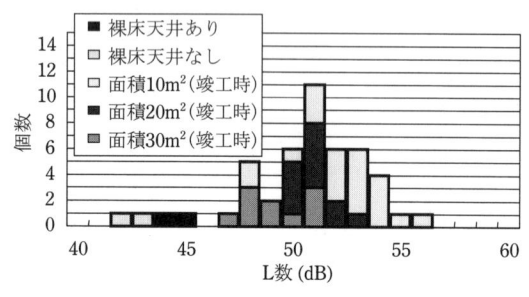

図**3.6.13**　室面積とL数の関係

図 3.6.14 測定分析系統図

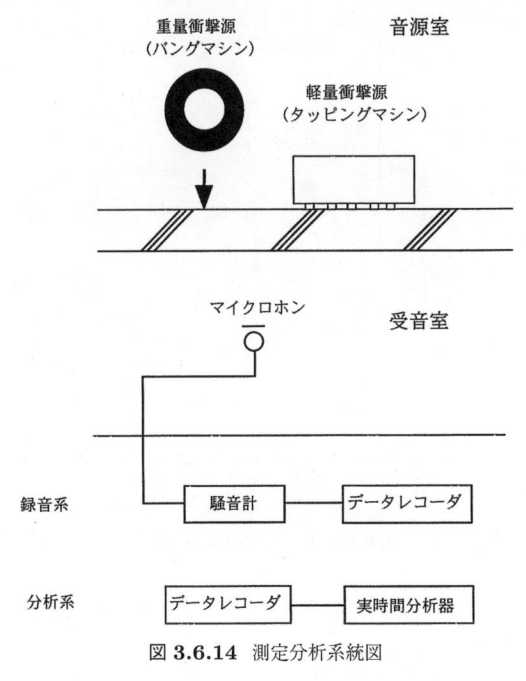

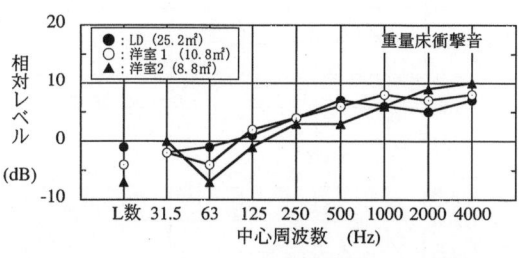

図 3.6.15 二重天井による重量床衝撃音の改善量

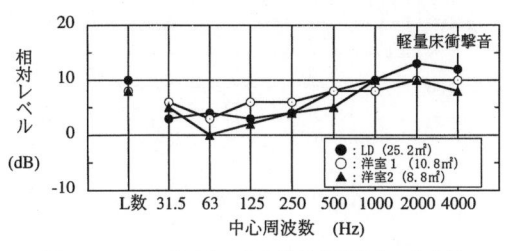

図 3.6.16 二重天井による軽量床衝撃音の改善量

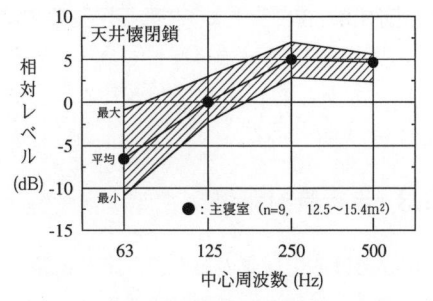

図 3.6.17 重量床衝撃音の二重天井設置による効果

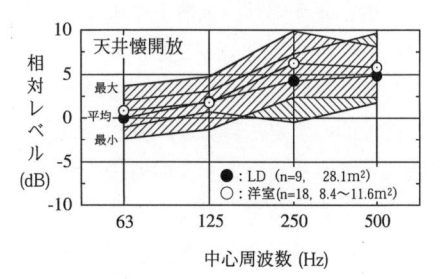

図 3.6.18 重量床衝撃音の二重天井設置による効果

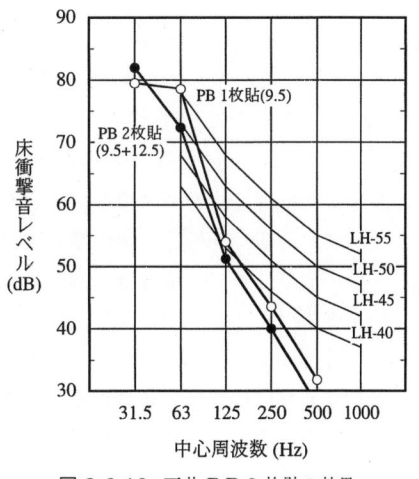

図 3.6.19 天井 P.B.2 枚貼の効果

(3) 重量床衝撃音の天井空間と天井材の影響

建設中の B 集合住宅において，重量床衝撃音の遮断性能が目標性能の L_H-50 を満足するか否かを確認するために測定を行った．測定対象室は，主寝室が上スラブ上端まで到達して閉鎖空間を構成しており，洋室および LD の天井懐は一体の開放空間である．床衝撃音の測定方法は A 集合住宅と同じ JIS A 1418：2000 に従った．

主寝室の測定結果は，図 3.6.17 に示すように二重天井を設けることによって 63 Hz 帯域で床衝撃音レベルは上昇（悪化）しており，それ外の周波数帯域では減少している．一方，天井懐が開放されている洋室および LD の測定結果は，図 3.6.18 に示すようにほぼ全体域で床衝撃音レベルは減少（改善）している．なお，天井懐の開放条件の影響は，他の要因が影響して顕著に現れない場合があるので注意する必要がある．

上記の測定経路の中で，L_H-55 と評価された洋室 1 について，天井材を増し貼りすることによる改善効果を確認した．天井にせっこうボード 12.5 mm 厚を増し貼りすることによって，重量床衝撃音のレ

ベルは図 3.6.19 に示すように共振周波数が 63 Hz 帯域から 31.5 Hz 帯域に移行しており，遮音等級では L_H-55 から L_H-50 に改善されることが確認された．

3.6.3 歩行音対策例

住宅における生活音のなかで，床を衝撃したことによる発生音について検討する場合，発生音レベルの大小というより，床構造や床仕上げ材の床衝撃音遮断性能を検討することが多い．また，この種の問題において測定を計画する場合も，床衝撃音遮断性能の測定法および評価法が日本工業規格で決まっているためまずこの方法を考えることが一般的である．しかし，この方法で規定されている衝撃源は従来よりタイヤおよびタッピングマシンである．ただし，平成 12 年の改定において衝撃力特性 (2) の通称ゴムボールも加えられている．

測定法で規定されている衝撃源だけで，実際の生活で発生するであろうすべての発生源を模擬し，問題を解決に至らせることには限界がある．検討が居住者のクレームから発している場合は，クレームの対象をよく把握し，音源対象をはっきりさせることが重要である．一般的に床衝撃音となる発生源は子供の飛びはね，子供の走り回り，大人の歩行，掃除機の引きずり，物の落下，などが挙げられる．

歩行は重量衝撃の仲間に分類されることが多いが，あえていえば中量衝撃と言ってよく，タイヤやタッピングマシンだけでは必ずしも歩行音の評価ができないこともある．またクレームによる測定では，これらの衝撃源装置から受ける印象が歩行からかけ離れているため，指摘の対象となった歩行そのものを衝撃源とし測定する場合も多い．

ただし歩行音といっても歩き方は人により異なり，その発生音も大きく異なる．図 3.6.20 は箱形床衝撃音実験室において成人 5 名の普通歩行による発生音を測定した例であるが，この結果では 18 dBA から 22 dBA であった．歩行音はかかとが床を打撃することにより生じるものであり，着地におけるかかとおよび前足部分の使い方，膝のばねの使い方で発生音は大きく異なってくる．図 3.6.21 に歩行時の衝撃力波形を示す．かかとの付

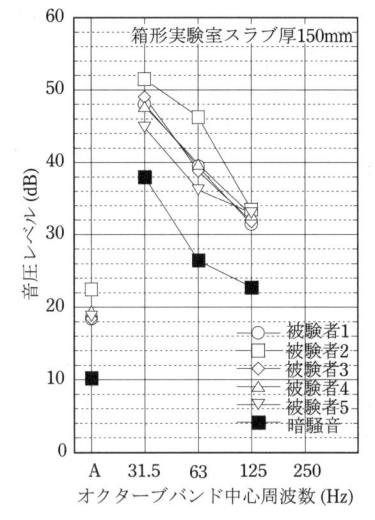

図 3.6.20 歩行衝撃音測定結果

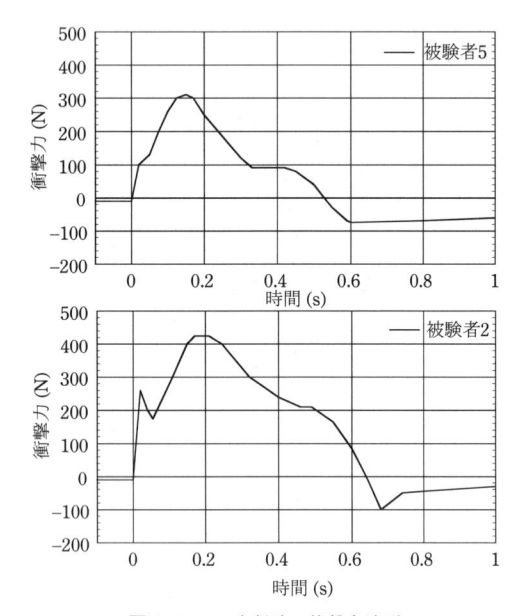

図 3.6.21 歩行時の衝撃力波形

き方の違いによる初期の波形の立ち上がりの差がレベル差に影響している．

実建物における対策事例を以下に示す．この例では，上階の成人男性の歩行による発生音に対する対策例である．測定は，関係者により実験的に様々な歩行を行い，下階住戸で発生音を測定する方法とした．対策は，下階住戸が二重天井であったためこの中にポリエステル繊維を充填する方法を提案した．対策前後に測定を行い効果の確認を行った．強歩行では対策前 30 dBA から対策後 26 dBA と 4 dB の低減効果が得られた．また，かかと歩行，普通歩

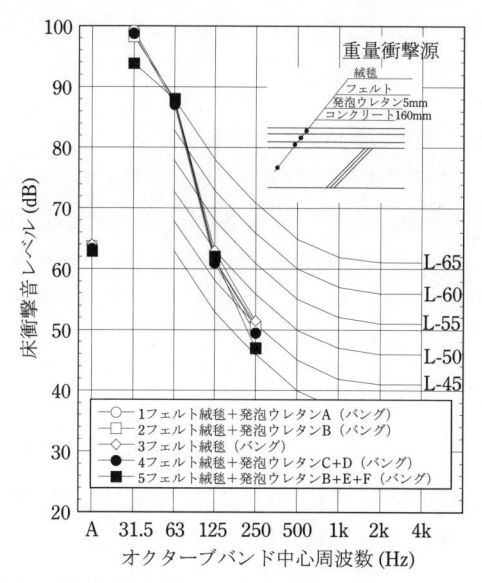

図 3.6.22 仕上げ材による低減効果の検討（バング）

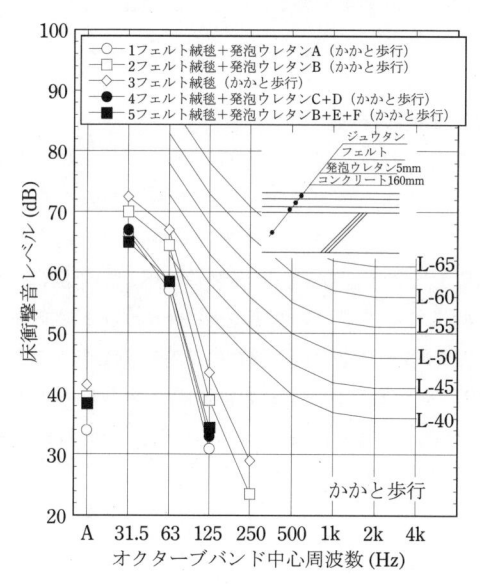

図 3.6.23 仕上げ材による低減効果の検討（かかと歩行）

行では対策前が 27, 26 dBA であったのが対策後は聞こえないレベルまで低下した（BGN26 dBA）．測定に標準衝撃源ではなく実衝撃源である人間の歩行音を使った場合は効果の確認を試聴により行うことができる．ただし，衝撃源が歩行であるため，厳密にいえばその再現性に検討の余地があるが，事例に示すように対策等の目的では問題解決に十分機能するものといえる．

床衝撃音の対策として前述した下階住戸での対策もあるが，上階住戸の床仕上げ材での検討も必要である．次に，箱形床衝撃音実験室において仕上げ材による歩行音対策の検討を行った事例を示す．検討は数種類の仕上げ材に対して，通常床衝撃音レベルの測定で使用されるバングマシンによる測定と，前述した歩行衝撃による測定を行い低減効果をみた．一般的なフェルト＋絨毯仕上げ材に対して，フェルト下に 5 mm 程度の発泡ウレタンを敷きこんだ例である．バングマシンによる測定を図 3.6.22 に示すが，発泡ウレタンの種類や枚数を変化させてもほとんど低減効果は現れていない．これに対して歩行衝撃による結果を図 3.6.23 に示す．ここでは，意識的にかかとで強く歩行している．結果は 63 Hz において 3～10 dB 発生音が小さくなっており，明らかに歩行衝撃に対する改善効果が見られる．このことは，規格で定められた衝撃源だけでは必ずしも実態に合った性能向上効果を評価できない場合があることを示しており，特に対策などでは実衝撃源を使うなどの幅広い対応も必要であろう．

3.6.4 用途変更時（コンバージョン時）における床衝撃音レベルの測定と対策

(1) 測定の対象

事務所を集合住宅にコンバージョンする時に，遮音上最も対策が必要となる部位は，スラブである．一般的な事務所の場合，スラブの厚さは 150 mm が標準となっている．そこで，コンバージョン後の平面プラン（LD，洋室）を基にして重量，軽量床衝撃音レベルの予測を行い，最も床衝撃音レベルの性能が低いと予測された部分を中心に床衝撃音レベルの測定を行った．その測定結果を基にして床衝撃音レベルを改善する対策を検討した．事務所の平面プランとコンバージョン後の集合住宅の平面図を図 3.6.24，図 3.6.25 に示す．

(2) 測定の計画

コンバージョンを行う事務所は，スケルトンの状態となっていることが想定されるので，集合住宅にコンバージョンした後のプラン（LD，洋室）に沿って，現状の重量，軽量床衝撃音レベルの測定を計画する．このとき，タイヤ，タッピングマシンからの空気伝搬音がエレベータホール，内部

図 3.6.24 事務所平面プラン

図 3.6.25 コンバージョン後の集合住宅平面プラン

の非常階段，パイプスペース，ダクトスペース，外部サッシ等から廻り込んで床衝撃音の測定に支障となる場合がある．そこで，平面図から遮音上弱点となると予想される部位を洗い出し，必要に応じて遮音対策を計画しておくことが重要である．さらに，スケルトンになっている場合には，外部騒音が給気口や排気口から入ってきていることが想定されるので，これらを塞ぐ等の対策も必要である．

測定に当たっては，最初に聴感で，タイヤやタッピングマシンの打撃音（空気伝搬音）が遮音上弱点となっていた部分から伝わってきていないかを確認する．スケルトンの場合，室の残響時間が長いために，音漏れの位置を聴感ではっきりわからない場合がある．このときは，居室内に吸音材を入れた上で，上階のスピーカからピンクノイズを発生させ，測定対象室で音漏れの部位を聴感で確認することが有効である．

(3) 測定の実施と測定結果

床衝撃音レベルの測定ブロックダイアグラムを図 3.6.26 に示す．床衝撃音レベルの測定は，JIS A 1418-1, 2「建築物の床衝撃音遮断性能の測定方法」に従って行う．受音点のマイクロホンの高さは，床から 1.6, 1.4, 1.2, 1.0, 0.8 m とした．スケルトンの状態で床衝撃音レベルを測定する場合には，残響時間を一緒に測っておくことが必要である．残響時間の測定ブロックダイアグラムを図 3.6.27 に示す．残響時間の測定は，測定対象空間内に 2 点設定した．

重量，軽量床衝撃音レベルの測定結果を図 3.6.28 に示す．重量床衝撃音レベルは，L-60～65，軽量床衝撃音レベルは，L-80 であった．

(4) 結果の検討

住宅内のバリアフリー，フリープラン対応を考慮した乾式二重床を想定して予測した床衝撃音レベルと現状における床衝撃音レベル測定結果を表 3.6.1 に示す．なお，床衝撃音レベルの予測は，梁で囲まれるスラブの大きさが 30 m² 以下であるため，「日本建築学会編：建物の遮音設計資料」によって行った．これをみると重量床衝撃音レベル予測値と測定値は，ほぼ一致している．設計目標値を

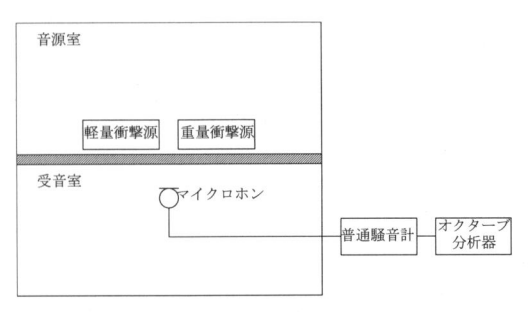

図 3.6.26 床衝撃音レベル測定ブロックダイアグラム

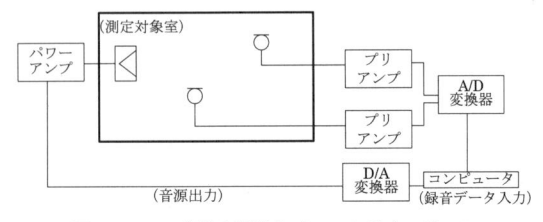

図 3.6.27 残響時間測定ブロックダイアグラム

表 3.6.1 床衝撃音レベル予測値と測定結果

居室	音源		床衝撃音レベル (dB)				L	$L_{i,r,H}$
			63 Hz	125 Hz	250 Hz	500 Hz		
LD	重量	予測値	81.2	68.4	59.8	49.1	58	60
		測定値	81.8	68.7	58.0	52.0	59	60
洋室3	重量	予測値	85.8	73.9	65.2	53.6	63	65
		測定値	86.3	70.6	60.8	53.7	63	65

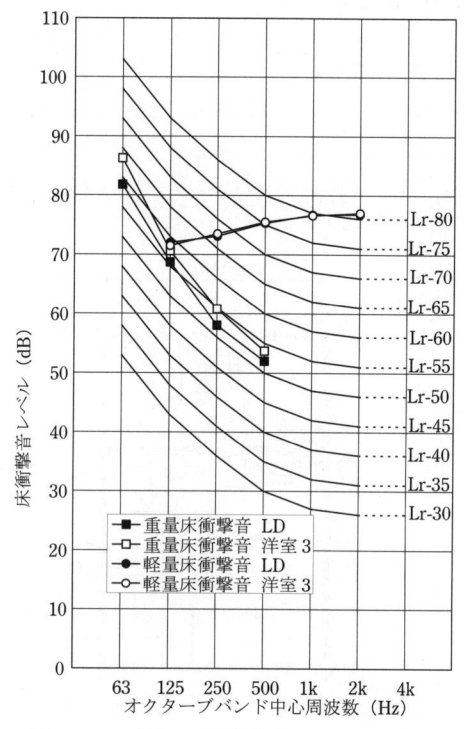

図 3.6.28 軽量・重量床衝撃音レベル測定結果

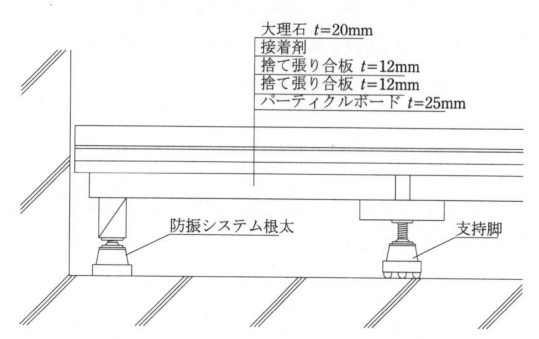

図 3.6.29 (a) 対策した乾式二重床 (タイプ2)

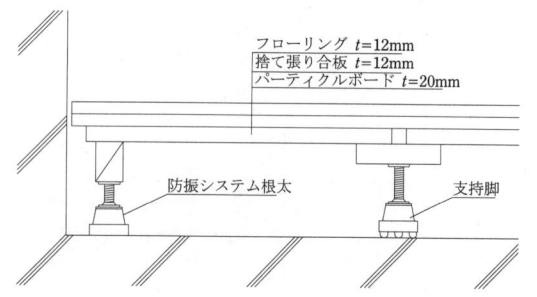

図 3.6.29 (b) 一般的な乾式二重床 (タイプ1)

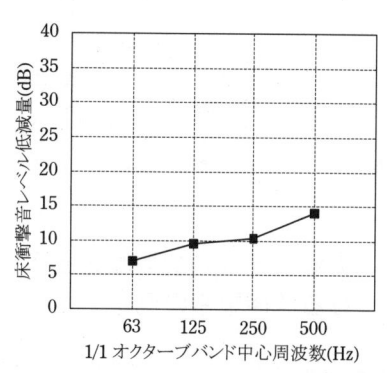

図 3.6.30 (a) 重量床衝撃音レベル低減量

「日本建築学会遮音性能基準」の集合住宅2級に設定すると，1～2ランク遮音性能を向上させることが必要となる．

(5) 対策の検討

一般的に使用される乾式二重床は，63 Hz 帯域の重量床衝撃音レベル低減量が $\Delta L = 0$ かまたは -5 である．そこで，乾式二重床の床剛性を上げて床衝撃音レベル低減量を大きくすることを検討する．一般的な乾式二重床（以下タイプ1と略す）と対策した二重床（以下タイプ2と略す）を図 3.6.29 に示す．タイプ2は，パーティクルボードの上に合板を2枚目違い貼りし，その上に大理石を貼っている．150 mm スラブの上にこのタイプ2の乾式二重床を施工した場合の床衝撃音レベル低減量を図 3.6.30 に示す．この低減量を用いてコンバージョン後の床衝撃音レベルを予測した結果を図 3.6.31 に示す．これをみるとタイプ2の乾式二重床を施工することによって，ほぼ設計目標値を達成できることがわかる．

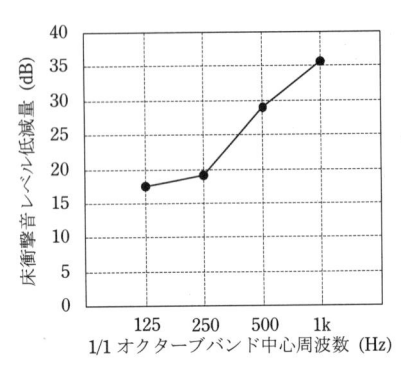

図 3.6.30（b） 軽量床衝撃音レベル低減量

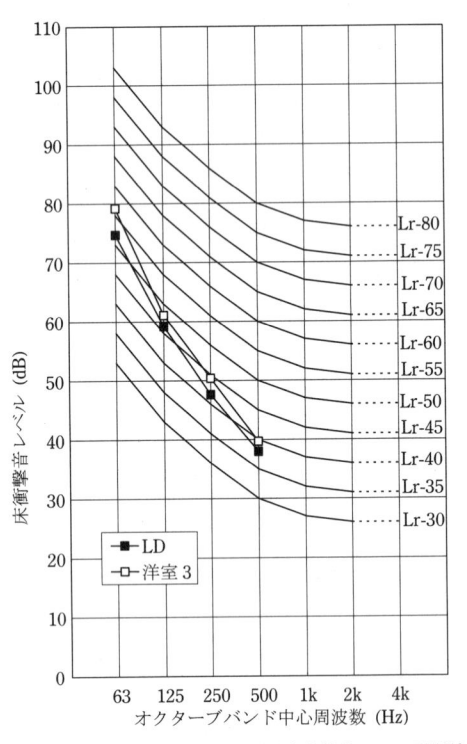

図 3.6.31 コンバージョン後の重量床衝撃音レベル予測結果

3.6.5 大型スラブの加振源非直下室における床衝撃音の測定

(1) 測定対象

集合住宅において居住者の使い勝手の向上やフリープラン化への対応が容易などの設計計画上の理由や施工上の観点から梁を設けない大型スラブ構法を採用することが多くなっている．1住戸1スパンやそれ以上の大面積を1枚のスラブで仕上げることもあるため，1つの居室が梁で囲まれた従来のスラブとは異なり，床に入力された振動が減衰することなくスラブ全体に伝搬し，加振源直下室以外において在来構法の床衝撃音遮断性能と異なることが予想される．

ここでは，小梁を有する在来構法の建物と大型スラブを用いた建物において，加振源直下室と直下以外の居室（非直下室）における床衝撃音レベルの比較を行う．今回測定を行った建物を図 3.6.32〜図 3.6.35 に示す．

(2) 測定の計画

表 3.6.2 に示す4つの建物において測定を行う．

建物 A，B は小梁を有する在来工法であり，建物 C，D は大型スラブ版である．いずれの建物も

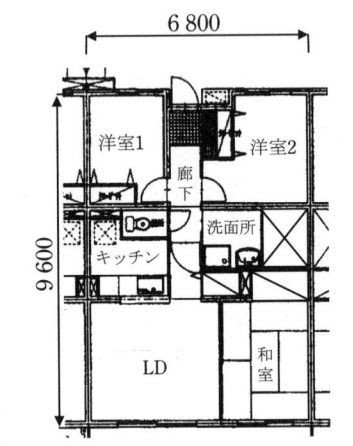

図 3.6.32 建物 A（小梁付き従来構法）平面図

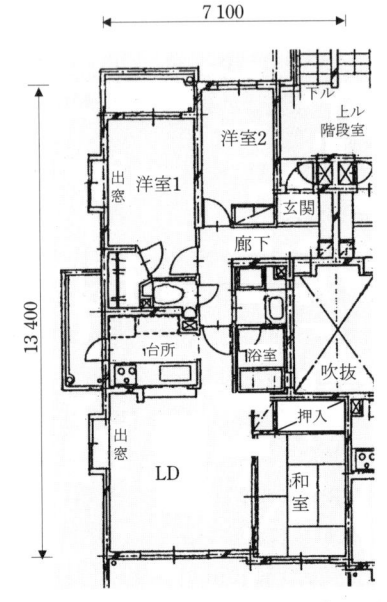

図 3.6.33 建物 B（小梁付き従来構法）平面図

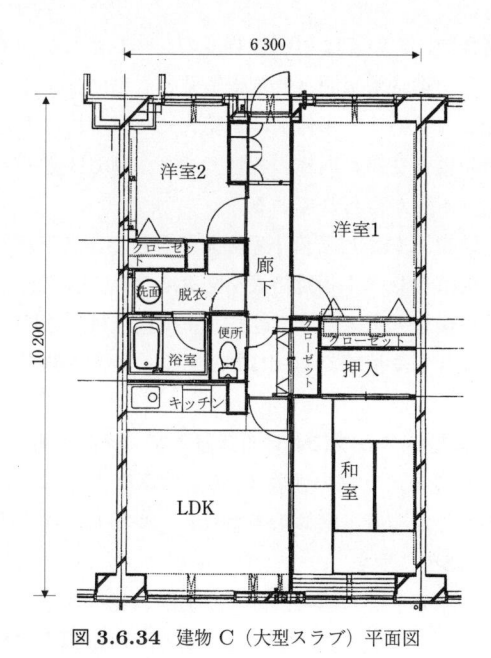

図 3.6.34 建物 C（大型スラブ）平面図

図 3.6.35 建物 D（大型スラブ）平面図

上下階は同一プランである．

建物 A は RC 壁式構造，5 階建ての片廊下型の集合住宅．短辺方向に 2 本（リビングダイニングルーム（以下 LD），水廻り，洋室部分を区画），長辺方向に 1 本（洋室 1 壁位置）の小梁がある．加振室は裸床の住戸と LD に木質系二重床が施工済

表 3.6.2 各建物の床構造

建物	床スラブ構造	スラブ厚	加振室	加振室床仕上げ	受音室
建物A	RC 壁式構法オムニア版合成スラブ	180 mm	LD	床仕上げなし	LD
					洋室 1
					洋室 2
				乾式二重床	LD
					洋室 1
					洋室 2
建物B	RC 壁式構法普通コンクリートスラブ	210 mm	LD	乾式二重床	LD
					洋室 1
					洋室 2
建物C	SRC ラーメン構造大型床版エスレンボイドスラブ（大型スラブ）	250 mm	LDK	床仕上げなし	LDK
					洋室 1
					洋室 2
				直貼フローリング	LDK
					洋室 1
					洋室 2
建物D	RC ラーメン構造大型床版オムニア版（65 mm）合成床版（大型スラブ）	230 mm	LD	乾式二重床	LD
					洋室 1
					洋室 2
			洋室 1	乾式二重床	洋室 1
					LD
					洋室 2
			洋室 2	乾式二重床	洋室 2
					LD
					洋室 1

みの住戸の 2 断面を測定した．

建物 B は RC 壁式構造，4 階建ての階段室型の集合住宅であり，概ね間仕切壁の位置に小梁がある．音源室 LD は乾式二重床が施工済みである．

建物 C は SRC 造 11 階建ての片廊下型の集合住宅であり，スラブ寸法が 6.3 m × 10.2 m のエスレンボイド構法による大型床版である．加振室 LDK に木質系フローリング床が施工済みの住戸と裸床の住戸の 2 断面を測定対象とした．

建物 D は RC 造 5 階建ての集合住宅であり，スラブ寸法が 6.4 m × 12 m で厚さ 230 mm のオムニア版（厚さ 65 mm）合成床版である．床仕上げは乾式二重床のフローリング仕上げである．

(3) 測定の実施

JIS A 1418「建築物の床衝撃音遮断性能の測定方法」に準拠して行う．加振室は建物 A～C にお

いては LD（LDK），加振点位置は平面的に均等に分布した 5 点である．受音室は建物 A〜C については音源室の直下室である LD と非直下室の洋室 1，洋室 2 である．建物 D については加振室が LD，洋室 1，洋室 2 であり，受音室は音源直下室，非直下室についてそれぞれ LD，洋室 1，洋室 2 を設定する．測定点はいずれも室内平面に均等に分布するような高さ 1.2 m の 5 点とする．

測定は実時間周波数分析器付き精密騒音計を用いて行い，軽量床衝撃音レベルは L_{eq} 値であり，重量床衝撃音レベルは L_{max} 値の平均値である．

なお，軽量衝撃音の測定に際しては突発的な暗騒音の影響を受けず，かつ低音域に対する十分な平均化時間を得るために 5 秒間の等価騒音レベル（L_{eq}）の 5 回のエネルギー平均値とした．

（4）結果の検討

軽量ならびに重量のそれぞれの衝撃源に対する床衝撃音測定結果に対し，加振源直下の床衝撃音レベルを基準にした加振源直下以外の居室（非直下室）の床衝撃音相対レベル（直下室-非直下室）を以下に示す．

a. 在来構法床スラブにおける非直下室の床衝撃音

小梁付きの在来床スラブの A 建物における直下室を基準とした非直下室の床衝撃音相対結果を図 **3.6.36** に示す．

裸床スラブの場合，洋室 1，洋室 2 とも 7〜8 dB 程度のレベル差が得られており，特に 2 kHz，4 kHz 高音域においては 10 dB 程度のレベル差となっている．重量衝撃源と軽量衝撃源ともに同様の傾向となっている．床仕上げが乾式二重床の場合も裸床の場合と概ね同様の特性であり，10 dB 近くのレベル差が得られている．

建物 B における直下室を基準とした非直下室の床衝撃音レベル相対結果を図 **3.6.37** に示す．

小梁付き床スラブで乾式二重床仕上げの建物 B の場合も全帯域で 10 dB 以上のレベル差が得られている．

b. 大型床スラブにおける非直下室の床衝撃音

大型床スラブの建物 C における直下階室を基準とした非直下室の床衝撃音レベル相対結果を図 **3.6.38** に示す．

裸床スラブの場合，直下室 LD に比べ非直下室においては洋室 1，洋室 2 どちらも 1 kHz 以上の高音域では 10 dB 程度減衰が大きい．500 Hz 以下の低音域については室面積の小さい非直下室洋室 2 では 5 dB 程度の減衰が得られているが，LDK

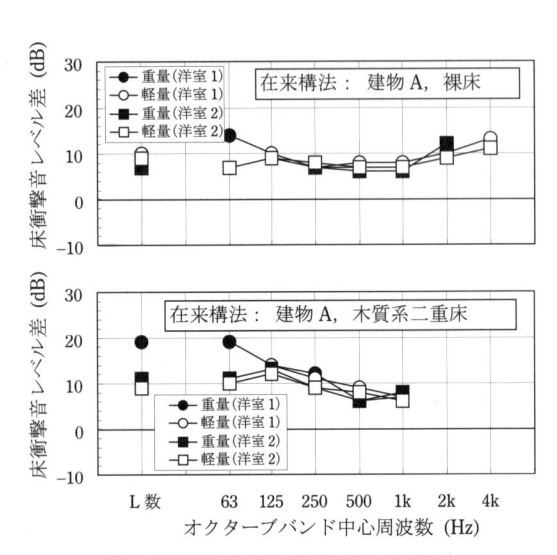

図 **3.6.36** 建物 A　直下室とのレベル差

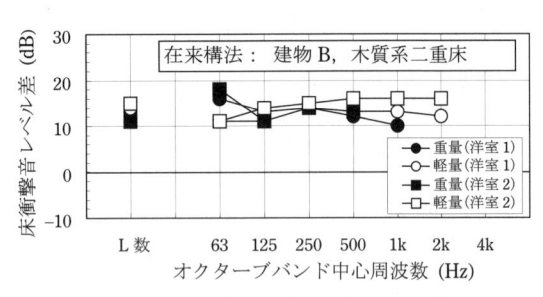

図 **3.6.37** 建物 B　直下室とのレベル差

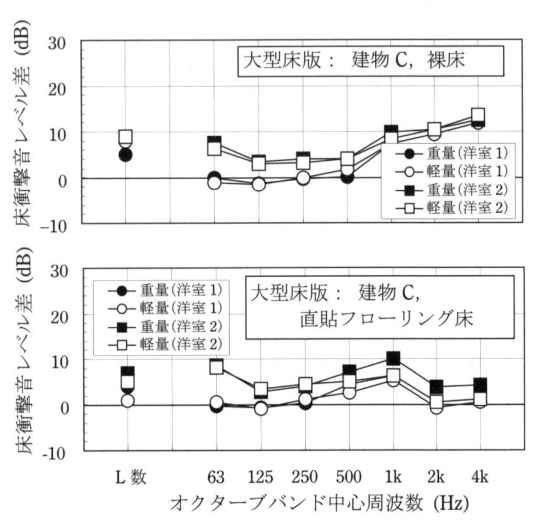

図 **3.6.38** 建物 C　直下室とのレベル差

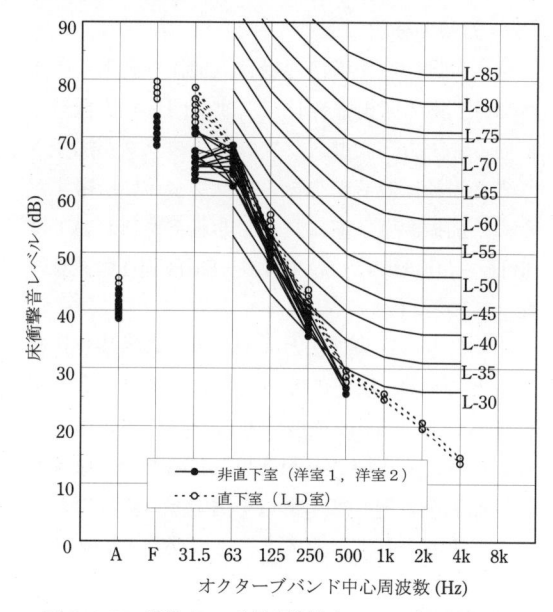

図 3.6.39 建物 D　重量床衝撃音レベル（LD 加振）

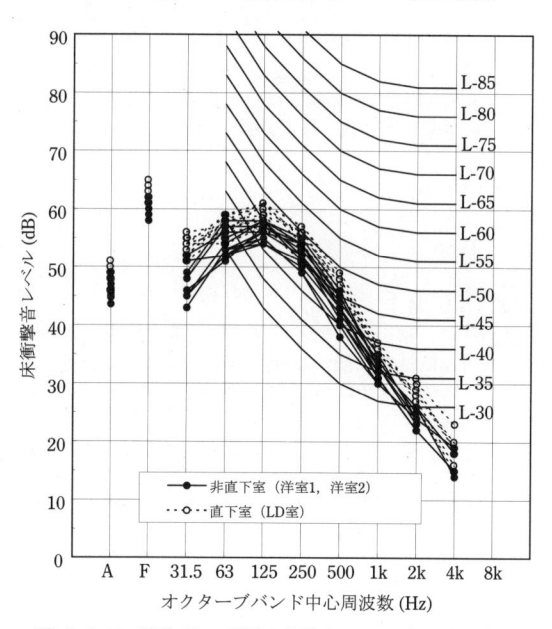

図 3.6.40 建物 D　軽量床衝撃音レベル（LD 加振）

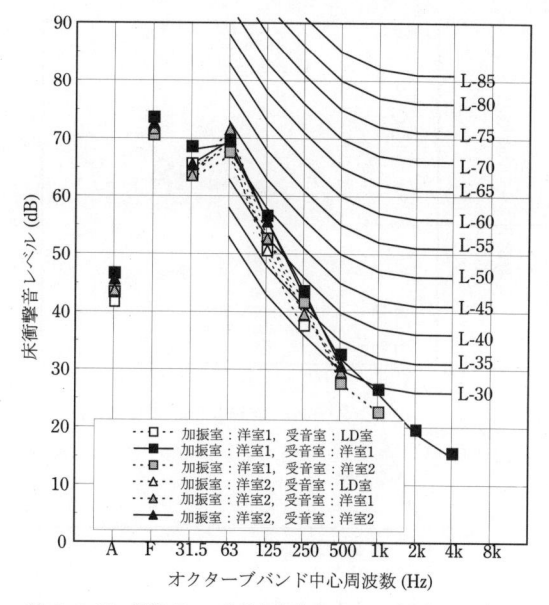

図 3.6.41 建物 D　重量床衝撃音レベル（洋室 1 加振）

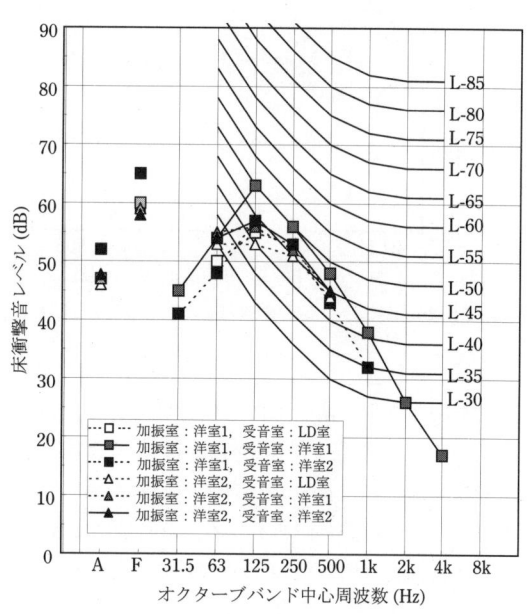

図 3.6.42 建物 D　軽量床衝撃音レベル（洋室 1 加振）

と同程度の広さを有する室面積の大きい洋室の場合は直下階室と非直下階室の床衝撃音レベルの差は見られない．この傾向は重量床衝撃音，軽量床衝撃音とも同じ傾向である．

直貼フローリング床仕上げの場合，裸床スラブの場合と同様の傾向であるが 2 kHz 以上の高音域において直下階室と非直下階室の床衝撃音レベルの差が小さくなっている．

大型床スラブの建物 D において LD 室を加振した場合の床衝撃音レベルを図 3.6.39，図 3.6.40 に，洋室 1 を加振した場合の床衝撃音レベル測定結果を図 3.6.41，図 3.6.42 に示す．

LD 室を加振した場合の直下室（LD 室）を基準とした非直下室（洋室 1, 2）の床衝撃音のレベル相対結果を図 3.6.43，図 3.6.44 に示す．63 Hz から 500 Hz までの周波数については直下階室に比べ非直下階室の床衝撃音レベルは平均的には 2〜3 dB 程度低減している．これは重量衝撃源，軽

3.6　床衝撃音レベル（重・軽）の測定と対策　　301

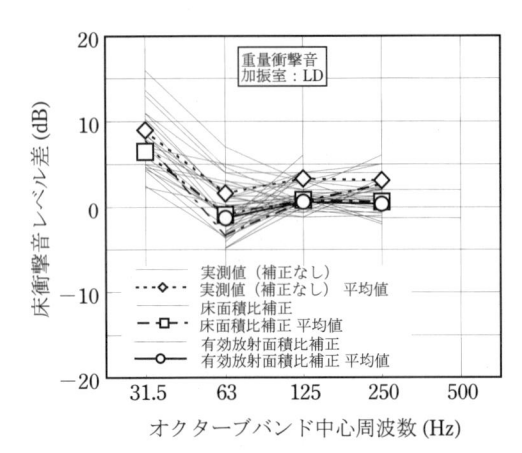

図 3.6.43 建物 D　直下室とのレベル差（加振室：LD，重量衝撃音）

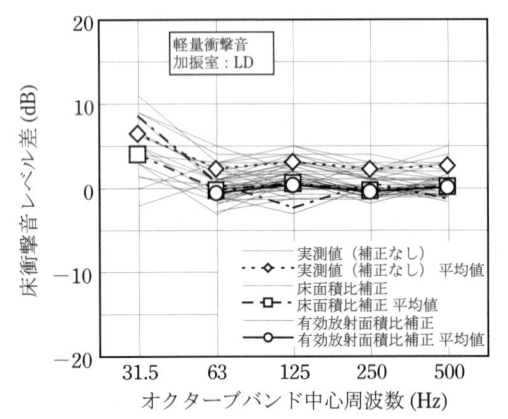

図 3.6.44 建物 D　直下室とのレベル差（加振室：LD，軽量衝撃音）

量衝撃源どちらの場合も同様の特性である．直下階室の LD と非直下階室の洋室 1, 2 では床面積が異なることから振動から音への放射面積の違いが影響している恐れがあるため，床面積比で補正，有効放射面積（曲げ波の 1/4 波長の部分を除いた面積）比で補正した結果を図中□○印で示す．

補正結果では直下室と非直下室の床衝撃音レベルはほぼ同様の結果となる．大面積床スラブでは版内の一部が加振されると振動がスラブ全体に伝搬しており，非直下室における床衝撃音レベルは受音室床スラブの放射面積で補正することにより推定できるものと考えられる．ただし 31.5 Hz 帯域では大型スラブの固有振動数が現れるため，この周波数については放射面積による補正のようなエネルギー的な取扱いをすることには無理がある．

(5) 対策の検討

小梁付きの従来構法の場合，加振点直下室に比べ非直下室の床衝撃音レベルは 10 dB 程度低減している．一方，大型スラブの場合スラブが加振されると振動は減衰が少なくスラブ全体に伝搬するため，加振源直下室に対して非直下室においては 63 Hz～500 Hz については 0～5 dB 程度の減衰となっている．

小梁付きの従来構法と大型スラブの構法を比較すると 500 Hz 以下の周波数に対しては，非直下室においては 5 dB 程度大型スラブの方が床衝撃音レベルが大きいことが予想されるため，床衝撃音目標値を設定して床構造を選定する際はこれらのことを考慮して計画することが必要といえる．

文献 (3.6.1)
1) 古賀，田野，安藤：寸法比に着目した大型スラブにおける重量床衝撃音遮断性能の予測手法の検討，建築学会計画系論文集 (2000)
2) 古賀，田野：床衝撃音遮断性能に対する各種付加材の効果量実測例，日本音響学会講演論文集 (1998)

文献 (3.6.4)
1) 日本建築学会：建物の遮音設計資料（技報堂出版，1988）

文献 (3.6.5)
1) 漆戸，綿谷：大型スラブによる集合住宅の床衝撃音遮断性能に関する検討（直下室以外の居室における床衝撃音について），日本音響学会講演論文集 (1998)
2) 小谷，漆戸，綿谷：大型床スラブ構法による集合住宅の床衝撃音の検討（音源室直下以外の居室における発生音について），日本建築学会大会学術講演梗概集 (1999)

第4編 検査編

4.1 **室間遮音性能** ［中澤真司］　305
  (1) 室間遮音性能の検査・評価方法に関する現JISと旧JISとの主な相違点　305
    a. JIS A 1417:2000 建築物の空気音遮断性能の測定方法　305
    b. JIS A 1419-1: 2000 建築物及び建築部材の遮音性能の評価方法－第1部：空気音遮断性能　305
  (2) 室間遮音性能の検査・評価方法に関するJISの概要　306

4.2 **床衝撃音遮断性能** ［中澤真司］　315
  (1) 床衝撃音遮断性能の測定法及び評価法に関する現JISと旧JISとの主な相違点　316
    a. JIS A 1418-1: 2000 建築物の床衝撃音遮断性能の測定方法－第1部：標準軽量衝撃源による方法　316
    b. JIS A 1418-2: 2000 建築物の床衝撃音遮断性能の測定方法－第2部：標準重量衝撃源による方法　316
    c. JIS A 1419-2: 2000 建築物及び建築部材の遮音性能の評価方法－第2部：床衝撃音遮断性能　317
  (2) 床衝撃音遮断性能の測定法及び評価法に関するJISの概要　317
  (3) 床衝撃音遮断性能に関する日本建築学会基準及び日本住宅性能表示制度における床衝撃音対策等級の関係　326

4.3 **外周壁遮音性能** ［村石喜一］　329
  (1) 測定対象の特徴　329
  (2) 測定方法規格化の経緯　329
  (3) 種々の測定方法の概要　330
  (4) 測定法の選択指針　338

4.4 **室内騒音（室内の静謐性能，排水音，空調騒音，換気扇）** ［中川清］　340
  (1) 室内騒音の測定評価方法の概要　341
    a. JIS Z 8731による騒音測定方法　341
    b. JIS Z 8737による騒音測定方法　341
    c. Noise Criteria（NC数）　341
    d. 日本建築学会による室内騒音測定方法　353

4.5 **室内音響特性** ［宮島徹］　357
  (1) 騒音対策のための室内音響特性の調査項目　357
  (2) 残響時間測定に関連する規格　357
  (3) 残響時間周波数特性の測定の実際　357
    a. 測定方法　357
    b. 使用機器　359
    c. 音源・受音位置　359
    d. 測定回数　360
    e. 残響時間の読み取り　360
  (4) 残響測定上の注意点　360
    a. 音源・受音位置による測定値のばらつき　360
    b. 短い残響時間の測定　360
    c. 非直線減衰の評価　361
    d. 聴感による確認　361
  (5) 測定装置について　361
  (6) 基準音源による等価吸音面積レベルの測定法　362

4.1 室間遮音性能

室間の遮音性能に関する検査・評価方法として，わが国では表 4.1.1 に示す規格が定められている．

なお，JIS A 1417 は，ISO 140-4: 1998, Acoustics – Measurement of sound insulation in buildings and of building elements – Part 4: Field measurements of airborne sound insulation between rooms と，また，JIS A 1419-2 は，ISO 717-1: 1996, Acoustics – Rating of sound insulation in buildings and of building elements – Part 1: Airborne sound insulation と対応している．また，建築部材の空気音遮断性能を実験室で測定する方法が JIS A 1416: 2000,「実験室における建築部材の空気音遮断性能の測定方法」として定められているが，ここでは，建物の現場における室間の遮音性能の測定方法に限って概説する．

表 4.1.1 室間遮音性能の検査・評価に関する国内規格

JIS A 1417: 2000	建築物の空気音遮断性能の測定方法
JIS A 1419-1: 2000	建築物及び建築部材の遮音性能の評価方法－第 1 部：空気音遮断性能

(1) 室間遮音性能の検査・評価方法に関する現 JIS と旧 JIS との主な相違点

JIS A 1417 および JIS A 1419-1 は，国際整合化の一環として 2000 年 1 月に改正がなされている．改正前の JIS との主な相違点を以下に示す．

a. JIS A 1417:2000 建築物の空気音遮断性能の測定方法

・ISO 140-4 が基本．旧 JIS を包括．
・測定物理量として，旧 JIS で規定していた室間音圧レベル差 D に加え，これまでわが国ではほとんど用いられてこなかった規準化音圧レベル差 D_n（受音室の等価吸音面積で規準化した室間音圧レベル差）及び，標準化音圧レベル差 D_{nT}（受音室の残響時間で標準化した室間音圧レベル差）が新たに取り入れられている．

これまでわが国で用いられていた単に 2 室間の音圧レベルの差を表す室間音圧レベル差は，受音室の音響条件によって当然変化するが，規準化音圧レベル差及び標準化音圧レベル差は，受音室の等価吸音面積及び残響時間として，それぞれ $10\,\mathrm{m}^2$，0.5 秒を基準とし，それらの状態を仮定したときの音圧レベル差で客観的に 2 室間の遮音性能を示そうとするものである．

・準音響透過損失 R' が新たに導入された．

これは，JIS A 1416 に規定される音響透過損失の測定原理を適用して実際の建物の壁などを対象に測定を行ったとしても，測定結果には側路伝搬音の影響が含まれ，得られた結果はあくまで"みかけの音響透過損失"であるという考え方に基づいている．

・旧 JIS の特定場所間音圧レベル差の測定方法は附属書 2（規定）で規定している．
・測定は，旧 JIS のオクターブバンドに，1/3 オクターブバンドを追加し，固定マイクロホン法及び移動マイクロホン法により行う．
・測定周波数範囲は，旧 JIS では 125～4 000 Hz 帯域の 6 帯域としていたが，改正 JIS ではオクターブバンドの場合は 125～2 000 Hz 帯域の 5 帯域，1/3 オクターブバンドの場合は 100～3 150 Hz 帯域の 16 帯域が基本となっている．

b. JIS A 1419-1: 2000 建築物及び建築部材の遮音性能の評価方法－第 1 部：空気音遮断性能

・旧 JIS のうち，空気音遮断性能に関する評価方法がパート 1 として分離している．

ISO 717-1 で規定している建築物及び建築部材の空気音遮断性能の評価方法を規格の本体に，旧 JIS の等級曲線による評価方法を一部変更して附属書 1（規定）に，また，ISO 規格ではないが，人間の心理的反応と高い相関をもつ空気音遮断性能の周波数帯域ごとの平均値を用いる方法を附属書 2（参考）に規定している．

・旧 JIS では，空気音遮断性能については，JIS A 1417 による室間の遮音性能のみが対象とされていたが，現 JIS では，JIS A 1416 による実験室による音響透過損失も評価対象に加えられている．

・評価方法として，本体に重みづけ法 (Weighting method) による評価及びスペクトル調整項によ

る評価が，また，附属書1（規定）に等級曲線による評価が，附属書2（参考）に平均値による評価が規定されている．

(2) 室間遮音性能の検査・評価方法に関するJISの概要

JIS A 1417: 2000 及び JIS A 1419-1: 2000 の各構成を，図 **4.1.1**，図 **4.1.2** に，また，各JISの概要を表 **4.1.2**，表 **4.1.3** に示す．

```
本体
├─ 1. 適用範囲
├─ 2. 引用規格
│     2.1 日本工業規格
│     2.2 国際規格
├─ 3. 定義
│     3.1 室内平均音圧レベル
│     3.2 室間音圧レベル差
│     3.3 規準化音圧レベル差
│     3.4 標準化音圧レベル差
│     3.5 準音響透過損失
├─ 4. 測定装置
├─ 5. 測定条件
├─ 6. 測定方法
│     6.1 一般事項
│     6.2 音源室における音の発生
│     6.3 室内平均音圧レベルの測定
│     6.4 測定周波数範囲
│     6.5 残響時間の測定及び等価吸音面積レベルの算出
│     6.6 暗騒音の影響の補正
│     6.7 室間音圧レベル差の算出
│     6.8 規準化音圧レベル差の算出
│     6.9 標準化音圧レベル差の算出
│     6.10 準音響透過損失の算出
├─ 7. 精度
├─ 8. 測定結果の表示
└─ 9. 試験報告書
```

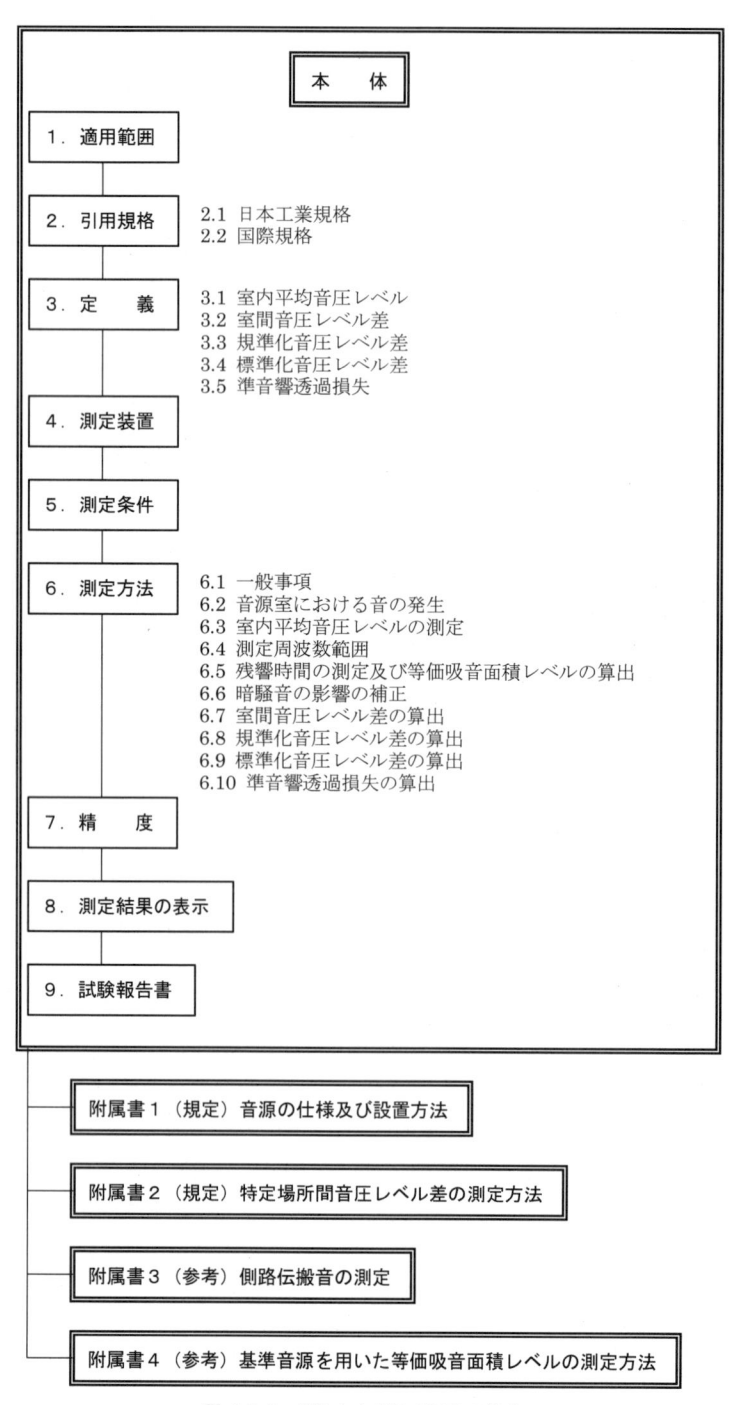

- 附属書1（規定）音源の仕様及び設置方法
- 附属書2（規定）特定場所間音圧レベル差の測定方法
- 附属書3（参考）側路伝搬音の測定
- 附属書4（参考）基準音源を用いた等価吸音面積レベルの測定方法

図 **4.1.1** JIS A 1417: 2000 の構成

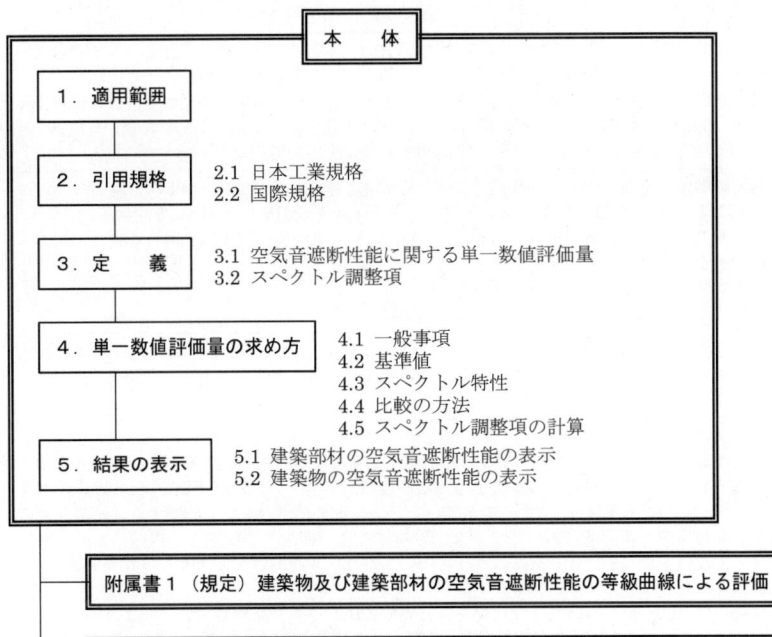

```
                    ┌─────────┐
                    │ 本  体  │
                    └────┬────┘
                         │
        ┌────────────────┤
        │ 1. 適用範囲    │
        └────────────────┘
        ┌────────────────┐  2.1 日本工業規格
        │ 2. 引用規格    │  2.2 国際規格
        └────────────────┘
        ┌────────────────┐  3.1 空気音遮断性能に関する単一数値評価量
        │ 3. 定    義    │  3.2 スペクトル調整項
        └────────────────┘
        ┌────────────────┐  4.1 一般事項
        │ 4. 単一数値評価量の求め方 │  4.2 基準値
        └────────────────┘  4.3 スペクトル特性
                            4.4 比較の方法
                            4.5 スペクトル調整項の計算
        ┌────────────────┐  5.1 建築部材の空気音遮断性能の表示
        │ 5. 結果の表示  │  5.2 建築物の空気音遮断性能の表示
        └────────────────┘

  ┌──────────────────────────────────────────────────────────────┐
  │ 附属書1 (規定) 建築物及び建築部材の空気音遮断性能の等級曲線による評価 │
  └──────────────────────────────────────────────────────────────┘
  ┌──────────────────────────────────────────────────────────────┐
  │ 附属書2 (参考) 建築物及び建築部材の空気音遮断性能の平均値による評価 │
  └──────────────────────────────────────────────────────────────┘
```

図 **4.1.2** JIS A 1419-1: 2000 の構成

表 **4.1.2** JIS A 1417：2000 による建築物の空気音遮断性能の測定方法[1] の概要

項 目	内 容 ・ 手 順
適用範囲	建物の2室間の壁，床，ドアなどの空気音遮断性能を拡散音場の条件で測定する方法を規定． 単一数値評価量によって評価する場合は JIS A 1419-1 に規定する方法による． 備考　建築部材の空気音遮断性能の実験室測定方法は，JIS A 1416 に規定されている． 　　　外周壁部材及び外周壁の空気音遮断性能の測定方法は，ISO 140-5 に規定されている．現在のところ，この国際規格に対応する JIS はない．
定 義	室内平均音圧レベル L：対象とする室内における空間的及び時間的な平均2乗音圧を基準音圧の2乗で除した値の常用対数を10倍した値． 室間音圧レベル差 D：音源室内，受音室内のそれぞれにおいて測定される室内平均音圧レベルの差で，次式で表される． $$D = L_1 - L_2 \quad (1)$$ L_1：音源室内における室内平均音圧レベル (dB)，L_2：受音室内における室内平均音圧レベル (dB) 規準化音圧レベル差 D_n：室間音圧レベル差の値から受音室の等価吸音面積 (A) と規準化のための等価吸音面積 (A_0) の比の常用対数を10倍した値を差し引いた値． $$D_n = D - 10 \log_{10} A/A_0, \quad A_0 = 10 \, \mathrm{m}^2 \quad (2)$$ 標準化音圧レベル差 D_{nT}：室間音圧レベル差に受音室の残響時間 (T) と基準の残響時間 (T_0) の比の常用対数を10倍した値を加えた値． $$D_{nT} = D + 10 \log_{10} T/T_0, \quad \text{住宅の居室については } T_0 = 0.5 \, \mathrm{s} \quad (3)$$ 準音響透過損失 R'：測定対象の壁又は床を透過する音響パワー (W_2) 以外に，側路伝搬又はその他の影響による透過パワー (W_3) の影響が無視できない場合，透過パワー全体 ($W_2 + W_3$) に対する測定対象の壁又は床に入射する音響パワー (W_1) の比の常用対数の10倍で，次式で与えられる． $$R' = 10 \log_{10} \left(\frac{W_1}{W_2 + W_3} \right) \quad (4)$$ 一般に，受音室に透過する音響パワーは，測定対象の壁又は床を直接透過するパワーだけでなく，側路伝搬によるパワーなども含まれる．そのような場合にも，音源室，受音室ともに拡散音場であると仮定して，次式によって準音響透過損失を算出する． $$R' = D + 10 \log_{10} S/A \quad (5)$$

項　目	内　容　・　手　順
定　義	D：室間音圧レベル差 (dB)，S：測定対象の壁又は床の面積 (m^2)，A：受音室の等価吸音面積 (m^2) ドアを対象とする場合は，S はドア（枠を含む）を取り付ける開口部の面積． 平面的又は断面的に 2 室が千鳥状の配置となっている場合は，S は両室に共通する壁又は床の面積とする．共通の部分の面積が $10\,m^2$ 未満の場合は，試験報告書にその旨を記述する．このような場合，$V/7.5$ の値を S とする．ただし，V は受音室の容積 (m^3) で，受音室は必ず容積の小さい方の室とする．
測定装置	音圧レベルの測定：普通騒音計（JIS C 1502）又は精密騒音計（JIS C 1505）を用いる． 周波数分析：オクターブ又は 1/3 オクターブバンドフィルタ（JIS C 1514）を用いる． 備考　リアルタイム型周波数分析器（JIS C 1502, JIS C 1505, JIS C 1514）を使用してもよい． 残響時間の測定：ISO 3382 の規定による． 音源装置：本体の測定方法及び附属書 1 による． ※ JIS C 1502, 1505 は廃止．JIS C 1509-1: 2005 になる．
測定条件	同じ形状・寸法をもつ音源室及び受音室で家具・じゅう（什）器などが全く置かれていない状態で測定を行う場合は，それぞれの室に拡散体（家具や板状材料など）を設置することが望ましい．拡散体としては，$1\,m^2$ 以上の面積をもつものを 3～4 個用いればよい．
測定方法	オクターブ又は 1/3 オクターブバンドごとに行う． 音源室における音の発生：音源室内で発生する音は，定常で測定対象周波数範囲の全体にわたって連続的なスペクトルをもつものとする．音源側にフィルタを用いる場合は，オクターブバンド測定又は 1/3 オクターブバンド測定の別に，オクターブバンド又は 1/3 オクターブバンドフィルタを使用する．ホワイトノイズなどの広帯域ノイズを用いる場合は受音室内で高音域において十分な信号対雑音比が確保されるようにスペクトルを調整する方法をとってもよい．いずれの場合にも，音源室における音圧のスペクトル特性として，隣り合う周波数帯域のレベル差が 6 dB 以上となってはならない． 音源の音響パワーは，全ての周波数帯域で受音室内の音圧レベルが暗騒音のレベルよりも 10 dB 以上大きくなるように設定する．音源は，放射特性が均一で全指向性となるようにする．複数のスピーカユニットからなる音源を用いる場合は，全てのスピーカユニットを同相で駆動する．複数の音源を用いる場合は，同じ型のものを使用し，それぞれに同種で無相関の信号を入力し，同一レベルで駆動する． 音源室と受音室の容積が異なる場合，標準化音圧レベル差を求めるためには，容積が大きい室を音源室とすることが望ましい．準音響透過損失を求める場合は，容積が大きい方の室を音源室として音源位置を少なくとも 2 カ所以上として測定する．又は音源室と受音室を逆にして 1 カ所又はそれ以上の音源位置で測定を繰り返す方法をとる． 音源スピーカは，音場ができるだけ拡散性となるように，また，音の透過に大きな影響を与える測定対象の部位及び側路伝搬の原因となる箇所に強い直接音が入射しないような場所に設置する． 室内平均音圧レベルの測定 　　a) 固定マイクロホン法：音源室及び受音室内で，室境界，拡散体などから 0.5 m 以上離れ，更に音源室の場合には音源から 1 m 以上離れた空間内に，互いに 0.7 m 以上離れた 5 点以上の測定点を空間的に均等に分布させる． 　　b) 移動マイクロホン法：音源室及び受音室内で，0.7 m 以上の回転半径をもつマイクロホン移動装置を用いて測定を行う．その場合，室境界，拡散体などから 0.5 m 以上離れ，更に音源室の場合には音源から 1 m 以上離れた空間内でマイクロホンを連続的に回転させる．その回転面は床面に対して傾斜させ，また，各壁面に対しても 10° 以上の角度となるようにする．回転周期は 15 秒以上とする． 平均化時間 　　a) 固定マイクロホン法による場合：オクターブバンド測定の場合は中心周波数が 250 Hz 以下の周波数帯域では 3 秒以上，500 Hz 以上の周波数帯域で 2 秒以上，1/3 オクターブバンド測定の場合は中心周波数が 400 Hz 以下の周波数帯域では 6 秒以上，500 Hz 以上の周波数帯域では 4 秒以上とし，その間の等価音圧レベルを測定する． 　　　　備考　積分平均機能を備えていない騒音計を用いる場合には，時間重み特性 F による指示値のピークの平均を読み取る． 　　b) 移動マイクロホン法による場合：マイクロホン移動装置の周期以上かつ 30 秒以上とし，回転周期の整数倍とする． 測定周波数範囲：（　）内は測定しておくことが望ましい周波数帯域．「　」内は低周波数域の測定が必要な場合に測定を追加する周波数帯域． 　　オクターブバンド測定：「63 Hz」，125 Hz～2 000 Hz，（4 000 Hz） 　　1/3 オクターブバンド測定：「50 Hz, 63 Hz, 80 Hz」，100 Hz～3 150 Hz，（4 000 Hz, 5 000 Hz） 残響時間の測定 　　a) 受音室内の 1 点に音源スピーカを設置し，室内に均等な分布となるように 3 点以上の測定点を設ける．すべての測定点は，音源スピーカ，壁などの室の境界面から 1 m 以上離す． 　　b) ISO 3382 に規定するノイズ断続法又はインパルス応答積分法によって，オクターブバンド又は 1/3 オクターブバンドごとに残響減衰曲線を求める．測定周波数帯域ごとの測定回数は，ノイズ断続法による場合には，各測定点において 3 回以上とする． 　　c) 残響減衰曲線の傾きから残響時間を読み取る．読み取りは，残響減衰曲線の初期レベルに対して $-5\,dB$ から少なくとも $-25\,dB$ までの減衰に対して行う． 等価吸音面積の算出：受音室の等価吸音面積は，残響時間の測定結果の平均値を用いて次式により算出する． $$A = 0.16V/T \tag{6}$$ A：等価吸音面積 (m^2)，V：受音室の容積 (m^3)，T：受音室の残響時間 (s)

項　目	内　容・手　順
測定方法	暗騒音の影響の補正：必ず暗騒音のレベルを測定する．暗騒音のレベルが測定信号に暗騒音が加わったレベルに対して，少なくとも 6 dB 以上（10 dB 以上が望ましい）低くなるようにする．この差が 6 dB 以上の場合には，暗騒音の影響を除去した音圧レベルを計算又は表を用いて求める．差が 6 dB よりも小さい場合は，補正計算を行わず，音圧レベルの測定結果は，参考値として記録する．
室間音圧レベル差の算出	固定マイクロホン法による場合：音源の設置位置ごとに，音源室，受音室のそれぞれについて，測定周波数帯域ごとに，全ての測定点において測定された音圧レベルのエネルギー平均値 L を次式により計算する．$$L = 10\log_{10}\left(\frac{1}{n}\sum_{i=1}^{n}10^{L_i/10}\right) \quad (7)$$ L_i：i 番目の固定測定点における音圧レベルの測定値 (dB)，n：固定測定点の数 上式で求められた音源室及び受音室についての室内平均音圧レベル L_1 及び L_2 の差を求め，室間音圧レベル差 D とする（式 (1) 参照）．音源を 2 カ所以上に移して測定を行った場合は，音源位置ごとに以上の計算を行い，その結果の算術平均値を室間音圧レベル差とする． 移動マイクロホン法による場合：マイクロホンを移動することによって測定された音源室及び受音室についての室内平均音圧レベル L_1 及び L_2 の差を求め，室間音圧レベル差 D とする（式 (1) 参照）．音源を 2 カ所以上に移して測定を行った場合は，音源位置ごとに以上の計算を行い，その結果の算術平均値を室間音圧レベル差とする．
規準化音圧レベル差の算出	受音室の等価吸音面積 A と室間音圧レベル差 D から，式 (2) によって規準化音圧レベル差 D_n を計算する． 備考　附属書 4 に示す基準音源を用いた等価吸音面積レベルの測定結果から算出することもできる．
標準化音圧レベル差の算出	残響時間の測定結果 T と室間音圧レベル差 D から，式 (3) によって標準化音圧レベル差 D_{nT} を計算する． 備考　附属書 4 に示す基準音源を用いた等価吸音面積レベルの測定結果から算出することもできる．
準音響透過損失の算出	受音室の等価吸音面積 A と室間音圧レベル差 D から，式 (5) によって準音響透過損失 R' を計算する． 備考　附属書 4 に示す基準音源を用いた等価吸音面積レベルの測定結果から算出することもできる．
測定結果の表示	測定結果は，図及び表で示す．図の目盛は，オクターブの幅が 15 mm（1/3 オクターブバンドの幅が 5 mm），10 dB が 20 mm となるようにとる．各周波数ごとの測定結果は点で示し，順次，直線で結ぶ． 1/3 オクターブバンド測定による結果からオクターブバンドごとの値を計算する場合は，次式による（規準化音圧レベル差，標準化音圧レベル差，準音響透過損失も同様）．$$D_{1/1} = -10\log_{10}\left[\sum_{j=1}^{3}\frac{10^{-D_{1/3,j}/10}}{3}\right] \quad (8)$$ 添字の 1/1，1/3 は，それぞれオクターブバンド，1/3 オクターブバンドを示す．
附属書 1（規定）	本体に従って空気音遮断性能を測定する際に使用する音源の仕様及び設置方法について規定（詳細は省略）．
附属書 3（参考）	側路伝搬音の測定方法が示されている（詳細は省略）．
附属書 4（参考）	建築物及び建築部材の空気音遮断性能の測定の際に必要となる受音室の等価吸音面積のレベル表示値を基準音源を用いて測定する方法が示されている（詳細は省略）．

表 4.1.3 JIS A 1419-1：2000 による建築物及び建築部材の遮音性能の評価方法−第 1 部：空気音遮断性能[1] の概要

項目	本体 内容・手順
適用範囲	a) 建築物及び壁，床，扉，窓などの建築部材の空気音遮断性能に関する単一数値評価量を定義し， b) 建築物内部の騒音，建築物外部の交通騒音など各種騒音源のスペクトルの違いを考慮して単一数値評価量に加えるべき調整項を定義し， c) さらに，JIS A 1416, JIS A 1417, ISO 140-5, ISO 140-9 及び ISO 140-10 によって行った 1/3 オクターブバンド又はオクターブバンド測定の結果から，上記の評価量及び調整項の値を求める方法を規定．
定　義	空気音遮断性能に関する単一数値評価量：この規格で規定する方法によって基準曲線を移動させたときの 500 Hz における値． 備考　単一数値評価量の用語及び記号は測定の種類によって異なる．建築部材の空気音遮断性能については表 6.1，建築物の空気音遮断性能については表 6.2（1/3 オクターブバンド測定）及び表 6.3（オクターブバンド測定）による．

表 6.1　建築部材の空気音遮断性能に関する単一数値評価量（1/3 オクターブバンド）

評価すべき量の名称と記号			単一数値評価量	
規格	名称	記号	名称	記号
JIS A 1416	音響透過損失	R	重みつき音響透過損失	R_W
JIS A 1416	音響透過損失	R'	重みつき音響透過損失	R'_W
ISO 140-9	つり天井規準化音圧レベル差	$D_{n,c}$	重みつきつり天井規準化音圧レベル差	$D_{n,c,W}$
ISO 140-10	部材規準化音圧レベル差	$D_{n,e}$	重みつき部材規準化音圧レベル差	$D_{n,e,W}$

表 6.2　建築物における空気音遮断性能に関する単一数値評価量（1/3 オクターブバンドの場合）

評価すべき量の名称と記号			単一数値評価量	
規格	名称	記号	名称	記号
JIS A 1417	準音響透過損失	R'	重みつき準音響透過損失	R'_W
ISO 140-5	準音響透過損失	$R'_{45°}$	重みつき準音響透過損失	$R'_{45°,W}$
ISO 140-5	準音響透過損失	$R'_{tr,S}$	重みつき準音響透過損失	$R'_{tr,S,W}$
JIS A 1417	規準化音圧レベル差	D_n	重みつき規準化音圧レベル差	$D_{n,W}$
JIS A 1417	標準化音圧レベル差	D_{nT}	重みつき標準化音圧レベル差	$D_{nT,W}$

表 6.3　建築物における空気音遮断性能に関する単一数値評価量（オクターブバンドの場合）

評価すべき量の名称と記号			単一数値評価量	
規格	名称	記号	名称	記号
JIS A 1417	準音響透過損失	R'	重みつき準音響透過損失	R'_W
JIS A 1417	室間音圧レベル差	D	重みつき室間音圧レベル差 [1]	D_W
JIS A 1417	規準化音圧レベル差	D_n	重みつき規準化音圧レベル差	$D_{n,W}$
JIS A 1417	標準化音圧レベル差	D_{nT}	重みつき標準化音圧レベル差	$D_{nT,W}$
JIS A 1417	特定場所間音圧レベル差	D_P	重みつき標準化音圧レベル差	$D_{P,W}$

注 ([1])　原国際規格では，重みつき室間音圧レベル差 D_W，重みつき特定場所間音圧レベル差 $D_{P,W}$ は規定されていない．

スペクトル調整項：特定の音のスペクトル特性を考慮する場合に，単一数値評価量に加える値．
備考　この規格では 2 種類のスペクトル調整項を採用している．これらの値は，典型的なスペクトル特性としてピンクノイズ及び交通騒音を一般化した特性の 2 種類を設定し，それらが負荷騒音となったときの入射側と透過側の A 特性音圧レベルの差から，この規格の本体で規定する方法によって求められた評価値を差し引いた値として定義されている．従って，この規格では，スペクトル調整項は独立した単一数値評価量ではなく，特に負荷騒音のスペクトル特性を考慮する必要がある場合に，本体の規定によって求められる評価に付加して表示する量として規定されている．
スペクトル調整項の値は，一般に -1 dB 程度であるが，単一周波数帯域で大きな遮音欠損がある場合には，-1 dB 以下になることもある．

項目	内容・手順
単一数値評価量の求め方	一般事項：JIS A 1416, JIS A 1417, ISO 140-5, ISO 140-9 及び ISO 140-10 の規定に従って測定された値を，1/3 オクターブバンド測定の場合は 100～3 150 Hz，オクターブバンド測定の場合は 125～2 000 Hz の測定周波数帯域ごとに，後述する方法によって，それぞれ規定された基準値と比較して評価する． さらに，2 種類のスペクトル調整項を，上記の周波数範囲内で規定する 2 種類の代表的なスペクトルを基にして計算する． 基準値：測定値との比較の基準とする一連の値．図 6.1 及び図 6.2 はそれらの値を基準曲線として表したもの．

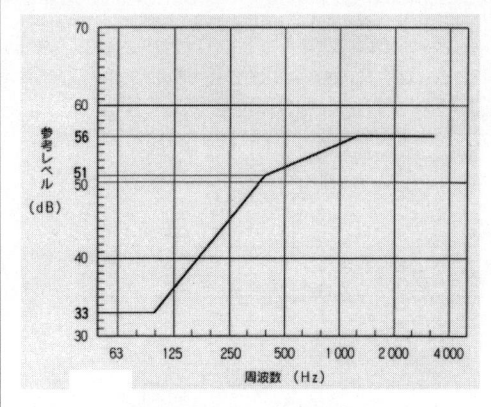

図 6.1 空気音遮断性能の基準曲線（1/3 オクターブバンド）

図 6.2 空気音遮断性能の基準曲線（オクターブバンド）

スペクトル特性：スペクトル調整項を計算するための 1/3 オクターブバンド及びオクターブバンドのスペクトルを図 6.3 及び図 6.4 に示す．これらのスペクトルは，周波数重み特性 A をかけた値が 0 dB になるように規準化化されている．

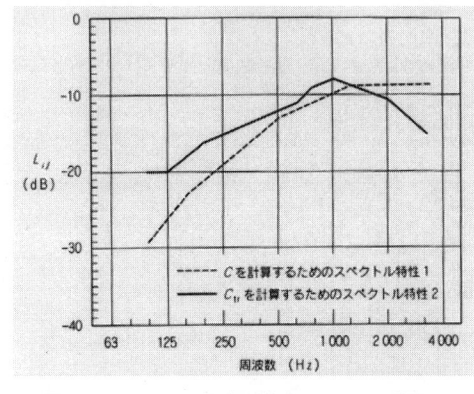

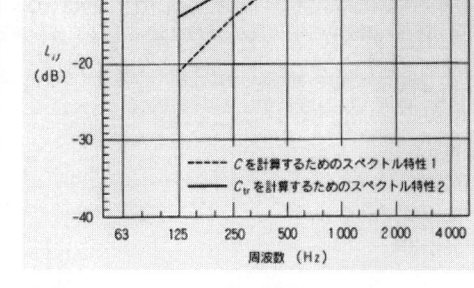

図 6.3 スペクトル調整項を求めるための基準スペクトル特性（1/3 オクターブバンド）

図 6.4 スペクトル調整項を求めるための基準スペクトル特性（オクターブバンド）

比較の方法
1/3 オクターブバンド測定の場合：測定結果を結んだ曲線に対して対応する基準曲線を 1 dB ステップで上下させ，16 個の 1/3 オクターブバンドにおいて基準曲線の値を下回る値の総和が 32.0 dB を上回らない範囲で，できるだけ大きくなるところまで移動させる．
オクターブバンド測定の場合：測定結果を結んだ曲線に対して対応する基準曲線を 1 dB ステップで上下させ，5 個のオクターブバンドにおいて基準曲線の値を下回る値の総和が 10.0 dB を上回らない範囲で，できるだけ大きくなるところまで移動させる．
以上の手順で移動した基準曲線の 500 Hz における値 (dB) を単一数値評価量とする．
オクターブバンドの基準値は，現場測定によるオクターブバンド測定の結果の評価だけに適用する．
スペクトル調整項の計算：スペクトル調整項 C_j (dB) は，上述のスペクトル特性に基づいて次式によって計算する．

$$C_j = X_{Aj} - X_W \tag{1}$$

j：スペクトル特性 1 及び 2 を示す指標，X_w：求められた単一数値評価量，X_{Aj}：次の式から求められる値 (dB)

$$X_{Aj} = -10 \log_{10} \sum 10^{(L_{ij} - X_i)/10} \tag{2}$$

項 目	内 容 ・ 手 順
	i：100～3150 Hz の 1/3 オクターブバンド又は 125～2000 Hz のオクターブバンドの帯域を示す指標，L_{ij}：スペクトル j に関して，I 番目の周波数帯域について，上述のスペクトル特性で与えられる値 (dB)，X_i：i 番目の周波数帯域における音響透過損失 R_i，準音響透過損失 R'_i，規準化音圧レベル差 $D_{n,i}$ 又は標準化音圧レベル差 $D_{nT,i}$ で，0.1 秒単位の値 (dB) この調整項は，用いたスペクトル特性の区分に従い，次の記号を用いる． C：スペクトル特性 1（ピンクノイズに周波数重み特性 A をかけた特性）を用いて計算した場合． C_{tr}：スペクトル特性 2（典型的な都市交通騒音に周波数重み特性 A をかけた特性）を用いて計算した場合． 備考　種々の騒音に対するスペクトル調整項の適用の仕方を表 6.4 に示す． **表 6.4** 種々の騒音源に対するスペクトル調整項の適用 <table><tr><th>騒音源の種類</th><th>適用するスペクトル調整項</th></tr><tr><td>日常生活（会話，音楽，ラジオ，テレビ） 子供の遊び 中・高速鉄道 時速 80 km/h の高速道路 ジェット機（短距離） 主に中・高音性の騒音を発生する工場</td><td>C スペクトル特性 1</td></tr><tr><td>都市内道路 低速度鉄道 プロペラ航空機 ジェット機（遠距離） ディスコ音楽 主に低音性の騒音を発生する工場</td><td>C_{tr} スペクトル特性 2</td></tr></table>
結果の表示	目的に応じて適切な単一数値評価量 R_W，準音響透過損失 R'_W，規準化音圧レベル差 $D_{n,W}$ 又は標準化音圧レベル差 $D_{nT,W}$ 及び 2 種類のスペクトル調整項を表示する． 建築部材の空気音遮断性能の表示：単一数値評価量の計算は，1/3 オクターブバンド測定の結果について行う．2 種類のスペクトル調整項は，次のように単一数値評価量の後に括弧を付け，その中をセミコロンで分けて示す． 　　例　　$R_w(C;C_{tr}) = 41(0;-5)$ dB 　　※スペクトル調整項は 0.1 dB のけたまで計算し，整数に丸める． 建築物の空気音遮断性能の表示：建築物の空気音遮断性能の表示は，単一数値評価量又はその値とスペクトル調整項の和として，次の例のように示す． 　　例　　$R'_w + C_{tr}) \geq 45$ dB　又は　　$D_{nT,W} + C \geq 54$ dB JIS A 1417 及び ISO 140-5 による現場測定については，単一数値評価量が 1/3 オクターブバンド，オクターブバンドのいずれの測定結果から求められたかを必ず明示する．一般に，両者の間には約 ±1 dB の差がある．

附属書 1（規定）建築物及び建築部材の空気音遮断性能の等級曲線による評価

項目	内容・手順
適用範囲	建築物及び建築部材の空気音遮断性能をこの附属書で規定する等級曲線を用いて評価する方法を規定.
定義	空気音遮断性能に関する等級：この附属書で規定する方法によって評価した建築物及び建築部材の空気音遮断性能の数値. 備考　単一数値評価量の用語及び記号は測定の種類によって異なり，表 6.5 による. **表 6.5** 空気音遮断性能に関する遮音等級（オクターブバンド） | 評価すべき量の名称と記号			単一数値評価量	
---	---	---	---	---
規格	名称	記号	名称	記号
JIS A 1416	音響透過損失	R	音響透過損失等級	R_r
ISO 140-9	つり天井規準化音圧レベル差	$D_{n,c}$	つり天井規準化音圧レベル差等級	$D_{n,c,r}$
ISO 140-10	部材規準化音圧レベル差	$D_{n,e}$	部材規準化音圧レベル差等級	$D_{n,e,r}$
JIS A 1416	準音響透過損失	R'	準音響透過損失等級	R'_r
ISO 140-5	準音響透過損失	$R'_{45°}$	準音響透過損失等級	$R'_{45°,r}$
ISO 140-5	準音響透過損失	$R'_{tr,S}$	準音響透過損失等級	$R'_{tr,S,r}$
JIS A 1417	室間音圧レベル差	D	室間音圧レベル差等級	D_r
JIS A 1417	規準化音圧レベル差	D_n	規準化音圧レベル差等級	$D_{n,r}$
JIS A 1417	標準化音圧レベル差	D_{nT}	標準化音圧レベル差等級	$D_{nT,r}$
JIS A 1417	特定場所間音圧レベル差	D_P	標準化音圧レベル差等級	$D_{P,r}$	 等級曲線：この附属書によって建築物及び建築部材の空気音遮断性能を評価するのに用いる曲線.
等級曲線の周波数特性と数値	この附属書で用いる建築物及び建築部材の空気音遮断性能を評価するための基準曲線の周波数特性と等級は，図 6.5 による. 図 **6.5** 空気音遮断性能の周波数特性と等級（等級曲線）
空気音遮断性能の等級の求め方	JIS A 1416, JIS A 1417, ISO 140-5, ISO 140-9 及び ISO 140-10 の規定に従って測定された中心周波数 125～2 000 Hz のオクターブバンドごとの測定値を図 6.5 にプロットし，その値が全ての周波数帯域においてある曲線を上回るとき，その最大の曲線につけられた数値によって遮音等級を表すものとする．ただし，各周波数帯域において，測定結果が等級曲線の値より最大 2 dB まで下回ることを許容する． 備考 1　1/3 オクターブバンドごとに測定された結果は，次式を用いてオクターブバンドごとの値（小数点以下 1 けたまでの数値）に合成し，JIS Z 8401 によって小数点以下を丸めた値について上記の方法によって評価する．

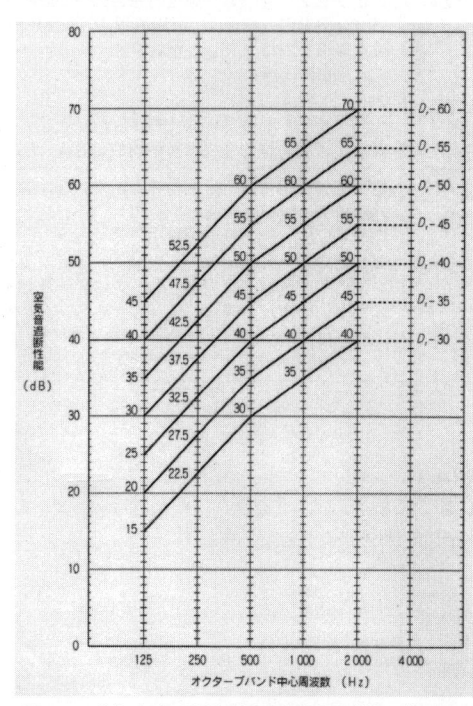

$$X_{1/1} = -10\log_{10}\left(\frac{10^{-X_{1/3,1}/10} + 10^{-X_{1/3,2}/10} + 10^{-X_{1/3,3}/10}}{3}\right) \tag{3}$$

$X_{1/1}$：オクターブバンドの値 (dB), $X_{1/3,1}$, $X_{1/3,2}$, $X_{1/3,3}$：当該オクターブバンドに含まれる 3 つの 1/3 オクターブバンドにおける値 (dB)

備考 2　表示のしかたとしては，例えば，二室間の室間音圧レベル差等級が 50 である場合，Dr-50 と表す．

附属書 2（参考）建築物及び建築部材の空気音遮断性能の平均値による評価

項目	内容・手順
適用範囲	建築物及び建築部材の空気音遮断性能を周波数帯域ごとの遮音性能値の算術平均値によって評価する方法を示す．
定　義	空気音遮断性能に関する単一数値評価量：この附属書で示す方法によって評価した値． 備考　単一数値評価量の用語及び記号は測定の種類によって異なり，表 6.6 による．

表 6.6 空気音遮断性能に関する単一数値評価量

評価すべき量の名称と記号			単一数値評価量	
規格	名称	記号	名称	記号
JIS A 1416	音響透過損失	R	平均音響透過損失	R_m
ISO 140-9	つり天井規準化音圧レベル差	$D_{n,c}$	平均つり天井規準化音圧レベル差	$D_{n,c,m}$
ISO 140-10	部材規準化音圧レベル差	$D_{n,e}$	平均部材規準化音圧レベル差	$D_{n,e,m}$
JIS A 1416	準音響透過損失	R'	平均準音響透過損失	R'_m
ISO 140-5	準音響透過損失	$R'_{45°}$	平均準音響透過損失	$R'_{45°,m}$
ISO 140-5	準音響透過損失	$R'_{tr,S}$	平均準音響透過損失	$R'_{tr,S,m}$
JIS A 1417	室間音圧レベル差	D	平均室間音圧レベル差	D_m
JIS A 1417	規準化音圧レベル差	D_n	平均規準化音圧レベル差	$D_{n,m}$
JIS A 1417	標準化音圧レベル差	D_{nT}	平均標準化音圧レベル差	$D_{nT,m}$
JIS A 1417	特定場所間音圧レベル差	D_P	平均標準化音圧レベル差	$D_{P,m}$

項目	内容・手順
空気音遮断性能の平均値の求め方	JIS A 1416, JIS A 1417, ISO 140-5, ISO 140-9 及び ISO 140-10 の規定に従って測定された結果を評価する方法は，次による． 1/3 オクターブバンド測定の場合は中心周波数 100〜2 500 Hz の 15 帯域における測定値の算術平均値，オクターブバンド測定の場合は中心周波数 125〜2 000 Hz の 5 帯域における測定値の算術平均値を次式によって計算し，小数点以下を四捨五入して整数値とする． $$L_m = \frac{1}{n}(L_1 + L_2 + \cdots + L_n) \quad (4)$$ L_m：遮音性能値の算術平均値 (dB)，$L_1, L_2 \ldots L_n$：各周波数帯域ごとの遮音性能値（dB）
結果の表示	建築部材の空気音遮断性能の表示：1/3 オクターブバンドごとの測定結果について算術平均値を求め，空気音遮断性能の単一数値評価量とする． 　例　$R_{m(1/3)} = 45\,\text{dB}$ 建築物の空気音遮断性能の表示：1/3 オクターブバンド又はオクターブバンドごとの測定結果について算術平均値を求め，空気音遮断性能の単一数値評価量とする．ただし，単一数値評価量が 1/3 オクターブバンド，オクターブバンドのいずれの測定結果から求められたかを必ず明示する．記号で表す場合には，次による． 　例　1/3 オクターブバンド測定による場合：$D_{m(1/3)} = 48\,\text{dA}$ 　　　オクターブバンド測定による場合：$D_{m(1/1)} = 47\,\text{dB}$

文献 (4.1)

1) 集合住宅の機能・性能事典（産業調査会，2002），
   pp.480–500.

4.2 床衝撃音遮断性能

国内の床衝撃音関連の規格・基準を整理して表 4.2.1 に，また，これらの規格・基準の名称を表 4.2.2 に示す．床衝撃音に関連する規格・基準は，大きく床衝撃音遮断性能に関するものと床衝撃音レベル低減量に関するものに分けられる．床衝撃音遮断性能に関する規格は現場での測定方法が，床衝撃音レベル低減量に関する規格・基準は実験室における測定方法が定められている．ただし，床衝撃音レベル低減量については，今のところ，軽量を対象とするJIS規格しか定められていない．軽量及び重量床衝撃音レベル低減量の測定及び評価方法を示すBCJ-CS-2は，(財)日本建築センターの新建築技術認定事業として定められたものである．BCJ-CS-2では，標準コンクリート床（試験体を施工するスラブ）として，厚さ150 ± 10 mmと200 ± 10 mmの2種類の床を用意し，低減量を測定することになっている．また，日本住宅性能表示制度の評価方法基準（平成13年国土交通省告示第1347号（現：平成17年 国土交通省告示 第994号））では，音環境の性能評価・表示を行うにあたり必要となる軽量及び重量床衝撃音レベル低減量の測定法及び評価法が，JIS A 1440及びBCJ-CS-2を基に定められている．告示では，標準コンクリート床の厚さについては，具体的に示されていないが，BCJ-CS-2に倣い，厚さ150 ± 10 mmと200 ± 10 mmの2種類の床を用いて測定を行うことになっている．

なお，JIS規格と対応するISO規格は表 4.2.3 のようになる．

表 4.2.1 国内の床衝撃音に関連する規格・基準

	軽量床衝撃音遮断性能	重量床衝撃音遮断性能	軽量床衝撃音レベル低減量	重量床衝撃音レベル低減量
測定法	JIS A 1418-1	JIS A 1418-2	JIS A 1440 BCJ-CS-2 H13 国交省告示 1347	BCJ-CS-2 H13 国交省告示 1347
評価法	JIS A 1419-2		BCJ-CS-2 H13 国交省告示 1347	BCJ-CS-2 H13 国交省告示 1347

表 4.2.2 国内の床衝撃音に関連する規格・基準

JIS A 1418-1: 2000	建築物の床衝撃音遮断性能の測定方法－第1部：標準軽量衝撃源による方法
JIS A 1418-2: 2000	建築物の床衝撃音遮断性能の測定方法－第2部：標準重量衝撃源による方法
JIS A 1419-2: 2000	建築物及び建築部材の遮音性能の評価方法－第2部：床衝撃音遮断性能
JIS A 1440: 1997	コンクリート床上の床仕上げ構造の軽量床衝撃音レベル低減量の実験室測定方法
BCJ-CS-2: 2000 （日本建築センター/新建築技術認定事業）	遮音床仕上げ構造認定基準
平成13年 国土交通省告示 第1347号 （現：平成17年 国土交通省告示 第994号）	評価方法基準

表 4.2.3 床衝撃音に関連する JIS 規格と ISO 規格の対応

JIS A 1418-1	ISO 140-7	Acoustics – Measurement of sound insulation in buildings and of building elements – part 7: Field measurements of impact sound insulation of floors
JIS A 1418-2	—	
JIS A 1419-2	ISO 717-2	Acoustics – Rating of sound insulation in buildings and of building elements – part 2: Impact sound insulation
JIS A 1440	ISO 140-8	Acoustics – Measurement of sound insulation in buildings and of building elements – part 8: Laboratory measurement of the reduction of transmitted impact noise by floor coverings on a solid standard floor

(1) 床衝撃音遮断性能の測定法及び評価法に関する現 JIS と旧 JIS との主な相違点

床衝撃音遮断性能の測定方法及び評価方法は，国際整合化の一環として 2000 年 1 月に改正がなされている．改正前の JIS との主な相違点を以下に示す．

a. JIS A 1418-1: 2000　建築物の床衝撃音遮断性能の測定方法―第 1 部：標準軽量衝撃源による方法

・旧 JIS の軽量床衝撃音遮断性能に関する測定方法が分離したもの．ISO 140-7 を基本とする．
・測定物理量は，これまでの床衝撃音レベル L_i に加え，規準化床衝撃音レベル L'_n，及び標準化床衝撃音レベル L'_{nT} が新たに採用されている．また，騒音計の周波数重み特性 A を通して測定される A 特性床衝撃音レベル L_{iA} も導入されている．

規準化床衝撃音レベル及び標準化床衝撃音レベルは，JIS A 1417 の規準化音圧レベル差及び標準化音圧レベル差と同様，受音室の等価吸音面積（10 m^2）及び残響時間（0.5 秒）を基準として，それらの状態を仮定したときの床衝撃音レベルを表し，客観的に界床の床衝撃音遮断性能を示そうとするものである．
・測定は，旧 JIS のオクターブバンドに，1/3 オクターブバンドを追加し，固定マイクロホン法及び移動マイクロホン法により行う．

旧 JIS と異なり各周波数帯域毎の音圧レベルの平均化時間にわたるエネルギー平均値を表す等価音圧レベルによる測定が基本で，旧 JIS の時間重み特性 F による騒音計の指示値のピークの読み取りは，積分平均機能を備えていない騒音計を用いる場合に認められている．また，衝撃点及び受音点の数，設置位置も旧 JIS と異なり，衝撃点は中央点付近 1 点を含む 3〜5 点，測定点は 4 点以上とし，空間的に均等に分布させる．
・測定周波数範囲は，旧 JIS では 63〜4 000 Hz 帯域の 7 帯域としていたが，オクターブバンドの場合は 125〜2 000 Hz 帯域の 5 帯域，1/3 オクターブバンドの場合は 100〜3 150 Hz 帯域の 16 帯域を基本としている．

b. JIS A 1418-2: 2000　建築物の床衝撃音遮断性能の測定方法―第 2 部：標準重量衝撃源による方法

・旧 JIS の重量床衝撃音遮断性能に関する測定方法が分離したもの．対応する ISO はない．

旧 JIS と最も異なる点は，従来の衝撃源（衝撃力特性（1））に加え，衝撃力の小さい衝撃源（衝撃力特性（2））が新たに附属書 1（規定）に規定されている．衝撃力特性（1）及び衝撃力特性（2）のエネルギースペクトル特性を表 4.2.3，表 4.2.4 及び図 4.2.1，図 4.2.2 に示す．
・測定物理量として，これまでの床衝撃音レベル $L_{i,F\max}$ に加え，A 特性床衝撃音レベル $L_{iA,F\max}$ が取り入れられている．
・測定は，旧 JIS のオクターブバンドに，1/3 オクターブバンドを追加し，時間重み特性 F を用いて各周波数帯域の最大音圧レベルを計測する．衝撃点及び受音点の数，設置位置は JIS A 1418-1 と同じ．
・測定周波数範囲は，旧 JIS では 63〜4 000 Hz 帯域の 7 帯域としていたが，オクターブバンドの場合は 63〜500 Hz 帯域の 4 帯域，1/3 オクターブバンドの場合は 50〜630 Hz 帯域の 12 帯域が基本となっている．

表 4.2.3　衝撃力特性（1）のオクターブバンド衝撃力暴露レベルと許容偏差

オクターブバンド中心周波数（Hz）	オクターブバンド衝撃力暴露レベル（dB）	許容偏差（dB）
31.5	47.0	±1.0
63	40.0	±1.5
125	22.0	±1.5
250	11.5	±2.0
500	5.5	±2.0

表 4.2.4　衝撃力特性（2）のオクターブバンド衝撃力暴露レベルと許容偏差

オクターブバンド中心周波数（Hz）	オクターブバンド衝撃力暴露レベル（dB）	許容偏差（dB）
31.5	39.0	±1.0
63	31.0	±1.5
125	23.0	±1.5
250	16.0	±2.0
500	11.5	±2.0

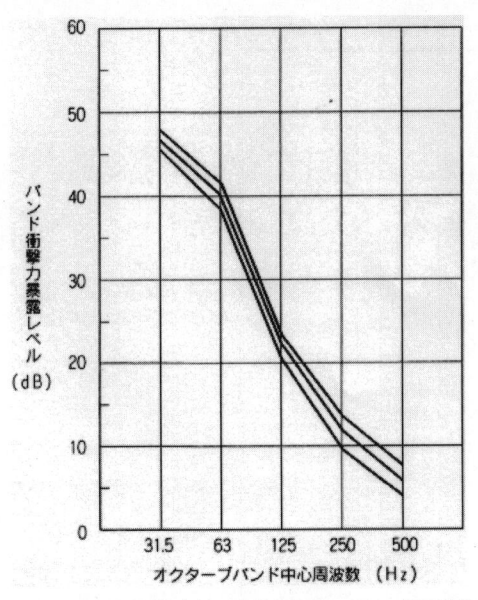

図 4.2.1 衝撃力特性（1）の衝撃力暴露レベルの周波数特性

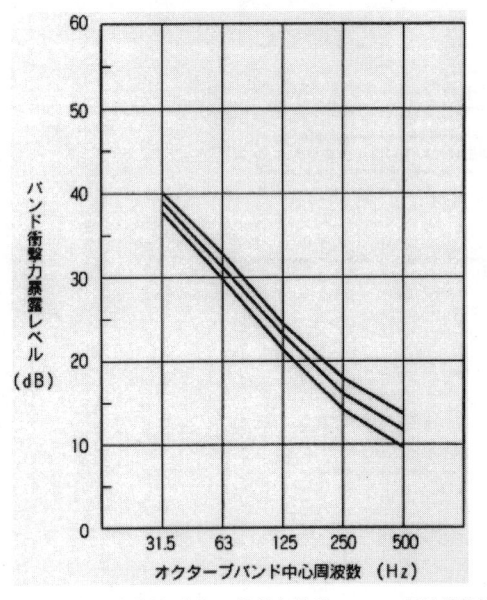

図 4.2.2 衝撃力特性（2）の衝撃力暴露レベルの周波数特性

c. JIS A 1419-2:2000　建築物及び建築部材の遮音性能の評価方法－第2部：床衝撃音遮断性能

・旧 JIS のうち，床衝撃音遮断性能に関する評価方法が分離したもの．
　ISO 717-2 で規定する"建築物及び建築部材の床衝撃音遮断性能の評価方法"を規格の本体に，旧 JIS の等級曲線による評価方法を一部変更して附属書1（規定）に，また，ISO への提案を前提として A 特性音圧レベルによる評価方法を附属書2（規定）に規定している．さらに，附属書3（参考）で逆 A 特性曲線による評価方法が示されている．

・本体の評価方法は重みづけ法（Weighting method）によるが，この方法による評価は，標準軽量衝撃源によって得られた結果にのみに適用する．附属書1（規定）の等級曲線による評価，附属書2（規定）の A 特性音圧レベルによる評価，附属書3の逆 A 特性曲線による評価は，標準軽量衝撃源及び標準重量衝撃源により得られた結果に適用される．

（2）床衝撃音遮断性能の測定法及び評価法に関する JIS の概要

　JIS A 1418-1: 2000, JIS A 1418-2: 2000, JIS A 1419-2: 2000 の各構成を**図 4.2.3～図 4.2.5**に，また，各 JIS の概要を取りまとめて**表 4.2.5～表 4.2.7**に示す．

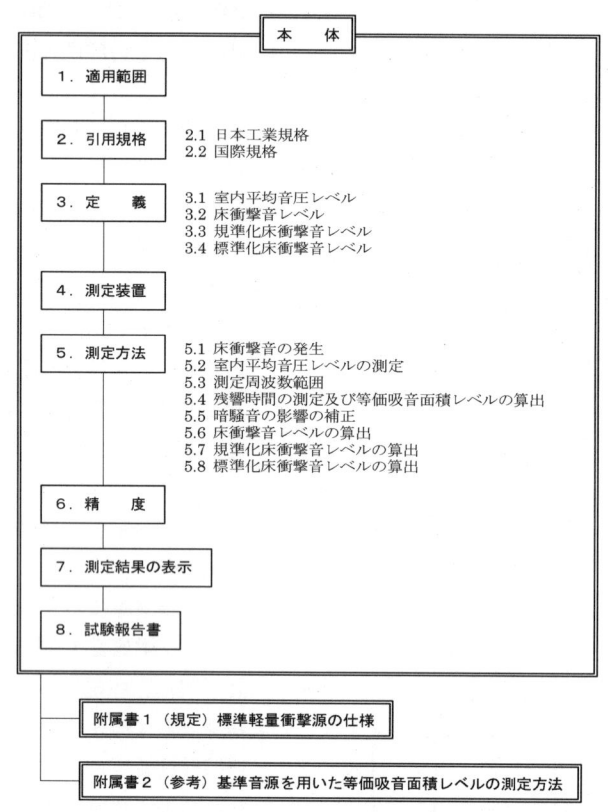

```
┌─────────────────────────────────────────────────┐
│                    本　体                        │
│  ┌──────────┐                                    │
│  │1. 適用範囲│                                    │
│  └──────────┘                                    │
│  ┌──────────┐  2.1 日本工業規格                   │
│  │2. 引用規格│  2.2 国際規格                      │
│  └──────────┘                                    │
│  ┌──────────┐  3.1 室内平均音圧レベル             │
│  │3. 定　義 │  3.2 床衝撃音レベル                │
│  └──────────┘  3.3 規準化床衝撃音レベル           │
│                3.4 標準化床衝撃音レベル           │
│  ┌──────────┐                                    │
│  │4. 測定装置│                                    │
│  └──────────┘                                    │
│  ┌──────────┐  5.1 床衝撃音の発生                │
│  │5. 測定方法│  5.2 室内平均音圧レベルの測定      │
│  └──────────┘  5.3 測定周波数範囲                 │
│                5.4 残響時間の測定及び等価吸音面積レベルの算出│
│                5.5 暗騒音の影響の補正             │
│                5.6 床衝撃音レベルの算出           │
│                5.7 規準化床衝撃音レベルの算出     │
│                5.8 標準化床衝撃音レベルの算出     │
│  ┌──────────┐                                    │
│  │6. 精　度 │                                    │
│  └──────────┘                                    │
│  ┌────────────────┐                              │
│  │7. 測定結果の表示│                             │
│  └────────────────┘                              │
│  ┌────────────┐                                  │
│  │8. 試験報告書│                                 │
│  └────────────┘                                  │
└─────────────────────────────────────────────────┘
      │
      ├──┤附属書1（規定）標準軽量衝撃源の仕様│
      │
      └──┤附属書2（参考）基準音源を用いた等価吸音面積レベルの測定方法│
```

図 **4.2.3** JIS A 1418-1: 2000 の構成

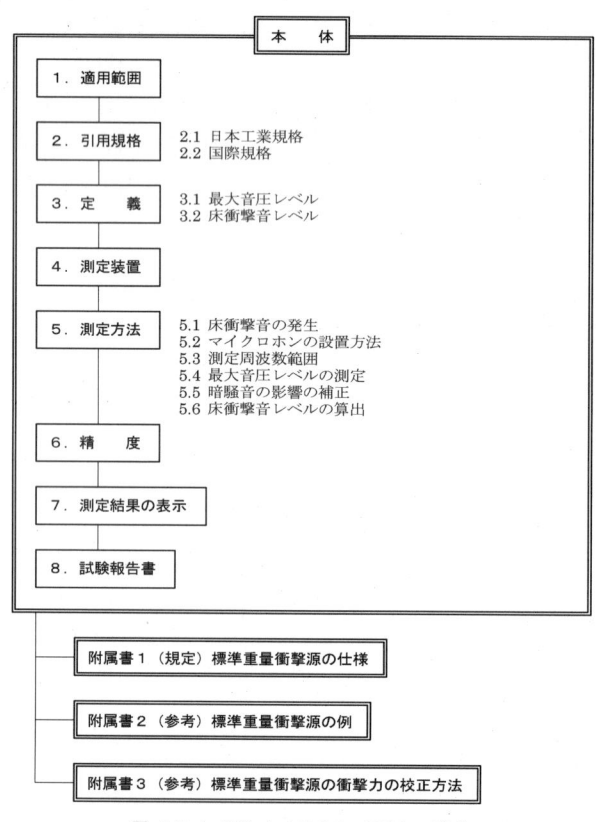

```
┌─────────────────────────────────────────────────┐
│                    本　体                        │
│  ┌──────────┐                                    │
│  │1. 適用範囲│                                    │
│  └──────────┘                                    │
│  ┌──────────┐  2.1 日本工業規格                   │
│  │2. 引用規格│  2.2 国際規格                      │
│  └──────────┘                                    │
│  ┌──────────┐  3.1 最大音圧レベル                 │
│  │3. 定　義 │  3.2 床衝撃音レベル                │
│  └──────────┘                                    │
│  ┌──────────┐                                    │
│  │4. 測定装置│                                    │
│  └──────────┘                                    │
│  ┌──────────┐  5.1 床衝撃音の発生                │
│  │5. 測定方法│  5.2 マイクロホンの設置方法        │
│  └──────────┘  5.3 測定周波数範囲                 │
│                5.4 最大音圧レベルの測定           │
│                5.5 暗騒音の影響の補正             │
│                5.6 床衝撃音レベルの算出           │
│  ┌──────────┐                                    │
│  │6. 精　度 │                                    │
│  └──────────┘                                    │
│  ┌────────────────┐                              │
│  │7. 測定結果の表示│                             │
│  └────────────────┘                              │
│  ┌────────────┐                                  │
│  │8. 試験報告書│                                 │
│  └────────────┘                                  │
└─────────────────────────────────────────────────┘
      │
      ├──┤附属書1（規定）標準重量衝撃源の仕様│
      │
      ├──┤附属書2（参考）標準重量衝撃源の例│
      │
      └──┤附属書3（参考）標準重量衝撃源の衝撃力の校正方法│
```

図 **4.2.4** JIS A 1418-2: 2000 の構成

```
┌─────────────────────────────────────────┐
│               本 体                      │
│  ┌──────────┐                           │
│  │1. 適用範囲│                           │
│  └──────────┘                           │
│  ┌──────────┐  2.1 日本工業規格           │
│  │2. 引用規格│  2.2 国際規格              │
│  └──────────┘                           │
│  ┌──────────┐  3.1 1/3オクターブバンド測定による床衝撃音遮断性能 │
│  │3. 定  義 │      の単一数値評価量        │
│  └──────────┘  3.2 オクターブバンド測定による床衝撃音遮断性能の │
│                   単一数値評価量           │
│  ┌──────────────────┐  4.1 一般事項       │
│  │4. 単一数値評価量の求め方│ 4.2 基準値    │
│  └──────────────────┘  4.3 比較の方法    │
│  ┌──────────┐                           │
│  │5. 結果の表示│                          │
│  └──────────┘                           │
└─────────────────────────────────────────┘
   │
   ├─ 附属書1（規定）建築物の床衝撃音遮断性能の等級曲線による評価
   │
   ├─ 附属書2（規定）建築物の床衝撃音遮断性能のA特性音圧レベルによる評価
   │
   └─ 附属書3（参考）建築物の床衝撃音遮断性能の逆A特性曲線による評価
```

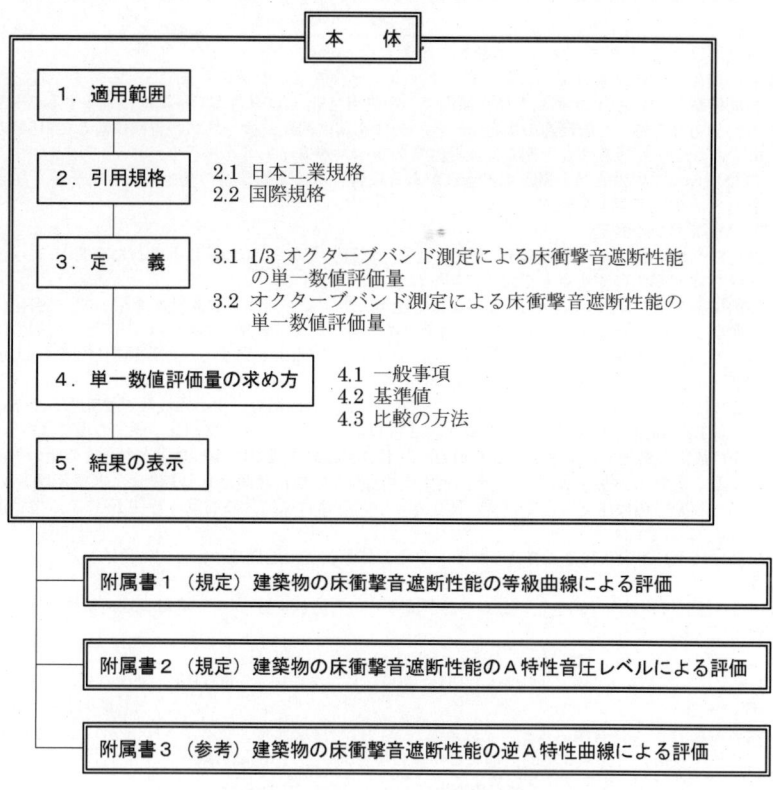

図 4.2.5 JIS A 1419-2: 2000 の構成

表 4.2.5 JIS A 1418-1：2000 による建築物の床衝撃音遮断性能の測定方法－第 1 部：標準軽量衝撃源による方法[1] の概要

項 目	内 容 ・ 手 順
適用範囲	標準軽量衝撃源を用いて建築物の床衝撃音遮断性能を測定する方法を規定. この規格によって測定された床衝撃音レベルの単一数値評価量による評価方法は JIS A 1419-2 に規定する方法による. 参考　床仕上げ材による床衝撃音レベル低減量の実験室測定方法は，JIS A 1440 に別途規定.
定 義	室内平均音圧レベル L：対象とする室内における空間的及び時間的な平均2乗音圧を基準音圧の2乗で除した値の常用対数を 10 倍した値. 床衝撃音レベル L_i：附属書1に規定する標準軽量衝撃源（タッピングマシンともいう）で測定対象の床を加振したときの受音室における室内平均音圧レベル. 備考　騒音計の周波数重み特性 A を通して測定される床衝撃音レベルを特に A 特性床衝撃音レベル L_{iA} という. 規準化床衝撃音レベル L'_n：床衝撃音レベルの値から受音室の等価吸音面積 (A) と基準の等価吸音面積 (A_0) の比の常用対数を 10 倍した値を加えた値. $$L'_n = L + 10\log_{10} A/A_0, \qquad A_0 = 10\,\mathrm{m}^2 \tag{1}$$ 標準化床衝撃音レベル L'_{nT}：床衝撃音レベルに受音室の残響時間 (T) と基準の残響時間 (T_0) の比の常用対数を 10 倍した値を差し引いた値. $$L'_{nT} = L - 10\log_{10} T/T_0, \qquad 住宅の居室については T_0 = 0.5\,\mathrm{s} \tag{2}$$
測定装置	標準軽量衝撃源：附属書1の規定に適合したもの. 音圧レベルの測定：普通騒音計（JIS C 1502）又は精密騒音計（JIS C 1505）を用いる. 周波数分析：オクターブ又は 1/3 オクターブバンドフィルタ（JIS C 1514）を用いる. 備考　リアルタイム型周波数分析器（JIS C 1502, JIS C 1505, JIS C 1514）を使用してもよい. ※ JIS C 1502, 1505 は廃止. JIS C 1509-1: 2005 になる.

項　目	内　容・手　順
測定方法	オクターブ又は 1/3 オクターブバンドごとに行う． 床衝撃音の発生：測定対象の床上にタッピングマシンを設置し，衝撃音を発生させる．タッピングマシン設置位置は，室の周壁から 50 cm 以上離れた床平面内で，中央点付近 1 点を含んで平均的に分布する 3～5 点とする．梁やリブをもつ異方性を持った床構造の場合は，各ハンマを結ぶ線が，梁やリブの方向に対して 45° の向きとなるようにタッピングマシンを設置する．測定は，発生音のレベルが安定してから行う． 　備考　打撃によって床の表面を損傷する恐れがある場合には，床衝撃音の発生に大きな影響を与えない薄い紙又はシート状材料を敷いて測定を行ってもよい． 室内平均音圧レベルの測定 　a）固定マイクロホン法：受音室内で天井，周壁，床面などから 50 cm 以上離れた空間内に，互いに 70 cm 以上離れた 4 点以上の測定点を空間的に均等に分布させる． 　b）移動マイクロホン法：0.7 m 以上の回転半径をもつマイクロホン移動装置を用いて，受音室内の天井，周壁，床面などから 50 cm 以上離れた空間内でマイクロホンを連続的に回転させる．その回転面は床面に対して傾斜させ，また，各壁面に対しても 10° 以上の角度となるようにする．回転周期は 15 秒以上とする． 平均化時間 　a）固定マイクロホン法による場合：オクターブバンド測定の場合は中心周波数が 250 Hz 以下の周波数帯域では 3 秒以上，500 Hz 以上の周波数帯域では 2 秒以上，1/3 オクターブバンド測定の場合は中心周波数が 400 Hz 以下の周波数帯域では 6 秒以上，500 Hz 以上の周波数帯域では 4 秒以上とし，その間の等価音圧レベルを測定する．また，A 特性音圧レベルを測定する場合は，平均化時間を 6 秒以上として等価騒音レベルを測定する． 　備考　積分平均機能を備えていない騒音計を用いる場合には，時間重み特性 F による指示値のピークの平均を読み取る． 　b）移動マイクロホン法による場合：マイクロホン移動装置の周期以上かつ 30 秒以上とし，回転周期の整数倍とする． 測定周波数範囲：（　）内は測定しておくことが望ましい周波数帯域．「　」内は低周波数域の測定が必要な場合に測定を追加する周波数帯域． 　　オクターブバンド測定：「63 Hz」，125 Hz～2 000 Hz，（4 000 Hz） 　　1/3 オクターブバンド測定：「50 Hz, 63 Hz, 80 Hz」，100 Hz～3 150 Hz，（4 000 Hz, 5 000 Hz） 残響時間の測定 　a）受音室内の 1 点に音源スピーカを設置し，室内に均等な分布となるように 3 点以上の測定点を設ける．すべての測定点は，音源スピーカ，壁などの室の境界面から 1 m 以上離す． 　b）ISO 3382 に規定するノイズ断続法又はインパルス応答積分法によって，オクターブバンド又は 1/3 オクターブバンドごとに残響減衰曲線を求める．測定周波数帯域ごとの測定回数は，ノイズ断続法による場合には，各測定点において 3 回以上とする． 　c）残響減衰曲線の傾きから残響時間を読み取る．読み取りは，残響減衰曲線の初期レベルに対して -5 dB から少なくとも -25 dB までの減衰に対して行う． 等価吸音面積の算出：受音室の等価吸音面積は，測定周波数帯域ごとに残響時間平均値から次式により算出する． $$A = 0.16V/T \qquad (3)$$ 　A：等価吸音面積（m^2），V：受音室の容積（m^3），T：受音室の残響時間（s） 暗騒音の影響の補正：タッピングマシンが作動しているときとそれを停止したときの音圧レベルの差が 6 dB 以上の場合には，暗騒音の影響を除去した音圧レベルを計算又は表を用いて求める．差が 6 dB よりも小さい場合は，補正計算を行わず，音圧レベルの測定結果は，参考値として記録する．
床衝撃音レベルの算出	固定マイクロホン法による場合：各測定周波数帯域について，タッピングマシンの設置位置ごとに，全ての測定点において測定された音圧レベルのエネルギー平均値 L_k を次式により計算する． $$L_k = 10 \log_{10} \left(\frac{1}{m} \sum_{j=1}^{m} 10^{L_j/10} \right) \qquad (4)$$ L_j：j 番目の固定測定点における音圧レベルの測定値 (dB)，m：固定測定点の数 上式で求められた加振点ごとの室内平均音圧レベルの算術平均を計算し，各周波数帯域における床衝撃音レベル L_i とする． 移動マイクロホン法による場合：加振点ごとの測定された室内平均音圧レベルの算術平均値を計算し，各周波数帯域における床衝撃音レベル L_i とする．
規準化床衝撃音レベルの算出	受音室の等価吸音面積 A と床衝撃音レベル L_i から，式 (1) によって規準化床衝撃音レベル L'_n を計算する． 　備考　附属書 2 に示す基準音源を用いた等価吸音面積レベルの測定結果から算出することもできる．
標準化床衝撃音レベルの算出	残響時間の測定結果 T と床衝撃音レベル L_i から，式 (2) によって標準化床衝撃音レベル L'_{nT} を計算する． 　備考　附属書 2 に示す基準音源を用いた等価吸音面積レベルの測定結果から算出することもできる．

項　目	内　容・手　順
測定結果の表示	測定結果は，図及び表で示す．図の目盛は，オクターブの幅が 15 mm（1/3 オクターブバンドの幅が 5 mm），10 dB が 20 mm となるようにとる．各周波数ごとの測定結果は点で示し，順次，直線で結ぶ． 1/3 オクターブバンド測定による結果からオクターブバンドごとの値を計算する場合は，次式による（規準化床衝撃音レベル，標準化床衝撃音レベルも同様）． $$L_{i,1/1} = 10\log_{10}\left(\sum_{j=1}^{3} 10^{L_{i,1/3,j}/10}\right) \quad (5)$$ $L_{i,1/1}$：オクターブバンドごとの床衝撃音レベル (dB)， $L_{i,1/3,j}$：当該オクターブバンドに含まれる 1/3 オクターブバンドごとの床衝撃音レベル (dB)
附属書 1（規定）	本体に従って床衝撃音遮断性能を測定する際に使用する標準軽量衝撃源（タッピングマシン）の仕様について規定（詳細は省略）．
附属書 2（参考）	標準軽量衝撃源を用いて建築物の床衝撃音遮断性能の測定の際に必要となる受音室の等価吸音面積のレベル表示値を基準音源を用いて測定する方法が示されている（詳細は省略）．

表 4.2.6　JIS A 1418-2：2000 による建築物の床衝撃音遮断性能の測定方法－第 2 部：標準重量衝撃源による方法 [1] の概要

項　目	内　容・手　順
適用範囲	標準重量衝撃源を用いて建築物の床衝撃音遮断性能を測定する方法を規定． この規格によって測定された床衝撃音レベルの単一数値評価量による評価方法は JIS A 1419-2 に規定する方法による．
定　義	最大音圧レベル $L_{F\max}$：騒音計の時間重み特性 F を用いて測定される音圧レベルの最大値． 備考　騒音計の周波数重み特性 A を通して測定される最大音圧レベルを最大 A 特性音圧レベル $L_{A,F\max}$ という． 床衝撃音レベル $L_{i,F\max}$：附属書 1 に規定する標準重量衝撃源で測定対象の床を加振したときの受音室における最大音圧レベルのエネルギー平均値． 備考　騒音計の周波数重み特性 A を通して測定される床衝撃音レベルを特に A 特性床衝撃音レベル $L_{iA,F\max}$ という．
測定装置	標準重量衝撃源：附属書 1 の規定に適合したもの． 音圧レベルの測定：普通騒音計（JIS C 1502）又は精密騒音計（JIS C 1505）を用いる． 周波数分析：オクターブ又は 1/3 オクターブバンドフィルタ（JIS C 1514）を用いる． 備考：リアルタイム型周波数分析器（JIS C 1502, JIS C 1505, JIS C 1514）を使用してもよい． ※ JIS C 1502, 1505 は廃止．JIS C 1509-1: 2005 になる．
測定方法	オクターブ又は 1/3 オクターブバンドごとに行う． 床衝撃音の発生：標準重量衝撃源を用いて測定対象の床を加振し，衝撃音を発生させる．衝撃位置は，室の周壁より 50 cm 以上離れた床平面内で，中央点付近 1 点を含んで平均的に分布する 3〜5 点とする． 備考　軽量構造の建物で，衝撃力特性 (1) をもつ標準重量衝撃源では衝撃力が過大である場合には，衝撃力特性 (2) をもつ標準重量衝撃源を用いる． マイクロホンの設置方法：受音室内で，天井，周壁，床面などから 50 cm 以上離れた空間内に，互いに 70 cm 以上離れた 4 点以上の測定点を空間的に均等に分布させる． 測定周波数範囲：「　」内は低周波数域の測定が必要な場合に測定を追加する周波数帯域． 　オクターブバンド測定：「31.5 Hz」，63 Hz〜500 Hz 　1/3 オクターブバンド測定：「25 Hz, 31.5 Hz, 40 Hz」，50 Hz〜630 Hz 最大音圧レベルの測定：各加振点ごとに，全ての測定点で騒音計の時間重み特性 F を用いて各測定周波数帯域の最大音圧レベルを測定する． 暗騒音の影響の補正：標準重量衝撃源による発生音の最大音圧レベルと暗騒音の音圧レベルの差が 6 dB 以上の場合には，暗騒音の影響を除去した音圧レベルを計算又は表を用いて求める．差が 6 dB よりも小さい場合は，補正計算を行わず，音圧レベルの測定結果は，参考値として記録する．
床衝撃音レベルの算出	各測定周波数帯域について，加振点ごとに，全ての測定点において測定された最大音圧レベルのエネルギー平均値 $L_{F\max,k}$ を次式により計算する． $$L_{F\max,k} = 10\log_{10}\left(\frac{1}{m}\sum_{j=1}^{m} 10^{L_{F\max,j}/10}\right) \quad (1)$$ $L_{F\max,j}$：j 番目の測定点における最大音圧レベルの測定値 (dB)，m：測定点の数 上式で求められた加振点ごとの室内平均音圧レベルの算術平均を計算し，各周波数帯域における床衝撃音レベル $L_{i,F\max}$ とする．

項 目	内 容 ・ 手 順
測定結果の表示	JIS A 1418-1 と同様.
附属書 1 (規定)	本体に従って床衝撃音遮断性能を測定する際に使用する標準重量衝撃源の仕様について規定（詳細は省略）.
附属書 2 (参考)	附属書 1 に規定する 2 種類の衝撃力特性をもつ標準重量衝撃源の例が示されている（詳細は省略）. 衝撃力特性 (1)：タイヤ（バングマシン） 衝撃力特性 (2)：ゴムボール
附属書 3 (参考)	附属書 1 に規定する標準重量衝撃源の衝撃力特性を校正するための測定システム及び測定方法が示されている（詳細は省略）.

表 4.2.7　JIS A 1419-2：2000 による建築物及び建築部材の遮音性能の評価方法－第 2 部：床衝撃音遮断性能 [1] の概要

本 体

項 目	内 容 ・ 手 順
適用範囲	a) 標準軽量衝撃源を用いて測定した建築物及び床の床衝撃音遮断性能の単一数値評価量を規定し， b) ISO 140-6 及び JIS A 1440 による 1/3 オクターブバンド測定，及び JIS A 1418-1 による 1/3 オクターブバンド又はオクターブバンド測定による結果から，上記の単一数値評価量を求める方法を規定.
定 義	1/3 オクターブバンド測定による床衝撃音遮断性能の単一数値評価量：1/3 オクターブバンドごとの測定値に対して，この規格で規定する方法によって基準曲線を移動したときの 500 Hz における値. オクターブバンド測定による床衝撃音遮断性能の単一数値評価量：オクターブバンドごとの測定値に対して，この規格で規定する方法によって基準曲線を移動したときの 500 Hz における値から 5 dB を引いた値. 備考 1　単一数値評価量の用語及び記号は測定の種類によって異なる．建築部材の床衝撃音遮断性能については表 1，建築物の室間床衝撃音遮断性能については表 2 による. 表 1　床構造の床衝撃音遮断性能に関する単一数値評価量 （1/3 オクターブバンドの値から求められる量） {{TABLE1}} 表 2　建築物における室間の床衝撃音遮断性能に関する単一数値評価量 （1/3 オクターブバンド又はオクターブバンドの値から求められる量） {{TABLE2}} 備考 2　側路伝搬の影響を含む場合と含まない場合とを明確に区別するために，その影響を含む場合の値については，プライム記号（例；L'_n）をつけて表示する.
単一数値評価量の求め方	一般事項：JIS A 1418-1 及び ISO 140-6 によって測定された値を 1/3 オクターブバンド測定の場合は 100〜3 150 Hz，オクターブバンド測定の場合は 125〜2 000 Hz の測定周波数帯域ごとに，後述する方法によって，それぞれ規定された基準値と比較する. 基準値：測定値との比較の基準とする一連の値．図 1 及び図 2 はそれらの値を基準曲線として表したもの.

表 1 内訳：

評価すべき量の名称と記号		単一数値評価量	
規格	名称	記号	名称	記号
ISO 140-6	規準化床衝撃音レベル	L_n	重みつき規準化床衝撃音レベル	$L_{n,W}$

表 2 内訳：

評価すべき量の名称と記号			単一数値評価量	
規格	名称	記号	名称	記号
JIS A 1418-1	規準化床衝撃音レベル	L'_n	重みつき規準化床衝撃音レベル	$L'_{n,W}$
JIS A 1418-1	標準化床衝撃音レベル	L'_{nT}	重みつき標準化床衝撃音レベル	$L'_{nT,W}$

項　目	内　容　・　手　順

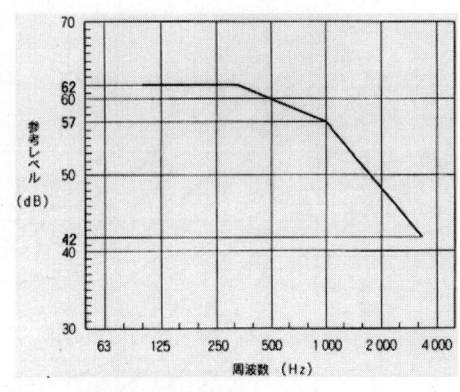

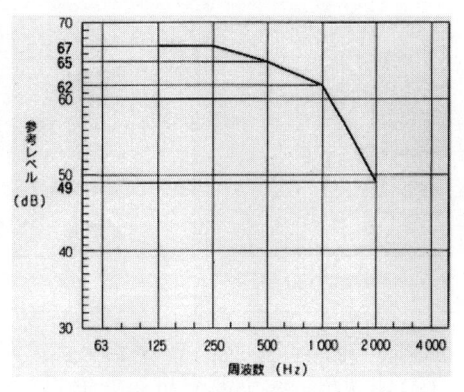

図1　床衝撃音の基準曲線（1/3オクターブバンド）　　図2　床衝撃音の基準曲線（オクターブバンド）

項　目	内　容　・　手　順
	比較の方法 1/3オクターブバンド測定の場合：中心周波数 100 Hz～3 150 Hz の周波数帯域における測定結果を結んだ曲線に対して対応する基準曲線を 1 dB ステップで上下させ，16個の 1/3 オクターブバンドにおいて基準曲線の値を上回る値の総和が 32.0 dB を上回らない範囲で，できるだけ小さくなるところまで移動させる．以上の手順で移動した基準曲線の 500 Hz における値 (dB) を単一数値評価量とする． オクターブバンド測定の場合：中心周波数 125 Hz～2 000 Hz の周波数帯域における測定結果を結んだ曲線に対して対応する基準曲線を 1 dB ステップで上下させ，5個のオクターブバンドにおいて基準曲線の値を上回る値の総和が 10.0 dB を上回らない範囲で，できるだけ小さくなるところまで移動させる．以上の手順で移動した基準曲線の 500 Hz における値から 5 dB 引いた値 (dB) を単一数値評価量とする． オクターブバンドの基準値は，現場測定によるオクターブバンド測定の結果の評価だけに適用する．
結果の表示	JIS A 1418-1 による現場測定の場合は，1/3 オクターブバンド，オクターブバンドのいずれによる測定結果から単一数値評価量を求めたかを必ず明記する．一般に，1/3 オクターブバンドの測定結果から評価した単一数値評価量とオクターブバンドの測定結果から評価した単一数値評価量との間には ±1 dB 程度の差が生じる．

附属書1（規定）建築物の床衝撃音遮断性能の等級曲線による評価

項　目	内　容　・　手　順
適用範囲	標準軽量衝撃源又は標準重量衝撃源を用いて，建築物の床衝撃音遮断性能をこの附属書で規定する等級曲線を用いて評価する方法を規定．
定　義	床衝撃音遮断性能に関する等級：この附属書で規定する方法によって評価した建築物の床衝撃音遮断性能の数値． 備考　単一数値評価量の用語及び記号は測定の種類によって異なり，表3による．この附属書による評価の方法は，オクターブバンドごとの測定結果に適用する．測定結果が 1/3 オクターブバンドごとに得られている場合は，オクターブバンドごとの値に換算して適用する．

表3　床衝撃音遮断性能に関する単一数値評価量（オクターブバンド）

評価すべき量の名称と記号			単一数値評価量	
規格	名称	記号	名称	記号
JIS A 1418-1	床衝撃音レベル	L_i	床衝撃音レベル等級	$L_{i,r}$
JIS A 1418-1	規準化床衝撃音レベル	L'_n	規準化床衝撃音レベル等級	$L'_{n,r}$
JIS A 1418-1	標準化床衝撃音レベル	L'_{nT}	標準化床衝撃音レベル等級	$L_{nT,r}$
JIS A 1418-2	床衝撃音レベル	$L_{i,F\max}$	床衝撃音レベル等級	$L_{i,F\max,r}$

	等級曲線：この附属書によって建築物の床衝撃音遮断性能を評価するのに用いる曲線．
等級曲線の周波数特性と数値	この附属書で用いる建築物の床衝撃音遮断性能の基準曲線の周波数特性と等級は，図3による．

床衝撃音遮断性能の等級の求め方	標準軽量衝撃源による測定の場合は，中心周波数 125 Hz〜2 000 Hz，標準重量衝撃源による測定の場合は，中心周波数 63 Hz〜500 Hz のオクターブバンドにおける測定値を図3にプロットし，その値が全ての周波数帯域においてある基準曲線を下回るとき，その最小の基準曲線に付けられた数値によって遮音等級を表すものとする．ただし，各周波数帯域において，測定結果が等級曲線の値より最大 2 dB まで上回ることを許容する． 備考　1/3 オクターブバンドごとに測定された結果は，次式を用いてオクターブバンドごとの値（小数点以下 1 けたまでの数値）に合成し，JIS Z 8401 によって小数点以下を丸めた値について上記の方法によって評価する． $$X_{1/1} = 10\log_{10}(10^{X_{1/3,1}/10} + 10^{X_{1/3,2}/10} + 10^{X_{1/3,3}/10}) \quad (1)$$ $X_{1/1}$：オクターブバンドの値 (dB)，$X_{1/3,1}$，$X_{1/3,2}$，$X_{1/3,3}$：当該オクターブバンドに含まれる 3 つの 1/3 オクターブバンドにおける値 (dB)

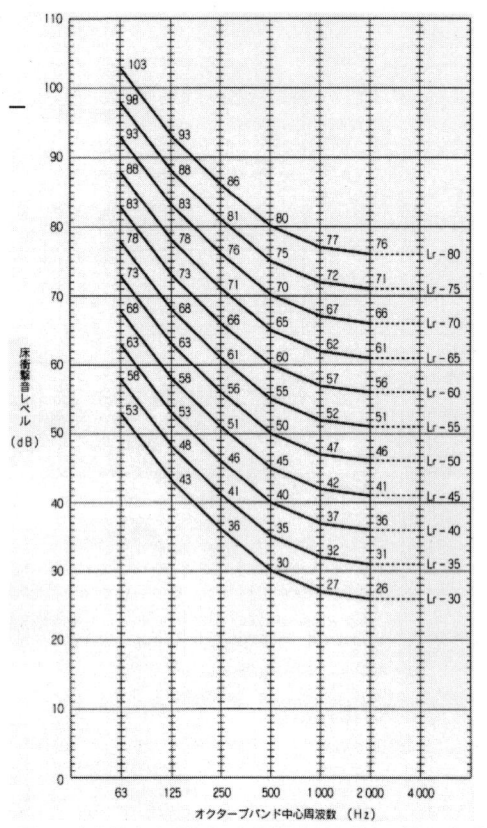

図 3 床衝撃音遮断性能の周波数特性と等級（等級曲線）

附属書 2（規定）建築物の床衝撃音遮断性能の A 特性音圧レベルによる評価

項　目	内　容・手　順
適用範囲	標準軽量衝撃源又は標準重量衝撃源を用いて建築物の床衝撃音遮断性能を A 特性音圧レベルによって評価する方法を規定．
定　義	A 特性床衝撃音レベル L_{iA}：標準軽量衝撃源によって床を加振したときに騒音計の周波数重み特性 A を通して測定される床衝撃音レベル． 最大 A 特性床衝撃音レベル $L_{iA,F\max}$：標準重量衝撃源によって床を加振したときのに騒音計の周波数重み特性 A，時間重み特性 F を用いて測定される A 特性音圧レベルの最大値．
床衝撃音遮断性能の求め方	JIS A 1418-1 又は JIS A 1418-2 に規定する衝撃源設置位置ごとに測定された A 特性床衝撃音レベル又は最大 A 特性床衝撃音レベルの室内平均値の全ての衝撃源設置位置にわたる算術平均値を床衝撃音遮断性能とする．

附属書 3（参考）建築物の床衝撃音遮断性能の逆 A 特性曲線による評価

項　目	内　容・手　順
適用範囲	標準軽量衝撃源又は標準重量衝撃源を用いて測定された建築物の床衝撃音遮断性能を逆 A 特性曲線を用いて評価する方法を示す．
定　義	床衝撃音遮断性能に関する単一数値評価量：この附属書で示す方法によって評価した値． 備考　単一数値評価量の用語及び記号は測定の種類によって異なり，表4による．この附属書による評価の方法は，オクターブバンドごとの測定結果に適用する．測定結果が 1/3 オクターブバンドごとに得られている場合は，オクターブバンドごとの値に換算して適用する．計算方法は附属書 1 に示す方法による．

項目	内容・手順
	表4 床衝撃音遮断性能に関する単一数値評価量（オクターブバンド） | 評価すべき量の名称と記号 ||| 単一数値評価量 || |---|---|---|---|---| | 規格 | 名称 | 記号 | 名称 | 記号 | | JIS A 1418-1 | 床衝撃音レベル | L_i | 逆A特性重みつき床衝撃音レベル | $L_{i,AW}$ | | JIS A 1418-1 | 規準化床衝撃音レベル | L'_n | 逆A特性重みつき規準化床衝撃音レベル | $L'_{n,AW}$ | | JIS A 1418-1 | 標準化床衝撃音レベル | L'_{nT} | 逆A特性重みつき標準化床衝撃音レベル | $L_{nT,AW}$ | | JIS A 1418-2 | 床衝撃音レベル | $L_{i,F\max}$ | 逆A特性重みつき床衝撃音レベル | $L_{i,F\max,AW}$ | 逆A特性曲線：この附属書によって，建築物の床衝撃音遮断性能を評価するのに用いる曲線．
単一数値評価量の求め方	一般事項：JIS A 1418-1 又は JIS A 1418-2 によって測定されたオクターブバンドごとの測定結果又は1/3オクターブバンドごとの測定結果から計算したオクターブバンドごとの値を，後述する方法によって，規定された基準値と比較して評価する． 基準値：測定値との比較の基準とする一連の値．図4は，それを基準曲線として表したもの． **図4 床衝撃音遮断性能の評価のための逆A特性基準曲線** 比較の方法：標準軽量衝撃源による測定の場合は，中心周波数 125 Hz～2 000 Hz のオクターブバンドごとの測定結果を結んだ曲線に対して基準曲線を 1 dB ステップで上下させ，5個のオクターブバンドにおいて基準曲線の値を上回る値の総和が 10.0 dB を上回らない範囲で，できるだけ小さくなるところまで移動させる． 標準重量衝撃源による測定の場合は，中心周波数 63 Hz～500 Hz のオクターブバンドごとの測定結果を結んだ曲線に対して基準曲線を 1 dB ステップで上下させ，4個のオクターブバンドにおいて基準曲線の値を上回る値の総和が 8.0 dB を上回らない範囲で，できるだけ小さくなるところまで移動させる． 以上の手順で移動した基準曲線の 500 Hz における値 (dB) を単一数値評価量とする．

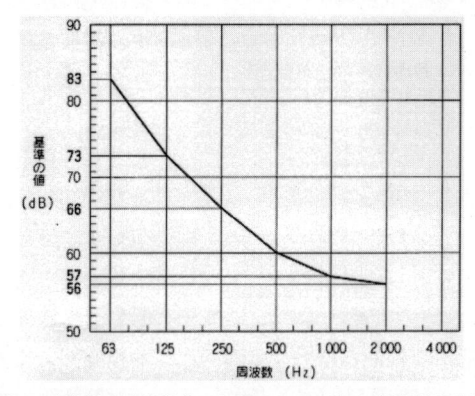

(3) 床衝撃音遮断性能に関する日本建築学会基準及び日本住宅性能表示制度における床衝撃音対策等級の関係

日本建築学会では，床衝撃音遮断性能を客観的に判断できるよう特級から3級までランク分けして適用等級を定めている[2]．

表 4.2.8 に，日本建築学会の示す集合住宅における重量床衝撃音遮断性能に対する適用等級並びに生活実感や社会的反応の対応例を，同様に，表 4.2.9 に軽量床衝撃音遮断性能に対する適用等級等を示す．また，表 4.2.10 に適用等級の意味を示す．

表 4.2.10 日本建築学会適用等級の意味

適用等級	遮音等級の水準	性能水準の説明
特級	遮音性能上とくにすぐれている	特別に高い性能が要求された場合の性能水準
1級	遮音性能上すぐれている	建築学会が推奨する好ましい性能水準
2級	遮音性能上標準的である	一般的な性能水準
3級	遮音性能上やや劣る	やむを得ない場合に許容される性能水準

遮音性能上標準的で一般的な性能水準となる適用等級2級は，$L_{i,Fmax,r,H(1)}$-55 及び，$L_{i,r,L}$-50，$L_{i,r,L}$-55 となる．2級の生活実感は重量床衝撃音，軽量床衝撃音ともに「聞こえる」であり，「上階の生活行為がある程度わかる」と説明されている．また，社会的反応の対応例は，計画者の場合は「コスト面の制約が厳しいことを十分説明して売る」，施工者の場合は「少しでも施工上の欠陥があるとクレームが生ずる」と記載されている．社会的反応の対応例は少し過剰かと思われるが，適用等級2級を中心に，経済的制約を加味しつつ性能のレベルを設定することが必要となろう．

表 4.2.8 及び表 4.2.9 には，日本住宅性能表示制度における重量及び軽量床衝撃音対策等級の性能水準を建築学会の適用等級等と併せて示している．また，表 4.2.11 に各対策等級の意味を示す．

「住宅性能表示制度」は，設計図書を基に性能を評価し，建物販売時に性能を表示する．床衝撃音遮

表 4.2.11 日本住宅性能表示基準：重量＆軽量床衝撃音対策等級の意味

等級 5	特に優れた重量＆軽量床衝撃音の遮断性能を確保するため必要な対策が講じられている
等級 4	優れた重量＆軽量床衝撃音の遮断性能を確保するため必要な対策が講じられている
等級 3	基本的な重量＆軽量床衝撃音の遮断性能を確保するため必要な対策が講じられている
等級 2	やや低い重量＆軽量床衝撃音の遮断性能を確保するため必要な対策が講じられている
等級 1	その他

断性能の場合，性能を左右する要因が発生系からみて極めて多い上に，施工誤差，材料物性値の変化，検証計測の誤差等が加わることから，床構造の条件が特定されても遮断性能はばらつきが大きく，物理的推定におのずと限度が生じてくる．このばらつきを十分に考慮した性能値で表示を行うとすると，ばらつきのための余裕は 10 dB 以上になるとされ，10 dB もの変動を考慮して表示するとなると，曖昧な表示と受け取られる危険がある．「床衝撃音遮断対策等級」は，床衝撃音の発生系を左右する主要な物理的要因を特定し，その変化に限定して適用範囲を定め，ばらつきのための余裕をある程度抑えて表示を行おうとするものである[3]．

対策等級の水準は，「実性能」を示す建築学会適用等級に比べ，1ランク程度低いようにみえるが，これは対策等級がばらつきのための余裕を含めた形で定められているためであり，ばらつきを除けば対策等級の「実性能」は1ランク程度高性能側になるものと推察される．「実性能」を示す建築学会適用等級とばらつきを考慮した対策等級の水準の違いの意味を十分理解して「住宅性能表示制度」を活用してゆくことが肝要であろう．

なお，日本建築学会基準は，旧 JIS により得られた床衝撃音遮断性能に対してまとめられたものであり，2000 年に改正された現行の JIS によるものではない．現在，旧 JIS と現行の JIS による床衝撃音遮断性能測定結果の対応性については，日本騒音制御工学会に設置された床衝撃音分科会等において精力的に検討がなされている．今後の経過を注意して見守っていく必要があろう．

表 4.2.8 重量床衝撃音遮断性能の遮音等級（$L_{i,F\max,r,H(1)}$ 値）と日本建築学会適用等級，日本住宅性能表示基準対策等級，生活実感，社会的反応の対応例の一覧（参考文献 2）一部抜粋）

遮音等級（JIS A 1419-2）$L_{i,F\max,r,H}$(1)		35	40	45	50	55	60	65	70
日本建築学会適用等級（集合住宅）		特級	特級	特級	1級	2級	3級	3級 ※1	—
日本住宅性能表示基準：重量床衝撃音対策等級		5	5	5	4	3		2	1
重量床衝撃音に関する生活実感（日本建築学会）	人の走りまわり，飛び跳ねなど	ほとんど聞こえない	かすかに聞こえるが，遠くから聞こえる感じ	聞こえるが意識することはあまりない	小さく聞こえる	聞こえる	よく聞こえる	発生音がかなり気になる	うるさい
	生活実感，プライバシーの確保	上階の気配を感じることがある	上階の音がかすかにする程度気配は感じるが気にはならない	上階の生活が多少意識される状態大きな動きはわかる	上階の生活状況が意識される歩行などがわかる	上階の生活行為がある程度わかるスリッパ歩行音が聞こえる	上階住戸の生活行為がわかるスリッパ歩行音がよく聞こえる	上階住戸の生活行為がよくわかる	たいていの落下音ははっきり聞こえる素足でも聞こえる
使用者，保守管理者，性能評価者の対応例（日本建築学会）	問題意識なし	隣戸を意識しないで快適な生活ができる	ほとんど隣戸を意識しないで快適な生活ができる	たまに隣戸を意識することもあるが快適な生活ができる	とくに気をつけなくても一応快適な生活ができる	互いに気をつければ支障ない生活ができる	お互いに我慢しあって生活のルールを守る	コスト，利便性などで代替できる限界	集合住宅として生活するのに我慢できない
	問題意識あり	クレームをつけたくてもつけられない状態	隣戸間の組合せが悪い場合もクレームは生じない	音に敏感な人が何か言っても皆からあまり問題にされない	グループの中にクレームをつける人がある程度で集団行動は生じない	井戸端会議で話題が出てクレームがつきはじめることがある	少しでも悪い点があるとクレームが発生する	他の条件がいくらよくても広範囲にクレームが発生する	同左
計画・設計者，性能水準設定者の対応例（日本建築学会）		プロがピアノを弾いても大丈夫といえる	ステレオマニアや子供が暴れる人にすすめられる	高性能としてセールスポイントになる	通常の生活には十分満足してもらえる	コスト面の制約が厳しいことを十分説明して売る	安かろう悪かろうになるおそれがある	計画不可	同左
施工・管理者，性能実現者の対応例（日本建築学会）		技術的にもかなり困難なので要注意	施工上の欠陥が出やすいので細心の注意が必要	クレームが出たら施工上の欠陥と思うこと	施工しやすく問題も少ない	少しでも施工上の欠陥があるとクレームが生ずる	設計変更を要求しないとクレームをかぶるおそれがある	設計変更を要求し，そのままでは施工しない方がよい	同左

※1 木造，軽量鉄骨造またはこれに類する構造の集合住宅に適用する．

表 4.2.9 軽量床衝撃音遮断性能の遮音等級（$L_{i,r,L}$ 値）と日本建築学会適用等級，日本住宅性能表示基準対策等級，生活実感，社会的反応の対応例の一覧（参考文献 2）一部抜粋）

遮音等級（JIS A 1419-2）$L_{i,r,L}$		35	40	45	50	55	60	65	70
日本建築学会適用等級（集合住宅）		特級		1級	2級	2級	3級	—	—
日本住宅性能表示基準：軽量床衝撃音対策等級		5			4	3	2	1	
軽量床衝撃音に関する生活実感（日本建築学会）	椅子の移動音，物の落下音など	通常ではまず聞こえない	ほとんど聞こえない	小さく聞こえる	聞こえる	発生音が気になる	発生音がかなり気になる	うるさい	かなりうるさい
	生活実感，プライバシーの確保	上階の気配を感じることがある	上階の音がかすかにする程度	上階の生活が多少意識される状態スプーンを落とすと，かすかに聞こえる	上階の生活状況が意識される椅子を引きずる音は聞こえる	上階の生活行為がある程度わかる椅子を引きずる音はうるさく感じるスリッパ歩行音が聞こえる	上階住戸の生活行為がわかるスリッパ歩行音がよく聞こえる	上階住戸の生活行為がよくわかる	たいていの落下音ははっきり聞こえる
使用者，保守管理者，性能評価者の対応例（日本建築学会）	問題意識なし	ほとんど隣戸を意識しないで快適な生活ができる	たまに隣戸を意識することもあるが快適な生活ができる	とくに気をつけなくても一応快適な生活ができる	互いに気をつければ支障ない生活ができる	お互いに我慢しあって生活のルールを守る	コスト，利便性などで代替できる限界	集合住宅として生活するのに我慢できない	とても独立した家庭生活は営めない
	問題意識あり	隣戸間の組合せが悪い場合もクレームは生じない	音に敏感な人が何か言っても皆からあまり問題にされない	グループの中にクレームをつける人がある程度で集団行動は生じない	井戸端会議で話題が出てクレームがつきはじめることがある	少しでも悪い点があるとクレームが発生する	他の条件がいくらよくても広範囲にクレームが発生する	同左	同左
計画・設計者，性能水準設定者の対応例（日本建築学会）		ステレオマニアや子供が暴れる人にすすめられる	高性能としてセールスポイントになる	通常の生活には十分満足してもらえる	コスト面の制約が厳しいことを十分説明して売る	安かろう悪かろうになるおそれがある	計画不可	同左	同左
施工・管理者，性能実現者の対応例（日本建築学会）		施工上の欠陥が出やすいので細心の注意が必要	クレームが出たら施工上の欠陥と思うこと	施工しやすく問題も少ない	少しでも施工上の欠陥があるとクレームが生ずる	設計変更を要求しないとクレームをかぶるおそれがある	設計変更を要求し，そのままでは施工しない方がよい	同左	同左

文献 (4.2)

1) 橘 秀樹：床衝撃音の測定法と評価法，騒音制御，Vol.25, No.4 (2001), pp.183–188.
2) 日本建築学会編：建築物の遮音性能基準と設計指針［第二版］（技報堂出版，1997）
3) 井上勝夫，福島寛和：集合住宅の音環境性能と基準，建築技術，No.613（2001.3），pp.111–115

4.3 外周壁遮音性能

(1) 測定対象の特徴

2000年4月に施行された「住宅の品質確保の促進等に関する法律」(以下「品確法」と呼ぶ)を受けて同年7月にスタートした『住宅性能表示制度』では,音環境に関しては,任意ではあるが,室間遮音,床衝撃音,外周壁(窓)の遮音性能を規定している.しかし,品確法で対象としている遮音性能は,いずれも性能規定ではあるが部位規定であるため,必ずしも竣工現場で容易に実測できる測定量ではない.そのようなことから,現時点(2004年)の品確法では竣工時の測定を規定していない.

窓を含む外周壁(以下,特に断らない限り「窓等」と呼ぶ)の現場における遮音性能の測定方法は,JISや建築学会推奨の方法等が種々規定されているが,それぞれ適用性に限界があり,また測定位置や測定量が微妙に違っているため,測定結果を単純に比較できない.また,室間遮音性能や床衝撃音遮断性能のような測定結果に対する評価指標がないため,測定結果の妥当性を評価できない.

ここでは,主に行われている測定方法の概要を紹介し,使用する場合に留意すべき点を解説する.なお,現場における窓等の遮音性能測定方法は現在(2006年2月時点)ISO整合化のJISが答申中である.また,建具だけを対象としたJIS A 1520の見直しが始まっている.本稿では前者はJIS案として取り上げているが,後者については取り扱っていない.

(2) 測定方法規格化の経緯

窓ないし窓を含む外周壁の遮音性能を現場において測定する場合,室間遮音性能や床衝撃音遮断性能のように測定・評価の体系ができていない.しかし,測定方法がないわけではなく,JIS A 1417, JIS A 1418の制定に引き続いて1972(昭和47)年から様々な規格化・提案が行われており,**表4.3.1**に示すように多種の測定方法が存在しているのが実情である.

大別すると,室間遮音性能測定のように帯域雑音を音源とする方法と実騒音を音源とする方法(実騒音法)がある.また,帯域雑音を音源とする方法は,音源を外部に設置する方法(外部音源法)と室内に設置する方法(内部音源法)に分類される.これらの規格化の経緯を見ると,まず,外部音源法の規格化が行われ,外部音源法が適用できない場合の規定として内部音源法が,次いで実騒音法が規格化されている.また,外部音源法(斜め入射)が適用できない高層建物においては,ベランダに音源を置いた変形の外部音源法(間接入射法.JIS A 1417の特定場所間音圧レベル差の適用)が行われている.

表4.3.1 種々の測定方法

種類	音源 位置	設置条件	測定対象	規定する測定方法・略称		測定量
帯域雑音	外部	45°入射	外周壁	Ao	外部音源法	内外音圧レベル差 D_f
			外周壁部材,外周壁建具	Bo		準音響透過損失 R'_{45}
				Co		音響透過損失相当値 TL_q
		拡散入射	建物内外	Do	間接入射法	特定場所間音圧レベル差 D_p
	内部	拡散入射	外周壁	Ai	内部音源法	内外音圧レベル差 D'_f
			建具	Ci		音響透過損失相当値 TL_q
			建物内外	Di		特定場所間音圧レベル差 D_p
実騒音	外部	—	外周壁	Ar	実騒音法	実騒音による内外音圧レベル差 D_{ft}
			外周壁部材,外周壁	Br		準音響透過損失 $R'_{tr,s}$ 他

A:日本建築学会推奨測定規準 D.2 [建築物の現場における内外音圧レベル差の測定方法] 1997.12
B:ISO整合JIS(案) [外周壁部材及び外周壁の空気音遮断性能測定方法] 原案答申中
C:JIS A 1520 [建具の遮音試験方法] 1988.8
D:JIS A 1417:2000 [建築物の空気音遮断性能の測定方法 付属書2(規定) 特定場所間音圧レベル差の測定方法] 2000.1

（3） 種々の測定方法の概要

現時点で比較的多く使用されている測定方法を概説する．

a. 外部音源法

図 4.3.1（a）に示す測定装置の構成によって窓等を介する内外のオクターブバンド音圧レベルを測定し，内外の音圧レベル差を遮音性能とする測定方法である．測定方法 Ao, Bo, Co が規格化（答申中を含む）されている．表 4.3.2 に測定要因を一覧表として示す．

なお，測定方法 Do も音源を外部に設置するが，「間接入射法」として別に扱う．

a-1. スピーカの設置位置

設置距離の影響は，図 4.3.2[1)] に示すように，規定（測定対象最大辺長の 2 倍程度）より近い場合は，125 Hz, 250 Hz 帯域での結果が数 dB 大きいが，規定より遠い場合の結果はほとんど一致している．

図 4.3.3[1)] に示すように，測定対象への入射角度によって遮音性能（内外音圧レベル差）は変化しているが，規定（45°入射）の結果はほぼ中間的である．また，図 4.3.4[1)] に示すように入射角度

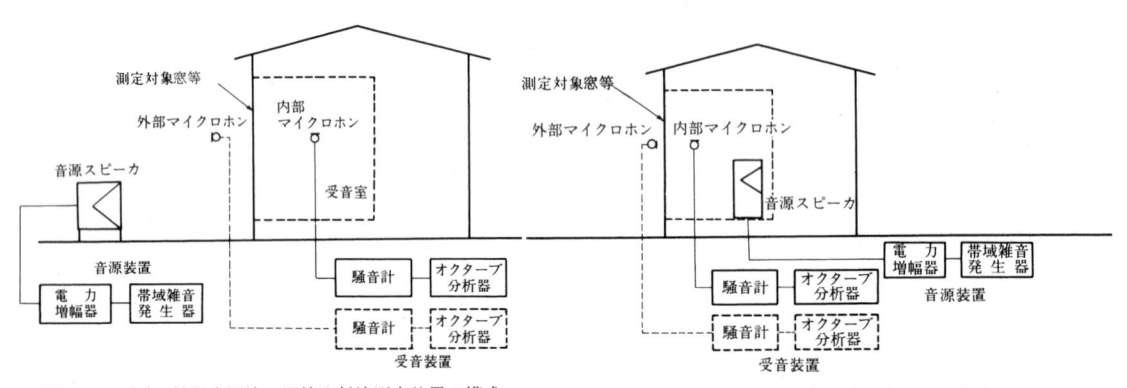

図 4.3.1（a） 外部音源法・間接入射法測定装置の構成

図 4.3.1（b） 内部音源法測定装置の構成

表 4.3.2 各種外部音源法・間接入射法の測定条件

		Ao	Bo	Co		Do
測定規格		建築学会推奨規準 (1997)	JIS 案 (答申中)	JIS A 1520 (1988)		JIS A 1417 (2000)
測定対象		外部に面した壁，窓（外周壁）	外周壁部材，外周壁	建具		建物内外の特定場所
スピーカの設置位置	角度	斜め 45°方向，反射面上				拡散入射
	距離	測定対象の最大辺長の 2 倍（最少：等倍，最大：5 倍）	部材法：5 m 以上 全体法：7 m 以上	測定対象の最大辺長の 2 倍または 5 m 以上		様々なバリエーションが想定されるが，測定対象から距離 1 m，ないし 0.5 m の面内で，3 点ないし 5 点とするケースが多い
外部音圧レベルの測定	位置	距離 1 m の面内	10 mm 以下／5 mm 以下	距離 1000 mm の面内	距離 10 mm の面内	
	点数	5 点	3〜10 点	4 点		
	マイクの方向高さ	測定対象の法線方向外向き	部材面と振動膜が直角／平行	測定対象の法線方向外向き	測定対象の法線方向内向き	
室内音圧レベルの測定	位置	一様に分布	一様に分布	距離 250 mm の面内		
	点数	5 点	5 点以上／スキャン	4 点		
	マイクの方向高さ	上向き，1.2〜1.5 m	空間的に均等／床面・壁面に対して傾斜	測定対象の法線方向外向き		
測定量		内外音圧レベル差 D_f	準音響透過損失 R'_{45}	音響透過損失相当値 TL_{q1}	音響透過損失相当値 TL_{q2}	特定場所間音圧レベル差 D_p

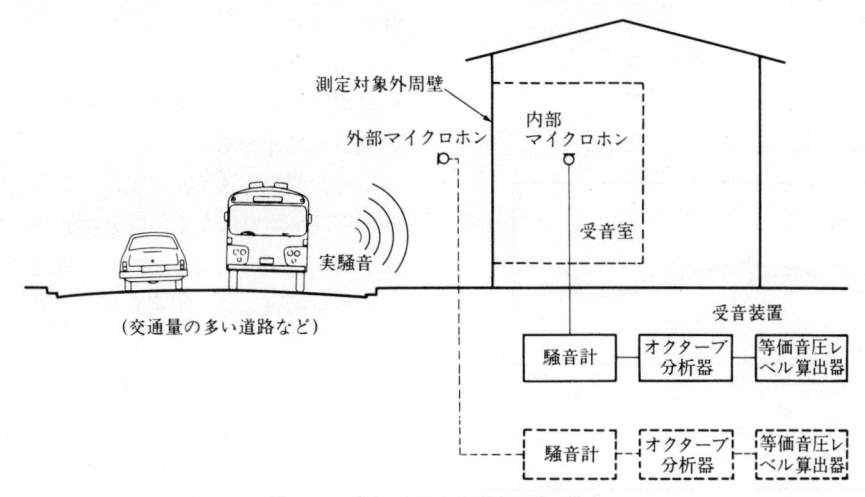

図 4.3.1（c） 実騒音法測定装置の構成

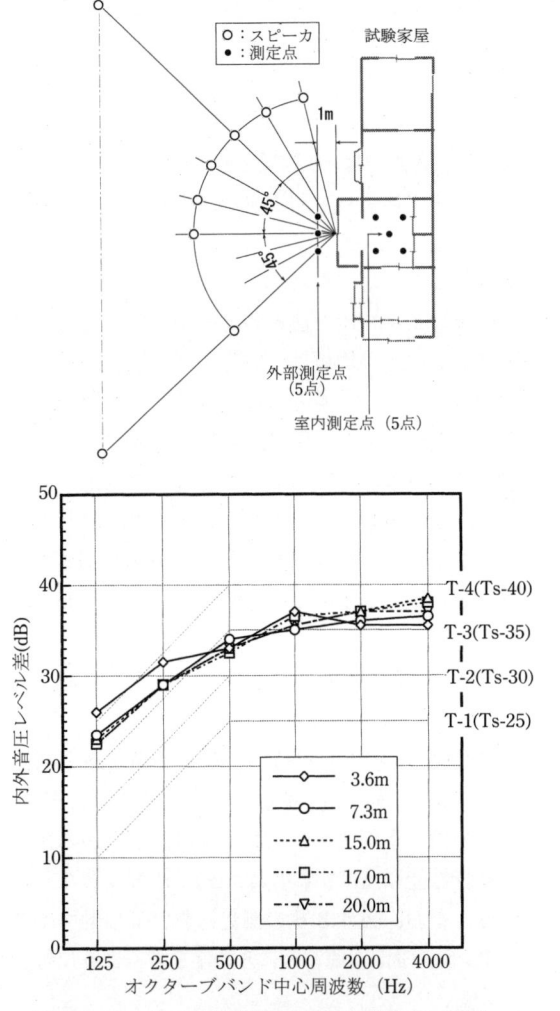

図 4.3.2 スピーカ設置距離の影響検討事例（A 建物）

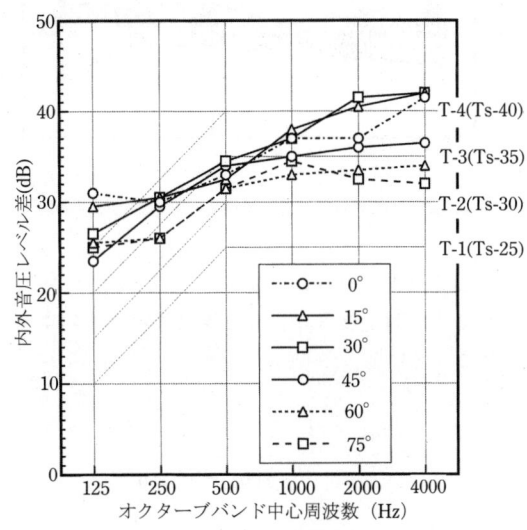

図 4.3.3 入射角度の影響検討事例（A 建物）

$+45°$ の遮音性能は，$-45°$ 入射の場合と比べるといずれの距離の場合も 2 000 Hz 帯域で左（$+$）側が約 3 dB 小さい．引違いサッシの障子同士の取合い部の影響と考えられる．

a-2. 外部音圧レベルの測定

外部（音源側）音圧レベルの測定方法は，測定位置・測定点数・マイクロホンの向きが，**表 4.3.2** に示したように，規格によって微妙に違っている．

測定方法 Ao では，測定対象から距離 1 m の面内で平均的に分布する 5 点となっている．

また，測定方法 Co では測定位置を 2 種（10 mm：$L_{o,10}$ か 1 000 mm：$L_{o,1 000}$）規定しているが，音

4.3 外周壁遮音性能

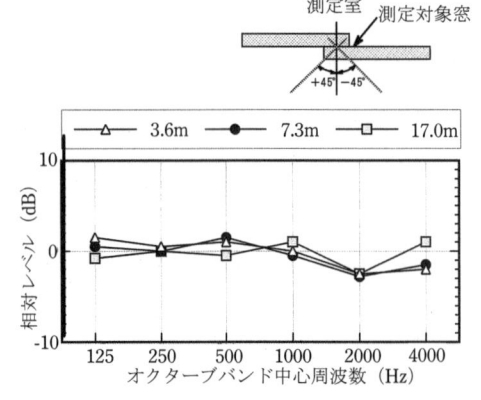

図 4.3.4 +45°入射と−45°入射の違いの影響（建物 A）

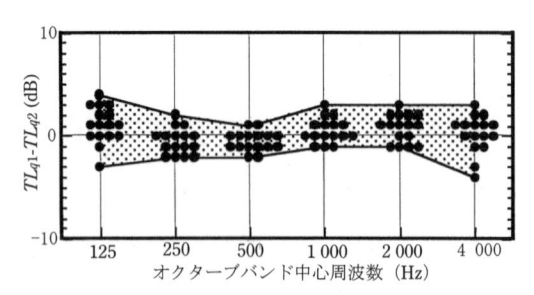

図 4.3.5 外部での音圧レベル測定位置の影響検討事例

響透過損失相当値 TL_q を測定量としているため，外部音圧の測定位置によって算出式が以下のように異なっている．

$$TL_{q1} = L_{o,10} - L_{i,250} - 3$$
$$TL_{q2} = L_{o,1000} - L_{i,250}$$

同一サッシを対象として，外部の測定位置を 10 mm と 1000 mm で測定した結果から求めた 2 種の音響透過損失相当値から $[TL_{q1} - TL_{q2}]$ を周波数帯域別に求めると，**図 4.3.5**[2)] に示すように両者の差はほぼ±2 dB 以内であり，測定位置の違いによる影響は少ないといえる．なお，10 mm と 1000 mm ではマイクロホンの向きが異なっている点に注意する必要がある．

a-3. 内部音圧レベルの測定

内部（室内）音圧レベルの測定方法も，測定位置・測定点数・マイクロホンの向きが，**表 4.3.2** に示したように，規格によって微妙に違っている．

測定方法 Ao では，平均的に分布する 5 点を規定しており，室内の空間平均を測定する規定である．マイクロホンの高さは 1.2〜1.5 m，上向きと

されている．

なお，外部・内部ともに，後述する音圧レベルの読取り方法に示すように，移動マイクロホン法の適用も可能である．

一方，測定方法 Co で規定する測定位置は，室内の空間平均ではなく，測定対象から 250 mm の面内 $L_{i,250}$ としているので，音響透過損失相当値を求める場合には，規定された位置で測定しなければならない．

a-4. 音圧レベルの読取り方法

既往の測定規格では，固定マイクロホン法のみが規定されているが，ISO 整合化 JIS 案（測定方法 Bo）では室間遮音測定と同様に，移動マイクロホン法も規定されている．また，受音装置も既往の規格ではアナログ式（指針式）を想定した記述となっているが，すでにアナログ式の受音装置は市販されていない．デジタル式の受音装置を使用する場合，ISO 整合化済の JIS A 1417: 2000 によれば，各点では 10 秒程度の等価音圧レベル（エネルギー平均値）を測定する．また，移動マイクロホン法では，30 秒以上でかつ回転周期の整数倍とすることが規定されている．

固定マイクロホン法と移動マイクロホン法による音圧レベル平均値は，窓等の遮音性能以外でも検討されており，両者の違いはほとんどないことが報告されている．**図 4.3.6**[3)] は後述する間接入射法（バルコニーにスピーカを置いた測定）において，測定対象の内外で音圧レベルの読取り方法が異なる以下の 4 条件を比較した事例である．

①外部：距離 1 m（固定 5 点），室内：空間平均（固定 5 点）
②外部：距離 1 m（固定 5 点），室内：距離 1 m（固定 5 点）
③外部：距離 1 m（移動），室内：距離 1 m（移動）
④外部：距離 1 m（移動），室内：空間平均（移動）

この検討事例でも音圧レベルの測定方法の違いが遮音性能に及ぼす影響は，±1 dB 程度となっている．なお，図 4.3.6 の測定において移動マイクロホン法は面，空間ともに 8 の字を書くように行っている．

なお，実時間分析ができる受音装置を用いる場合は，広帯域雑音を放射して，全測定対象周波数

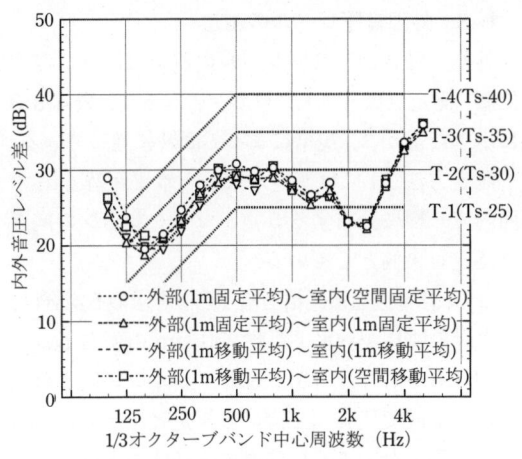

図 4.3.6 音圧レベルの測定方法の影響検討事例

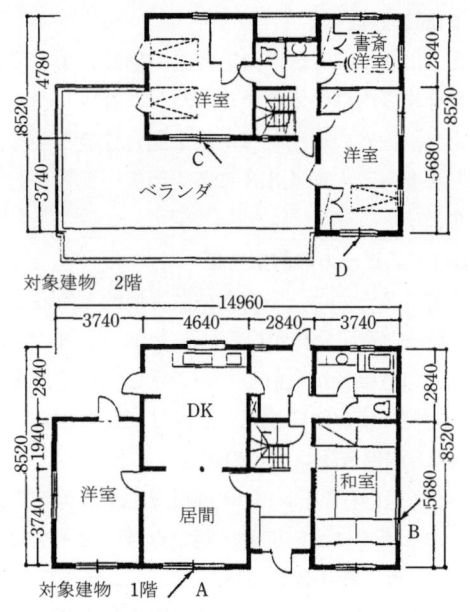

図 4.3.7 建物 B の測定対象

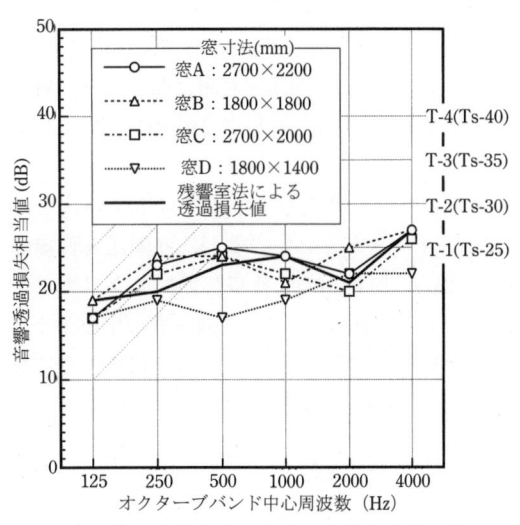

図 4.3.8 測定方法 Co による測定事例（建物 B）

を同時に測定することが多い．現場では不要な音の影響を受けやすいので，このような測定を行う場合は，特に，試験音以外の音の影響を受けていないことを常に耳で確認しながら，測定を行う必要がある．

また，この測定に限ったことではないが，受音装置に記憶機能があると，記憶すれば測定終了と考えがちである．しかし，現場測定では，必ず現地でチェックすべきであり，個々の測定を終了した時点で，暗騒音の影響の有無と外部と内部の平均レベル（現場では算術平均でも構わない）を求め，平均値のレベル差を確認してはじめて終了であると考えるべきである．

a-5. その他の留意事項

外部音源法だけではないが，測定対象がサッシや扉などの可動機構を持つ場合は，操作性も考慮した状態で測定すべきである．例えば測定に際しては，開閉を 10 回程度行い，容易に操作ができることを確認後に測定すべきである．気密性に関して過度な調整が行われると容易に開閉ができないケースがある．現場測定では実際の使用状態を考慮し，容易に開閉が行われる状態に再調整し，測定することが望まれる．

a-6. 測定例

サッシの外部音源法による音響透過損失相当値の測定事例を示す．

図 4.3.7[4)] に示すコンクリート造戸建住宅（2 階建）の 4 か所（1 階：2 か所，2 階：2 か所）の窓の遮音性能を測定方法 Co によって測定した事例を図 4.3.8[4)] に示す．測定結果の図中には参考としてサッシの遮音等級（T）を求めるための遮音等級線を併記した．窓の大きさは異なるが，サッシは同一仕様（換気框付き引違い，ガラス厚 5 mm）で，残響室において音響透過損失が実測されている商品である．2 階の窓 D 以外は，遮音性能に大きな違いは認められていない．

また，サッシの音響透過損失と比べると窓 D 以外は比較的良い対応を示している．

b. 内部音源法

図 4.3.1 (b) に示す測定装置の構成によって窓等を介する内外のオクターブバンド音圧レベルを測定し，内外の音圧レベル差を遮音性能とする測定方法である．表 4.3.3 に各要因を一覧表として示す．

b-1. スピーカの設置位置

音源スピーカは，室内が拡散音場的となるように（均一な音圧分布が得られるように），また，測定対象に直接音が入射しないように，測定対象とは反対側の室の隅に放射面を向けて設置する．

b-2. 内部音圧レベルの測定

内部（室内）音圧レベルの測定方法は，測定方法 Ai と Ci とでは測定位置・測定点数・マイクロホンの向きが，表 4.3.3 に示したように違っている．

前者は，窓等などを含む外周壁全体を測定対象とし，室内の空間平均を測定するために平均的に分布する 5 点を規定している．

後者は，建具のみを測定対象としており，対象建具から水平距離 0.5 m 以上 2 m の範囲で一様に分布する 5 点を規定している．

どちらの測定方法も，マイクロホンの高さは 1.2 m，上向きとされているが，室間遮音性能測定（JIS A 1417）のように移動マイクロホン法（スキャニング法）として，空間を 8 の字を書くようにスキャンして平均音圧レベルを測定する方法でも，差のない結果が得られる．

b-3. 外部音圧レベルの測定

外部（受音側）音圧レベルの測定方法も，測定位置・測定点数・マイクロホンの向きが，表 4.3.3 に示したように，規格によって微妙に違っている．

測定方法 Ai では測定対象から水平距離 1 m の面内で一様に分布する 5 点，マイクロホンの向きは測定対象側としている．

もし，音響透過損失相当値 TL_{q3} を求める場合は，測定対象建具から水平距離 250 mm の面内 $L_{o,250}$ で図 4.3.9 に示す 4 点，マイクロホンの向きは建具面に垂直で建具側を向ける規定となっているので，間違えないように注意する必要がある．

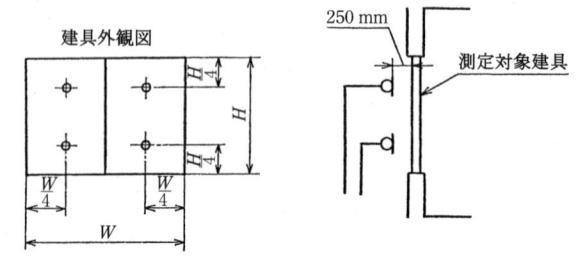

図 4.3.9 測定方法 Ci の外部測定点の位置

b-4. 音圧レベルの読取り方法

外部音源法の **a-4.** を参照する．

b-5. 遮音性能の算出

内部音源法による遮音性能は，測定方法 Di の特定場所間音圧レベル差以外は，単なる内外音圧レベル差でなく，外部音源法との整合のために補正項を規定している．

表 4.3.3 各種内部音源法の測定条件

		Ai	Ci	Di
測定規格		建築学会推奨規準（1997）	JIS A 1520（1988）	JIS A 1417
測定対象		外部に面した壁，窓（外周壁）	建具	建物内外の特定場所
スピーカの設置位置		室の測定対象から遠い隅に，音の放射面をが隅に向けて置く		
室内音圧レベルの測定	位置	一様に分布	対象建具から距離 0.5〜2 m の領域	様々なバリエーションが想定されるが，測定対象から距離 1 m，ないし 0.5 m の面内で，3 点ないし 5 点とするケースが多い
	点数	5 点	5 点	
	マイクの方向高さ	上向き，1.2〜1.5 m	上向き	
外部音圧レベルの測定	位置	距離 1 m の面内	距離 250 mm の面内	
	点数	5 点	4 点	
	マイクの方向高さ	測定対象に垂直，測定対象側に向ける	測定対象の法線方向外向き	
測定量		内外音圧レベル差 D'_f	音響透過損失相当値 TL_{q3}	特定場所間音圧レベル差 D_p

測定方法 Ai では等価吸音面積 A と透過面積 S_t を考慮した次式によって内外音圧レベル差を求める．

$$D'_f = L_i - L_o + 10\log_{10}\frac{A}{S_t} - 10$$

また，測定方法 Ci による音響透過損失相当値は，次式で求めることになっている．

$$TL_{q3} = L_i - L_{o,250} - 3$$

同一窓を対象として，外部音源法と内部音源法の両方で測定した音響透過損失相当値の対応例を図 4.3.10[2] に示す．図 4.3.10 には，後述する実騒音を音源とする遮音性能測定結果も併記している．測定方法による遮音性能の違いが小さい事例もあるが，5 dB 程度の違いが生じている事例もある．測定方法 Ci（建具の遮音試験方法）の解説では，内部音源法と外部音源法および音響インテンシティ法（音源室内）によって測定した遮音性能（音響透過損失）を比較して，測定法による差は小さいことを示しているが，公表されている類似の検討結果をみても必ずしも対応する資料ばかりではない．複数の測定方法が適用可能な場合には，測定法を選定するのに際しては留意すべき点といえる．

b-6. その他の留意事項

外部音源法の **a-5.** を参照する．

b-7. 測定例

コンクリート系集合住宅において同一仕様のサッシに関する遮音性能を，測定方法 Ci によって，音響透過損失相当値 TL_{q3} として測定した事例を図 4.3.11[5] に示す．4 階から 10 階まで 01 号住戸の LD（約 12 畳，床仕上：フローリング）を対象に測定した結果である．測定対象は，引違い＋はめ殺しサッシ（T-2 等級，大きさ $2375^W \times 1930^H$，ガラス厚 10 mm）である．ばらつきは小さいが，サッシのカタログ性能とは 1 ランク以上小さい結果になっている．

c. 実騒音法

交通量の多い道路の交通騒音や鉄道騒音等を音源として，図 **4.3.1 (c)** に示す測定装置の構成によって，測定対象の内外の騒音変動を同時に測定し，内外の等価音圧レベルの差を遮音性能とする測定方法である．

測定方法 Ar と ISO 整合化 JIS として答申中の

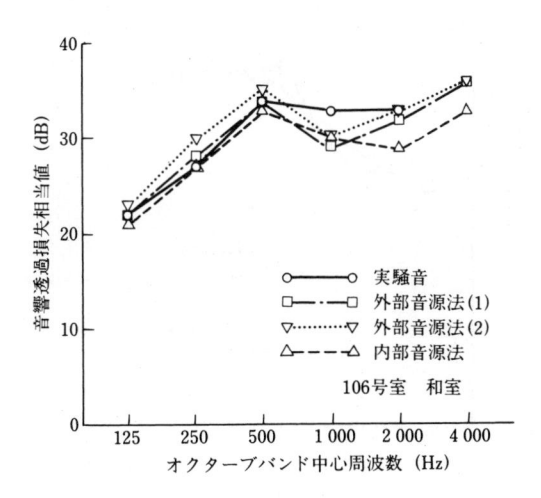

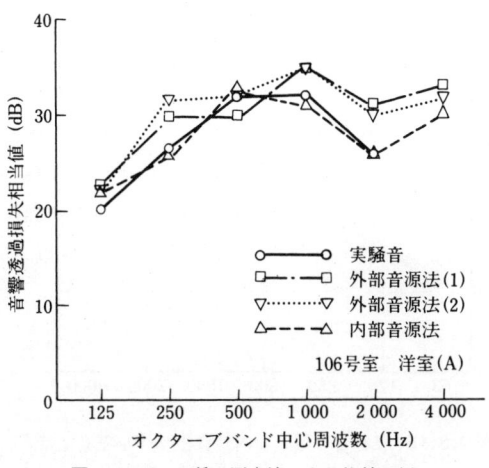

図 **4.3.10** 3 種の測定法による比較の例

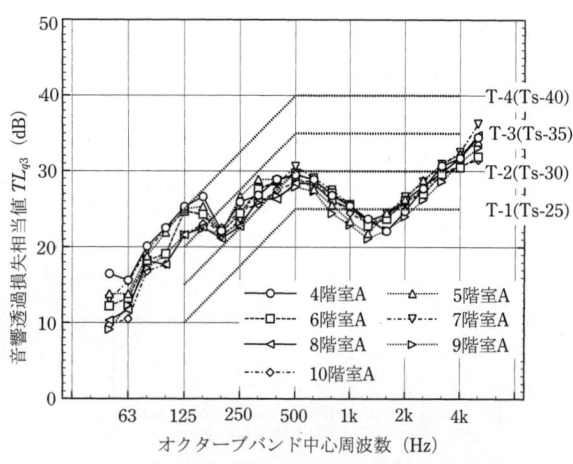

図 **4.3.11** 内部音源法による窓の遮音性能のばらつき

測定方法 Br では，測定対象，測定量，利用する音源の条件等が異なっている．

c-1. 音源の条件

広帯域雑音が測定対象にランダム入射することと規定されている．交通量の少ない道路の1台通過時や鉄道騒音を音源とする測定も可としているが，図 4.3.12[6]のように列車通過ごとである10秒前後の等価音圧レベルを用いた内外レベル差は，対象によって5dB程度の違いが生じている．一方，5分間を対象とした等価音圧レベルを用いた内外レベル差は，図 4.3.13[6]に示すように5分間の間に含まれる通過車両が2本から4本の違いはあっても，内外音圧レベル差はほとんど変わらない結果となっている．

交通量の多い道路騒音を音源とする場合は，レベル変動がそれほどないので，測定時間長の影響は図 4.3.14[2]に示すように10秒以上を対象とすれば等価音圧レベル差に違いはほとんどない．

c-2. その他の留意事項

外部音源法の **a-5.** を参照する．

c-3. 測定例

図 4.3.15 は，鉄道4路線（上下併せて8本）に面する高層集合住宅の竣工測定として，ベランダと居室内の音圧レベル差を，測定方法 Ar の簡易方法で46か所測定した結果である．測定点は，外部，内部ともに，測定対象から水平距離1mの中央1点としている．測定対象サッシは，遮音等級 T-4 の二重サッシであるが，カタログ値（周波数特性はない）と同等の性能を示すものから T-1 の性能しか得られていないものもある．

サッシのような可動機構を持つ測定対象は，簡易法であっても，できるだけ多くを対象とした遮音測定が必要なことが示唆されている．特に高遮音性能のサッシの場合は，ばらつきが大きくなる

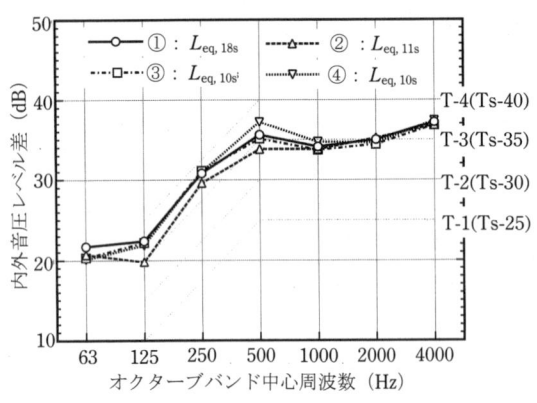

図 4.3.12 通過列車の違いによる比較

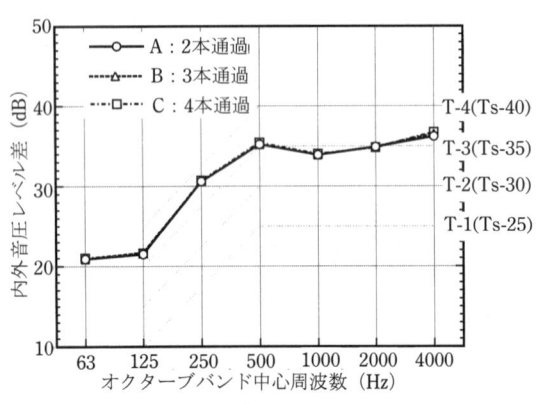

図 4.3.13 等価音圧レベルの測定範囲の違い

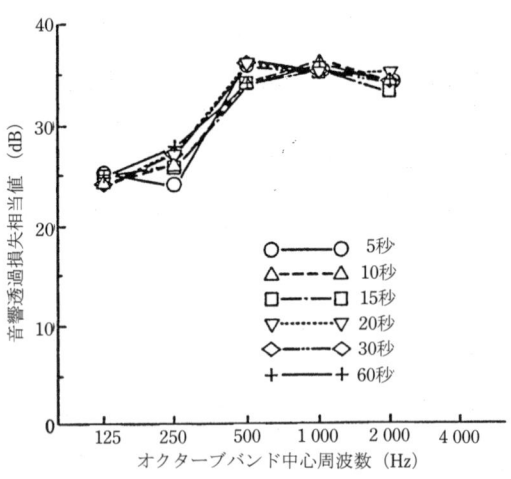

図 4.3.14 等価音圧レベルの実測時間と内外音圧レベル差

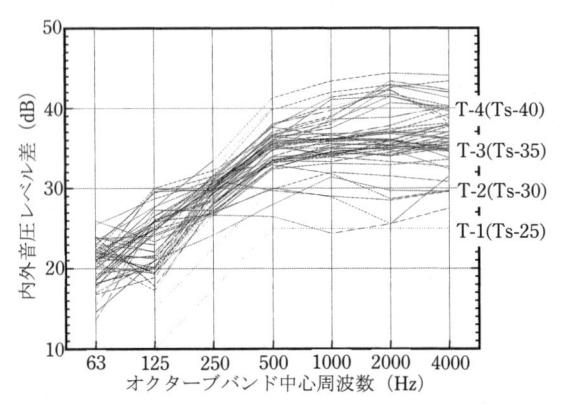

図 4.3.15 実騒音を用いた内外音圧レベル差測定結果（建物 F）

傾向がある．

d. 間接入射法

集合住宅の高層階における測定では，スピーカを測定対象長辺の2倍の距離に設置した測定は，不可能である．そのため，高層階での測定は内部音源法で行われるケースもあるが，

① 高性能のサッシが用いられている建物では外部騒音が大きいので SN 比が確保できない．
② 実際の騒音源は外部騒音なので，外部音源法の方が実際的である．

等の理由で，スピーカをバルコニーに設置した測定も行われている．この場合，窓等の遮音性能測定方法として規格化されてはいないが，JIS A 1417 の特定場所間音圧レベル差の測定方法を参考とした測定が行われている．ただし，規格化された測定方法ではないので，スピーカの設置方法，音圧レベルの測定方法がまちまちである．それらの事例の一部を紹介する．

d-1. 音源スピーカの設置位置

測定対象に対する拡散入射条件を満足させるためのスピーカの設置方法は，図 4.3.16 に示す a, b, c 等が用いられている．隣戸との隔板を利用する a とするケースが多いが，手すりの腰壁が反射性であれば b, c とする場合もある．

図 4.3.17[7]は，スピーカを図 4.3.16 の b ないし c とした場合の遮音性能を，スピーカ位置以外は測定方法 Co に倣って測定した結果である．スピーカ設置位置の違いによる差異は小さい．また，外部音圧の測定点を 1 000 mm とした場合の遮音性能が最も大きい．なお，測定対象サッシは遮音等級 T-1 であるが，TL_q^*（測定方法 Co に倣って内外音圧レベル差から算出）はカタログ値に近い結果となっている．また，外部音源法による音響透過損失相当値 TL_q の測定方法として規定されている

外部測定点位置の違い（1 000 mm か 10 mm）は，この事例でもほとんどないことが示されている．

d-2. 音圧レベルの読取り方法
外部音源法の a-4. を参照する．

d-3. その他の留意事項
外部音源法の a-5. を参照する．

d-4. 測定例

図 4.3.18[8]は，引違い＋はめ殺しサッシ（T-2 等級，大きさ 2 550^W × 2 150^H，ガラス厚 6 mm）が設けられた外周壁を対象として測定方法 Do によって測定した事例である．3 か所測定しているが，ばらつきはほとんどない．サッシの遮音等級線から見ると，ガラスのコインシデンス周波数の影響と見られる 2 000 Hz 帯域に欠損が認められており，内外音圧レベル差をそのまま適用して等

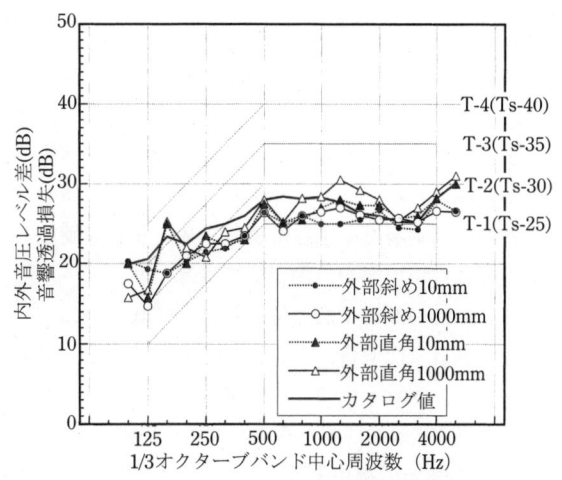

図 4.3.17 間接入射法による測定事例（建物 G）

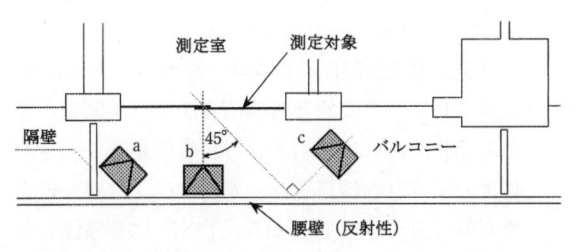

図 4.3.16 間接入射法における音源スピーカの設置方法

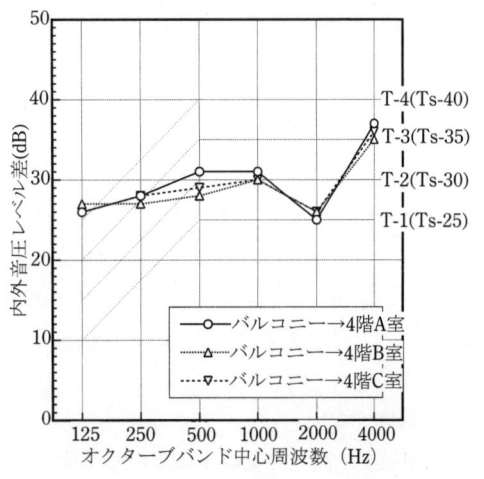

図 4.3.18 測定方法 Di による測定事例

級を求めると，カタログ表示等級より1ランク下回った結果となる．

(4) 測定法の選択指針

現場における窓等の遮音性能測定方法としては，(3)に示したように各種の方法が規定されている．

いずれの方法も適用できる現場もあるが，通常は測定現場に様々な制約があり，特定の方法しか採用できないケースが多い．そこで，測定に際しては，測定対象・測定量・現場の状況等から測定方法を選択する必要がある．**表 4.3.4** に各種測定方法の特徴を示す．

表 4.3.4 各種測定方法の特徴

測定法略称	音源の設置位置	近隣への影響	暗騒音の影響	音響透過損失との対応	実効性
外部音源法	場所が必要	大	少ない	ほぼ対応	中
内部音源法	容易	小	大きい	原理的に対応	小
実騒音法	音源を選ぶ	なし	あり	ほぼ対応	大
間接入射法	容易	中	少ない	ほぼ対応	中

また，これらの測定によって得られる遮音性能は，現場における窓等を介する内外の遮音性能であるが，測定場所の条件によって必ずしも等価なものではない．また，測定量には窓（サッシ＋ガラス）以外の部位や窓と他の部位との取合い部からの透過音（伝搬音）の影響も含まれている．したがって，サッシ等のカタログ類に示されている音響透過損失と対照する際にも留意が必要である．

a. 外部音源法の適用条件

音源（スピーカ）を測定対象最大辺長の2倍程度の距離に，斜め45°方向から音が入射するように地面上（反射面）に設置すると規定されているため，次の条件を満足できないと適用できない．

① スピーカを設置する場所がある．
② 試験音が近隣への騒音源にならない．
③ 音源と測定対象との間に音を遮るものがない．
　　［なお，ベランダやバルコニーの腰壁が遮蔽物になる場合は，その外側（音源側）で測定することになるので，窓等の遮音性能とはならない］
④ 反射物がない．

したがって，測定対象は1階ないし2階に限定される．

b. 内部音源法の適用条件

測定対象の外部に受音側の音が測定できるベランダやバルコニーが設けられている建物であれば適用が可能である．

ただし，外部騒音が大きい現場では高性能のサッシが使用されるので，暗騒音の影響を受けない測定が可能かどうかがポイントとなる．また，音の伝搬方向が逆（内部から外部）となるので，居室の広さ・吸音特性等を含めた実効的な遮音性能（内外音圧レベル差）を知りたい場合には，適用できない．

c. 実騒音法の適用条件

測定対象の外部に音源側の音が測定できるベランダやバルコニーが設けられている建物であれば適用が可能である．

なお，ベランダやバルコニーがないケースでも，上階（窓が開閉できる場合）や屋上（窓が開閉できない場合）から外部騒音を測定すべき位置にマイクロホンを吊り下げた測定も試みられている．測定方法 Ar では，内外の測定点を1点とする簡便法も規定されている．

また，この方法では，室内の測定は外部から透過する音の影響を測定することになるので，測定位置や測定量を考慮することにより，室内の環境騒音（暗騒音）も同時に測定することができる利点もある．測定点は測定対象室中央や窓開口幅の中央で，開口からの水平距離1mなどとするケースが多い．マイクロホンの高さは，高さ1～1.5m等とされている．

デメリットは高遮音性能のサッシの場合，十分なSN比を確保できないケースもあり，見かけ上遮音性能が小さい結果になることである．**図 4.3.19**[6] はそのような事例で，高音域での遮音性能（内外音圧レベル差）が帯域雑音法［外部音源法 Do，内部音源法 Di］に比べると小さくなっている．

d. 間接入射法の適用条件

測定対象の外部にバルコニーやベランダがあり，音源スピーカの設置と外部の音圧レベル測定ができる建物であれば適用できる．外部騒音が大きく高性能サッシが採用された建物では，近隣への影響を特に考慮する必要がなく，SN比を確保した測定が可能になる．また集合住宅ではバルコニー

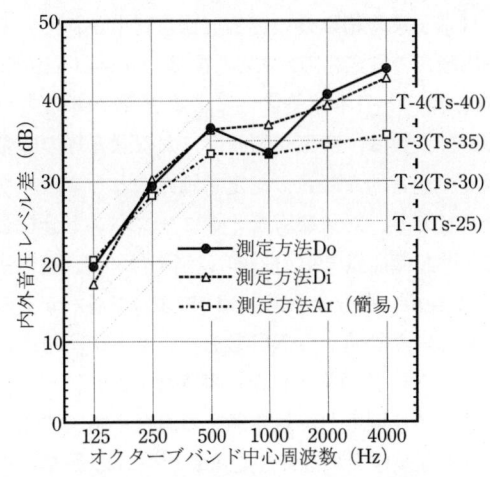

図 4.3.19 各種測定方法による比較（建物 F）

やベランダに隣接住戸との隔板が設けられていたり，手すりの設けられている腰壁が反射性であれば，測定対象に試験音を拡散入射するように音源スピーカを設置することができる．

また，竣工測定では室間遮音性能測定も併せて行うことが多いが，測定機器が兼用できるメリットもある．さらに，外側に音源があるので，内部音源法と比べると実効的である．

文献 (4.3)

1) 村石喜一，他：建物外周壁の遮音測定方法に関する実験的検討，日本騒音制御工技術発表会講演論文集（1983.9）
2) 村石喜一，他：窓の遮音性能測定法に関する検討，大成建設技術研究所報，第 21 号（1988.10）
3) 山本耕三，他：測定法の違いによる外周壁・窓の遮音性能比較検討，日本騒音制御工技術発表会講演論文集（2003.4）
4) 津々木玲子，他：JIS（案）『建具の遮音試験方法』による測定とその検討，日本建築学会大会学術講演梗概集（1986.8）
5) 遮音分科会　2001 年度活動資料
6) 村石喜一，他：窓の遮音性能の予測・測定・評価に関する検討，建築音響研究会資料 AA-2000-61（2000.12）
7) 中川 清：集合住宅の外壁サッシと遮音性能，音響技術，No.127（2004.9）
8) 村石喜一：現場における外部音源法による遮音性能，建築学会「サッシの遮音性能に与える要因と遮音設計の考え方」シンポジウム（2004.11）

4.4 室内騒音（室内の静謐性能，排水音，空調騒音，換気扇）

室内騒音は，屋外の交通騒音や工場などの屋外騒音が窓サッシや外周壁を透過して室内へ放射される騒音，給排水騒音や空調騒音など建築物に付属する設備機器から室内に発生される騒音，建物内に置かれた機械から発生する騒音，および建物内の生活に伴って発生する生活騒音の4種類に大別される．

室内騒音の測定評価方法に関連する日本工業規格は，表 4.4.1 に示す 2 種類があり，いずれも 2000 年の ISO 整合化に向けて改訂されている．これらの中で，JIS Z 8731 は環境騒音全般の表示と測定方法の規格であり，その中に室内騒音の測定法を規定している．また，JIS Z 8737 は機械の作業位置および他の指定位置における機械騒音の放射音圧レベルの測定の規格であり，第 1 部は反射面上の準自由音場における実用測定方法を，第 2 部は現場における放射音圧レベルの簡易測定方法をそれぞれ規定している．その他の日本工業規格としては，建築物の現場における給排水設備騒音の測定方法（案）が新たに作成された段階にある．

室内騒音の中で，生活騒音に関連する日本工業規格としては，JIS A 1418 に足音や子供の飛びはね等を想定した床衝撃音遮断性能の測定方法があり，その評価方法が JIS A 1419 に規定されているが，扉の開閉衝撃音やピアノ演奏等の測定評価方法に関する規格は現状ではない．

日本工業規格以外の音響実務に利用されている室内騒音の測定評価方法としては，Noise Criteria（NC 数）と日本建築学会による N 数が挙げられる．NC 数は，空気調和設備による騒音等の広帯域かつ定常的な騒音の測定評価方法として広く使われており，対象騒音をオクターブバンド分析して基準評価曲線（NC 曲線）に当てはめて，接線法（Tangency Curve Method）によって各バンドの最も高い評価値から NC 数を決定する．室用途に応じた NC 数の推奨値が提案されており，それらの推奨値に照らして対象騒音の適否を判断する．

日本建築学会の遮音性能基準[10]には，建築物に装置された給排水設備，空気調和設備，換気設備，あるいはエレベータ走行時に室内で発生する設備機械系騒音，また屋外から室内へ透過してくる交通騒音や工場騒音等，広範囲の騒音を対象とした測定評価方法を規定している．しかしながら，扉開閉衝撃音やピアノ演奏などの生活騒音は測定対象に含まれていない．騒音の測定は，A 特性音圧レベルとオクターブ分析による方法を規定している．オクターブ分析による測定法は，対象騒音のオクターブバンド音圧レベルを逆 A 特性の基準評価曲線（N 曲線）に当てはめて，接線法によって騒音等級（N 値）を決定する．これらの騒音等級の結果は，室用途に照らして，室内騒音に関する 1 級から 3 級の適用等級が規定されている．N 曲線の評価周波数の範囲は NC 曲線の 63～4 kHz 帯域で同じであるが，低音域では N 曲線の方が NC 曲線と比較すると大きいレベルを許容する傾向がある．

表 4.4.1　室内騒音に関連する JIS 規格と対応する ISO 規格

日本工業規格		対応する ISO 規格	
JIS Z 8731:1999	環境騒音の表示・測定方法	ISO 1996-1:1982	Acoustics – Description and measurement of environmental noise, Part 1: Basic quantities and procedures
JIS Z 8737-1:2000	音響－作業位置及び他の指定位置における機械騒音の放射音圧レベルの測定方法－第 1 部：反射面上の準自由音場における実用測定方法	ISO 11201:1995	Acoustics – Noise emitted by machinery and equipment – Measurement of emission sound pressure levels at a work station and at other specified positions – Engineering method in an essentially free field over a reflecting plane.
JIS Z 8737-2:2000	音響－作業位置及び他の指定位置における機械騒音の放射音圧レベルの測定方法－第 2 部：現場における簡易測定方法	ISO 11202:1995	Acoustics – Noise emitted by machinery and equipment – Measurement of emission sound pressure levels at a work station and at other specified positions – Survey method in situ.

次に各室内騒音の測定評価方法を概説する．

(1) 室内騒音の測定評価方法の概要
a. JIS Z 8731 による騒音測定方法

環境騒音の表示・測定方法は ISO 1996-1: 1982 を翻訳した日本工業規格であり，附属書を除いて技術的内容および規格の様式を変更なく作成されている．JIS Z 8731 の詳細は表 **4.4.2** に示す．騒音の種類は，定常騒音，変動騒音，間欠騒音，衝撃騒音，分離衝撃騒音および準定常衝撃騒音の 6 種類に分けている．定常騒音の測定物理量は A 特性音圧レベル（騒音レベル（L_{pA}））を基本としており，非定常騒音についてはその特性に応じて時間率騒音レベル（$L_{AN,T}$），単発騒音暴露レベル（L_{AE}），等価騒音レベル（$L_{aeq,T}$），長時間平均等価騒音レベル（$L_{Aeq,LT}$），評価騒音レベル（$L_{Ar,T}$）および長時間評価騒音レベル（$L_{Ar,LT}$）を採用するよう規定している．騒音の測定については，測定対象の時間全体にわたって騒音が定常の場合には，周波数重み特性 A，時間重み特性 S を用いて騒音計の指示値のふれの平均を読み取る．また，指示値が 5 dB を越えて変動する場合には非定常騒音として扱い，積分平均型騒音計を用いるか，サンプリングによる方法などで算出する．

建物内部における騒音測定は，特に指定がない限り，壁その他の反射面から 1 m 以上離れ，騒音の影響を受けている窓などの開口部から約 1.5 m 離れた位置で，床上 1.2～1.5 m の高さで測定することを規定している．

b. JIS Z 8737 による騒音測定方法

音響—作業位置および他の指定位置における機械騒音の放射音圧レベルの測定方法は ISO 11201: 1995 を翻訳し，技術的内容および規格表の様式を変更することなく作成した日本工業規格である．この規格は「第 1 部：反射面上の準自由音場における実用測定方法」，および「第 2 部：現場における簡易測定法」に分かれ，両者を合わせて JIS Z 8737 シリーズと呼ばれる．JIS Z 8737 シリーズの概要は表 **4.4.3** および表 **4.4.4** に示す．適用範囲は，屋内または屋外で使用される移動する機械および定置の機械であり，機器大きさに限定されず適用可能であると規定している．測定環境は反射面上の準自由音場として，機械および装置近傍の作業位置および他の指定位置における放射音圧レベルを測定する方法を規定している．作業位置は，音源が作動する室内にあっても，音源に固定された運転台の内部または音源から離れた位置にある筐体の内部に配置されていてもよいとしている．測定物理量は A 特性音圧レベルまたは C 特性ピーク音圧レベルであり，実用測定方法に限り 1/3 オクターブの音圧レベルを測定することが可能であるとしている．この規格では，対象騒音の時間変動に対応する測定量として，時間平均放射音圧レベル（$L_{peq,T}$），ピーク放射音圧レベル（$L_{p,peak}$），および単発放射音圧レベル（$L_{p,ls}$）を規定している．

c. Noise Criteria（NC 数）

NC（Noise Criteria）は，Beranek[1]）によって空調換気（HVAC）システム等の定常騒音の評価方法として提案された．

騒音の評価プロセスは，63～8 kHz 帯域のオクターブ音圧レベルを図 **4.4.1** に示す NC 曲線に当てはめ，接線法（Tangency rating method）によってバンドごとに NC 曲線の数値を読みとり，最大値に一致する帯域の NC 値を 5 dB ピッチで求める．表 **4.4.5** には Beranek による室用途別の NC 推奨値を，また表 **4.4.6** には日本建築学会によるスタジオ諸室の NC 推奨値を示す．なお，NC が提案された当初は，経済的な理由等により低音域でより大きいレベルを許容する NCA 曲線も合わせて提案されたが普及には至らなかった．

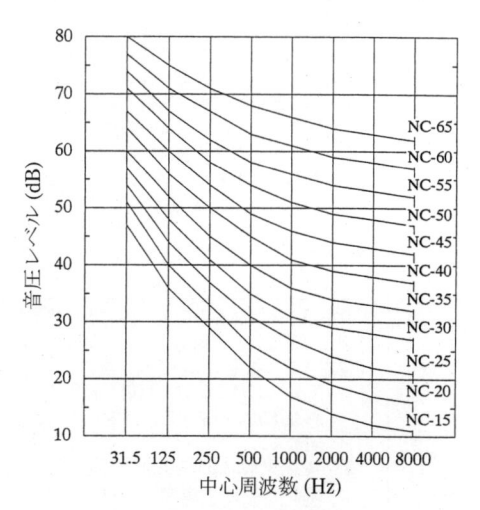

図 **4.4.1** NC 曲線

表 4.4.2 JIS Z 8731: 1999 (ISO 1996-1: 1982) 環境騒音の表示・測定方法の概要

項　目	内　容　・　手　順
適用範囲	環境騒音を表示する際に用いる基本的な諸量を規定．それらの求め方を示す．
定　義	A 特性音圧 p_A：周波数重み特性 A (JIS C 1502, JIS C 1505) をかけて測定される音圧実効値 音圧レベル L_p：音圧実効値 (p) の 2 乗を基準音圧 (p_0) の 2 乗で除した値の常用対数の 10 倍． $$L_p = 10 \log_{10} p^2/p_0^2 \tag{1}$$ 騒音レベル L_{pA}：A 特性音圧の 2 乗を基準音圧の 2 乗で除した値の常用対数の 10 倍．A 特性音圧レベルともいう． $$L_{pA} = 10 \log_{10} p_A^2/p_0^2 \tag{2}$$ 時間率騒音レベル $L_{AN,T}$：時間重み特性 F (JIS C 1502, JIS C 1505) によって測定した騒音レベルが対象とする時間 T の $N\%$ にわたってあるレベル値を超える場合のレベル値． 等価騒音レベル $L_{Aeq,T}$：ある時間範囲 T について，変動する騒音の騒音レベルをエネルギー的に平均した量． $$L_{Aeq,T} = 10 \log_{10} \left[\frac{1}{T} \int_{t_1}^{t_2} \frac{p_A^2(t)}{p_0^2} dt \right], \quad p_A(t): 対象とする騒音の瞬時 A 特性音圧 \tag{3}$$ 単発騒音暴露レベル L_{AE}：単発的に発生する騒音の全エネルギーと等しいエネルギーをもつ継続時間 1 秒の定常音の騒音レベル． $$L_{AE,T} = 10 \log_{10} \left[\frac{1}{T_0} \int_{t_1}^{t_2} \frac{p_A^2(t)}{p_0^2} dt \right] \tag{4}$$ T_0：基準時間 (1 s)，$t_1 \sim t_2$：対象とする騒音の継続時間を含む時間 実測時間：実際に騒音を測定する時間 基準時間帯：一つの等価騒音レベル値を代表値として適用し得る時間帯．対象とする地域の居住着の生活態様及び騒音源の稼働状況を考慮して決める． 長期基準期間：騒音の測定結果を代表値として用いる特定の期間．一連の基準時間帯から成る． 長期平均等価騒音レベル $L_{Aeq,LT}$：長期基準期間に含まれる一連の基準時間帯ごとの等価騒音レベルを長期基準期間の全体にわたってエネルギー平均した値． 評価騒音レベル $L_{Ar,T}$：等価騒音レベルに，対象騒音に含まれる純音性及び衝撃性に対する補正を加えた値． 長期平均評価騒音レベル $L_{Ar,LT}$：一連の基準時間帯ごとに算出された評価騒音レベルを長期基準期間の全体にわたってエネルギー平均した値． 音の種類： 　1) 総合騒音　ある場所におけるある時刻の総合的な騒音．観測されるすべての騒音． 　2) 特定騒音　総合騒音の中で音響的に明確に識別できる騒音．騒音源が特定できることが多い． 　3) 初期騒音　ある地域において，何らかの変化が生じる以前の総合騒音． 騒音の種類は，時間的な変動の状態によって，次のように分類される． 定常騒音－レベル変化が小さく，ほぼ一定とみなせる騒音 変動騒音－レベルが不規則かつ連続的にかなりの範囲にわたって変化する騒音 間欠騒音－間欠的に発生し，一回の継続時間が数秒以上の騒音 衝撃騒音－継続時間が極めて短い騒音 分離衝撃騒音－個々に分離できる衝撃騒音 準定常衝撃騒音－レベルがほぼ一定で極めて短い間隔で連続的に発生する衝撃騒音
測定器	一般事項：直接又は計算によって，等価騒音レベルを算出できるものを用いる．測定器は，JIS C 1505 に適合することが望ましく，少なくとも JIS C 1502 に適合しなければならない．これらの騒音計に変わる測定器を用いる場合にも，周波数重み特性，時間重み特性は同等の性能をもつものでなければならない．これらの条件を満たす測定器として，次の種類が挙げられる． 　a) 等価騒音レベルを測定することができる騒音計 　b) 単発騒音暴露レベルを測定することができる騒音計 　c) 周波数重み特性 A 及び時間重み特性 S を備えた騒音計 　d) 騒音レベルをサンプリングすることができる時間重み特性 F を備えたデータロガー 　e) d) と同様に，騒音レベルのサンプル値を統計処理することができる機器 　　d) 及び e) に該当する測定器は，時間率騒音レベルを求める際にも使用できる． 校正：すべての測定器は，製造業者が指定した方法による校正を行う必要がある．少なくとも一連の測定の前後に現場で検査を行わなければならない．その場合，マイクロホンを含めた音響的な検査を行うことが望ましい．
測　定	一般事項：環境騒音の測定に関する一般的な方法を規定する．使用した測定器，測定方法及び測定期間中の状態の詳細を記録し，参考資料として保存しておくことが重要である． 測定点：特に指定がない限り，次による． 　1) 屋外における測定　反射の影響を避ける必要がある場合，可能な限り，地面以外の反射物から 3.5 m 以上離れた位置で測定する．測定点の高さは地上 1.2 m〜1.5 m とする．それ以外の測定点の高さは，目的に応じて定める． 　2) 建物周囲における測定　建物に対する騒音の影響を調べる場合，対象とする建物の騒音の影響を受けている外壁面から 1〜2 m 離れ，建物の床レベルから 1.2〜1.5 m の高さで測定する． 　3) 建物内部における測定　壁その他の反射面から 1 m 以上離れ，騒音の影響を受けている窓などの開口部から約 1.5 m 離れた放置で，床上 1.2 m〜1.5 m の高さで測定する．

項　目	内　容　・　手　順
測　定	気象の影響：気象条件が騒音の伝搬に及ぼす影響が問題となる場合には，次のいずれかによって測定を行うことが望ましい． 　1) 種々の気象条件における測定結果を平均する方法　種々の気象条件にわたる長期平均等価騒音レベルが得られるように，実測時間を設定する． 　2) 特定の気象条件において測定する方法　特定の気象条件のときの騒音のレベルが把握できるように実測時間を設定する．このような条件は，騒音の伝搬が最も安定している場合，すなわち順風の条件である． 等価騒音レベルの算出方法： 　1) 一般的な方法　個別の規格等で特に規定がない場合，以下のうち適当な方法を選んで用いる． 　2) 変動騒音　積分平均型騒音計を用いることが望ましい．その場合，設定した実測時間を必ず記録しておく．この方法の代わりに，次の方法を用いることもできる． 　　2.1) サンプリングによる方法　時刻と t_1 から t_2 まで一定時間間隔 Δt ごとに騒音レベルのサンプル値を求めた結果から，次の式によって等価騒音レベルを算出する． $$L_{Aeq,T} = 10\log_{10}\left[\frac{1}{N}\sum_{i=1}^{N}10^{L_{pA,i}/10}\right] \quad (5)$$ 　　　N：サンプル数 $\left(N = \dfrac{t_2 - t_1}{\Delta T}\right)$，$L_{pA,i}$：騒音レベルのサンプル値 　　一般に，サンプリング時間間隔を測定システム全体の時定数に比べて短くとれば，真の積分による結果と等しい結果が得られる． 　　2.2) 騒音レベルの統計分布による方法　騒音レベルのサンプル値の統計分布から，次の式により等価騒音レベルを算出する．騒音レベルの分割幅は，一般に 5 dB 間隔が適当である． $$L_{Aeq,T} = 10\log_{10}\left[\frac{1}{100}\sum_{i=1}^{n}f_i \cdot 10^{L_{pA,i}/10}\right] \quad (6)$$ 　　　n：レベルの分割数 　　　f_i：騒音レベルが i 番目の分割クラスに入っている時間の割合（％） 　　　$L_{pA,i}$：i 番目の分割クラスの中点の騒音レベル（dB） 　3) 定常騒音　騒音が定常である場合には，積分機能を備えない騒音計（JIS C 1502, JIS C 1505）で測定を行ってもよい．その場合，周波数重み特性 A，時間重み特性 S を用い，指示値の振れの平均を読み取る．指示値の変動幅が 5 dB 以上の場合は定常騒音として扱うことはできない． 　4) 騒音レベルが段階的に変化する騒音　騒音レベルが定常的ではあるが段階的に変化し，それぞれのレベルが明瞭に区別できる場合には，各段階の騒音レベルを定常音として測定し，それぞれの継続時間を測定することで，次の式によって等価騒音レベルを算出することができる． $$L_{Aeq,T} = 10\log_{10}\left[\frac{1}{T}\sum T_i \cdot 10^{L_{pA,i}/10}\right] \quad (7)$$ 　　　$T = \sum T_i$：全測定時間，T_i：i 番目の定常区間の継続時間 　　　$L_{pA,i}$：i 番目の定常区間における騒音レベル（dB） 　5) 単発的に発生する騒音　単発的に発生する騒音が卓越している場合，時間 T の間に発生する騒音の単発騒音暴露レベルから，次の式により等価騒音レベルを算出することができる． $$L_{Aeq,T} = 10\log_{10}\left[\frac{T_0}{T}\sum_{i=1}^{n}T_i \cdot 10^{L_{AE,i}/10}\right] \quad (8)$$ 　　　$L_{AE,i}$：時間 T (s) の間に発生する n 個の単発的な騒音のうち，i 番目の騒音の単発騒音暴露レベル（dB） 　　　T_0：基準時間（1 s） 　単発的な騒音が同じ大きさで繰り返して発生している場合には，その騒音が整数回繰り返す時間にわたって測定する．一回の発生について単発騒音暴露レベル L_{AE} を測定し，次の式によって等価騒音レベルを算出することもできる． $$L_{Aeq,T} = L_{AE} + 10\log_{10}(n) - 10\log_{10}(T/T_0) \quad (9)$$ 　　　n：時間 T (s) における騒音の発生回数 　　　T_0：基準時間（1 s）
記録事項	測定方法：以下の事項を記録し，参考資料として保存しておく． 　a) 測定器の種類，測定方法及び計算による場合はその方法． 　b) 基準時間帯，実測時間及びサンプリングによる方法を用いた場合にはその詳細（サンプリング時間間隔，回数など） 　c) 測定点（位置及び高さ） 測定時の条件：以下の事項を必要に応じて記録しておくことが望ましい． 　a) 大気の状態：風向・風速，雨，地上及びその他の高さにおける気温，大気圧，相対湿度 　b) 騒音源と測定点間の地表の種類及び状態 　c) 騒音源の騒音放射の変動性

項　目	内　容　・　手　順
記録事項	定性的記述：以下の事項を必要に応じて記録しておくことが望ましい． 　a)　騒音源の方向の判断可能性 　b)　騒音源の同定の可能性 　c)　騒音源の位置 　d)　騒音の特徴 　e)　騒音の意味性
附属書 1 （規定）	適正な土地利用のための音響データの収集 詳細は省略
附属書 2 （参考）	環境騒音の表示・測定方法に関する補足事項 詳細は省略

表 4.4.3 JIS Z 8737-1: 2000（ISO 11201: 1995）音響－作業位置及び他の指定位置における機械騒音の放射音圧レベルの測定方法－第 1 部：反射面上の準自由音場における実用測定方法の概要

項　目	内　容　・　手　順
適用範囲	一般事項：反射面上の準自由音場において，機械及び装置近傍の作業位置及び他の指定位置における放射音圧レベルを測定する一つの方法について規定．放射音圧レベルは，A 特性，並びに C 特性（ピーク音圧レベルの場合）及び周波数バンドごとに測定される． 　　作業位置とは，オペレータによって専有される場所を指す．音源が作動する室内にあってもよいし，音源に固定された運転台の内部又は音源から離れた位置にあるきょう体の内部に配置してもよい．作業位置近傍又は無人運転機械近傍に，1 か所又は複数の指定位置を配置することができる．これらの幾つかは，バイスタンダ位置と呼ばれる． 騒音及び騒音源の種類：屋内又は屋外で使用される移動する機械及び定位置の機械のどちらにも適用可能．あらゆる大きさの機器に対して適用可能であり，かつ JIS Z 8733: 2000 附属書 F で定義するあらゆる種類の騒音に適用可能． 試験環境：反射面上の準自由音場（屋内又は屋外）が必須． 指定位置（測定位置）：測定が行われる位置の例には，次のものがある． 　a)　測定対象機器近傍の作業位置．多くの産業機械や家庭用機器などに相当． 　b)　測定対象機器の一部を構成する運転台内部の作業位置．工業用トラックや建設機械などに相当． 　c)　測定対象機器の一部として製造業者から供給されるきょう体によって，部分的または完全に囲われたところの内部（若しくは衝立の後側）にある作業位置． 　d)　測定対象機器，又はその一部によって囲まれた作業位置．大型産業機械で見られる状況． 　e)　測定対象機器を操作するわけではないが，一時的又は常時その機器のすぐ近くにいることがある人員のための位置（バイスタンダ位置） 　f)　必ずしも作業位置ともバイスタンダ位置とも限らない，他の指定位置． 作業位置とは，オペレータが移動する指定された経路上にあってもよい． 測定の不確かさ：作業位置における放射音圧レベルの測定の再現性の標準偏差に関し，測定対象機器の種類によらない普遍的に適用可能な値は規定できないが，指針を示す．
定　義	特定の機器に対しては，該当する個別規格において詳細に規定される． 放射：明確に定義された一つの騒音源から放射される空気伝搬音． 放射音圧 p：一つの騒音源が，一つの反射表面上において，規定された作動及び据付条件の下で作動しているとき，その音源近傍の指定位置における音圧．試験目的で認められている平面以外からの反射と暗騒音の影響は除外する． 放射音圧レベル L_p：放射音圧の二乗の，基準音圧の二乗に対する比の常用対数の 10 倍 $$L_p = 10 \log_{10} p^2/p_0^2 \quad \text{(dB)} \qquad p_0^2 : \text{基準音圧レベル (20 μPa)}$$ 1)　時間平均放射音圧レベル $L_{peq,T}$　測定時間 T の間で，時間とともに変動する対象音と同じ平均二乗音圧をもつ，連続で定常的な音の放射音圧レベル．次式で定義． $$L_{peq,T} = 10 \log_{10} \frac{1}{T} \int_0^T \frac{p^2(t)}{p_0^2} dt \qquad (1)$$ A 特性時間平均放射音圧レベルは，$L_{peqA,T}$ で表し，この規格では L_{pA} と省略する．$L_{peqA,T}$ は IEC 60804 に適合する測定器を使って測定する． 2)　ピーク放射音圧レベル $L_{p,peak}$　一つの作動サイクルの中で発生する瞬時放射音圧の絶対値の最大値を，20 μPa を基準としてレベル化したもの． 3)　単発放射音圧レベル $L_{p,1s}$　分離可能な単発の音現象を，規定された持続時間（又は測定時間）T で時間積分して得られる放射音圧レベルを，$T_0 = 1$ (s) で正規化したもの．次式で定義． $$L_{p,1s} = 10 \log_{10} \frac{1}{T_0} \int_0^T \frac{p^2(t)}{p_0^2} dt = L_{peq,T} + 10 \log_{10} \frac{T}{T_0} \qquad (2)$$

項　目	内　容　・　手　順
定　義	騒音の衝撃性に関する指数：ある一つの音源から放射された騒音の"衝撃性"を判断するための量（附属書 A 参照）． 反射面上の自由音場：測定対象機器が設置されている，無限に広く硬い平面よりも上方の半空間にあり，均質で等方性の媒質内部の音場． 作業位置，オペレータの位置：測定対象機器近傍に想定されるオペレータの位置． オペレータ：機械近傍を作業位置とし，その機械を使って作業を行う者． 指定位置：オペレータの位置を含む，対象とする機械との関係において定義される位置．該当する個別規格がある場合はそれに従い，一つの固定点又は複数の点とすることもできる．複数点の場合，その機械からある規定された距離だけ離れた経路に沿った点か，測定面上の点を組み合わせたものとすることができる． 作動サイクル：一つの完結した作業サイクルを実行するための，一組の作動別時間． 測定時間：作動別時間又は作動サイクルの一部若しくはそれらの整数回であって，放射音圧レベル又は最大放射音圧レベルを測定するための時間． 時刻歴：一つの作動サイクル上の一つ又は複数の作動別時間の間に得られる放射音圧レベルを時間の関数として連続記録したもの． 暗騒音：測定対象機器以外のすべての音源からの騒音． 暗騒音レベル：測定対象機器が作動していないときに測定した音圧レベル． 暗騒音補正値 K_1：測定対象機器の指定位置における放射音圧レベルへの暗騒音の影響を考慮するための補正値．周波数に依存．A 特性の場合の補正値 K_{1A} は，A 特性での実測値から算出． 環境指標 K_2：表面音圧レベルへの反射音又は吸音による影響を考慮するための指標．周波数に依存．A 特性の場合，量記号は K_{2A}（JIS Z 8732, JIS Z 8733, ISO 3740）
測 定 器	マイクロホン及びケーブルを含む測定システムは IEC 60651（積分型騒音計の場合は，IEC 60804）の type 1 の機器の要件を満足しなければならない．オクターブバンド又は 1/3 オクターブバンドでの測定を行う場合，フィルタは IEC 61260 のクラス 1 の要件を満足する． 　一連の測定の前後に，JIS C 1515 のクラス 1 の要件を満足する音響校正器をマイクロホンに当て，測定システム全体の校正を対象周波数範囲の一つ又は複数の周波数において検査する． 　音響校正器は，JIS C 1515 のクラス 1 に適合していることを 1 年に 1 度検査する．測定システムは，IEC 60651（IEC 60804）の type 1 の要件を満足していることを，少なくとも 2 年ごとに検査する．該当する日本工業規格又は IEC 規格への適合性を最後に検査した年月日を記録する．
試験環境	測定対象機器近傍の自由空間内の指定位置：この規格に従う測定に適した試験環境とは，反射面上の準自由空間となる平坦な屋外又は屋内空間である．以下の要件を満足する試験環境を使う（シールされたアスファルト又はコンクリート上の平坦な屋外空間，若しくは JIS Z 8732 による精密測定方法の要件を満足する半無響室が相当）．いかなる環境補正も許されない． 試験環境の適正基準：試験環境は，反射面以外の反射物からの影響がないのが望ましい．測定位置を包絡する測定表面上で，環境指標 K_{2A} は 2 dB を超えてはならない（K_2 の算出手順は JIS Z 8733: 2000 附属書 A で規定）． 運転室等の内部にある作業位置：周囲を囲まれた運転台及び測定対象機器から離れたところにあるきょう体内部にオペレータが配置されている場合，その運転台又はきょう体は測定対象機器の一部として扱い，その内部の放射音は放射音圧レベルに対する寄与成分と考える．いかなる補正も許されない．運転室又はきょう体の扉や窓の開閉状態は，該当する個別規格に従う．機械の作業位置又はバイスタンダ位置が運転台などの内部に配置されている場合，個別規格によって運転台の外側で測定対象機器の近くに，追加の作業位置又はバイスタンダ位置を規定． 暗騒音：マイクロホン位置で実測した暗騒音の A 特性又は周波数バンドごとの音圧レベルは，測定対象機器によるレベルより，少なくとも 6 dB 低くなければならず，15 dB より大きいことが望ましい．暗騒音に対する補正値 K_1 を次の式によって算出． $$K_1 = -10\log_{10}(1 - 10^{-0.1\Delta L}) \quad \text{(dB)} \tag{3}$$ 　ΔL：指定位置で，測定対象機器を作動させたときと停止させたときの音圧レベル差 測定対象機器のマイクロホン位置ごとに．K_1 を算出． 測定中の環境条件：マイクロホンを適切に選択したり，位置決めをすることで，環境条件がマイクロホンに対し望ましくない影響を及ぼす条件（例えば，強い電磁場，風，高温，低塩，若しくは測定対象機器からの排気）を回避しなければならない．
測 定 量	規定された作動時間又は作動サイクル中の指定位置における基本測定量は次のとおりである． ○ A 特性音圧レベル L'_{pA}，○ C 特性ピーク音圧レベル $L_{pC,peak}$
算 出 量	指定位置における放射音圧レベルを得るには，実測した音圧レベルに対し，暗騒音補正だけを適用する．暗騒音補正は C 特性ピーク音圧レベル $L_{pC,peak}$ には適用しない．周波数バンド及び A 特性それぞれに対して次のとおりである． $$L_p = L'_p - K_1, \qquad L_{pA} = L'_{pA} - K_{1A} \tag{4}$$ 　L'_{pA}, L'_p：実測値，L_{pA}, L_p：算出した放射音圧レベル
測定対象機器の設置及び作動	一般事項：測定対象機器の設置及び作動条件による騒音放射の変動を最小にすることを目的とした条件を規定．測定対象機器に個別規格がある場合，その指示を遵守する．大型機械では，組み込まれた部品などの構成要素，補助装置，電源など測定対象機器に含まれるものを，該当する個別規格で明確にしなければならない． 測定対象機器の位置：測定対象機器は，それが通常使用のために設置されているときのように，反射面上の一つ又は複数の場所に設置．壁，天井及び他の反射物から遠く離しておく．

項　目	内　容　・　手　順
測定対象機器の設置及び作動	測定対象機器の据付け：測定対象機器に関し，典型的な据付け条件がある場合，その条件を必ず使うか又は模擬する．典型的据付け条件がないか，あっても試験のために利用できない場合，試験のために使う据付け方法によって，その機器の音響放射が変化しないように注意する．測定対象機器を据付ける構造物からの音の放射を減らす手段を講ずる．小型の機器では，可能な場合，支持するものへの振動の伝達と音源側への再伝達を最小にするように，試験する機械と支持するものの表面との間に弾性体を挿入して据付ける．据付けの基礎は，剛性の高いもの（すなわち，十分高い機械インピーダンスをもっているもの）が望ましい．測定対象機器が，典型的な使用設置条件において弾性支持をするものでない場合，このような方法を使用しない． 1) 手持ち形機器　アタッチメントを介して固体伝搬音が伝わらないように，手に提げるか，又は手で支える．何らかの支持するものが必要な場合，測定対象機器の一部と考えられるほど小さなものを用いる．該当する個別規格がある場合，その規定に従う． 2) 床置き形機器及び壁掛け形機器　音響的に硬い反射面（床又は壁）の上に置く．壁の前に設置することだけを想定した床置き形機器は，壁の前に設置．該当する個別規格に従った動作に必要な場合，卓上形機器はテーブルまたはスタンドの上に置く（附属書 B 参照）．卓上形機器は試験卓の上面中央に置き，試験卓は試験室の吸音面から 1.5 m 以上離す． 補助装置：測定対象機器につながれた配管やダクトなどから，試験環境内に際立って大きな音を放射しないように配慮する．測定対象機器ではないが，その作動に必要な補助装置は，可能な限り，試験環境の外側に設置．そうすることが実際的でない場合，その補助装置を試験環境に含め，作動条件を試験報告書に記載する． 機器の作動：測定対象機器に該当する個別規格がある場合，測定の間その作動条件を使う．個別規格がない場合，可能な限り通常使用の典型となるような方法で測定対象機器を作動させる．その場合，次の中から一つ又は複数の作動条件を選択． 　a) 規定の負荷及び作動条件 　b) 最大負荷条件（上記の負荷条件と異なる場合） 　c) 無負荷（アイドリング）条件 　d) 通常使用の代表的なもので，最大音を発する作動条件 　e) 明確に定義した模擬負荷での作動条件 　f) 測定対象機器特有の作動サイクルでの作動条件 作動条件（温度，湿度，作動速度など）の必要とされる組み合わせに対して，指定位置における放射音圧レベルを算出する．作動条件は試験中一定に保つ．騒音測定を行う前に，測定対象機器を所定の作動条件にしておく．騒音放射が他の作動要因（例えば，処理される材料，工具の種類）にも依存する場合，実際の騒音放射を代表する条件を定義する．また，可能な限り変動の可能性を狭める条件でなければならない．目的によっては，騒音放射の再現性を高くし，かつ，最も一般的で典型的な作動条件を網羅する方法によって，一つ又は複数の作動条件を定義することが適当である．そのような作動条件は，個別規格で定義しなければならない．模擬した作動条件を使う場合，指定位置における放射音圧レベルが，典型的な使用状態となる条件を選択する．場合によっては，複数の作動条件での結果を，所要時間が異なることを考慮したうえでエネルギー平均して一つにまとめることができる．これにより，主要な作動条件が定義され，その結果を得ることができる．騒音測定中の作動条件を，試験報告書に詳細に記載する．
測　　定	測定時間： 1) 一般事項　規定された作動条件の下，指定位置において，放射音圧レベル及び必要に応じて音響放射の時間特性を算出できるような方法で選択．測定時間 T とは，規定された作動別時間に対応する部分測定時間 T_i を複数集めたものから構成されてもよい．この場合，通常一つの放射音圧レベルが必要とされ，次の式により得られる． $$L_{pA} = 10\log_{10}\left[\frac{1}{T}\sum_{i=1}^{N} T_i \cdot 10^{L_{pA,T_i}/10}\right] \quad (5)$$ 　　T：全測定時間 $T = \sum_{i=1}^{N} T_i$，T_i：i 番目の測定時間 　　N：部分測定時間の総数，L_{pA,T_i}：部分測定時間 T_i 上での A 特性放射音圧レベル ある規定された作動サイクルを持つ機械及び装置に対しては，通常，測定時間を連続する作動サイクルの整数倍に延長する．測定対象機器に対し該当する個別規格がある場合，測定時間，部分測定時間及び測定時間に含まれる作動サイクルの数は，通常その中で規定．これらの値は，音響パワーレベルを算出するために定義されたものと同一でなければならない． 2) 定常騒音　騒音放射が定常（JIS Z 8733 附属書 F）の場合，測定時間は少なくとも 15 秒とする． 3) 非定常騒音　騒音放射が非定常の場合，測定時間及び作動別時間は十分注意して定義し，試験結果の中で報告する．個別規格がある場合，測定時間及び作動別時間は通常その中で規定． 4) 周波数バンドでの測定　オクターブ又は 1/3 オクターブの周波数バンドで測定を行う場合，最小観測時間は，中心周波数が 160 Hz 以下では 30 秒，200 Hz 以上では 15 秒とする． 測定手順： 1) 一般事項　測定対象機器の典型的な作動の時間にわたって放射音圧レベルを測定する．放射音圧レベルの読み取りは，指定位置で行う．通常，IEC 60804 に適合する積分型騒音計を使う．時間重み特性 S で測定した音圧レベル変動が，±1 dB 以内であることが示されれば，IEC 60651 に適合する騒音計を使ってもよい．この場合，その測定値は，時間重み特性 S を使って測定した測定時間内の最大レベルと最小レベルの平均（算術平均又はエネルギー平均）とする．

項　目	内　容・手　順
測　定	2) 測定の回数　指定位置における放射音圧レベル算出の不確かさを減少させるには，測定対象機器に対し該当する個別規格で規定する回数だけ，反復測定が必要となることがある．反復測定の後で使うべき値（例えば，平均値，最大値）は，個別規格がある場合，その中で定義されたものとする．反復測定では，次の手順が必要である． 　　a) 可能な場合，測定対象機器の電源をいったん切り，再び電源を投入． 　　b) マイクロホンをいったん遠ざけ，再び指定位置に配置． 　　c) 同じ環境内において同じ測定時間，測定器を使い，同じ設置及び作動条件の下で再び測定． 3) 衝撃性騒音の測定　附属書 A によって衝撃性の騒音である場合，放射音圧レベルを測定するには，十分に大きなリニアリティレンジを持ち，かつ，過大入力指示機能を持つ騒音計を使う．衝撃性騒音の時間特性（ピーク音圧レベルなど）の測定のためには，上記の反復測定手順に加え，個別規格で別途規定されない限り，10 個以上の衝撃性の事象を含まなければならない．最終的に残す値は，通常，ピーク音圧レベルの平均である．ピーク音圧レベルを測定する場合は，それらの最大値を採用．個別規格で詳細な手順が規定されている場合，その手順を使う．測定対象機器が分離可能な単発の音を発する場合，作業位置における単発騒音暴露レベル $L_{p,1\mathrm{s}}$ を測定．
マイクロホンの位置	一般事項：以下で規定するものの中から，いずれか一つを選択．製造業者の指定するマイクロホンの基準方向を主要な騒音源に向けて測定．可能な場合，オペレータのいない状態で測定対象機器の放射音圧レベルを測定．オペレータがいる状態で測定しなければならない場合，音響測定に影響を与えないよう，オペレータは極端に吸音性の高い衣服を着用してはならない．安全目的で必要な保護ヘルメット及びマイクロホンを支持するフレームの装着は認められる．オペレータがいる場合のマイクロホンの位置は，オペレータの視線の方向に平行で，その両目を結ぶ線上とし，オペレータの頭の中心面から横方向に $0.20\,\mathrm{m}\pm0.02\,\mathrm{m}$ の距離の点のうち，A 特性音圧レベル L_{pA} の大きい方とする． 着席しているオペレータ：オペレータのいない状態での測定で，その座席が測定対象機器に取り付けられている場合，該当する個別規格に規定のない限り，座席中央の上方 $0.80\,\mathrm{m}\pm0.05\,\mathrm{m}$ にマイクロホンを配置．座席が取り付けられていない場合，個別規格で規定するとおりとする．該当する個別規格がない場合，試験報告書にマイクロホン位置を記載．オペレータのいる状態で測定する場合，オペレータが座席を好ましい位置に調整してもよい． 起立しているオペレータ：オペレータのいる状態で測定する場合，上述の一般事項の規定を適用．オペレータ又はバイスタンダのいない状態で測定する場合，若しくは該当する個別規格で，起立しているオペレータの位置を規定していない場合，通常オペレータが立っている床面上の基準点（オペレータの頭の中心の真下の床面上）の真上 $1.55\,\mathrm{m}\pm0.075\,\mathrm{m}$ にマイクロホンを配置． 指定経路に沿って移動するオペレータ：所定の経路に沿って音圧レベルを測定するため，十分な数のマイクロホンを配置，又はマイクロホンを移動させる．この場合，経路に沿って連続して積分を行うか，又は経路上の十分な数の位置において，定義された時間で測定を行い，式 (5) を適用する．移動経路の代表的なものに対して，オペレータの頭の中心の真下にある床面上の 1 本の線として基準線を定義する．該当する個別規格に規定がない限り，基準線の真上，$1.55\,\mathrm{m}\pm0.075\,\mathrm{m}$ に複数のマイクロホンを配置する．固定されたオペレータ位置のすべてに対し，マイクロホンの位置を定義する．該当する個別規格に規定されている場合，移動経路はその規定による．位置の指定のない場合，少なくとも 4 か所のマイクロホン位置を定義． バイスタンダ及び無人運転機械：オペレータの位置を特定できない場合，"便宜上の"作業位置，若しくは 1 か所又は複数のバイスタンダ位置を定義し，個別規格に明記．該当する個別規格がない場合，基準箱（JIS Z 8733, ISO 3746）から 1 m 離れ，床面上高さ $1.55\,\mathrm{m}\pm0.075\,\mathrm{m}$ に配置した 4 か所以上のマイクロホン位置において測定を行う．バイスタンダ位置で観測された値の最大値（個別規格によっては平均値）を，放射音圧レベルとしてその位置とともに記載．
記録事項	測定対象機器：次の事項を含む測定対象機器の詳細． 　○形式　　○技術仕様　　○寸法　　○製造業者名　　○製造番号　　○製造年 作動条件： 　a) 作動条件の量的な詳細．必要な場合，作動別時間及び作動サイクルを含む． 　b) 据付け条件 　c) 試験環境内での測定対象機器の配置 　d) 測定対象機器に複数の騒音源がある場合，測定中のそれらの音源の作動の詳細 試験環境：試験環境の詳細 　a) 屋内の場合，壁，天井及び床の仕上げ処理．測定対象機器及び室内にあるものの配置を示したスケッチ．室の音響性能（K_2）． 　b) 屋外の場合，周囲の地形に対する測定対象機器の位置を示したスケッチと次のもの． 　　○試験環境の物理的な詳細　○気温（°C），気圧（kPa）及び相対湿度（％）　○風速（m/s） 測定器： 　a) 使用した機器の名称，形式，製造番号及び製造業者名 　b) 測定システムの校正方法，校正年月日，校正場所及び結果 　c) 使用したウインドスクリーンの特性 測定位置：放射音圧レベルを測定したすべての位置を，詳細に記録する． 測定結果：

項目	内容・手順
記録事項	a) 全実測音圧レベルデータ b) 指定位置における A 特性放射音圧レベル．必要に応じて，その周波数重み特性及び周波数バンドでの放射音圧レベル． c) 指定位置における C 特性ピーク音圧レベル．必要に応じて騒音放射とその他の時間特性． d) 指定位置ごとの A 特性暗騒音レベル及び暗騒音補正値 K_{1A}．必要に応じて周波数バンドごとの暗騒音レベル及び補正値 K_1． e) 測定場所，測定年月日及び試験責任者名
報告事項	報告書には，指定位置における放射音圧レベルがこの規格に適合して得られたかどうかを明記．報告書には，測定年月日及び試験責任者名を含む．指定位置における放射音圧レベルは，最も近い 0.5 dB 単位で報告する．
附属書 A (参考)	騒音の衝撃性の判定指針 詳細は省略
附属書 B (参考)	試験卓の例 詳細は省略
附属書 C (参考)	参考文献 詳細は省略

表 4.4.4 JIS Z 8737-2: 2000（ISO 11202: 1995）音響－作業位置及び他の指定位置における機械騒音の放射音圧レベルの測定方法－第 2 部：現場における簡易測定方法の概要

項目	内容・手順
適用範囲	一般事項：反射性の強い音場において，機械及び装置近傍の作業位置及び他の指定位置における放射音圧レベルを測定する一つの方法について規定．放射音圧レベルは，A 特性，並びに C 特性（ピーク音圧レベルの場合）で測定．機械及び装置の置かれている面以外からの反射の影響の，少なくとも一部を取り除くために適用される局所環境補正値を規定． 　　作業位置とは，オペレータによって専有される場所を指す．音源が作動する室内にあってもよいし，音源に固定された運転台の内部又は音源から離れた位置にあるきょう体の内部に配置してもよい．作業位置近傍又は無人運転機械近傍に，1 か所又は複数の指定位置を配置することができる．これらの幾つかは，バイスタンダ位置と呼ばれる． 　　この規格は，試験環境及び測定器に対し，簡易グレードの精度を得るための用件を規定．試験対象機器の設置及び作動に関する指示，並びに作業位置及び他の指定位置に対するマイクロホン位置の選択に関する指示を規定．得られたデータは，ISO 4871 に従い放射音圧レベルの公示及び検証にも使われる． 騒音及び騒音源の種類：屋内又は屋外で使用される移動する機械及び定位置の機械のどちらにも適用可能．あらゆる大きさの機器に対して適用可能であり，かつ JIS Z 8733: 2000 附属書 F で定義するあらゆる種類の騒音に適用可能． 試験環境：一つ又は複数の反射面をもち，所定の要件を満足する屋内又は屋外環境に適用可能． 指定位置（測定位置）：測定が行われる位置の例には，次のものがある． a) 測定対象機器近傍の作業位置．多くの産業機械や家庭用機器などに相当． b) 測定対象機器の一部を構成する運転台内部の作業位置．工業用トラックや建設機械などに相当． c) 測定対象機器の一部として製造業者から供給されるきょう体によって，部分的または完全に囲まれたところの内部（若しくは衝立の後側）にある作業位置． d) 測定対象機器，又はその一部によって囲まれた作業位置．大型産業機械で見られる状況． e) 測定対象機器を操作するわけではないが，一時的又は常時その機器のすぐ近くにいることがある人員のための位置（バイスタンダ位置） f) 必ずしも作業位置ともバイスタンダ位置とも限らない，他の指定位置． 作業位置とは，オペレータが移動する指定された経路上にあってもよい． 測定の不確かさ：作業位置における放射音圧レベルの測定の再現性の標準偏差に関し，測定対象機器の種類によらない普遍的に適用可能な値は規定できないが，指針を示す．
定　義	特定の機器に対しては，該当する個別規格において詳細に規定される． 放射：明確に定義された一つの騒音源から放射される空気伝搬音． 放射音圧 p：一つの騒音源が，一つの反射表面上において，規定された作動及び据付条件の下で作動しているとき，その音源近傍の指定位置における音圧．試験目的で認められている平面以外からの反射と暗騒音の影響は除外する． 放射音圧レベル L_p：放射音圧の二乗の，基準音圧の二乗に対する比の常用対数の 10 倍 $$L_p = 10 \log_{10} p^2/p_0^2 \quad \text{(dB)} \qquad p_0^2：基準音圧レベル（20 \mu\text{Pa}）$$ 1) 時間平均放射音圧レベル $L_{peq,T}$　測定時間 T の間で，時間とともに変動する対象音と同じ平均二乗音圧をもつ，連続で定常的な音の放射音圧レベル．次式で定義． $$L_{peq,T} = 10 \log_{10} \frac{1}{T} \int_0^T \frac{p^2(t)}{p_0^2} \, dt \tag{1}$$

項　目	内　容・手　順
定　義	A 特性時間平均放射音圧レベルは，$L_{peqA,T}$ で表し，この規格では L_{pA} と省略する．$L_{peqA,T}$ は IEC 60804 に適合する測定器を使って測定する． 2) ピーク放射音圧レベル $L_{p,peak}$ 一つの作動サイクルの中で発生する瞬時放射音圧の絶対値の最大値を，$20\,\mu\mathrm{Pa}$ を基準としてレベル化したもの． 3) 単発放射音圧レベル $L_{p,1\mathrm{s}}$ 分離可能な単発の音現象を，規定された持続時間（又は測定時間）T で時間積分して得られる放射音圧レベルを，$T_0 = 1$ (s) で正規化したもの．次式で定義． $$L_{p,1\mathrm{s}} = 10\log_{10}\frac{1}{T_0}\int_0^T \frac{p^2(t)}{p_0^2}\,dt = L_{peq,T} + 10\log_{10}\frac{T}{T_0} \qquad (2)$$ 騒音の衝撃性に関する指数：ある一つの音源から放射された騒音の"衝撃性"を判断するための量（附属書 C 参照）． 反射面上の自由音場：測定対象機器が設置されている，無限に広く硬い平面よりも上方の半空間にあり，均質で等方性の媒質内部の音場． 作業位置，オペレータの位置：測定対象機器近傍に想定されるオペレータの位置． オペレータ：機械近傍を作業位置とし，その機械を使って作業を行う者． 指定位置：オペレータの位置を含む，対象とする機械との関係において定義される位置．該当する個別規格がある場合はそれに従い，一つの固定点又は複数の点とすることもできる．複数点の場合，その機械からある規定された距離だけ離れた経路に沿った点か，測定面上の点を組み合わせたものとすることができる． 作動サイクル：一つの完結した作業サイクルを実行するための，一組の作動別時間． 測定時間：作動別時間又は作動サイクルの一部若しくはそれらの整数回であって，放射音圧レベル又は最大放射音圧レベルを測定するための時間． 時刻歴：一つの作動サイクル上の一つ又は複数の作動別時間の間に得られる放射音圧レベルを時間の関数として連続記録したもの． 暗騒音：測定対象機器以外のすべての音源からの騒音． 暗騒音レベル：測定対象機器が作動していないときに測定した音圧レベル． 暗騒音補正値 K_1：測定対象機器の指定位置における放射音圧レベルへの暗騒音の影響を考慮するための補正値．周波数に依存．A 特性の場合の補正値 K_{1A} は，A 特性での実測値から算出． 環境指標 K_2：表面音圧レベルへの反射音又は吸音による影響を考慮するための指標．周波数に依存．A 特性の場合，量記号は K_{2A}（JIS Z 8732，JIS Z 8733，ISO 3740） 居所環境補正値 K_3：指定位置における放射音圧レベルへの反射音の影響を考慮するための補正値．周波数及び位置に依存．A 特性の場合の量記号は K_{3A}． 代表距離 a：指定位置から，測定対象機器の最も近い主要な音源までの距離．主要な音源を特定できない場合，指定位置から測定対象機器の最短距離を a とする．
測定器	マイクロホン及びケーブルを含む測定システムは IEC 60651（積分型騒音計の場合は，IEC 60804）の type 1 の機器の要件を満足しなければならない．オクターブバンド又は 1/3 オクターブバンドでの測定を行う場合，フィルタは IEC 61260 のクラス 1 の要件を満足する． 一連の測定の前後に，JIS C 1515 のクラス 1 の要件を満足する音響校正器をマイクロホンに当て，測定システム全体の校正を対象周波数範囲の一つ又は複数の周波数において検査する． 音響校正器は，JIS C 1515 のクラス 1 に適合していることを 1 年に 1 度検査する．測定システムは，IEC 60651（IEC 60804）の type 1 の要件を満足していることを，少なくとも 2 年ごとに検査する．該当する日本工業規格又は IEC 規格への適合性を最後に検査した年月日を記録する．
試験環境	一般事項：次に示す，試験環境の適正基準及び暗騒音に関する要件を満足する試験環境を使う． 試験環境の適正基準：JIS Z 8733: 2000 附属書 A で規定される，環境指標 K_{2A} が 7 dB を超えてはならない． 運転室等の内部にある作業位置：周囲を囲まれた運転台及び測定対象機器から離れたところにあるきょう体内部にオペレータが配置されている場合，その運転台又はきょう体は測定対象機器の一部として扱い，その内部の放射音は放射音圧レベルに対する寄与成分と考える．いかなる補正も許されない．運転室又はきょう体の扉や窓の開閉状態は，該当する個別規格に従う．機械の作業位置又はバイスタンダ位置が運転台などの内部に配置されている場合，個別規格によって運転台の外側で測定対象機器の近くに，追加の作業位置又はバイスタンダ位置を規定． 暗騒音：マイクロホン位置で実測した暗騒音の A 特性音圧レベルは，測定対象機器によるレベルより，少なくとも 3 dB 低くなければならず，10 dB より大きいことが望ましい．暗騒音に対する補正値 K_1 を次の式によって算出． $$K_1 = -10\log_{10}(1 - 10^{-0.1\Delta L}) \quad (\mathrm{dB}) \qquad (3)$$ ΔL：指定位置で，測定対象機器を作動させたときと停止させたときの音圧レベル差 $\Delta L > 10\,\mathrm{dB}$ の場合，$K_1 = 0$ とする．$\Delta L < 3\,\mathrm{dB}$ の場合，測定は無効．測定対象機器のマイクロホン位置ごとに K_1 を算出． 測定中の環境条件：マイクロホンを適切に選択したり，位置決めをすることで，環境条件がマイクロホンに対し望ましくない影響を及ぼす条件（例えば，強い電磁場，風，高温，低温，若しくは測定対象機器からの排気）を回避しなければならない． 居所環境補正値：算出方法は附属書 A で規定．試験室の音響特性の情報が必要である．通常，K_3 の値は小さめになる．A 特性の場合 K_{3A} は，2.5 dB を超えてはならない．
測定量	規定された作動時間又は作動サイクル中の指定位置における基本測定量は次のとおりである． ○ A 特性音圧レベル L'_{pA}，○ C 特性ピーク音圧レベル $L_{pC,peak}$

項　目	内　容　・　手　順
算 出 量	指定位置における放射音圧レベルを得るには，実測した音圧レベルに対し，暗騒音補正 K_1 及び局所環境補正 K_3 を適用する．C 特性ピーク音圧レベル $L_{pC,peak}$ には適用しない．補正値 K_1 及び K_3 は放射音圧レベルを測定したときの周波数重み特性に該当．A 特性音圧レベル対して次のとおり． $$L_{pA} = L'_{pA} - K_{1A} - K_{3A} \quad (4)$$ L'_{pA}：実測値，L_{pA}：算出した放射音圧レベル きょう体内部の指定位置に対しては，いかなる環境補正も認められない．
測定対象機器の設置及び作動	一般事項：測定対象機器の設置及び作動条件による騒音放射の変動を最小にすることを目的とした条件を規定．測定対象機器に個別規格がある場合，その指示を遵守する．大型機械では，組み込まれた部品などの構成要素，補助装置，電源など測定対象機器に含まれるものを，該当する個別規格で明確にしなければならない． 測定対象機器の位置：測定対象機器は，それが通常使用のために設置されているときのように，反射面上の一つ又は複数の場所に設置．壁，天井及び他の反射物から遠く離しておく． 測定対象機器の据付け：測定対象機器に関し，典型的な据付け条件がある場合，その条件を必ず使うか又は模擬する．典型的据付け条件がないか，あっても試験のために利用できない場合，試験のために使う据付け方法によって，その機器の音響放射が変化しないように注意する．測定対象機器を据付ける構造物からの音の放射を減らす手段を講ずる．小型の機器では，可能な場合，支持するものへの振動の伝達と音源側への再伝達を最小にするように，試験する機械と支持するものの表面との間に弾性体を挿入して据付ける．据付けの基礎は，剛性の高いもの（すなわち，十分高い機械インピーダンスをもっているもの）が望ましい．測定対象機器が，典型的な使用設置条件において弾性支持をするものでない場合，このような方法を使用しない． 1) 手持ち形機器　アタッチメントを介して固体伝搬音が伝わらないように，手に提げるか，又は手で支える．何らかの支持するものが必要な場合，測定対象機器の一部と考えられるほど小さなものを用いる．該当する個別規格がある場合，その規定に従う． 2) 床置き形機器及び壁掛け形機器　音響的に硬い反射面（床又は壁）の上に置く．壁の前に設置することだけを想定した床置き形機器は，壁の前に設置．該当する個別規格に従った動作に必要な場合，卓上形機器はテーブルまたはスタンドの上に置く（附属書 B 参照）．卓上形機器は試験卓の上面中央に置き，試験卓は試験室の吸音面から $1.5 \, \mathrm{m}$ 以上離す． 補助装置：測定対象機器につながれた配管やダクトなどから，試験環境内に際立って大きな音を放射しないように配慮する．測定対象機器ではないが，その作動に必要な補助装置は，可能な限り，試験環境の外側に設置．そうすることが実際的でない場合，その補助装置を試験環境に含め，作動条件を試験報告書に記載する． 機器の作動：測定対象機器に該当する個別規格がある場合，測定の間その作動条件を使う．個別規格がない場合，可能な限り通常使用の典型となるような方法で測定対象機器を作動させる．その場合，次の中から一つ又は複数の作動条件を選択． a) 規定の負荷及び作動条件 b) 最大負荷条件（上記の負荷条件と異なる場合） c) 無負荷（アイドリング）条件 d) 通常使用の代表的なもので，最大音を発する作動条件 e) 明確に定義した模擬負荷での作動条件 f) 測定対象機器特有の作動サイクルでの作動条件 作動条件（温度，湿度，作動速度など）の必要とされる組み合わせに対して，指定位置における放射音圧レベルを算出する．作動条件は試験中一定に保つ．騒音測定を行う前に，測定対象機器を所定の作動条件にしておく．騒音放射が他の作動要因（例えば，処理される材料，工具の種類）にも依存する場合，実際の騒音放射を代表する条件を定義する．また，可能な限り変動の可能性を狭める条件でなければならない．目的によっては，騒音放射の再現性を高くし，かつ，最も一般的で典型的な作動条件を網羅する方法によって，一つ又は複数の作動条件を定義することが適切である．そのような作動条件は，個別規格で定義しなければならない．模擬した作動条件を使う場合，指定位置における放射音圧レベルが，典型的な使用状態となる条件を選択する．場合によっては，複数の作動条件での結果を，所要時間が異なることを考慮したうえでエネルギー平均して一つにまとめることができる．これにより，主要な作動条件が定義され，その結果を得ることができる．騒音測定中の作動条件を，試験報告書に詳細に記載する．
測　　定	測定時間： 1) 一般事項　規定された作動条件の下，指定位置において，放射音圧レベル及び必要に応じて音響放射の時間特性を算出できるような方法で選択．測定時間 T とは，規定された作動別時間に対応する部分測定時間 T_i を複数集めたものから構成されてもよい．この場合，通常一つの放射音圧レベルが必要とされ，次の式により得られる． $$L_{pA} = 10 \log_{10} \left[\frac{1}{T} \sum_{i=1}^{N} T_i \cdot 10^{L_{pA,T_i}/10} \right] \quad (5)$$ T：全測定時間 $T = \sum_{i=1}^{N} T_i$，T_i：i 番目の測定時間 N：部分測定時間の総数，L_{pA,T_i}：部分測定時間 T_i 上での A 特性放射音圧レベル ある規定された作動サイクルを持つ機械及び装置に対しては，通常，測定時間を連続する作動サイクルの整数倍に延長する．測定対象機器に対し該当する個別規格がある場合，測定時間，部分測定時間及び測定時間に含まれる作動サイクルの数は，通常その中で規定．これらの値は，音響パワーレベルを算出するために定義されたものと同一でなければならない．

項　目	内　容・手　順
測定	2) 定常騒音　騒音放射が定常（JIS Z 8733 附属書 F）の場合，測定時間は少なくとも 15 秒とする． 3) 非定常騒音　騒音放射が非定常の場合，測定時間及び作動別時間は十分注意して定義し，試験結果の中で報告する．個別規格がある場合，測定時間及び作動別時間は通常その中で規定． 測定手順： 1) 一般事項　測定対象機器の典型的な作動の時間にわたって放射音圧レベルを測定する．放射音圧レベルの読み取りは，指定位置で行う．通常，IEC 60804 に適合する積分型騒音計を使う．時間重み特性 S で測定した音圧レベル変動が，±1 dB 以内であることが示されれば，IEC 60651 に適合する騒音計を使ってもよい．この場合，その測定値は，時間重み特性 S を使って測定した測定時間内の最大レベルと最小レベルの平均（算術平均又はエネルギー平均）とする． 2) 測定の回数　指定位置における放射音圧レベル算出の不確かさを減少させるには，測定対象機器に対し該当する個別規格で規定する回数だけ，反復測定が必要となることがある．反復測定の後で使うべき値（例えば，平均値，最大値）は，個別規格がある場合，その中で定義されたものとする．反復測定では，次の手順が必要である． 　　a) 可能な場合，測定対象機器の電源をいったん切り，再び電源を投入． 　　b) マイクロホンをいったん遠ざけ，再び指定位置に配布． 　　c) 同じ環境内において同じ測定時間，測定器を使い，同じ設置及び作動条件の下で再び測定． 3) 衝撃性騒音の測定　附属書 C によって衝撃性の騒音である場合，放射音圧レベルを測定するには，十分に大きなリニアリティレンジを持ち，かつ，過大入力指示機構を持つ騒音計を使う．衝撃性騒音の時間特性（ピーク音圧レベルなど）の測定のためには，上記の反復測定手順に加え，個別規格で別途規定されない限り，10 個以上の衝撃性の事象を含まなければならない．最終的に残す値は，通常，ピーク音圧レベルの平均である．ピーク音圧レベルを測定する場合は，それらの最大値を採用．個別規格で詳細な手順が規定されている場合，その手順を使う．測定対象機器が分離可能な単発の音を発する場合，作業位置における単発騒音暴露レベル $L_{p,1s}$ を測定．
マイクロホンの位置	一般事項：以下で規定するものの中から，いずれか一つを選択．製造業者の指定するマイクロホンの基準方向を主要な騒音源に向けて測定する．可能な場合，オペレータのいない状態で測定対象機器の放射音圧レベルを測定する．オペレータがいる状態で測定しなければならない場合，音響測定に影響を与えないよう，オペレータは極端に吸音性の高い衣服を着用してはならない．安全目的で必要な保護ヘルメット及びマイクロホンを支持するフレームの装着は認められる．オペレータがいる場合のマイクロホンの位置は，オペレータの視線の方向に平行で，その両目を結ぶ線上とし，オペレータの頭の中心面から横方向に 0.20 m±0.02 m の距離の点のうち，A 特性音圧レベル L_{pA} の大きい方とする． 着席しているオペレータ：オペレータのいない状態での測定で，その座席が測定対象機器に取り付けられている場合，該当する個別規格に規定のない限り，座席中央の上方 0.80 m±0.05 m にマイクロホンを配置．座席が取り付けられていない場合，個別規格で規定するとおりとする．該当する個別規格がない場合，試験報告書にマイクロホン位置を記載．オペレータのいる状態で測定する場合，オペレータが座席を好ましい位置に調整してもよい． 起立しているオペレータ：オペレータのいる状態で測定する場合，上述の一般事項の規定を適用．オペレータ又はバイスタンダのいない状態で測定する場合，若しくは該当する個別規格で，起立しているオペレータの位置を規定していない場合，通常オペレータが立っている床面上の基準点（オペレータの頭の中心の真下の床面上）の真上 1.55 m±0.075 m にマイクロホンを配置． 指定経路に沿って移動するオペレータ：所定の経路に沿って音圧レベルを測定するため，十分な数のマイクロホンを配置，又はマイクロホンを移動させる．この場合，経路に沿って連続して積分を行うか，又は経路上の十分な数の位置において定義された時間で測定を行い，式 (5) を適用する．移動経路の代表的なものに対して，オペレータの頭の中心の真下にある床面上の 1 本の線として基準線を定義する．該当する個別規格に規定がない限り，基準線の真上，1.55 m±0.075 m に複数のマイクロホンを配置する．固定されたオペレータ位置のすべてに対し，マイクロホンの位置を定義する．該当する個別規格に規定されている場合，移動経路はその規定による．位置の指定のない場合，少なくとも 4 か所のマイクロホン位置を定義． バイスタンダ及び無人運転機械：オペレータの位置を特定できない場合，"便宜上の"作業位置，若しくは 1 か所又は複数のバイスタンダ位置を定義し，個別規格に明記．該当する個別規格がない場合，基準箱（JIS Z 8733, ISO 3746）から 1 m 離れ，床面上高さ 1.55 m±0.075 m に配置した 4 か所以上のマイクロホン位置において測定を行う．バイスタンダ位置で観測された値の最大値（個別規格によっては平均値）を，放射音圧レベルとしてその位置とともに記載．
記録事項	測定対象機器：次の事項を含む測定対象機器の詳細． 　○形式　○技術仕様　○寸法　○製造業者名　○製造番号　○製造年 作動条件： 　a) 作動条件の量的な詳細．必要な場合，作動別時間及び作動サイクルを含む． 　b) 据付け条件 　c) 試験環境内での測定対象機器の配置 　d) 測定対象機器に複数の騒音源がある場合，測定中のそれらの音源の作動の詳細 試験環境：試験環境の詳細 　a) 屋内の場合，壁，天井及び床の仕上げ処理．測定対象機器及び室内にあるものの配置を示したスケッチ．室の音響性能 (K_2)． 　b) 屋外の場合，周囲の地形に対する測定対象機器の位置を示したスケッチと次のもの． 　　○試験環境の物理的な詳細　○気温（°C），気圧（kPa）及び相対湿度（%）　○風速（m/s） 測定器：

項　目	内　容・手　順
記録事項	a) 使用した機器の名称，形式，製造番号及び製造業者名 b) 測定システムの校正方法，校正年月日，校正場所及び結果 c) 使用したウインドスクリーンの特性 測定位置：放射音圧レベルを測定したすべての位置を，詳細に記録する． 測定結果： a) 全実測音圧レベルデータ b) 指定位置における A 特性放射音圧レベル． c) 指定位置における C 特性ピーク音圧レベル．必要に応じて騒音放射とその他の時間特性． d) 指定位置ごとの A 特性暗騒音レベル及び暗騒音補正値 K_{1A} e) 指定位置ごとの A 特性局所環境補正値 K_{3A} f) 測定場所，測定年月日及び試験責任者名
報告事項	記録事項のうち，その測定に必要な事項だけを報告．該当する個別規格がある場合，それによって報告事項が規定される．報告書には，指定位置における放射音圧レベルが，この規格に適合して得られたかどうかを明記．報告書には，測定年月日及び試験責任者名を含む．指定位置における放射音圧レベルは，最も近い 1 dB 単位で報告する．
附属書 A （規定）	指定位置における局所環境補正量 K_3 の算出方法 次の式によって算出． $$K_3 = 10 \log_{10}[1 + 4S/A] \quad \text{(dB)} \quad (A.1)$$ $S = 2\pi a^2$, a：指定位置から，測定対象機器の最も近い主要音源までの距離（m） 主要な音源が明確でない場合，指定位置から測定対象機器までの最短距離を a とする．ある経路に沿ってオペレータが移動する場合，その経路と測定対象機器までの最短距離を a とする． 試験室の等価吸音面積 A の値は，次の式で算出． $$A = \alpha \cdot S_v \quad (\text{m}^2)$$ α：ISO 3746 table A.1（若しくは ISO 3744 table A.1, JIS Z 8733 表 A.1）から推定した，試験室の平均吸音率 S_v：試験室（壁，天井及び床）の総面積（m^2） K_3 の計算値が 2.5 dB を超える場合，局所環境補正値の推定値として，2.5 dB を使う．
附属書 B （参考）	試験卓の例 詳細は省略
附属書 C （参考）	音の衝撃性の判定指針 詳細は省略
附属書 D （参考）	参考文献 詳細は省略

表 4.4.5　各種室に対する NC 推奨値[7]

室の種類	NC 数
放送スタジオ	NC15～20
音楽ホール	NC15～20
劇場（500 席，拡声装置なし）	NC20～25
音楽室	NC25
教室（拡声装置なし）	NC25
テレビスタジオ	NC25
アパート，ホテル	NC25～30
会議場（拡声装置付）	NC25～30
家庭（寝室）	NC25～30
映画館	NC30
病院	NC30
教会	NC30
裁判所	NC30
図書館	NC30
料理店	NC45
運動競技場（拡声装置付）	NC50

表 4.4.6　スタジオならびに関連諸室の騒音許容値

主な用途	室　名	NC 数
集音，録音	ラジオスタジオ，録音スタジオ	15
	アナウンススタジオ	15～20
	テレビ録画スタジオ	20～25
音響調整，編集送出	副調整室	25～30
	主調整室	30～35
	コントロールルーム，MA 室	20～25
その他	編集室一般，ダビング室	30～35
	事務室，会議室	35～40

評価基準のNC曲線は，音質の課題として，① NC数が同じでも特定のピークで決定される騒音は低く感じる，② NC曲線に沿ったスペクトルの騒音は自然な響きではなく，rumbly，またはhissyに聞こえるという指摘を受けて，より自然な音質のPNCへ改善された．その後，NCはNCB, RC (1981)[4], RC MarkII (1998)[5] へと順次改訂されていった経緯がある．これら各種の騒音評価法の詳細は参考文献1)～5), 7), 8)を参照されたい．米国ASHRAEでは空調設備騒音の評価にはNCBとRC MarkIIを推奨しているが，国内外ではこれまでの利用実績と評価プロセスの簡便さから，依然としてNCが広く使われている状況にある．

d. 日本建築学会による室内騒音測定方法

日本建築学会では，室内騒音に関する測定表示方法としてN値または騒音レベル (dBA) によって騒音等級で評価する方法を規定している．測定方法の概要は**表 4.4.7**に示す．N値は対象騒音の63～4 kHz帯域のオクターブバンド音圧レベルを**図 4.4.2**に示す基準周波数特性（N曲線）に当てはめて，接線法によって各帯域の最大のN数を5 dBピッチで求める．ただし，現場における測定値の場合には各バンド2 dBまでの超過を認めている．N曲線が提案された当初[10]は，N-35以上の曲線は逆A特性，またN-30以下の曲線は逆A特性と比較して低音域では大きく，また高音域では小さく設定されていた．その後，1997年の建築学会基準第2版において，N曲線はすべて逆A特性に沿うよう改訂[7]されている．**表 4.4.8**には建築学会が推奨する室内騒音に関する1級から3級の適用等級を，また**表 4.4.9**には適用等級の意味を示す．

表 4.4.8の値は，空調騒音，屋外から透過する工場騒音のような定常騒音に加えて，道路交通騒音のように不規則かつ大幅に変動する騒音（変動騒音），軌道交通騒音のような間欠的に発生する騒音（間欠騒音），または衝撃性の騒音（衝撃騒音）にも対応できるように規定している．ここで規定している物理測定量は，騒音レベル，等価騒音レベル，オクターブバンド音圧レベルおよびオクターブバンド等価音圧レベルの4種類である．

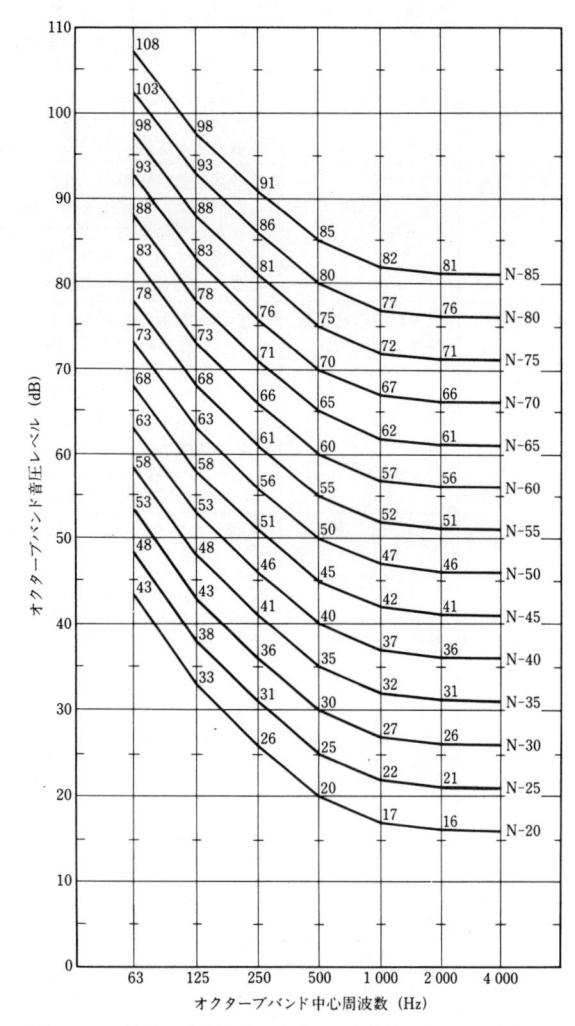

図 4.4.2 建物の内部騒音に関する騒音等級の基準周波数特性

なお，給排水騒音や空調騒音以外の，建築物に付属する共通設備機器の運転によって発生する固体伝搬音等は，レベルの問題ではなく，聞こえるかどうかが問題になる．建物のグレードや建物周辺の環境騒音が非常に静かな場合には，表の1級を満足していてもクレームが生じる場合もあるため，共用設備機械類の騒音は，1級上位の値をとることが必要であるとしている．

また，**表 4.4.8**の騒音等級は，騒音レベルとN値が同じ等級となるよう規定されているが，騒音レベル (dBA) による適用等級の数値を得るために各周波数帯域の設計目標値としてN曲線を用いる場合には，対象騒音が4帯域以上でN曲線に接するときは，N値はdBA−5とした方がよいとしている．

表 4.4.7 日本建築学会基準の概要

項　目		内　容　・　手　順
適用範囲		建築物に付属する設備機器から室内に発生する騒音及び交通騒音や工場騒音など屋外から室内へ透過する現場における測定方法を規定する．
測定装置		騒音計：普通騒音計（JIS C 1502）または精密騒音計（JIS C 1505）を用いる．またはこれらと同等以上の性能を持つ積分平均形騒音計などの機器を用いる． オクターブ分析器：オクターブ及び 1/3 オクターブ分析器（JIS C 1413）を用いる． 記録機器：レベルレコーダ（JIS C 1512）また上記の騒音計，オクターブ分析器を用いた特性とほぼ同じになる特性を持つ記録機器を用いる．
測定条件	設備機器の使用条件及び運転条件	給排水設備騒音：調整を行った通常の使用状態で行う． (1) 各種水栓の使用に伴って発生する騒音の測定は，水圧調整御，ハンドルを通常の使用状態にして測定し，その時の吐水量を測定結果に付記する．浴室給水栓はハンドルを全開とし，その他給水栓の通常の使用状態における吐水量は，洗面器用給水栓及び流し用給水栓は 10 l/min，または洗濯用給水栓は 10 l/min を標準とする． (2) 水洗便器の使用に伴って発生する騒音の測定は，通常の使用状態で，水だけを流して行う．水量の調整できるものについては，水量の多い方とする．小便行為音を模擬装置を用いて測定する場合は，装置の概略と吐水量を付記する．
	空調設備，換気設備，エレベータ等の騒音測定条件	原則として通常の測定方法に準拠して行う．
	屋外から透過する騒音の測定条件	騒音の変動形態によって定常騒音，変動騒音，間欠騒音，衝撃騒音のいずれかに分類し，それぞれの測定法に対応して行う． (1) 屋外の騒音源が工場騒音のように特定騒音の場合は通常の稼動状態であることを確認して測定する． (2) 屋外の騒音源が道路交通騒音のように時間によって変化する場合は，建物が主に使用される時間帯で測定する．
測定方法	対象室の選定	(1) 給排水設備の騒音の測定は，給水圧が最も大きい階から音源室を選び，それに隣接し，騒音が問題となる居室を受音室とする． (2) 空調設備，換気設備の騒音の測定は，居室に設備が設置されている場合はその室内において，また機械室などからの伝搬音が問題になる場合は，騒音が問題になる居室内とする． (3) エレベータの騒音は，機械室またはエレベータシャフトに隣接する居室とする． (4) 屋外から透過する騒音の測定は，最も騒音の影響を受けると考えられる室とする．集合住宅やホテルのように室が多数ある場合には遮音性能のばらつきを考慮して複数の室を設定する．
	測定点の位置	測定対象室において、表 1 に示す室内の平均音圧レベルと特定場所の音圧レベルの 2 項目またはいずれか 1 項目について行う．

表 1　室内騒音の測定条件

	測定対象音と測定位置			付属記述事項
測定項目	室内平均音圧レベル	特定場所音圧レベル		
空調設備音	・一様に分布する 3 ～5 点 ・測定高さは 1.2～1.5 m ・壁から 1 m 離れる	・給排気口直下 ・室内ユニット前		・空調負荷
給水栓使用音*		—		・吐水量 (l/min)
水洗便器使用音 小便行為音		・トイレ入口扉前等	・騒音の影響を受ける位置（作業机位置，ベッド枕元等）	・模擬試験概要 ・模擬水量 ・ノズル径 ・ノズル高さ
エレベータ走行音		—		・走行速度 ・乗車人員
外部特定音（工場等）		窓前等問題とする部位前で 1～3 点		・稼動状態 ・気象条件
交　通　音				・交通量（上り，下り） ・鉄道，飛行機の場合は種別，機種 ・時間 ・気象条件

* 洗面器給水栓，流し給水栓，浴室給水栓，洗濯用給水栓

項　目		内　容・手　順
測定方法	測定点の位置	測定点は，室内平均音圧レベルの場合は受音室内に一様に分布した3～5点とし，特定場所音圧レベルの場合はベッドの枕元などの特定場所とする．また，騒音が透過してくる特定の部位（窓など）を問題にする場合は，その部位の前1m点の1～3点を測定する． 騒音の測定位置は，室の壁面や室内に設備機器が設置されている場合には，それらから0.5m以上離れたゾーンを設定し，その中で平面的に一様に分布させる．高さが1.2～1.5mの3ないし5点を設定する．
	騒音レベル，等価騒音レベルの測定	騒音レベル：A特性を用いて測定する．測定は，間欠騒音の測定は対象騒音が継続している時間内の等価騒音レベルを，定常騒音は平均値を，変動騒音は等価騒音レベルを，衝撃騒音は最大値を測定する．指示計器の動特性はいずれもfastとする． オクターブバンド測定：騒音計の周波数補正回路はフラット特性に設定して，中心周波数63～4000Hzの7帯域にわたって測定する．63Hzや125Hz帯域で指示が一定せずに不規則に変動する場合には，目視によって平均的な値を読むか，あるいは5秒間隔毎に5ないし10回程度指示値を読んで算術平均値を求める．
	騒音代表値の算出	室内平均音圧レベルを求める場合：各測定点毎の騒音レベルまたは測定周波数毎の測定値から，次式を用いてエネルギー平均値を求める．ただし，測定値 L_n の最大値と最小値の差が5dB以下の場合には算術平均値を求めても良い． $$L = 10 \log_{10} \left[\frac{10^{L_1/10} + 10^{L_2/10} + \cdots + 10^{L_n/10}}{n} \right] \quad (1)$$ L：室内の平均騒音レベル（dBA）または周波数ごとの室内平均音圧レベル（dB） L_n：測定点ごとの騒音レベル（dB）またはある周波数帯域の測定点毎の音圧レベル（dB） n：測定点の数
	測定結果の表示	オクターブバンドの各周波数毎に求められた代表値は，図及び表で示す．図の横軸にオクターブバンド中心周波数を，縦軸は音圧レベルをとる．軸目盛りはオクターブバンド幅対10dB幅が3対4になる用紙を用いて，結果は各周波数毎に点で示し，順次直線で結ぶ．
	測定結果の表示に付記すべき事項	(1) 測定現場名，(2) 音源名称，(3) 測定現場の平面図，断面図，(4) 設備機器類の設備図面，(5) 室内の状態，設備機器の使用条件または運転条件（空調設備においては負荷条件，給排水設備においては吐水量等），測定位置など条件に関する事項，(6) 測定年月日，(7) 測定者名，(8) その他，必要と思われる事項

表 4.4.8　室内騒音に関する適用等級

建築物	室用途	騒音レベル (dBA)			騒音等級		
		1級	2級	3級	1級	2級	3級
集合住宅	居　室	35	40	45	N–35	N–40	N–45
ホテル	客　室	35	40	45	N–35	N–40	N–45
事務所	オープン事務室	40	45	50	N–40	N–45	N–50
	会議・応接室	35	40	45	N–35	N–40	N–45
学校	普通教室	35	40	45	N–35	N–40	N–45
病院	病室（個室）	35	40	45	N–35	N–40	N–45
コンサートホール・オペラハウス		25	30	—	N–25	N–30	—
劇場・多目的ホール		30	35	—	N–30	N–35	—
録音スタジオ		20	25	—	N–20	N–25	—

表 4.4.9　適用等級の意味

適用等級	遮音性能の水準	性能水準の説明
特級	遮音性能上とくにすぐれている	特別に高い性能が要求された場合の性能水準
1級	遮音性能上すぐれている	建築学会が推奨する好ましい性能水準
2級	遮音性能上標準的である	一般的な性能水準
3級	遮音性能上やや劣る	やむを得ない場合に許容される性能水準

設備機器類の使用条件および運転条件については，給水栓は日常使用条件のみを標準として，また，ホテルの浴槽や集合住宅の給水栓では標準吐水量を規定している．また，標準模擬装置を用いて水洗便器の流量や男子小便行為音を測定する場合の条件，またエレベータは搭乗員数の定員を規定している．屋外から透過する間欠騒音の測定に関しては，代表的な時間帯を1時間以上選定し，時間内の等価音圧レベルを測定するよう規定している．

文献 (4.4)

1) Beranek, L. L.: Revised Criteria for Noise in Buildings, Noise Control, Vol.3, No.1 (1957), pp.19–21.
2) Beranek, L. L., W. E. Brajier, J. J. Figwer: Preferred Noise Criterion (PNC) Curves and Their Application to Rooms, J. Acoust. Soc. America, Vol.50, No.5 (1971), pp.1223–1228.
3) Beranek, L. L.: Balanced noise Criterion (NCB) curves, J. Acoust. Soc. of America, Vol.86 (1989), pp.650–664.
4) ANSI S3.14-1977 (R1986) American National Standard :Rating Noise With Respect to Speech Interference, Acoustical Society of America, New York, 1977
5) Blazie, W. E.: Revised Noise Criteria for Application in the Acoustical Design and Rating of HVAC Systems, Noise Control Eng., Vol.16, No.2 (1981), pp.64–73.
6) Blazie, W. E.: RC MarkII: A Refined Procedure for Rating the Noise of Heating. Ventilating and Air-conditioning (HVAC) Systems in Buildings, Noise Control Eng. J., Vol.45, No.6 (November/December, 1997)
7) 日本建築学会編：騒音の評価法 各種評価の系譜と手法（彰国社，1981）
8) 中川 清：室内騒音の評価基準，音響技術，No.90 (jun. 1995), pp.15–19.
9) 日本建築学会編：建築物の遮音性能基準と設計指針［第1版］（技報堂出版，1979）
10) 日本建築学会編：建築物の遮音性能基準と設計指針［第2版］（技報堂出版，1997）

4.5 室内音響特性

(1) 騒音対策のための室内音響特性の調査項目

騒音対策に関する室内音響特性の調査には次のような項目が挙げられる．
・建物の軽量床衝撃音や遮音性能の測定の際に，受音室の等価吸音面積を得るための残響時間測定
・工場などの室内騒音を抑制するための吸音処理対策を行う場合の残響時間測定

いずれも，残響時間の数値そのものを使うのではなく，残響時間から算出された等価吸音面積の値を使用する．本節では，残響時間測定の方法と，測定上の留意点についてまとめる．

(2) 残響時間測定に関連する規格

残響時間測定法を規定した規格は，現在 ISO 3382: 1997[1]) が唯一である．内容の概略を表 4.5.1 に示す．

JIS A 1417: 2000[2]), JIS A 1418-1: 2000[3]) に残響時間の測定に関する規定があるが，その基本は ISO 3382: 1997 によっている．

JIS 規格に示された透過吸音面積を求めるための残響時間測定方法を表 4.5.1 右欄に示す．

(3) 残響時間周波数特性の測定の実際

残響時間の測定については，規格に則って行うことが望ましい．しかし，実際の測定では，必ずしも規格に準拠した測定が行えるわけではない．本項では ISO 3382 の規定に沿って測定法を概説し，実務上の問題点やその解決法についてもあわせて説明を加えていく．

a. 測定方法

現在，実務での残響時間測定は，次の 2 つの方法で行われることが多い．

a-1. ノイズ断続法

ノイズ断続法は，広帯域あるいは帯域制限した雑音を室内に放射し，音源を停止した後の減衰過程から残響時間を読み取る方法である．測定機器ダイヤフラムの例を図 4.5.1 に示す．従来は，高速度レベルレコーダを用いて残響減衰過程を記録紙に描き，プロトラクタを当てて直線近似した勾配を読み取った．最近では，音源の発生から分析までの一連の処理が自動化された計測器が多く用いられている．

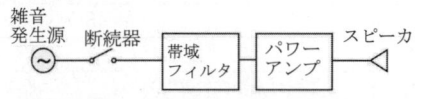

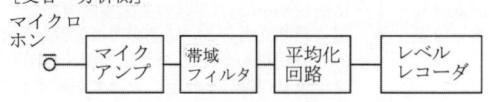

図 4.5.1 ノイズ断続法の測定ダイヤフラム

a-2. インパルス応答積分法

インパルス積分法は，M 系列信号や TSP 信号などによって得られたインパルス応答の 2 乗波形の時間軸を反転して積分する方法によって得られる減衰曲線から残響時間を読み取る方法である．TSP 信号を使った測定の機器系統・処理手順を図 4.5.2 に示す．この方法では，コンピュータによる処理が前提となる．図 4.5.3 にインパルス応答と，この手法によって求めた残響減衰波形を示す．

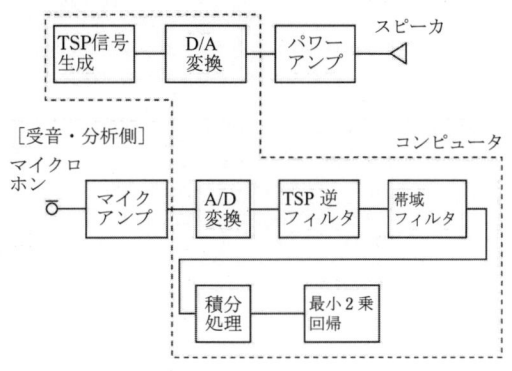

図 4.5.2 インパルス応答積分法の測定ダイヤフラム

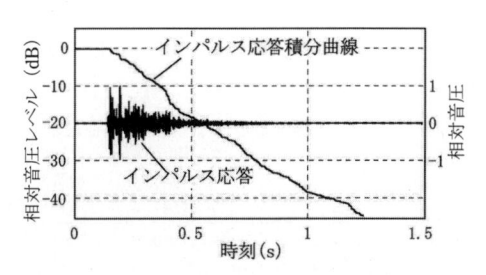

図 4.5.3 インパルス応答積分法による残響減衰波形

表 4.5.1 残響時間測定法に関する ISO 3382-1997 と JIS の規定

	ISO 3382: 1997		JIS A 1417: 2000
測定方法	ノイズ断続法	インパルス応答積分法	←両方法規定
音源装置	できるだけ全指向性スピーカ	全指向性スピーカ，スパーク装置，ピストル等	←規定なし，ISO 3382 に準じる
音源スピーカの位置	・low coverage（少数の測定点配置） 騒音源の位置あるいは演奏者の位置として代表的と思われる 2 点 ・Normal coverage（標準的な測定点配置） ホールでの測定を想定，演奏者が位置すると思われるすべての範囲が含まれるように設定．最小 2 点		受音室内の 1 点
音源信号	広帯域ノイズまたは擬似ランダムノイズ oct. 測定では 1 oct. 帯域幅以上，1/3 oct. 測定では 1/3 oct. 帯域以上	M 系列信号，TSP 信号，スパーク音ピストルショットなど	←規定なし，ISO 3382 に準じる
受音マイクロホン装置	振動膜の直径が 13 mm 以下，音圧型または自由音場型であって，ランダム入射の条件で平坦な周波数特性に補正するランダム入射補正機能を備えたマイクロホンの場合には直径 26 mm まで		←規定なし，ISO 3382 に準じる
受音位置	・low coverage（少数の測定点配置） 通常人がいると思われる範囲，あるいは着席位置の中央と思われる範囲に 3～4 点 ・Normal coverage（標準的な測定点配置） 異なる座席位置での音響的な均一さ，空間のそれぞれの部分の結合の均等さ，局所的なばらつきなどを判断する必要がある．均等であると判断される場合には，3～4 のマイクロホンを座席範囲全体をカバーするように均等に配置する． マイクロホン相互の間隔は $\lambda/2$，通常の測定では 2 m 程度，すべてのマイクロホンは反射性の面から $\lambda/4$，通常の測定では 1 m 程度離す．音源との最小距離 $d_{\min} = 2 \times \sqrt{V/(c \cdot T)}$．この条件を満たせないような小室では，音源と受音点の間に吸音力が無視できるような衝立を立て，直接音を弱める方法が推奨される．		音源スピーカ，壁などの室の境界面から 1 m 以上離し，室内に均等になるように 3 点以上の測定点を設定．
測定回数	1 つの測定点で最低 3 回の測定．次のいずれかで平均 ・すべての減衰曲線から残響時間を読み取り算術平均する． ・2 乗音圧の減衰波形の集合平均をとり，その結果から残響時間を読み取る．	原理的には 1 回，ただし測定に十分な S/N を確保するために，多数回の同期加算が必要．	ノイズ断続法による場合は，各測定点において 3 回以上
空間平均	次のいずれかの方法による． ・音源と測定点の組合せごとに測定した残響時間の算術平均値 ・個々の減衰曲線を同期して加算した一つの減衰曲線から残響時間を読み取る．		←規定なし，ISO 3382 に準じる
測定周波数帯域	オクターブ測定では 125～4 kHz 帯域，1/3 オクターブ測定では 100～5 kHz 帯域		オクターブ測定では 125～2 kHz 帯域，1/3 オクターブ測定では 100～3.15 kHz 帯域．必要に応じて，63 Hz，4 kHz 帯域（オクターブ），50～80 Hz，4～5 kHz 帯域（1/3 オクターブ）を追加する．
フィルタ，平均化回路の影響による測定下限値	T：残響時間，B：フィルタの帯域幅，$T_{\det}$：detector の残響時間とすると $BT > 16$ および $T > 2T_{\det}$ （Normal coverage） $BT > 8$ および $T > T_{\det}$ （Low coverage） 残響時間が極めて短い場合は，Time Reverse 法の採用が推奨される．その場合には $BT > 4$ および $T > T_{\det}/4$		←規定なし，ISO 3382 に準じる
減衰曲線の評価	T_{30} を求める場合は，残響減衰曲線の -5～-35 dB の範囲，T_{20} を求める場合は，-5～-25 dB の範囲から，コンピュータによって最小 2 乗法による直線近似を行い，その傾斜から残響時間を求める．レベルレコーダに減衰波形を書き出す場合は，目視により直線を当てはめる．		最低でも T_{20} を求める．
暗騒音	T_{30} を求める場合は，定常レベルに対して -45 dB 以下，T_{20} を求める場合は -35 dB 以下		←規定なし，ISO 3382 に準じる
表示	規定なし		小数点以下 2 桁目を JIS Z 8401 によってまるめ，小数点以下 1 桁まで表す．

b. 使用機器

b-1. 音源スピーカ

音源信号の再生には，全指向性スピーカを使用することが推奨されている．全指向性スピーカの例を図 4.5.4 に示す．ここに示した装置は 12 個の小型スピーカを球状に配置し同相駆動することにより全指向性を目指している．概ね 125 Hz 帯域から 1 kHz 帯域までは全指向性であり，2 kHz 以上の帯域では花びら状の指向性となるが，ISO 3382 に示される指向特性の許容偏差は満足する[4]．

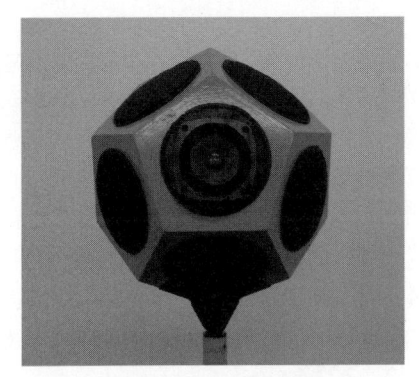

図 4.5.4 全指向性スピーカの例（12 面体スピーカ）

遮音性能や床衝撃音の等価吸音面積補正値として残響時間を測定する場合には，残響計測のためだけに全指向性スピーカを準備することは煩雑になる．このため遮音計測に使用したスピーカを残響計測に流用することもよくあるが，この場合には測定報告書にスピーカの型式，設置位置，指向性軸の方向等を記述しておく．

b-2. 受音マイクロホン

受音には無指向性マイクロホンを使用する．ISO 3382 では，振動膜の直径が 13 mm（1/2 inch）以下，または音圧型か自由音場型であって，ランダム入射の条件で平坦な特性に補正する機能を備えている場合は直径 26 mm（1 inch）以下のマイクロホンを使用することを規定している．

c. 音源・受音位置

c-1. 音源位置

騒音源の位置等として代表的と思われる 2 点を設定することが規定される．騒音源の代表位置の想定が難しい場合は，部屋の隅や壁の出隅など音場を拡散させやすい位置に設置する．

c-2. 受音位置

受音位置は通常人がいると思われる範囲に 3～4 点設定すると規定されている．また，マイクロホン相互の間隔は，測定対象最低周波数の波長を λ (m) とすると，$\lambda/2$ (m) 以上，すべての受音位置は，壁，床などから $\lambda/4$ (m) 以上離す．また音源と受音点の最小距離 $d_{\min}$ (m) は式 (4.5.1) で規定されている．

$$d_{\min} = 2\sqrt{V/(c \cdot T)} \qquad (4.5.1)$$

ここで，V：室容積 (m^3)
　　　　c：音速 (m/s)
　　　　T：残響時間の推定値 (s)

小さな部屋で $d_{\min}$ が満足できない場合は，音源と受音点の間に吸音力が無視できるような衝立を立てて直接音を回避する方法が推奨されている．

通常人がいる位置の想定が難しい場合には，受音点が室内で均等に分布するように配置する．集合住宅の LD や居室での受音点の配置例を図 4.5.5 に示す．また，平面配置だけでなく，高さ方向も分布させる．部屋の中心はモードの影響を受けやすいので，図に示すように，若干中心からずらすこともある．

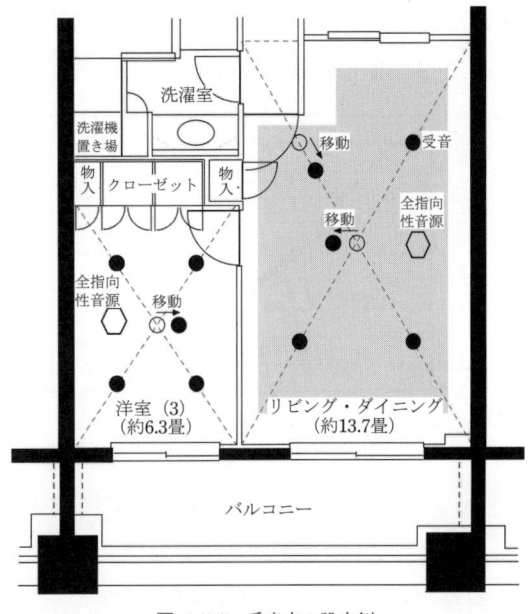

図 4.5.5 受音点の設定例

d. 測定回数

ノイズ断続法では1測定点当り，最低3回の測定を実施することを規定している．低周波数帯域では，測定値がばらつくことが多いので，場合によっては5～7回程度の平均をとることが望ましい．

インパルス応答積分法では，原理的には1回の測定でよいが，実際には S/N を確保することが難しい場合が多い．したがって，次に述べる評価量が T_{20} の場合は S/N 比 35 dB 以上，T_{30} の場合は S/N 比 45 dB 以上が確保できるように適切な回数の同期加算を行う必要がある．このとき，1測定点での測定中に，室内の温度条件や気流の状態が変化すると，測定値に影響を及ぼすため，十分注意が必要である．

e. 残響時間の読み取り

ノイズ断続法の場合，レベルレコーダへ書き出した残響減衰波形に目視による直線のあてはめを行い，その勾配から残響時間を求める．

また，ノイズ断続法の場合でも，ディジタル信号処理による専用測定機器を用いる場合や，コンピュータ処理が前提のインパルス応答積分法の場合は，図 4.5.6 に示すように所定のレベル範囲での直線回帰を行って，その勾配から残響時間を求める．直線回帰は T_{20} を求めるときは，定常レベルから -5 ～ -25 dB の間，T_{30} を求める場合は -5 ～ -35 dB の範囲で行う．

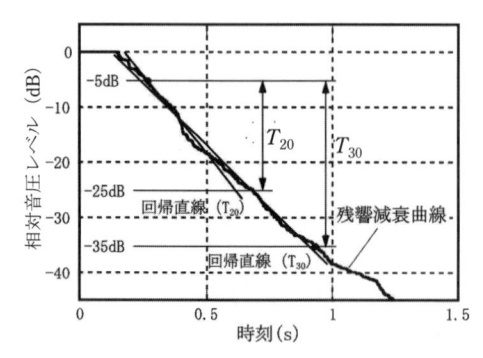

図 4.5.6 回帰分析による残響時間の評価

（4）残響測定上の注意点

a. 音源・受音位置による測定値のばらつき

ホールのように拡散性の良い音場では，音源位置や受音位置による残響時間測定値への影響は比較的少ない．しかし，天井が低く面積の大きい部屋や，吸音材が偏在しているような部屋では，音源・受音位置によって測定値が大きく異なる場合がある．また，集合住宅の居室のように，小さくかつ矩形の部屋では，低周波数領域でモードの影響を受け，特に受音位置による測定値への影響が大きく出る．図 4.5.7 に床面積 11.6 m^2，天井高さ 2.4 m の部屋で測定した残響時間周波数特性を示す．100 Hz 帯域では 0.9 秒，中音域でも 0.3～0.4 秒のばらつきが生じている．

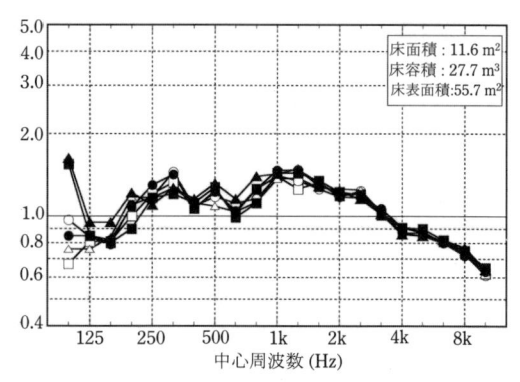

図 4.5.7 小室の残響時間測定例

このように測定値がばらつく場合の決定的な対処法はなく，できるだけ多くの音源・受音位置で測定を行い，多数の平均をとることが望ましい．

b. 短い残響時間の測定

アナウンスブースのように吸音処理が適切になされた小室では，極端に残響時間が短くなる．このような部屋で残響時間を計測した場合，フィルタなどの計測系が有する残響が室の残響時間測定値に影響を及ぼす．図 4.5.8 にフィルタの有する残響時間の計測例を示す[5]．計測系の残響の影響を低減させる方法として逆時間分析法（Time Reverse Method）が推奨されている[6]．この方法は，帯域フィルタリング処理を施す際に，室のインパルス応答の時間軸を反転させて処理を行う方法である．図 4.5.9 に時間軸を反転させてフィルタ処理を行った例を示す．通常法ではフィルタの残響の影響を受けていることが明らかであり，逆時間分析法の有効性が示されている．このように短い残響時間の測定では，計測系の限界を把握して，低周波数帯域の分析に逆時間分析法を適用することが不可欠である．

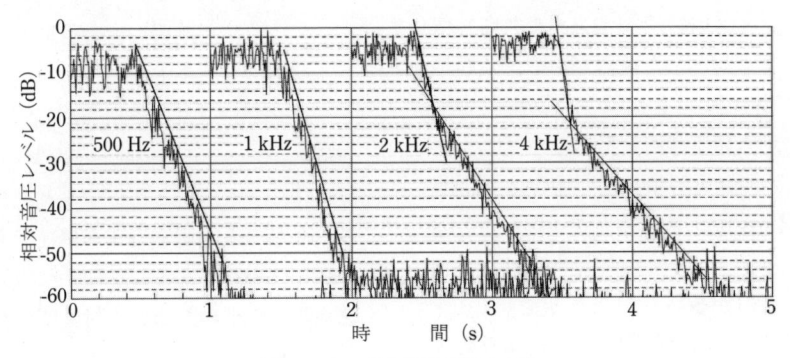

図 4.5.10 非直線減衰波形の例

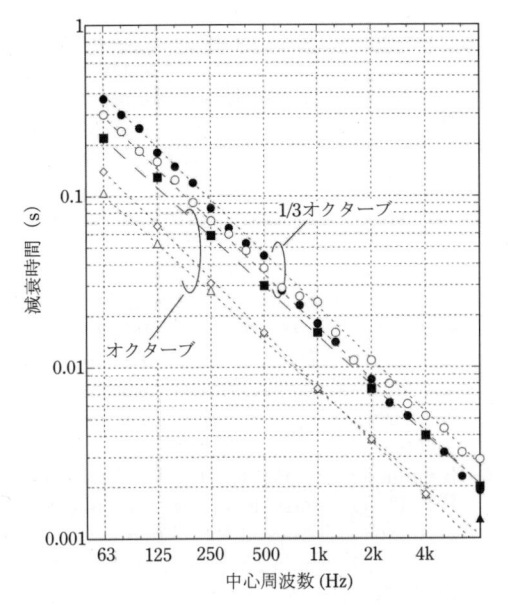

図 4.5.8 フィルタの減衰時間例（参考文献 5）を基にリライト）

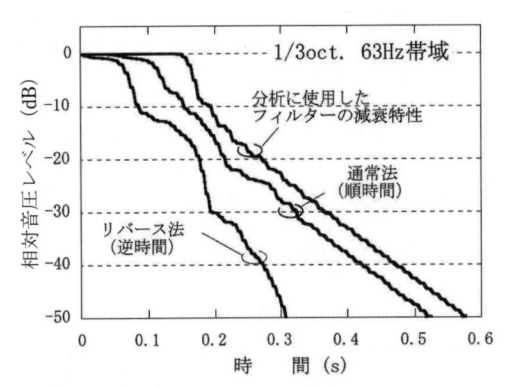

図 4.5.9 Time Reverse 法によるフィルタリング

衰波形の例を示す．これは，床面積約 $65\,\mathrm{m}^2$，天井高さ $2.4\,\mathrm{m}$ の会議室での減衰曲線である．内装仕上げは，床がタイルカーペット，天井が岩綿吸音板であり，壁面はプラスターボード仕上げまたはガラス面である．このような部屋では，水平面内の反射音がいつまでも減衰しないため，この図に示すように残響減衰波形が折れ曲がりやすい．

ISO 3382 では，このような非直線減衰の読み取りは，2 つの直線に分離できる場合はそれぞれの部分での残響時間を読み取ることを推奨している．

d. 聴感による確認

計測機器が進歩し便利になっても，音響計測は自分の耳で聴いて感じることが基本である．残響時間計測でも例外ではない．残響時間の計測を行う前に，手を叩いて部屋の響きを聴いてみて，その感覚と計測によって得られた数値との対応を蓄積していくと，計測器を使わなくても，おおよその残響時間はわかるようになるものである．

また，スピーカからどのような音が出ているか，その音色，レベル，ひずみの有無等を必ず確認する習慣をつけることは基本である．

(5) 測定装置について

1980 年代以降，残響計測のための一連の処理を行う計測装置が開発されている．この種の計測装置は 2 種類に大別される．

① 受音側の処理を行う計測装置であり，多くは騒音計の 1 メニューとして提供される．音源装置は別途用意する必要があるが，高い精度を要求されない場合，遮音計測装置を流用する場合などには便利である．

② 音源側，受音側の処理を一筐体にまとめた測定

c. 非直線減衰の評価

吸音面が偏在したり，カップルドルームになっている場合，残響減衰曲線が折れ曲がったり，湾曲したりする場合がある．図 4.5.10 に非直線減

機器である．ノイズ断続法，インパルス応答積分法のいずれにも対応した機器がある．残響時間測定用の専用機器ではなく，ノイズ断続法の場合は出力機能付きの実時間分析器の1メニューとして，インパルス応答積分法の場合は，TSP信号またはM系列信号を応用したインパルス応答計測装置の1メニューとして提供され，パソコンベースの機器が多い．

これらの計測器は，残響計測の基本的な考え方を知らなくても，極端な場合ボタン一つで測定ができ，その結果，一見もっともらしい数値が出てくる．残響計測の基本は，残響減衰曲線の観測であり，残響減衰曲線を見ることによって，S/Nが確保されているか，残響曲線に折れ曲がりや湾曲はないか，などが初めてわかるのである．このような便利な計測器を使う場合でも，残響減衰曲線の観測は，忘れずに行ってほしい．

(6) 基準音源による等価吸音面積レベルの測定法

等価吸音面積の測定は，これまで述べてきた残響時間による測定が基本であるが，JIS A 1417，A 1418 の付属書には，音響パワーレベルの校正がなされた音源（基準音源）を使って，等価吸音面積レベルを測定する方法が規定されている[7]．等価吸音面積レベルは，等価吸音面積を基準面積（$1\,\mathrm{m}^2$）で無次元化した量のレベル表示である．

等価吸音面積レベル L_{abs}（dB）は，式 (4.5.2) によって算出される．

$$L_{abs} = L_w - L - 10\log_{10}\left(1 + \frac{S_r \cdot \lambda}{8V}\right) + 6 \tag{4.5.2}$$

ここで，L_w：基準音源の音響パワーレベル校正値 (dB)
L：室内の平均音圧レベル (dB)
S_r：室の室内総表面積 (m^2)
λ：測定周波数帯域の中心周波数の波長 (m)
V：室の容積 (m^3)

基準音源による等価吸音面積レベルの測定は，残響時間による測定と比較すると，短時間に実施することができ，測定自体も単純であるため現場での測定に有利である．この手法の適用範囲や，残響時間から求めた値との対応関係等の研究は，学会レベルで進められている[8],[9]．

文献 (4.5)

1) ISO 3382: 1997, Acoustics – Measurement of the reverberation time of rooms with reference to other acoustical parameters (*現在改訂作業中)
2) JIS A 1417: 2000, 建築物の空気音遮断性能の測定方法
3) JIS A 1418-1, 建築物の床衝撃音遮断性能の測定方法－第1部：標準軽量衝撃源による方法
4) 古賀貴士，大久保洋幸：12面体スピーカの指向特性ラウンドロビン試験結果，日本建築学会大会学術講演梗概集（2003.9），pp.129–132.
5) 安斎正三，山口公典，中島 進，中川 卓，八幡泰彦，小野隆彦：残響時間計測における使用フィルタの影響，日本音響学会講演論文集（1987.10），pp.563–564.
6) Rasmussen, B., Rindel, J. H. and Henriksen, H.: Design and Mesurement of Short Reverberation Times at Low Frequency in Talk Studios, J. Audio Eng. Soc., Vol.39 (1991), pp.47–57.
7) Koyasu, M., H. Tachibana and H. Yano: Mesurement of Equivalent Sound Absorption Area of Rooms using Reference Sound Sources, Proc. Inter-noise 94 (1994), pp.1501–1506.
8) 浅野多昌，矢野博夫，橘 秀樹：遮音測定における室内の透過吸音面積の測定方法の検討，日本音響学会講演論文集（1990.3），pp.607–608.
9) 宮島 徹，赤尾伸一，吉村純一：等価吸音面積レベルの測定法に関する検討，日本建築学会大会学術講演梗概集（2003.9），pp.121–124.

建物における騒音対策のための測定と評価　　　定価はカバーに表示してあります
2006年4月1日　1版1刷　発行　　　　　　　　ISBN4-7655-2493-0 C3052

編　者　社団法人日本騒音制御工学会
発行者　長　　滋　彦
発行所　技報堂出版株式会社

〒102-0075　東京都千代田区三番町8-7
　　　　　　　　　　（第25興和ビル）
日本書籍出版協会会員　　　　　　電　話　営業　(03)(5215)3165
自然科学書協会会員　　　　　　　　　　　編集　(03)(5215)3161
工 学 書 協 会 会 員　　　　　　　F A X　　　(03)(5215)3233
土木・建築書協会会員　　　　　　振 替 口 座　　00140-4-10
Printed in Japan　　　　　　　　　http://www.gihodoshuppan.co.jp/

Ⓒ The Institute of Noise Control Engineering/Japan, 2006

　　　　　　　　　　　　　　　　　装幀　富澤　崇　　印刷・製本　三美印刷

落丁・乱丁はお取替えいたします．
本書の無断複写は，著作権法上での例外を除き，禁じられています．

騒音制御工学ハンドブック
日本騒音制御工学会編　　　B5・1308 頁

　騒音・振動にかかわる広範な領域の研究者,技術者が結集した学会が,長年蓄積してきた研究成果,応用技術に,最新知見を加え,集大成した書.編者が交替したことに伴い,書名こそやや傾向の異なるものとなっているが,それぞれ好評を博した『騒音対策ハンドブック(1966 年)』『騒音・振動対策ハンドブック(1982 年)』の後継書であり,基本路線を踏襲したうえで,より広範な領域をカバーするとともに,いっそうの内容の充実を図っている.使い勝手を考え,二分冊とし,第 1 分冊には,基礎理論を平易に解説した基礎編と,主として音源別の対策技術を解説した応用編をおさめ,第 2 分冊には,資料編として各種データや関連規格・法令などがおさめられている.

建築設備の騒音対策── ダクト系の騒音対策・配管系の騒音対策・建築設備の防振設計
日本騒音制御工学会編　　　B5・274 頁

　文字どおり,建築設備に由来する騒音の防止対策について,具体的に解説した実務書である.問題になることが多く,もっとも対策の必要性の高い「ダクト系の騒音対策」「配管系の騒音対策」「建築設備の防振設計」について,それぞれ騒音の評価や予測の仕方,許容値,対策計画のたて方といった基礎知識から,具体的な設計法や装置の選び方,設計例までを詳述している.また,使い勝手に配慮し,それぞれを分冊として,つまり三分冊としてまとめられている(分売不可).

騒音規制の手引き── 騒音規制法逐条解説/関連法令・資料集
日本騒音制御工学会編　　　A5・598 頁

　騒音に関する苦情は,公害苦情件数のなかでつねに上位を占め,その状況はさらに深刻化しつつある.一方で,「騒音規制法」は,指定地域制がとられていること,特定施設,特定建設作業について届出制となっており,年間 10 万件近い届出があること,自動車騒音について常時監視が規定されていること,改正が繰り返されていることなどから,法文解釈上,疑義が生じることも多い.本書は,その適切な運用が図れるよう,「騒音規制法」を条文ごとに詳細に解説するとともに,通知・通達など,最新の関連行政資料を網羅的におさめている.

振動規制の手引き── 振動規制法逐条解説/関連法令・資料集
日本騒音制御工学会編　　　A5・356 頁

　公害のなかでも騒音とともに苦情陳情の多い問題である振動の規制を目的に,1976 年に制定された「振動規制法」は,振動問題に関する国レベルの規定としては世界初のものである.しかし,制定からすでに 25 年以上が経過し,最近は,国と地方自治体をめぐる状況が大きく変化したこともあって,改正が繰り返されるようになり,また国際動向の変化とも相まって,同法の詳しい解説書を望む声は次第に高まりつつあった.本書は,そのような声に応えるべくまとめられた書で,適切な運用が図れるよう,「振動規制法」を条文ごとに詳細に解説し,必要に応じて補足説明を行うとともに,関連法令,審議会答申などの行政資料を網羅的におさめている.

地域の環境振動
日本騒音制御工学会編　　　B5・276 頁

　振動に対する苦情は,とみに顕在化する傾向にあり,「振動規制法」をはじめとする国内法例や基準類と国際規格との差異も顕著になりつつある.本書は,振動の研究や基準などの変遷,振動公害の推移と現状,振動の測定方法,測定機器,振動が人間に与える影響,予測の方法,対策の基本原理,振動防止材料,対策事例,関連法例や海外規格など,振動問題にかかわるさまざまな事項について,実務を念頭に具体的に解説する書である.とくに安らかな暮らしの大きな敵の一つである公害振動の問題については,速やかな解決がはかれるよう,データや事例も数多くおさめている.

電子版 建築用語辞典　　●カシオ電子辞書EX-word DATAPLUS 2　　　**建築用語辞典編集委員会編**
　　　　　　　　　　　　　（エクスワードデータプラス2）専用ソフトウエア　●収録メディア＝CD-ROM

　実務的で定評のある「建築用語辞典（第二版）」をカシオの電子辞書 Ex-word DATAPLUS 2 シリーズに移植しました。ソフトウエア単体 (CD-ROM) のほか，プリインストールでもご購入できます。カシオ Ex-word DATAPLUS は，音声読上げ，高解像度液晶や SD メモリカードスロット，USB インターフェイスを備えた本格タイプの電子辞書であり，内蔵辞書のほか，別売で豊富な専門辞書が用意されています。
　購入お申込みは，次の e-caio へ（一般の書店，電気店，量販店ではご購入できません。また，弊社でも販売は致しておりません。）
　　　　　　　　　　　　　　http://www.e-casio.co.jp/dictionary/exword/
*1　本 CD-ROM（ソフト）のインストールには，Windows 98/98SE/Me/2000/XP のいずれかが動作するパソコンが必要です。
*2　電子版建築用語辞典の内容は，書籍版建築用語辞典と一部異なる箇所があります。

技報堂出版　　TEL 営業 03(5215)3165　編集 03(5215)3161
　　　　　　　FAX 03(5215)3233